Gstar CAD

1급/2급

단기완성

피앤피북

PREFACE

업체에서 사용해야 할 캐드 프로그램에 대한 생각

오랜 시간동안 대한민국의 캐드프로그램 시장을 잠식해온 Autocad에 대하여 다시금 생각하게 만든다. 얼마 전까지 패키지를 판매하였다. 그러나 이세는 1년 라이선스만 판매를 하고 있다. 매년 지불해야 하는 라이선스 비용이 무척이나 아깝게 느껴지는 건 캐드를 사용하는 업체도 그렇지만, 필자도 마찬가지로 무척이나 아깝다. 그래서 1년 라이선스 비용으로 영구적인 패키지 캐드 프로그램을 구입할 수 있다면 어떨까 하는 생각이다.

시대의 발달과 특허의 소멸로 인해 캐드 프로그램에 대한 특정 업체의 캐드를 사용할 필요가 없어졌다는 것이 필자의 생각이다. 물론 캐드 라이선스를 판매하는 업체들은 매년 새로운 버전을 사용한다는 이점을 전면에 내세우고 있지만, 이건 참으로 한심한 이야기다. 현업에서 엔지니어링 설계를 하고 있는 분들이 너무나 잘 알고 있으리라 생각한다.

새로운 버전의 새로운 기능이 나왔다고 하지만 정작 이러한 신기능들이 예전의 방식을 뒤엎을 정도로 새로운 기능은 아니라는 생각이다. 30년 전, 당시에도 "DOS" 캐드 프로그램으로도 모든 설계를 해왔었다. 그렇다면 지금의 도면들은 30년 전 당시에 만들지 못했던 도면들일까?

도면 작도에서 캐드의 명령어들은 20~30개 정도의 명령으로도 많은 도면을 작도할 수 있다. 그런데 왜 이렇게 업그레이드가 되면서 신버전에 대한 기능들을 이용해야 하는 것일까?

이 글을 보시는 분들은 모두가 알고 있지만 판매를 위한 것이다. 또한 Autocad를 사용하는 설계자들이 새로운 프로그램으로의 변경을 꺼려하는 것이다. 많은 분들이 새로운 캐드를 사용하면, 앞서 사용한 캐드 도면의 호환성이 어떤가에 대한 의문을 많이 갖고 있다. 서로 파일이 호환되고, 연동이 가능한가 하는 점이다. 가끔씩은 소프트웨어 단속 때문에 필자에게 어떻게 하면 좋으냐는 문의가 무척이나 많이 온다. 그때마다 저렴한 비용과 유지보수, 손쉬운 관리, 그리고 가장 중요한 영구 버전에 대한 답을 드리곤 한다.

모든 업체가 변경을 하는 건 아니지만, 대부분의 업체들이 필자의 충고에 귀 기울이고 필자가 이끄는 대로 결론을 내리곤 한다. 6개월쯤 뒤에는 연락이 오는 업체가 많이 있다.

참 잘 바꿨다고...

이제 결론을 말해보자!

필자는 30년 넘게 CAD를 사용하고 있으며, 많은 대학과 학원에서 강의를 하고, 교육기관도 같이 운영하고 있다. 교육기관을 운영하면서 가장 아쉬웠던 것이 캐드 소프트웨어의 유지비용이였다. 매년 지불해야 하는 비용이 무척이나 부담스러웠기 때문이다.

2015년에 전격적으로 "GstarCAD"로 모든 소프트웨어를 변경하였다.

처음 선택에서는 호환성 문제로 무척이나 걱정했으나, 시간이 지나고 지금은 현명한 판단 이였다는 생각이 든다. 많은 업체 분들도 교육을 받으신 후 기존에 가지고 있던 고정관념에서 많이 벗어났다. 어떤 회사는 구매 부분을 모두 "GstarCAD"로 변경한 업체도 있다.

그렇다. 업체에서도 말한다. 기존의 사용방식과 동일하고, 파일 호환도 완벽에 가까우며, 게다가 가격도 무척이나 저렴하여, 영구 버전을 구비함으로써 소프트웨어 유지비용이 무척이나 저렴해졌다고, 이것이 바로 답이다.

국내에서 판매되는 캐드 프로그램은 외산 프로그램이다. 구입하면 국적으로는 손해이다. 그래서 가능하면 기존의 캐드 프로그램과 동일한 성능, 동일한 기능, 완벽한 호환성, 그러면서도 기존 캐드보다 낮은 금액의 "GstarCAD"를 권해드리고자 한다. 필자는 지금도 "GstarCAD"를 사용하고 있지만, 만족도가 상당히 좋다. 설계하는 업체들의 캐드 도입에 대한 생각을 새롭게 고려해볼 가치가 있다고 생각한다.

제조 분야의 설계란?

본 교재를 공부하시는 분들에게 질문합니다.

도면을 작성하는 이유가 무엇인지 묻고자 한다.

"왜? 도면을 그리는가?"
도면을 작성하는 이유는 현물을 만들어내기 위함이다.
현물이 없는 도면은 도면으로서 가치가 없다.
도면 작싱 시 현장의 상황에 맞게 작성하기를 바란다.

예제 문제를 많이 작성한다고 해서 설계실력이 늘지는 않는다. 다만 캐드 명령어를 사용하는 능력은 향상될 것이다. 또한 캐드 명령어를 많이 안다고 설계 실력이 좋은 것이 아니다.

캐드를 잘해서 취업된다고 생각한다면 큰 오산이다. 10년 전에는 통했지만 지금은 그렇지 않다.

생각해보자! 캐드를 잘 사용해서 취업했다고 하자. 업체에서 작성된 도면을 주고 그대로 캐드로 옮겨놓으라는 업무는 없을 것이다. 신입들이 처음 하는 설계 업무는 실제 부품을 보고 측정기로 측정하여 도면을 작성하는 능력이다. 그래서 앞에서 언급한 카피(복사)를 하는 오퍼레이터는 의미 없다는 말이다.

본 교재는 초기 취업 시에 현업에 쉽게 적응할 수 있는 첫 단계를 마무리하는 능력을 키우는 것이다. 여기에 의문을 갖지 말라. 현업에 종사하는 분들에게 물어보면 명쾌한 답을 알려주실 것이다. 신입으로서 열 마디 먹을 욕을 두 마디 정도만 먹게 해줄 자신이 있다. 하나도 놓치지 말고 열심히 공부해라!

설계를 할 때 캐드 명령어는 최소 4~5개에서 30개를 넘지 않는다.
도면 작도와 설계에서 최소한의 캐드 명령어를 사용해 기술할 것이다. 말 그대로 "닥치고 이것만 해!" 이다. 그래도 설계하는데 지장이 없을 것이다. 최소 명령만 한다고 걱정하지 말라, 기초를 마치고 나면 고급 명령어들은 스스로 깨우칠 것이다.

저자 올림

CONTENTS

PART 01 기초제도 및 도면해독

PART 02 GstarCAD 실무 기초

PART 03 GstarCAD

PART 04 GstarCAD를 이용한 캐드실무 능력평가(CAT)2급 따라하기

PART 05 3D 모델링

PART 06 CAT 1급 기출문제 풀이

PART 07 연습문제

■ PART 01

기초제도 및 도면해독

■ CONTENTS

CHAPTER 01

제도의 개요

1. 제도의 기초

1.1 제도의 정의

제도(Drawing)란 기계나 구조물의 모양, 크기를 일정한 규격에 따라 점, 선, 문자, 숫자, 기호 등을 사용하여 도면을 작성하는 과정을 말한다.

1.2 제도의 목적

제도의 목적은 설계자의 의도를 도면 사용자에게 확실하고 쉽게 전달하는 데 목적을 두고 있다. 도면에 형상의 모양이나 치수, 재료, 정도 등을 정확하게 표기하여 설계자의 의사가 "제작자에게" 확실하게 전달되어야 한다.

기계제도법에 대한 이해는 설계자 뿐만 아니라 가공, 조립, 측정 등의 업무를 하는 현장 기술자들이 필수적으로 습득해야 하는 기초 지식이다. 특히 설계자는 KS 규격에 의거한 제도법을 도면에 적용시키고 약속된 규칙에 따라 설계를 진행시켜 나가야 한다. 또한, 고도로 발달하고 있는 산업 시대에 접어들어 점차 세계의 산업 글로벌화가 가속됨에 따라 글로벌 스탠다드를 충족시키는 규격과 도면 작성을 해나가야 할 것이다.

1.3 제도의 규격화

도면에 사용되는 도형, 문자, 기호 등은 설계자와 제작자가 똑같이 해석하고 이해할 수 있는 방법으로 표현되어야 한다. 제도를 담당한 사람은 제도에 관한 표준을 자세히 알고 있어야 하며, 표준에 따라 도면을 작성하여야 한다. 이러한 규약을 제도로 만들기 위해 세계 각국은 국가별 제도규격을 제정하여 도면을 작성하고 있으며, 점차 국제규격(ISO)으로 통일되어 가고 있는 추세이다.

(1) 도면작성 시 주의사항

① 정확성(Rightness)

언제(일시), 어디서(업체명), 누가(담당자) 무엇을(대상물) 어떻게(기준이나 가공방법, 다듬질 등) 작업했는지를 도형이나 치수선, 치수공차, 표면거칠기 기호, 주석 등으로 표시한다.

② 간결성(Conciseness)

제도의 기본을 무시한 나만의 치수기입이나 KS 규격에 없는 표기법은 피하고, KS 규격에 의거한 도면 기입법을 준수하여 설계도면에 반영하는 것이 중요하다.

③ 대중성(Popularity)

각종 투상법이나 단면도, 부분확대도 등을 이용하여 너무 복잡하지 않게 작도하며, 제3자가 해독할 수 있도록 최소로 필요한 투상도를 표현한 도형에, 가공성이나 기능성을 고려한 치수를 균형 있게 배치하여 도면만으로 보고 해독할 수 있도록 설계자는 배려해야 한다.

(2) 각국의 공업 규격 및 국제 기호

[표 1-1] 각 국가별 표준 규격

국가	제정년도	규격기호	국가	제정년도	규격기호
영국	1901	BS	이탈리아	1921	UNI
독일	1917	DIN	일본	1921	JIS
프랑스	1918	NF	오스트레일리아	1921	AS
스위스	1918	SNV	스웨덴	1922	SIS
캐나다	1918	CSA	덴마크	1923	DS
네덜란드	1918	NEN	노르웨이	1923	NS
미국	1918	ANSI	핀란드	1924	SFS
벨기에	1919	NBN	그리스	1933	ELOT
헝가리	1920	MSZ	한국	1962	KS

2. 도면의 종류

제도에서 흔히 작성하는 도면은 전체적인 제품의 조립을 나타내는 조립도와 형태를 제작하기 위하여 각 부품의 구성요소를 하나하나 나누어 자세히 그린 부품도가 대부분이지만, 아래 사용 목적과 내용에 따라 다양한 도면의 종류들이 존재하고 있다.

2.1 사용 목적에 따른 분류

계획도	설계자가 제품의 생산 계획을 나타내는 도면
제작도	제작자가 실제로 제품을 만들 때 사용하는 도면
주문도	제품 주문서에 첨부되어 제품의 개요를 설명하는 도면
승인도	수주자가 발주자의 검토와 승인을 얻을 때 사용하는 도면
견적도	제품 견적서에 첨부되어 제품의 개요를 설명하는 도면
설명도	제품의 구조, 기능, 작동 원리, 취급 방법 등을 설명하기 위한 도면

2.2 내용에 따른 분류

조립도	기계 전체의 구조를 명시하는 도면
부분조립도	복잡한 기구의 일부분의 고조를 명시하는 도면
부품도	부품의 제작에 사용되는 도면으로서 부품의 상세한 것을 나타내는 도면
공정도	제작 공정의 상태를 명시하는 계통도
상세도	특정 부분의 상세한 사항을 나타내는 도면
접속도	전기기기의 내부, 상호간의 접속상태를 나타낸 도면
배선도	전기기기를 설치하기 위한 도면
배관도	배관작업을 하기 위한 도면
계통도	물, 기름, 전기 등의 접속과 작동을 나타내는 도면
기초도	기계를 설치하기 위하여 콘크리트, 철강작업 등을 위한 도면
설치도	물품을 설치하기 위한 도면
배치도	물품의 배치를 나타내는 도면
장치도	플랜트 등 장치산업에 쓰이는 도면
전개도	판금 등 구조물의 펼친 그림
외형도	물품의 전체 외형을 나타낸 도면
구조선도	구조물의 선도를 나타내는 도면
곡면선도	차체, 항공기, 선박 등의 곡면을 단면 곡선으로 나타낸 도면

2.3 성격에 따른 분류

스케치도	물체를 보고 원도를 그리기 위하여 물체의 모양을 프리핸드로 그리는 그림
원도	제도지 위에 연필로 그리는 최초의 도면
트레이스도	원도 위에 Tracing paper를 놓고 연필 또는 잉크로 그린 도면, 즉 다수의 도면을 복사하기 위하여 만드는 도면
복사도	트레이스도를 원도로 하여 감광지에 복사한 도면, 공장 관계자에게 배포되며, 여러 가지 계획과 작업이 이것에 의하여 진행된다. 청사진이라 함

도면의 종류는 이외에도 유압회로도, 파이프 매설도 등 무수히 많은 종류가 있다. 또한 특수한 사업장에서는 KS 규격법에도 없는 특수한 도면 작성법으로 작성하기도 한다.

3. 도면이 갖추어야 할 요건

도면 작성자는 제도 목적을 충분하게 달성하기 위해서 다음에 제시한 요건들을 모두 만족하는 도면을 만들어야 한다.

① 도면에는 제품 형상과 각 부분의 크기와 자세 및 위치 등을 정확하고 자세하며 쉽게 알아볼 수 있는 정보를 포함하고 있어야 하며, 제품의 겉과 안의 거칠기 상태, 재질, 가공방법, 정밀도 등의 정보도 포함하고 있어야 한다.

② 도면에 담겨진 정보는 간단하고 확실하게 이해할 수 있도록 쉬운 방법으로 표시되어야 한다.

③ 도면에 담겨진 정보는 애매하게 해석하지 않도록 명확하게 표현되어야 한다.

④ 모든 산업분야에 걸쳐서 기술교류가 되도록 보편성과 종합성을 갖추어야 한다.

⑤ 기술은 무역 등으로 국제교류가 되어야 하므로 국제성을 갖추어야 한다.

4. 도면의 크기와 양식

기계제도에 사용하는 도면은 기계제도(KS B 0001) 규격과 도면의 크기 및 양식(KS A 0106)에서 규정한 크기를 사용해야 하고, 일정한 양식을 갖추어야 한다.

4.1 도면용지의 크기

① 도면용지의 크기는 표 1－2에 의한 A열 사이즈를 사용한다. 다만, 연장하는 경우에는 연장사이즈를 사용한다.

② 도면은 긴 쪽을 좌우 방향으로 놓고서 사용한다. 다만 A4는 짧은 쪽을 좌우 방향으로 놓고서 사용하여도 좋다.

[표 1－2] **도면의 크기와 종류 및 윤곽의 치수**

<table>
<tr><th colspan="5">A열 사이즈</th><th colspan="5">연장 사이즈</th></tr>
<tr><th rowspan="2">호칭
방법</th><th rowspan="2">치수
a×b</th><th rowspan="2">c(최소)</th><th colspan="2">d(최소)</th><th rowspan="2">호칭
방법</th><th rowspan="2">치수
a×b</th><th rowspan="2">치수
a×b</th><th colspan="2">d(최소)</th></tr>
<tr><th>철하지
않을 때</th><th>철할 때</th><th>철하지
않을 때</th><th>철할 때</th></tr>
<tr><td>－</td><td>－</td><td>－</td><td>－</td><td>－</td><td>A0×2</td><td>1189×1682</td><td rowspan="3">20</td><td rowspan="3">20</td><td rowspan="3"></td></tr>
<tr><td>A0</td><td>814×1189</td><td rowspan="2">20</td><td rowspan="2">20</td><td rowspan="5">25</td><td>A1×3</td><td>841×1783</td></tr>
<tr><td>A1</td><td>594×841</td><td>A2×3
A2×4</td><td>594×1261
594×1682</td></tr>
<tr><td>A2</td><td>420×594</td><td rowspan="3">10</td><td rowspan="3">10</td><td>A3×3
A3×4</td><td>420×891
420×1189</td><td rowspan="2">10</td><td rowspan="2">10</td><td rowspan="2">25</td></tr>
<tr><td>A3</td><td>297×420</td><td>A4×3
A4×4
A4×5</td><td>297×630
297×841
297×1051</td></tr>
<tr><td>A4</td><td>210×297</td><td>－</td><td>－</td><td>－</td><td>－</td><td>－</td></tr>
</table>

4.2 도면의 양식

우리가 공문서를 작성할 때 일정한 양식을 만들어 쓰는 것과 같이 도면을 작성하고자 할 때에도 일정한 양식을 만들어 놓고 작성하면 도면관리 뿐만 아니라 도면을 이해하는 데 많은 도움이 된다. KS A 0106(도면의 크기 및 양식)에서는 다음과 같이 도면에 반드시 마련해야 하는 사항과 마련하는 것이 바람직한 사항으로 구분하고 있다.

(1) 도면에 반드시 마련해야 할 사항

① 도면에는 치수에 따라 굵기 0.5mm 이상의 윤곽선을 그린다.

② 도면 오른쪽 아래 구석에 표제란을 그리고, 원칙적으로 도면번호, 도명, 기업(단체)명, 책임자서명(도장), 도면 작성 년, 월, 일, 척도 및 투상법 등을 기입한다.

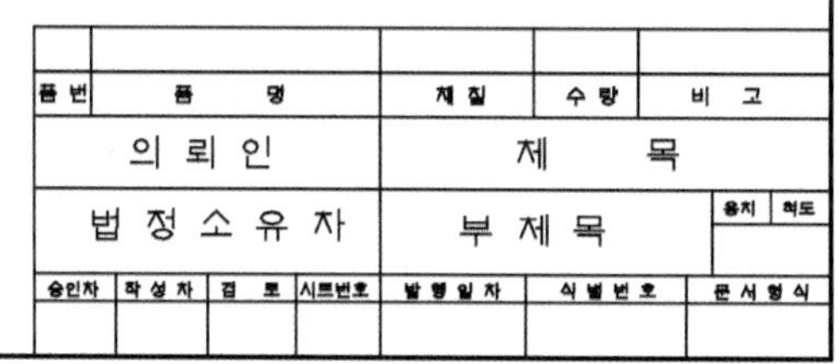

③ 도면에는 KS A 0106(도면의 크기 및 양식)에 따라 중심 마크를 설치한다.

(2) 도면에 마련하는 것이 바람직한 사항

① 비교 눈금 : 도면의 축소 또는 확대 복사의 작업 및 이들의 복사 도면을 취급할 때의 편의를 위하여, 도면의 눈금 간격이 10mm 이상의 길이로 0.5mm의 실선인 눈금선으로 길이는 5mm 이하로 마련한다.

② 도면의 구역을 표시하는 구분선, 구분 기호 : 도면 중의 특정부분의 위치를 지시하는 편의를 위하여 도면의 구역을 표시하며 25mm에서 75mm 간격의 길이를 0.5mm의 실선으로 도면의 윤곽선에서 접하여 도면의 가장자리 쪽으로 약 5mm 길이로 긋는다.

구분 기호는 도면의 정위치 상태에서 가로변을 따라 1, 2, 3, …의 아라비아 숫자, 세로 변을 따라 A, B, C … 알파벳 대문자 기호를 붙인다.

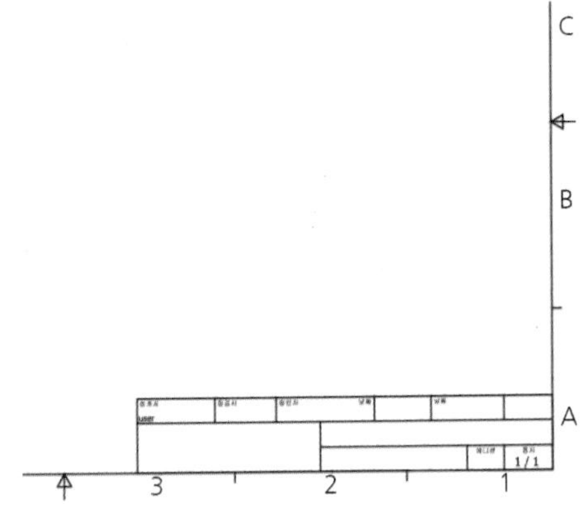

③ 재단 마크 : 복사한 도면을 재단하는 경우의 편의를 위하여 원도에 재단 마크를 마련한다.

5. 척도

제도 도면에서 사용하는 척도는 표 1−3에 의한 척도값을 따른다.

척도는 도면에서 그려진 길이와 대상물의 실제 길이와의 비율로 나타내며, 한 도면에서 공통적으로 사용되는 척도를 표제란에 기입해야 한다.

그러나 같은 도면에서 다른 척도를 사용할 때는 필요에 따라 그림 부근에 기입해야 한다. 또, 척도의 표시를 잘못 볼 염려가 없을 때에는 기입하지 않아도 좋다.

5.1 사용 목적에 따른 종류

도면에서의 크기와 물체의 실제 크기의 비를 척도(Scale)라 하며 다음 세 가지가 있다.

(1) 현척(Full scale, Full size)

도형을 실물과 같은 크기로 그리는 경우, 가장 보편적으로 사용된다.

(2) 축척(Contraction scale, Reduction scale)

도형을 실물보다 작게 그리는 경우, 치수기입은 실물의 실제 치수를 기입한다.

(3) 배척(Enlarged scale, Enlargement)

도형을 실물보다 크게 그리는 경우, 실물의 실제 치수를 기입한다.

5.2 척도의 표시방법

A : B

도면에서의 길이 형상의 실제길이

척도는 A : B로 표시한다.

여기에서 A : 도면상에 그려진 도형에서의 대응하는 길이

B : 대상물의 실제 길이

또한, 현척의 경우에는 A, B를 다 같이 1, 축척의 경우에는 A를 1, 배척의 경우에는 B를 1로 하여 나타낸다.

[보기] ① 축척의 경우 1 : 2, 1 : $2\sqrt{2}$, 1 : 10

② 현척의 경우 1 : 1

③ 배척의 경우 5 : 1

같은 도면에서 서로 다른 척도를 사용할 때에는 각 그림 옆에 적용된 척도를 기입하여야 한다.

도면이 치수와 비례하지 않을 경우, 치수 밑에 밑줄을 긋거나 비례가 아님 또는 NS(Not to Scale 또는 None Scale) 등의 문자를 기입하여야 한다.

[표 1－3] 축척, 현척, 배척의 값

축척	1	1 : 2　1 : 5　1 : 10　1 : 20　1 : 50　1 : 100　1 : 200
	2	1 : $\sqrt{2}$　1 : 2.5　1 : 2$\sqrt{2}$　1 : 3　1 : 4　1 : 5$\sqrt{2}$　1 : 25　1 : 250
현척		1 : 1
배척	1	2 : 1　5 : 1　10 : 1　20 : 1　50 : 1
	2	$\sqrt{2}$: 1　2.5 : $\sqrt{2}$: 1　100 : 1

※ 우선순위는 1란의 척도를 우선으로 적용한다.

5.3 도면 용지의 크기와 척도

도면을 작성할 때 도면 용지의 크기는 기구도를 나타내는 도면, 조립도를 나타내는 도면, 부품의 크기와 복잡성 여부 등에 따른 적절한 척도를 고려하여 용지의 크기를 결정한다.
가급적 용지 크기 내에 도형이 적당히 배치될 수 있는 용지를 선택하여 도면을 작성한다.

6. 도면에 사용하는 문자와 선

6.1 문자

도면에 사용하는 문자는 한자, 한글, 숫자, 로마자이다. 도면을 보는 사람으로 하여금 정확하게 읽을 수 있도록 기입되어야 하며 균일하게 써야 한다. 그러므로 KS A 0107(문자)과 KS B 0001(기계제도)에서는 도면에 사용하는 문자의 종류와 크기, 문자의 선 굵기 등에 관하여 규정해 놓고 있으며, 제도자는 이에 따라 도면에 문자를 기입하여야 한다.

(1) 도면에 사용하는 글자 및 문장의 쓰는 방법은 다음에 따른다.

① 문자의 모양은 고딕체로 하며 바르게 쓰거나 15° 기울여 쓰는 것을 원칙으로 한다.
② 문자의 크기는 문자의 높이로 나타낸다.
③ 문자의 크기는 2.24mm, 3.15mm, 4.5mm, 6.3mm, 및 9mm의 5종류로 한다.
다만, 필요할 경우에는 다른 치수를 사용하여도 좋다.
④ 주서, 요목표, 품명 등에 사용하는 한글의 글자체는 활자체로 하여 수직으로 쓴다.
또한 될 수 있는 대로 문자판을 사용하여 균일하게 쓰도록 한다.
⑤ 아라비아 숫자의 크기는 2.24mm, 3.15mm, 4.5mm, 6.3mm, 및 9mm의 5종류로 한다. 다만,

필요할 경우는 이에 따르지 않아도 좋다. 또, 서체는 원칙적으로 고딕, 명조계열의 서체를 사용하며, 입체 또는 사체로 표현할 수 있다. 다만, 서체를 혼용하여 사용하지 않는다.

⑥ 문장은 왼편에서 가로쓰기를 원칙으로 한다.

6.2 도면에 사용하는 선

물체의 형상을 도면으로 그릴 때 규격으로 정해진 선의 종류와 용도에 맞게 선으로 도면을 그려야 한다. 그러므로 도면을 그릴 때 도면 작성자는 선의 종류에 따른 용도를 정확히 이해하여 도형을 표시하여야 하며, 선의 굵기가 구분되지 않으면 도면을 쉽게 볼 수 없으며 도면작성자와 도면을 보는 사람과의 사이에 오차가 발생하여 오독할 우려가 있다.

(1) 선의 종류와 용도

1) 모양에 따라 분류한 선

물체의 외형을 나타내는 선과 가려서 보이지 않는 부분, 대칭 도형의 중심선 등을 구분하여 표시하여야 하므로 그림과 같이 실선, 파선, 1점 쇄선, 2점 쇄선 등이 있다.

① 실선 : 끊어짐 없이 연속되는 선

② 파선 : 3~5mm의 짧은 선이 일정하게 반복되는 선, 선과 선 사이의 간격은 1mm 정도이다.

③ 1점 쇄선 : 긴 선과 짧은 선이 반복되는 선으로 긴 선의 길이는 10~30mm, 짧은 선의 길이는 1~3mm, 선 사이의 간격은 0.5~1mm 정도로 서로 규칙적으로 나열한 선

④ 2점 쇄선 : 긴 선과 짧은 선 2개를 서로 규칙적으로 나열한 선

- 실선
- 파선
- 1점 쇄선
- 2점 쇄선

2) 굵기에 따라 분류한 선

선 굵기의 기준은 0.18mm, 0.25mm, 0.35mm, 0.5mm, 0.7mm 및 1mm 등 6가지 기준 값 중에서 도면의 크기에 따라 적절하게 선택하여 사용하도록 규정하고 있다.

굵기에 따른 선의 종류에는 가는 선, 굵은 선, 아주 굵은 선이 있으며 그 비율은 1 : 2 : 4로 한다.

① 가는 선 : 굵기가 0.18~0.5mm인 선, 일반적으로 0.25mm를 많이 사용한다.

② 굵은 선 : 굵기가 0.35~1mm인 선(가는 선 굵기의 2배)

③ 아주 굵은 선 : 굵기가 0.7~1mm인 선(굵은 선 굵기의 2배)

- 가는 선
- 굵은 선
- 아주 굵은 선

3) 선의 용도에 따라 분류한 선의 종류

[표 1－4]와 같이 사용한다. 또, 이 표에 의하지 않는 선을 사용할 때에는 그 선의 용도를 도면안에 주기한다.

[표 1-4] **용도에 따라 분류한 선의 종류**

명칭	종류		용도	비교
외형선	굵은 실선	────	대상물의 보이는 부분의 모양을 표시하는데 쓰인다.	가는선, 굵은선 및 아주 굵은선의 굵기 비율은 1:2:4로 한다.
치수선	가는 실선	────	치수를 기입하기 위하여 쓰인다.	
치수보조선			치수를 기입하기 위하여 도형으로부터 끌어내는데 쓰인다.	
지시선			기술, 기호 등을 표시하기 위하여 끌어내는데 쓰인다.	
회전단면선			도형 내에서 그 부분의 끊은 곳을 90° 회전하여 표시하는데 쓰인다.	
중심선			도형의 중심선(4.1)을 간략하게 표시하는데 쓰인다.	
수준 면선			수면, 유면 등의 위치를 표시하는데 쓰인다.	
숨은선	가는 파선 또는 굵은 파선	------------ ------------	대상물의 보이지 않는 부분의 모양을 표시하는데 쓰인다.	
중심선	가는 1점 쇄선	─·─·─·─	(1) 도형의 중심을 표시하는데 쓰인다. (2) 중심이 이동한 중심 궤적을 표시하는데 쓰인다.	
기준선			특히 위치 결정의 근거가 된다는 것을 명시할 때 쓰인다.	
피치선			되풀이하는 도형의 피치를 취하는 기준을 표시하는데 쓰인다.	

특수지정선	굵은 1점 쇄선		특수한 가공을 하는 부분 등 특별한 요구사항을 적용할 수 있는 범위를 표시하는데 사용한다.(부분 열처리 · · ·)	
가상선	가는 2점 쇄선		(1) 인접 부분을 참고로 표시하는데 사용한다. (2) 공구, 지그 등의 위치를 참고로 나타내는데 사용한다. (3) 가동부분을 이동 중의 특정한 위치 또는 이동 한계의 위치를 표시하는데 사용한다. (4) 가공 전 또는 가공 후의 모양을 표시하는데 사용한다. (5) 되풀이하는 것을 나타내는데 사용한다. (6) 도시된 단면의 앞쪽에 있는 부분을 표시하는데 사용한다.	
무게 중심선			단면의 무게중심을 연결한 선을 표시하는데 사용한다.	
파단선	불규칙한 가는실선		대상물의 일부를 파단한 경계 또는 일부를 떼어낸 경계를 표시하는데 사용한다.	
절단선	굵은 1점쇄선		단면도를 그리는 경우, 그 절단 위치를 대응하는 그림에 표시하는데 사용한다.	
해칭	가는 실선의 사선줄		도형의 한정된 특정 부분을 다른 부분과 구별하는데 사용한다. 예를 들면 단면도의 절단된 부분을 나타낸다.	
특수한 용도의 선	가는 실선		(1) 외형선 및 숨은선의 연장을 표시하는데 사용한다. (2) 평면이란 것을 나타내는데 사용한다. (3) 위치를 명시하는데 사용한다.	
	아주 굵은 실선		얇은 부분의 단면도시를 명시하는데 사용한다.	

CHAPTER 02

투상도법

도면을 그릴 때에는 입체적인 형상을 평면적으로 그릴 수 있는 기술이 필요하고 읽을 때에는 평면적인 도면을 입체적으로 상상해 낼 수 있는 능력이 필요하다.

※ 입체적인 형상을 도면적인 평면으로 읽을 수 있는 기술적인 능력

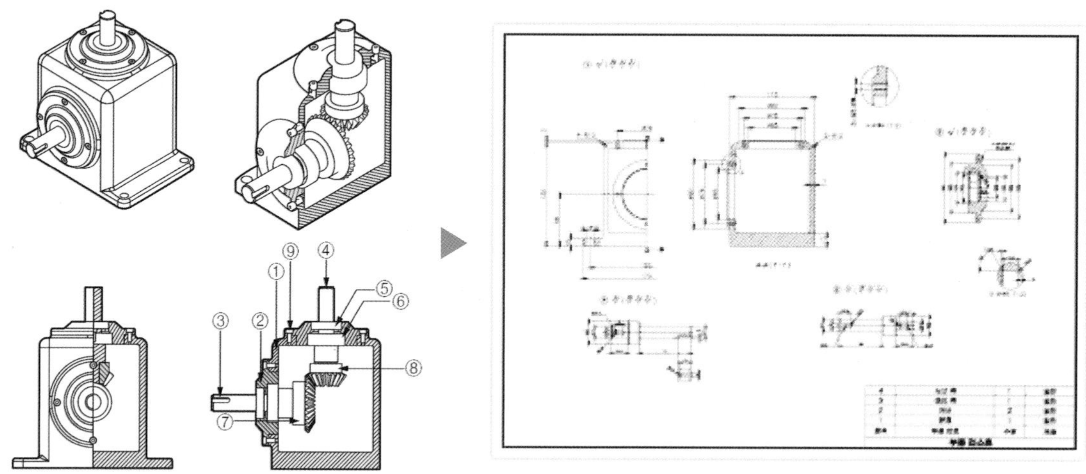

※ 평면적인 도면을 입체적인 형상으로 상상할 수 있는 능력

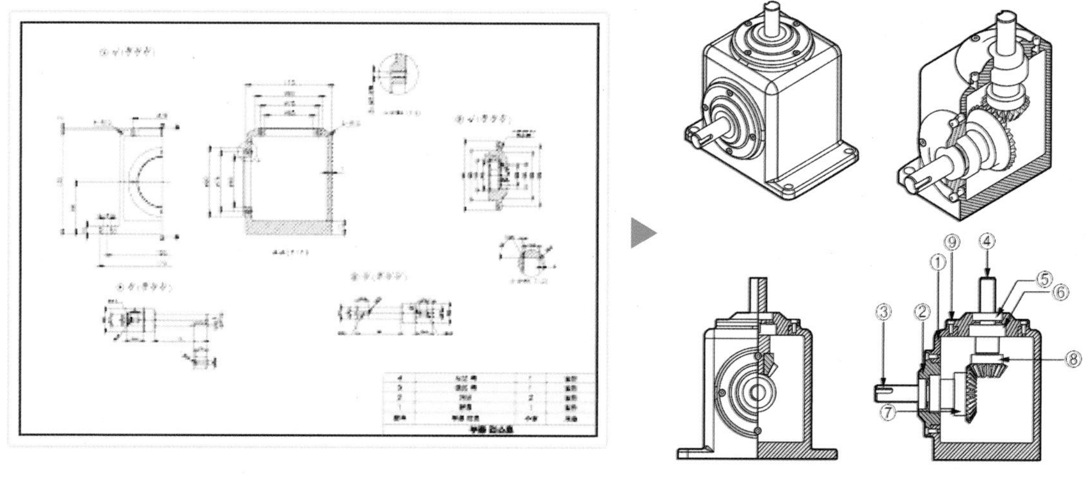

1. 투상도의 종류 중 정투상도법

물체의 주된 화면을 투영면에 평행하게 놓았을 때의 투상을 정투상도법이라 하고, 그림 2－1에서 (나)처럼 척도에 의한 실물의 크기가 정확하게 표시되어야 한다. 일반적으로 건축 도면에서는 그림 2－1의 (가)와 같은 투시도법이 많이 쓰이기도 한다.

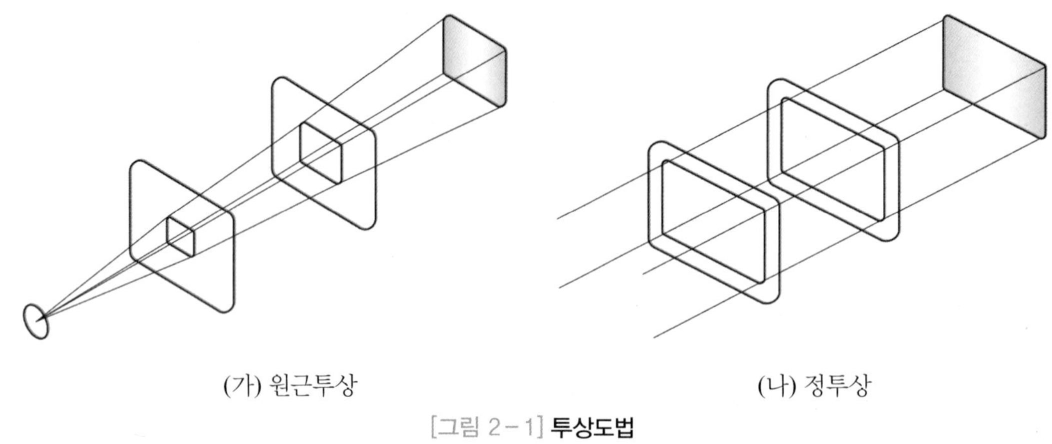

(가) 원근투상　　(나) 정투상

[그림 2－1] **투상도법**

1.1 정투상도의 정의 및 표시 방법

[그림 2－2]와 같은 물체에서 한 개의 투상(투영)만으로는 모든 형태를 표시할 수 없으므로 그림 (a), (b), (c)와 같이 3개의 투상면(투영면)을 선택한 후 정투상법에 의하여 물체의 형상 및 특징이 가장 잘 나타난 부분을 정면도(a)로 선정하고, 정면도를 기준으로 위에는 평면도(b), 우측에는 우측면도(c)를 그린다. 이러한 3개의 그림을 조합하면 입체적인 물체의 형태를 완전히 평면적인 도면으로 표시할 수 있다. 이것이 정투상도이다.

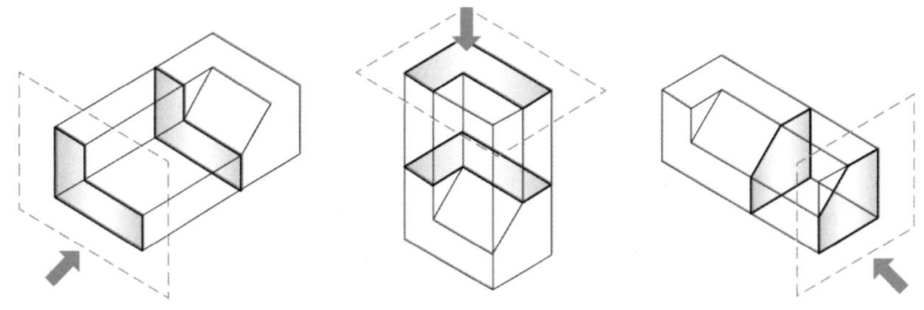

[그림 2－2] **정투상도의 표시방법**

1.2 정투상도의 배열

투상도를 배열할 때는 [그림2 – 2]와 같이 투상도를 각각 분리시키는 것이 아닌, [그림 2 – 3](가)와 같이 유리상자속의 물체를 유리편에 투영한 정면도를 중심으로 평면도와 우측면도를 그림과 같이 전개하면 그림 (나)와 같은 투상도가 배치된다.

6면으로 만든 유리상자속의 물체를 투영하여 펼치게 되면 그림 A – 5와 같이 정면도를 중심으로 우측에는 우측면도, 좌측에는 좌측면도, 정면도 뒤쪽에는 배면도, 정면도 위쪽에는 평면도, 정면도 아래쪽에는 저면도로 전개할 수 있다.

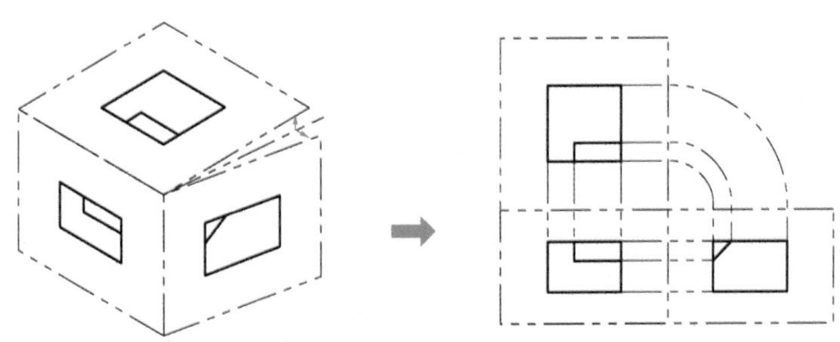

[그림 2 – 3] **정투상도를 펼치는 방법**

1.3 올바른 투상도 선택방법

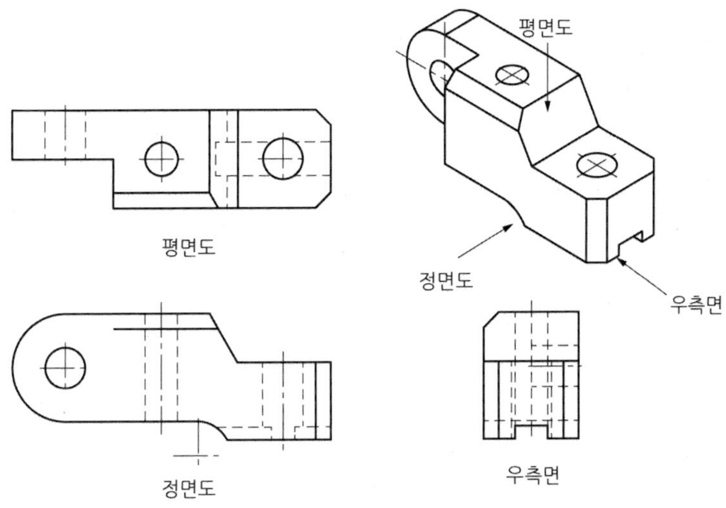

[그림 2 – 4] **투상도의 선택방법**

① 투상도는 앞에서 설명한 바와 같이 물체의 형상 및 특징이 가장 뚜렷한 부분을 정면도로 하여 꼭 필요한 투상도만을 그리는 것이 바람직하다. 이것을 주투상도라고 한다.

② 불필요한 투상도는 시간적 낭비일 뿐만 아니라 보는 사람으로 하여금 혼동만 줄 뿐이다.

1.4 주투상도 배치시 주의사항

주투상도는 정면도를 중심으로 하여 반드시 같은 선상 위에 배치되어야 한다.
[그림 2-5]와 같이 투상도가 어긋나지 않도록 도면을 작도하고 물체의 특성과 치수기입을 고려하여 충분한 공간을 확보한 다음 투상도를 그리는 것이 바람직하다.

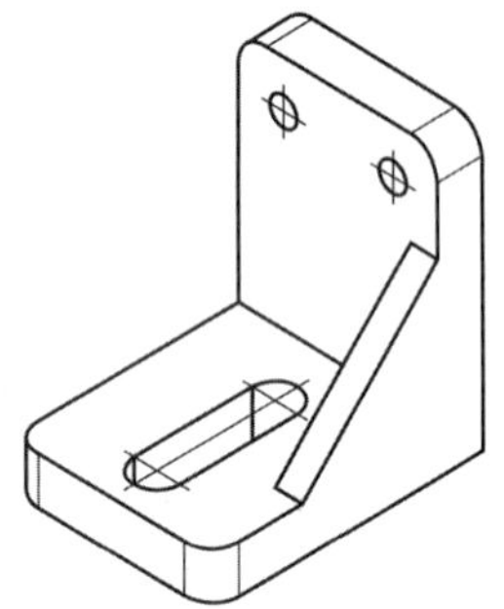
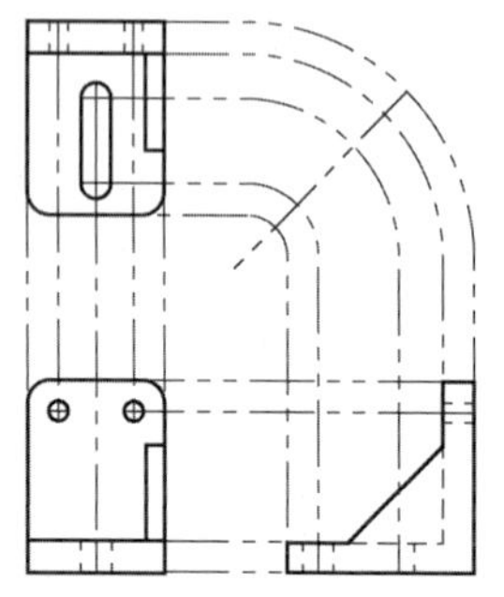
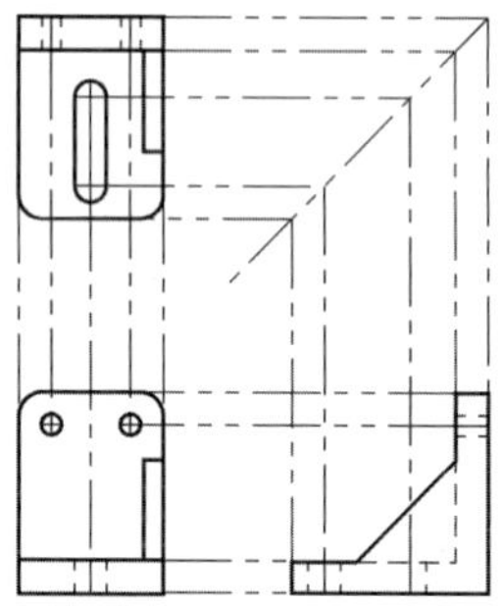

[그림 2-5] **투상도의 선택방법**

1.5 주투상도를 작도하는 기법

① 길이에 관한 투상도는 저면도와 평면도, 저면도와의 관계

② 높이에 관한 투상도는 정면도와 측면도와의 관계

③ 폭에 관한 투상도는 측면도와 평면도, 저면도와의 관계

2. 투상도의 종류 중 입체도법

구조물의 조립상태나 조립순서 등을 쉽게 알 수 있도록 한 개의 투상도로 세 면의 형상을 나타낼 수 있는 투상도법을 입체도법이라 한다. 종류에는 등각투상도법, 부등각투상도법, 사투상도법 등이 있다.

2.1 등각투상도

등각투상도란, [그림 2－6]에서와 같이 xy축이 30°, xyz축의 선을 평면상에서 120°의 등각으로 교차하도록 긋고 작도하는 기법이다.

등각투상도는 입체도법 중 가장 많이 이용되는 기법이기도 하다.

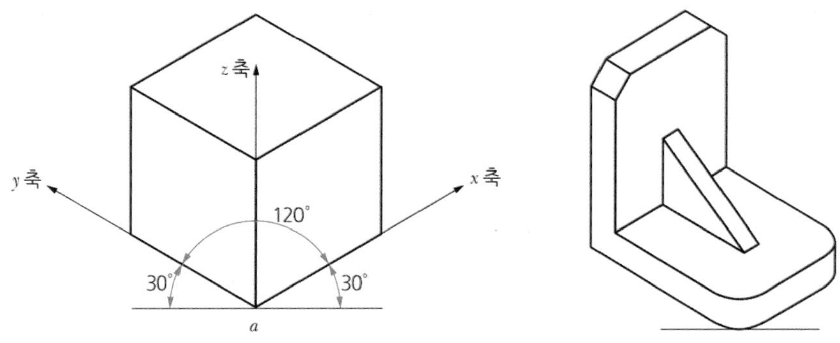

[그림 2－6] 등각투상도 그리는 법

2.2 부등각투상도

[그림 2－7]과 같이 부등각투상도에서는 A, B, C가 각각 다른 값이 되도록 각 a,b의 경사각을 잡는다.

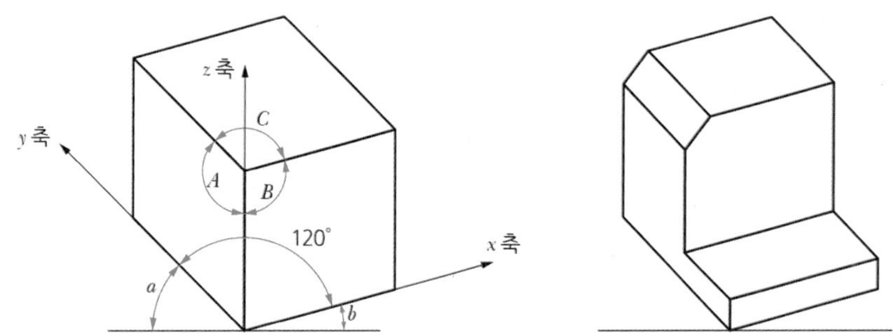

[그림 2－7] 부등각투상도 그리는 법

2.3 사투상도

[그림 2－8]과 같이 사투상도는 물체의 정면 형태만 실 치수로 그리고 앞쪽에서 뒤끝까지는 경사지게 그린다.

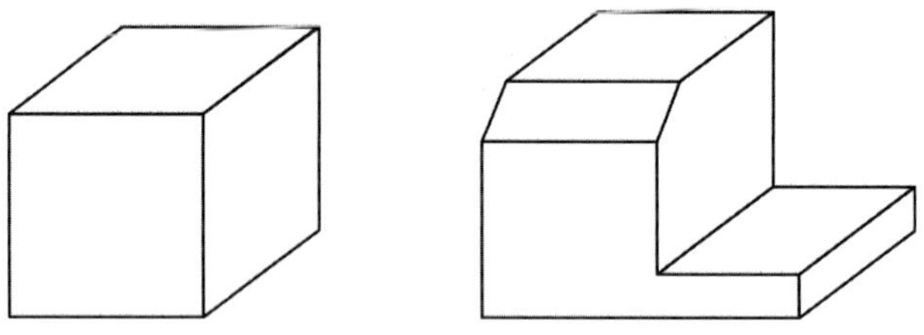

[그림 2－8] 사투상도 그리는 법

2.4 정투상도법과 입체도법의 특징

(1) 정투상도법

• 장점 : 각 방향에서 본 형상들을 정확히 표현할 수 있다.

• 단점 : 도면 해석능력이 있어야만 한다.

(2) 입체도법

• 장점 : 물체의 형상 및 특징을 쉽게 이해할 수 있다.

• 단점 : 그리기가 어렵다.

3. 제도에 사용하는 투상법

제도에 사용하는 투상법은 앞에서 설명한 여러 가지 투상법 중에서 특별한 이유가 없는 한 [표 2－1]에 표시하는 3종류로 한다.

특히 기계제도에서의 투상법은 제3각법에 따르는 것을 원칙으로 한다. 다만 필요한 경우에는 제1각법에 따를 수도 있다. 이 때 [그림 2－9]와 같은 투상법의 기호를 표제란 또는 그 근처에 표시한다. 그러한 도면 안에서는 혼용하지 않는 것이 좋다. 또한 그림의 일부가 제3각법에 의한 위치에 그리면 도리어 도형을 이해하기 곤란한 경우에는 상호 관계를 화살표와 문자를 사용하여 표시한다.

그 글자는 투상의 방향과 관계없이 전부 위 방향으로 명확하게 쓴다.

[표 2-1] **투상법**

투상법의 종류	사용하는 그림의 종류	특징	주된 용도
정투상	정투상도	모양을 엄밀, 정확하게 표시할 수 있다.	일반도면
등각투상	등각투상도	하나의 그림으로 정육면체의 세 면을 같은 정도로 표시할 수 있다.	설명용 도면
사투상	캐비닛도	하나의 그림으로 정육면체의 세 면의 한 면만을 중점적으로 엄밀, 정확하게 표시할 수 있다.	

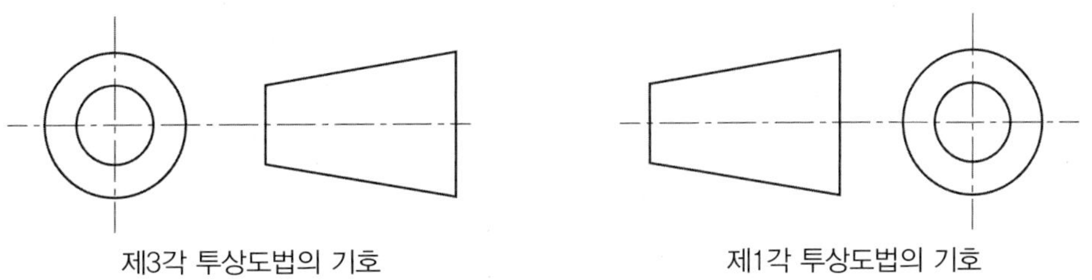

[그림 2－9] **투상법 기호**

4. 도면 작성과 도면 해독

1.1 도면 작성과 도면 해독의 중요성

제품을 생산하기 위해서는 제작자가 설계 도면을 작성하고 부품을 만든다. 부품은 제도규격에 의해 정확하게 도면에 작성되어야 한다. 따라서 어떤 부품이라도 도면으로 그릴 줄 알아야 하고 작성된 도면을 보고 부품의 생긴 형상을 알아야 한다. 도면을 그릴 줄만 알고 도면을 보고 부품의 생긴 형상을 모른다면 가공제작이 곤란하다.

다음에 제시하는 3각 투상법 연습, 실체도를 보고 빠진 도형 완성하기, 등각투상도 그리기, 도면을 보고 실체도 그리기, 도형에서 미완성된 도형을 완성하고 실체도 그리기, 부품의 형상을 보고 정면도를 선정하고 필요한 도형그리기 등, 도면을 그릴 줄 알고 도면을 보고 물체의 생긴 형상을 알아내는 능력을 습득하는 것이 대단히 중요하다.

다음 [그림 2－10]을 예로 들어 설명하면 부품의 입체적인 형상 그림 (a)를 보고 그림 (b)와 같이 평면상의 투상법에 의해 도면으로 그릴 줄 알아야 하고, 그림 (c)와 같이 투상법에 의해 도면 용지의 평면상에 그려진 도면을 보고 입체적으로 실제 생긴 형상 그림 (d)를 알 수 있도록 체계적이고 지속적인 연습을 통하여 숙달시키는 것이 중요하다.

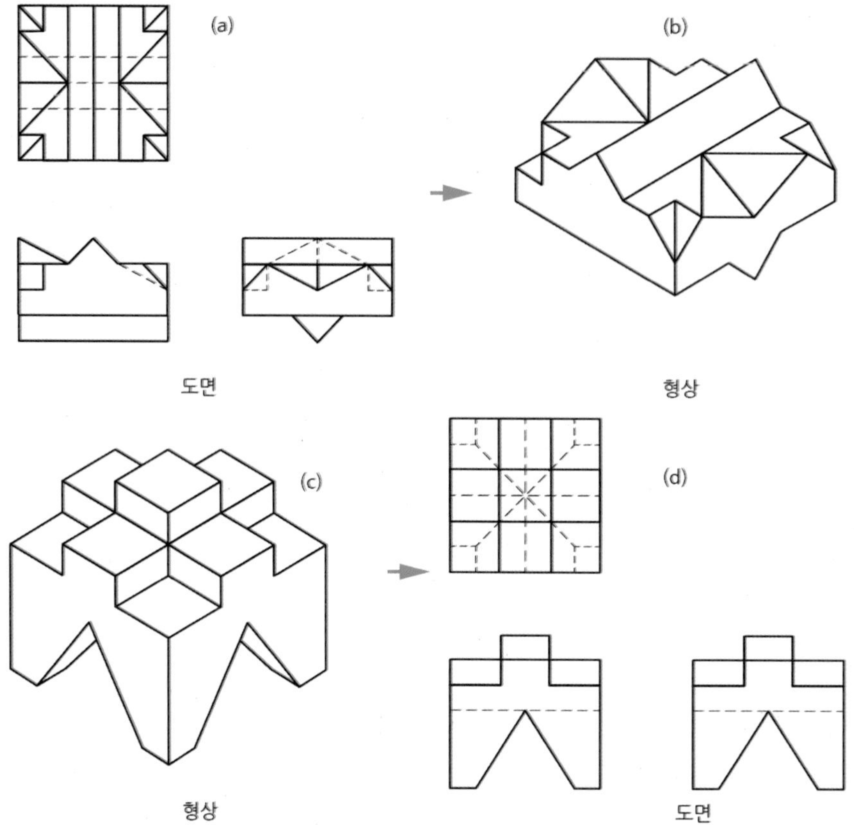

[그림 2-10] **투상법과 입체도의 관계**

CHAPTER 03

도면을 작도하는 방법

도면을 해석하기 위해서는 입체적인 형상을 평면적으로 그릴 수 있는 기술과 평면적인 그림을 입체적으로 상상해 낼 수 있는 능력이 요구되어야 한다고 앞장에서 설명한 바 있다.

물체의 외부형상만으로 정투상도법에 의해 작도한다고 하면, 내부 형상은 모두가 숨은 선으로 표시되어 물체의 형상이 불확실할 뿐만 아니라 도면을 처음 접하는 사용자들은 도면을 해독하는데 있어 상당한 어려움을 겪을 것이다. "도면은 어느 누가봐도 쉽게 이해할 수 있어야 한다." 그래서 불확실한 숨은선이 많은 도면은 좋지 못한 도면이다.

이 장에서는 정투상도를 보조하여 도면을 간결하게 그릴 수 있는 여러 가지 투상기법들과 숨은 선을 제거하기 위해 물체를 가상적으로 절단해서 투상하여 도면을 작도하는 단면 도법에 관하여 설명하고자 한다.

1. 투상도 순위 정하는 방법

주 투상도에서 정면도만으로 물체의 형태를 완전하게 표시할 수 없을 경우에는 주투상도를 보충하는 다른 투상도를 사용한다. 그러나 가급적이면 보충하는 투상도의 수는 적게 하는 것이 바람직하다.

1.1 정면도만으로 표현이 가능한 경우

물체의 형상이 원형인 경우에는 하나의 투상도 만으로도 표현이 가능한 경우가 있다. [그림 3－1]과 같이 투상도 하나만으로 도형을 나타내는 기법을 1면도법이라 한다.

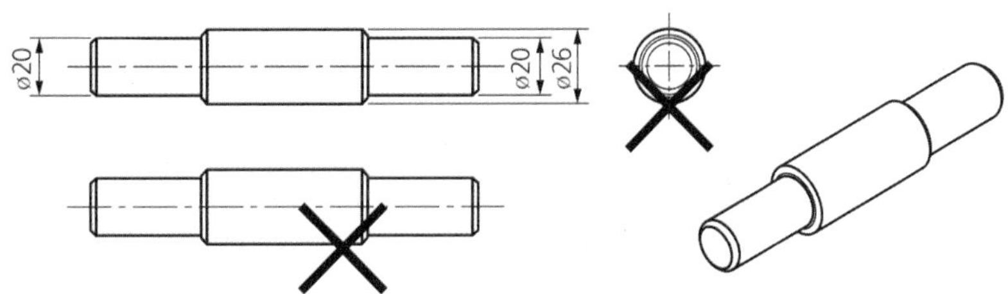

[그림 3－1] 정면도만으로 나타내는 1면도법

1.2 정면도와 평면도만으로 표현이 가능한 경우

정면도 외에 평면도와 우측면도를 투상한 것인데 그 중 물체의 형상을 잘 표현하고 있는 [그림 3－2]는 정면도와 평면도이고 각 부의 치수도 정면과 평면 투상도만으로 충분하다. 따라서, 우측면도는 필요 없게 된다.

이와 같이 두 개의 투상도만으로 도형을 나타내는 기법을 2면도법이라 한다.

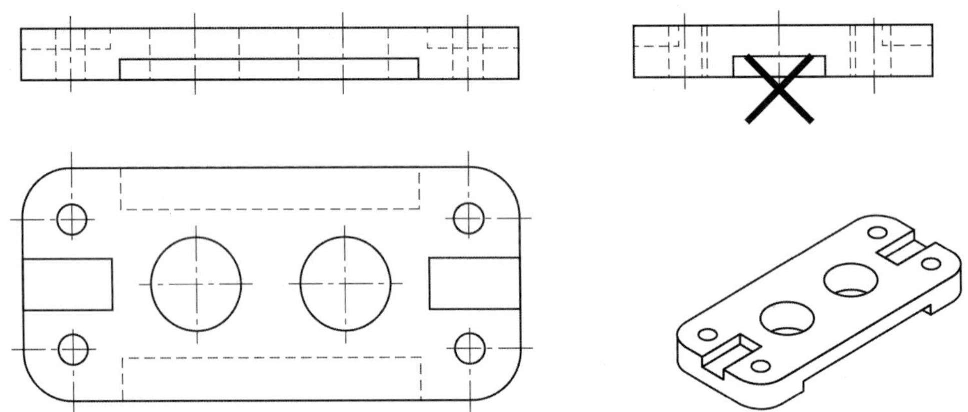

[그림 3－2] 정면도와 평면도만으로 나타내는 2면도법

1.3 정면도와 측면도만으로 표현이 가능한 경우

[그림 3－3]은 원기둥 형상을 가진 도면이다. 정면과 우측면만의 구성으로 이루어진 2면도이다. 평면도가 없어도 도면을 보는 데 지장이 없다.

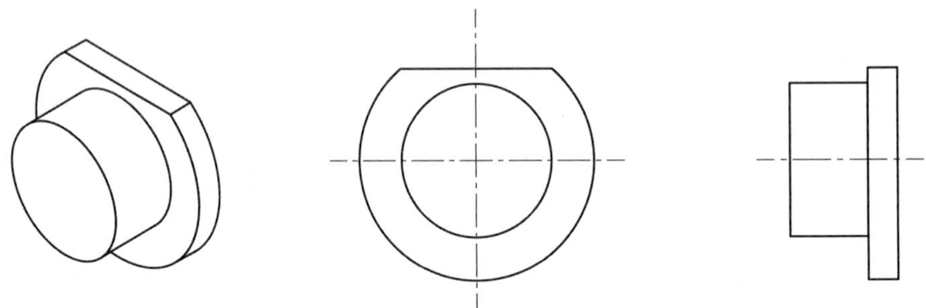

[그림 3－3] 정면도와 측면도로 나타내는 2면도법

2. 단면도법

단면도법이란 지금까지 은선으로만 나타냈던 내부형상 혹은 물체의 보이지 않는 부분을 좀더 명확하게 도시하기 위해서 가상적으로 필요한 부분을 절단하여 투상한 다음 도면으로 나타내는 기법이다. 물체의 보이지 않는 부분은 숨은선으로 도시한다. 그러나 간단한 형상까지도 숨은선이 있으면 도형이 복잡스럽게만 보이는데 만약, 복잡한 물체라면 숨은선이 더 많을 것이고 도면을 이해하는데 있어 더욱더 어려움이 따를 것이다. 도면은 간단명료해야 하고 설계자의 뜻을 명확하게 전달할 수 있어야 한다고 앞에서 강조한 바 있다.

[그림 3－4]와 같이 단면도법을 잘 활용하면 좋은 도면을 그릴 수가 있을 것이다.

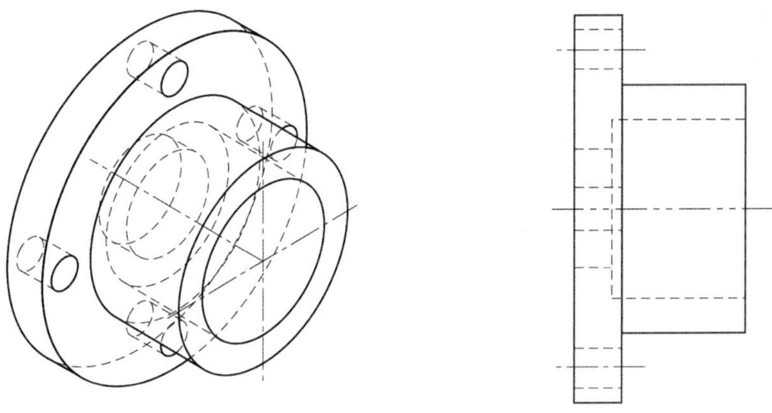

단면하지 않은 투상은 내부에 은선이 많아 알아보기 어렵다.

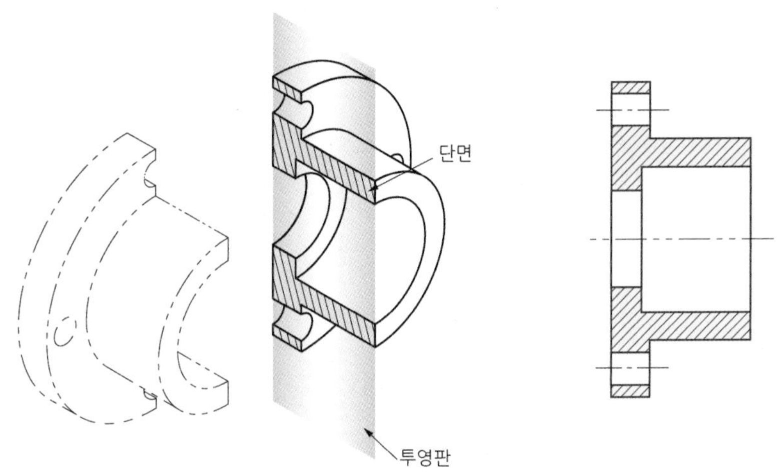

단면을 함으로써 내부형상이 또렷하고 알아보기 쉽다.

[그림 3－4] **단면표시와 단면도법**

2.1 단면도시 방법의 원칙

① 숨은선은 되도록 생략한다.

② 절단면과 절단되지 않은 면을 구별하기 위해 절단면에 가는 평행경사면을 45°로 긋는다. (간격 3~5mm) 이것을 해칭이라 한다.

③ 단면할 때에는 [그림 3－5]에서 보는 바와 같이 보는 방향을 화살표와 문자로 단면 위치를 표시한다.

④ 절단면과 단면도의 관련이 분명할 때는 표시방법을 일부 또는 전부를 생략할 수 있다.

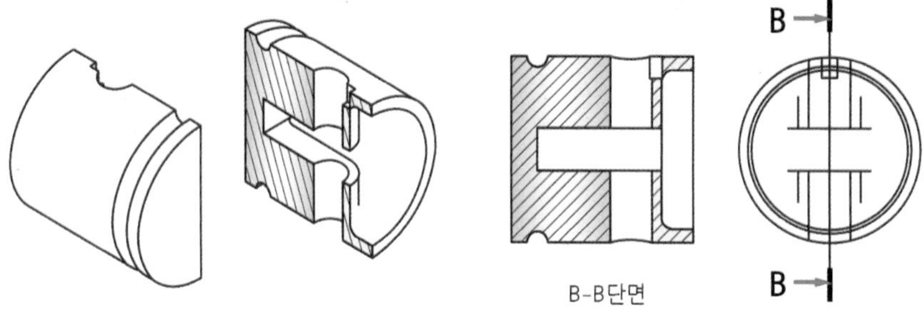

[그림 3－5] **단면 위치는 문자와 화살표로 표시**

2.2 전단면도법(온단면도)

[그림 3－6]은 물체의 기본 중심선을 기준으로 모두 절단하고, 절단면을 수직 방향에서 투상한 기법으로 가장 기본적인 단면기법이다.

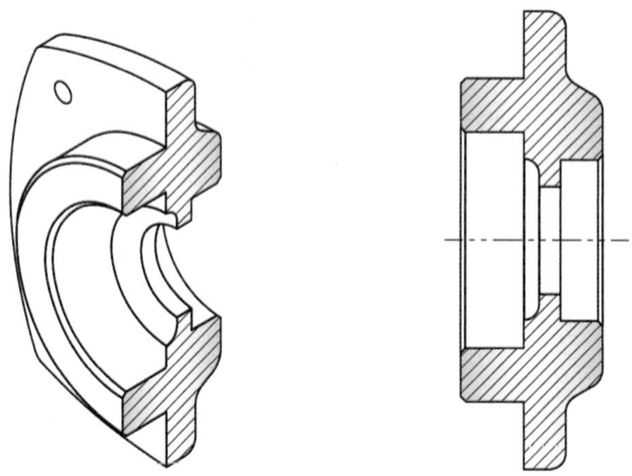

[그림 3－6] **전단면도**

2.3 반단면도(한쪽 단면도, 1/4단면도)

[그림 3 – 7]은 상하좌우 각각 대칭인 물체의 중심선을 기준으로 하여 1/4에 해당하는 한쪽만 절단하고 반대쪽은 그대로 나타내어 투상하는 기법으로 물체의 외부형상과 내 형상을 동시에 나타낼 수 있는 장점이 있다.

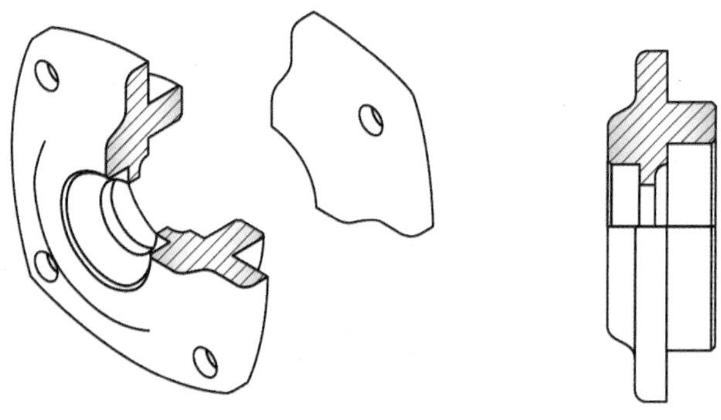

[그림 3 – 7] **반단면도–1**

위쪽과 아래쪽이 대칭인 물체를 반단면도로 그릴 때는 [그림 3 – 8] (가)와 같이 대칭 중심선의 위쪽을 단면도로 표시하고, 왼쪽과 오른쪽이 대칭인 물체는 [그림 3 – 8] (나)와 같이 오른쪽을 단면도로 표시한다.

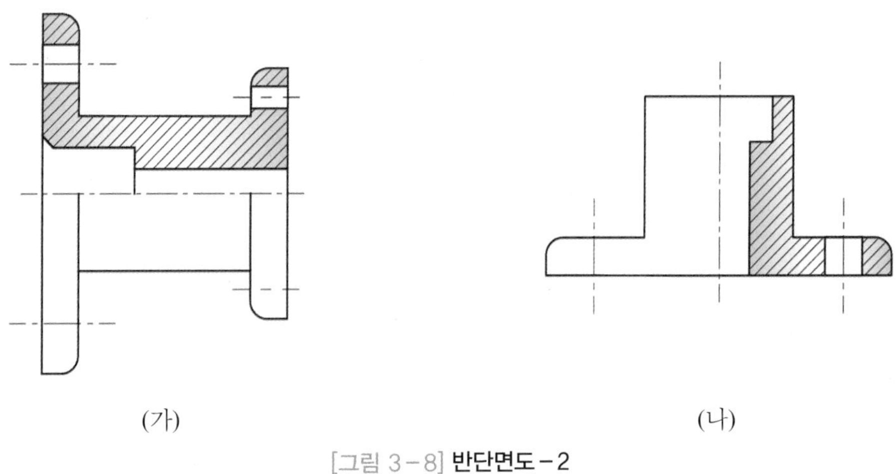

(가) (나)

[그림 3 – 8] **반단면도 – 2**

2.4 부분단면도

[그림 3 – 9]와 같이 물체의 꼭 필요한 부분만을 절단하여 투상하는 기법으로 단면기법 중 가장 자유롭고 적용범위가 넓다. 특징으로는 물체가 대칭이건 대칭이 아니건 모두 적용이 가능하고, 단면한 부위는 파단선을 이용하여 경계를 표시한다.

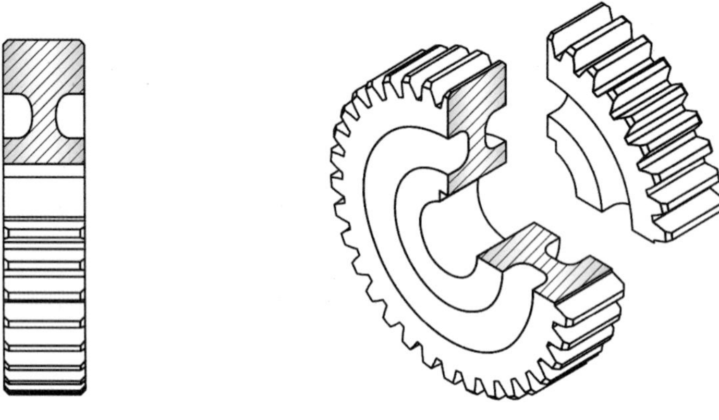

[그림 3 – 9] 부분단면도

2.5 회전단면도

절단면을 그 자리에서 90°로 회전시켜 투상하는 단면기법으로 바퀴, 암이나 리브, 형강 등에 많이 적용되는 단면기법이다. 별개의 단면도로 그리기보다는 외형도 내의 절단 위치에 그리는 경우가 많다. [그림 3 – 10]과 같이 동력전달장치 본체의 리브 부분의 단면을 회전투상도로 나타낸 것이다.

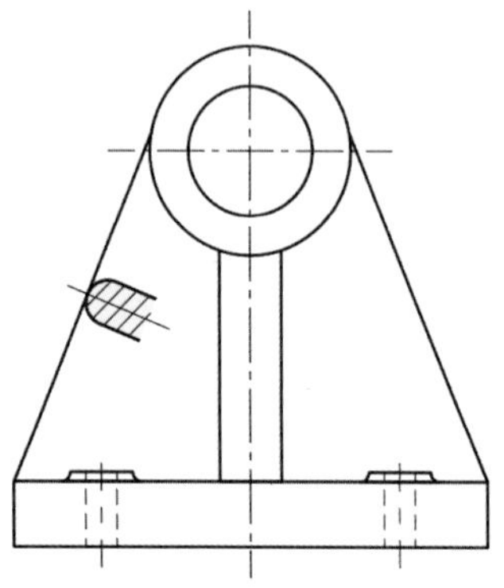

[그림 3 – 10] 회전단면도

2.6 조합단면도법

조합단면도는 여러 개의 절단면을 조합하여 단면도로 표시하는 기법을 말한다.

(1) 대칭에 가까운 물체를 나타내는 조합단면도

다음 [그림 3－11]는 A－0－B를 중심선을 따라 절단하고, 0－B를 0－C까지 회전시켜 A－0－C와 동일 선상에 놓고 투상하는 기법의 예이다.

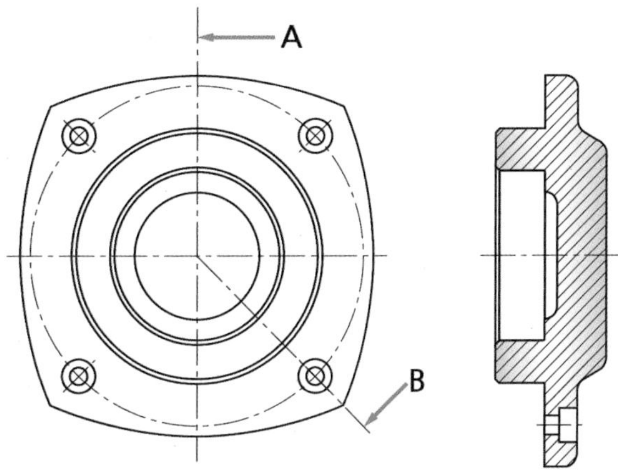

[그림 3－11] 대칭형에 가까운 물체의 조합단면도

(2) 평행인 두 평면을 나타내는 조합단면도

절단할 때는 A, B를 연결하는 선이 이론적으로는 [그림 3－12]과 같이 나타나지만 이와 같은 단면 도시기법에서는 그림과 같이 나타내는 것을 원칙으로 한다.

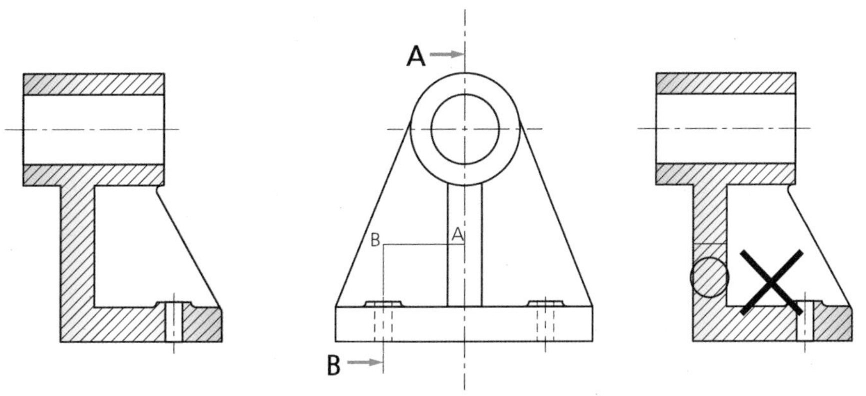

[그림 3－12] 평행인 두 평면을 나타내는 조합 단면도

2.7 생략도법

(1) 대칭 도형의 생략도법

도형이 대칭인 경우 중심선을 기준으로 한쪽을 생략할 수 있다.

이때, 한쪽 도형만 그리고 그 대칭 중심선의 양 끝에 2개의 짧은 가는 실선을 나란히 긋는다.

① [그림 3－13]과 같이 대칭인 투상도가 중심선을 넘지 않을 경우

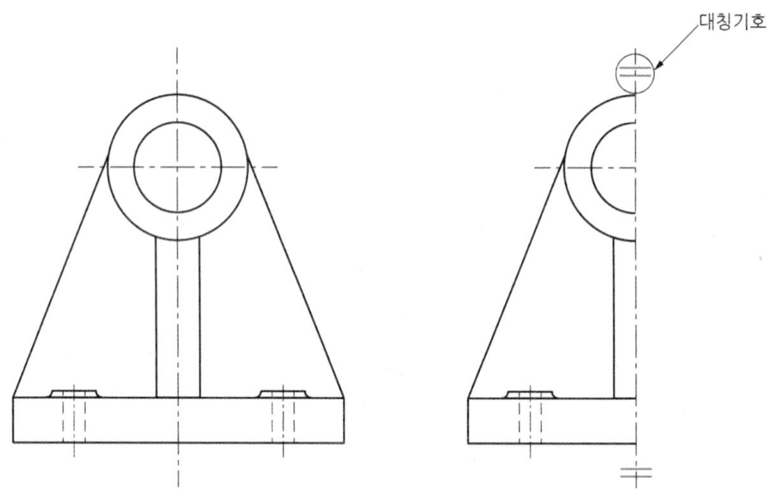

[그림 3－13] **대칭 도형의 생략－1**

② [그림 3－14]과 같이 대칭인 투상도가 중심선을 넘을 경우

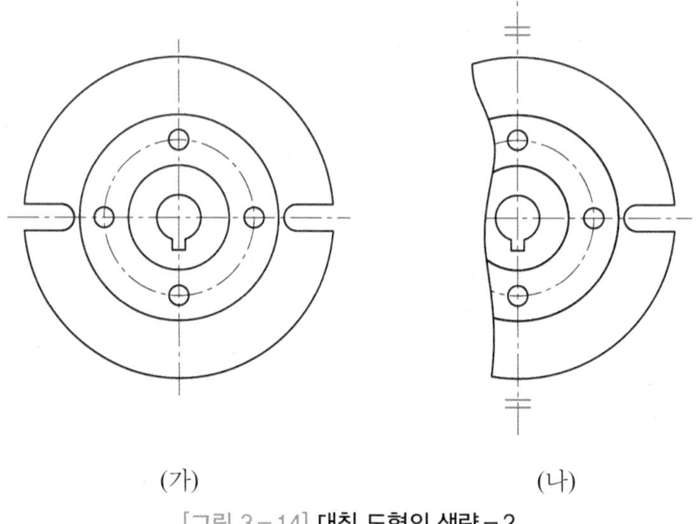

[그림 3－14] **대칭 도형의 생략－2**

(2) 중간부분을 생략할 수 있는 여러 가지 기법들

축, 막대, 파이프, 형강, 래크, 테이퍼 축과 같이 규칙적으로 줄이어 있는 부분 또는 너무 길어서 도면영역 내에 들어가지 못하는 그림인 경우는 [그림 3-15]와 같이 중간 부분을 잘라내서 긴요한 부분만 가까이하여 도시할 수 있다.

이 경우, 잘라 낸 끝 부분은 파단선으로 나타내고 긴 테이퍼의 경우 경사가 원만한 것을 실제 각도로 표시하지 않아도 좋다.

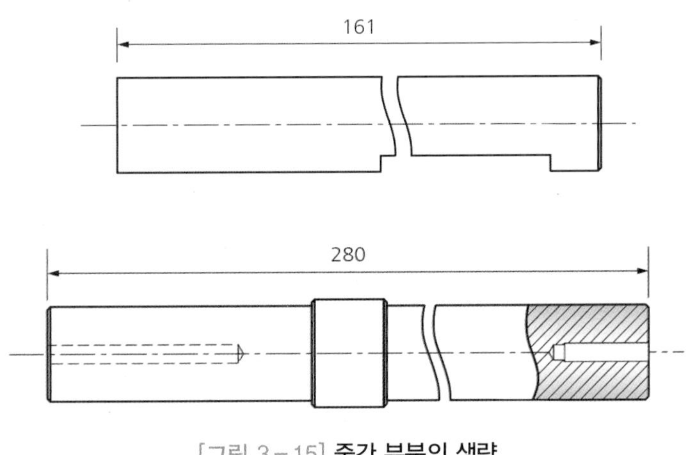

[그림 3-15] 중간 부분의 생략

2.8 단면을 해서는 안되는 경우와 특수한 경우 도시방법

(1) 단면을 해서는 안되는 경우

축, 리브, 바퀴암, 기어의 이, 볼트, 너트 등과 같은 경우 단면을 하지 않는 경우가 있다.

그 이유는 단면을 함으로써 도형을 이해하는 데 방해만 되고, 단면을 한다 해도 의미가 없을 뿐만 아니라 잘못 해석할 우려가 있어 길이 방향으로 단면을 하지 않는다.

(2) 특수한 경우

단면도법이나 생략도법 이외에 특수한 경우, 도형을 표시하는 방법이 있다.

① 일부분이 평면인 경우 도시방법

도형 내에 특정 부위가 평면일 때, 이것을 표시해야 될 경우 [그림 3-16]과 같이 평면인 부위에 가는 실선으로 대각을 긋는다.

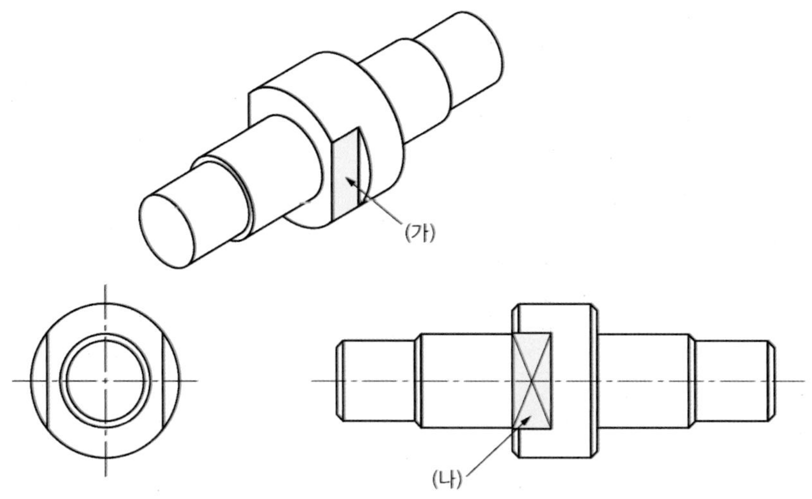

[그림 3－16] **평면의 도시－1**

다음 [그림 3－17]은 물체의 내부에 있는 평면을 도시할 때에도 대각선은 파선이 아닌 실선을 사용해야 한다.

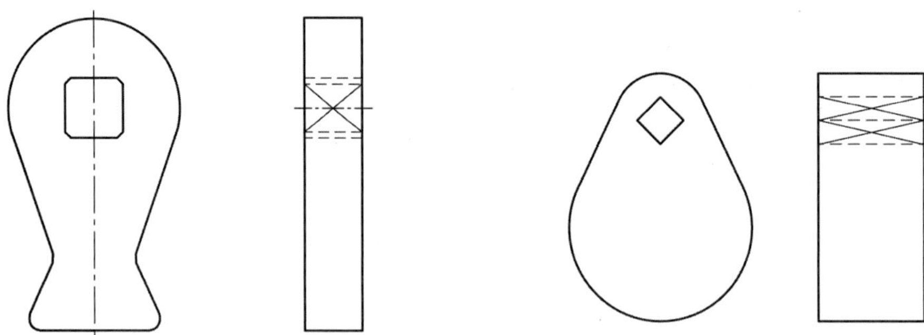

[그림 3－17] **평면의 도시－2**

② 도형이 구부러진 경우 도시방법

[그림 3－18]은 각이 진 부분에 라운드가 있는 경우에는 교차선의 위치에서 그에 대응하는 그림까지 가는 실선으로 표시하고 교차한 대응도면의 위치에는 상관선을 외형선으로 표시한다.

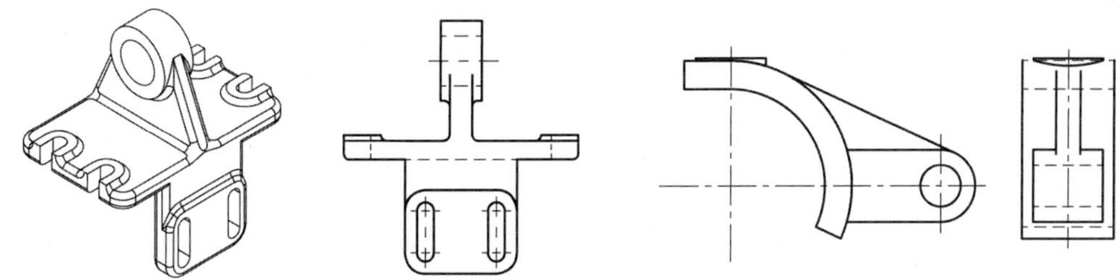

[그림 3 – 18] **교차 부분의 도시**

③ 리브의 끝을 도시하는 방법

[그림 3 – 19]는 리브 끝부분에 라운드 표시를 할 때는 크기에 따라 직선, 안쪽 또는 바깥쪽으로 구부러진 경우가 있다.

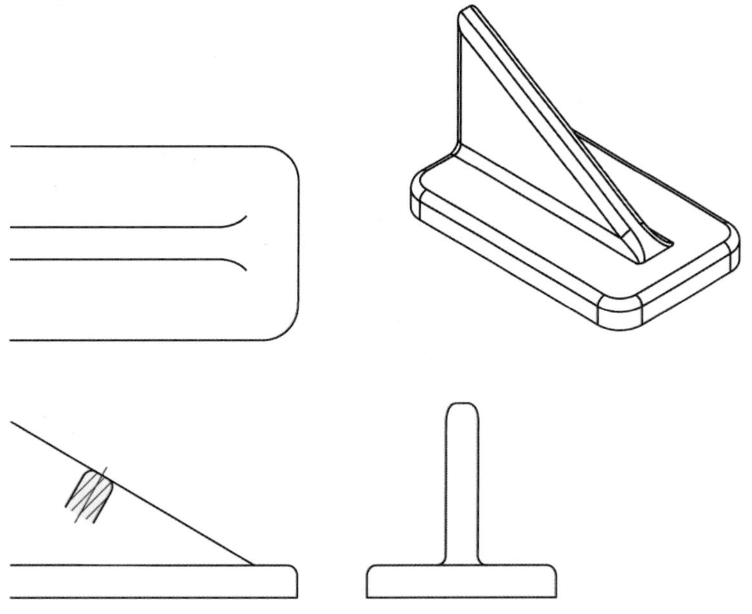

[그림 3 – 19] **리브의 끝부분이 라운딩 된 경우 도시방법**

④ 특수한 가공 부분을 표시하는 방법

[그림 3 – 20]은 대상물의 면에 특수한 가공이 필요한 부분은 그 범위를 외형선에서 약간 띄워서 굵은 1점 쇄선으로 표시할 수 있다.

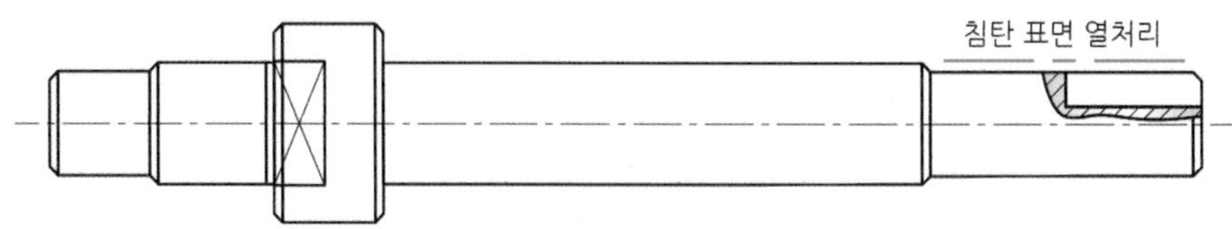

[그림 3-20] **특수가공을 표시하는 방법**

3. 기타 정투상도를 보조하는 여러 가지 투상도들

3.1 보조투상도법

물체의 경사면에서 실제의 길이를 나타내기 위해서 경사면과 수직하는 위치에 나타내는 투상도를 보조투상도라 하고 도시하는 방법은 [그림 3-21]과 같다.

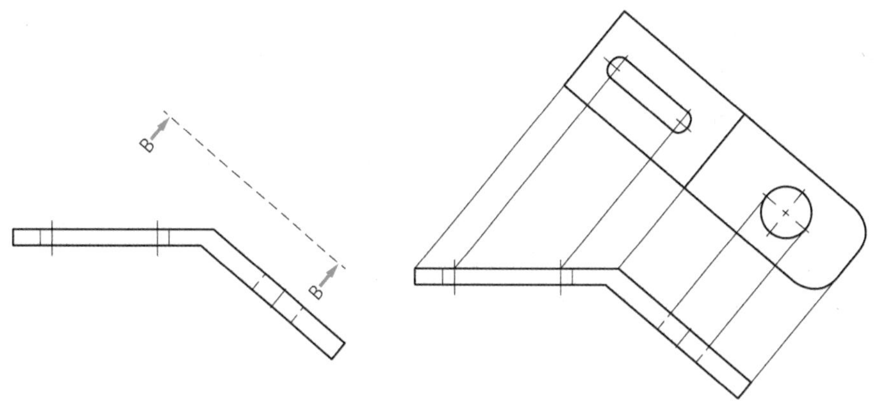

[그림 3-21] **보조투상도**

3.2 회전투상도법

[그림 3-22]와 같이 물체의 일부분이 경사져 있을 때 경사진 부분만 회전시켜서 나타내는 투상도법을 회전 투상도라 하고 잘못 해석할 우려가 있을 경우 작도선을 남긴다.

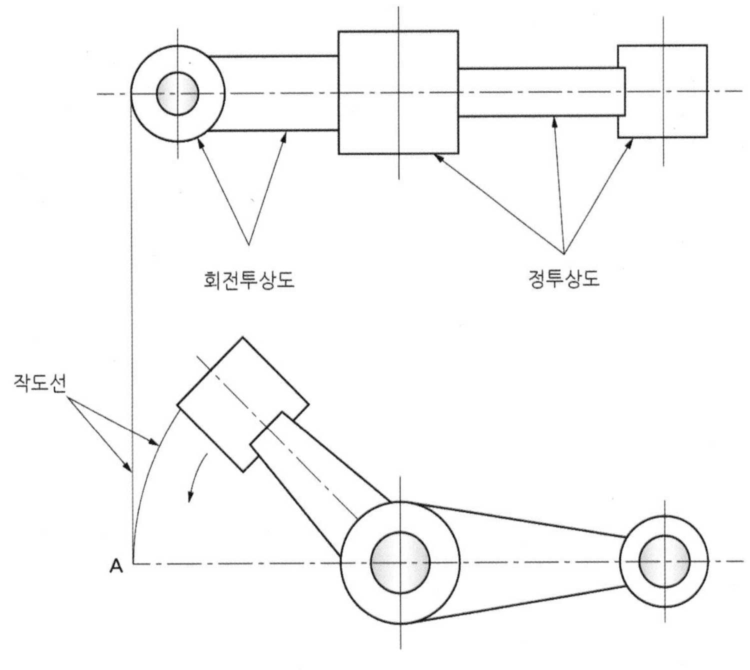

[그림 3 – 22] **보조투상도**

3.3 부분투상도법

[그림 3 – 23]은 주 투상에서 잘 나타나지 않은 부분 혹은 꼭 필요한 일부분만 오려내서 나타내는 투상도법을 부분투상법이라 한다.

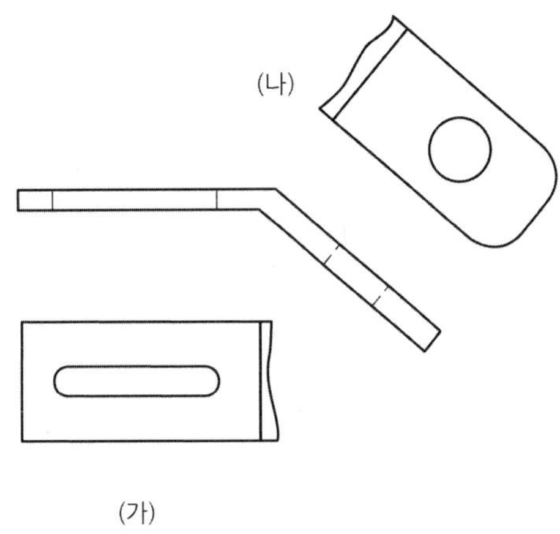

[그림 3 – 23] **부분투상도**

3.4 국부투상도

[그림 3－24]은 정면도를 보조하는 투상도를 그릴 때 특수한 부분만 나타내는 투상도법

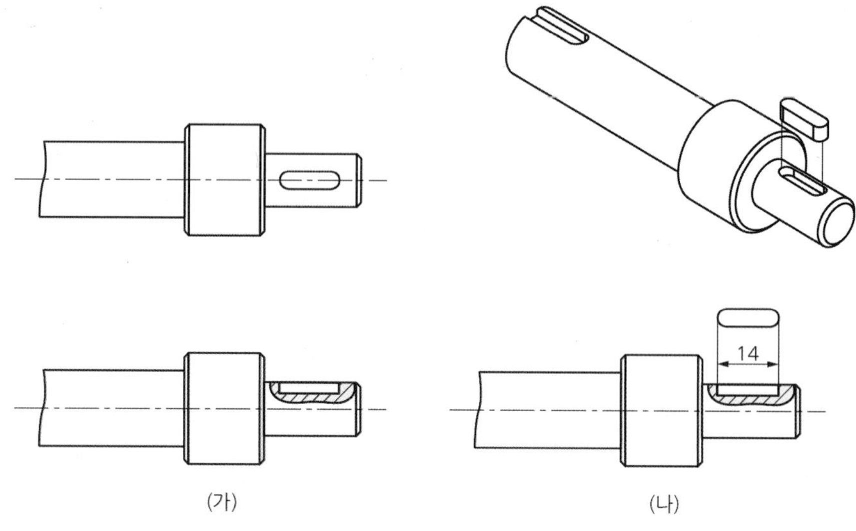

[그림 3－24] **국부투상도**

(1) 회전체의 경우 도시법

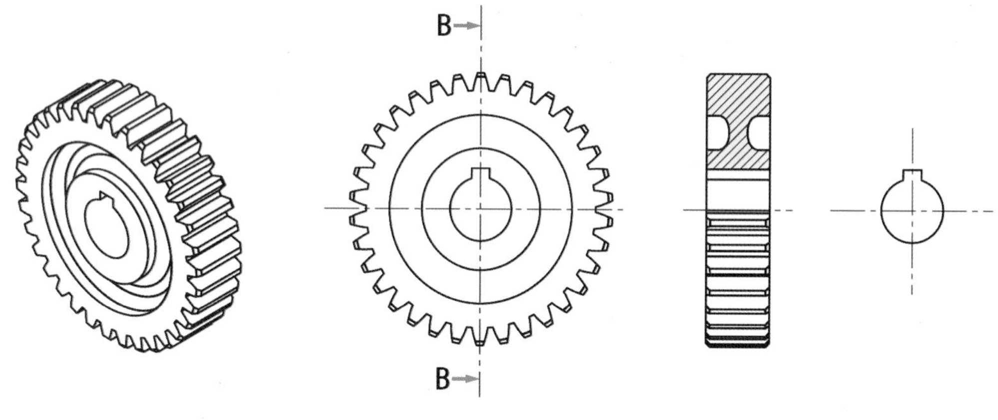

[그림 3－25] **국부투상도**

3.5 상세도법

물체의 중요한 부분이 너무 작은 경우 그 부분을 가는 실선으로 둘러싸고 인접한 부분에 크기를 확대시켜 그리는 투상도를 상세도법이라 한다. 이때, 문자로 척도를 표시하고 치수기입은 1:1 치수로 기입한다.

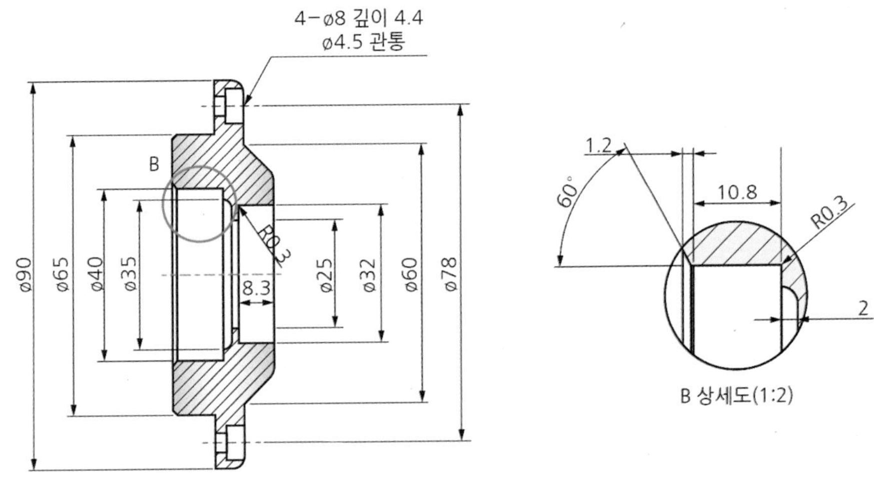

[그림 3-26] **상세도법**

CHAPTER 04 치수기입법

물체의 형상을 정투상도로 그린 다음에 길이, 각도 등의 치수(dimension)와 지시사항을 기입하여 물체의 모양과 크기를 표시함으로써 비로소 도면은 그 기능을 발휘할 수 있게 된다.
도면에 기입되는 이러한 치수는 도면 작성에만 필요한 것이 아니라, 제작자가 그 물체를 제작할 때에 손쉽게 이용할 수 있도록 선정한 치수이어야 하며, 관련된 부품이 제작된 다음에도 적합하게 조립되어 작용하는 데 필요한 치수이다. 그러므로 제도자는 먼저 공작기계의 기능이나 동작을 연구하고 자신이 실제 제작자 또는 가공자라고 가정하면서 어떠한 치수를 어떠한 방법으로 나타내어야 가장 효율적인가를 생각하여야 한다.
일반적으로 치수기입은 크기를 표시하는 것으로만 생각하나 치수는 단순한 것이 아니고 작업 합리화의 포인트를 가지고 있으므로 가공과 제작에 직결되는 치수기입은 충분한 지식 없이는 곤란하다. 그러므로 스스로 물체를 제작하는 입장에 서서 어느 부분의 치수를 어떻게 기입하면 합리적으로 되는가를 생각하여 기입하고, 치수와 문자 등을 정확히 기입하여 도면을 보는 사람으로 하여금 잘못 보는 일이 없도록 하여야 한다.

1. 치수기입의 기본 요소

1.1 치수 결정과 기입 위치

아무리 도형을 잘 그렸다 하더라도 치수를 잘못 기입한다면 정확한 제품을 만들 수 없다. 따라서 치수기입할 때에는 세심한 주의를 기울이면서 정확하고 보기 쉽도록 치수기입 위치와 필요한 치수를 결정해야 한다.

(1) 기초지식

치수를 기입할 때는 사용되는 선과 기호에 관한 사항을 우선 잘 알고 있어야 하며, 치수를 표시하는 선의 굵기, 선 사이의 간격 등도 잘 이해하고 있어야 한다. 이와 같은 선과 기호는 치수를 간단하고 명확하게 표시하기 위한 수단이다.

(2) 치수가 필요한 부분 선정

가공, 조립될 기계의 기능이라든지 각 부속품의 적합한 작용이란 관점에서 가장 중요한 사항은 치수를 표시해야 할 부분을 선정하는 것이다.

(3) 치수가 기입될 위치 선정

기입해야 할 부분을 선정한 다음 도면에 이들 치수를 기입하여야 할 위치 즉 장소를 선정하여야 한다. 치수는 명확하고 읽기 좋게, 또한 도면을 보는 사람이 쉽게 발견할 수 있는 위치에 기입하여야 한다.

1.2 도면에 기입되는 부품의 치수

도면에 기입되는 부품의 치수에는 재료치수, 소재치수, 마무리 치수의 3가지가 있다.
그러나 KS에서는 도면에 치수를 표시할 때 특별히 명시하는 경우를 제외하고는 그 도면에 도시한 대상물의 마무리 치수(완성치수)를 기입하도록 하고 있다.

(1) 재료치수

탱크, 압력용기, 철골구조물 등을 만들 때에 필요한 재료가 되는 강판, 형강, 관 등의 치수로서 절단 여유, 다듬질 여유 등이 포함된 치수이다.

(2) 소재치수

반제품 즉 주물공장에서 주조한 그대로의 치수 또는 단조공장에서 단조한 그대로의 치수로서 기계로 가공하기 전 미완성품의 치수이므로 다듬질 여유 값이 포함된 치수이다.

(3) 마무리치수

마지막 다듬질을 하여 완성품을 만들기 위한 완성치수로서 다듬질 여유 값은 포함하지 않는다. 그러므로 도면에 기입되는 치수는 마무리 치수이며, 다른 치수를 기입할 때에는 특별히 명시하여야 한다. [그림 4 – 1]은 마무리치수와 소재치수의 기입 보기를 든 것으로 가상선은 다듬질 여유 값이 붙은 상태의 소재치수를 나타낸다.

2. 치수기입 방법

2.1 치수기입의 원칙

도면을 작도하는 데 있어 치수기입은 중요한 요건 중 하나이다. 설계자 또는 제도자가 도면에 기입한 치수를 제작자가 직접 보고 가공할 치수임으로 정확한 수치를 정의해야 하고 무엇보다 더 알기 쉽고 간단 명료해야 할 것이다.

(1) 치수기입 시 유의사항

① 공작물의 기능면 또는 제작, 조립 등에 있어서 꼭 필요하다고 생각되는 치수만 명확하게 도면에 기입한다.

② 치수는 되도록 계산해서 구할 필요가 없도록 기입한다.

③ 중복 치수는 피하고 되도록 정면도에 집중하여 기입한다.

④ 필요에 따라 기준으로 하는 점과 선 혹은 가공면을 기준으로 하여 기입한다.

⑤ 관련된 치수는 되도록 한 곳에 모아서 보기 쉽게 기입한다.

⑥ 참고 치수에 대해서는 치수 문자에 괄호를 붙인다.

⑦ 반드시 전체 길이, 전체 높이, 전체 폭에 관한 치수는 기입되어야 한다.

(2) 치수의 단위표시 방법

① 길이치수로서 단위를 붙이지 않는 숫자는 모두 밀리미터(mm)이다. 만약, (mm) 이외의 단위를 사용할 때는 그에 해당되는 단위 기호를 붙이는 것을 원칙으로 한다.

② 치수정밀도가 높을 때에는 소수점 2자리 내지 3자리까지 표시할 수 있다.

③ 각도는 "도"를 기준으로 하나, 필요에 따라 "분"(′) "초"(″)를 범용할 수 있다.

2.2 치수기입 방법의 일반형식

치수기입 방법의 일반형식은 다음 [그림 4 – 1]과 같이 따른다.

① 치수는 치수선, 치수 보조선, 치수 보조기호 등을 사용하여 표시한다.

② 치수선은 원칙으로 지시하는 길이 또는 각도를 측정하는 방향에 평행하게 그린다.

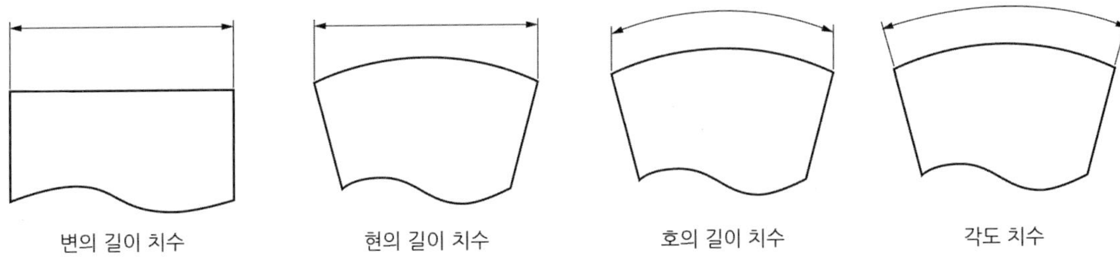

[그림 4－1] **치수선 그리기**

치수선의 양끝에는 다음 [그림 4－2]와 같이 끝 부분 기호를 붙인다.

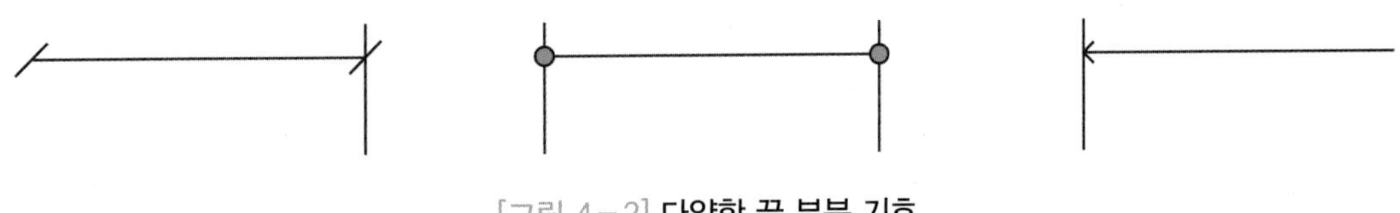

[그림 4－2] **다양한 끝 부분 기호**

③ 치수는 원칙으로 [그림 4－3]과 같이 치수 보조선을 사용한다.

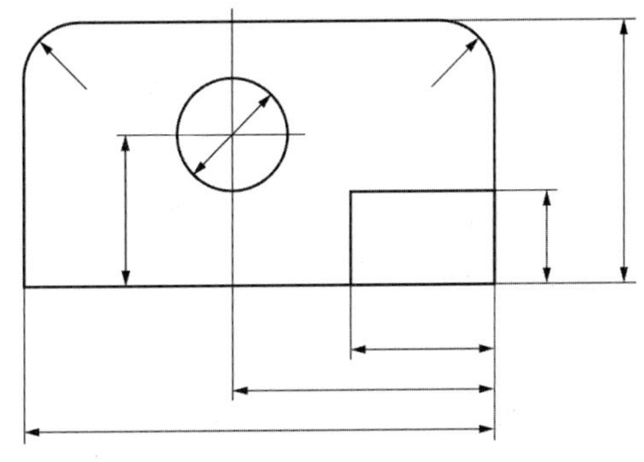

[그림 4－3] **치수 보조선의 형태**

치수 보조선이 있으면 오히려 혼동하기 쉬울 때는 다음 [그림 4－4]와 같이 치수 보조선 없이 치수기입하는 방법이 좋다.

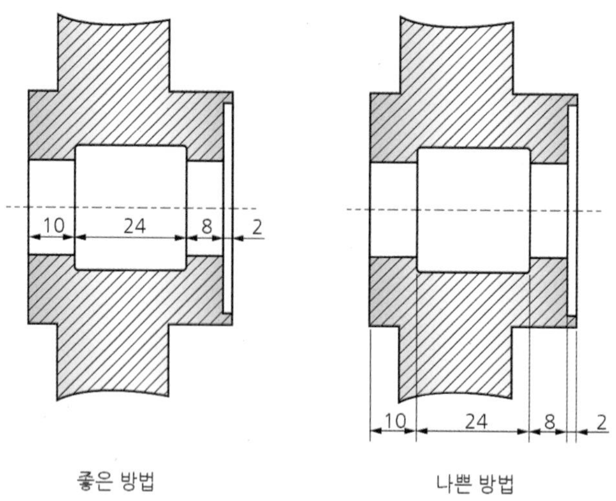

[그림 4-4] **치수 보조선 생략**

④ [그림 4-5]와 같이 치수 보조선은 치수선과 직각을 이루면서 약간 지나치게 그려야 하며, 물체에서 약간 띄워도 좋다.

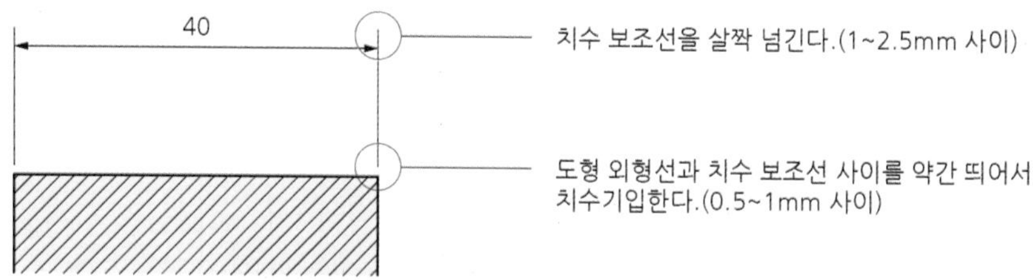

[그림 4-5] **치수 보조선 작성 형식**

치수를 지시하는 점 또는 선을 명확히 하기 위하여 특히 필요한 경우에는 치수선에 대하여 [그림 4-6]과 같이 적당한 각도를 가진 서로 평행한 치수 보조선을 그릴 수 있다.
이때 치수선과 치수 보조선의 각도는 60°가 좋다.

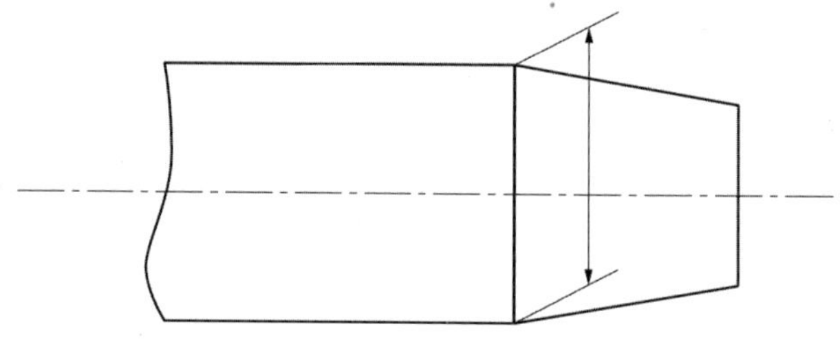

[그림 4-6] **치수 보조선 기울기**

⑤ 각도를 기입하는 치수선은 각도를 구성하는 두 변 또는 그 연장선(치수 보조선)의 교점을 중심으로 양변 또는 그 연장선 사이에 그린 [그림 4－7]과 같이 원호로 표시한다.

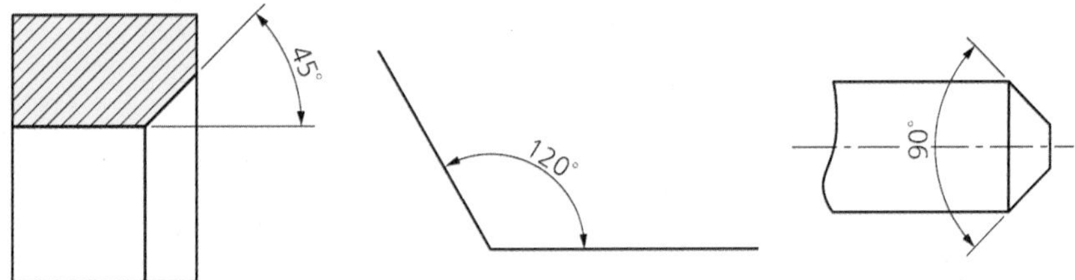

[그림 4－7] **각도 치수기입 형태**

⑥ 치수 수치를 기입하는 위치 및 방향은 특별히 정한 누진 치수기입법의 경우를 제외하고 다음 두 가지 방법 중 하나를 선택한다. 보통 방법1)을 사용한다.

방법1) 치수 수치는 수평방향의 치수선에 대하여는 도면의 하변으로부터, 수직방향의 치수선에 대하여 도면의 우변으로부터 읽도록 쓴다.

① 치수 수치는 치수선을 끊지 않고, [그림 4－8]과 같이 중앙의 약간 위에 써준다.

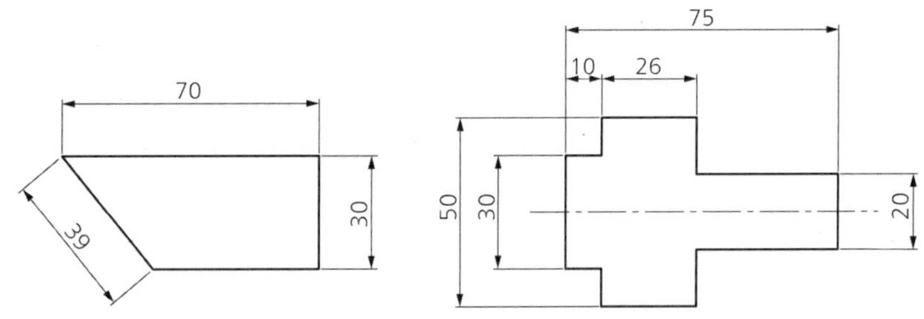

도면 외형선과 치수보조선 사이를 약간 띄워서 치수 기입한다.(0.5~1mm 사이)

[그림 4－8] **선형 치수기입 형태**

② 경사진 방향의 치수선에 대하여 [그림 4-9]와 같은 방법을 적용한다.

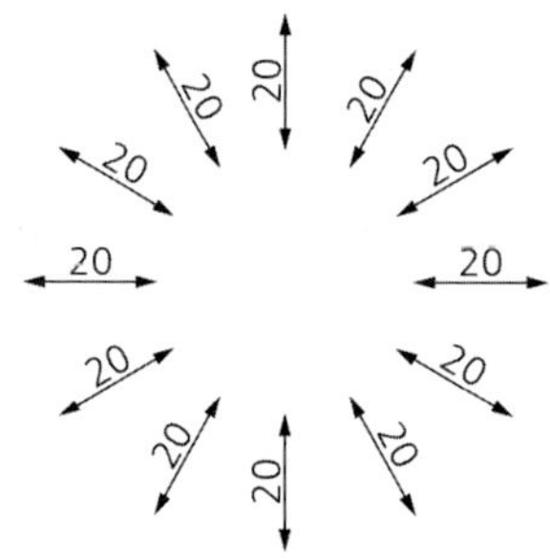

[그림 4-9] **경사진 선형 치수기입 형태**

③ 각도에 대하여는 [그림 4-10]의 다음 두 방법 중 하나를 선택하여 쓴다.

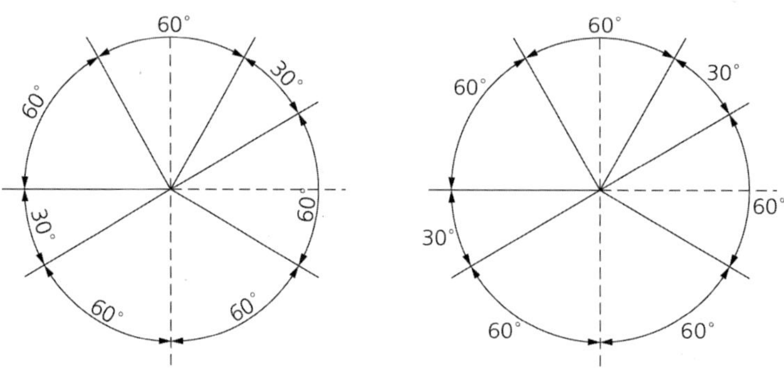

[그림 4-10] **경사진 선형 치수기입 형태**

수직선에 대하여 좌상에서 우하로 향하여 약 30° 이하의 각도를 이루는 방향에는 치수선의 기입을 피한다.

도형의 관계로 기입하지 않으면 안 될 경우에는 다음 [그림 4-11] (b), (c)와 같은 요령으로 한다.

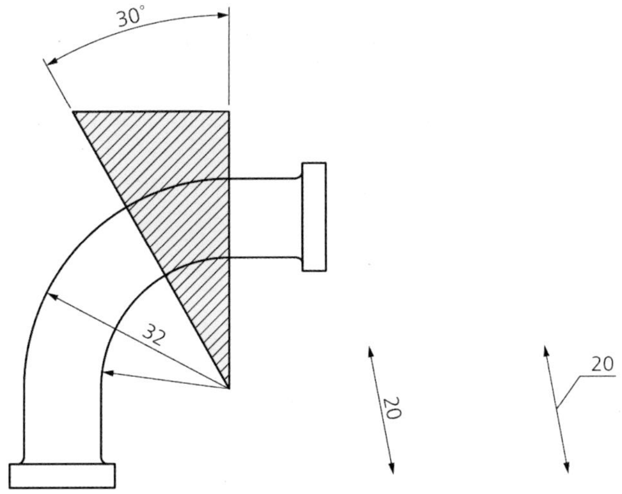

[그림 4－11] **치수기입을 피해야 하는 곳**

방법2) 치수 수치는 도면의 하변에서 읽을 수 있도록 쓴다. 수평 방향 이외의 방향의 치수선은 치수 수치를 끼우기 위하여 중단하고, 그 위치는 [그림 4－12]와 같이 치수선의 거의 중앙으로 하는 것이 좋다.

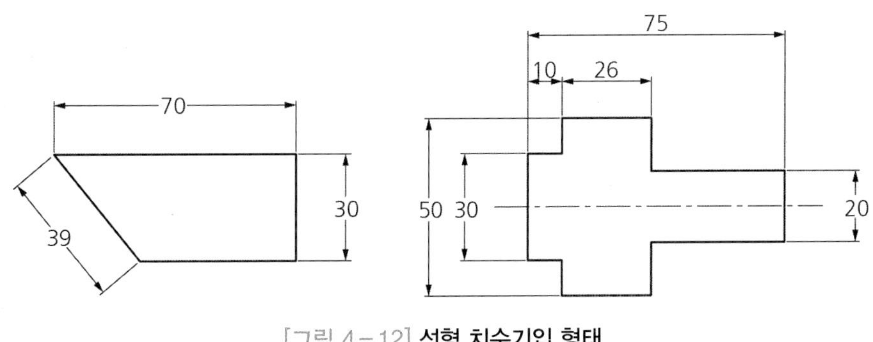

[그림 4－12] **선형 치수기입 형태**

각도 치수기입은 [그림 4－13]과 같은 방법으로 한다.

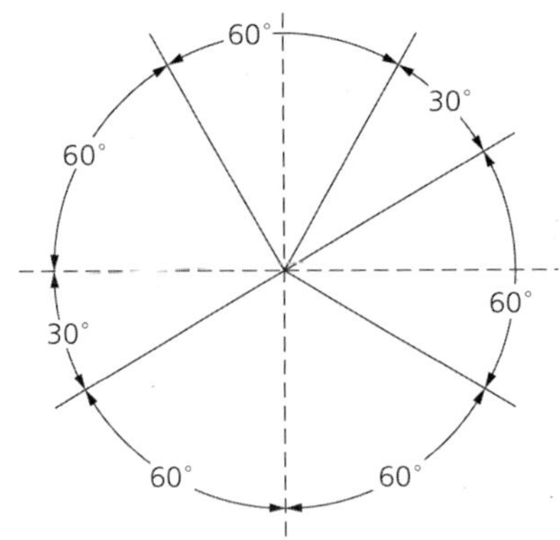

[그림 4 – 13] **각도 치수기입 형태**

⑦ 좁은 곳에서의 치수기입은 다음 방법을 따른다.
지시선을 치수선에 끌어내고 원칙으로 그 끝을 수평으로 구부리고 그 위쪽에 치수 수치를 기입한다. 이때 지시선을 끌어내는 쪽에는 [그림 4 – 14]와 같이 화살표를 붙이지 않는다.

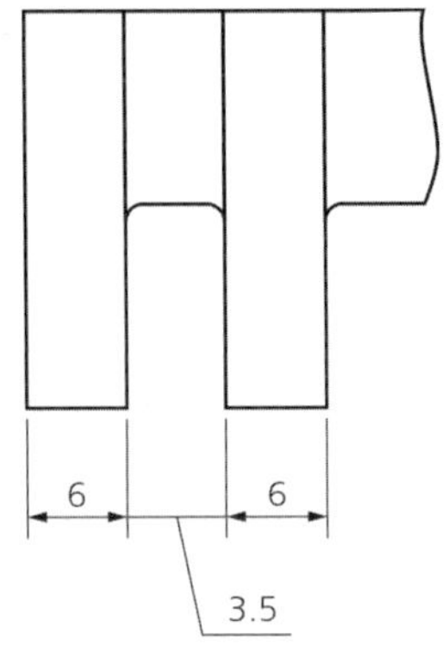

[그림 4 – 14] **좁은 곳에서 치수기입 형태**

치수선을 연장하여 위쪽이나 바깥쪽에 기입하여도 된다. 치수 보조선의 간격이 좁아 화살표를 기입할 곳이 좁으면 점을 찍거나 짧은 경사선을 사용하여도 된다.

⑧ 가공, 조립할 때 기준을 고려하여 기입한다. 혹은 작업의 편의성을 고려하여 기입한다. [그림 4 – 15]와 같은 환봉을 가공하여 제작하는 경우 선반 가공을 하여야 한다.

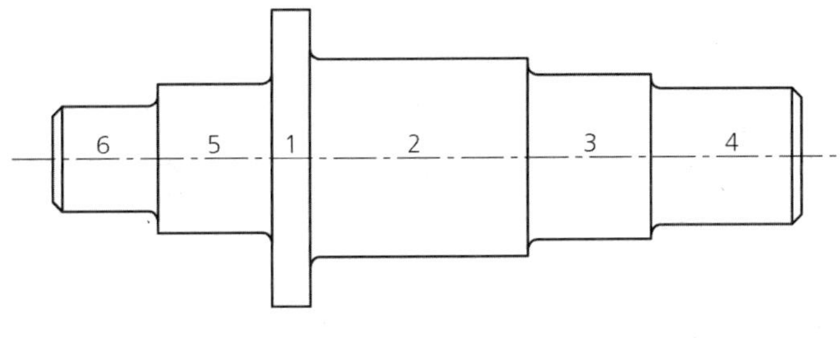

[그림 4－15] 환봉 가공 순서

[그림 4－16]과 같이 재료의 왼쪽을 척에 물리고 1, 2, 3, 4 번을 차례로 가공한 다음 공작물을 반대로 물리고 5, 6을 가공하게 된다.

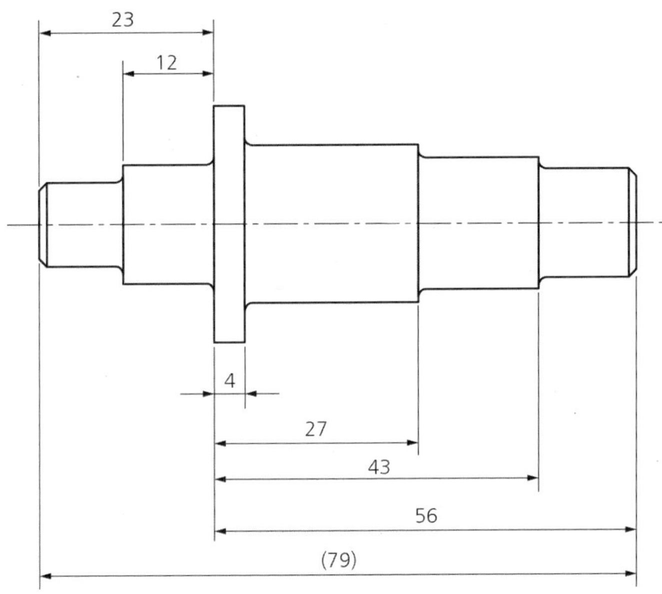

[그림 4－16] 작업공정을 고려한 치수기입

이러한 일련의 공정을 생각한다면, 다음과 같이 치수를 기입하여야 작업자가 가장 가공하기 쉽다.

2.3 치수를 보조하는 기호

치수 보조기호는 치수 숫자에 ∅, t, R, C, S∅, SR과 같은 기호를 치수 숫자의 앞에 치수 숫자와 같은 크기로 기입하여 그것이 어떤 성질의 치수인가를 표시한다. 이들 보조 기호에 대한 설명은 [표 4－1]에서 자세히 다루기로 한다.

[표 4-1] 치수 보조 기호

기호	의미	기호	의미
Ø	지름 치수(diameter)	SØ	구의 지름 치수(spherical diameter)
R	반지름 치수(radius)	SR	구의 반지름 치수(spherical radius)
t	판의 두께(thickness)	□	정사각형 변의 치수(square)
C	45° 모따기(chamfer)	⌒	원호의 길이(arc length)
( )	참고 치수(reference)	▭	이론적으로 정확한 치수(theoretically exact dimension)

2.4 주서(Note)의 기입

투상도와 치수만으로 물체의 형상을 적합하게 표시할 수 없을 때에는 주(註)를 사용한다.

주에는 일반 주기사항과 개별 주기사항으로 분류한다. 주를 사용함으로써 부가적인 투상도를 작성하지 않아도 되는 경우가 있고 또 전혀 투상도를 작성할 필요가 없을 때도 있다. 그러므로 도면에 주를 기입하는 것을 주저하여서는 안 된다. 이것은 서식(書式) 언어로서 도식(圖式) 언어를 보충하여 명확한 의사 전달을 하기 위한 것이다.

다만, 주기사항을 기입하기 위해서 사용하는 언어는 그 의미가 분명한 단어만을 엄선하여 애매한 내용이 되지 않도록 각별히 주의하여야 한다.

(1) 일반 주기사항

지시선을 붙일 필요가 없는 것으로 수평방향(가로쓰기)으로 기입하여 도면의 하단에서 읽을 수 있게 기입하여야 한다.

다음은 일반 주기사항을 기입할 때에 유의할 사항이다.

① 부품 전반에 걸쳐 해당되는 사항을 기입한다.

② 표제란 위에 기입하되 부득이 한 경우에는 표제란에서 가장 가까운 곳에 기입한다.

③ 일반 주기사항은 항상 명령문으로 한다.

예 – Setting 후 용접할 것

– 4 – Ø12 Drill Through 또는 4 – Ø12 드릴, 관통

– Chrome Plating 0.02mm 또는 표면 크롬도금 0.02mm

– 2 – M10 Tap Depth 15 또는 2 – M10탭, 깊이 15

– 10 Drill Depth 20 또는 10드릴, 깊이 20

2.5 치수의 배치

(1) 직렬 치수기입

[그림 4－17]과 같이 직렬로 나란히 연결된 개개의 치수에 주어진 치수 공차가 누적되어도 좋은 경우에 사용한다.

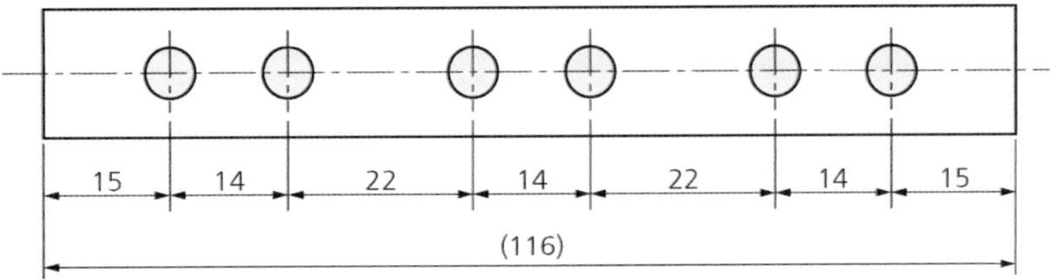

[그림 4－17] 직렬 선형 치수기입법

(2) 병렬 치수기입

[그림 4－18]과 같이 개개의 치수 공차가 다른 치수의 공차에는 영향을 주지 않는 방법이다. 이때 기준이 되는 치수 보조선의 위치는 기능, 가공 등의 조건을 고려하여 적절히 선택한다.

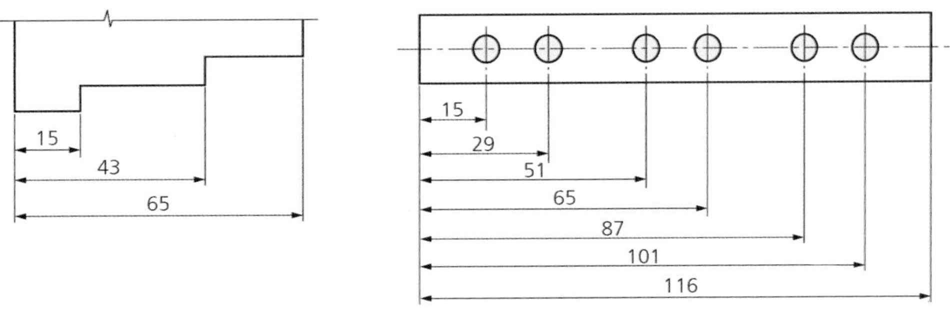

[그림 4－18] 병렬 선형 치수기입법

(3) 누진 치수기입

[그림 4－19]와 같이 병렬 치수기입과 동등한 의미를 가진 방법으로 좀더 간편하다. 치수의 기점이 되는 위치를 작은 원으로 기입하고 치수는 화살표의 끝 쪽에 기입한다.

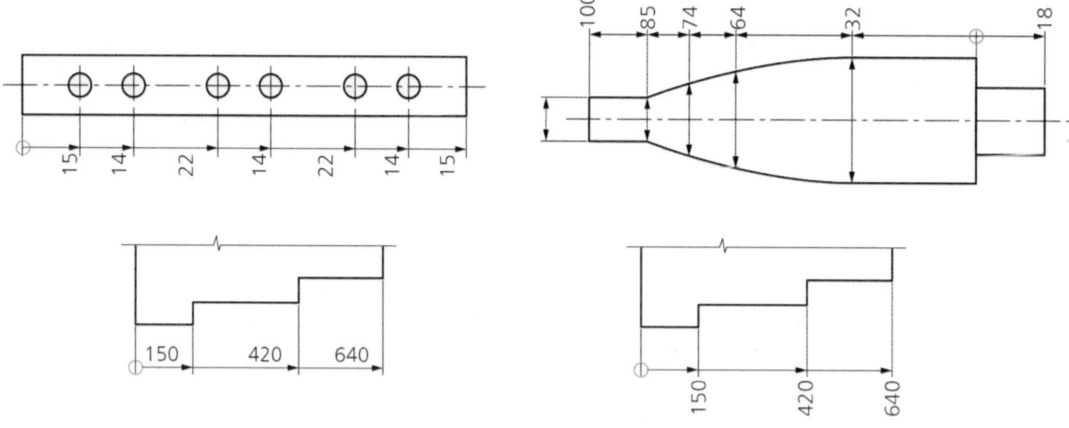

[그림 4-19] **누진 치수기입법 (1)**

다음 [그림 4-20]은 가로, 세로 동시에 적용한 예이다.

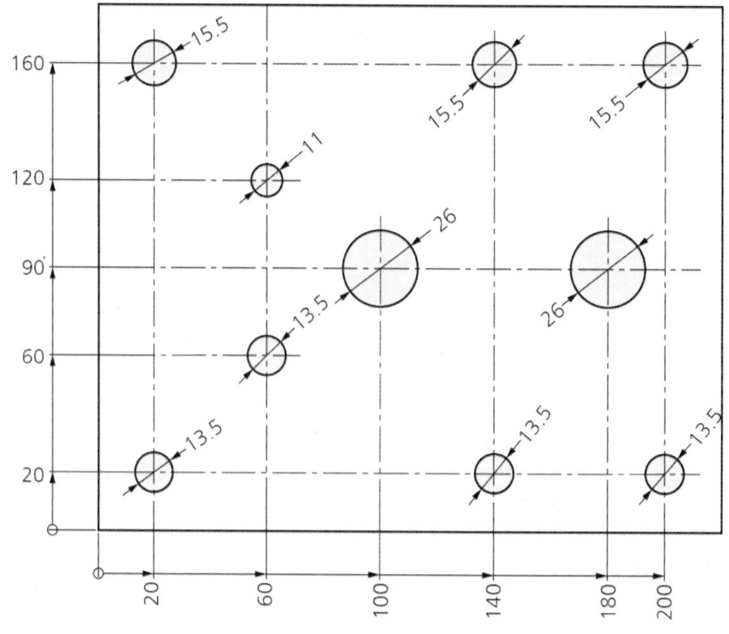

[그림 4-20] **누진 치수기입법 (2)**

(4) 좌표 치수기입

[그림 4－21]과 같이 구멍의 위치와 크기는 좌표를 사용하여 표로 나타내어도 좋다.

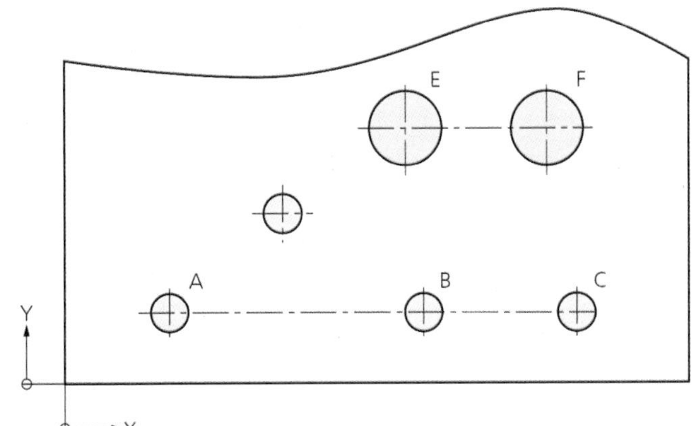

	X	Y	Ø
A	20	20	13.5
B	140	20	13.5
C	200	20	13.5
D	60	60	13.5
E	100	90	26
F	180	90	26

[그림 4－21] **좌표 치수기입법**

다음 [그림 4－22]는 캠(cam)을 좌표 치수기입법을 이용하여 효과적으로 제도한 예이다.

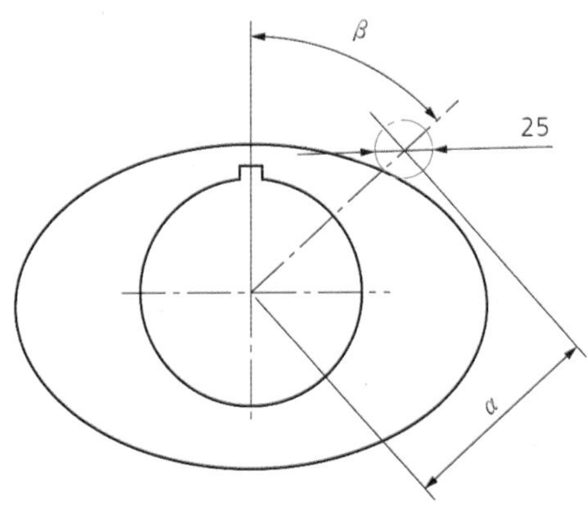

α	0°	20°	40°	60°	80°	100°	120~210°	230°	260°	280°	300°	320°	340°
β	50	52.5	57	63.5	70	74.5	76	75	70	65	59.5	55	52

[그림 4－22] **캠의 좌표 치수기입법**

2.6 지름, 반지름, 구의 표시

(1) 지름 표시 방법

[그림 4－23]은 원형의 물체를 도시하였을 때, 원형이 도시되는 곳에는 ∅ 기호를 붙이지 않는다.

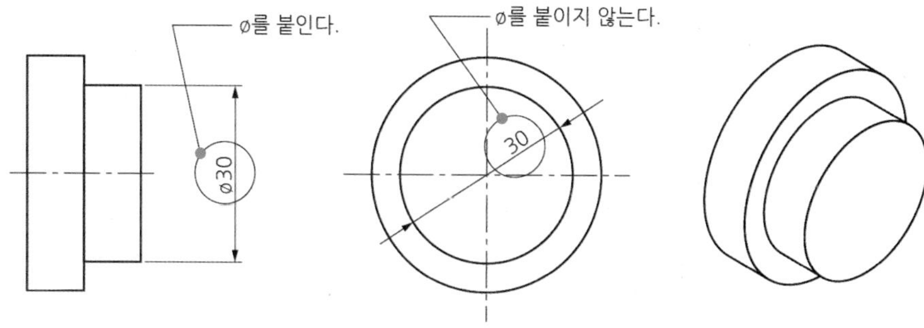

[그림 4-23] **지름 치수기입-1**

원형의 일부를 그리지 않은 도형에서 치수선의 화살표가 [그림 4-24]와 같이 한쪽인 경우에는 반지름 치수와 혼동하지 않도록 기호를 기입한다.

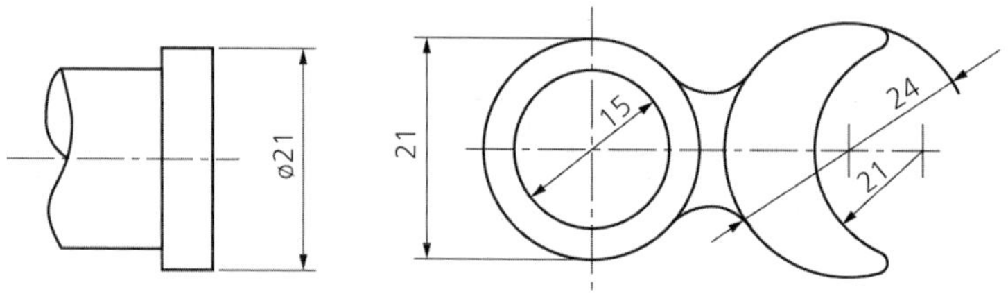

[그림 4-24] **지름 치수기입-2**

복잡하게 원통이 구성되어 치수기입이 곤란하면 [그림 4-25]와 같이 치수선과 화살표를 이용하여 치수기입을 한다.

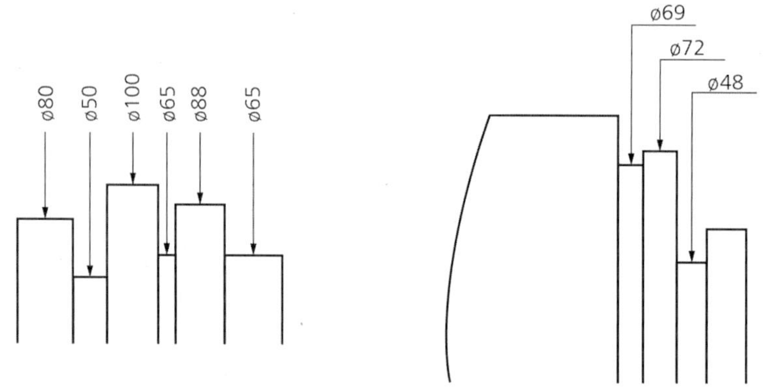

[그림 4-25] **지름 치수기입-3**

(2) 반지름 표시 방법

반지름 치수는 반지름 기호 R을 치수 앞에 붙인다.

[그림 4－26] (b)와 같이 원호의 중심까지 치수선을 그리는 경우는 R을 생략할 수 있다.

반지름을 표시하는 치수선에는 원호 쪽에만 화살표를 붙인다.

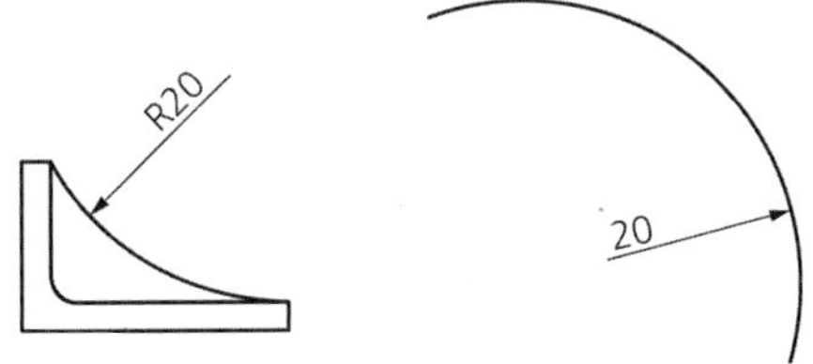

[그림 4－26] **반지름 치수기입**

> **노하우**
>
> 호의 180° 이하인 경우 반지름 치수를 기입하며, 그 이상인 호는 지름 치수를 기입하는 것이 일반적이다.

화살표나 수치를 기입할 여지가 적을 때에는 [그림 4－27]과 같이 보기를 따른다.

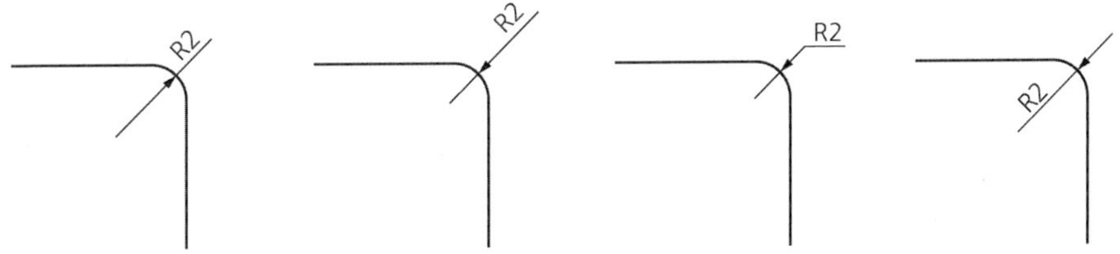

[그림 4－27] **좁은 곳에서 반지름 치수기입**

반지름 치수를 지시하기 위하여 원호의 중심을 표시할 필요가 있을 경우에는 [그림 4－28]과 같이 ＋자 또는 검은 점으로 그 위치를 나타낸다.

원호의 중심 위치를 표시할 필요가 있을 경우 치수선을 구부려도 된다. 이때 치수선의 화살표가 붙은 부분은 정확한 중심 위치를 향하여야 한다.

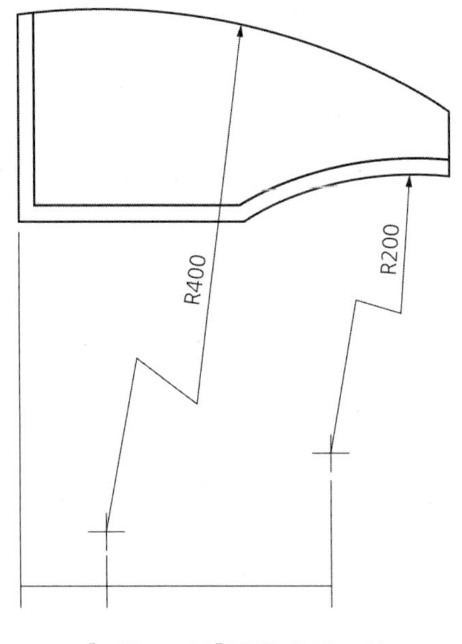

[그림 4－28] **중심 위치 표시**

동일 중심을 가진 반지름은 길이 치수와 같이 [그림 4－29]과 같이 누진 치수기입법을 사용하여도 된다.

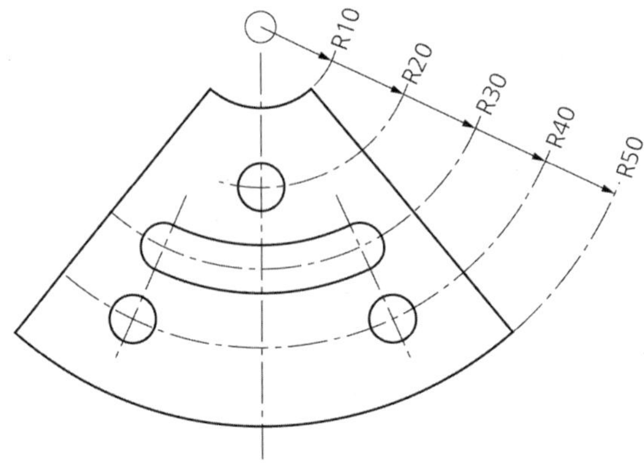

[그림 4－29] **누진 치수기입법을 이용한 반지름 치수기입**

실물을 나타내지 않는 투상도형에 실제의 반지름 또는 전개한 상태의 반지름을 지시하는 경우에는 [그림 4－30]과 같이 치수 앞에 '실 R' 또는 '전개 R'의 글자 기호를 기입한다.

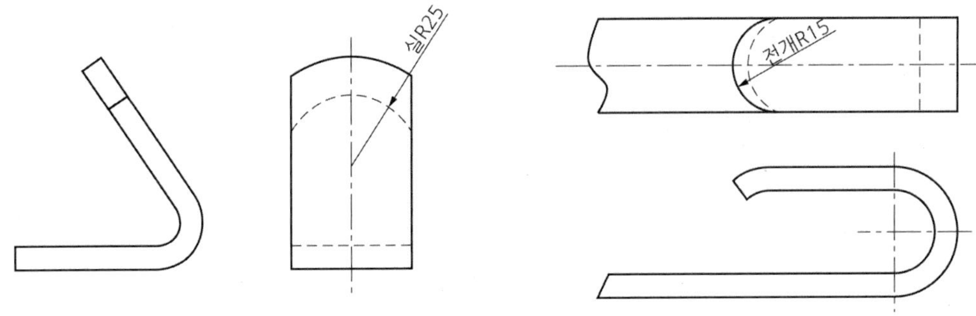

[그림 4 – 30] **실형 반지름 치수기입**

(3) 구 표시 방법

[그림 4 – 31]과 같이 구의 지름 또는 반지름 치수는 치수 수치 앞에 S∅ 또는 SR을 기입한다.

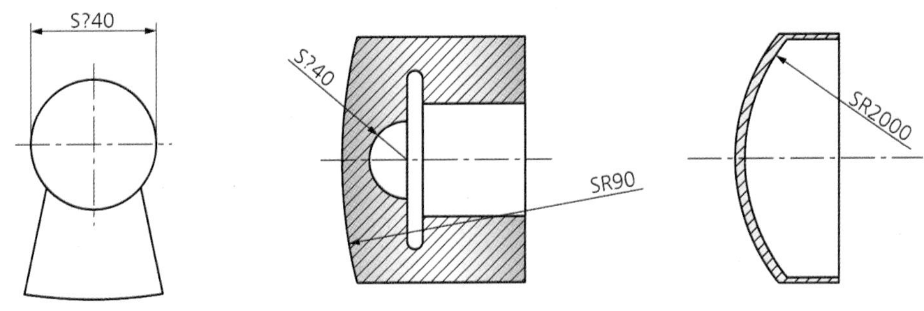

[그림 4 – 31] **구의 치수기입**

2.7 구멍의 표시 방법

① 드릴, 펀칭, 리머, 주조 코어 등 구멍의 가공 방법을 표시할 필요가 있을 때에는 [그림 4 – 32]와 같이 치수와 가공방법을 같이 기입한다.

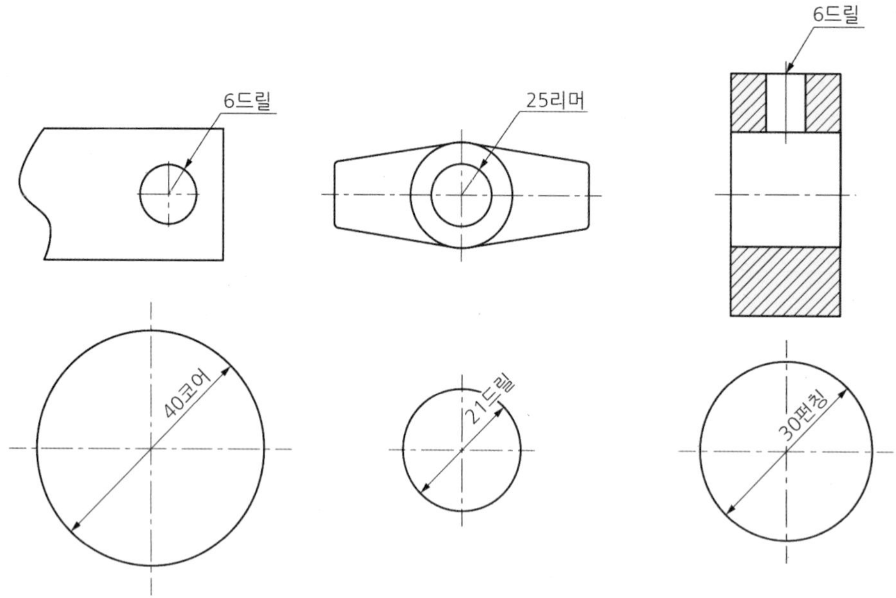

[그림 4－32] **가공방법 지시**

② 동일한 모양이 연속될 경우에는 다음 [그림 4－33]과 같은 요령으로 치수를 기입한다.

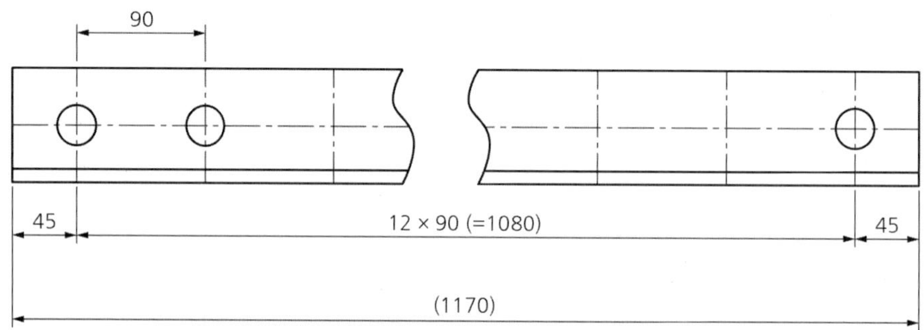

[그림 4－33] **동일한 구멍이 연속될 때의 치수기입**

③ 구멍의 깊이를 지시할 때는 [그림 4－34]와 같이 구멍의 지름을 나타내는 치수 다음에 '깊이' 라고 쓰고 그 수치를 기입한다. 관통 구멍인 경우에는 깊이를 기입하지 않는다. 구멍의 깊이는 드릴 날 끝의 원추부를 뺀 길이다. 구멍의 끝 부분은 120°로 작도하여야 한다.

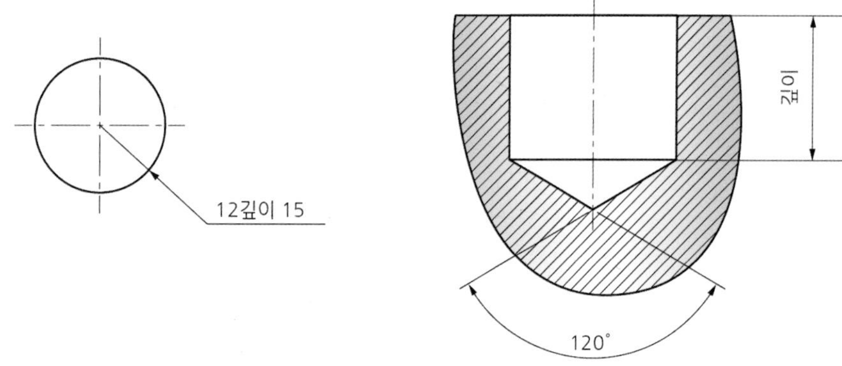

[그림 4－34] **구멍 표시**

④ [그림 4－35]와 같이 자리파기를 표시하려면 지름의 치수 다음에 '자리파기'라고 쓴다.

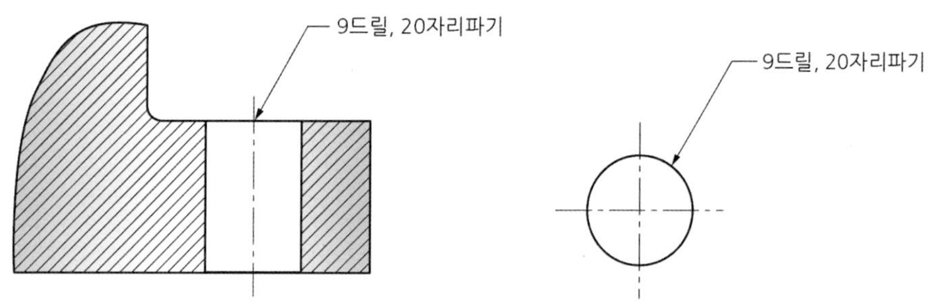

[그림 4－35] **자리파기 표시**

⑤ 깊은 자리파기(볼트를 체결할 때 머리를 잠기게 한다) 표시를 할 때는 [그림 4－36]과 같이 치수 다음에 '깊은 자리파기'라고 쓴다. 다음에 '깊음'을 쓰고 그 수치를 기입한다.

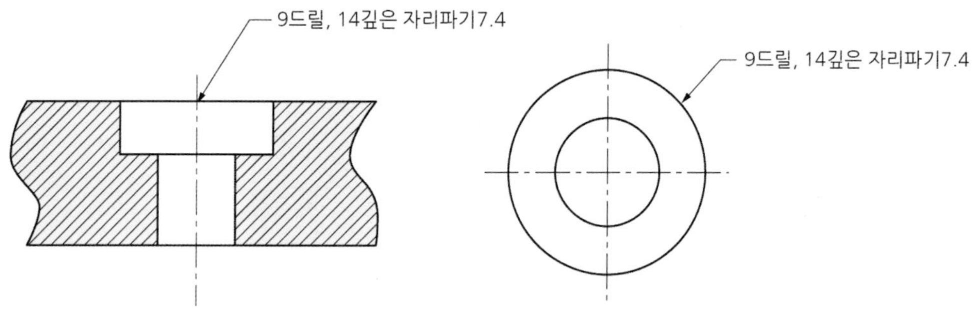

[그림 4－36] **깊은 자리파기 표시－1**

깊은 자리파기의 깊이를 반대쪽 면으로부터 치수를 표시할 필요가 있을 때는 [그림 4－37]과 같이 치수선을 끌어내어 표시한다.

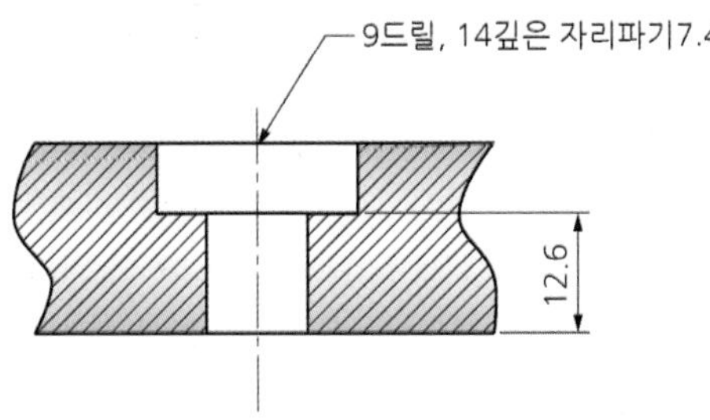

[그림 4－37] **깊은 자리파기 표시－2**

⑥ 긴 원의 구멍은 구멍의 기능, 가공방법에 따라 [그림 4－38]과 같은 방법으로 표시한다.

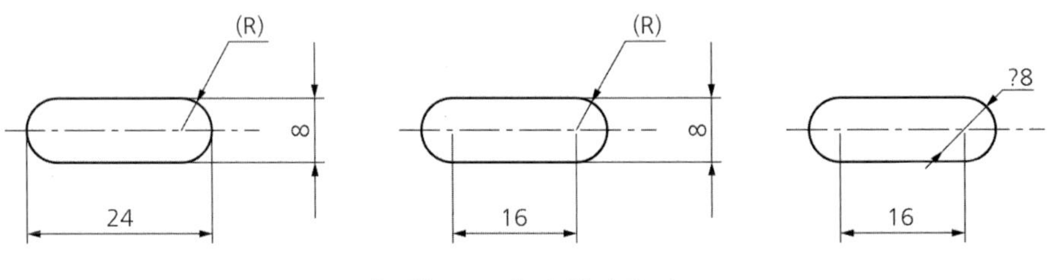

[그림 4－38] **긴 원의 구멍**

⑦ [그림 4－39]와 같이 경사진 구멍의 깊이는 구멍 중심선상의 깊이로 표시하거나 치수선을 사용하여 표시한다.

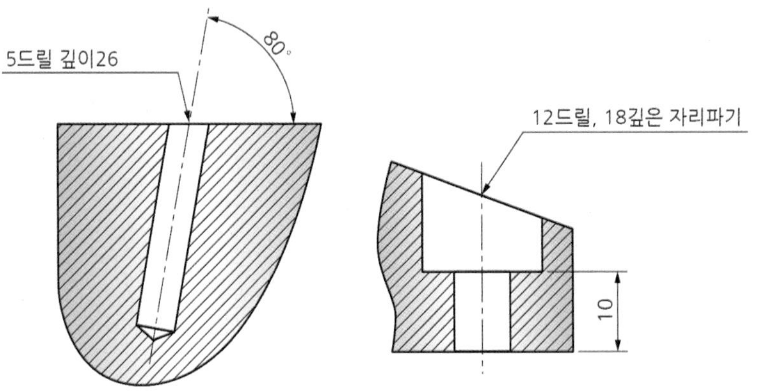

[그림 4－39] **경사진 구멍의 치수기입**

2.8 키 홈의 치수기입

① [그림 4－40]과 같은 키 홈은 엔드밀 절삭하여 키 홈을 만들어야 한다.
엔드밀의 이송거리와 깊이, 폭을 감안하여 다음과 같이 치수기입한다.

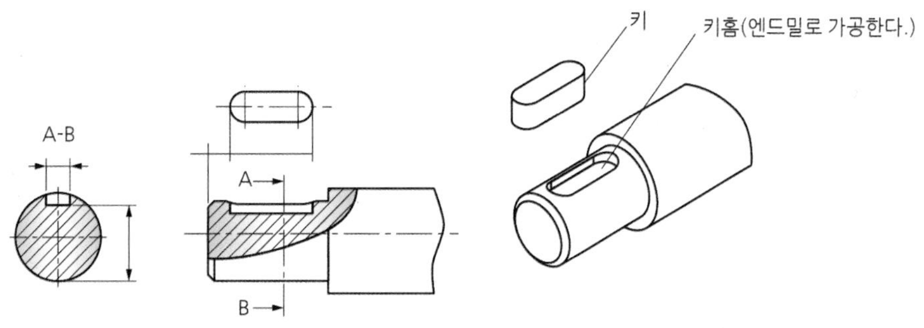

[그림 4－40] **키 홈의 표시－1**

키는 특수 고강도 재질로서 공구상가에서 구입하는 것이 보통이다. 이와 같이 키는 규격 제품이므로 키 홈을 절삭할 때는 키에 알맞게 가공하여야 한다. 이런 관점에서 키 홈은 자의적으로 설계하면 안 된다. 키의 KS 규격을 찾아 알맞은 치수를 정해주어야 한다.

② 축이 끝에서부터 키 홈을 절삭하는 경우에는 [그림 4－41]과 같이 도시한다.

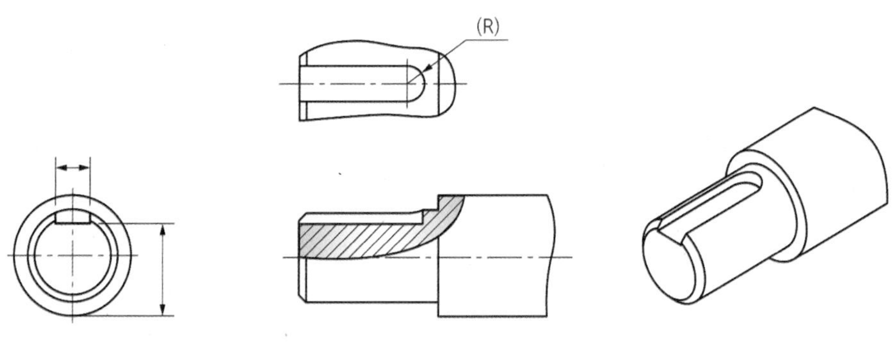

[그림 4－41] **키 홈의 표시－2**

③ 홈 밀링커터로 키 홈을 절삭하는 경우 커터의 지름과 커터의 중심까지의 이송거리를 [그림 4－42]과 같이 표시하여야 한다.

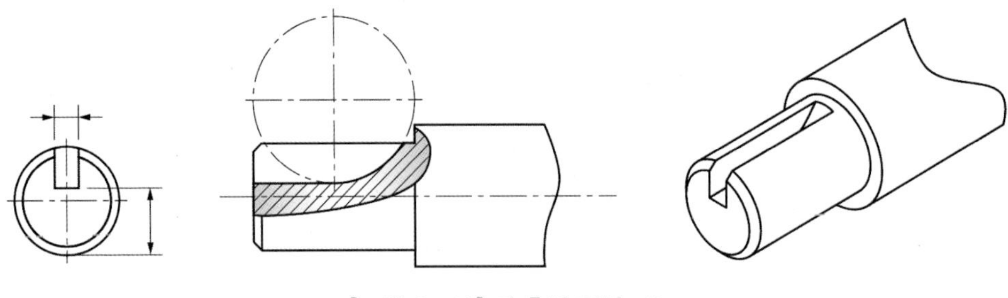

[그림 4－42] **키 홈의 표시－3**

④ [그림 4－43]과 같이 반달 키의 키 홈을 절삭하려면 홈 밀링커터로 절삭하여야 한다. 커터의 위치와 절삭깊이를 지정해준다.

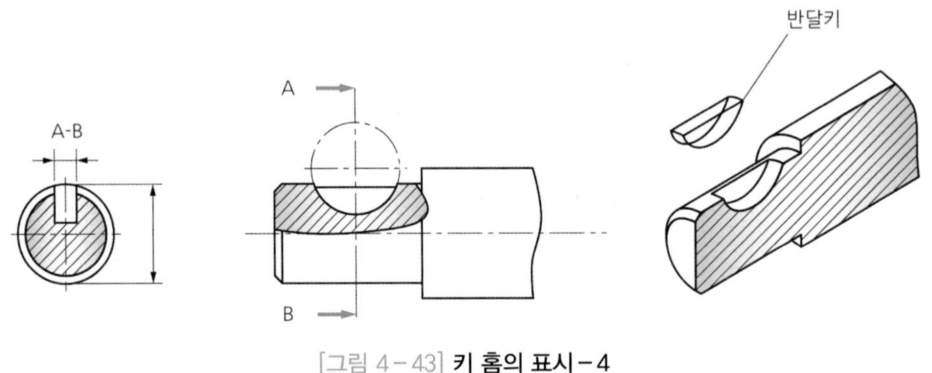

[그림 4－43] **키 홈의 표시－4**

⑤ 구멍의 키 홈 표시

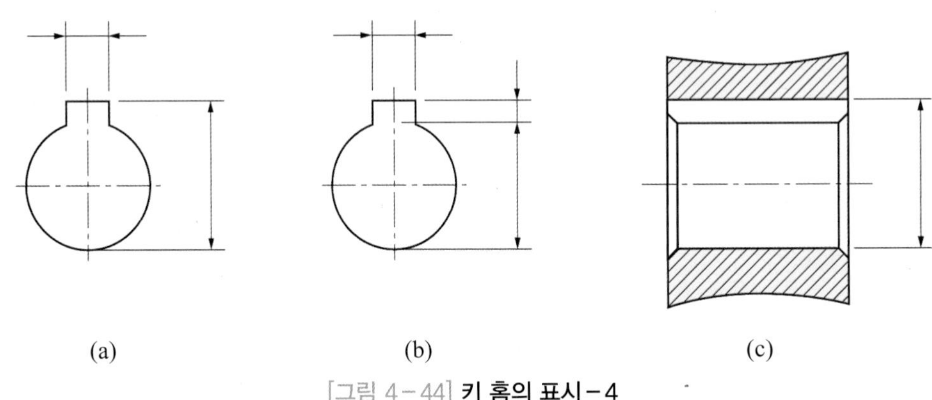

[그림 4－44] **키 홈의 표시－4**

[그림 4－44] (a)와 같이 구멍의 키 홈 치수는 나비 및 깊이를 표시한다. 특히 필요한 경우에는 [그림 4－44] (b)와 같이 키 홈의 중심면에서 홈까지의 거리를 표시하여도 된다.

[그림 4－44] (c)와 같이 경사 키용 보스의 키 홈 깊이는 키 홈의 깊은 쪽에서 표시한다.

PART 02

GstarCAD 실무 기초

CONTENTS

CHAPTER 01 GstarCAD 2020 설치

GstarCAD 홈페이지 접속과 설치파일 다운로드 방법을 알아보자.
홈페이지 : http://www.gstarcadkorea.com 로 접속한다.

1.1 홈페이지 접속

1.2 평가판 다운로드 선택

1.3 64bit 또는 32bit 선택

1.4 다운로드 파일 압축풀기

1.5 설치파일 실행하기

GstarCAD2020KR_x64.exe 실행 / 사용자 사용권 계약 동의 "체크" / "설치" 선택

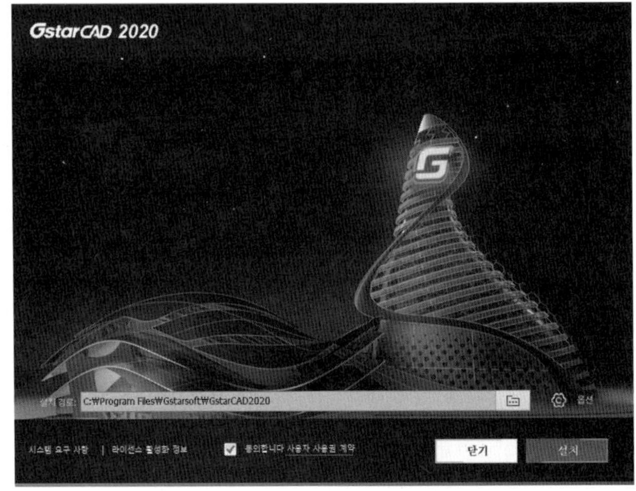

1.6 설치파일 실행 중 화면

1.7 사용자 작업공간 선택

2D드래프팅 선택

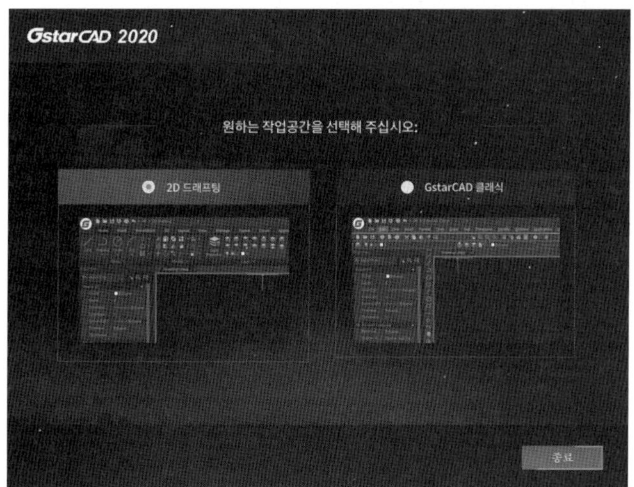

1.8 체험판이 실행된다. / 프로페셔널 선택 / 체험판 선택

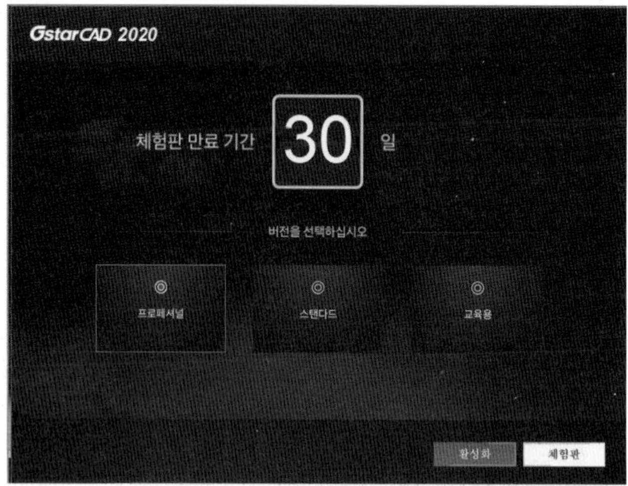

1.9 프로그램 실행

CHAPTER 02 GstarCAD 2020 시작 전 환경설정

GstarCAD를 처음 사용하는 사용자와 기존사용자가 쉽게 적응하도록 환경설정을 변경하고자 한다. 환경설정은 그대로 따라가자.

아래의 명령형에서 "option 또는 op"를 입력 후 "Enter"

명령 : OP OPTIONS

아래의 옵션설정 대화상자가 출력된다.

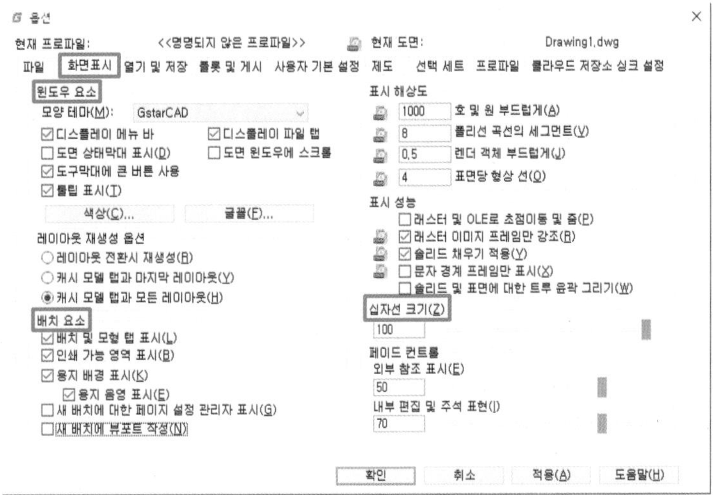

1.1 화면표시

윈도우 요소

- 디스플레이 메뉴 바 "선택"
- 디스플레이 파일 탭 "선택"
- 도면 상태막대 표시 "선택"

나머지 옵션을 선택 취소한다.

배치 요소

- 새 배치에 뷰포트 작성 "선택취소"한다.

십자선 크기

• 십자선 크기를 "100"으로 설정한다.

1.2 열기 및 저장

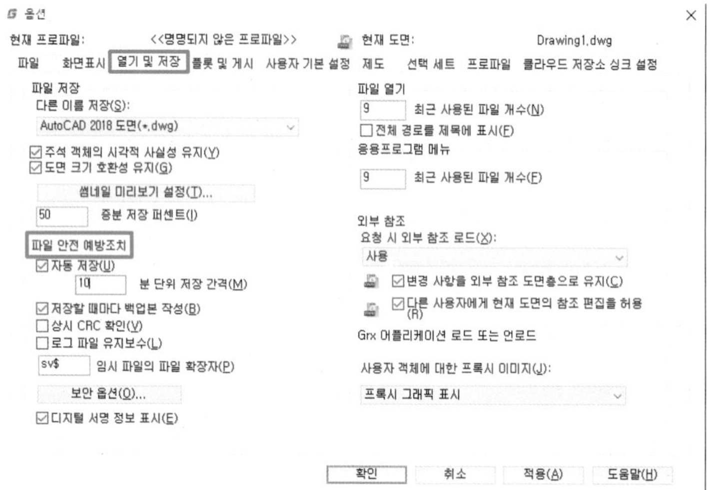

파일 안전 예방조치

"10"분 단위 저장 간격으로 변경한다.

1.3 사용자 기본 설정

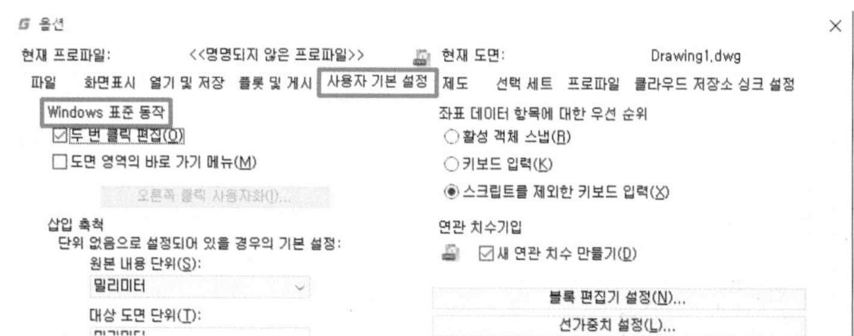

Windows 표준 동작

• 도면 영역의 바로 가기 메뉴 "선택 취소"한다.

1.4 선택 세트

• “선택 상자 크기 / 그립 크기”를 중간 정도로 설정한다.

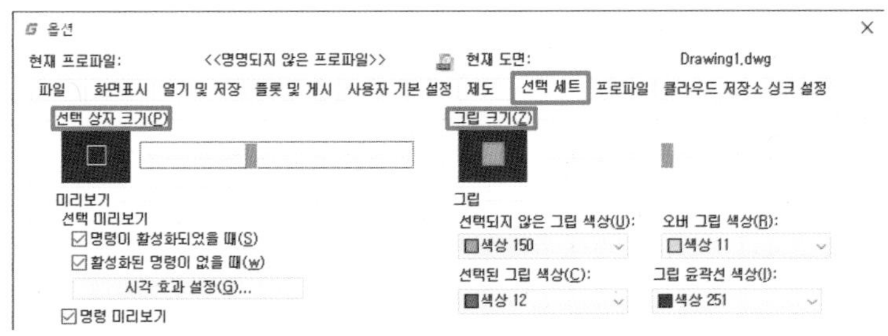

1.5 “적용 / 확인” 을 선택 한다.

1.6 동적 입력 [F12]을 선택하여 “〈동적 끄기〉” 를 선택한다.

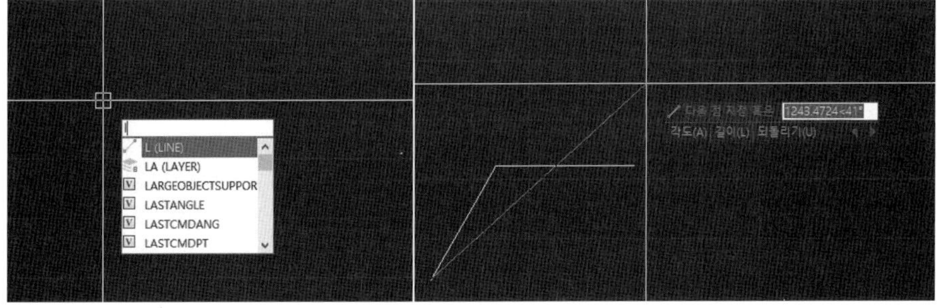

명령어 입력 시에 오른쪽 화면이 나타나는 것을 비활성화 시킨다.
명령어 실행 시에 오른쪽 화면에 나타나는 정보창을 비활성화 시킨다.

■ PART 03

GstarCAD

■ CONTENTS

CHAPTER 01 GstarCAD 시작

많은 분들이 캐드를 시작하게 되면 현재의 캐드 화면이 출력된 부분에서 바로 작업을 시작하게 된다. 그러나 캐드의 초기화면은 단위(Units)가 한국표준규격에서 정하는 미터법이 적용되지 않은 경우가 많다.
초기 GstarCAD의 시작은 미터법(mm)으로 정하는 것이 가장 우선이다.

1. GstarCAD 미터법 정하기

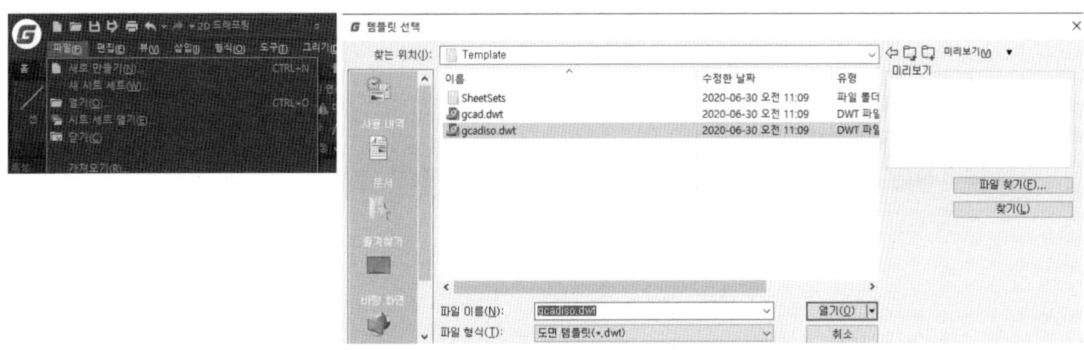

① 왼쪽 상단 "파일 / 새로 만들기" - 템플릿 선택 대화창이 나타난다.

② 사용자는 템플릿 창에서 "gcadiso.dwt"를 선택하여야 한다.
그러나 "파일 형식"이 "도면 템플릿(*.dwt)"가 선택되어 있지 않다면 "gcadiso"가 나타나지 않는다.

③ 열기를 선택한다. - "미터법"으로 설정된 새로운 캐드 화면이 나타나게 된다.

주의

- 템플릿이 "gcad"인 경우는 인치(inch) 단위의 화면으로 나타난다.
- 반드시 "gcadiso"를 선택하여 미터법(mm) 단위의 화면으로 설정하여야 한다.

[미터법을 적용해야 하는 이유]

- KS규격과 ISO규격의 기본은 미터법을 적용하게 된다.
- 만약 국내에서 작업하는 대부분의 설계도면은 한 명의 설계자가 모든 도면을 설계하지 않는다. 대부분의 설계도면은 다수의 설계자가 협업을 통하여 도면을 작성하게 된다. 이러한 협업을 통해서 다수의 설계자가 작성한 도면을 하나의 도면으로 합치게 된다. 그러나 단위가 서로 틀리면 도면 크기가 다르게 나타난다. 이러한 문제를 방지하기 위해 초기 설정을 미터법(mm)으로 설정해야 한다.
- 1m = 1,000mm/1cm = 10mm/1mm(캐드 기본단위)
- 1inch = 25.4mm이다.

- KS [Korean Industrial Standards]
  한국 공업 규격의 약호. 공업 표준화를 위해 제정된 공업 규격
- ISO [International Standardization Organization]
  공업 상품이나 서비스의 국제 교류를 원활히 하기 위하여 이들의 표준화를 도모하는 세계적인 기구로서 스위스 제네바에 본부를 두고 있다.

2. 펑션키 "F7[GRID]" – 격자무늬

캐드 초기화면이 출력되면 화면영역이 격자[그리드]무늬로 나타나게 된다. 이러한 격자무늬는 작업의 효율성을 떨어지게 만든다.

펑션기 "F7"번을 눌러 격자[그리드]무늬를 숨기자.

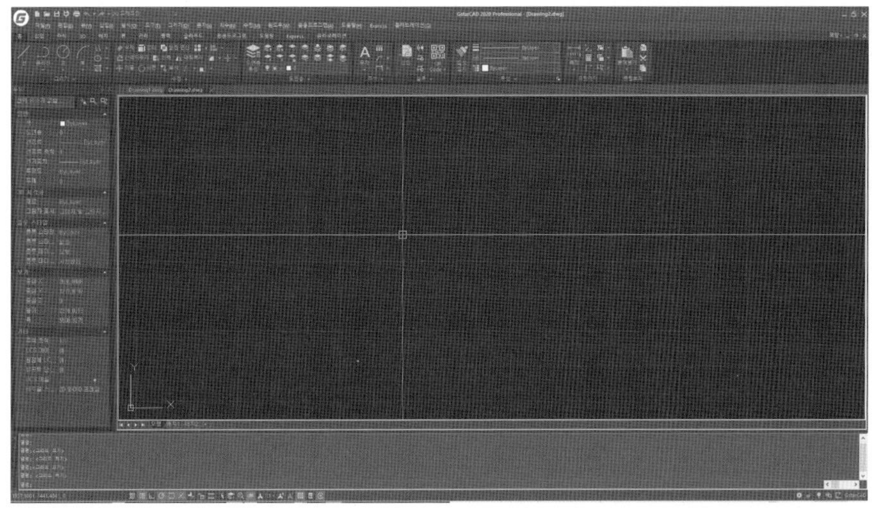

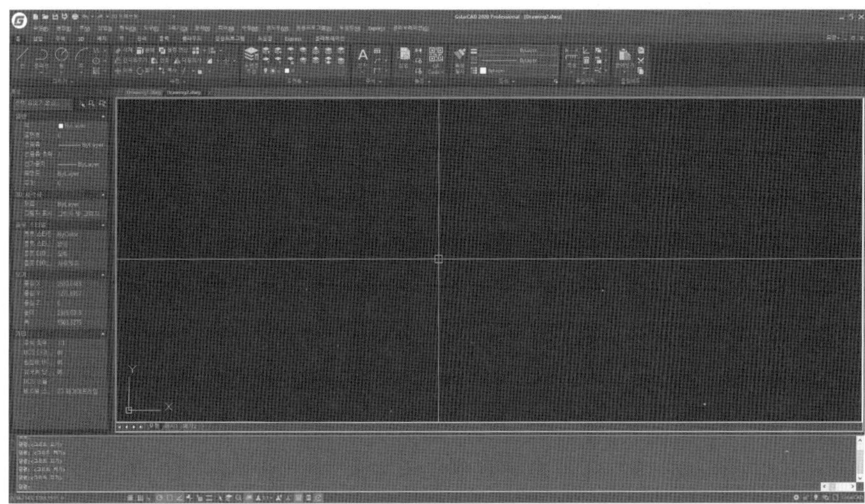

3. 도면영역설정 "Limits"

초기 도면설정 크기는 임의의 크기로 설정되어 있다.
임의로 설정된 도면의 크기를 변경하여 작업의 편의성을 도모하고자 한다.
우선 좌측 하단의 좌표계를 보자.

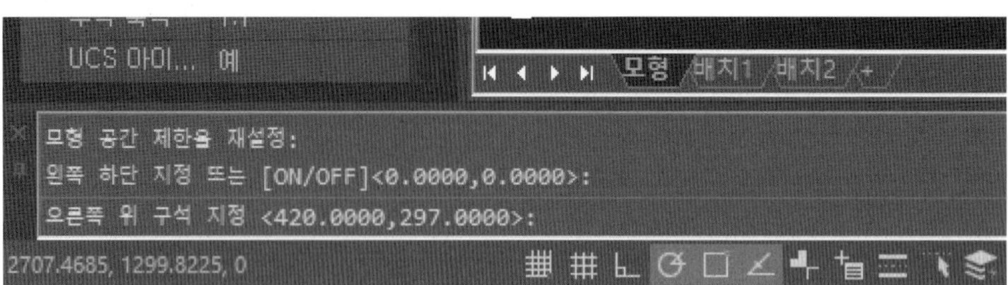

임의의 크기로 설정되어 있다.

- 마우스를 좌우로 움직여 본다.
  좌표치수의 제일 앞쪽 치수가 변경될 것이다. = "X좌표" 치수이다.
- 마우스를 상하로 움직여 본다.
  좌표치수의 두 번째 치수가 변경될 것이다. = "Y좌표" 치수이다.
- 좌표치수의 세 번째는 3차원 "Z좌표" 치수이므로 평면좌표에서는 항상 "0"으로 고정되어 있다.

지금부터 도면의 영역을 변경한다. 캐드 작업 시에 가장 많은 사용하는 "A3" 도면 크기로 변경한다.
변경하기 전 도면용지 크기에 대해 알아보고 암기하도록 하자.

A4 = 297×210　A3 = 420×297　A2 = 594×420　A1 = 841×594　A0 = 1189×841

필수암기!!!

① 풀 – 다운메뉴 [형식 / 도면한계] – 단축키 없음

> **명령**: limits Enter
>
> 모형 공간 제한을 재설정
> 왼쪽 하단 지정 또는 [ON/OFF]<0.0000,0.0000>: 0,0 Enter
> 오른쪽 위 구석 지정 <1554.4095,1003.3217>: 420,297 Enter - [A3 size]
> 모형 재생성 중.

캐드 시스템 상으로는 도면의 영역이 변경되어 있는 상태이다. 그러나 화면상으로는 초기 좌표 치수가 그대로 유지되어 있을 것이다. 도면의 영역을 변경한 후 반드시 실행해야 하는 명령어가 있다.

② 풀 – 다운메뉴 [뷰 / 줌 / 전체] ZOOM – 단축키[Z] ALL – 단축키[A]

> **명령**: Z Enter
>
> 윈도우 구석을 지정, 축척 비율 (nX 또는 nXP)을 입력, 또는
> [전체(A)/중심(C)/동적(D)/범위(E)/이전(P)/축척(S)/윈도우(W)/객체(O)] <실시간>: A Enter
> 모형 재생성 중

- ZOOM / ALL 보다 쉬운 방법은 "마우스 휠 버튼"을 "더블 클릭" 하는 것이다.
- 도면 영역설정까지는 새로운 도면을 작성시 반드시 지키도록 습관을 가지도록 하자.

4. 화면구성

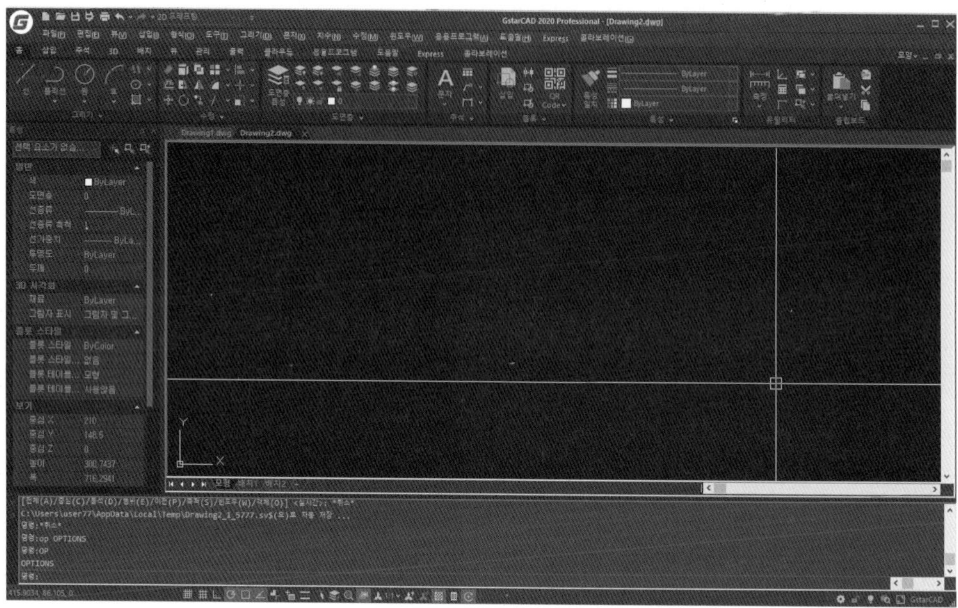

캐드에서는 "Enter"키는 "Enter, Space Bar, 마우스 오른쪽 버튼 클릭" 3가지가 모두 동일한 "Enter"의 기능을 한다. 주로 사용하는 것은 "Space Bar"를 사용하도록 한다.

교재에서 "Enter"를 하라는 것은 위에서 언급한 3가지 모두를 사용하여도 된다는 것이다. 가능하면 "Space Bar"를 사용하도록 한다.

이번에는 GstarCAD 화면구성에 대하여 알아보도록 하자.

우선 화면에서 보이는 검은색 화면이다. 검은색 화면은 설계자가 작업하는 작업 영역이다.

캐드에서 명령어를 입력하는 네 가지 방법에 대하여 알아보자.

Full Down Menu : 이것은 사용자가 직접 마우스로 선택하여 명령어를 실행하는 구역이다. 마우스로 선택하면 명령어들이 아래로 떨어진다고 하여서 "풀 – 다운" 메뉴라고 한다.

Command Line : 명령행이다. 사용자가 직접 키보드를 입력하여 명령어를 입력하는 구간이다. 단축키를 입력하여 명령어를 실행할 수 있다.

Icon Menu : 아이콘을 선택하여 명령을 입력하는 방법이다.

만약 : 풀다운 메뉴에서 "그리기 / 선"이라는 명령어를 실행하여서 선을 작도 할 수 있으며, 명령행에서 "Line"이라는 풀 네임을 입력하여 명령어를 실행할 수 있다.

단축키인 "L"명령어를 입력하여 명령을 실행할 수도 있다.

가장 많이 사용하는 명령어 입력방식은 단축키를 이용하여 입력하는 방식이다.
GstarCAD 명령어의 95%이상은 단축키가 설정되어 있다.

명령어를 실행하기 전에 "풀다운 위치"의 명령어를 설명하고 단축키에 대한 명령을 설명한다. 여러분은 단축키를 기록해 두고 사용하기 바란다.

마우스를 움직이면 좌측 하단의 좌표가 변하는 것을 볼 수 있다.
마우스를 좌우로 움직이면, 앞의 치수가 변경된다. 이것이 "X" 좌표이다. 마우스를 상하로 움직이면 두 번째 좌표가 움직이는 것을 볼 수 있다. 이것이 "Y" 좌표이다.
마우스를 움직였을 때 좌표가 변경되지 않는다면 마우스 포인터를 좌표계에 두고 선택하면 움직이는 것을 볼 수 있다. [좌표계]

여러분이 마우스를 움직이면 중간에 큰 십자 선이 움직이는 것을 볼 수 있다. 이것은 캐드 용어로 "커서 헤어"라고 한다. 현재 마우스 포인터의 위치를 확인할 수 있도록 한다.

이번에는 마우스 "휠"에 대하여 알아보자. 마우스만 잘 사용해도 작업은 상당히 편리하다.
우선 "L" 명령어를 선택한다. 명령어 선택 후 화면에서 마우스 왼쪽 버튼을 눌러서 임의로 선을 마음대로 그린다. 선을 작성 후 마우스 오른쪽 버튼을 누른다면 명령어는 종료된다.

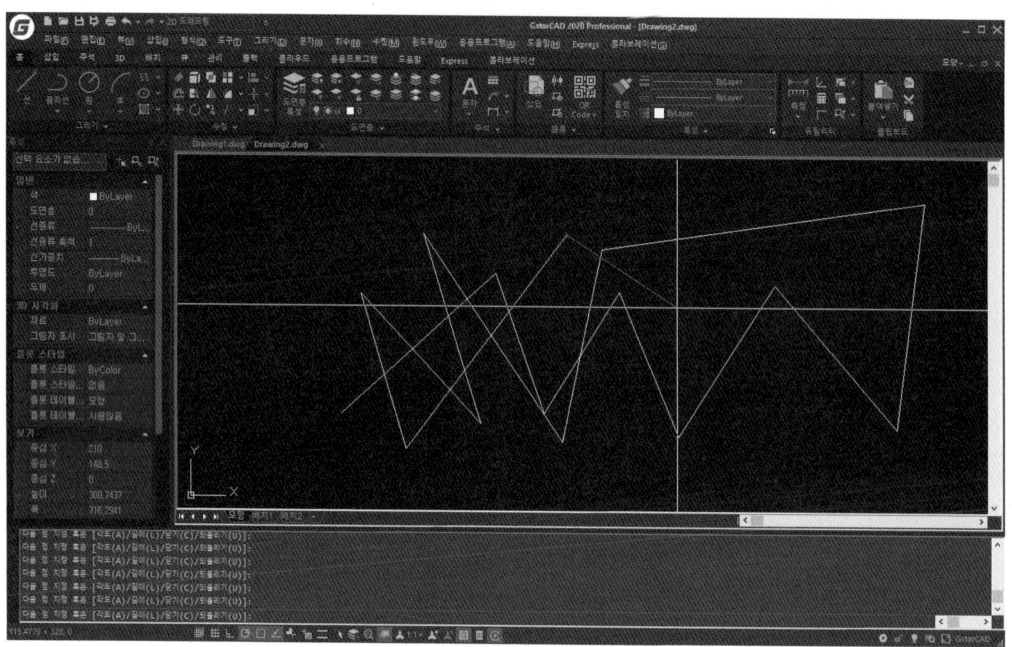

왼쪽 버튼은 "선택"이다.
오른쪽 버튼은 명령어의 종료이며, 이전 명령어의 재실행이다.
마우스 "휠"을 밀거나 당겨서 화면을 확대 또는 축소할 수 있다.
마우스 "휠" 버튼을 누른 상태에서 마우스를 움직이면 화면이 이동되는 것을 볼 수 있다. [화면이동]
마우스 "휠"을 더블 클릭하면 화면 전체를 보여준다.

중요

캐드에서는 엔터는 세 가지 방법으로 실행된다.
- 첫 번째가 키보드의 엔터키이다.
- 두 번째는 키보드의 "스페이스 바"이다.
- 세 번째는 마우스 오른쪽 버튼이다. 꼭 기억하자.

5. GstarCAD 환경설정

화면 구성에 대해서 각각의 화면을 조절하여 작업의 편리성을 높여보자.

우선 여러분의 캐드 화면의 바탕색을 검은색으로 변경하고 그리고 또한 마우스 오른쪽 버튼을 조정해보자.

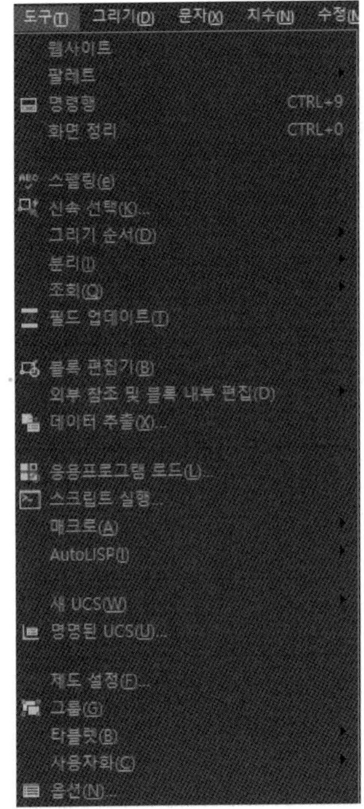

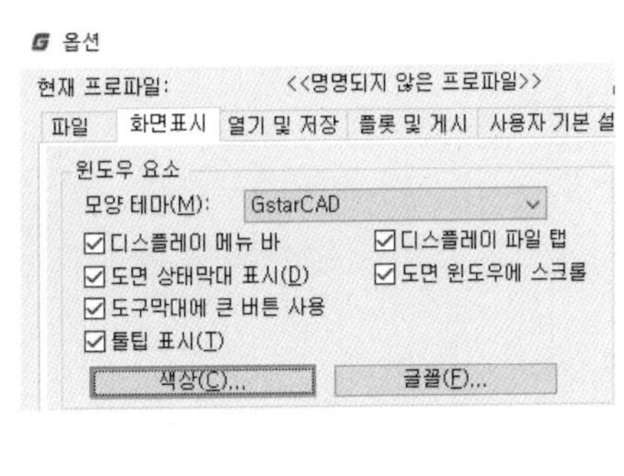

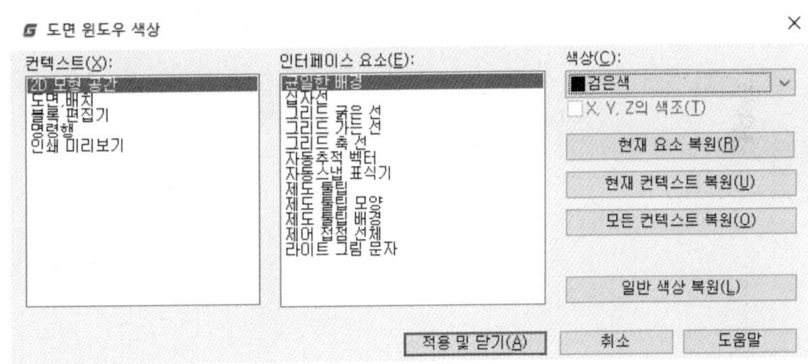

마우스 오른쪽 버튼을 조절한다.

“도구/옵션” – 단축키[OP]를 선택하여 “사용자 기본설정” 탭으로 변경한다.

“도면 영역의 바로가기 메뉴”를 체크 off한다.

이러한 이유는 마우스 오른쪽 버튼을 “엔터” 명령으로 사용하기 위함이다.

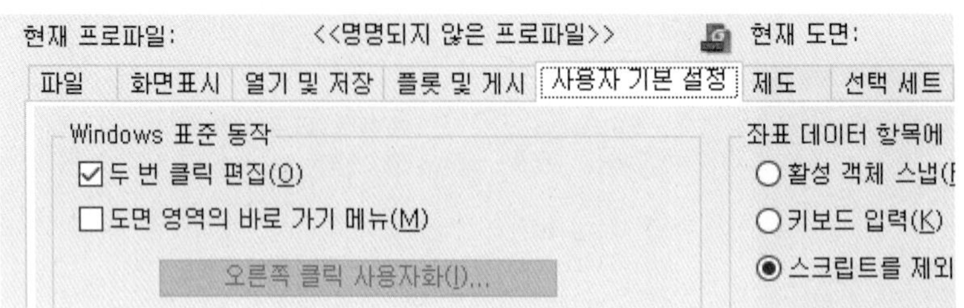

이제 도면을 작성하기 위한 기본적인 화면구성이 마무리되었다.

CHAPTER 02 | CAD 기초명령어

1. 선[LINE] – 단축키[L]

명령어 위치 : 풀 – 다운메뉴 / 그리기 / 선
명령 : LINE
명령 : L [단축키]

명령 : L [단축키]
첫 번째 점 지정: P1 [왼쪽버튼 클릭]
다음 점 지정 혹은 [각도(A)/길이(L)/되돌리기(U)]: P2 [왼쪽버튼 클릭]
다음 점 지정 혹은 [각도(A)/길이(L)/되돌리기(U)]: P3 [왼쪽버튼 클릭]
다음 점 지정 혹은 [각도(A)/길이(L)/되돌리기(U)]: P4 [왼쪽버튼 클릭]
다음 점 지정 혹은 [각도(A)/길이(L)/닫기(C)/되돌리기(U)]: Enter

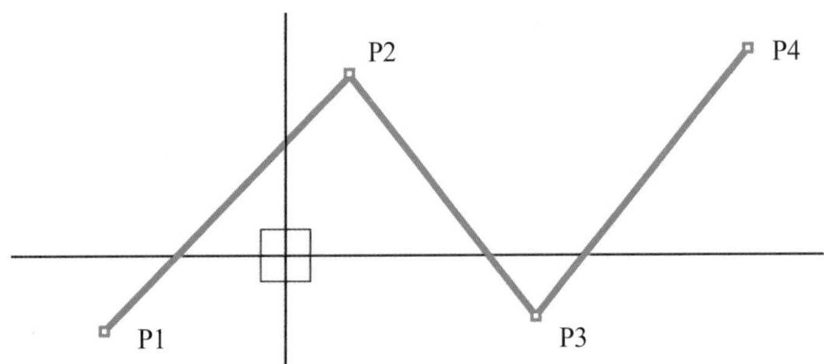

중요

캐드 프로그램은 항상 대화방식으로 명령을 진행하게 된다.
사용자가 명령을 입력하게 된다면 캐드는 다음에 진행하여야 할 메시지를 부여함으로 사용자의 행위를 유도하게 된다. 앞에서와 같이 사용자가 선[L]이라는 명령을 주면 캐드는 유도한다. 사용자가 선이라는 명령어를 실행했으니 "첫 번째 점을 지정"이라는 문구를 주어서 다음 행동을 지시하게 된다.
이처럼 사용자는 명령어를 실행 후 항상 "명령행"을 보는 습관을 들여야 한다. 모든 해답은 캐드 작업화면에 있는 것이 아니라 "명령행"에 있다.

2. 지우기[ERASE] – 단축키[E]

명령어 위치 : 풀 – 다운메뉴 / 수정 / 지우기
명령 : ERASE
명령 : E [단축키]

– 지우기 명령어를 통한 선택방법은 상당히 다양하다.

(1) 명령어를 실행 후 직접적인 선택박스로 선택하는 방법

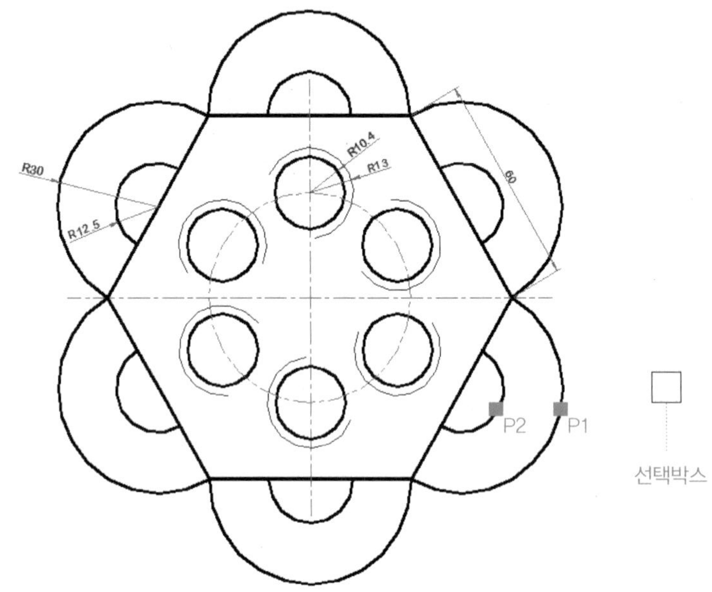

지우기 명령어[E]를 선택한 후 선택박스를 "P1, P2" 위치에 왼쪽 버튼으로 선택 한 후 Enter
–선택된 2개의 선분이 지워진다.

(2) 지우기 명령어를 실행 후 "걸치기"를 사용하는 방법

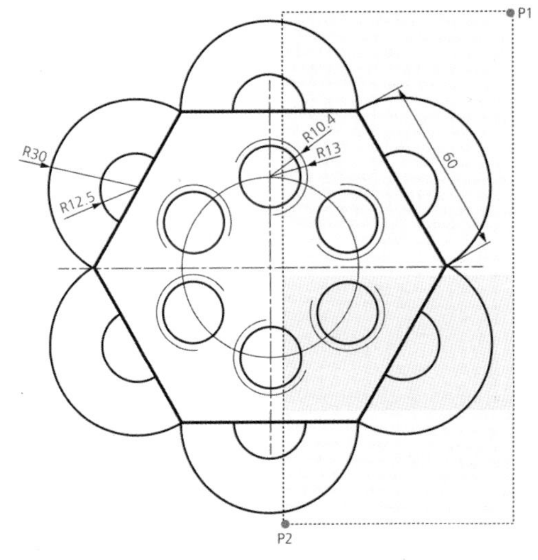

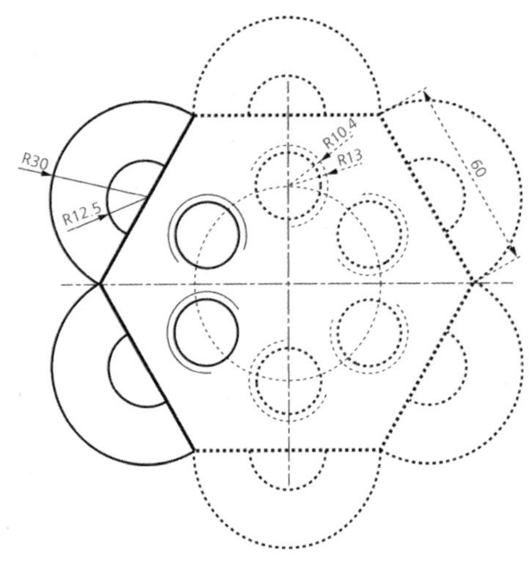

지우기 명령어[E]를 실행한 후 "P1" 지점과 "P2" 지점을 선택한다.

선택한 지점에서 왼쪽으로 움직이면 걸치기 선택방법이 실행된다. (이 방법은 포함된 영역과 그림에서 나타난 선택박스의 점선에 조금이라도 걸쳐진다면 선분은 선택된다)

– "Enter" 점선으로 선택된 선분들은 모두 삭제된다.

(3) 지우기 명령어를 실행 후 "선택 창" 사용하는 방법

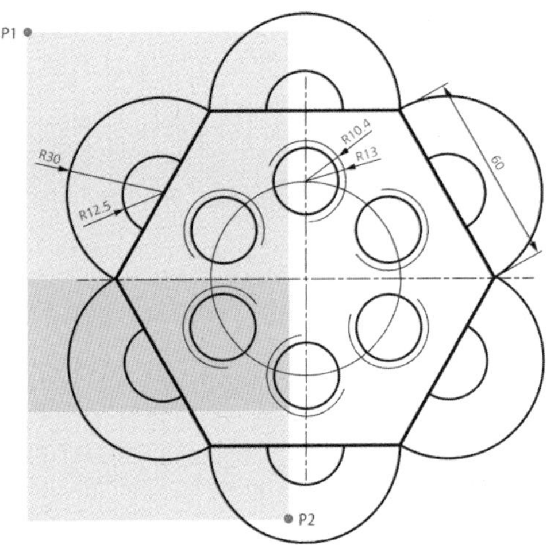

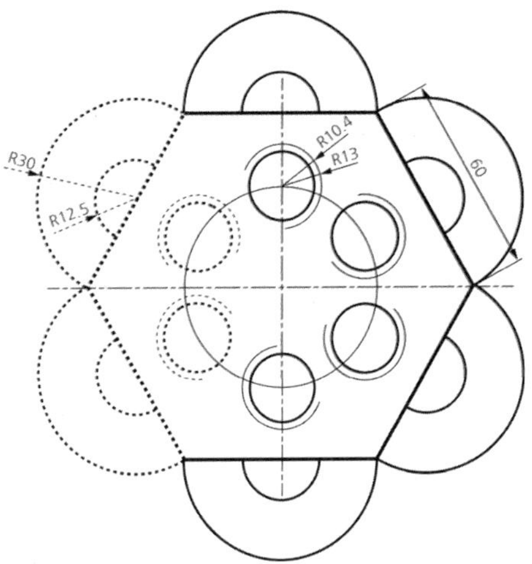

지우기 명령어[E]를 실행한 후 "P1" 지점과 "P2" 지점을 선택한다.
선택한 지점에서 오른쪽으로 움직이면 선택 창 선택방법이 실행된다. (이 방법은 완전히 포함된 선분만 선택하게 된다.)

– "Enter" 점선으로 선택된 선분들은 모두 삭제된다.

*실수로 잘못 선택되었다면 명령실행 중 "U"키를 입력후 Enter하면 삭제된 부분을 다시 복구할 수 있다.

명령: ERASE
객체 선택: 반대 구석 지정: 8개를 찾음
객체 선택: U – 선택된 객체 선택 취소됨
(한번씩 "U" 입력 후 "Enter"를 하면 선택된 역순으로 하나씩 선택이 취소된다.)
객체 선택:

3. 명령취소 – 단축키[U]

명령: U
명령: U LINE
– 이전 명령어로 작성된 모든 선분을 한 번에 취소시킨다.

명령어를 사용 중에 "U"를 입력하는 것은 실행된 명령어로 작성된 선분이나 행위를 역순으로 한 번씩 취소하는 것이다. 그러나 명령행에서 직접적으로 "U"를 입력하는 것은 이전 명령어로 작성된 모든 행위를 한 번에 취소시킨다.

4. 취소명령 복원 – REDO

명령: REDO
LINE
모든 것이 명령 복구됨
– 명령에서 "U" 명령으로 취소된 모든 선분을 단 한 번 복원시켜준다.

[TIP] 단 한 번 적용된다.

5. 펑션키 "F8[ORTHO]" – 직교모드

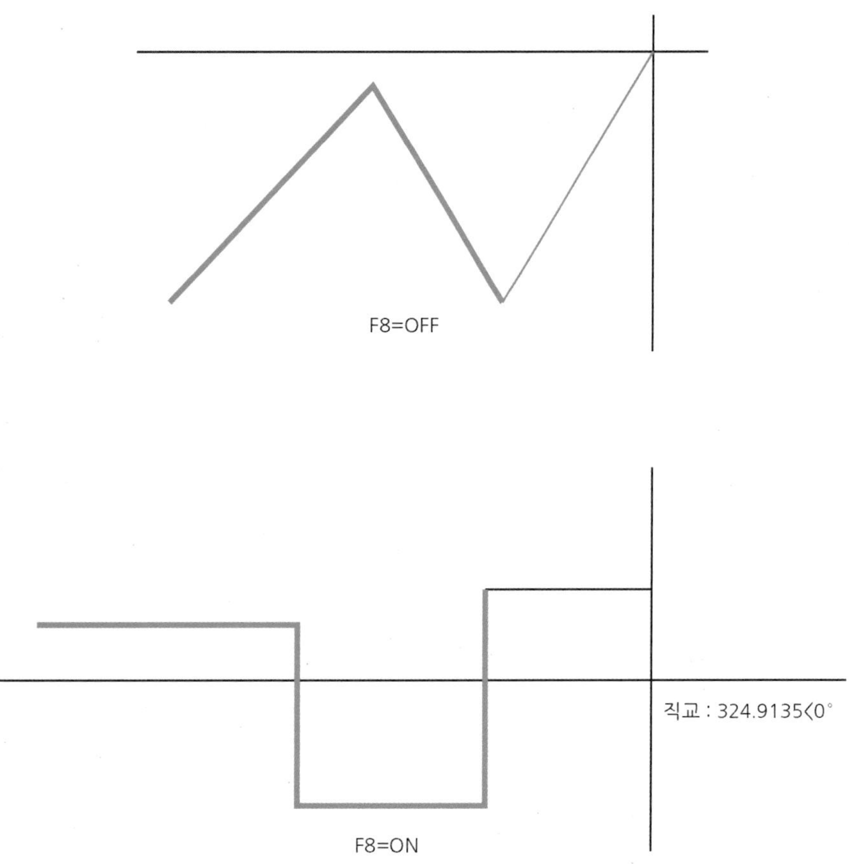

명령: F8 <**직교 켜기**>

명령: L LINE 첫 번째 점 지정:
다음 점 지정 혹은 [각도(A)/길이(L)/되돌리기(U)]: 위치선택(왼쪽버튼)
다음 점 지정 혹은 [각도(A)/길이(L)/되돌리기(U)]: 위치선택(왼쪽버튼)
다음 점 지정 혹은 [각도(A)/길이(L)/닫기(C)/되돌리기(U)]: 위치선택(왼쪽버튼)
다음 점 지정 혹은 [각도(A)/길이(L)/닫기(C)/되돌리기(U)]:

- 오른쪽 그림처럼 직선으로만 선분이 작성된다.
- 다시 "F8"<직교 끄기>를 선택하면 왼쪽 그림처럼 선분은 커서 중앙으로 이동하여 자유롭게 선분을 작성한다.

6. 선(Line)/끝점(END)/중간점(MID)/교차점(INT) – Shift + 오른쪽 버튼 클릭

이번에는 선(Line) 명령과 객체 점을 잡는 방법에 대하여 알아보자. 우선 캐드 화면에 선분을 임의대로 작도한다.

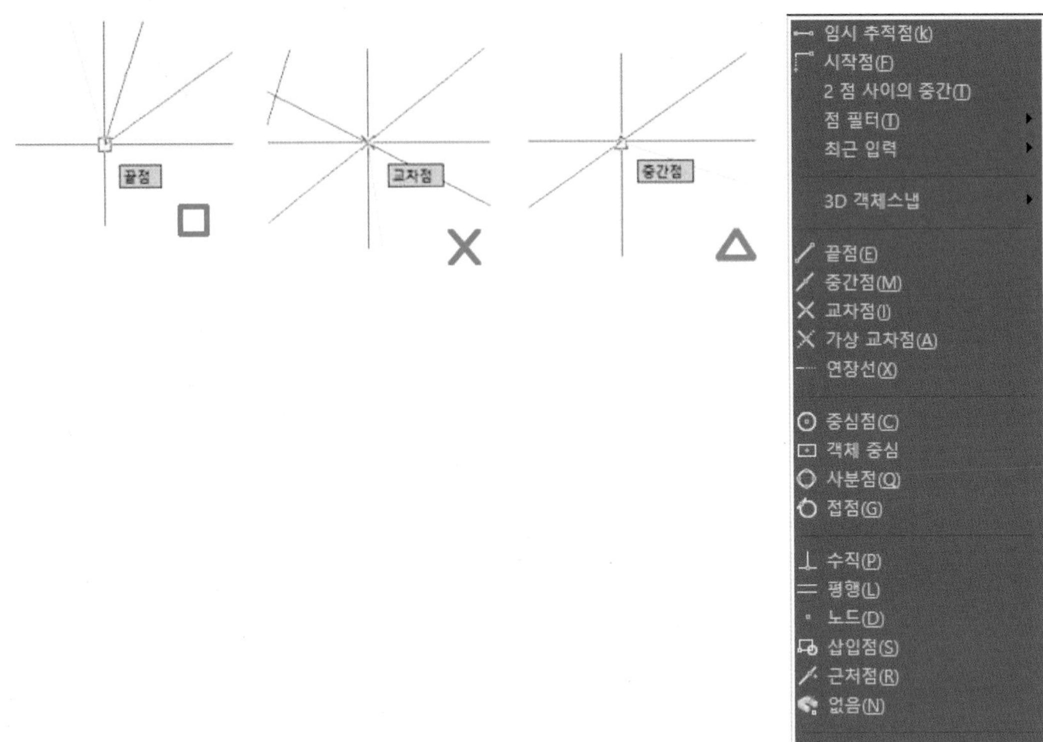

(1) 끝점(END)

선분을 임의대로 작성하였다면 선분(L) 명령을 실행 후 마우스 포인터를 선분의 끝점에 위치시킨다. 끝점 위치에 작은 사각박스가 나타난다. 왼쪽 버튼을 클릭하면 선택한 선분의 끝점에 선분이 연결된다. 기준은 선분의 중간을 기준으로 하여 가까운 끝점을 자동으로 잡는다.

(2) 교차점(INT)

마우스 포인터를 선분과 선분이 교차하는 곳에 커서를 위치 시켜보자. 교차점 위치에 "x"자 아이콘이 나타난다. 왼쪽 버튼을 클릭하면 선분의 교차점에 선분이 연결된다. 기준은 선분의 교차점을 정확하게 선택해야 한다.

(3) 중간점(Mid)

마우스 포인터를 선분의 중간에 위치하여 보자. 선분의 중간 위치에 "삼각형" 아이콘이 나타난다. 왼쪽 버튼을 클릭하면 선분의 중간점에 선분이 연결된다.

[만약 중간점이 나타나지 않으면 "Shift+마우스 오른쪽 버튼"을 누르면 객체스냅 메뉴가 나타난다. 여기서 중간점을 왼쪽 버튼으로 선택한 후 커서를 선분에 위치시키면 중간점이 나타난다.]

참고

객체스냅 명령을 사용하기 위해서는 명령어를 실행한 후에 적용해야 한다. 객체스냅이 자동으로 잡히지 않는다면 객체스냅이 off된 상대이다.
– on 하려면 "F3" 펑션키를 누르면 된다. "F3" 키를 한 번씩 누르면 ON/OFF 로 변경된다.

"F3" 키를 선택해도 객체점이 선택되지 않으면 "Shift+마우스 오른쪽 버튼"을 누르면 객체스냅 메뉴 하단에 "객체스냅설정"을 선택한다. 아래와 같은 그림이 나타난다.

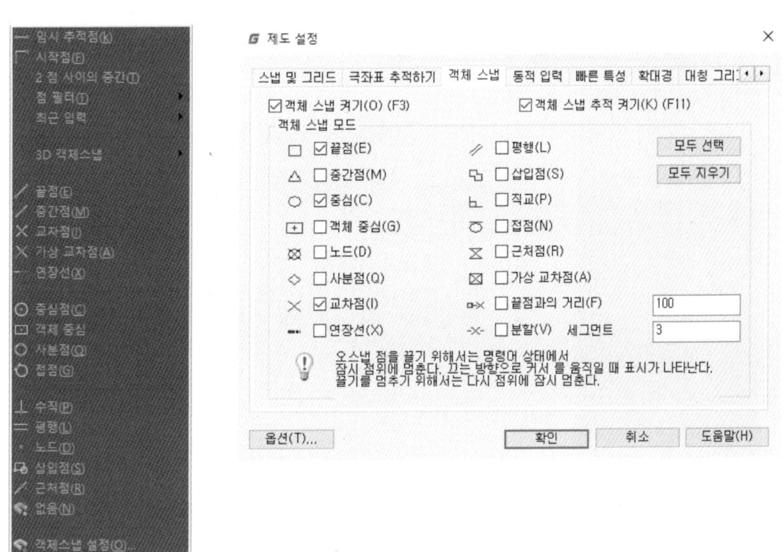

왼쪽 그림 상단에 보면 "객체 스냅 켜기(F3)" 박스가 체크되어 있다. 체크되어 있는 것은 아래의 객체스냅 모드에서 체크 된 "끝점, 중간점, 중심, 사분점, 교차점"이 자동으로 선택된다는 뜻이다. 시험에 응시하는 수험생들은 중간점을 절대로 체크하지 않는다.

만약 중간점을 사용하기 원한다면 "Shift + 마우스 오른쪽 버튼"을 눌러 중간점을 사용하도록 한다. 종종 중간점이 체크 된 경우에 원하지 않는 위치점이 잡히는 경우도 있다. 이러한 이유로 시험에 실격하는 경우가 종종 발생하므로 참고한다.

7. 객체 스냅 [F3 ON/OFF]/Shift + 마우스 오른쪽 버튼 선분(LINE)/끝점(END)/중간점(MID)/교차점(INT)

* 각 스냅명령어들은 단독적으로 실행되지 않는다.

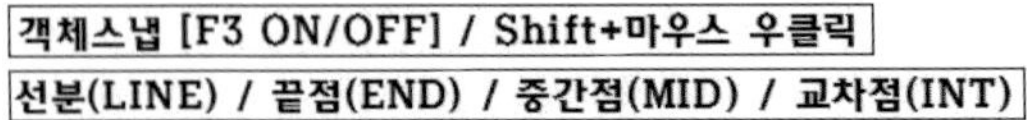

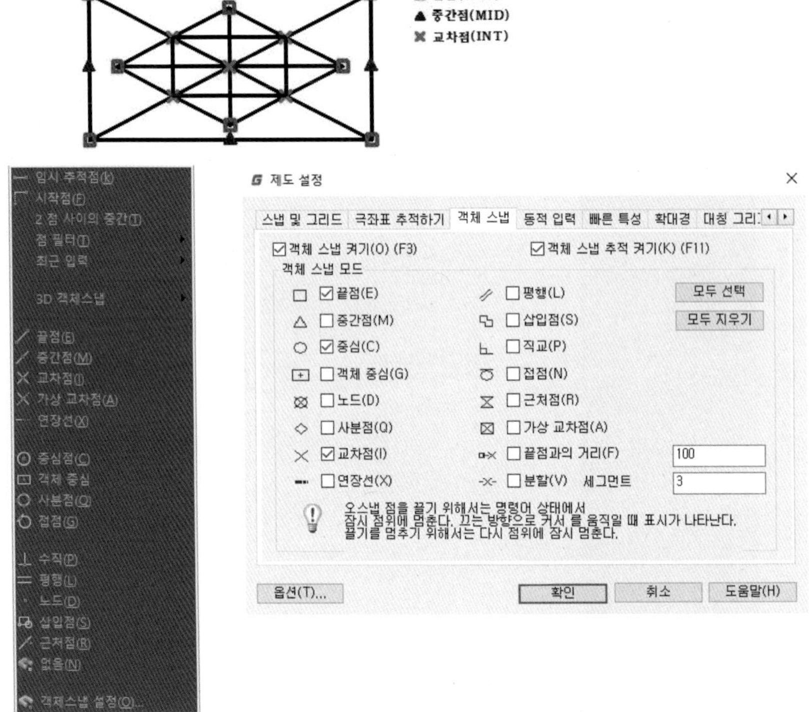

명령어 실행 도중에 사용하여야 한다.

* 단독적으로 실행되지 않으며, 명령어 실행 중에만 실행된다.

CHAPTER 03

좌표계

1. 절대좌표

절대좌표는 실제로 캐드 작업 중에 많이 사용되지 않는 좌표이다.

- 적용분야 : 토목, 건축, 지도제작, 금형 등…
- 적용형식 : X,Y
- 기준 : 오리지널 원점 0,0을 기준으로 한다.

(1) 적용분야

① 토목 : 측량에 사용된다.

※아마 여러분들도 거리를 다니다가 토목기사 분들이 긴 막대기를 들고 서 있고, 그 맞은편에서 망원경 같은 것을 보면서 위치를 이동시키며 측량하는 것을 한번쯤은 보았을 것이다. 토목 측량에서도 절대좌표가 사용된다. 단, 측량에서 X좌표는 캐드에서 Y좌표이고, 측량에서 Y좌표는 캐드에서 X좌표가 된다. 즉 측량의 좌표를 캐드로 작성하기 위해서는 X,Y좌표를 반대로 입력하면 측량된 좌표의 도면이 만들어진다.

② 지도 : 지도를 읽을 때 위도와 경도를 파악하여 지도를 읽는다. 위도와 경도는 절대좌표이며, 차량의 GPS기계도 위도와 경도를 파악하여 차량의 위치를 파악한다.

③ 금형 : NC머신이나 MCT 등의 가공기계도 절대좌표를 이용하여 가공을 한다.

(2) 적용형식

X, Y 절대좌표의 적용형식은 앞의 좌표점이 무조건 "X" 좌표값을 입력하고 뒤에 "Y" 값을 입력해야 한다. 여기서 "XY"를 구분하는 것이 ",(콤마)"이다. 반드시 지켜야 한다.

(3) 기준

기준은 캐드가 초기 부팅되었을 때부터 적용되는 오리지널 원점(변하지 않는 원점) "0,0"이 기준이다.

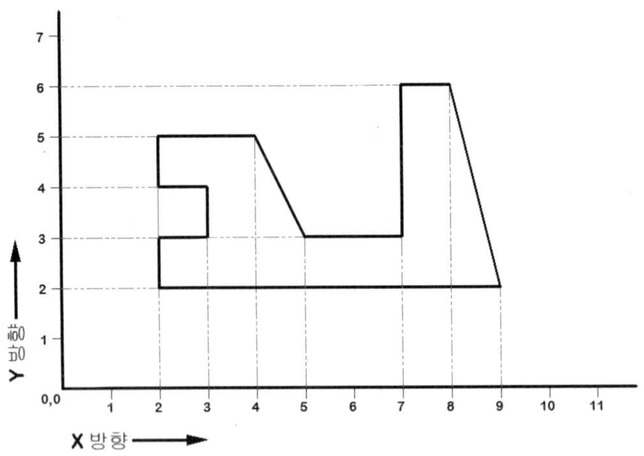

(4) 작성하기

1) 우선 작은 도형을 작성하기 위해서는 "limits(도면영역변경)"를 변경한다.

명령: limits

모형 공간 한계 재설정:
왼쪽 아래 구석 지정 또는 [켜기(ON)/끄기(OFF)] <0.0000,0.0000>: 0,0
오른쪽 위 구석 지정 <12.0000,9.0000>: 12,9

명령: z ZOOM

윈도우 구석을 지정, 축척 비율 (nX 또는 nXP)을 입력 또는 [전체(A)/중심(C)/동적(D)/범위(E)/이전(P)/축척(S)/윈도우(W)/객체(O)] <실시간>: a

2) 선+절대좌표를 이용한 도형작도

명령: l LINE

첫 번째 점 지정: 2,2
다음 점 지정 또는 [명령 취소(U)]: 9,2
다음 점 지정 또는 [명령 취소(U)]: 8,6
다음 점 지정 또는 [닫기(C)/명령 취소(U)]: 7,6
다음 점 지정 또는 [닫기(C)/명령 취소(U)]: 7,3

```
다음 점 지정 또는 [닫기(C)/명령 취소(U)]: 5,3
다음 점 지정 또는 [닫기(C)/명령 취소(U)]: 4,5
다음 점 지정 또는 [닫기(C)/명령 취소(U)]: 2,5
다음 점 지정 또는 [닫기(C)/명령 취소(U)]: 2,4
다음 점 지정 또는 [닫기(C)/명령 취소(U)]: 3,4
다음 점 지정 또는 [닫기(C)/명령 취소(U)]: 3,3
다음 점 지정 또는 [닫기(C)/명령 취소(U)]: 2,3
다음 점 지정 또는 [닫기(C)/명령 취소(U)]: 2,2
다음 점 지정 또는 [닫기(C)/명령 취소(U)]: Enter
```

2. 상대좌표

① 2D도면보다 3D도면에서 많이 사용한다.

② 적용형식 : @X,Y

③ @(at) : 시작점을 의미하며, 현 위치를 가상 원점(0,0)으로 설정하여 그 위치에서 X, Y 좌표 값을 입력한다.

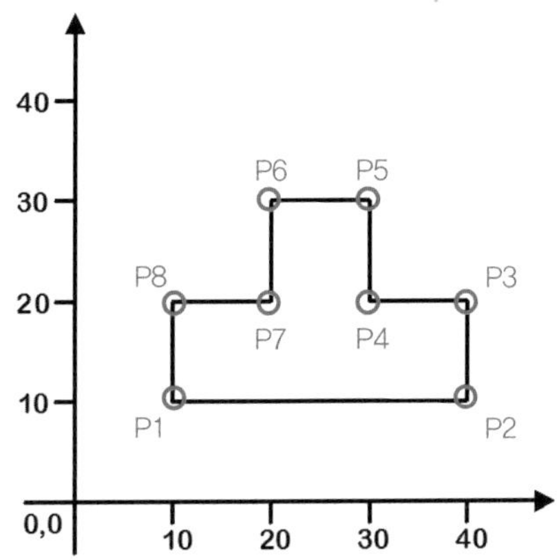

명령: l LINE
첫 번째 점 지정: 10,10 –"P1"위치생성 다음 점 지정 또는 [명령 취소(U)]: @30,0 –"P2"위치생성 다음 점 지정 또는 [명령 취소(U)]: @0,10 –"P3"위치생성 다음 점 지정 또는 [닫기(C)/명령 취소(U)]: @ – 10,0 –"P4"위치생성 다음 점 지정 또는 [닫기(C)/명령 취소(U)]: @0,10 –"P5"위치생성 다음 점 지정 또는 [닫기(C)/명령 취소(U)]: @ – 10,0 –"P6"위치생성 다음 점 지정 또는 [닫기(C)/명령 취소(U)]: @0, – 10 –"P7"위치생성 다음 점 지정 또는 [닫기(C)/명령 취소(U)]: @ – 10,0 –"P8"위치생성 다음 점 지정 또는 [닫기(C)/명령 취소(U)]: @0, – 10 –"P1"위치생성 다음 점 지정 또는 [닫기(C)/명령 취소(U)]: 엔터

상대좌표를 이용하여 그림과 같은 도형이 생성된다.

중요

상대좌표를 이용하는 것 보다는 직진좌표계를 사용하는 것이 사용자 입장에서는 유리할 것이다. 직선에 관한 것은 직진좌표를 사용한다. 앞에서 언급하였지만 "상대좌표"를 사용해야만 작성되는 도형이 있으니, 반드시 기억해둔다.
<직진좌표. "F8"(ORTHO)을 ON 상태로 선분을 작성하고자 하는 방향으로 커서를 위치 후 선분의 길이 입력 후 "엔터">

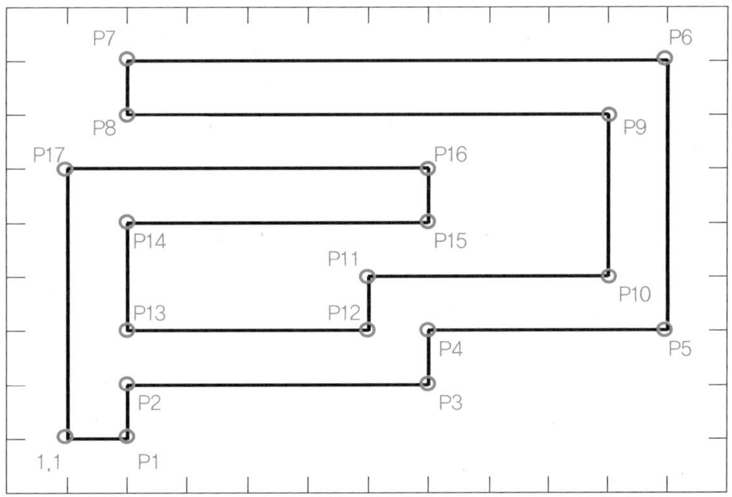

한 눈금의 치수는 1mm로 한다.

명령: L (**선분입력**)

LINE 첫 번째 점 지정: 1,1
다음 점 지정 또는 [명령 취소(U)]: @1,0 (P1)
다음 점 지정 또는 [명령 취소(U)]: @0,1 (P2)
다음 점 지정 또는 [닫기(C)/명령 취소(U)]: @5,0 (P3)
다음 점 지정 또는 [닫기(C)/명령 취소(U)]: @0,1 (P4)
다음 점 지정 또는 [닫기(C)/명령 취소(U)]: @4,0 (P5)
다음 점 지정 또는 [닫기(C)/명령 취소(U)]: @0,5 (P6)
다음 점 지정 또는 [닫기(C)/명령 취소(U)]: @ − 9,0 (P7)
다음 점 지정 또는 [닫기(C)/명령 취소(U)]: @0, − 1 (P8)
다음 점 지정 또는 [닫기(C)/명령 취소(U)]: @8,0 (P9)
다음 점 지정 또는 [닫기(C)/명령 취소(U)]: @0, − 3 (P10)
다음 점 지정 또는 [닫기(C)/명령 취소(U)]: @ − 4,0 (P11)
다음 점 지정 또는 [닫기(C)/명령 취소(U)]: @0, − 1 (P12)
다음 점 지정 또는 [닫기(C)/명령 취소(U)]: @ − 4,0 (P13)
다음 점 지정 또는 [닫기(C)/명령 취소(U)]: @0,2 (P14)
다음 점 지정 또는 [닫기(C)/명령 취소(U)]: @5,0 (P15)
다음 점 지정 또는 [닫기(C)/명령 취소(U)]: @0,1 (P16)
다음 점 지정 또는 [닫기(C)/명령 취소(U)]: @ − 6,0 (P17)
다음 점 지정 또는 [닫기(C)/명령 취소(U)]: @0, − 5 (1,1 자리로 복귀)
다음 점 지정 또는 [닫기(C)/명령 취소(U)]:

- 상대좌표를 입력할 때는 반드시 "@"를 우선적으로 입력해야 한다.

1

객체스냅 [F3 ON/OFF] / Shift+마우스 우클릭

선분(LINE) / 끝점(END) / 중간점(MID) / 교차점(INT)

끝점(END)
중간점(MID)
교차점(INT)

임시 추적점(K)
시작점(F)
2 점 사이의 중간(T)
점 필터(T)
최근 입력
3D 객체스냅
끝점(E)
중간점(M)
교차점(I)
가상 교차점(A)
연장선(X)
중심점(C)
객체 중심
사분점(Q)
접점(G)
수직(P)
평행(L)
노드(D)
삽입점(S)
근처점(R)
없음(N)
객체스냅 설정(O)...

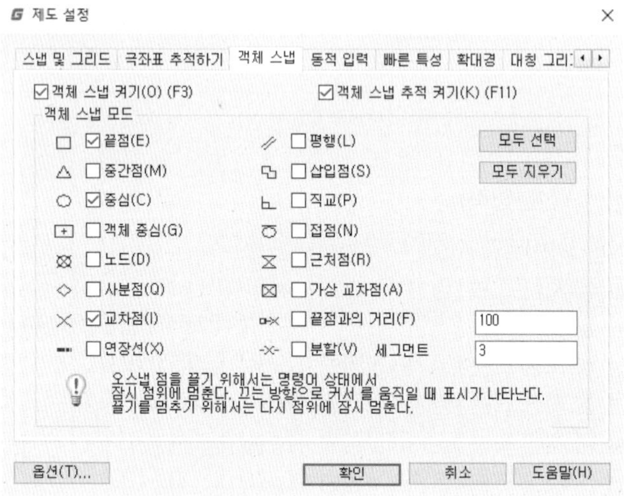

제도 설정

스냅 및 그리드 | 극좌표 추적하기 | 객체 스냅 | 동적 입력 | 빠른 특성 | 확대경 | 대칭 그리

☑객체 스냅 켜기(O) (F3) ☑객체 스냅 추적 켜기(K) (F11)

객체 스냅 모드

☑끝점(E) ☐평행(L) 모두 선택
☐중간점(M) ☐삽입점(S) 모두 지우기
☑중심(C) ☐직교(P)
☐객체 중심(G) ☐접점(N)
☐노드(D) ☐근처점(R)
☐사분점(Q) ☐가상 교차점(A)
☑교차점(I) ☐끝점과의 거리(F) 100
☐연장선(X) ☐분할(V) 세그먼트 3

오스냅 점을 끌기 위해서는 명령어 상태에서
잠시 점위에 멈춘다. 끄는 방향으로 커서 를 움직일 때 표시가 나타난다.
끌기를 멈추기 위해서는 다시 점위에 잠시 멈춘다.

옵션(T)... 확인 취소 도움말(H)

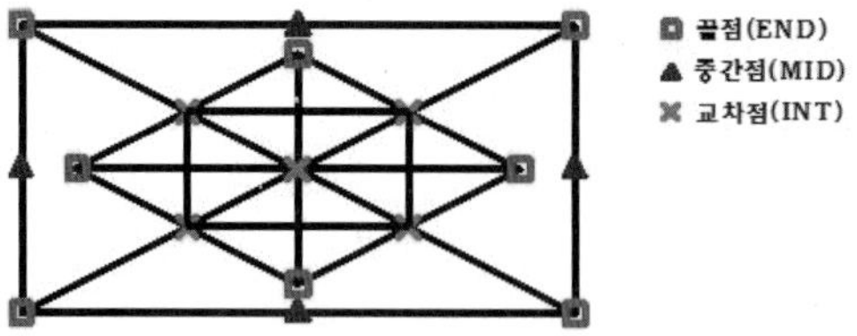

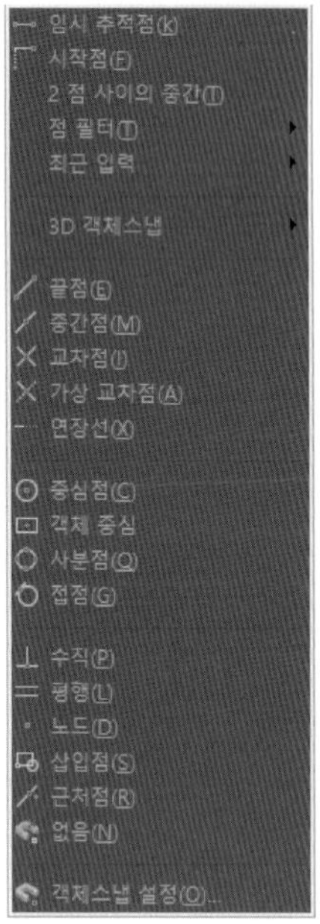

사각박스는 객체의 끝점의 위치를 나타낸다.
삼각박스는 객체선분의 중간점의 위치를 나타낸다
엑스 표시는 선분과 선분의 교차점의 위치를 나타낸다.

위의 명령어들은 단독적으로 실행되지 않으며, 명령어 실행 중에서만 작동된다.

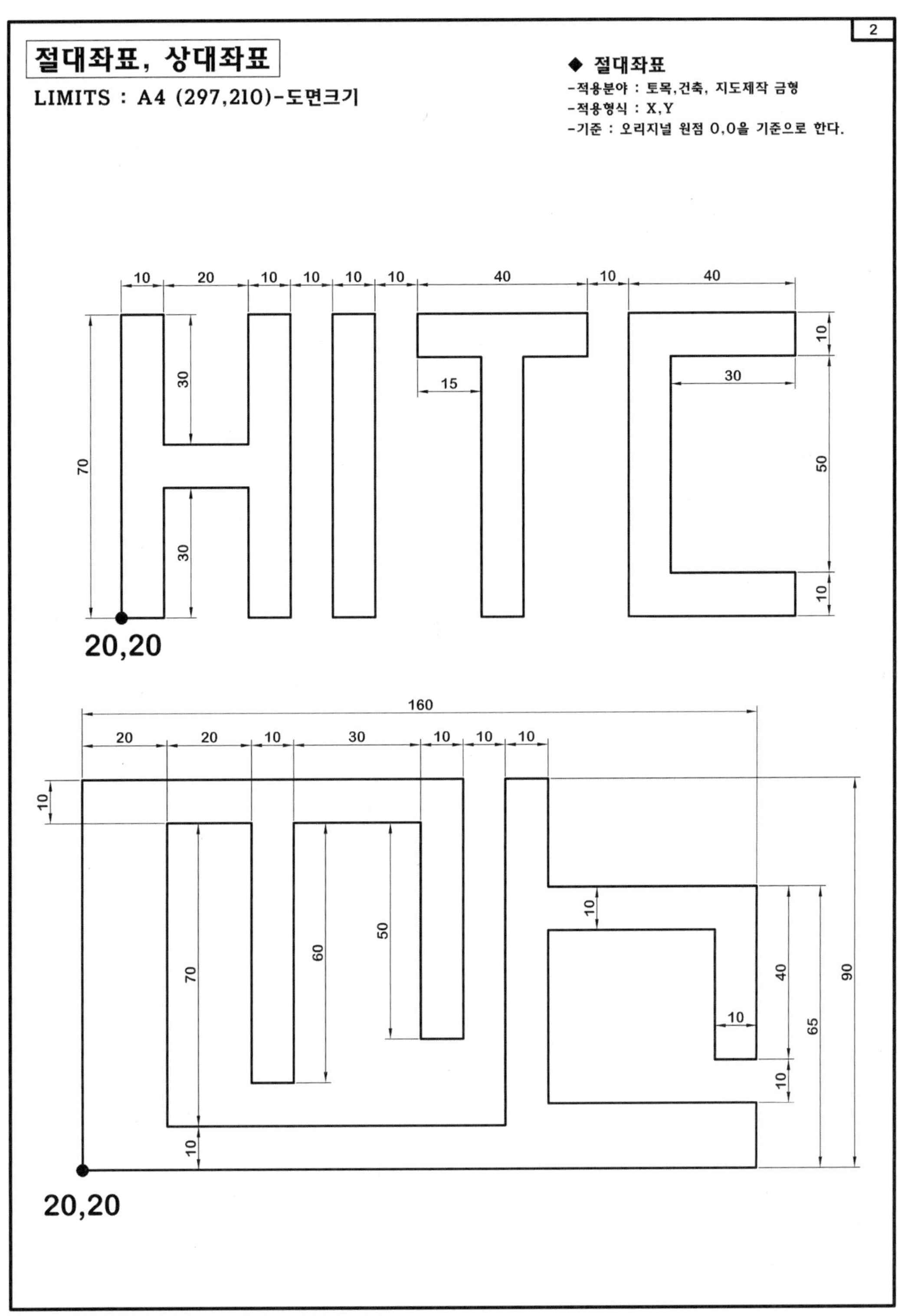
2
절대좌표, 상대좌표
LIMITS : A4 (297,210)-도면크기
◆ 절대좌표
-적용분야 : 토목,건축, 지도제작 금형
-적용형식 : X,Y
-기준 : 오리지널 원점 0,0을 기준으로 한다.
20,20
20,20

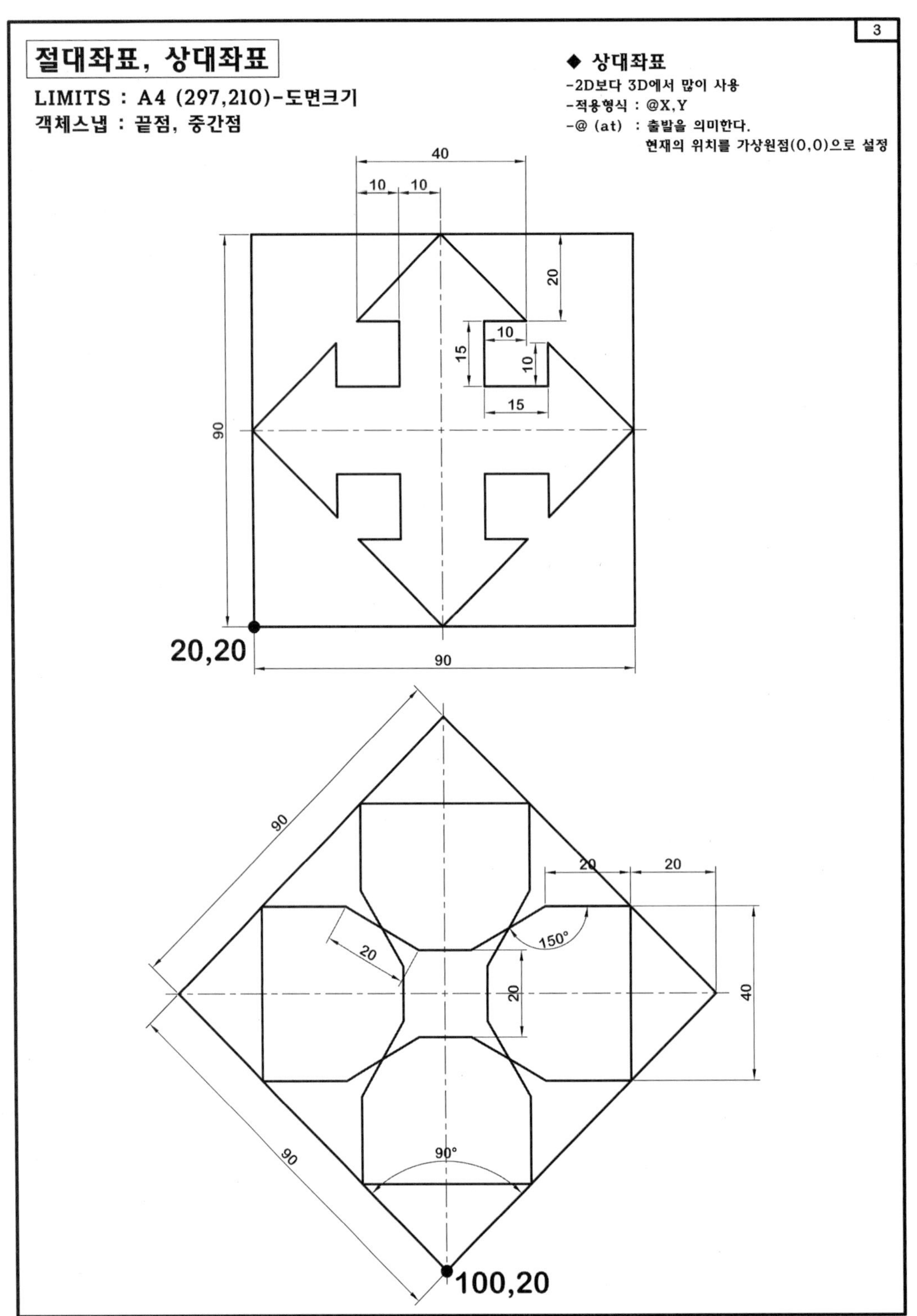
3
절대좌표, 상대좌표
LIMITS : A4 (297,210)-도면크기
객체스냅 : 끝점, 중간점
◆ 상대좌표
-2D보다 3D에서 많이 사용
-적용형식 : @X,Y
-@ (at) : 출발을 의미한다.
현재의 위치를 가상원점(0,0)으로 설정
40
10
10
20
10
15
10
15
90
20,20
90
90
20
20
150°
20
20
40
90
90°
100,20

3. 상대극좌표

◆ **상대극좌표**

-2D전용좌표

-적용형식 : @거리<n(각도값)

-@ (at) : 출발을 의미한다.

현재의 위치를 가상원점(0,0)으로 설정

- < : 각도기호 표기(반듯이 기입)

- n : 각도값 (선분의 진행방향)

◆ **직교모드 - F8**

◆ **극좌표모드 - F10**

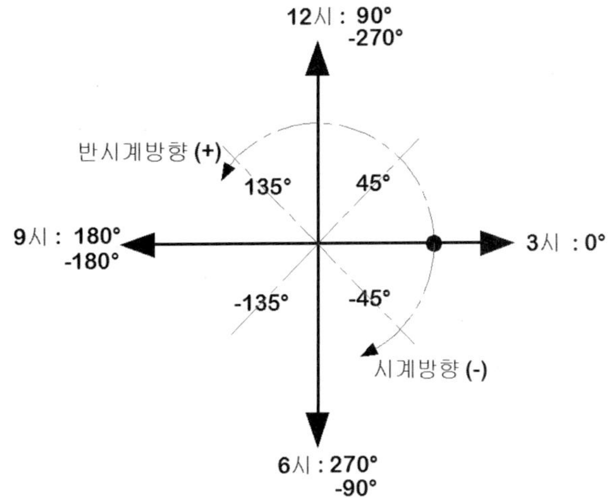

이번에는 "상대극좌표"에 대해서 설명한다.

"상대극좌표"는 캐드 전용좌표이다.

캐드에서 도면을 작성 할 때 95% 이상은 이 좌표를 사용한다.

적용방식

@거리<n(각도값)으로 진행된다.

@: 상대좌표와 같이 현 위치를 가상원점으로 설정한다.

거리 : 사용자가 작성하고자 하는 선분의 길이 값을 입력한다.

< : 상대극좌표를 사용하는 기호로, 각도를 입력한다는 기호이다.

n : "n"은 선분이 진행하고자 하는 각도값을 입력한다.

각도값은 "3시 방향이 "0"도이며, 모든 기준이 되는 각도값이다. 각도값을 계산하기 위해서는 3시=0도 방향을 기준으로 계산한다. 12시=90도, 9시=180도, 6시=270도이다. 위의 그림에서 보듯이 "반시계 방향이 +" 방향이며, "－" 방향은 시계 방향이다. 6시=－90도, 9시=－180도, 12시=－270도 방향으로 표기한다.

앞에서 언급한 각도값은 정방향에 대한 값이지만 정방향 외에도 그 사이에는 무수히 많은 각도가 존재하게 된다. 앞으로 도형을 작도하면서 각도값을 계산해보자.

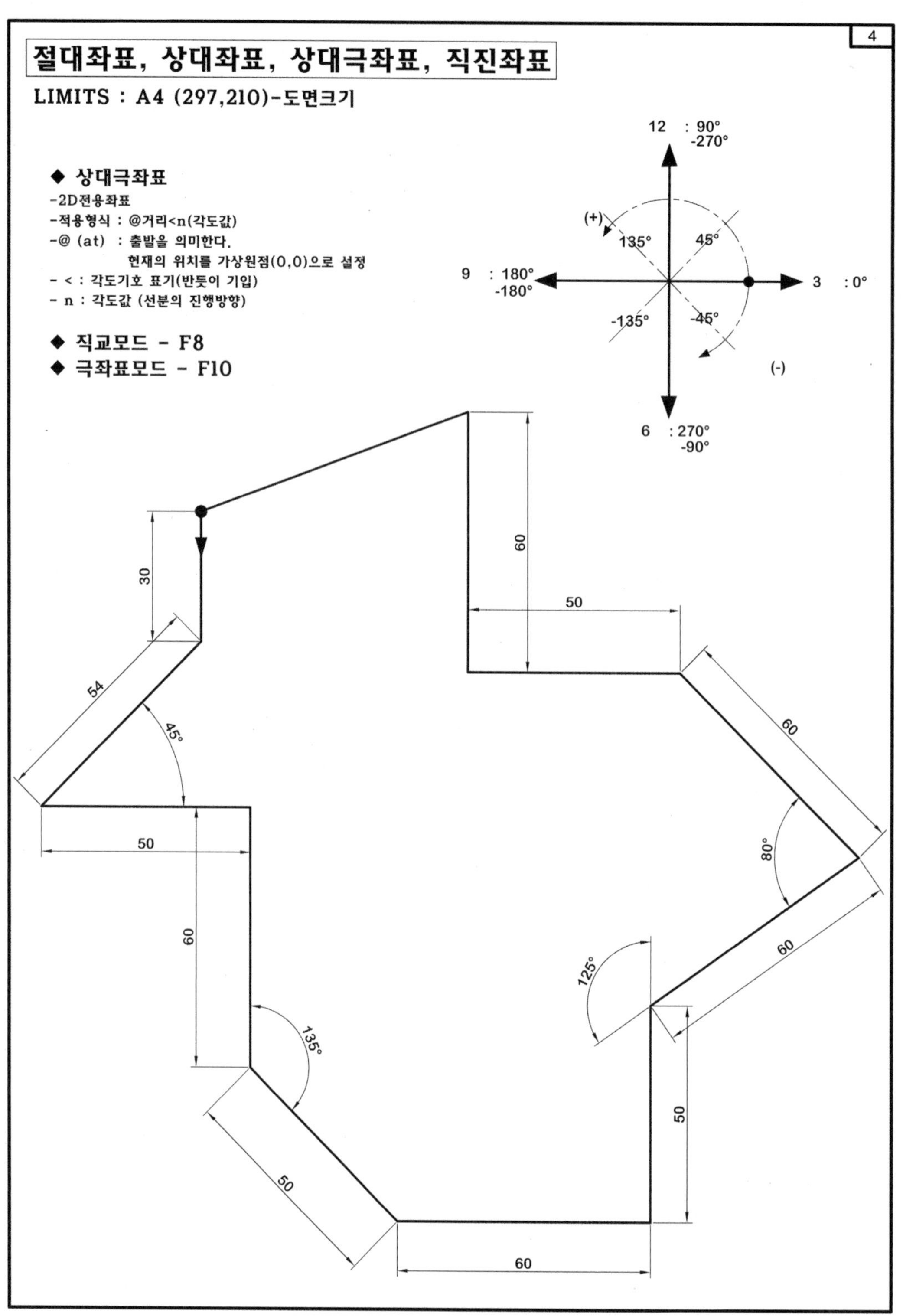
4
절대좌표, 상대좌표, 상대극좌표, 직진좌표
LIMITS : A4 (297,210)-도면크기
◆ 상대극좌표
-2D전용좌표
-적용형식 : @거리<n(각도값)
-@ (at) : 출발을 의미한다.
현재의 위치를 가상원점(0,0)으로 설정
- < : 각도기호 표기(반듯이 기입)
- n : 각도값 (선분의 진행방향)
◆ 직교모드 - F8
◆ 극좌표모드 - F10
12 : 90°
-270°
(+)
135°
45°
9 : 180°
-180°
3 : 0°
-135°
-45°
(-)
6 : 270°
-90°
60
50
30
54
45°
60
50
80°
60
60
125°
135°
50
50
60

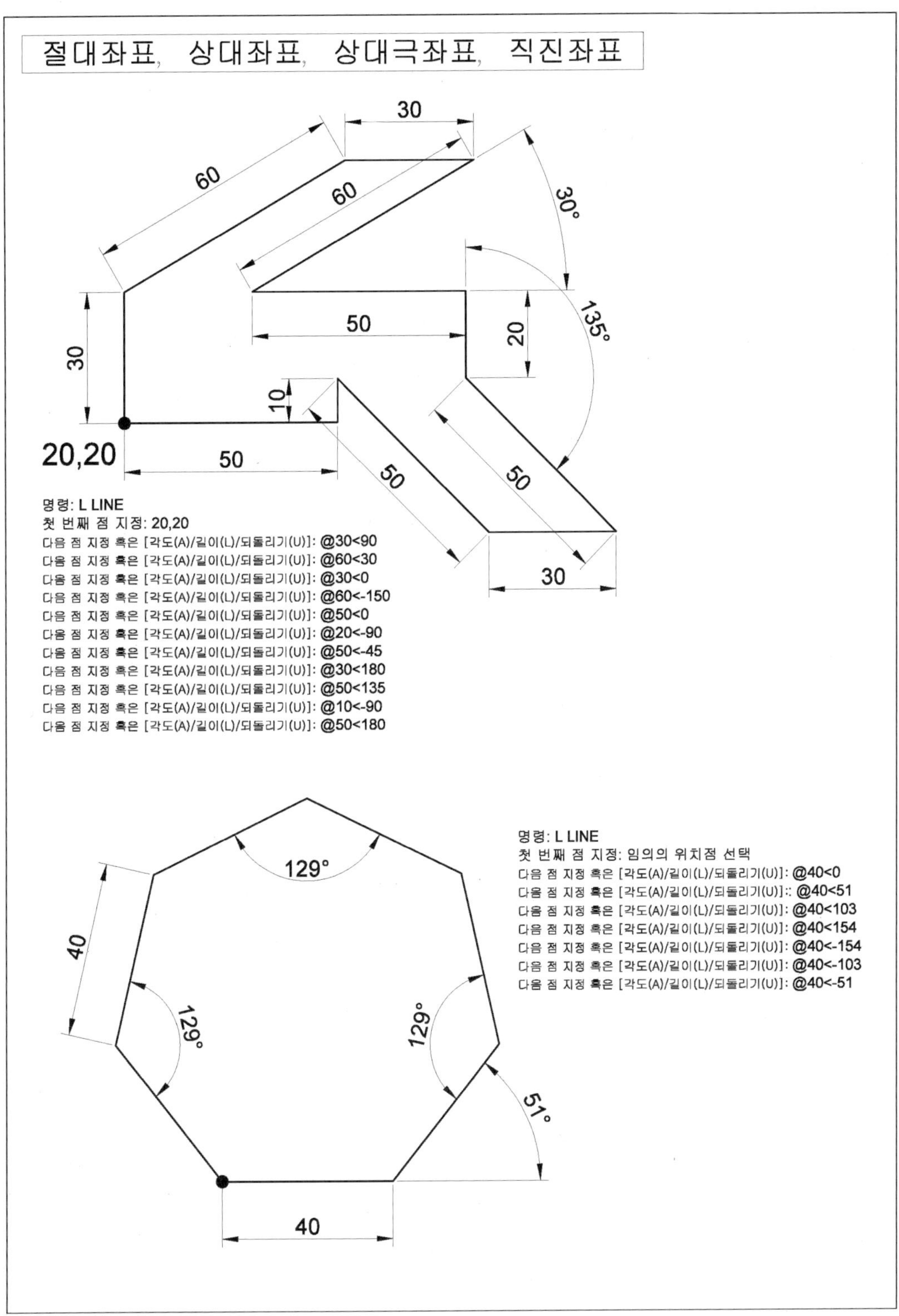
절대좌표, 상대좌표, 상대극좌표, 직진좌표
30
60
60
30°
135°
50
20
30
10
20,20
50
50
50
30
명령: L LINE
첫 번째 점 지정: 20,20
다음 점 지정 혹은 [각도(A)/길이(L)/되돌리기(U)]: @30<90
다음 점 지정 혹은 [각도(A)/길이(L)/되돌리기(U)]: @60<30
다음 점 지정 혹은 [각도(A)/길이(L)/되돌리기(U)]: @30<0
다음 점 지정 혹은 [각도(A)/길이(L)/되돌리기(U)]: @60<-150
다음 점 지정 혹은 [각도(A)/길이(L)/되돌리기(U)]: @50<0
다음 점 지정 혹은 [각도(A)/길이(L)/되돌리기(U)]: @20<-90
다음 점 지정 혹은 [각도(A)/길이(L)/되돌리기(U)]: @50<-45
다음 점 지정 혹은 [각도(A)/길이(L)/되돌리기(U)]: @30<180
다음 점 지정 혹은 [각도(A)/길이(L)/되돌리기(U)]: @50<135
다음 점 지정 혹은 [각도(A)/길이(L)/되돌리기(U)]: @10<-90
다음 점 지정 혹은 [각도(A)/길이(L)/되돌리기(U)]: @50<180
129°
40
129°
129°
51°
40
명령: L LINE
첫 번째 점 지정: 임의의 위치점 선택
다음 점 지정 혹은 [각도(A)/길이(L)/되돌리기(U)]: @40<0
다음 점 지정 혹은 [각도(A)/길이(L)/되돌리기(U)]:: @40<51
다음 점 지정 혹은 [각도(A)/길이(L)/되돌리기(U)]: @40<103
다음 점 지정 혹은 [각도(A)/길이(L)/되돌리기(U)]: @40<154
다음 점 지정 혹은 [각도(A)/길이(L)/되돌리기(U)]: @40<-154
다음 점 지정 혹은 [각도(A)/길이(L)/되돌리기(U)]: @40<-103
다음 점 지정 혹은 [각도(A)/길이(L)/되돌리기(U)]: @40<-51

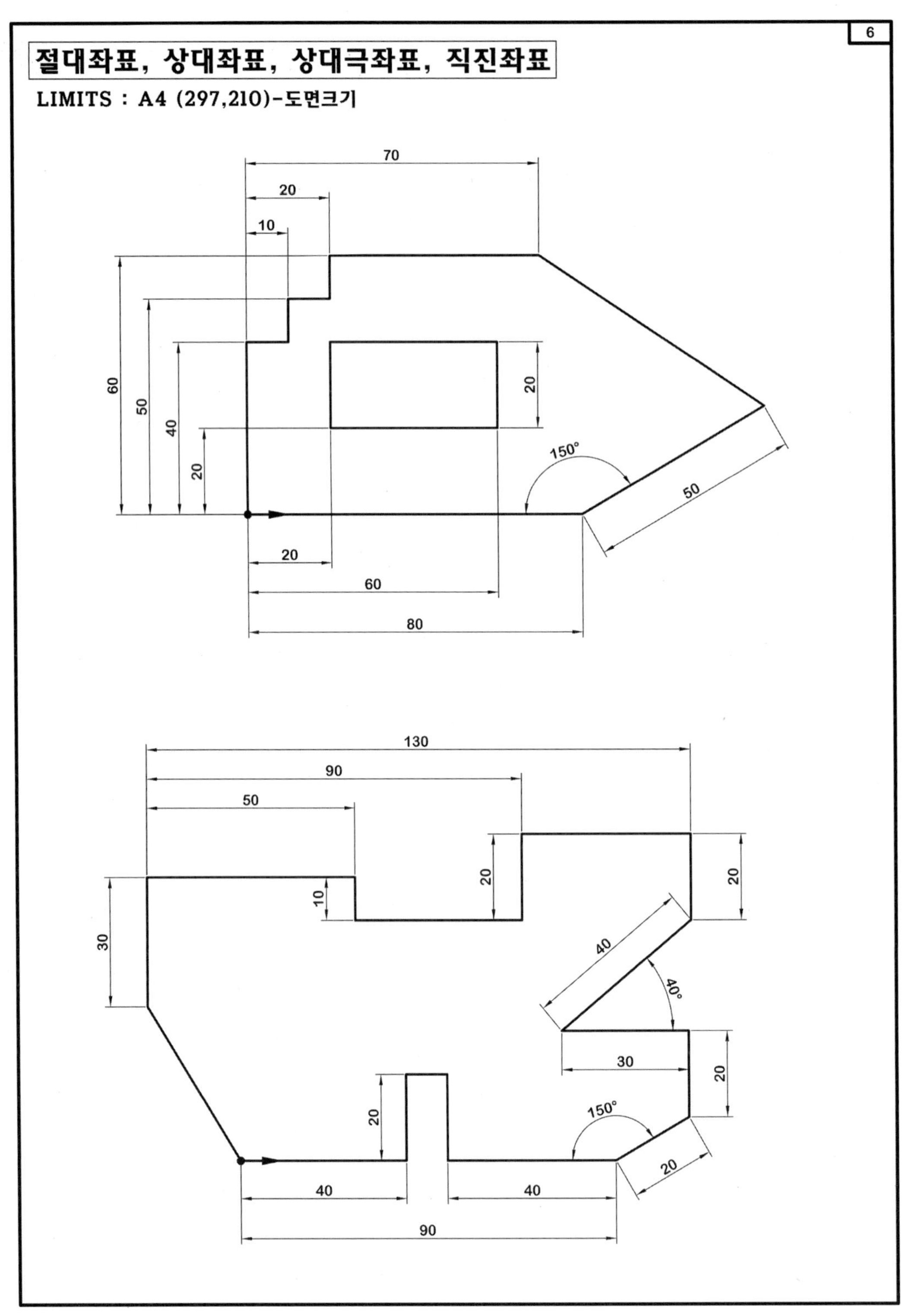
6
절대좌표, 상대좌표, 상대극좌표, 직진좌표
LIMITS : A4 (297,210)-도면크기
70
20
10
60
50
40
20
20
150°
50
20
60
80
130
90
50
30
10
20
20
40
40°
30
20
20
150°
20
40
40
90

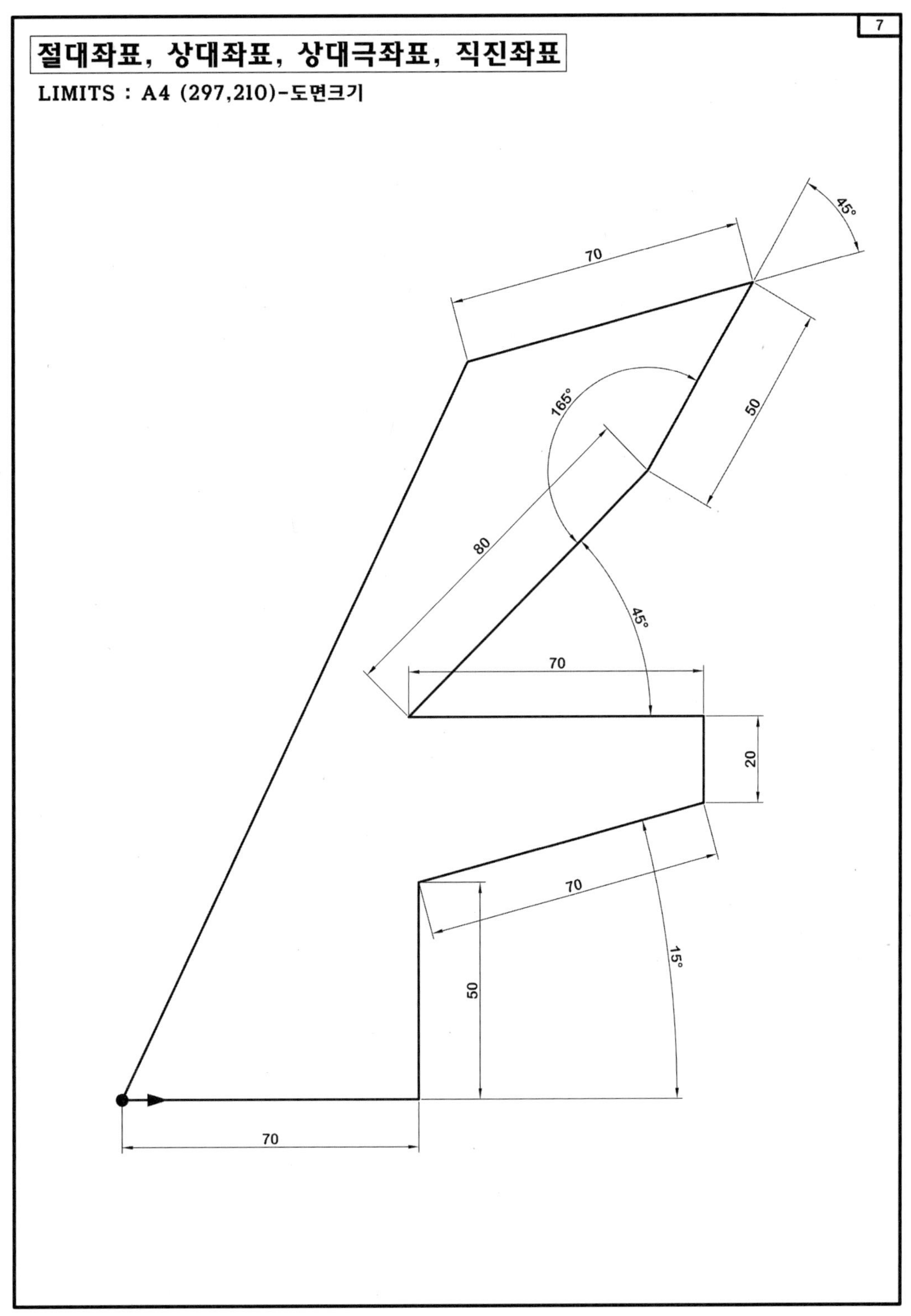
7
절대좌표, 상대좌표, 상대극좌표, 직진좌표
LIMITS : A4 (297,210)-도면크기
45°
70
165°
50
80
45°
70
20
70
15°
50
70

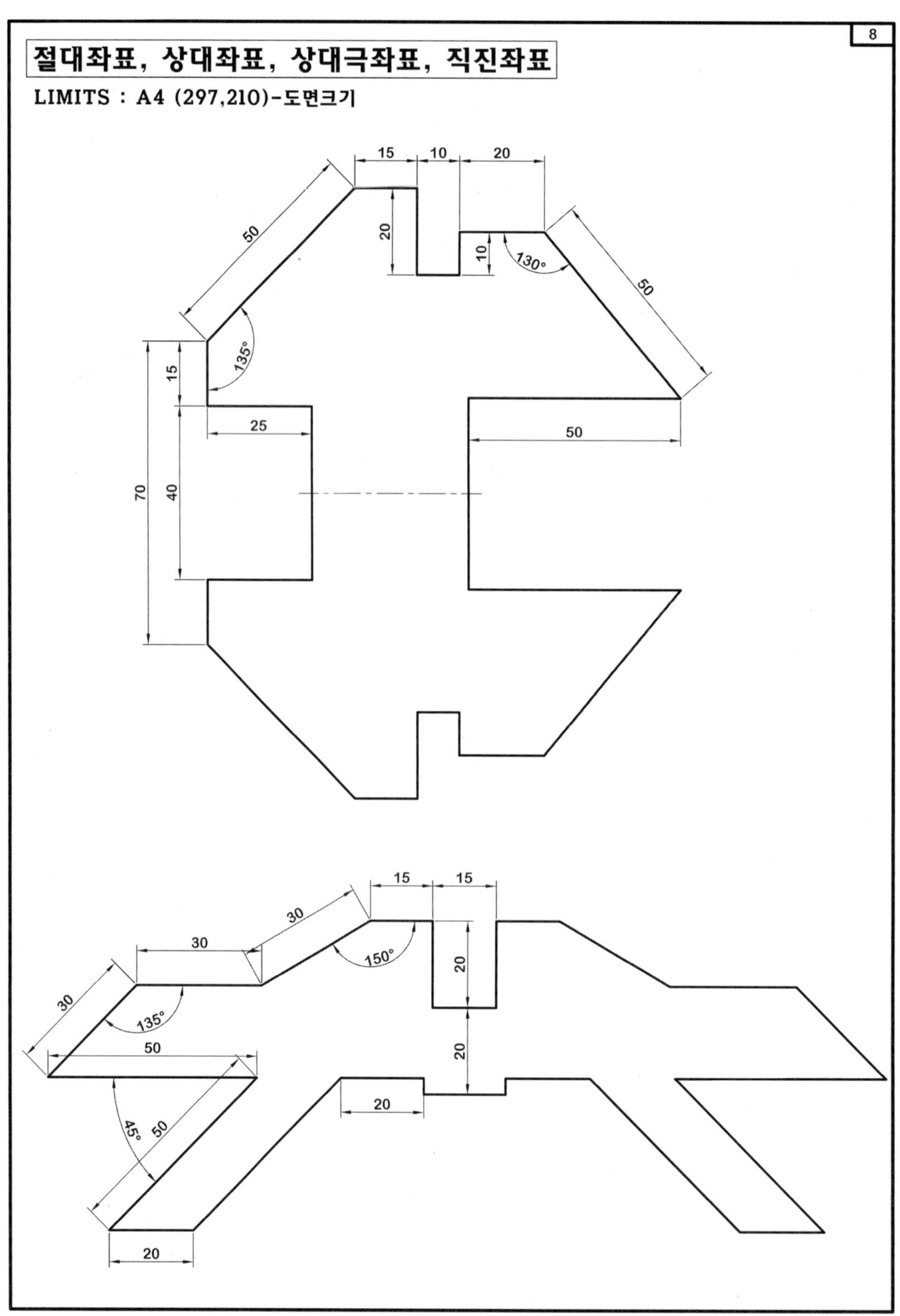
8
절대좌표, 상대좌표, 상대극좌표, 직진좌표
LIMITS : A4 (297,210)-도면크기
15
10
20
50
20
10
130°
50
135°
15
25
50
70
40
15
15
30
30
150°
20
30
135°
50
20
20
45°
50
20

9

절대좌표, 상대좌표, 상대극좌표, 직진좌표

LIMITS : A4 (297,210)-도면크기

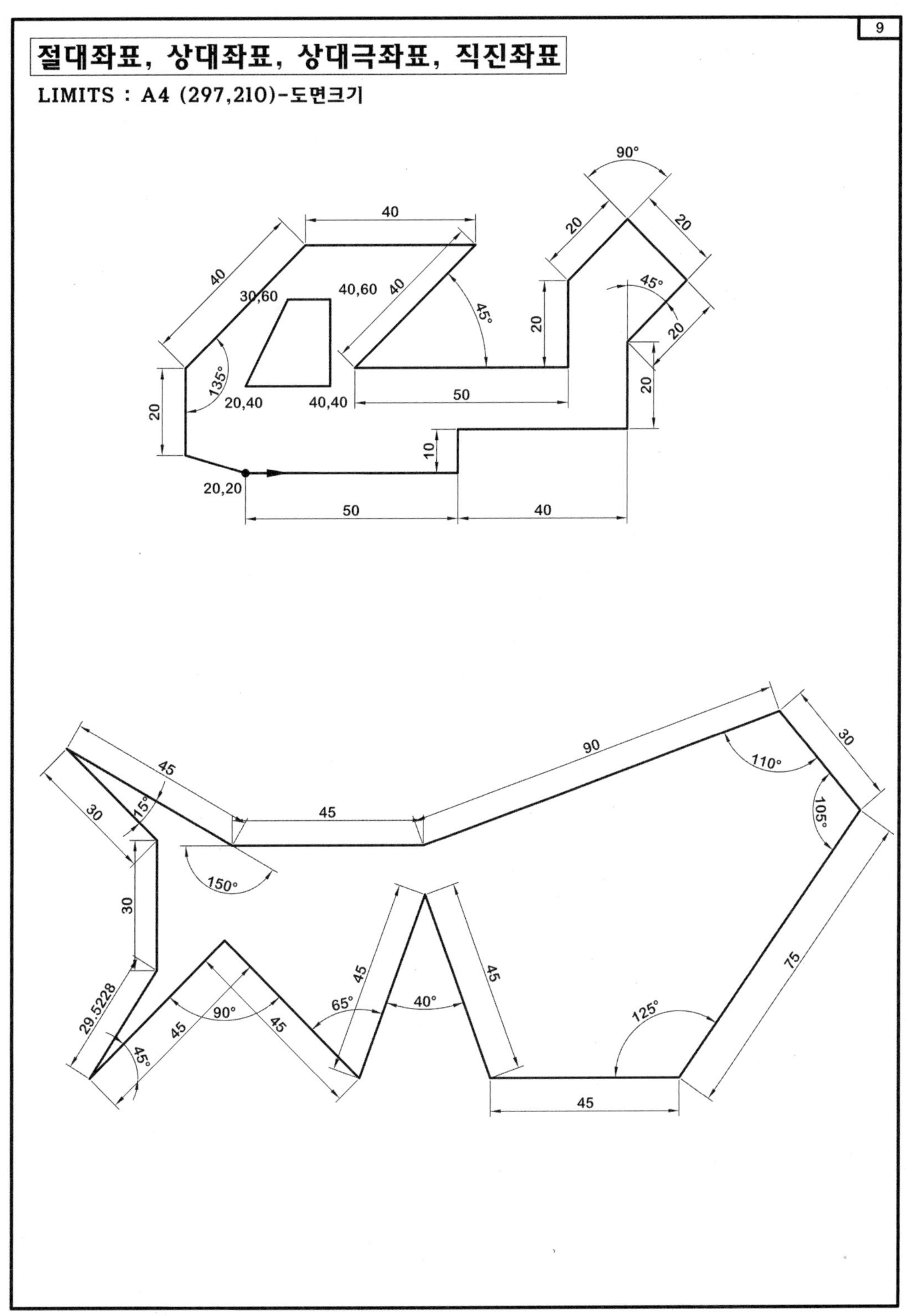

조회명령 [LIST(목록보기) | 단축키 [LI]

조회명령은 사용자가 작성한 좌표점, 선분의 길이, 각도 등이 원하는 크기로 작성되었는지를 확인하는 검도 명령이다.

중요 치수는 도형 작도 후 반드시 "각도, 선분길이, 좌표점" 등 도면 치수와 같은지 확인한다.

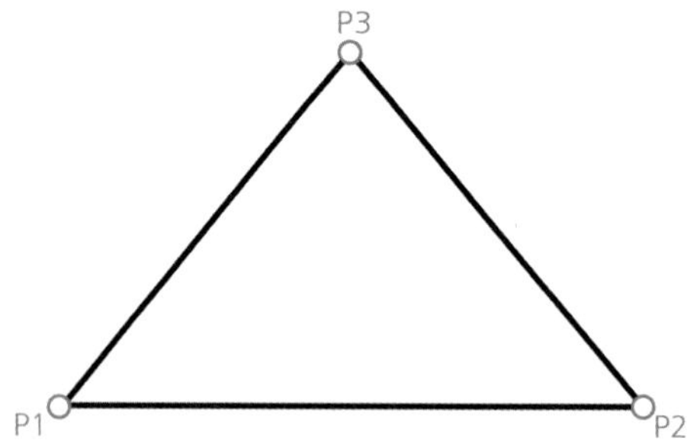

선분 명령으로 임의의 삼각형을 작성한다.

명령: LI LIST

객체 선택: 1개를 찾음 [“P1”과 “P3”사이의 선분 선택]
객체 선택: Enter
선
레이어: 0
현재 상태: 모델
핸들: 28E
삽입 점: X=123.2674 Y=134.7261 Z=0.0000
점: X=209.7848 Y=207.4696 Z=0.0000
길이: 113.0348
XY 평면에서 각도: 40
델타 값 : X=86.5174 Y=72.7435 Z=0.0000

LIST [단축키 “LI”] 선택한 선분에 대한 모든 정보를 화면상으로 출력한다. 길이값, 선분의 작성 각도, 선분의 X, Y의 증분값을 화면상으로 출력한다.

조회명령 [DIST(거리측정) | 단축키 [DI]

명령: DI DIST
첫 번째 점 지정: "P1" 선택 두 번째 점 또는 [다중 점(M)] 지정: "P2" 선택 거리 = 113.0348, XY 평면의 각도 = 40, XY 평면으로부터의 각도 = 0, Delta X = 86.5174, Delta Y = 72.7435, Delta Z = 0.0000

DIST [단축키 "DI"] 선택한 위치 포인트를 기준으로 "명령행" 창에 나타난다. 명령어의 장점은 "명령행"에서 정보를 보여줌으로써 신속하게 선택한 위치 포인트의 거리를 확인할 수 있다.

조회명령 [IDPOINT(좌표점 보기) | 단축키 [ID]

명령: ID
점 지정: "P1"선택 X = 1864.1368 Y = 1194.3901 Z = 0.0000

IDPOINT [단축키 ID] : 선택한 위치의 좌표점을 명령행 창에 출력한다.

직사각형 [RECTANGLE | 단축키 [REC]

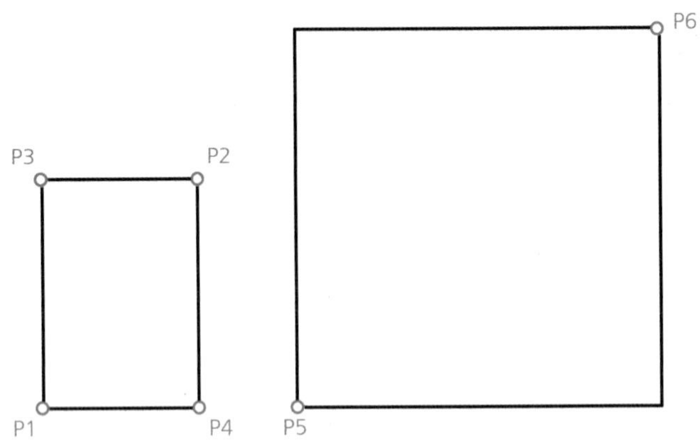

명령: REC [RECTANG]
첫 번째 코너 점 지정 또는 [모따기(C)/고도(E)/모깎기(F)/두께(T)/너비(W)/문자넣기(O)]: "P1"선택 다른 코너 점을 지정하거나 [영역(A)/치수(D)/회전(R)]: "P2"선택

"REC" 사각형 명령은 대각으로 위치 포인트를 정하여 작성한다. "P3"선택, "P4"선택 어떠한 방향이라도 대각 방향으로 선택하여 작성한다.

"REC"명령을 통한 정사각형 작성하기

명령: REC
첫 번째 코너 점 지정 또는 [모따기(C)/고도(E)/모깎기(F)/두께(T)/너비(W)/문자넣기(O)]: "P5"선택 다른 코너 점을 지정하거나 [영역(A)/치수(D)/회전(R)]: @50,50

상대좌표를 이용하여 정사각형을 작성할 수 있다. 상대좌표를 적용한 도면은 많이 없다. 그러나 이러한 좌표를 사용해야만 좀 더 쉽게 설계 도면을 작성할 수 있다.

10

절대좌표, 상대좌표, 직사각형[REC]

LIMITS : A4 (297,210)-도면크기

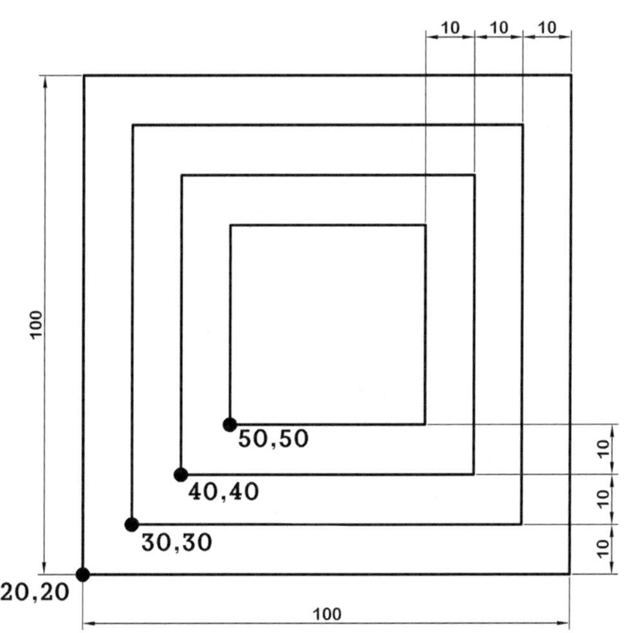

명령:REC RECTANG
첫 번째 코너 점 지정 또는 [모따기(C)/고도(E)/모깎기(F)/두께(T)/너비(W)/문자넣기(O)]: 20,20
다른 코너 점을 지정하거나 [영역(A)/치수(D)/회전(R)]: @100,100

명령:REC RECTANG
첫 번째 코너 점 지정 또는 [모따기(C)/고도(E)/모깎기(F)/두께(T)/너비(W)/문자넣기(O)]: 30,30
다른 코너 점을 지정하거나 [영역(A)/치수(D)/회전(R)]: @80,80

명령:REC
RECTANG
첫 번째 코너 점 지정 또는 [모따기(C)/고도(E)/모깎기(F)/두께(T)/너비(W)/문자넣기(O)]: 40,40
다른 코너 점을 지정하거나 [영역(A)/치수(D)/회전(R)]: @60,60

명령:REC
RECTANG
첫 번째 코너 점 지정 또는 [모따기(C)/고도(E)/모깎기(F)/두께(T)/너비(W)/문자넣기(O)]: 50,50
다른 코너 점을 지정하거나 [영역(A)/치수(D)/회전(R)]: @40,40

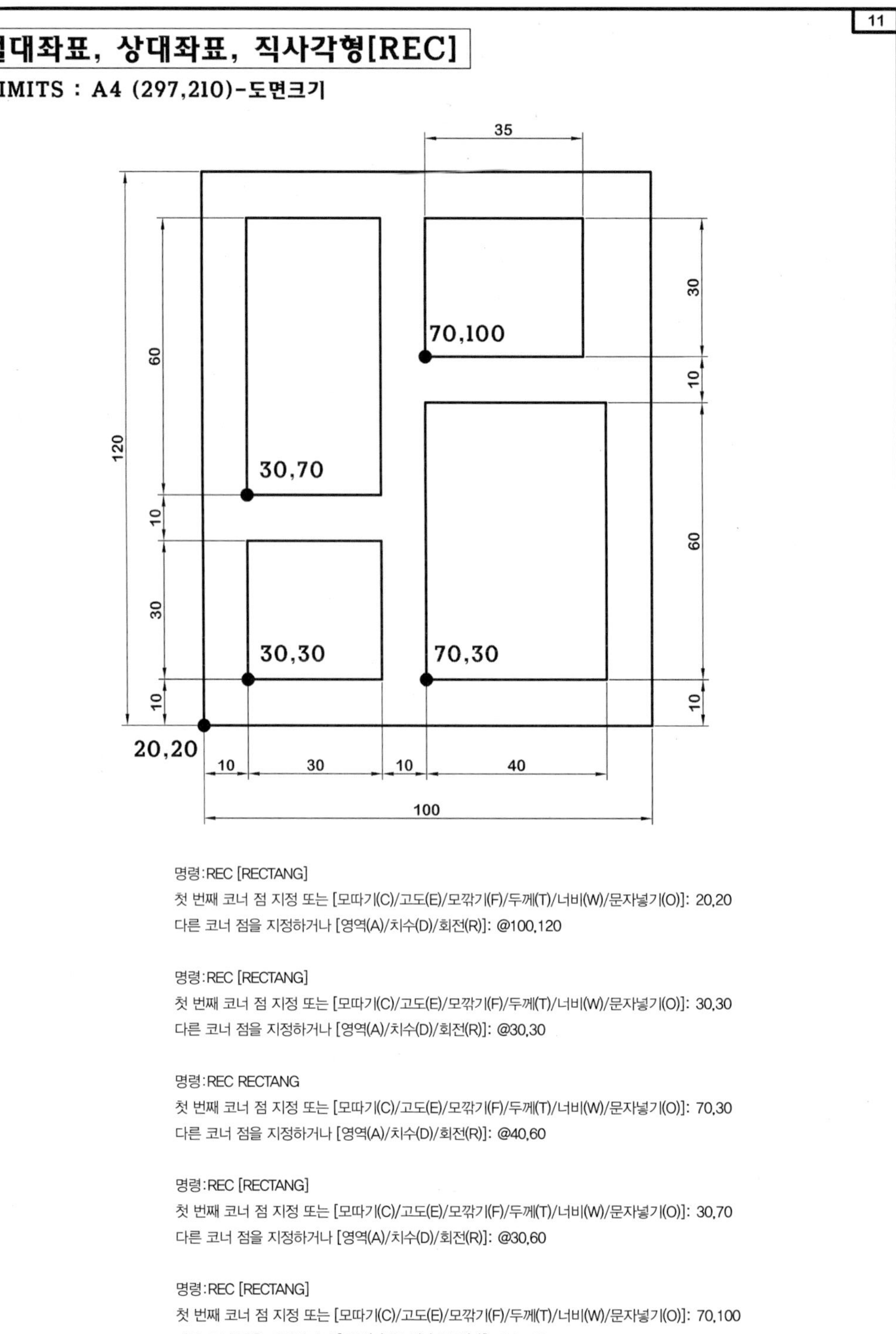

절대좌표, 상대좌표, 직사각형[REC]

LIMITS : A4 (297,210)-도면크기

명령:REC [RECTANG]
첫 번째 코너 점 지정 또는 [모따기(C)/고도(E)/모깎기(F)/두께(T)/너비(W)/문자넣기(O)]: 20,20
다른 코너 점을 지정하거나 [영역(A)/치수(D)/회전(R)]: @100,120

명령:REC [RECTANG]
첫 번째 코너 점 지정 또는 [모따기(C)/고도(E)/모깎기(F)/두께(T)/너비(W)/문자넣기(O)]: 30,30
다른 코너 점을 지정하거나 [영역(A)/치수(D)/회전(R)]: @30,30

명령:REC RECTANG
첫 번째 코너 점 지정 또는 [모따기(C)/고도(E)/모깎기(F)/두께(T)/너비(W)/문자넣기(O)]: 70,30
다른 코너 점을 지정하거나 [영역(A)/치수(D)/회전(R)]: @40,60

명령:REC [RECTANG]
첫 번째 코너 점 지정 또는 [모따기(C)/고도(E)/모깎기(F)/두께(T)/너비(W)/문자넣기(O)]: 30,70
다른 코너 점을 지정하거나 [영역(A)/치수(D)/회전(R)]: @30,60

명령:REC [RECTANG]
첫 번째 코너 점 지정 또는 [모따기(C)/고도(E)/모깎기(F)/두께(T)/너비(W)/문자넣기(O)]: 70,100
다른 코너 점을 지정하거나 [영역(A)/치수(D)/회전(R)]: @35,30

회전 [ROTATE | 단축키 [RO] – 회전복사

선택된 객체를 회전시킨다.

선택된 객체를 회전시키면서 복사한다.

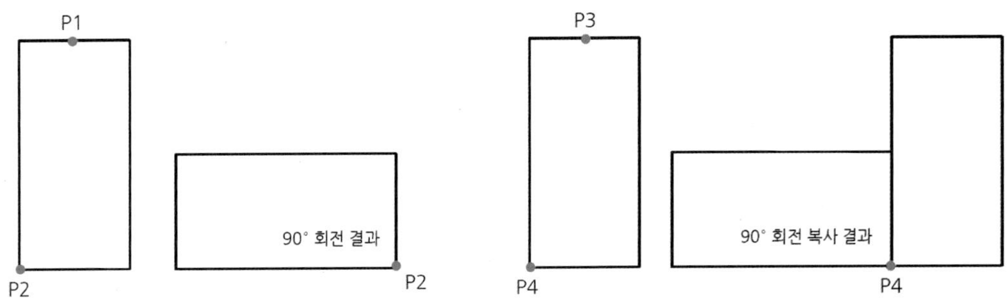

명령: RO [ROTATE]

UCS 현재 양의 각 : ANGDIR = 반시계방향 ANGBASE = 0
객체 선택: <u>"P1"선택</u> 1개를 찾음
객체 선택: Enter
기준점 지정: <u>"P2"선택</u>
회전 각도를 지정하거나 [복사(C)/다중(M)/참조(R)]: <0>: 90
결과와 같이 사각형이 반시계 방향 90도로 회전을 한다.

명령: RO ROTATE

UCS 현재 양의 각 : ANGDIR = 반시계방향 ANGBASE = 0
객체 선택: <u>"P3"선택</u>1개를 찾음
객체 선택: Enter
기준점 지정: <u>"P4"선택</u>
회전 각도를 지정하거나 [복사(C)/다중(M)/참조(R)]: <90>: C 선택[선택한 객체의 사본을 회전한다.]
선택된 객체의 그룹을 회전하시오.
회전 각도를 지정하거나 [복사(C)/다중(M)/참조(R)]: <90>: 90

결과와 같이 원본 사각형을 그대로 둔 채, 새로운 사각형을 90도로 회전된 상태로 생성한다.

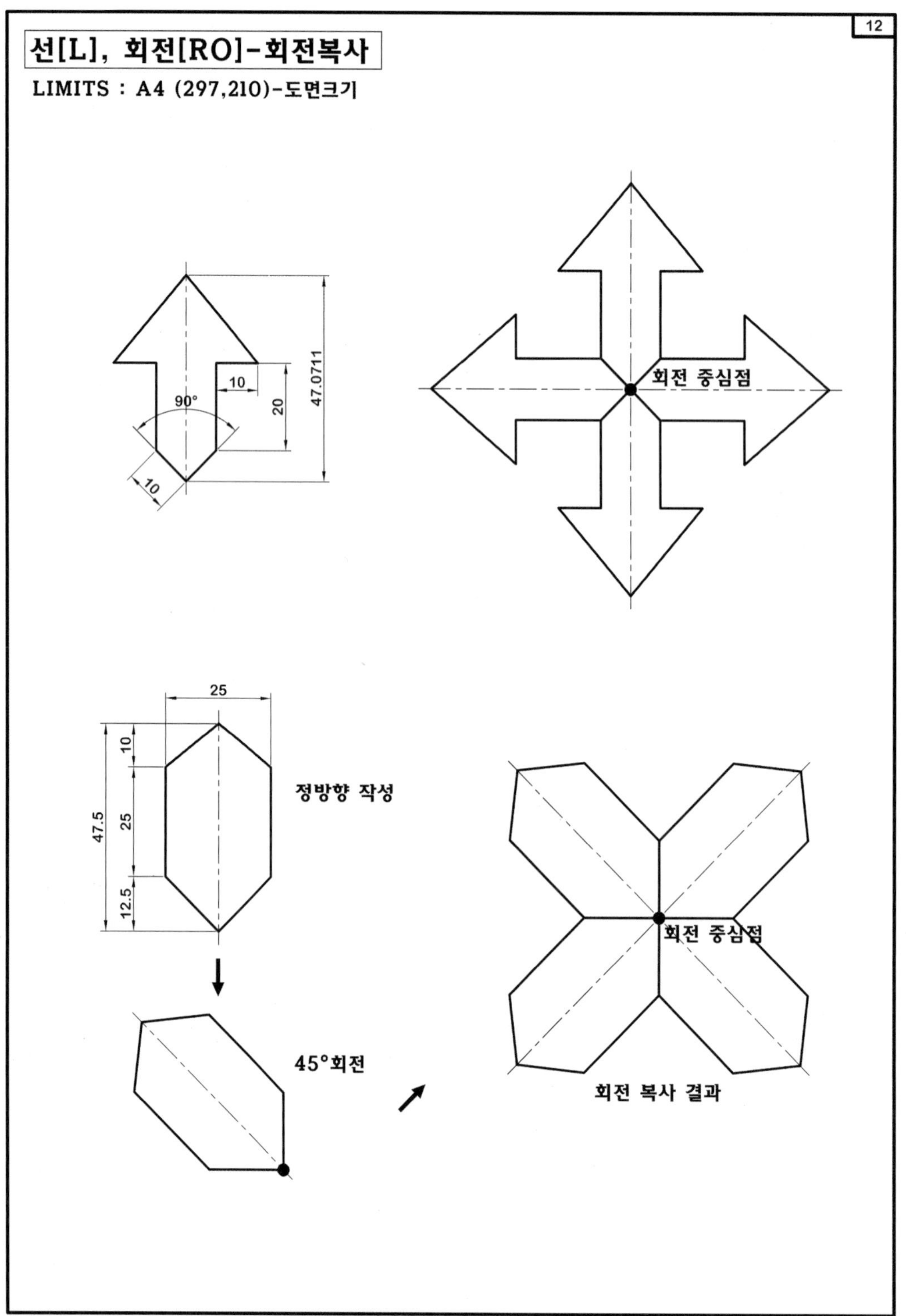
12
선[L], 회전[RO]-회전복사
LIMITS : A4 (297,210)-도면크기
10
90°
20
47.0711
10
회전 중심점
25
10
47.5
25
12.5
정방향 작성
45°회전
회전 중심점
회전 복사 결과

13

선[L], 회전[RO]-회전복사

LIMITS : A4 (297,210)-도면크기

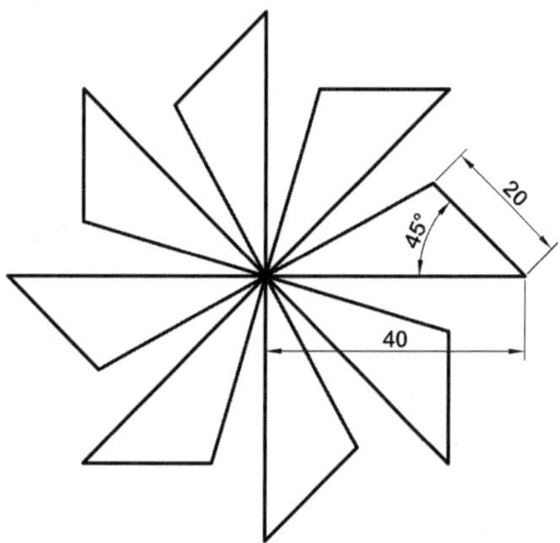

복사 [COPY | 단축키 [CO or CP]

사용자가 작성한 도형이나 객체를 원본 유지하며, 새로운 복사 객체를 만드는 명령이다.

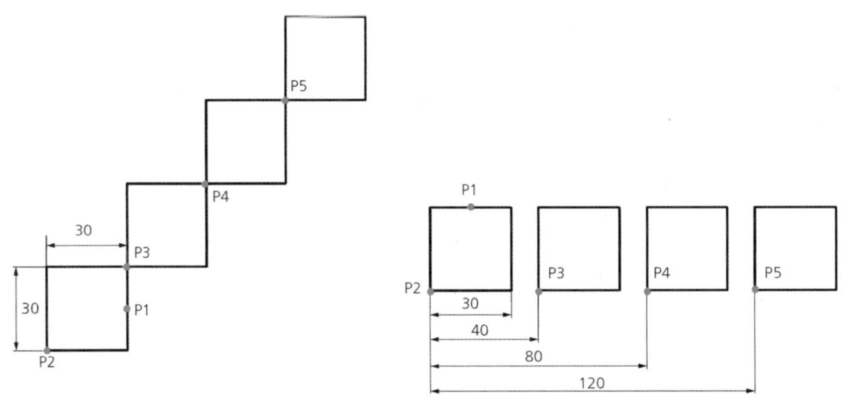

명령: CO COPY
객체 선택: <u>"P1"선택</u> 1개를 찾음
객체 선택: Enter
현재 설정: 복사 모드 = 다중
기본점 지정 또는 [변위(D)/모드(O)] <변위(D)>: <u>"P2"선택</u>
두 번째 점을 지정하거나 [측정(E)/나누기(I)/경로(P)] <이동의 첫 번째 점 사용하기>
두번째 점을 지정하거나 [나가기(E)/명령 취소(U)] <나가기(E)>: <u>"P3"선택</u>
두번째 점을 지정하거나 [나가기(E)/명령 취소(U)] <나가기(E)>: <u>"P4"선택</u>
두번째 점을 지정하거나 [나가기(E)/명령 취소(U)] <나가기(E)>: <u>"P5"선택</u>

명령: CP COPY
객체 선택: <u>"P1"선택</u> 1개를 찾음
객체 선택: Enter
현재 설정: 복사 모드 = 다중
기본점 지정 또는 [변위(D)/모드(O)] <변위(D)>: <u>"P2"선택</u>
두 번째 점을 지정하거나 [측정(E)/나누기(I)/경로(P)] <이동의 첫 번째 점 사용하기>
두번째 점을 지정하거나 [나가기(E)/명령 취소(U)] <나가기(E)>: @40<0 <u>"P3"선택</u>
두번째 점을 지정하거나 [나가기(E)/명령 취소(U)] <나가기(E)>: @80<0 <u>"P4"선택</u>
두번째 점을 지정하거나 [나가기(E)/명령 취소(U)] <나가기(E)>: @120<0 <u>"P5"선택</u>
두번째 점을 지정하거나 [나가기(E)/명령 취소(U)] <나가기(E)>: Enter

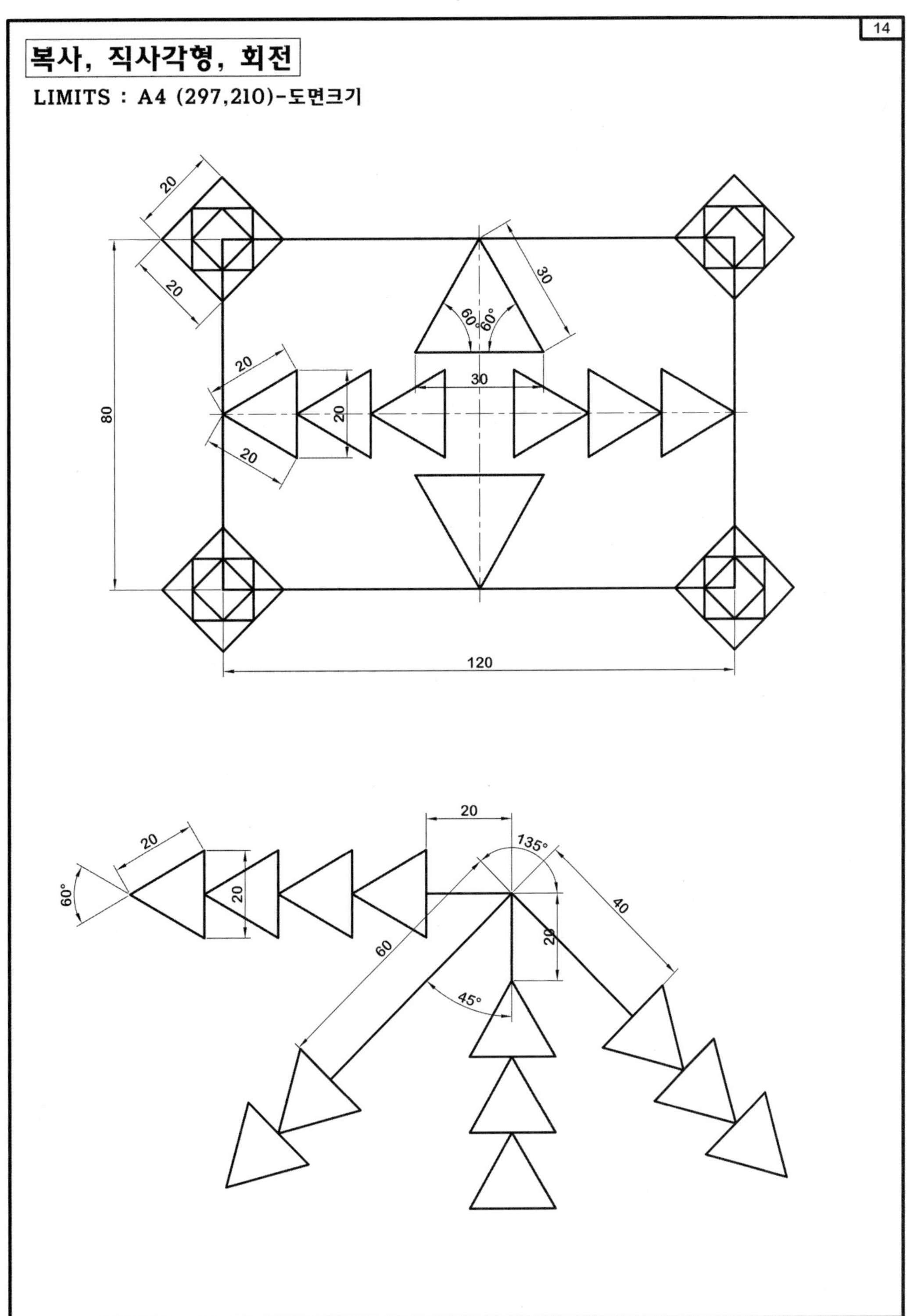
14
복사, 직사각형, 회전
LIMITS : A4 (297,210)-도면크기
20
20
30
60°
60°
20
30
80
20
20
120
20
20
135°
60°
20
40
60
20
45°

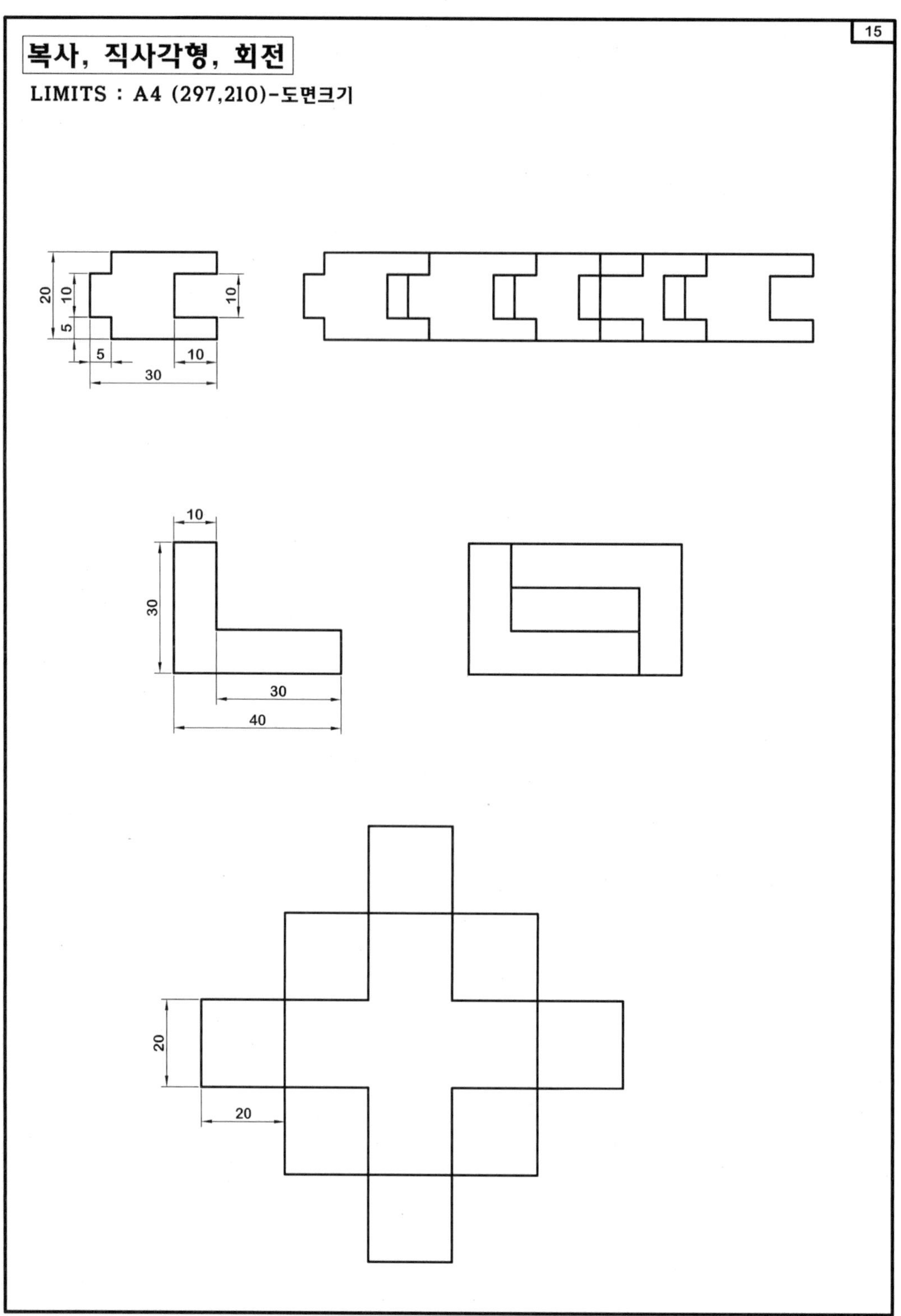
15
복사, 직사각형, 회전
LIMITS : A4 (297,210)-도면크기
20
10
5
10
5
10
30
10
30
30
40
20
20

이동 [MOVE | 단축키 [M]

사용자가 선택한 객체를 다른 위치로 원본을 이동시키는 명령이다.

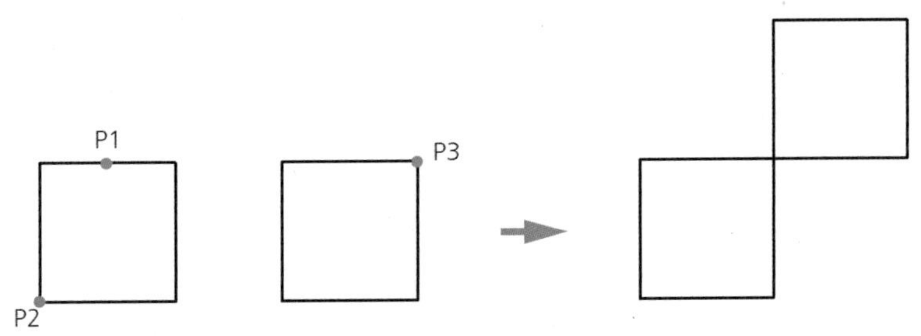

명령: M [MOVE]

객체 선택: "P1"선택1개를 찾음

객체 선택: "P2"선택

기준 점 지정 또는 [변위(D)] <변위(D)>: 두 번째 점 지정 또는 <첫 번째 점을 변위로 사용>: "P3"선택

결과처럼 선택한 사각형 박스가 이동이 된다.

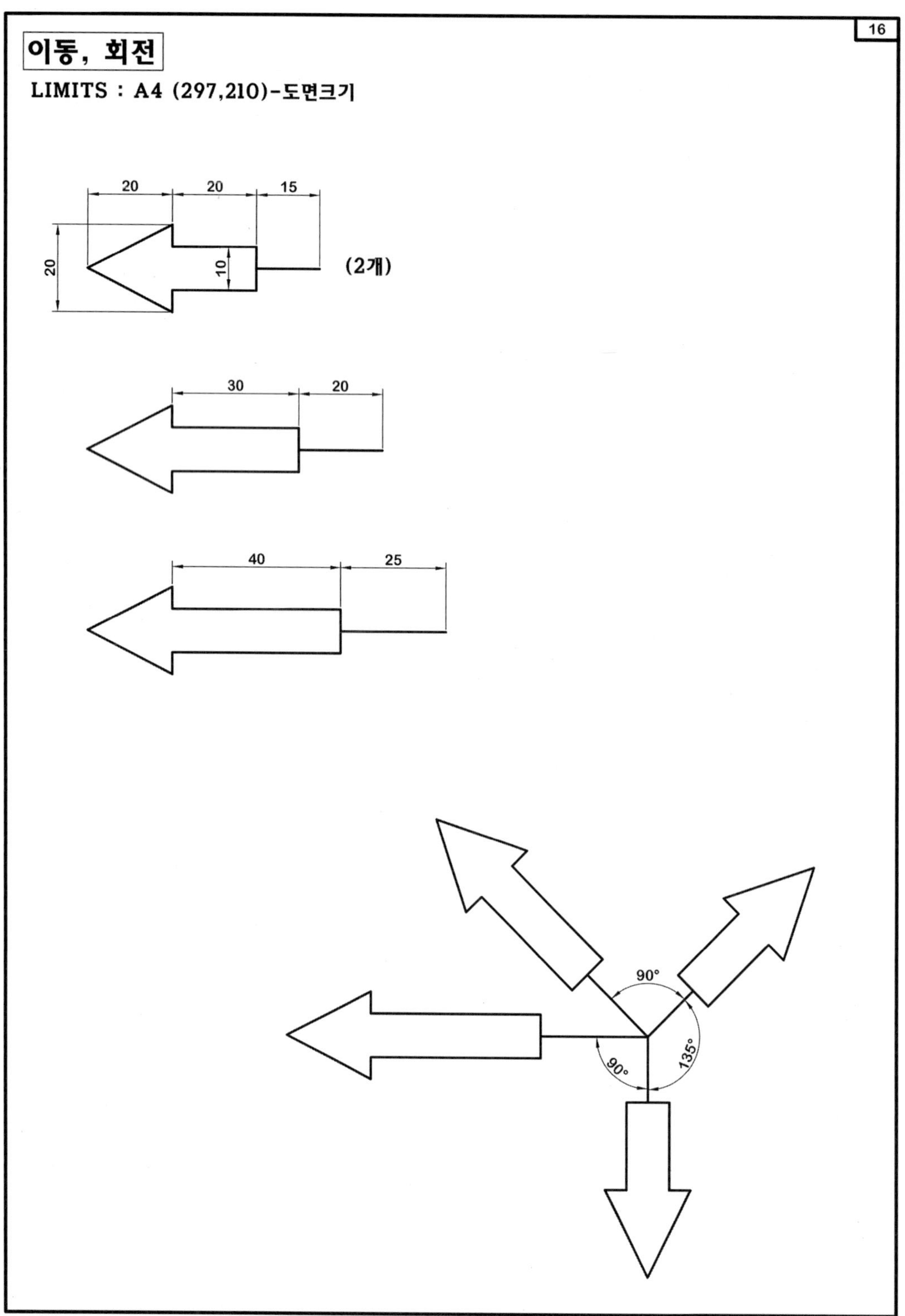
16
이동, 회전
LIMITS : A4 (297,210)-도면크기
20
20
15
20
10
(2개)
30
20
40
25
90°
90°
135°

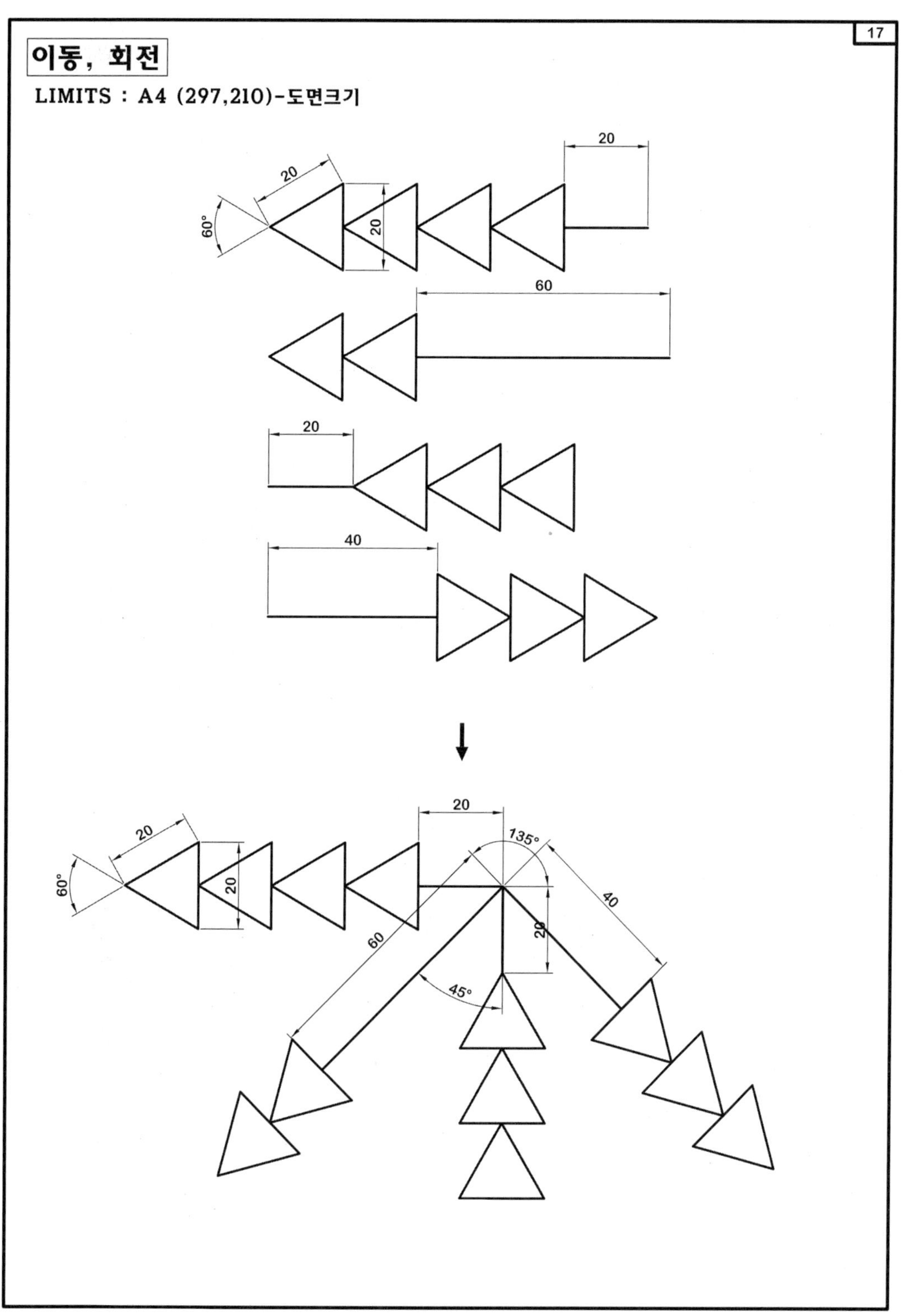
17
이동, 회전
LIMITS : A4 (297,210)-도면크기
20
20
60°
20
60
20
40
20
20
60°
20
135°
40
60
20
45°

원[CIRCLE | 단축키 [C]

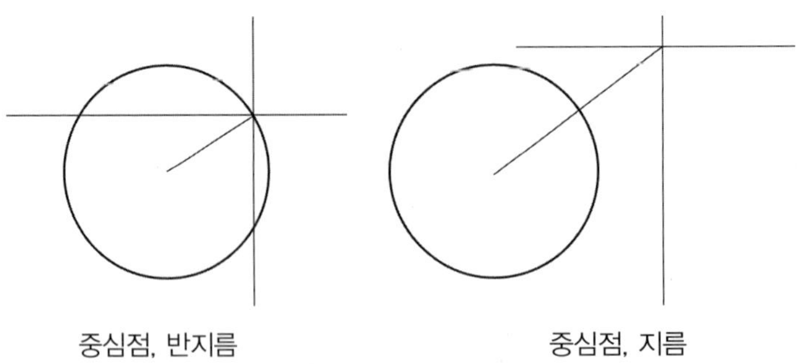

명령: C CIRCLE　　**[중심점, 반지름]**

원의 중심점을 지정하거나 [세 점(3P)/두 점(2P)/TTR(T)/호(A)/다중(M)/중심(C)]: 임의 점 선택
원의 반지름을 지정하거나 [지름(D)]:30 [Enter]
반지름 30, 또는 지름 60인 원이 생성된다.
초기의 기본값은 반지름으로 설정되어 있다.
반지름 설정값 은 원의 가장자리 부분이 커서의 중간에 위치한다.

명령: C CIRCLE　　**[중심점, 지름]**

원의 중심점을 지정하거나 [세 점(3P)/두 점(2P)/TTR(T)/호(A)/다중(M)/중심(C)]: 임의 점 선택
원의 반지름을 지정하거나 [지름(D)] <30.0000>: D [지름을 적용하기 위해서 "D"를 입력한다.
원의 지름 지정 <60.0000>: 30 [Enter]
지름 30 또는 반지름 15인 원이 생성된다.
지름을 선택하기 위해서는 반지름 입력 창에서 "D"를 입력하여 지름을 선택한다.
지름 설정값은 원의 가장자리 부분이 커서와 원 중심의 중간에 위치한다.

참고

R30 = 반지름 – 30 / 지름 – 60을 나타낸다.
∅30 = 반지름 – 15 / 지름 – 30을 나타낸다.
기호를 기억하자!

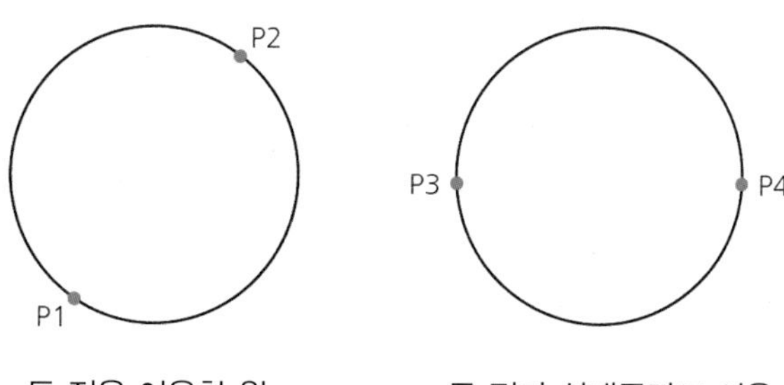

두 점을 이용한 원　　　　두 점과 상대극좌표 이용

명령: C CIRCLE　　[2**점 - 임의의 2점을 지나는 원 생성**]

원의 중심점을 지정하거나 [세 점(3P)/두 점(2P)/TTR(T)/호(A)/다중(M)/중심(C)]:2P [두 점을 이용한 원]
원 지름의 첫번째 끝점을 지정하시오: "P1"위치선택
원 지름의 두번째 끝점을 지정하시오: "P2"위치선택

– "P1"과 "P2" 위치점을 지나는 원이 생성된다. [임의의 두 점을 지나면서 원을 생성한다.]

명령: C CIRCLE　　[2**점 - 상대극좌표를 이용한 원 생성**]

원의 중심점을 지정하거나 [세 점(3P)/두 점(2P)/TTR(T)/호(A)/다중(M)/중심(C)]:2P [두 점을 이용한 원]
원 지름의 첫번째 끝점을 지정하시오: "P3"위치선택
원 지름의 두번째 끝점을 지정하시오: @50<0 "P3"에서 50미리의 거리에 "P4"의 위치가 생성됨으로 지름 50인 원이 생성됨.

– 원을 생성할 때 상대극좌표를 이용하여 작성한다.

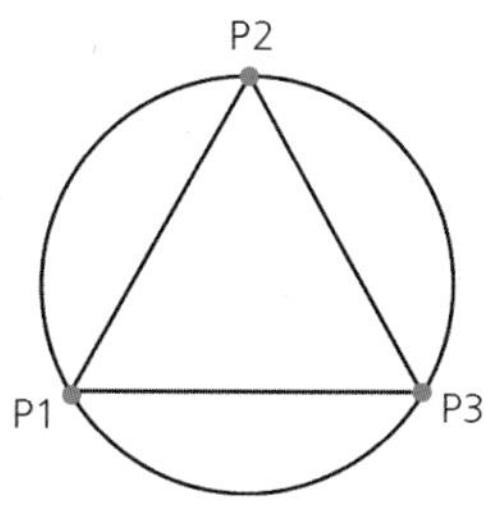

세 점을 이용한 원

임의의 삼각형을 작성한다.

명령: C CIRCLE　　[3**점 -임의의 3점을 지나는 원을 생성한다.**]

원의 중심점을 지정하거나 [세 점(3P)/두 점(2P)/TTR(T)/호(A)/다중(M)/중심(C)]:3P [3점을 이용한 원]
원의 첫 번째 점 지정: "P1"위치선택
원의 두 번째 점 지정: "P2"위치선택
원의 세 번째 점 지정: "P3"위치선택

– 임의의 3점을 지나는 원이 생성된다.

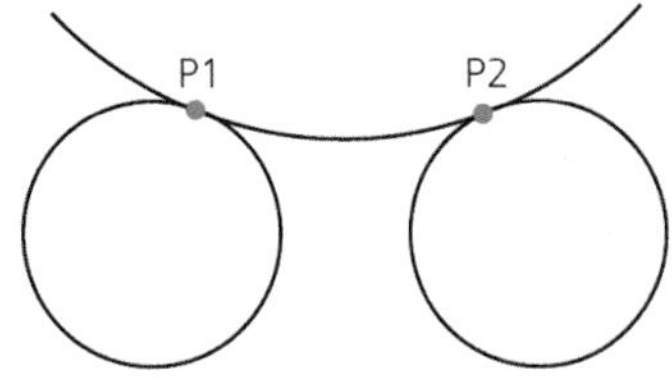

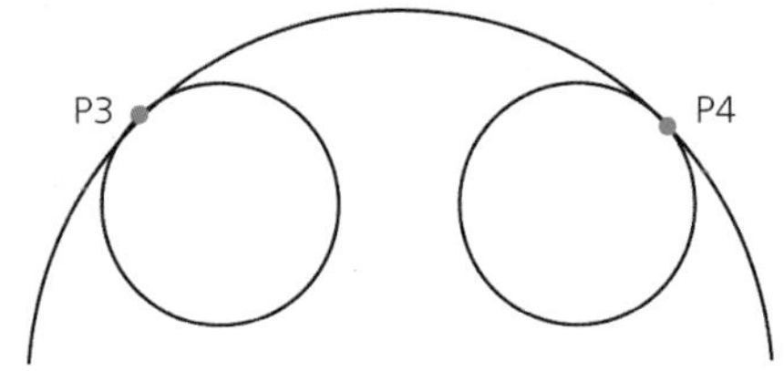

임의의 위치에 반지름 30원 2개를 작성한다.

명령: C CIRCLE　　**[두 개의 선분에 접하는 원 작성]**
원의 중심점을 지정하거나 [세점(3P)/두점(2P)/TTR(T)/호(A)/다중(M)/중심(C)]:T [접선선택] 원의 첫 번째 접점에 대한 객체위의 점 지정: "P1"위치선택 원의 두 번째 접점에 대한 객체위의 점 지정: "P2"위치선택 원의 반지름 지정 <40.0201>: 100

임의의 원 안쪽 점 "P1"과 임의의 원 안쪽 점 "P2"점을 선택한 후 100을 입력한다면 원과 원을 안쪽으로 파고 들어오는 원이 생성된다.
임의의 원 외곽 점 "P3"과 임의의 원 외곽 점 "P4"점을 선택한 후 100을 입력한다면 원과 원을 둘러싸는 형상의 원이 생성된다.

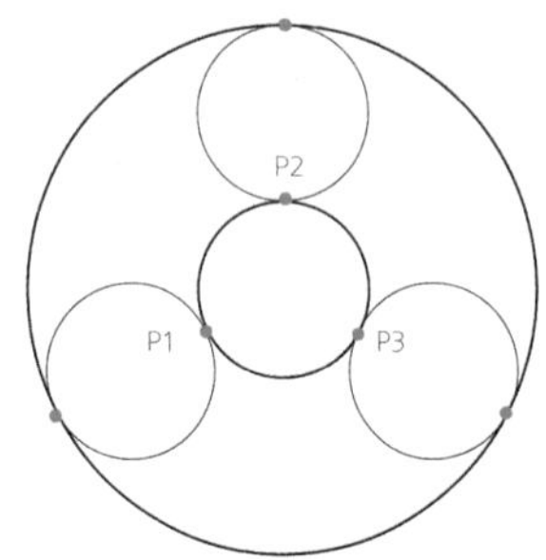

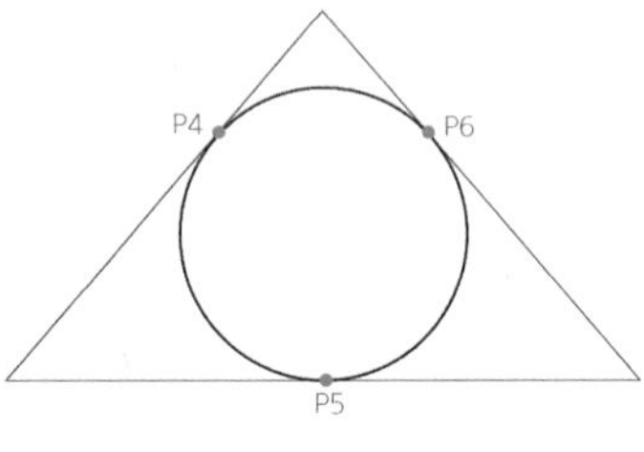

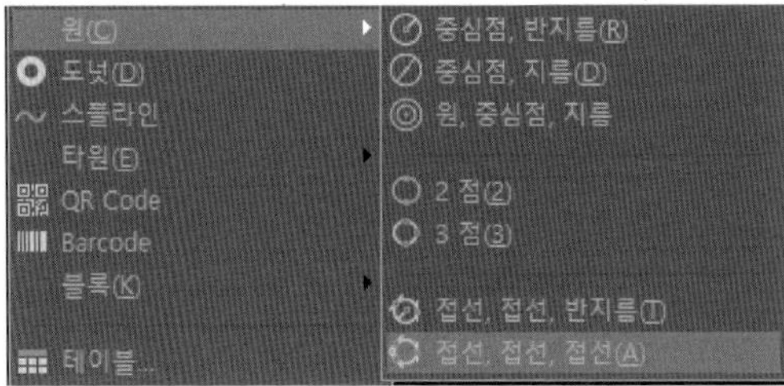

임의의 3개의 선분에 접하는 원 생성은 단축키가 없다. 이 명령을 실행하기 위해서는 반드시 풀다운 메뉴 / 원 / 접선, 접선, 접선을 선택하여 실행하여야 한다.

명령: _circle **[풀 다운 메뉴 / 그리기 / 원 / 접선, 접선, 접선 선택]**

원의 중심점을 지정하거나 [세 점(3P)/두 점(2P)/TTR(T)/호(A)/다중(M)/중심(C)]:_3p
원의 첫 번째 점 지정: _tan of -> "P1"위치선택
원의 두 번째 점 지정: _tan of -> "P2"위치선택
원의 세 번째 점 지정: _tan of -> "P3"위치선택

세 개의 원 안쪽에 접하는 원이 생성된다. 만약 원의 외각 점을 선택한다면 3개의 원을 둘러싸는 원이 생성된다.

명령: _circle **[풀 다운 메뉴 / 그리기 / 원 / 접선, 접선, 접선 선택]**

원의 중심점을 지정하거나 [세 점(3P)/두 점(2P)/TTR(T)/호(A)/다중(M)/중심(C)]:_3p
원의 첫 번째 점 지정: _tan of -> "P4"위치선택
원의 두 번째 점 지정: _tan of -> "P5"위치선택
원의 세 번째 점 지정: _tan of -> "P6"위치선택

세 개의 선분을 선택한다면 삼각형 안쪽에 접하는 원이 생성된다. 원과 원, 선분과 선분, 원과 선분 캐드 상에 존재하는 선분에 적용된다.

객체스냅 중심점(CEN) / 사분점(QUA) / 접점(TAN)

1. 객체스냅 – 중심점(CEN)

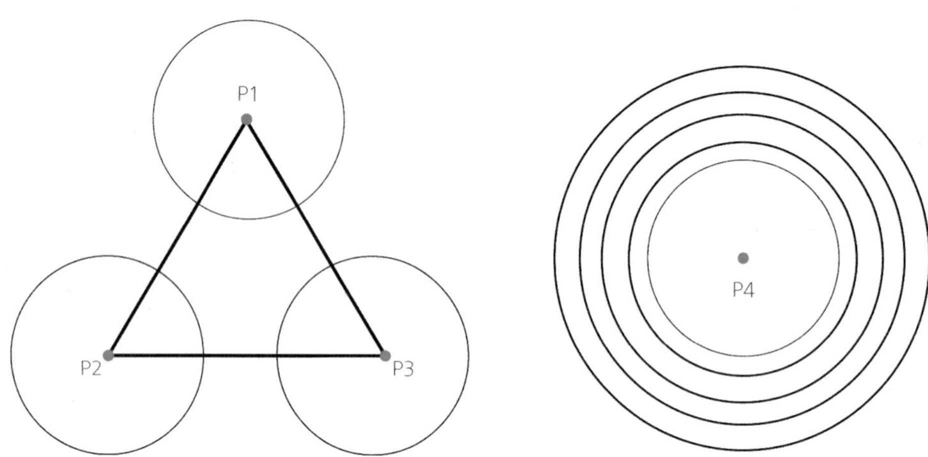

사용자는 임의 크기 3개를 작성한다.

명령: l LINE

첫 번째 점 지정: P1"위치선택 [커서의 포인터를 "P1"위치의 원의 가장자리에 위치하게 되면 원 중심에 "(+)십자 포인트"위치가 표시가 되면 위치 포인트를 선택한다.]
다음 점 지정 혹은 [각도(A)/길이(L)/되돌리기(U)]: "P2"위치선택 [커서의 포인터를 "P2"위치의 원의 가장자리에 위치하게 되면 원 중심에 "(+)십자 포인트"위치가 표시가 되면 위치 포인트를 선택한다.]
다음 점 지정 혹은 [각도(A)/길이(L)/되돌리기(U)]: "P3"위치선택 [커서의 포인터를 "P3"위치의 원의 가장자리에 위치하게 되면 원 중심에 "(+)십자 포인트"위치가 표시가 되면 위치 포인트를 선택한다.]
다음 점 지정 혹은 [각도(A)/길이(L)/닫기(C)/되돌리기(U)]:]"P1"위치선택 [커서의 포인터를 "P1"위치의 원의 가장자리에 위치하게 되면 원 중심에 "(+)십자 포인트"위치가 표시가 되면 위치 포인트를 선택한다.]
다음 점 지정 혹은 [각도(A)/길이(L)/닫기(C)/되돌리기(U)]: Enter

원 명령을 선택 후 "P4"의 위치를 선택하여 원 중심을 지나는 원이 생성된다.

사용자가 작성하였듯이 커서를 원 가장자리에 위치하게 된다면 원의 중심에 포인터 위치를 나타내게 된다. 이러한 점을 "중심점"이라 한다. 선택 포인터 위치가 자동으로 나타나는 것은 "객체스냅(F3) / ON"으로 설정되어 있기 때문이다.

만약 설정되어 있지 않다면 "SHIFT+마우스 오른쪽 버튼"을 선택하여 "중심점"을 선택하면 된다.

이러한 명령어들은 선에서만 아니라 원을 작성할 때도 적용된다. 캐드 상에 원형 부분이 있다면 모두 해당된다.

2. 객체스냅 – 사분점(QUA)

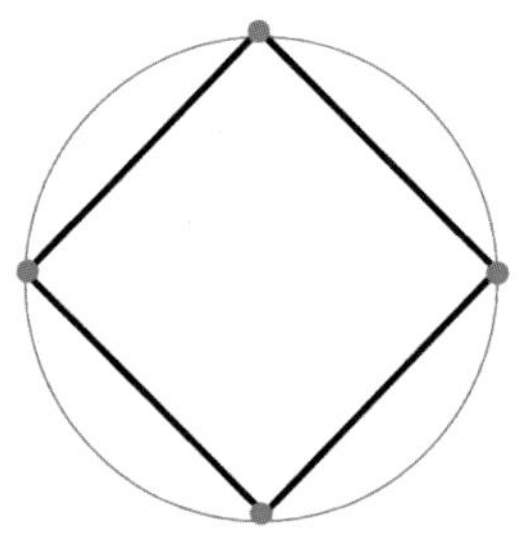

선을 이용한 사분점

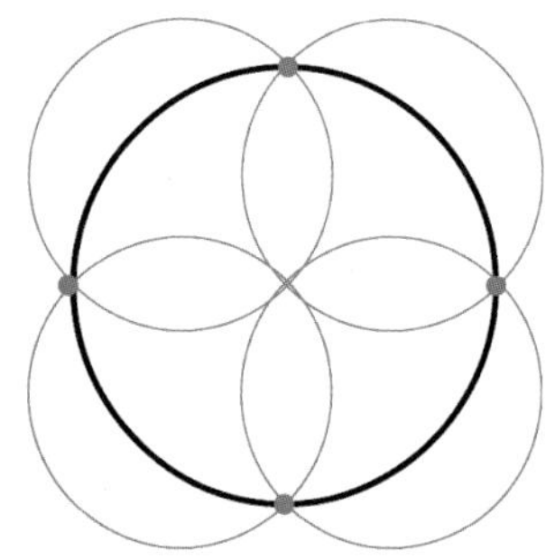

원 두 점을 이용한 사분점

명령: L LINE
첫 번째 점 지정: 점의 위치선택 다음 점 지정 혹은 [각도(A)/길이(L)/되돌리기(U)]: 점의 위치선택 다음 점 지정 혹은 [각도(A)/길이(L)/되돌리기(U)]: 점의 위치선택 다음 점 지정 혹은 [각도(A)/길이(L)/닫기(C)/되돌리기(U)]: 점의 위치선택 다음 점 지정 혹은 [각도(A)/길이(L)/닫기(C)/되돌리기(U)]: 점의 위치선택 다음 점 지정 혹은 [각도(A)/길이(L)/닫기(C)/되돌리기(U)]: Enter

선분을 선택 후 커서를 원의 가장자리 "0", "90", "180", " 270"도 지점에 위치하게 하면 "다이아몬드" 형태의 아이콘이 생성된다. 이 아이콘이 사분점의 위치를 알려주는 아이콘이다.

원의 "점의 위치를 선택하면"사분점을 지나가는 선분이 생성된다. 이러한 사분 점 선택명령은 캐드에서 사용하는 그리기 명령 모두에 해당된다. 사용자가 작성하였듯이 커서를 원 가장자리에 위치시키고 "0", "90", "180", "270"도 지점을 "사분점"이라 한다.

선택 포인터 위치가 자동으로 나타나는 것은 "객체스냅 (F3) / ON"으로 설정되어 있기 때문이다. 만약 설정되어 있지 않다면 "Shift+마우스 오른쪽 버튼"을 선택하여 "사분점"을 선택하면 된다. 캐드에서 원형 부분이 있다면 모두에 해당된다.

3. 객체스냅 – 접점(TAN)

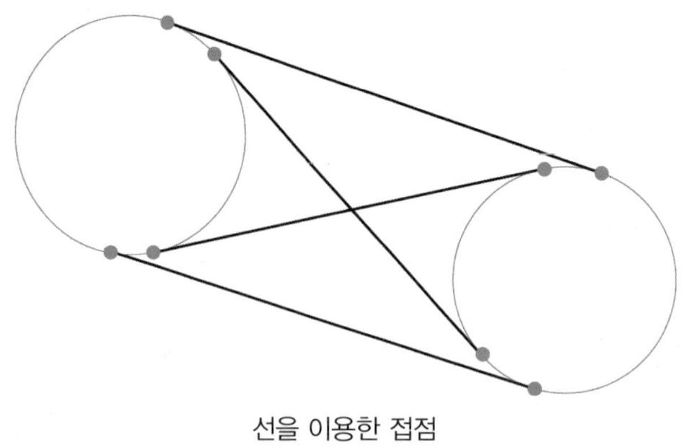

선을 이용한 접점

명령: L LINE [**접점을 이용한 원의 선분**]

첫 번째 점 지정: _tan of [SHIFT+마우스 오른쪽 버튼 / 접점선택] - 임의의 점 선택
다음 점 지정 혹은 [각도(A)/길이(L)/되돌리기(U)]: _tan of [SHIFT+마우스오른쪽 버튼 / 접점선택] - 임의의 점 선택
다음 점 지정 혹은 [각도(A)/길이(L)/되돌리기(U)]: Enter

선분을 선택 후 "동그란 점"을 선택하여 선으로 원을 연결한다.

선분으로 원을 연결할 때는 반드시 "SHIFT+마우스 오른쪽 버튼" "접점"을 필히 선택하여 연결하여야 한다.(원의 위치에 선택할 때에는 매번 "접점"을 선택하여야 한다.)

사분점으로 연결되는 원도 있다. 원의 크기가 같으며, 반드시 수평과 수직선상에 위치한 원은 "사분점"으로 연결하여도 무방하다.

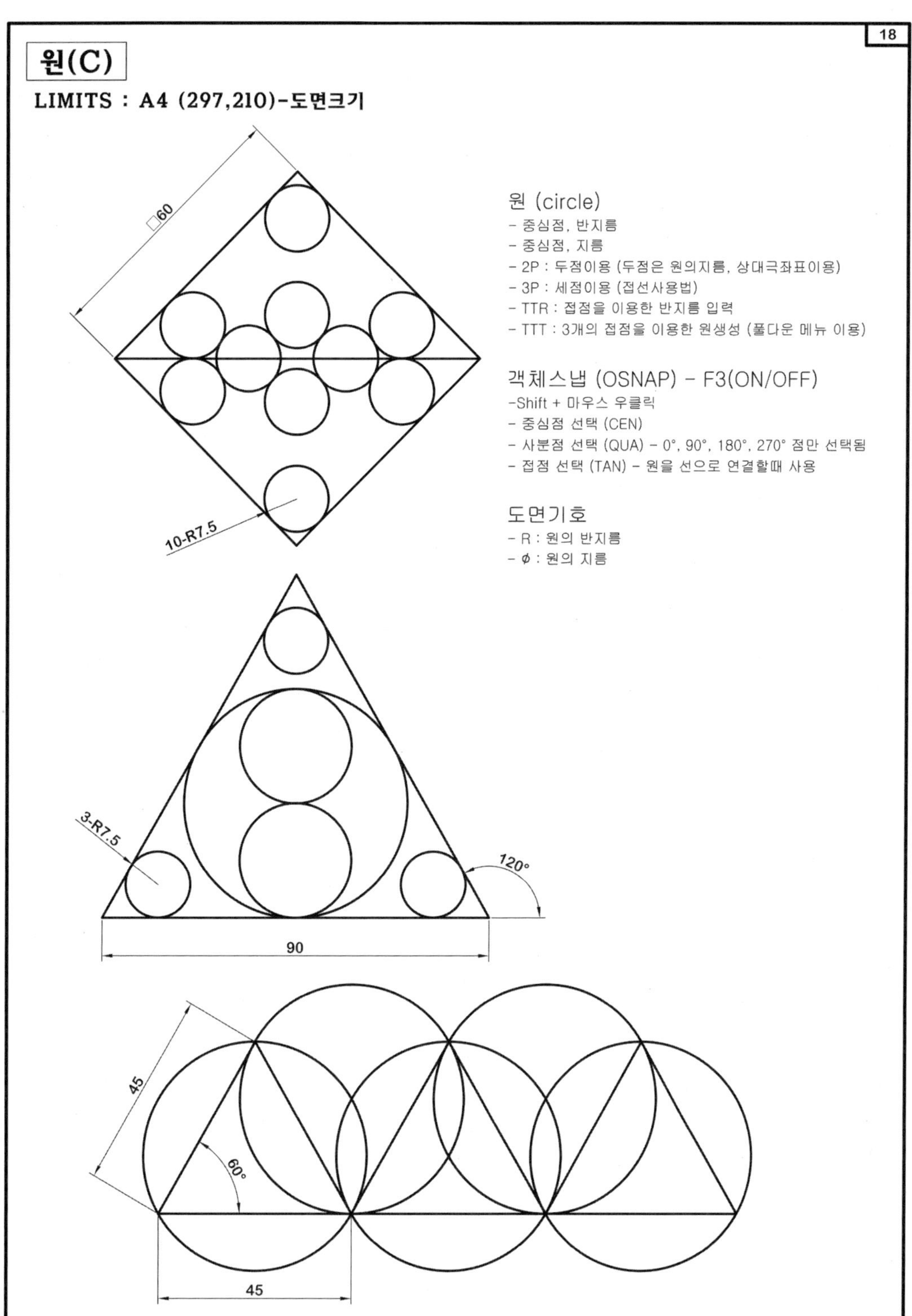
18
원(C)
LIMITS : A4 (297,210)-도면크기
원 (circle)
- 중심점, 반지름
- 중심점, 지름
- 2P : 두점이용 (두점은 원의지름, 상대극좌표이용)
- 3P : 세점이용 (접선사용법)
- TTR : 접점을 이용한 반지름 입력
- TTT : 3개의 접점을 이용한 원생성 (풀다운 메뉴 이용)
객체스냅 (OSNAP) - F3(ON/OFF)
-Shift + 마우스 우클릭
- 중심점 선택 (CEN)
- 사분점 선택 (QUA) - 0°, 90°, 180°, 270° 점만 선택됨
- 접점 선택 (TAN) - 원을 선으로 연결할때 사용
도면기호
- R : 원의 반지름
- ø : 원의 지름
□60
10-R7.5
3-R7.5
120°
90
45
60°
45

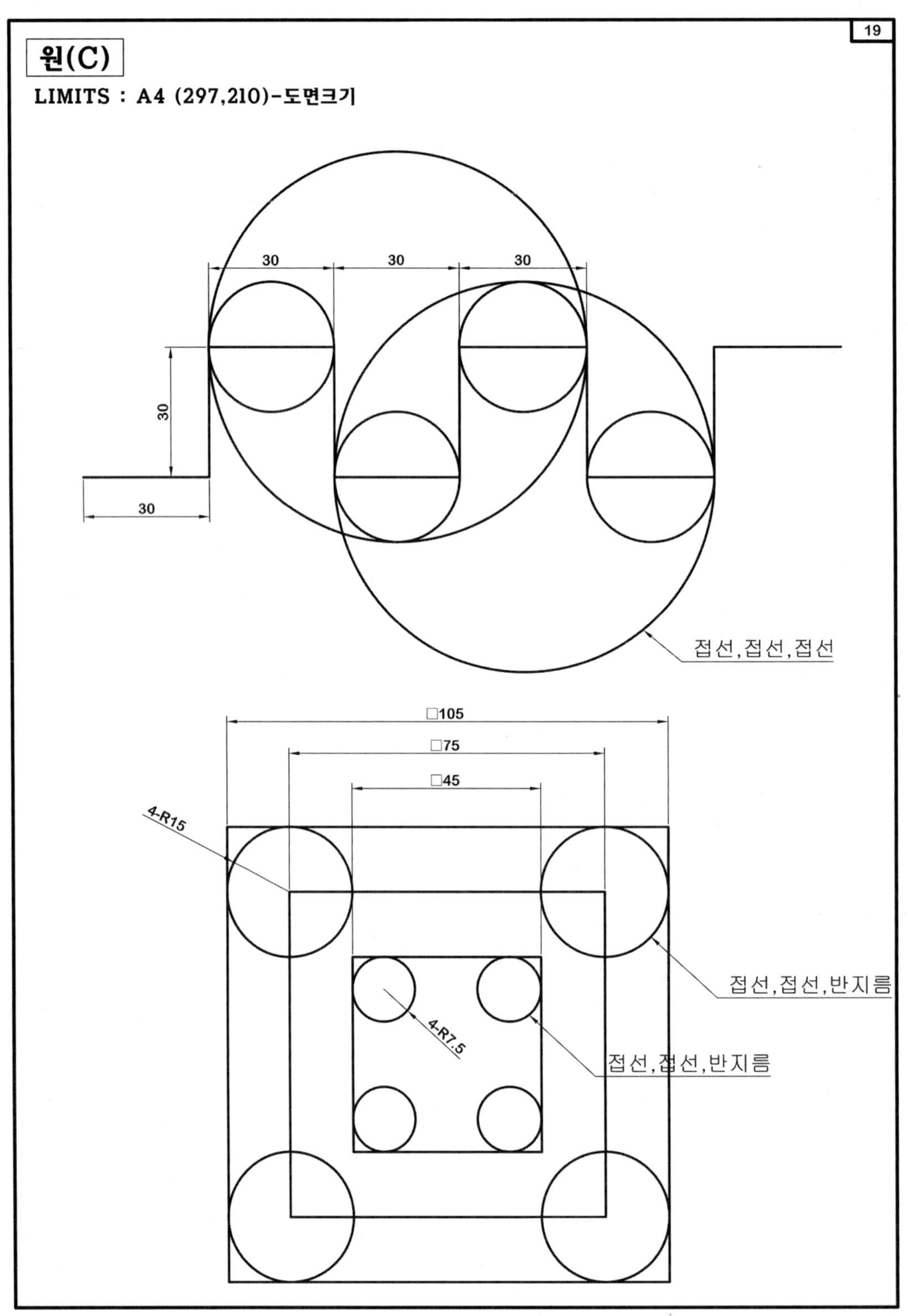
19
원(C)
LIMITS : A4 (297,210)-도면크기
30
30
30
30
30
접선,접선,접선
□105
□75
□45
4-R15
접선,접선,반지름
4-R7.5
접선,접선,반지름

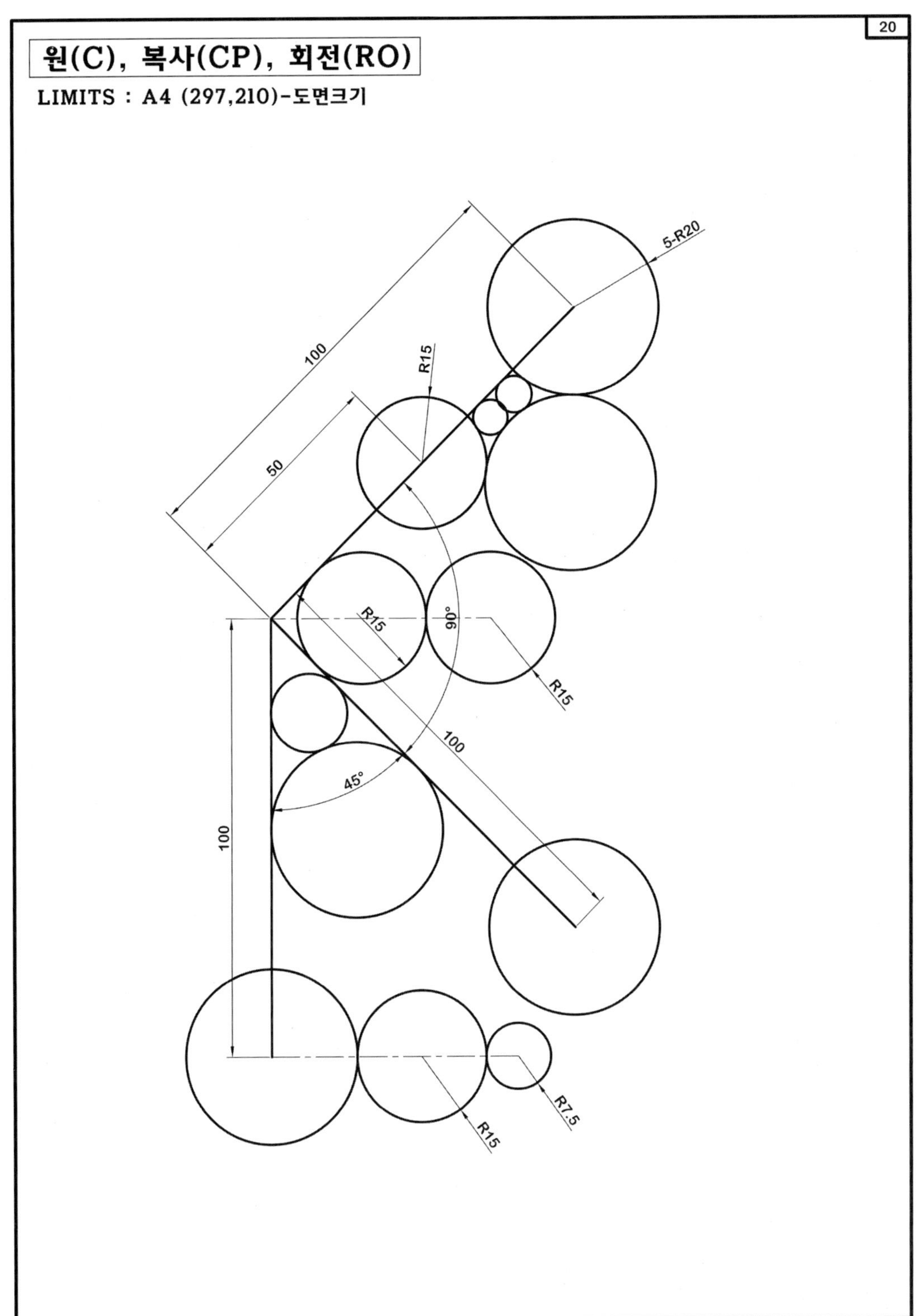
20
원(C), 복사(CP), 회전(RO)
LIMITS : A4 (297,210)-도면크기
5-R20
100
R15
50
R15
90°
R15
100
45°
100
R15
R7.5

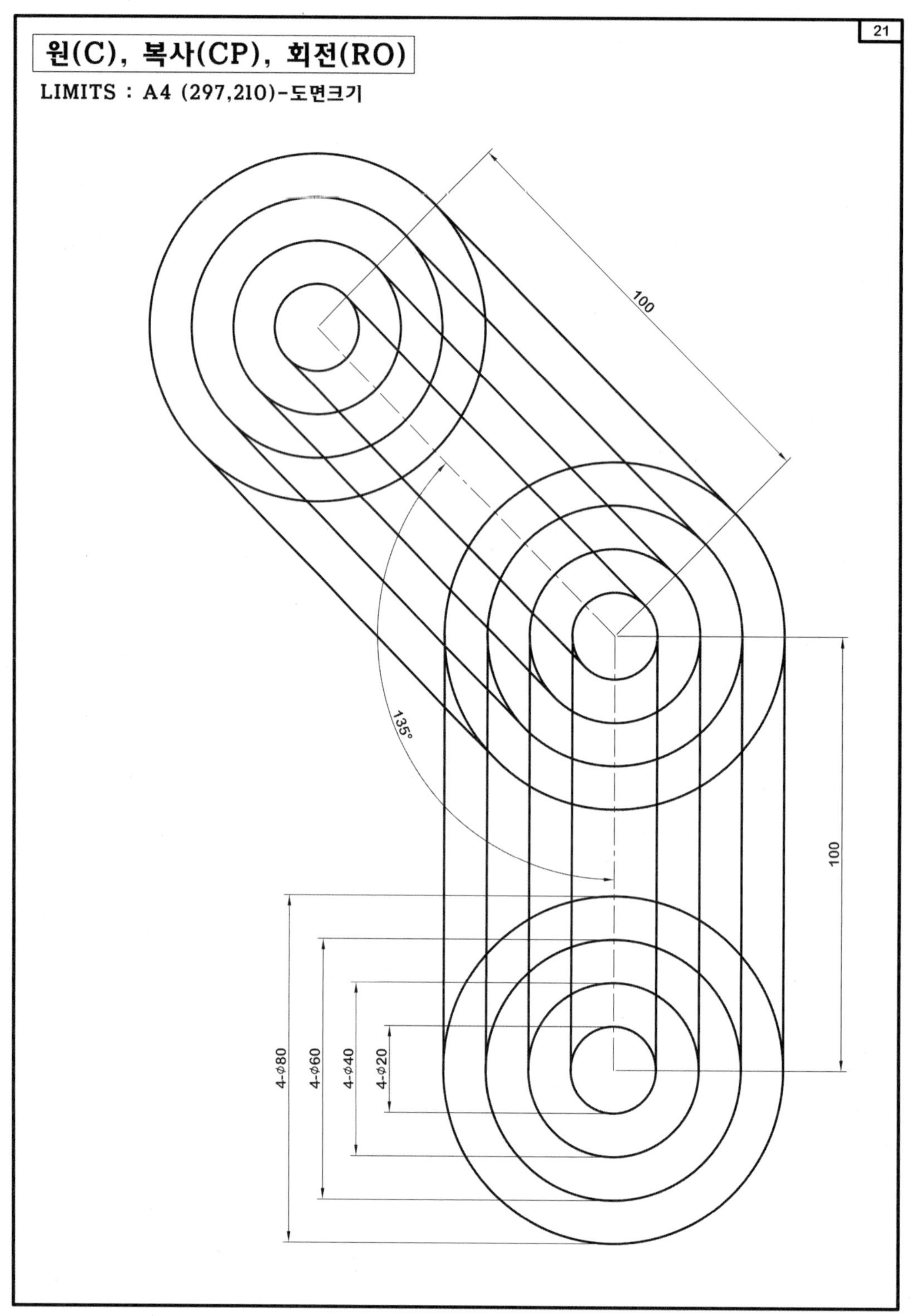
21
원(C), 복사(CP), 회전(RO)
LIMITS : A4 (297,210)-도면크기
100
135°
100
4-ϕ80
4-ϕ60
4-ϕ40
4-ϕ20

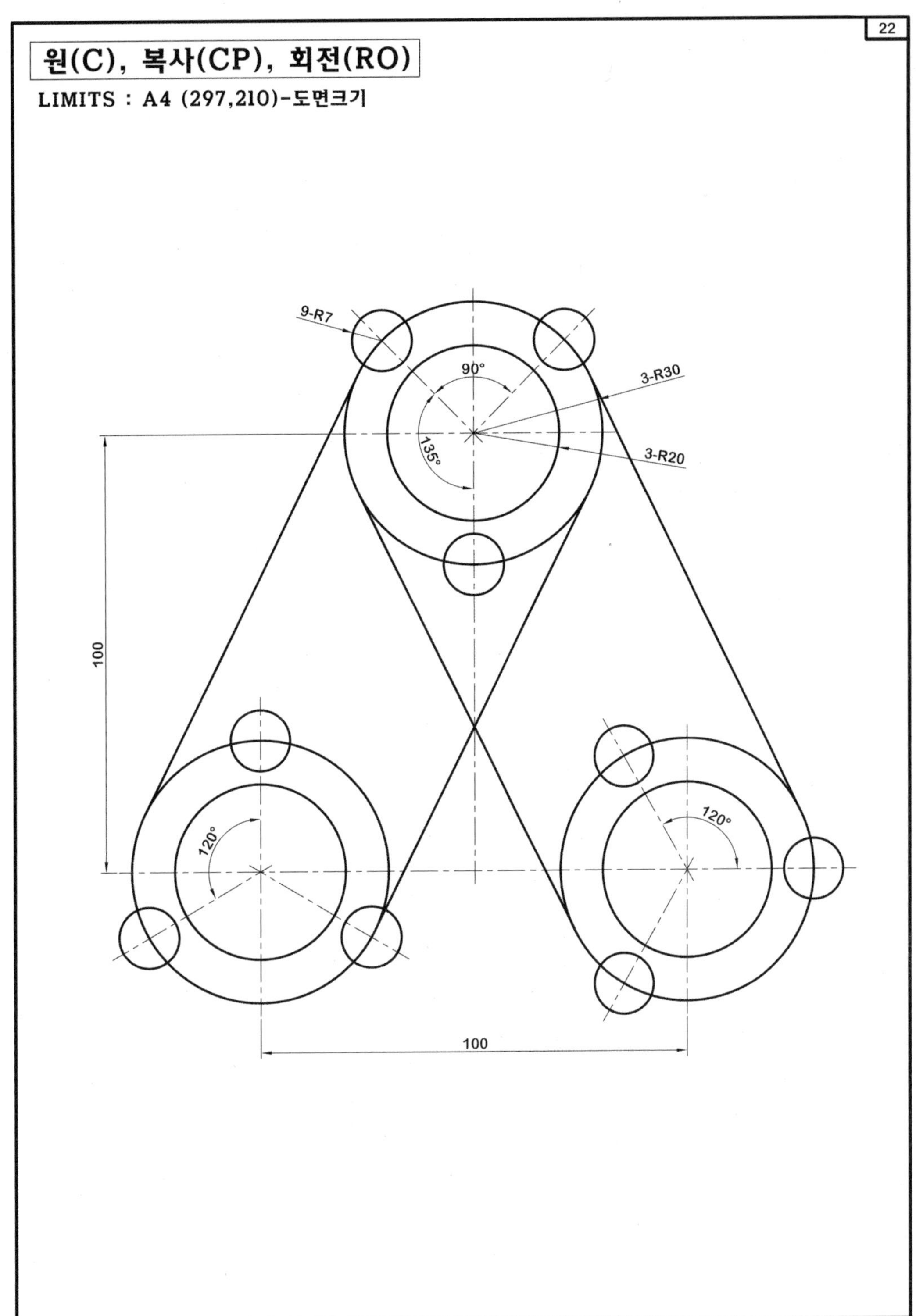
22
원(C), 복사(CP), 회전(RO)
LIMITS : A4 (297,210)-도면크기
9-R7
90°
135°
3-R30
3-R20
100
120°
120°
100

자르기 [TRIM | 단축키 [TR]

[자르기(TR)를 사용하는 이유]

도면을 작성하다 보면 사용자의 실수 또는 작성 시 피치 못할 사정으로 원하는 위치보다 더 긴 선분들을 작성하게 된다. 이러한 경우에 자르기 명령을 사용하게 된다.

만약 자르기 명령어를 사용하지 않은 경우는 오류로 작성된 선분을 지우고 다시 그려야 하는 불편함이 있기에 선분 길이의 오류가 있더라도 지우기 명령어를 사용하지 말고 자르기 명령어를 적용하여 사용자가 원하는 선분을 만들기 바란다.

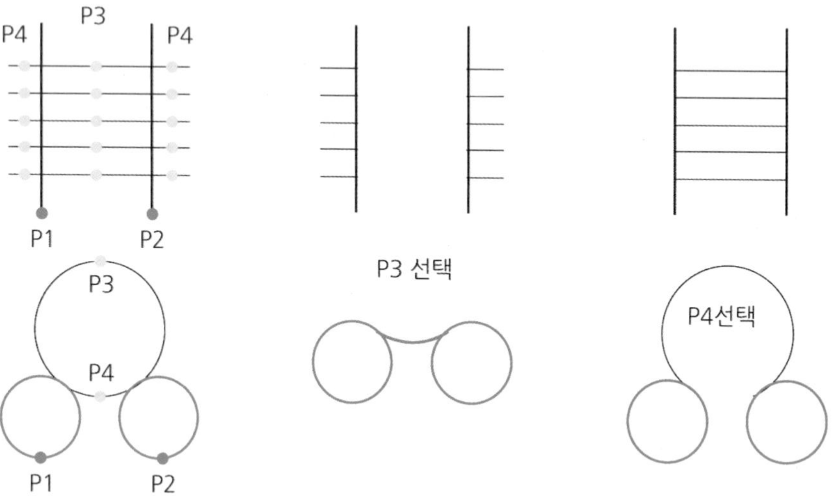

명령: TR [TRIM]

현재 설정: 프로젝트=UCS, 모서리=없음 커팅 모서리를 선택하시오.
객체 선택 또는 <모두 선택>: "P1선택"-기준선 1개를 찾음
객체 선택 또는 <모두 선택>: "P2선택"-기준선 1개를 찾음, 2 전체
객체 선택 또는 <모두 선택>: Enter
자를 객체 선택 또는 Shift 키를 누른 채 선택하여 연장 또는
[울타리(F)/걸치기(C)/투영(P)/모서리(E)/지우기(R)/명령 취소(U)]: "P3 선택" or "P4 선택"
자를 객체 선택 또는 Shift 키를 누른 채 선택하여 연장 또는
[울타리(F)/걸치기(C)/투영(P)/모서리(E)/지우기(R)/명령 취소(U)]: Enter

[TIP] TRIM[자르기] 명령어는 반드시 잘려지는 선분의 기준을 정한 후에 선분을 잘라낼 것을 권유한다. 잘려지는 선분의 어디에서 어디까지인지를 명확히 기준을 정한 후 잘려질 선분의 위치에 선택하여 선분 잘라내기를 사용한다.
앞의 그림처럼 "P1과 P2"는 잘려지는 선분의 기준이 된다. [두서없이 자르는 것은 도면작성 후 불필요선이 남겨진다.] 반드시 기준선을 정한 후에 선분을 자른다.

연장하기 [EXTEND | 단축키 [EX]

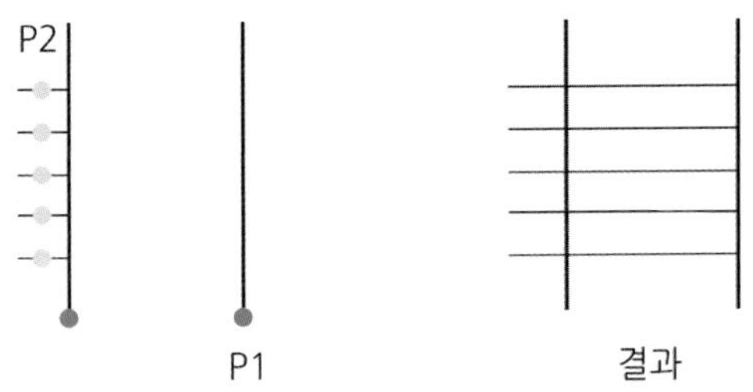

명령: EX [EXTEND]

현재 설정 : 프로젝트=UCS, 모서리=없음
커팅 모서리를 선택하시오 ...
객체 선택 또는 <모두 선택>: "P1선택"-기준선 1개를 찾음
객체 선택 또는 <모두 선택>: Enter
자를 객체 선택 또는 Shift 키를 누른 채 선택하여 연장 또는 [울타리(F)/걸치기(C)/투영(P)/모서리(E)/명령 취소(U)]: "P2 선택"
자를 객체 선택 또는 Shift 키를 누른 채 선택하여 연장 또는
[울타리(F)/걸치기(C)/투영(P)/모서리(E)/명령 취소(U)]: Enter

[TIP] EXTEND [연장하기] 명령어는 반드시 연장되는 선분의 기준을 정한 후에 선분을 연장할 것을 권유한다. 연장되는 선분은 어디까지인지를 명확히 기준을 정한 후에 연장하기를 권장한다. 위의 그림처럼 "P1"은 연장되는 기준선이 된다. [반드시 기준선을 정한 후에 선분을 연장하는 것을 기억할 것!]

모깎기 [FILLET | 단축키 [F]

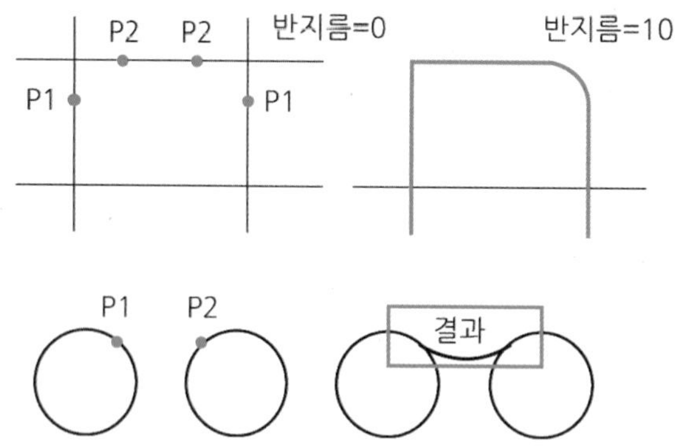

명령: F FILLET [**모깎기 선택**]

현재 설정: 모드 = 자르기, 반지름 = 0.0000 호 = 일반
첫 번째 객체 선택 또는 [명령 취소(U)/폴리선(P)/반지름(R)/자르기(T)/반전(I)/다중(M)]: R [반지름]
모깎기 반지름 지정 <0.0000>: 0 [반지름 값 입력]
첫 번째 객체 선택 또는 [명령 취소(U)/폴리선(P)/반지름(R)/자르기(T)/반전(I)/다중(M)]: "P1선택"
두 번째 객체 선택 또는 Shift 키를 누른 채 선택하여 구석 적용: "P2 선택"

결과 : 두 개의 모서리가 직각상태로 선분이 정리된다.

명령: F FILLET [**모깎기 선택**]

현재 설정: 모드 = 자르기, 반지름 = 0.0000 호 = 일반
첫 번째 객체 선택 또는 [명령 취소(U)/폴리선(P)/반지름(R)/자르기(T)/반전(I)/다중(M)]: R [반지름]
모깎기 반지름 지정 <0.0000>: 10 [반지름 값 입력]
첫 번째 객체 선택 또는 [명령 취소(U)/폴리선(P)/반지름(R)/자르기(T)/반전(I)/다중(M)]: "P1선택"
두 번째 객체 선택 또는 Shift 키를 누른 채 선택하여 구석 적용: "P2 선택"

결과 : 두 개의 모서리가 반지름 = 10 상태로 선분이 정리된다.

1. 원에 대한 모깎기 적용

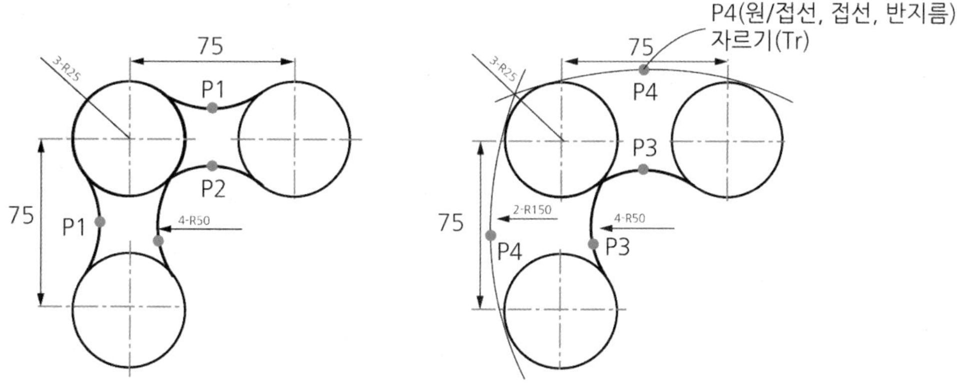

명령: F FILLET [**모깎기 선택**]

현재 설정: 모드 = 자르기, 반지름 = 0.0000 호 = 일반
첫 번째 객체 선택 또는 [명령 취소(U)/폴리선(P)/반지름(R)/자르기(T)/반전(I)/다중(M)]: R [반지름]
모깎기 반지름 지정 <0.0000>: 30 [반지름 값 입력]
첫 번째 객체 선택 또는 [명령 취소(U)/폴리선(P)/반지름(R)/자르기(T)/반전(I)/다중(M)]:
"원과 원 사이의 안쪽 선택"
두 번째 객체 선택 또는 Shift 키를 누른 채 선택하여 구석 적용: "원과 원 사이의 안쪽 선택"

결과 : 원과 원 사이의 반지름=30의 호가 생성된다. [이 부분은 원 명령어의 "접선, 접선, 반지름" 명령어를 적용한 후 자르기(TRIM)명령어를 적용하여 선분을 정리 하여야 하나, "모깎기[FILLET]" 명령어를 적용하면 한번에 모든 것이 정리된다.

기억해두세요.

- 원과 원 사이 "호" 작성은 "모깎기[FILLET]" 명령어로 작성한다.

암기

"P1,P2,P3"는 모깎기 명령어를 적용하여 작성한다.(원과 원 사의의 호를 작성하는 경우는 "모깎기[FILLET]"을 이용하여 작성한다.)
그러나 "P4"의 경우는 원과 원을 외각으로 생성되는 호가 생성하기 위해서는 "원 명령어[접선, 접선, 반지름]"으로 작성한 후 "자르기[TRIM]"명령어를 이용하여 마무리한다.

간격복사 [OFFSET | 단축키 [O]

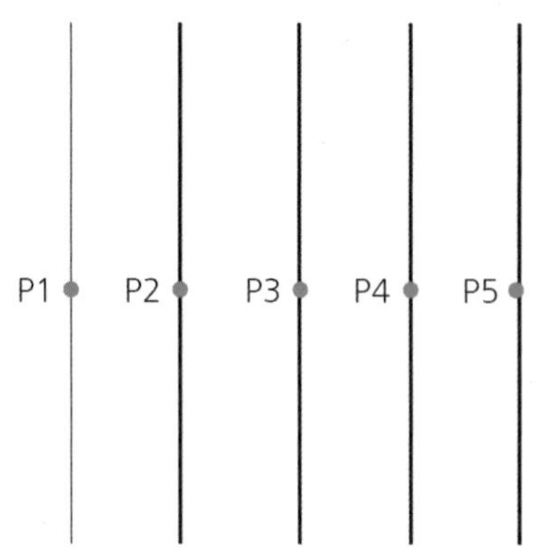

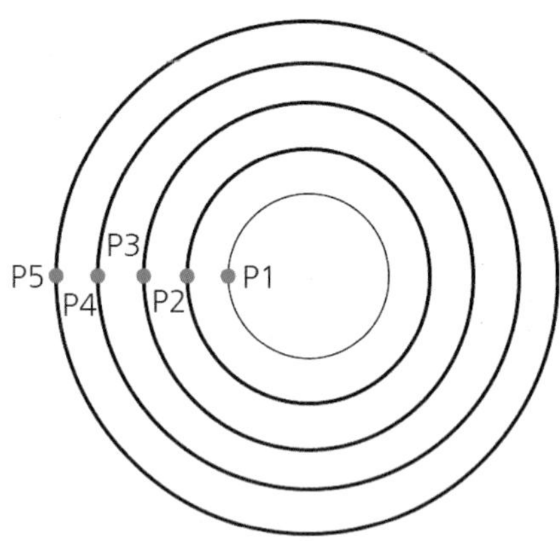

명령: O OFFSET

현재 설정 : 원본 지우기 = 아니오 도면층 = 원본 OFFSETGAPTYPE = 0
간격띄우기 거리 지정 또는 [통과점(T)/지우기(E)/도면층(L)] <통과점>: 30 [간격띄우기 값 입력]
간격띄우기할 객체 선택 또는 [종료(E)/명령 취소(U)] <종료>: P1선택
간격띄우기할 면의 점 지정 또는 [모두(B)/종료(E)/다중(M)/명령 취소(U)] <종료>: [P2선택]-임의의 지점선택
간격띄우기할 객체 선택 또는 [종료(E)/명령 취소(U)] <종료>: P2선택
간격띄우기할 면의 점 지정 또는 [모두(B)/종료(E)/다중(M)/명령 취소(U)] <종료>: [P3선택]-임의의 지점선택
간격띄우기할 객체 선택 또는 [종료(E)/명령 취소(U)] <종료>: P3선택
간격띄우기할 면의 점 지정 또는 [모두(B)/종료(E)/다중(M)/명령 취소(U)] <종료>: [P4선택]-임의의 지점선택
간격띄우기할 객체 선택 또는 [종료(E)/명령 취소(U)] <종료>: P4선택
간격띄우기할 면의 점 지정 또는 [모두(B)/종료(E)/다중(M)/명령 취소(U)] <종료>: [P5선택]-임의의 지점선택
간격띄우기할 객체 선택 또는 [종료(E)/명령 취소(U)] <종료>: Enter

간격띄우기는 사용자가 입력한 값=30의 거리로 등 간격으로 복사한다.

원의 경우는 선택한 원의 외각으로 동심 복사한다. 값=30인 경우 동심 복사되는 원의 반지름이 30 치수로 증가되어서 복사된다.

계산기[단축키 [CAL] / 명령 중 계산기 적용 – ‘CAL

1. 사칙연산을 통한 간격띄우기

명령: O OFFSET

현재 설정 : 원본 지우기 = 아니오 도면층 = 원본 OFFSETGAPTYPE = 0
간격띄우기 거리 지정 또는 [통과점(T)/지우기(E)/도면층(L)] <30.0000>: 30/2
간격띄우기할 객체 선택 또는 [종료(E)/명령 취소(U)] <종료>: “선분선택”
간격띄우기할 면의 점 지정 또는 [모두(B)/종료(E)/다중(M)/명령 취소(U)] <종료>: “임의의 위치선택”
간격띄우기할 객체 선택 또는 [종료(E)/명령 취소(U)] <종료>: Enter

- 결과 : “+”, “ – ” “*”, “/” 기호를 적용하여 수를 더하거나 나누거나 곱하거나 빼기가 가능하다. 선택한 선분은 15mm 간격으로 간격복사가 된다.

- “/”나누기 명령을 사용할 때에는 정수인 경우에는 바로 나누어져 수치 입력이 가능하다. 그러나 소수 부를 나눌 때는 명령 중 계산기 명령을 적용하여야 한다.
  - 정수는 바로 나누기가 가능하나 소수 부를 나누기 위해서는 명령어 실행 중 계산기 명령어를 적용하여야 한다.

명령: o OFFSET

현재 설정 : 원본 지우기 = 아니오 도면층 = 원본 OFFSETGAPTYPE = 0
간격띄우기 거리 지정 또는 [통과점(T)/지우기(E)/도면층(L)] <15.0000>: 'cal (어퍼스트러피 cal)
>>CAL >> 표현식: 45.25/3
OFFSET 명령 재개 중
간격띄우기 거리 지정 또는 [통과점(T)/지우기(E)/도면층(L)] <15.0000>: 15.0833333
간격띄우기 할 객체 선택 또는 [종료(E)/명령 취소(U)] <종료>:

23

자르기 (TR), 연장하기 (EX), 간격복사(O), 모깎기(F)

LIMITS : A4 (297,210)-도면크기

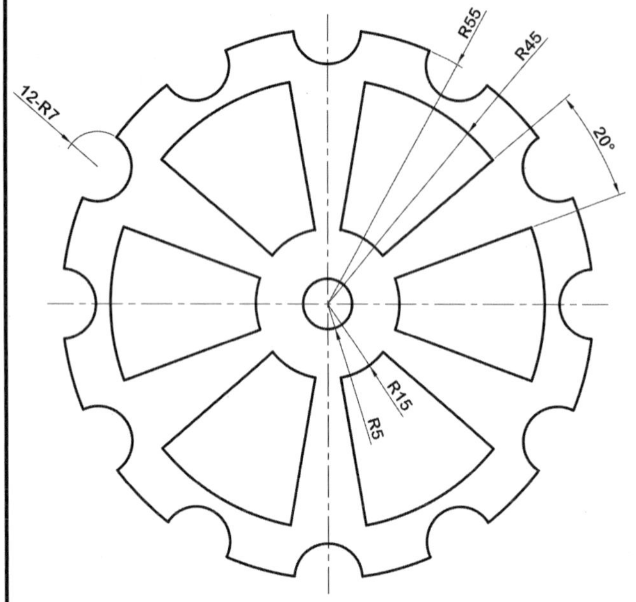

◆ 자르기 (TRim)
-지정된 경계요소로 잘라내기
-Fence : 선으로 다중선택 (울타리)
-Crossing : 박스로 다중선택 (걸치기)
-Edge : 모서리 옵션 (연장하기/연장하지 않기)
-eRase : 지우기

◆ 연장하기 (EXtend)
-지정된 경계요소로 잘라내기
-Fence : 선으로 다중선택 (울타리)
-Crossing : 박스로 다중선택 (걸치기)
-Edge : 모서리 옵션 (연장하기/연장하지 않기)

◆ 모깎기 (Fillet)
-Radius : 반지름 지정하기
-Trim : 자르기/자르지 않기 설정
-Radius=0 & Trim 모드 : 모서리 직각 자르기

◆간격띄우기 (Offset)
-Dist : 간격 띄우기 거리설정
-Through : 위치 지정점 까지 간격 띄우기.

◆계산기 (CAL)
-명령 실행중 계산기 사용하기 ('cal)

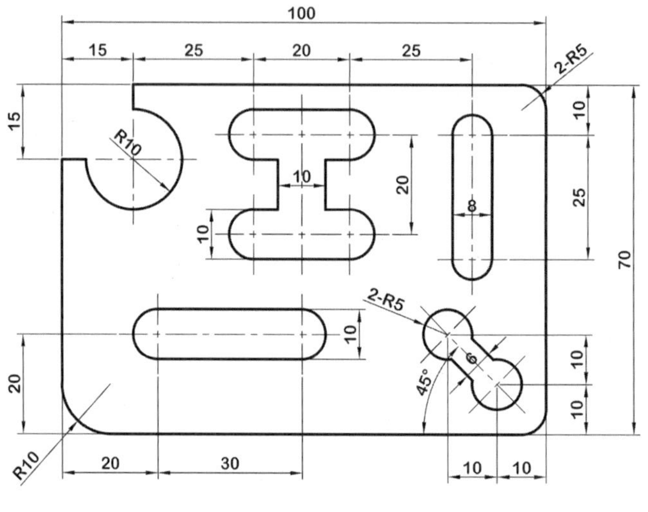

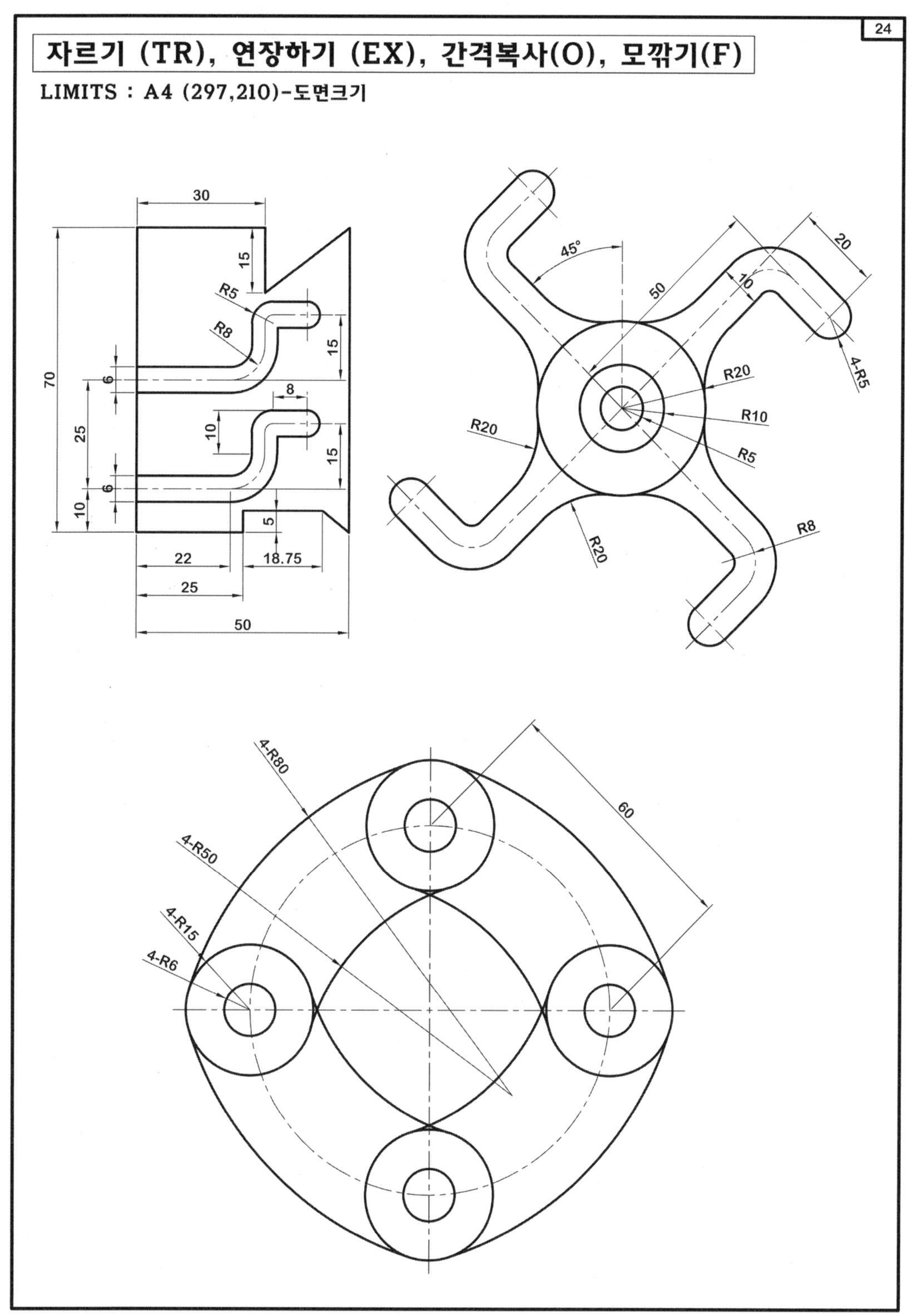
24
자르기 (TR), 연장하기 (EX), 간격복사(O), 모깎기(F)
LIMITS : A4 (297,210)-도면크기
30
70
15
R5
R8
15
6
8
25
10
15
6
10
5
22
18.75
25
50
45°
50
20
10
4-R5
R20
R10
R20
R5
R20
R8
4-R80
60
4-R50
4-R15
4-R6

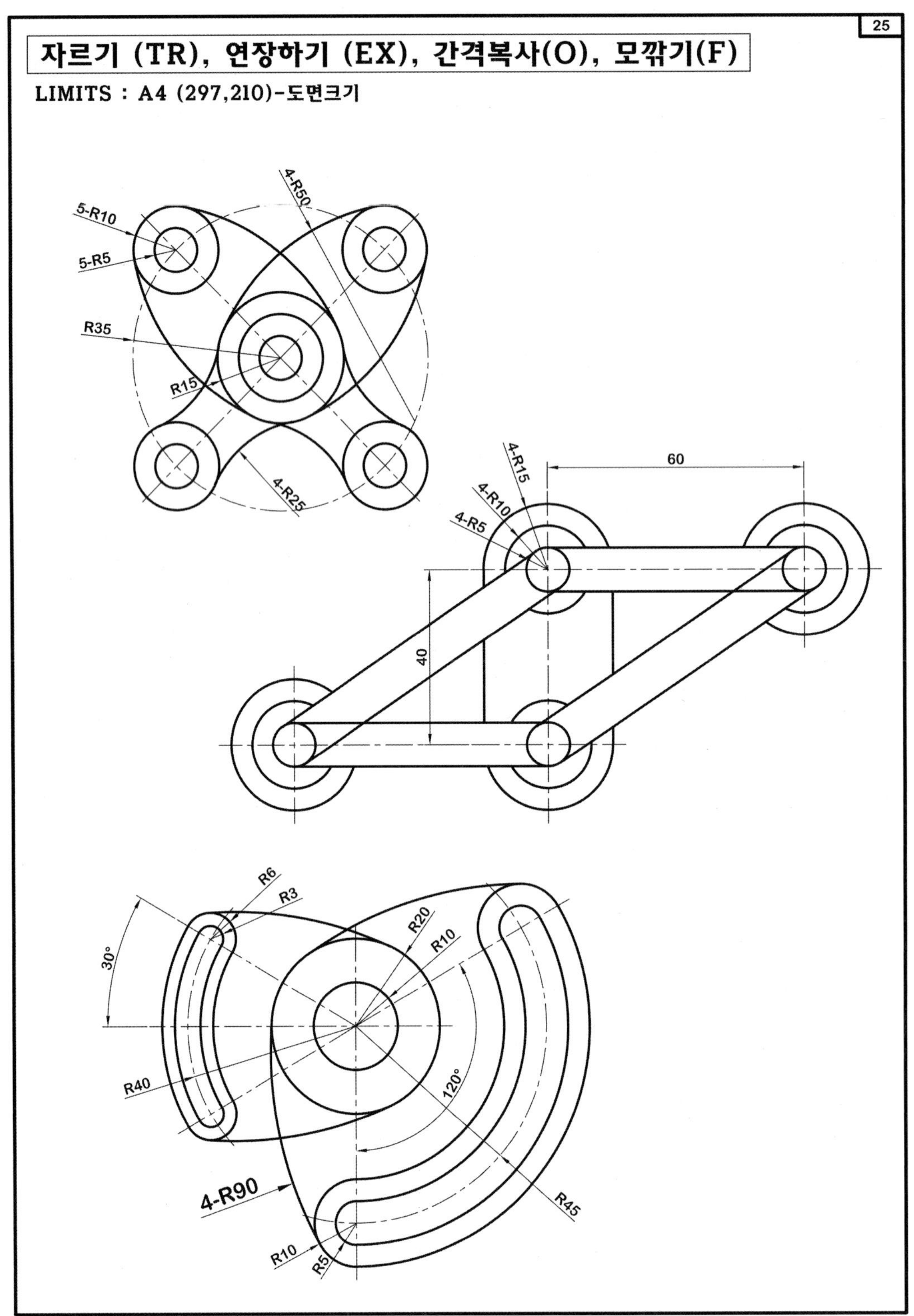
25
자르기 (TR), 연장하기 (EX), 간격복사(O), 모깎기(F)
LIMITS : A4 (297,210)-도면크기
5-R10
5-R5
4-R50
R35
R15
4-R25
4-R15
4-R10
4-R5
60
40
R6
R3
30°
R20
R10
R40
120°
4-R90
R45
R10
R5

26

자르기 (TR), 연장하기 (EX), 간격복사(O), 모깎기(F)

LIMITS : A4 (297,210)-도면크기

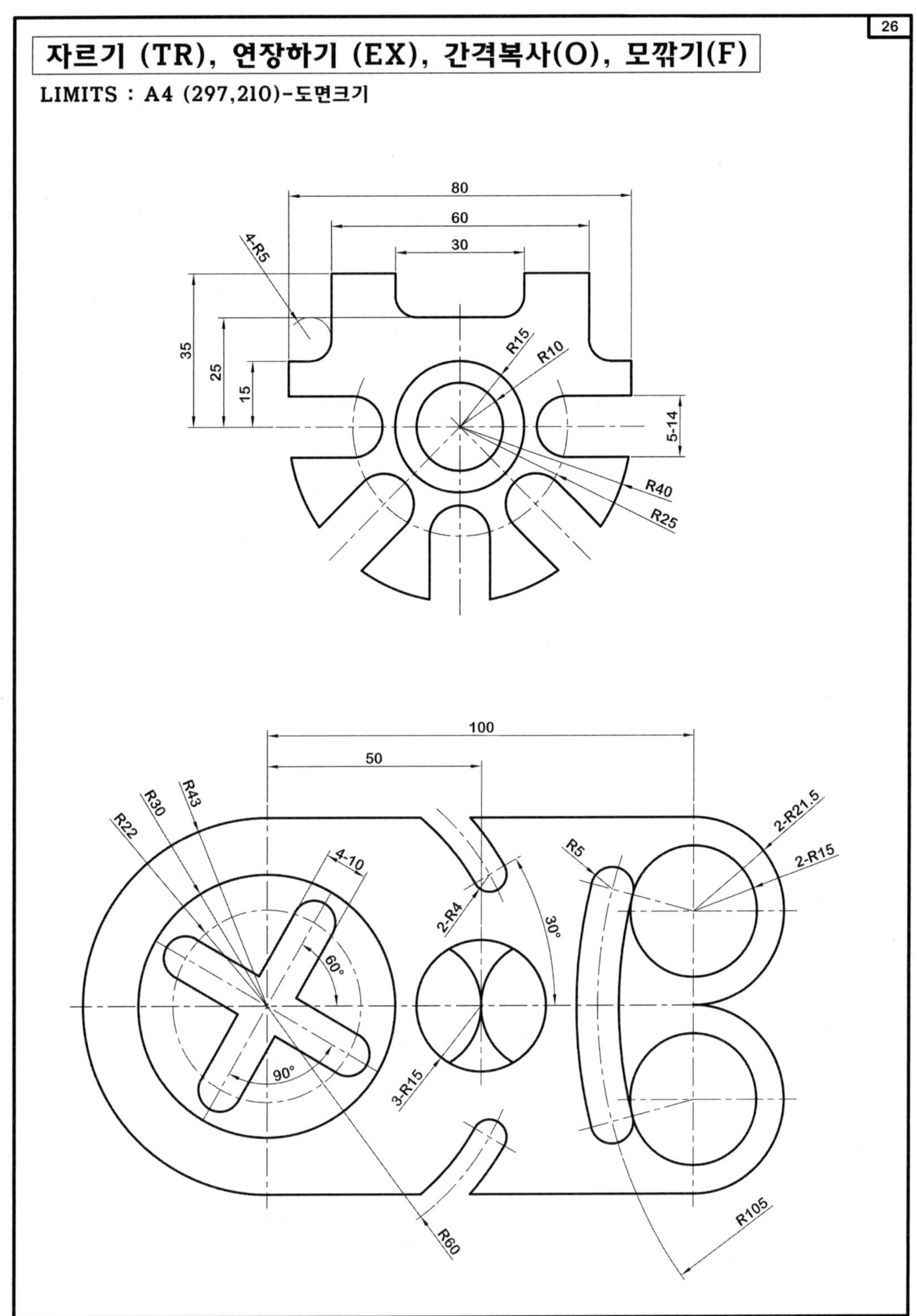

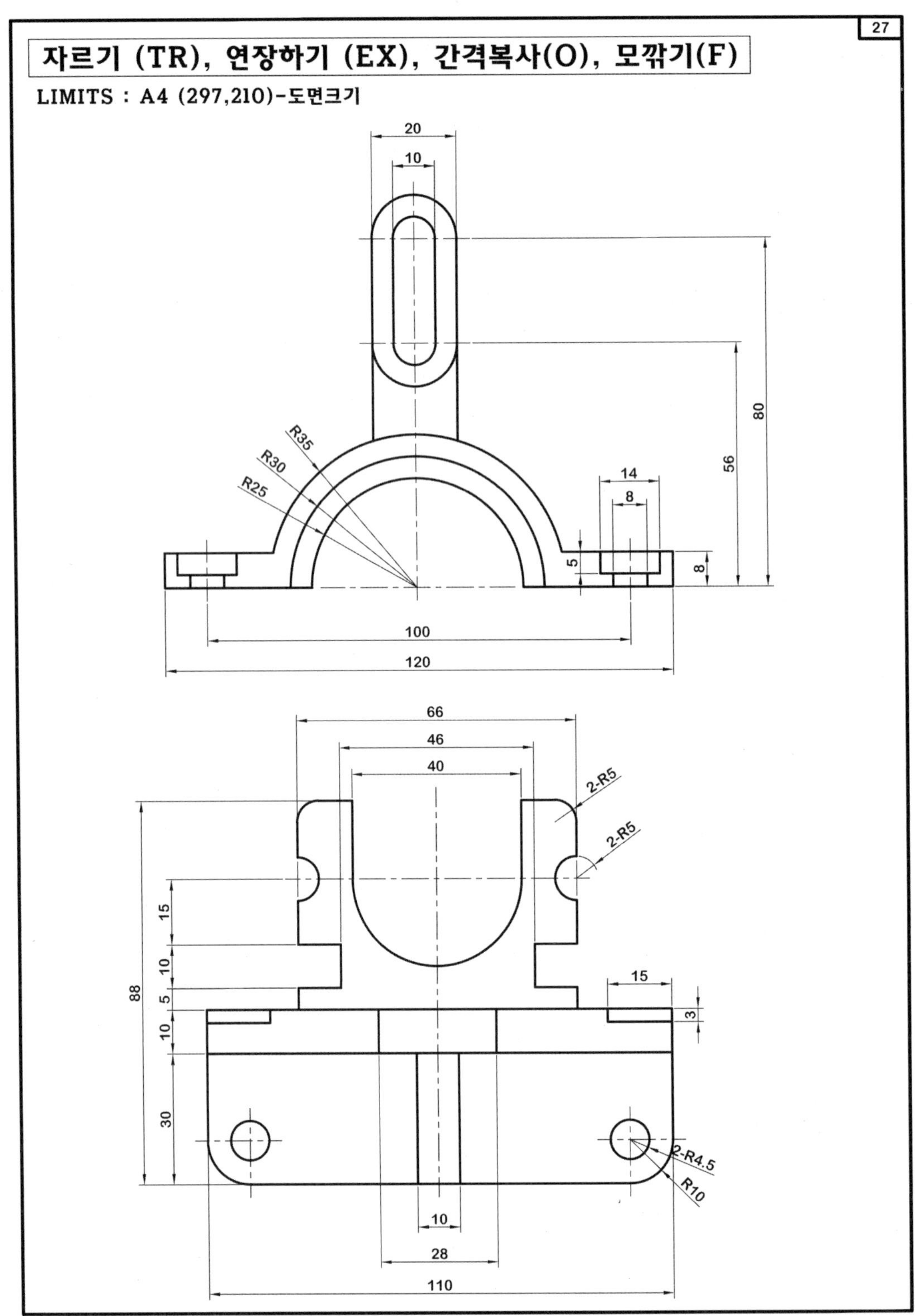
27
자르기 (TR), 연장하기 (EX), 간격복사(O), 모깎기(F)
LIMITS : A4 (297,210)-도면크기
20
10
80
56
R35
R30
R25
14
8
5
8
100
120
66
46
40
2-R5
2-R5
15
10
5
10
30
88
15
3
2-R4.5
R10
10
28
110

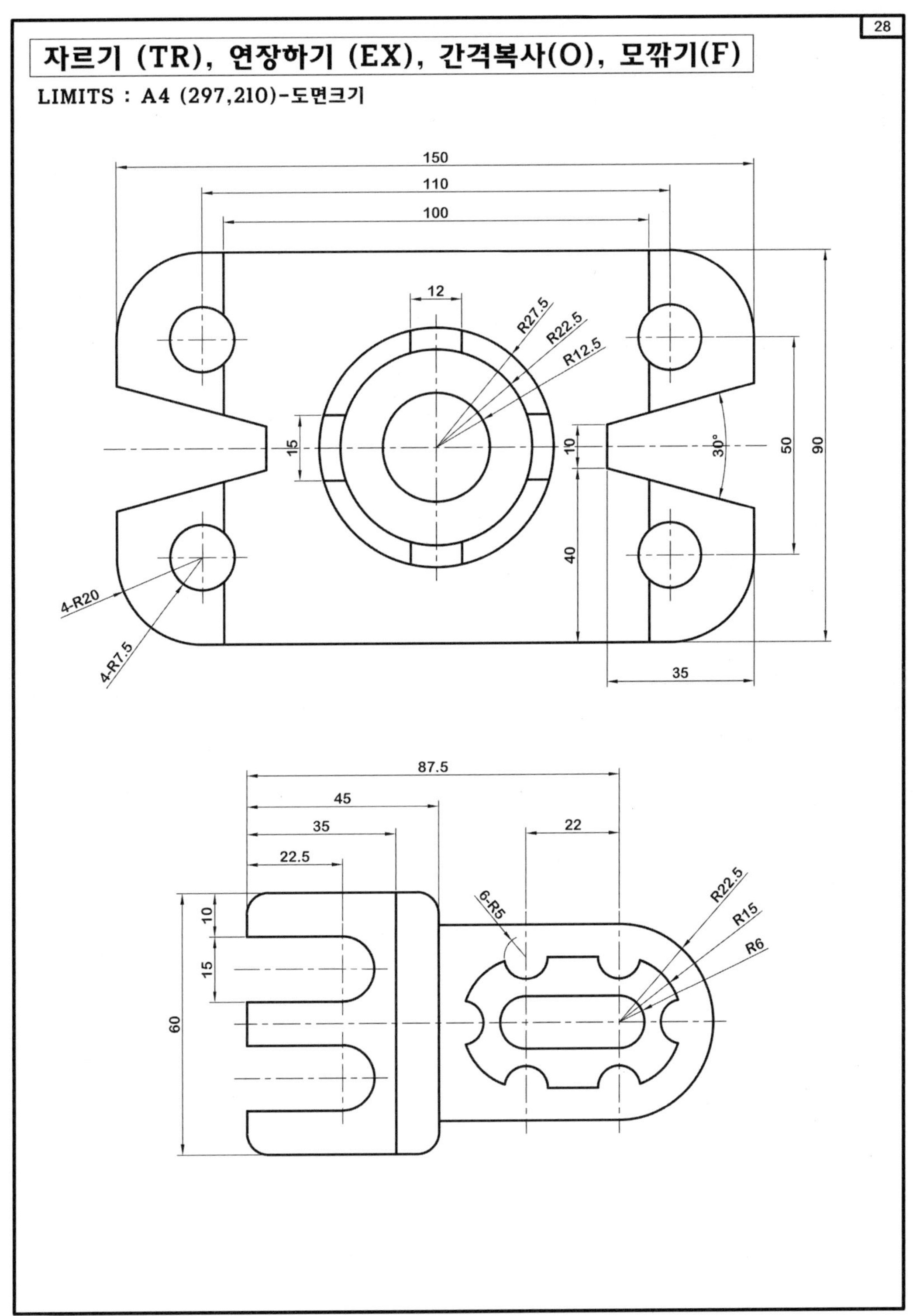
28
자르기 (TR), 연장하기 (EX), 간격복사(O), 모깎기(F)
LIMITS : A4 (297,210)-도면크기
150
110
100
12
R27.5
R22.5
R12.5
15
10
30°
50
90
40
35
4-R20
4-R7.5
87.5
45
35
22.5
22
6-R5
R22.5
R15
R6
10
15
60

대칭복사 [MIRROR | 단축키 [MI]

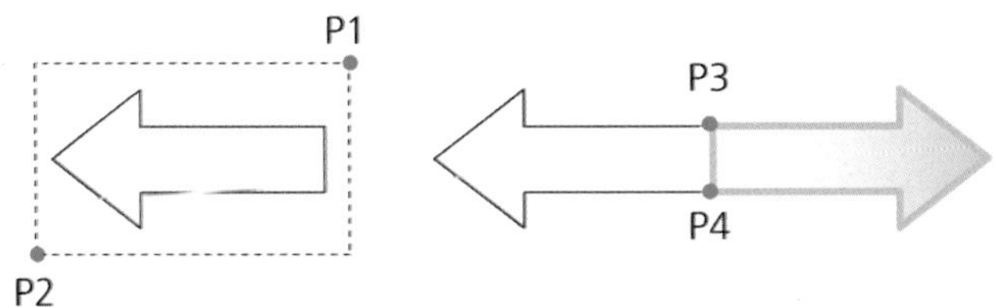

명령: MI [MIRROR]

객체 선택: "P1"선택
반대 구석 지정: "P2"선택 7개를 찾음
객체 선택: Enter
미러 라인의 첫 번째 점을 지정하시오[미러 라인 선택(S)] <미러 라인 선택>: "P3"선택
대칭선의 두 번째 점 지정: "P4"선택
원본 객체를 지우시겠습니까? [예(Y)/아니오(N)] <N>:N

"원본 객체를 지우시겠습니까?" 에서 "N"을 선택하면 원본과 복사본을 같이 표기된다. 그러나 "Y"를 선택하면 원본 객체는 삭제되고 새로운 객체 오른쪽 객체만 표기된다.
대칭명령어는 "P3"와 "P4"의 위치점을 어떠한 위치에서 선택하는 것인가에 따라 복사되는 위치가 변경된다.

결합 [JOIN | 단축키 [J]

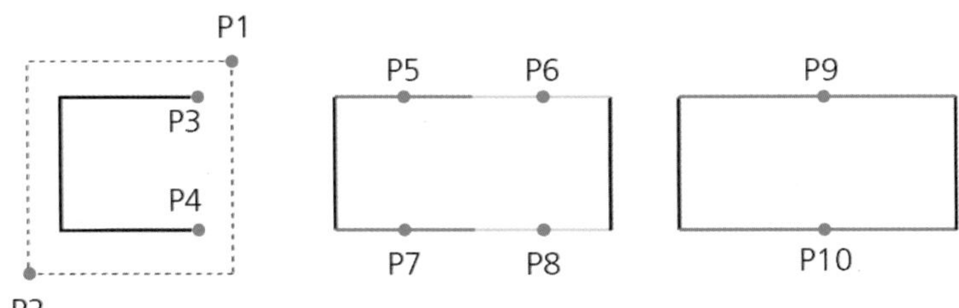

명령: MI [MIRROR]

객체 선택: "P1"선택
반대 구석 지정: "P2"선택 3개를 찾음
객체 선택: Enter
미러 라인의 첫 번째 점을 지정하시오[미러 라인 선택(S)] <미러 라인 선택>: "P3"선택
대칭선의 두 번째 점 지정: "P4"선택
원본 객체를 지우시겠습니까? [예(Y)/아니오(N)] <N>:N

"원복 객체를 지우시겠습니까?"에서 "N"을 선택하면 원복과 복사본을 같이 표기된다.

그림에서 보는 것과 같이 "P5" "P6" 떨어진 개별선

그림에서 보는 것과 같이 "P7" "P8" 떨어진 개별선

명령: J [JOIN]

원본 객체 혹은 여러 개체의 병합 객체 선택 "P5"선택 1개를 찾음
원본 객체 혹은 여러 개체의 병합 객체 선택 "P6"선택1개를 찾음, 2 전체
원본 객체 혹은 여러 개체의 병합 객체 선택 Enter
2 선이 1 선에 결합됨

우측 그림에서와 같이 선택된 "P5" "P6" 두 개의 선분은 하나의 선분으로 합쳐진다.

주의

결합되는 조건은 선분과 선분이 동일선상에 놓인 상태에서만 결합되므로 주의한다. 겹쳐진 선분도 결합을 통하여 하나의 선분으로 만들 수 있다.
동일선상의 선분 하나가 빨간색이고 나머지 선분이 검은색이라면 사용자가 먼저 선택한 선분의 색상으로 변경되며 합쳐진다.

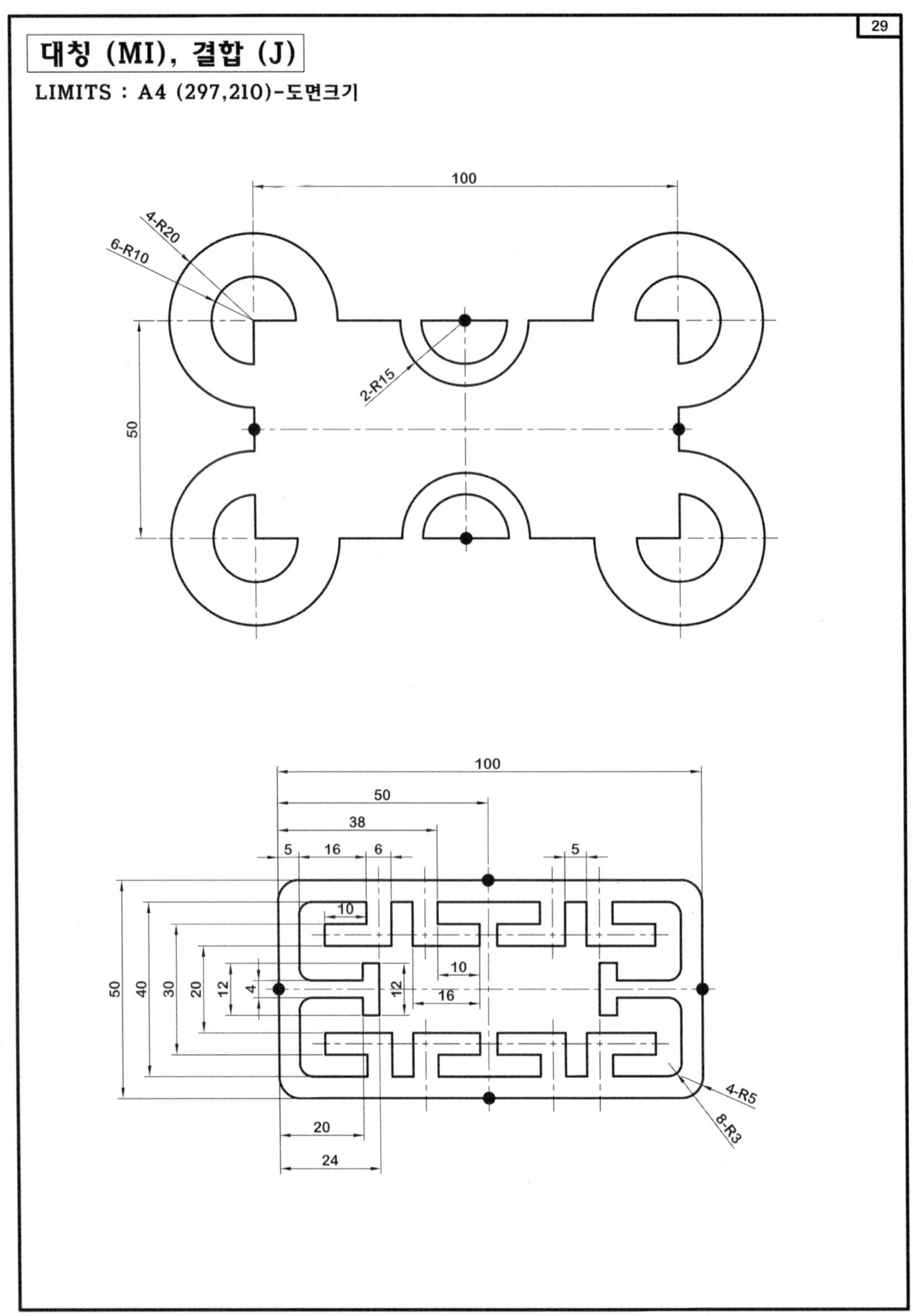
29
대칭 (MI), 결합 (J)
LIMITS : A4 (297,210)-도면크기
100
4-R20
6-R10
2-R15
50
100
50
38
5
16
6
5
10
10
16
50
40
30
20
12
4
12
4-R5
8-R3
20
24

30

대칭 (MI), 결합 (J)

LIMITS : A4 (297,210)-도면크기

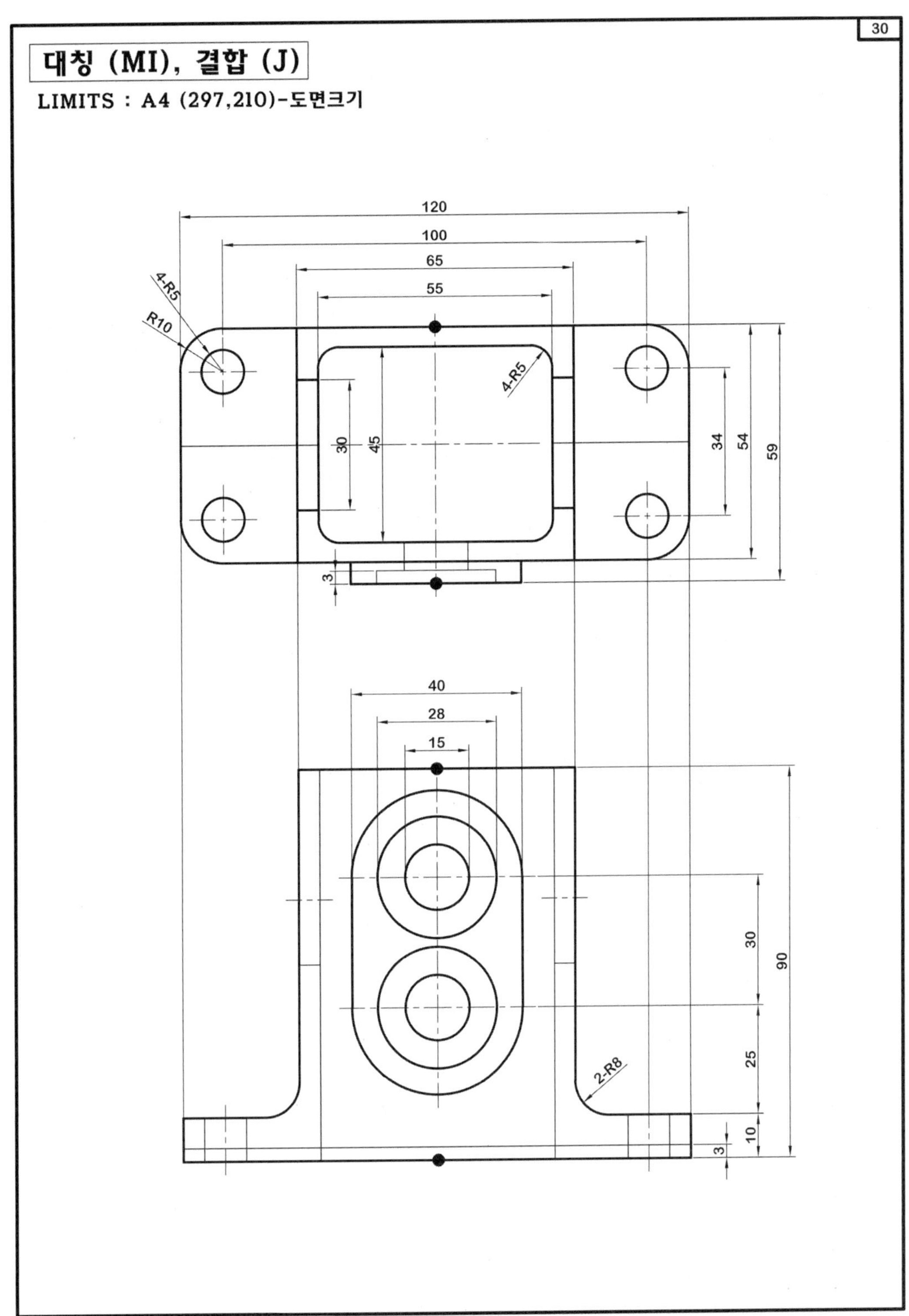

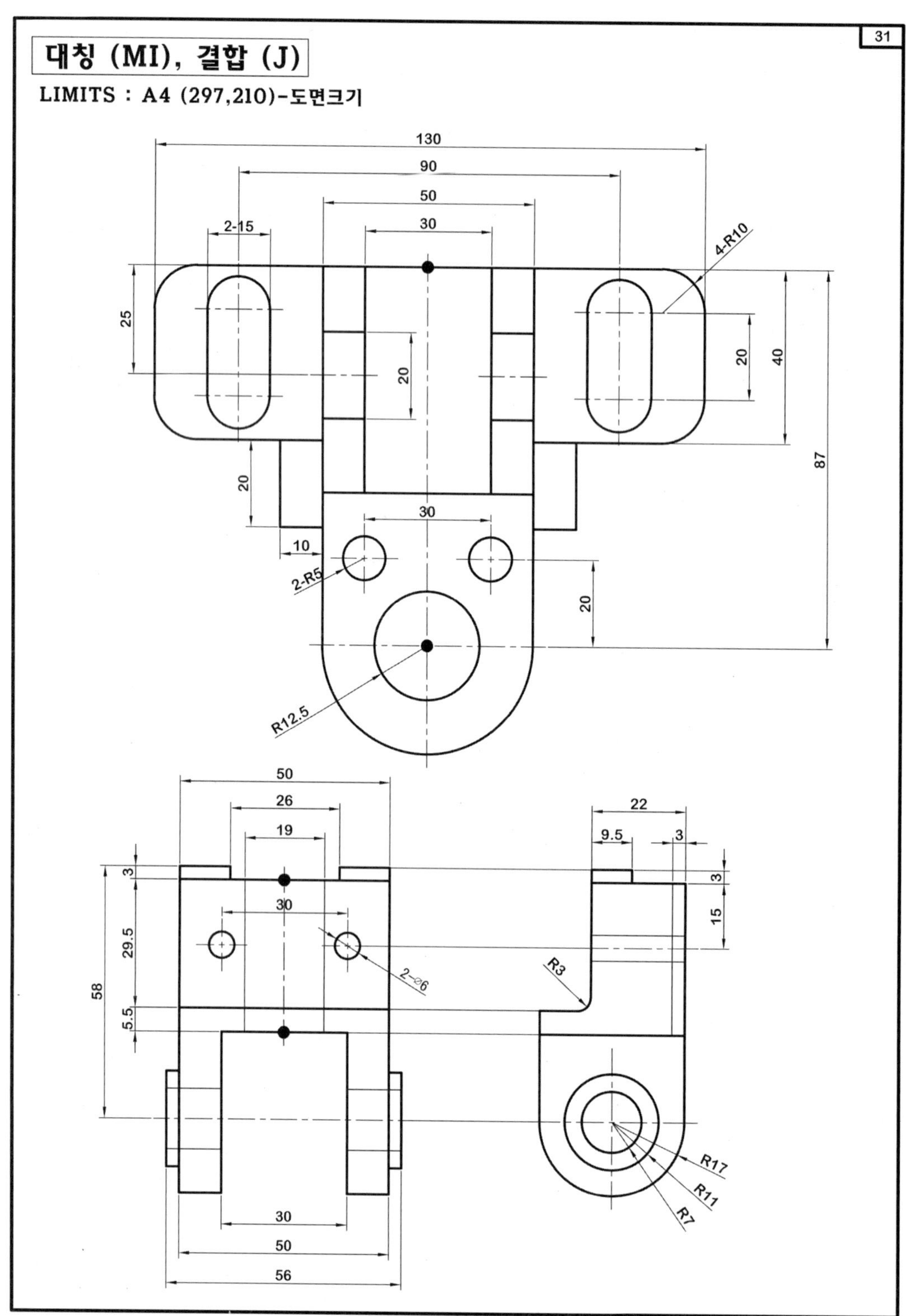
31
대칭 (MI), 결합 (J)
LIMITS : A4 (297,210)-도면크기
130
90
50
30
2-15
4-R10
25
20
20
40
87
20
30
10
2-R5
20
R12.5
50
26
19
30
3
29.5
58
5.5
2-⌀6
22
9.5
3
3
15
R3
R17
R11
R7
30
50
56

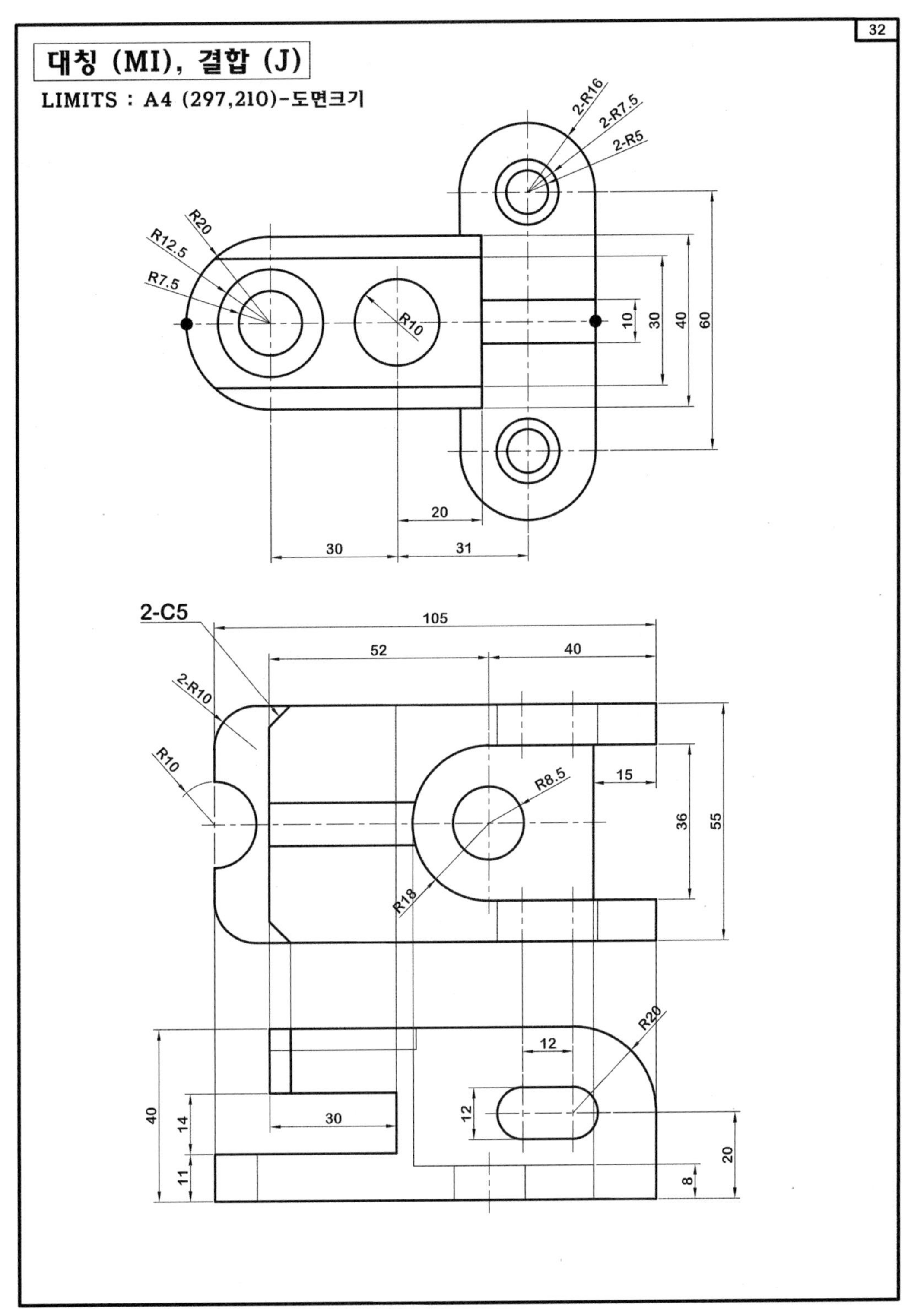
32
대칭 (MI), 결합 (J)
LIMITS : A4 (297,210)-도면크기
2-R16
2-R7.5
2-R5
R20
R12.5
R7.5
R10
10
30
40
60
20
30
31
2-C5
105
52
40
2-R10
R10
R8.5
15
36
55
R18
R20
12
12
40
14
11
30
8
20

모따기 [CHAMFER | 단축키 [CHA]

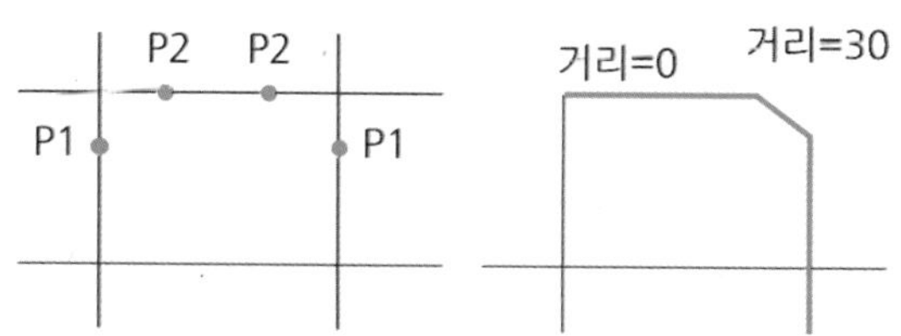

명령: CHA CHAMFER

("자르기" 모드) 현재 모따기 거리1 = 0.0000, 거리2 = 0.0000
첫 번째 선을 선택하거나 [명령 취소(U)/폴리선(P)/거리(D)/각도(A)/자르기(T)/방법(E)/다중(M)]: D[거리]
직사각형의 첫 번째 모따기 거리 지정 <0.0000>: 0 [거리 값 입력]
직사각형의 두 번째 모따기 거리 지정 <0.0000>: 0 [거리 값 입력]
첫 번째 선을 선택하거나 [명령 취소(U)/폴리선(P)/거리(D)/각도(A)/자르기(T)/방법(E)/다중(M)]: "P1"선택
두 번째 선 선택 또는 Shift 키를 누른 채 선택하여 구석 적용: "P2"선택

- 결과 : 선택된 두 개의 선분은 모서리가 직각으로 나타나게 된다.
  만약 거리 값이 입력된 후에도 "SHIFT" 키를 누른 상태에서 선분을 선택하게 된다면 거리 값이 적용되어 있더라도 직각으로 나타나게 된다.

명령: CHA CHAMFER

("자르기" 모드) 현재 모따기 거리1 = 0.0000, 거리2 = 0.0000
첫 번째 선을 선택하거나 [명령 취소(U)/폴리선(P)/거리(D)/각도(A)/자르기(T)/방법(E)/다중(M)]: D[거리]
직사각형의 첫 번째 모따기 거리 지정 <0.0000>: 30 [거리 값 입력]
직사각형의 두 번째 모따기 거리 지정 <0.0000>: 30 [거리 값 입력]
첫 번째 선을 선택하거나 [명령 취소(U)/폴리선(P)/거리(D)/각도(A)/자르기(T)/방법(E)/다중(M)]: "P1"선택
두 번째 선 선택 또는 Shift 키를 누른 채 선택하여 구석 적용: "P2"선택

• 결과 : 선택된 두 개의 선분은 모서리에서 거리＝30이 떨어진 선분의 끝점을 연결하여 대각 선분을 생성하게 된다.
만약 거리 값이 입력된 후에도 "SHIFT" 키를 누른 상태에서 선분을 선택하게 된다면 거리 값이 적용되더라도 직각으로 나타나게 된다.

참고

모따기에서 "거리1, 거리2"의 값을 달리 적용하게 된다면, 선분 선택에서 먼저 선택된 선분이 "거리1"의 값이 적용되며, 나중에 선택된 선분이 "거리2"의 값을 적용 받는다. 이로 인해 서로 모서리에서 다른 거리 값을 적용할 수 있다.

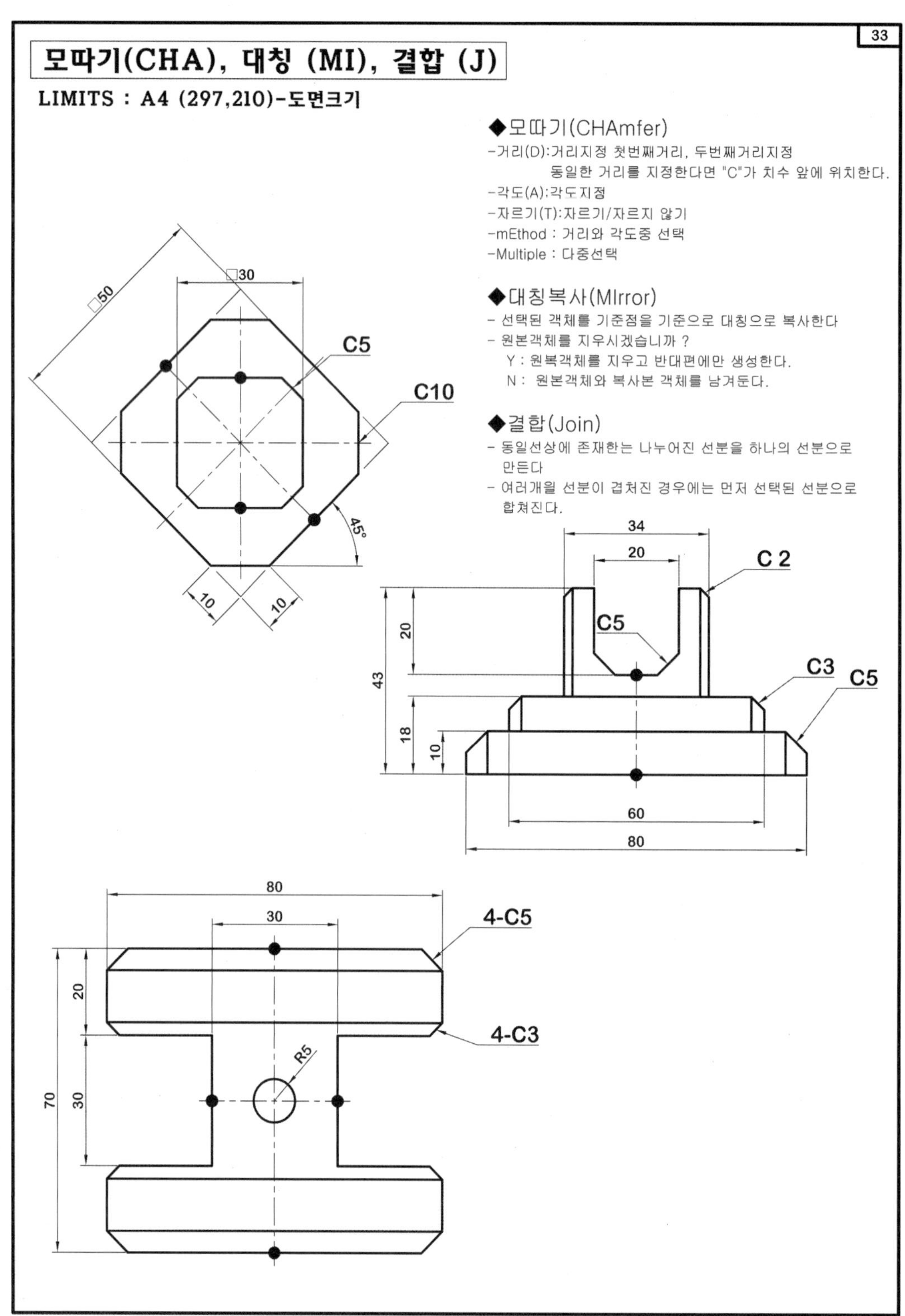
33
모따기(CHA), 대칭 (MI), 결합 (J)
LIMITS : A4 (297,210)-도면크기
◆모따기(CHAmfer)
-거리(D):거리지정 첫번째거리, 두번째거리지정
동일한 거리를 지정한다면 "C"가 치수 앞에 위치한다.
-각도(A):각도지정
-자르기(T):자르기/자르지 않기
-mEthod : 거리와 각도중 선택
-Multiple : 다중선택
◆대칭복사(MIrror)
- 선택된 객체를 기준점을 기준으로 대칭으로 복사한다
- 원본객체를 지우시겠습니까 ?
Y : 원복객체를 지우고 반대편에만 생성한다.
N : 원본객체와 복사본 객체를 남겨둔다.
◆결합(Join)
- 동일선상에 존재한는 나누어진 선분을 하나의 선분으로 만든다
- 여러개일 선분이 겹처진 경우에는 먼저 선택된 선분으로 합쳐진다.
□50
□30
C5
C10
45°
10
10
34
20
C 2
C5
C3
C5
20
43
18
10
60
80
80
30
4-C5
4-C3
R5
20
70
30

43

모따기(CHA), 대칭 (MI), 결합 (J)

LIMITS : A4 (297,210)-도면크기

◆모따기(CHAmfer)

-거리(D):거리지정 첫번째거리, 두번째거리지정
동일한 거리를 지정한다면 "C"가 치수 앞에 위치한다.

-각도(A):각도지정

-자르기(T):자르기/자르지 않기

-mEthod : 거리와 각도중 선택

-Multiple : 다중선택

◆대칭복사(MIrror)

- 선택된 객체를 기준점을 기준으로 대칭으로 복사한다
- 원본객체를 지우시겠습니까 ?
  Y : 원복객체를 지우고 반대편에만 생성한다.
  N : 원본객체와 복사본 객체를 남겨둔다.

◆결합(Join)

- 동일선상에 존재한는 나누어진 선분을 하나의 선분으로 만든다
- 여러개일 선분이 겹처진 경우에는 먼저 선택된 선분으로 합쳐진다.

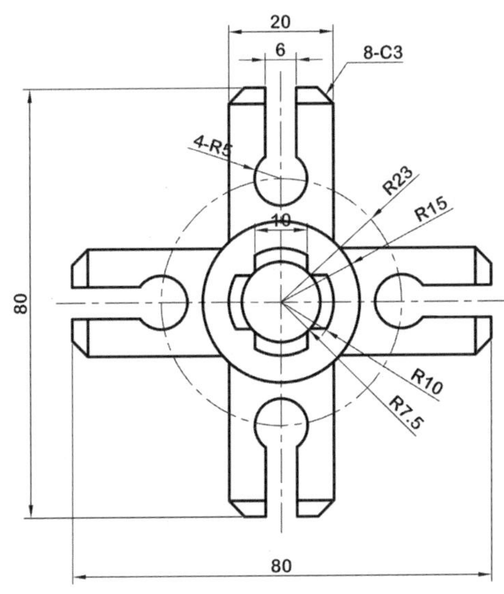

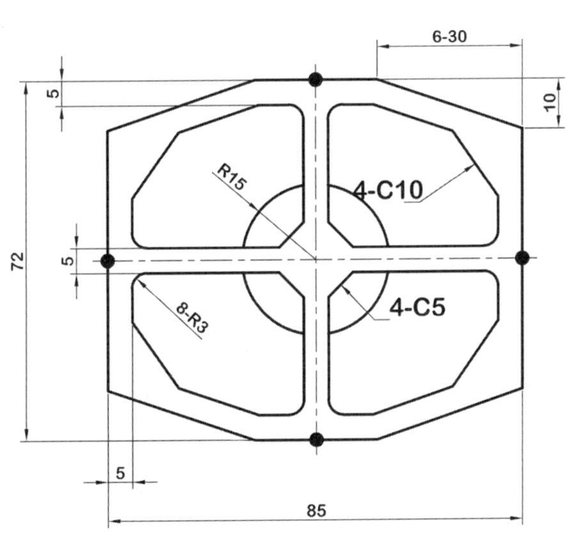

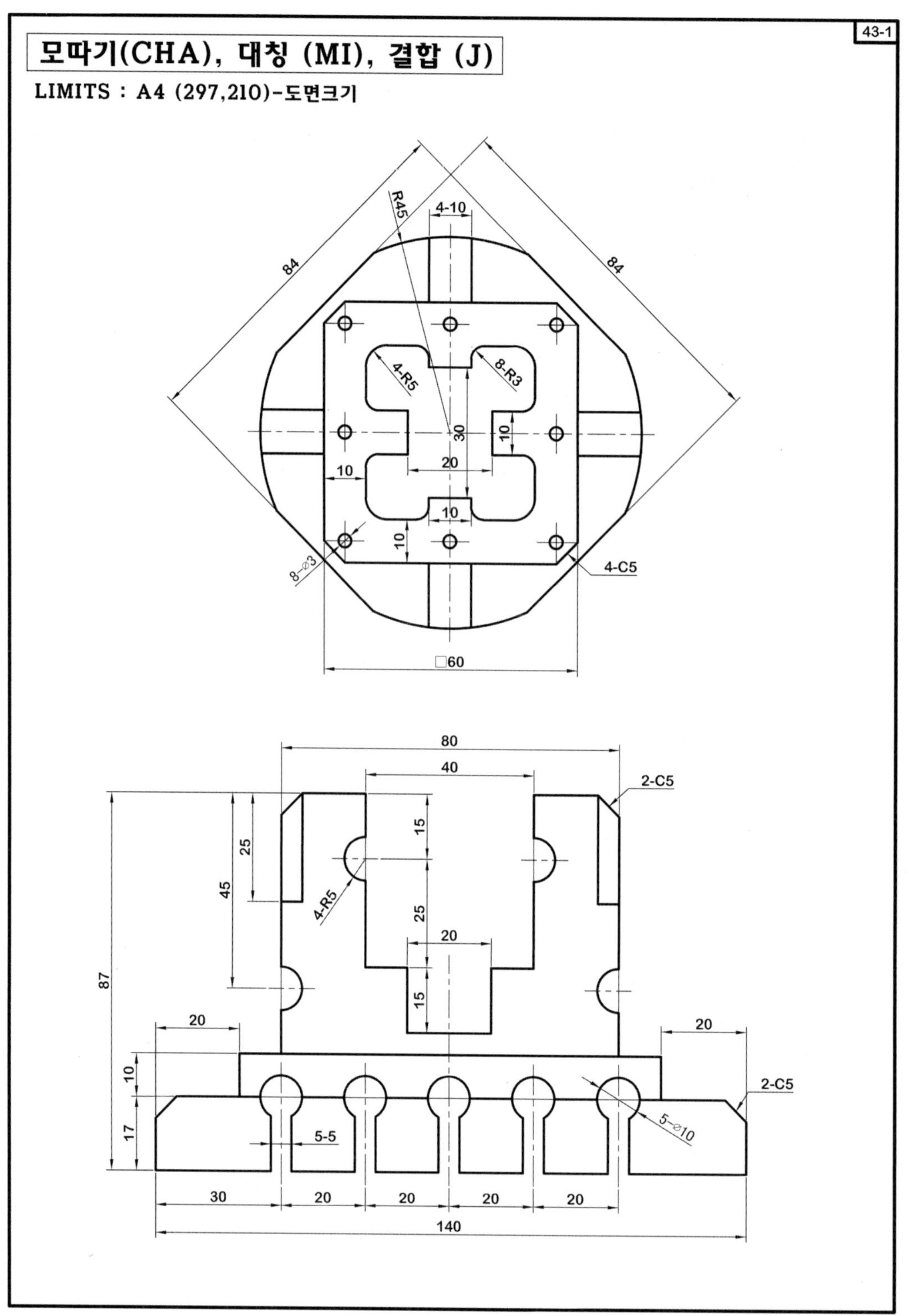
43-1
모따기(CHA), 대칭 (MI), 결합 (J)
LIMITS : A4 (297,210)-도면크기
R45
4-10
84
84
4-R5
8-R3
30
10
20
10
10
10
8-⌀3
4-C5
□60
80
40
2-C5
15
25
45
25
4-R5
20
87
15
20
20
10
2-C5
17
5-5
5-⌀10
30
20
20
20
20
140

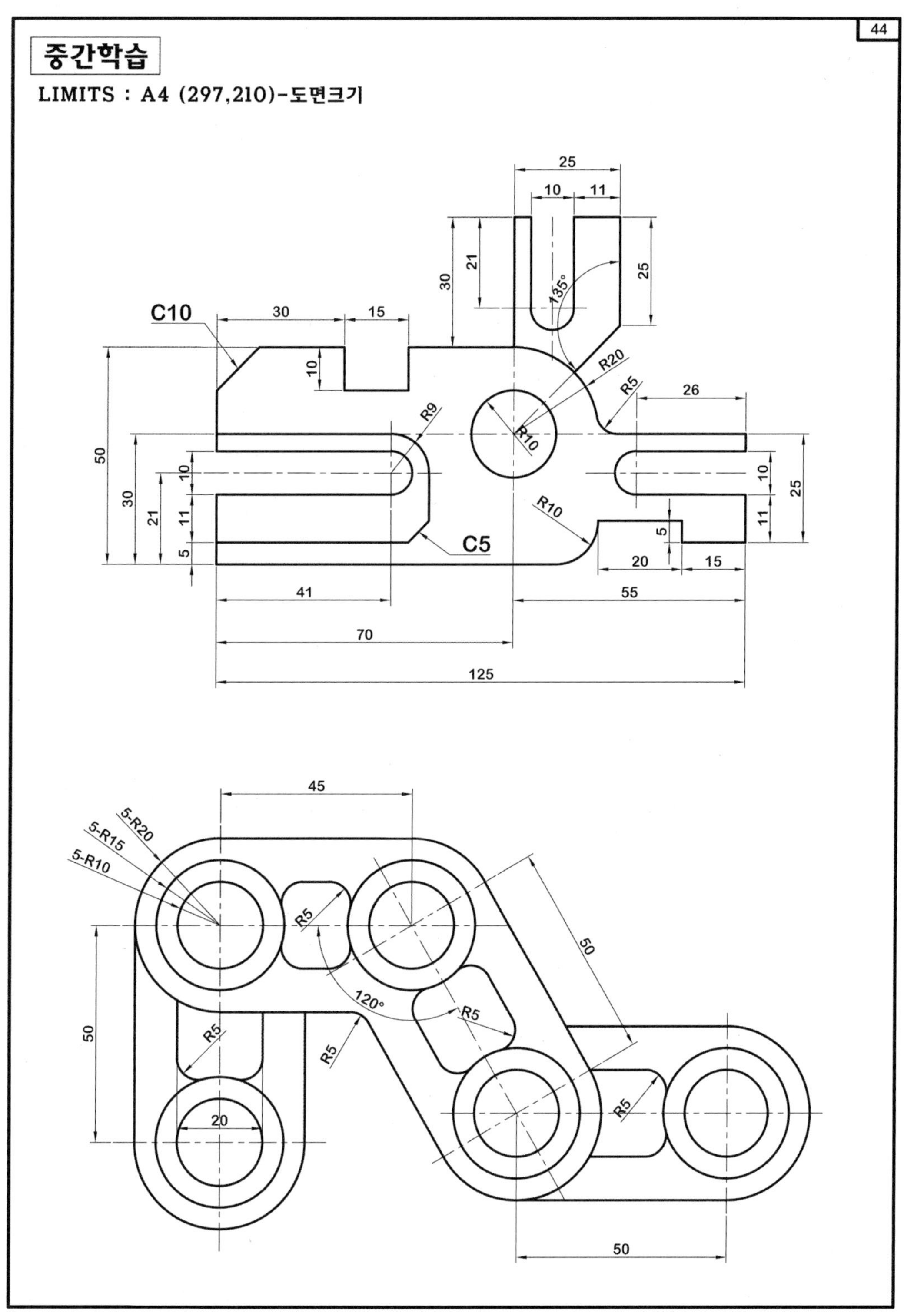
44
중간학습
LIMITS : A4 (297,210)-도면크기
C10
C5
135°
R20
R5
R9
R10
5-R20
5-R15
5-R10
120°

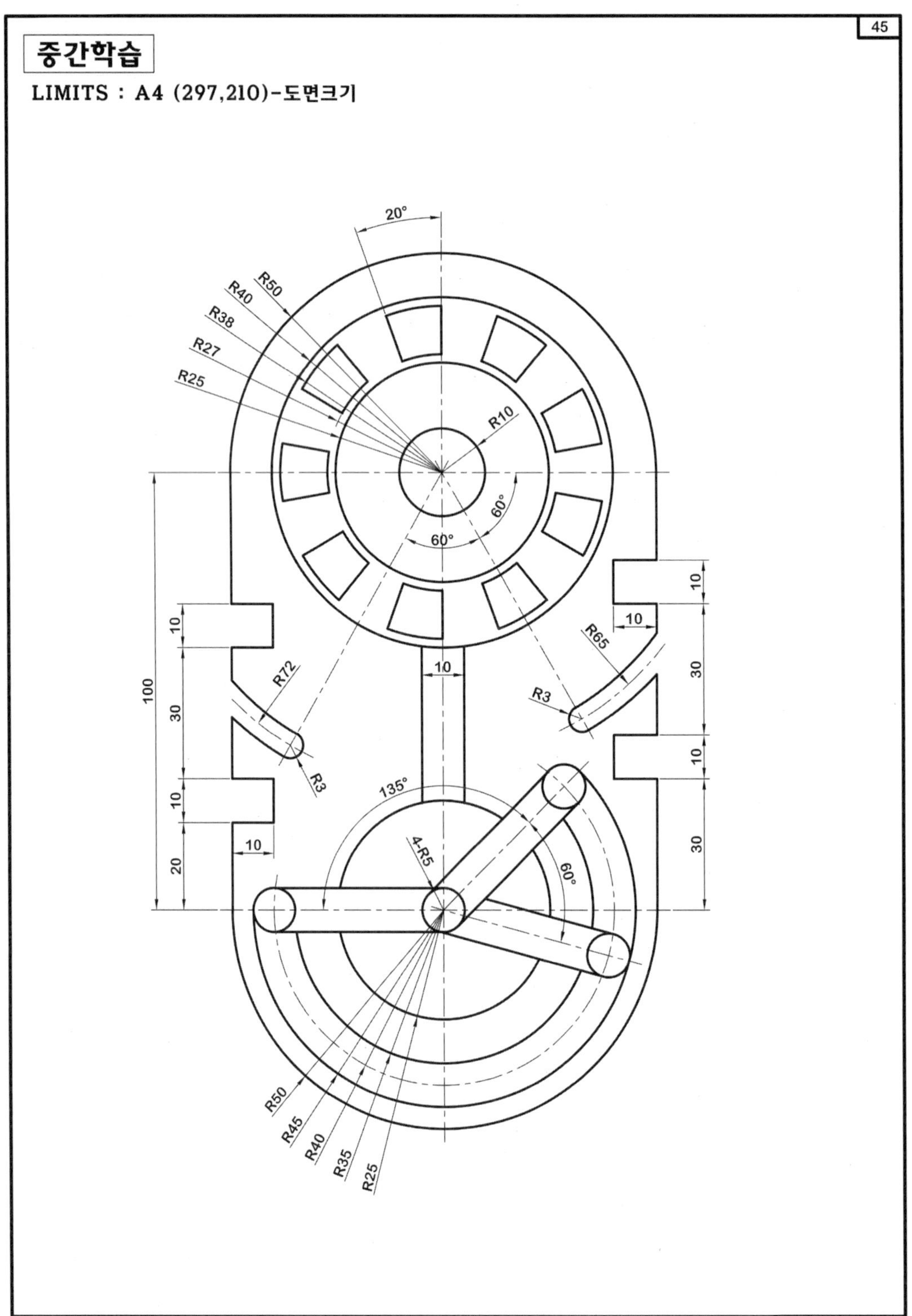
중간학습
45
LIMITS : A4 (297,210)-도면크기
20°
R50
R40
R38
R27
R25
R10
60°
60°
10
10
R65
10
R72
10
R3
R3
100
30
30
10
10
135°
4-R5
60°
10
20
30
R50
R45
R40
R35
R25

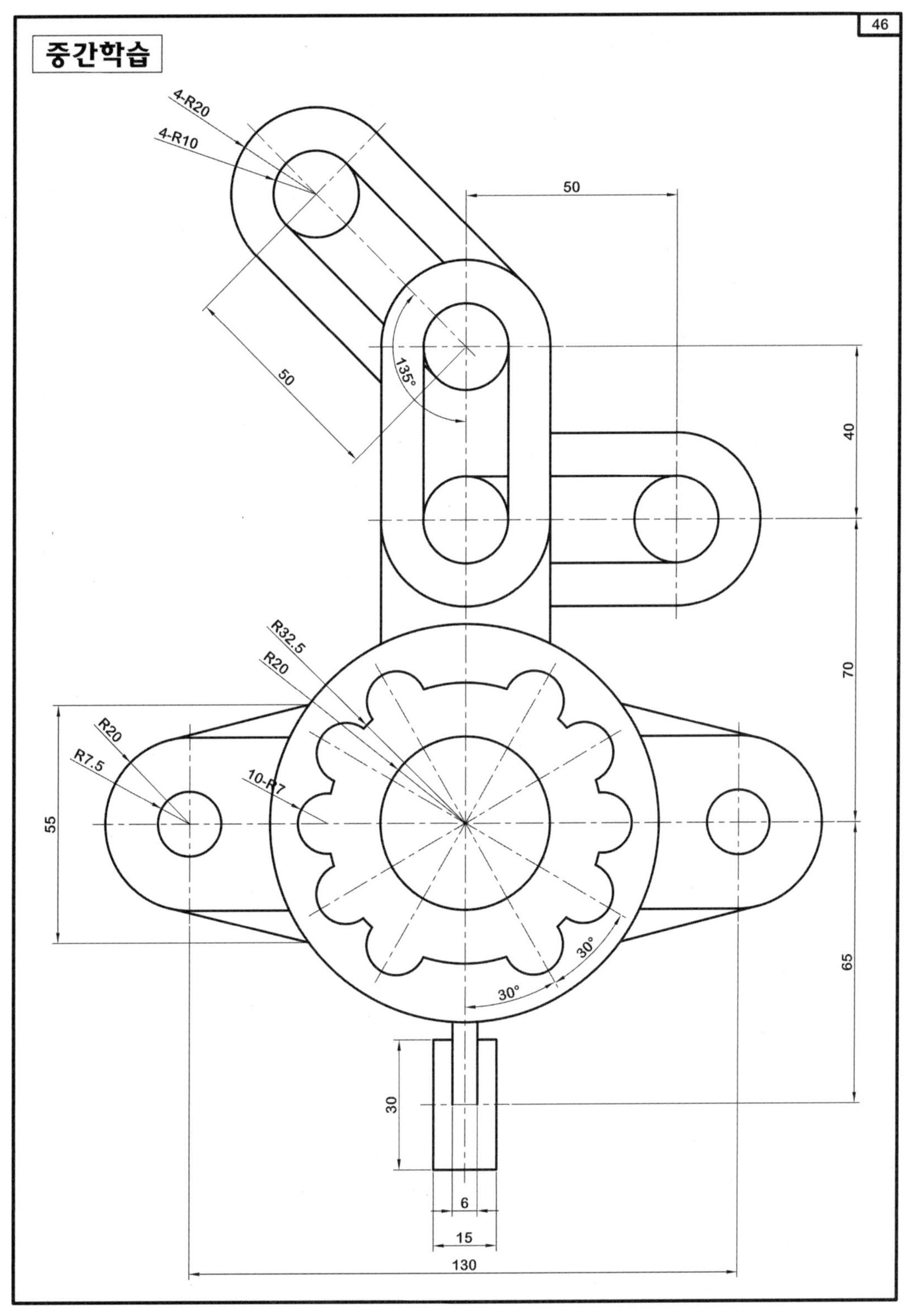
46
중간학습
4-R20
4-R10
50
50
135°
40
70
65
R32.5
R20
R20
R7.5
10-R7
55
30°
30°
30
6
15
130

다각형 [POLYGON | 단축키 [POL]

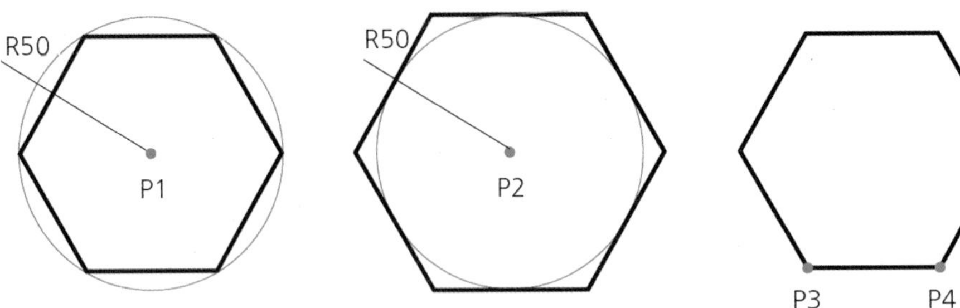

반지름 50인 원을 가상으로 작성한 후 다각형을 작도해보자.

명령: POL POLYGON

면의 수 입력 <4>: 6 [다각형 수]
다각형의 중심을 지정 또는 [모서리(E)]: P1 선택
옵션을 입력 [원에 내접(I)/원에 외접(C)] <I>: I (내접 선택)
원의 반지름 지정: 50 (반지름 값 입력)

반지름 50인 원의 안쪽으로 다각형이 생성된다. (다각형의 꼭지점이 원에 걸치게 된다.)

명령: POL POLYGON

면의 수 입력 <6>: 6 [다각형 수]
다각형의 중심을 지정 또는 [모서리(E)]: P2 선택
옵션을 입력 [원에 내접(I)/원에 외접(C)] <I>: C (외접 선택)
원의 반지름 지정: 50 (반지름 값 입력)

반지름 50인 원의 외각 쪽으로 다각형이 생성된다.(다각형 한 변의 이등분점이 원에 걸치게 된다.)

명령: POL POLYGON

면의 수 입력 <6>: 6 [다각형 수]
다각형의 중심을 지정 또는 [모서리(E)]: E (모서리 선택)
모서리의 첫 번째 끝점 지정: P3 선택
모서리의 두 번째 끝점 지정: @50<0 (P4 지점이 선택됨)

상대극좌표를 이용하여 한 변의 길이를 정의하여 다각형을 작성한다.

타원 [ELLIPSE | 단축키 [EL]

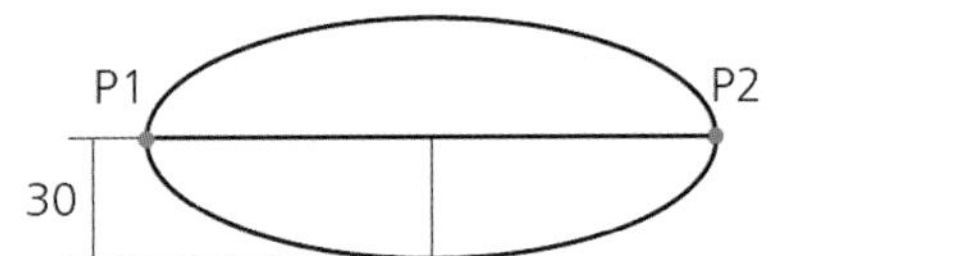

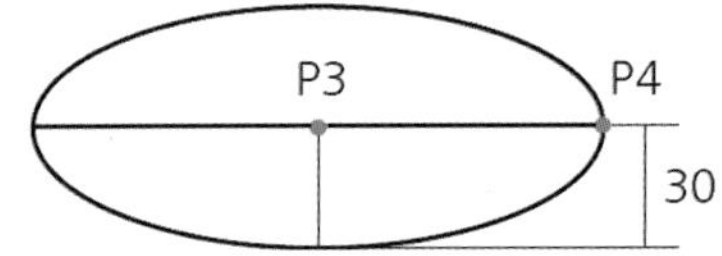

길이 150인 수평선을 2개 작도한다.

명령: EL ELLIPSE
타원의 끝점 축을 지정하거나 [호(A)/중심(C)]: P1 선택
축의 다른 끝점 지정: P2 선택
다른 축까지 거리를 지정하거나 [회전(R)]: 30 (축간 거리 입력)

선분의 양 끝점을 선택 후 축간 거리를 입력함으로 지름에 의한 타원이 생성

명령: EL ELLIPSE
타원의 끝점 축을 지정하거나 [호(A)/중심(C)]:C (중심 입력)
타원의 중심 지정: P3선택
축의 끝점 지정: P4 선택
다른 축까지 거리를 지정하거나 [회전(R)]: 30 (축간 거리 입력)

선분의 이등분점 중심을 선택 후 끝점을 선택함으로 반지름에 의한 타원이 생성

길이조정 [LENGTHEN | 단축키 [LEN]

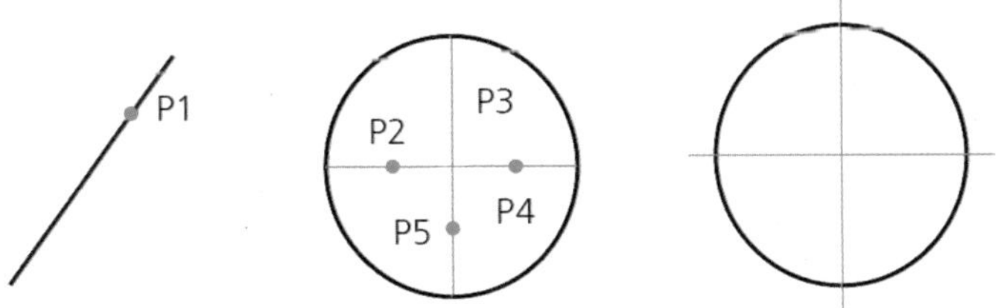

명령: LEN LENGTHEN

객체 선택 또는 [증분(DE)/퍼센트(P)/합계(T)/동적(DY)]: DE (증분 선택)
증분 길이 입력 또는 [각도(A)] <0.0000>:10 (증분 길이 값 입력)
선택한 객체를 변경하거나 [명령취소(U)]: "P1, P2, P3, P4, P5" (위치 선택)
선택한 객체를 변경하거나 [명령취소(U)]: Enter

선택한 선분의 가까운 끝점에서 증분값 10 만큼 늘어난다. 여러 번 선택하면, 선택한 횟수만큼 증분이 된다. 증분값을 －10만큼 준다면 10길이로 줄어들게 된다.

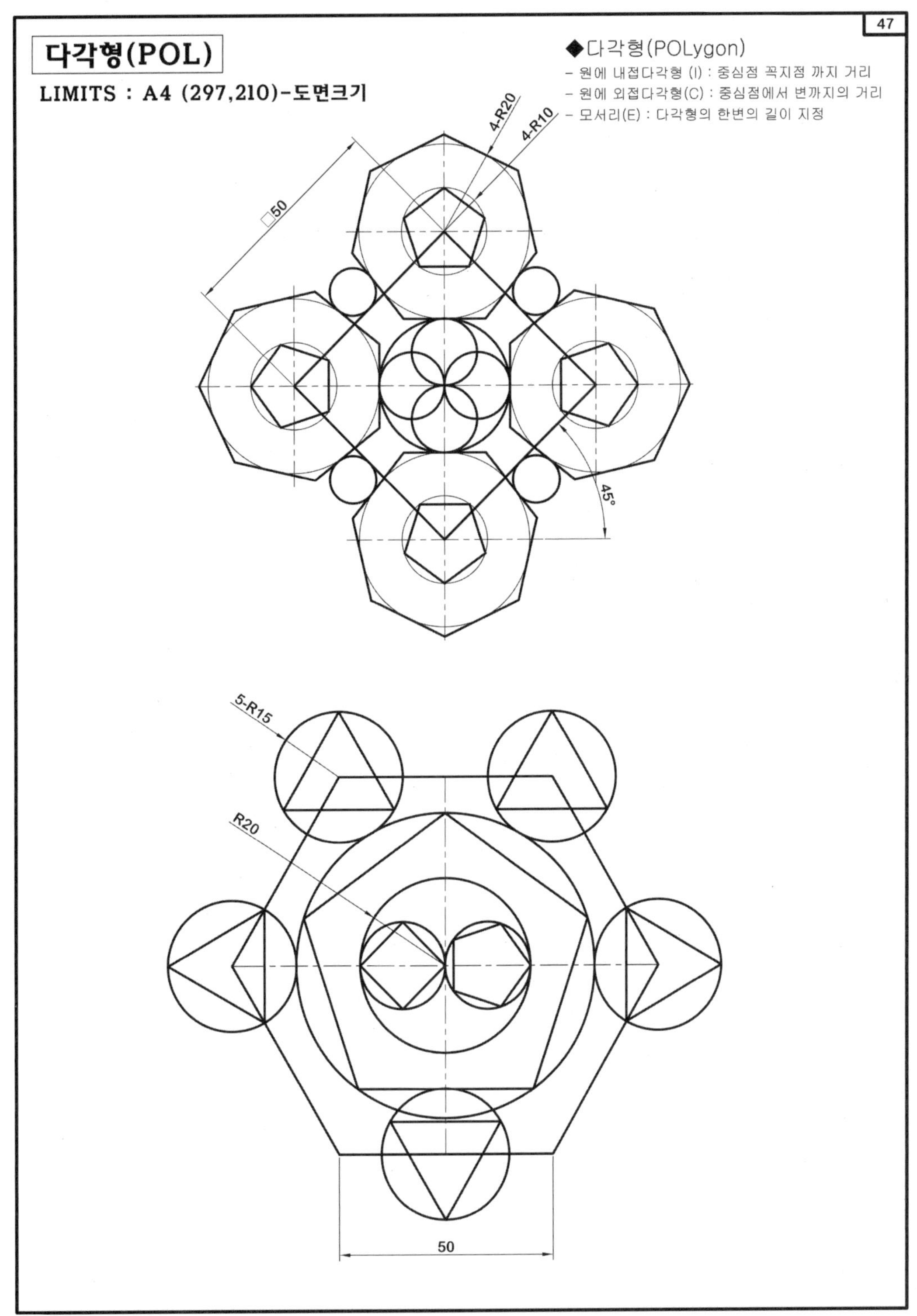
47
다각형(POL)
LIMITS : A4 (297,210)-도면크기
◆다각형(POLygon)
- 원에 내접다각형 (I) : 중심점 꼭지점 까지 거리
- 원에 외접다각형(C) : 중심점에서 변까지의 거리
- 모서리(E) : 다각형의 한변의 길이 지정
4-R20
4-R10
□50
45°
5-R15
R20
50

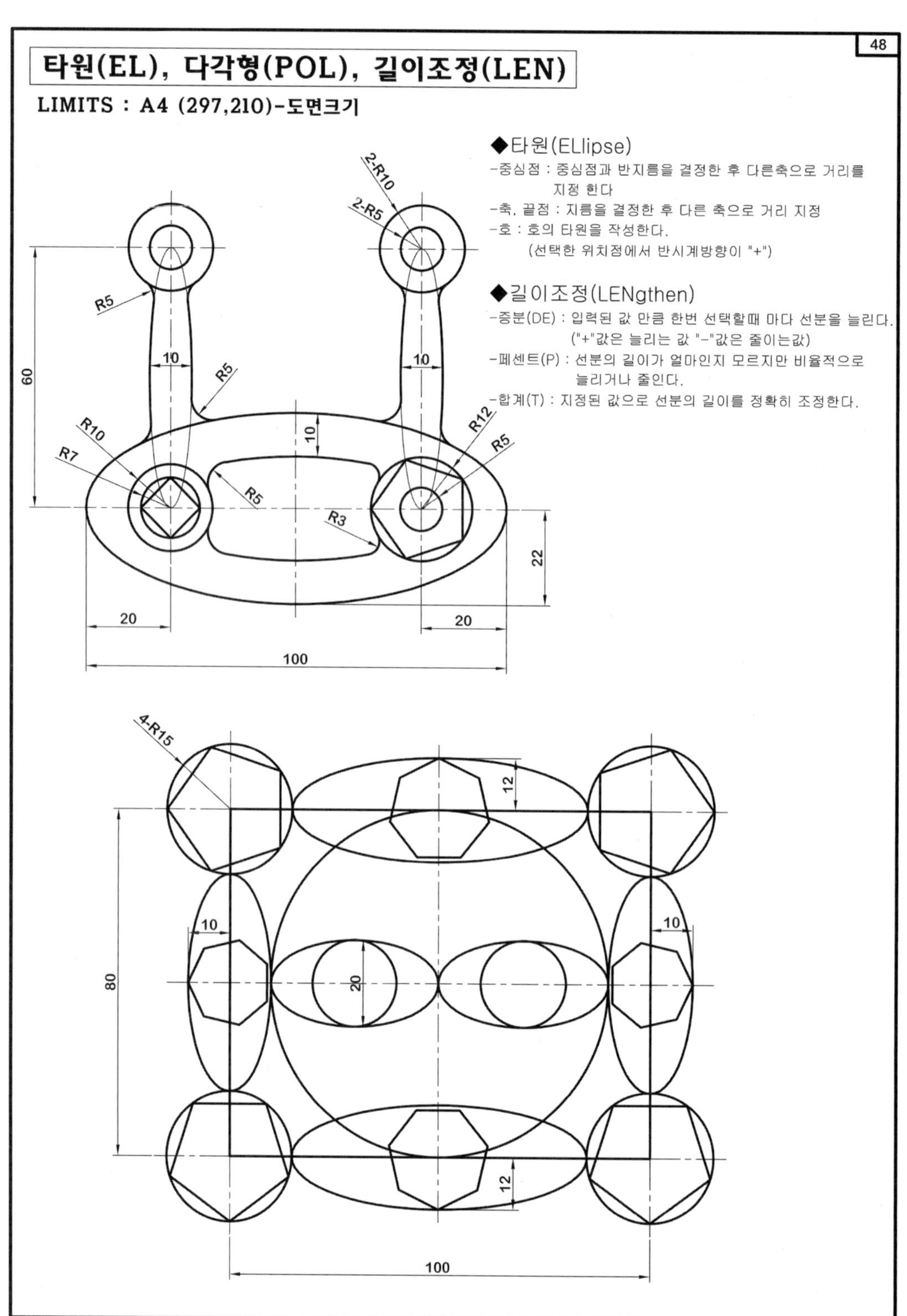
48
타원(EL), 다각형(POL), 길이조정(LEN)
LIMITS : A4 (297,210)-도면크기
◆타원(ELlipse)
-중심점 : 중심점과 반지름을 결정한 후 다른축으로 거리를 지정 한다
-축, 끝점 : 지름을 결정한 후 다른 축으로 거리 지정
-호 : 호의 타원을 작성한다.
(선택한 위치점에서 반시계방향이 "+")
◆길이조정(LENgthen)
-증분(DE) : 입력된 값 만큼 한번 선택할때 마다 선분을 늘린다.
("+"값은 늘리는 값 "-"값은 줄이는값)
-퍼센트(P) : 선분의 길이가 얼마인지 모르지만 비율적으로 늘리거나 줄인다.
-합계(T) : 지정된 값으로 선분의 길이를 정확히 조정한다.
2-R10
2-R5
R5
10
10
R5
60
R10
R7
10
R12
R5
R5
R3
22
20
20
100
4-R15
12
80
10
10
20
12
100

타원(EL), 다각형(POL), 길이조정(LEN)

LIMITS : A4 (297,210)-도면크기

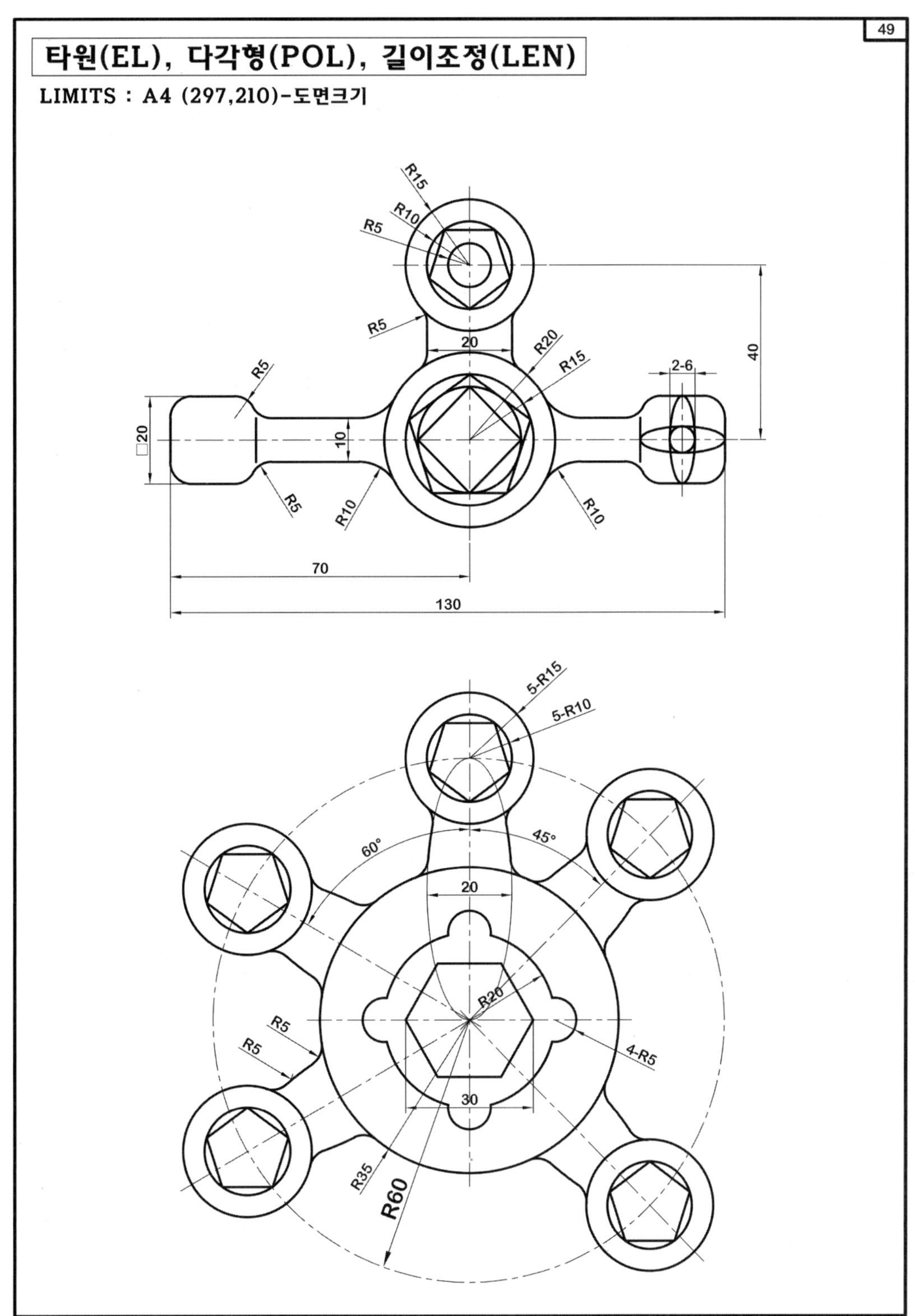

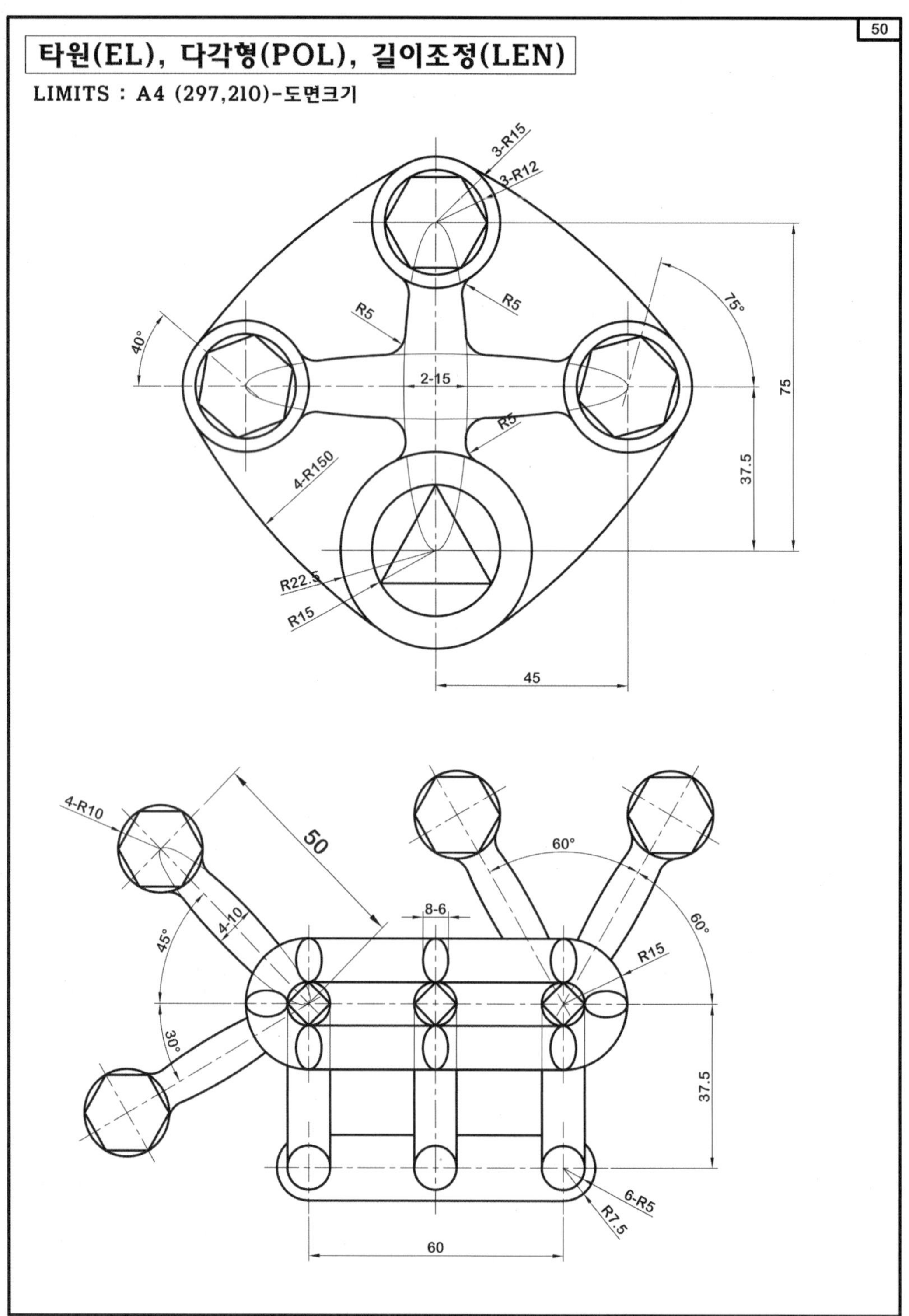
50
타원(EL), 다각형(POL), 길이조정(LEN)
LIMITS : A4 (297,210)-도면크기
3-R15
3-R12
R5
R5
R5
75°
40°
2-15
75
37.5
4-R150
R22.5
R15
45
4-R10
50
8-6
60°
4-10
45°
60°
R15
30°
37.5
6-R5
R7.5
60

균등분할 [DIVIDE | 단축키[DIV]

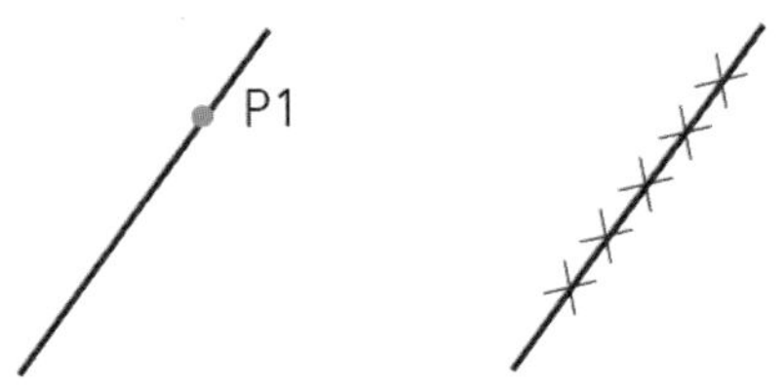

※ 점 스타일 변경. "ddptype"

명령: DIV DIVIDE [**균등분할**]
등분할 객체 선택: P1 선택 세그먼트의 수를 입력하거나 [블록(B)]: 6 (분할 수 입력)

선택한 선분이 총 6등분 되는 위치에 점을 생성한다. 점으로 생성되어 일반 선분에 위치하였을 때에는 확인하지 못하므로 임의로 선택을 하면 위치를 확인할 수 있다.

주의

DIVIDE 명령을 사용하기 전에 "점 스타일"을 변경한다.(DDPTYPE)

점 스타일 변경 [DDPTYPE]

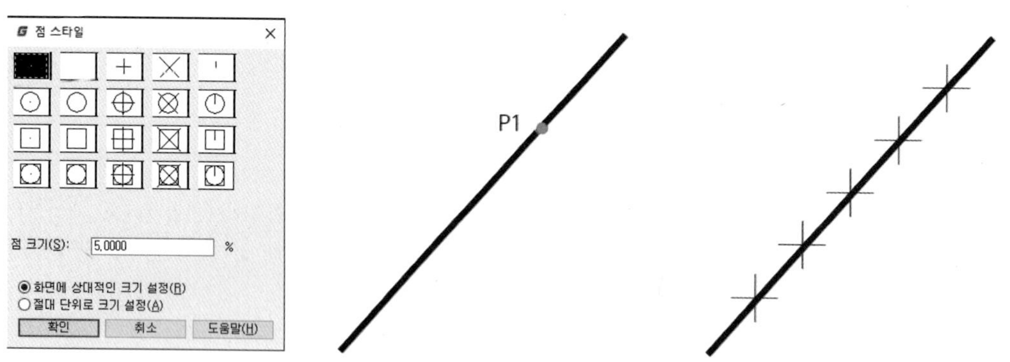

명령: ddptype [**포인트 모양 선택**]
모형 재생성 중

대화상자에서 원하는 포인트 스타일을 선택 후 확인을 선택한다. 우측에서 보는 그림처럼 포인트 모양이 변경되어 출력된다.

길이분할 [MEASURE] | 단축키 [ME]

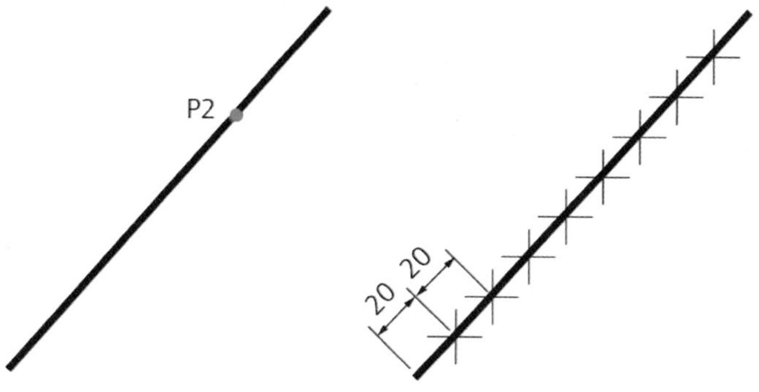

명령: MEASURE [**길이분할**]

길이분할 객체 선택: P1 선택
세그먼트 길이 지정 또는 [블록(B)]: 20 [길이 값 입력]

선분의 선택 포인트에서 근접한 끝점에서 거리=20 간격으로 포인트들이 생성된다. 생성된 포인트의 위치점을 잡기 위해서는 "Shift+마우스 오른쪽 버튼"을 선택하여 "NODE"를 선택하면 위치 점이 선택된다.

구성선 [XLINE | 단축키[XL]

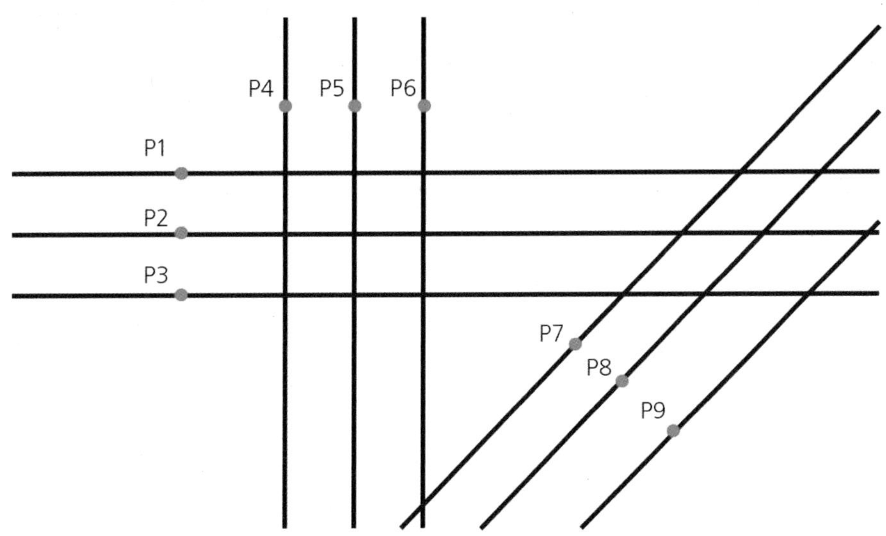

명령: XLINE

점을 지정 또는 [수평(H)/수직(V)/각도(A)/이등분(B)/간격띄우기(O)]: h[수평선택]
통과 점을 지정: "P1"선택
통과 점을 지정: "P2"선택
통과 점을 지정: "P3"선택
통과 점을 지정: 엔터

선택한 위치 점에 수평인 양방향 무한 선이 생성된다.

명령: XLINE

점을 지정 또는 [수평(H)/수직(V)/각도(A)/이등분(B)/간격띄우기(O)]: v[수직선택]
통과 점을 지정: "P4"선택
통과 점을 지정: "P5"선택
통과 점을 지정: "P6"선택
통과 점을 지정: 엔터

선택한 위치 점에 수직인 양방향 무한 선이 생성된다.

명령: XLINE

점을 지정 또는 [수평(H)/수직(V)/각도(A)/이등분(B)/간격띄우기(O)]: A[각도선택]
[참조(R)] 또는 X선(0)의 각도 입력: 45[각도입력]
통과점을 지정: P7 선택
통과점을 지정: P8 선택
통과점을 지정: P9 선택
통과 점을 지정: 엔터

선택한 위치 점에 45도 각도로 양방향 무한 선이 생성된다.

호 [ARC | 단축키[A]

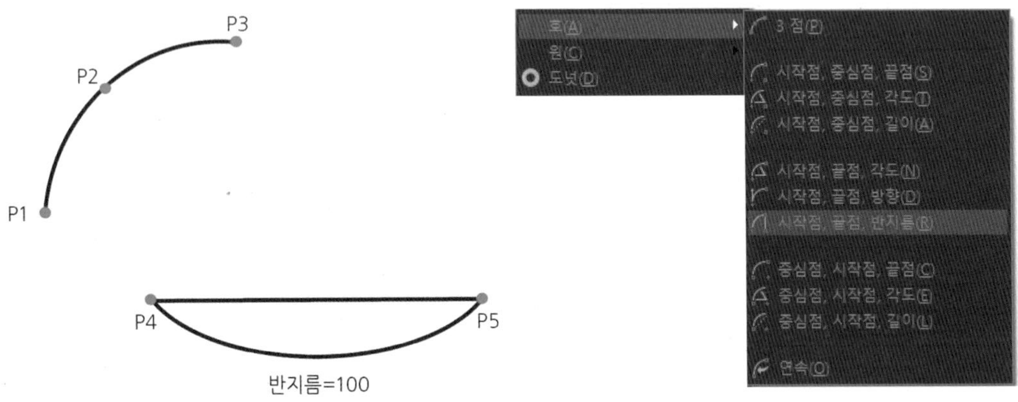

명령: a ARC

호의 시작점 또는 [중심(C)] 지정: P1 선택
호의 두번째 점을 지정하거나 [중심(C)/끝(E)]: P2 선택
호의 끝점 지정: P3 선택

명령: a ARC

호의 시작점 또는 [중심(C)] 지정: P4 선택
호의 두번째 점을 지정하거나 [중심(C)/끝(E)]: E (끝점선택)
호의 끝점 지정: P5 선택
원호 중심점 지정(Ctrl을 누른 채로 방향 전환) 또는 [각도/방향/반지름]: R (반지름 선택)
호 반지름을 지정한다(Ctrl을 누른 채로 방향 전환) : 100 (반지름 값 입력)

호의 옵션은 상당히 많은 편이다.

그러나 실전에 사용하는 명령어는 몇 가지로 한정되어 있다. 보편적으로 가장 많이 사용하는 "3점"이 있다. 그리고 "시작점, 끝점, 반지름"이 있다.

[TIP] 이 옵션은 호를 작성할 때 반지름이나 지름을 적용할 수 있는 유일한 하위 명령어이다.

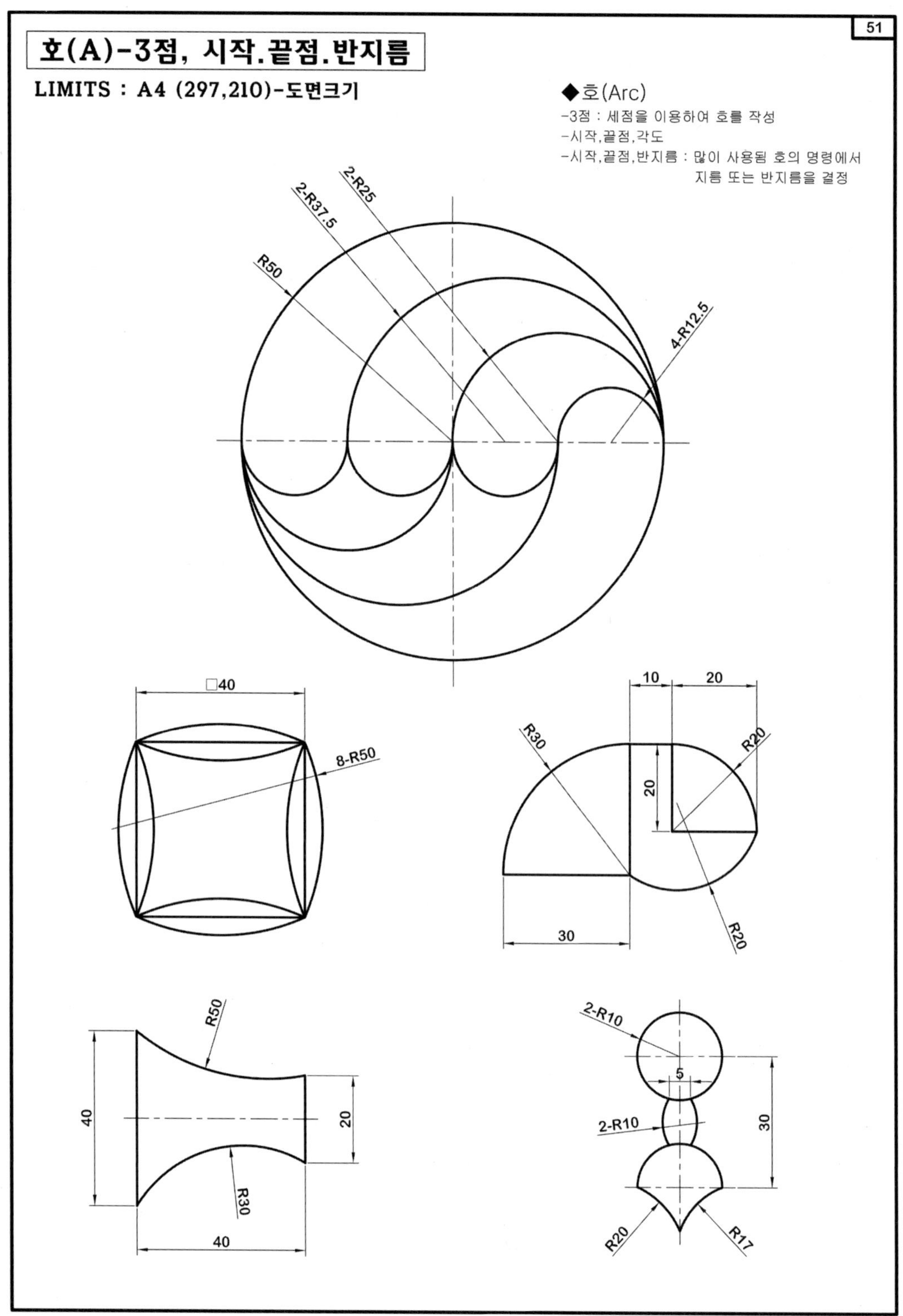
51
호(A)-3점, 시작.끝점.반지름
LIMITS : A4 (297,210)-도면크기
◆호(Arc)
-3점 : 세점을 이용하여 호를 작성
-시작,끝점,각도
-시작,끝점,반지름 : 많이 사용됨 호의 명령에서
지름 또는 반지름을 결정
2-R25
2-R37.5
R50
4-R12.5
□40
8-R50
10
20
R30
R20
20
30
R20
R50
40
20
R30
40
2-R10
5
2-R10
30
R20
R17

중간학습-1

LIMITS : A4 (297,210)-도면크기

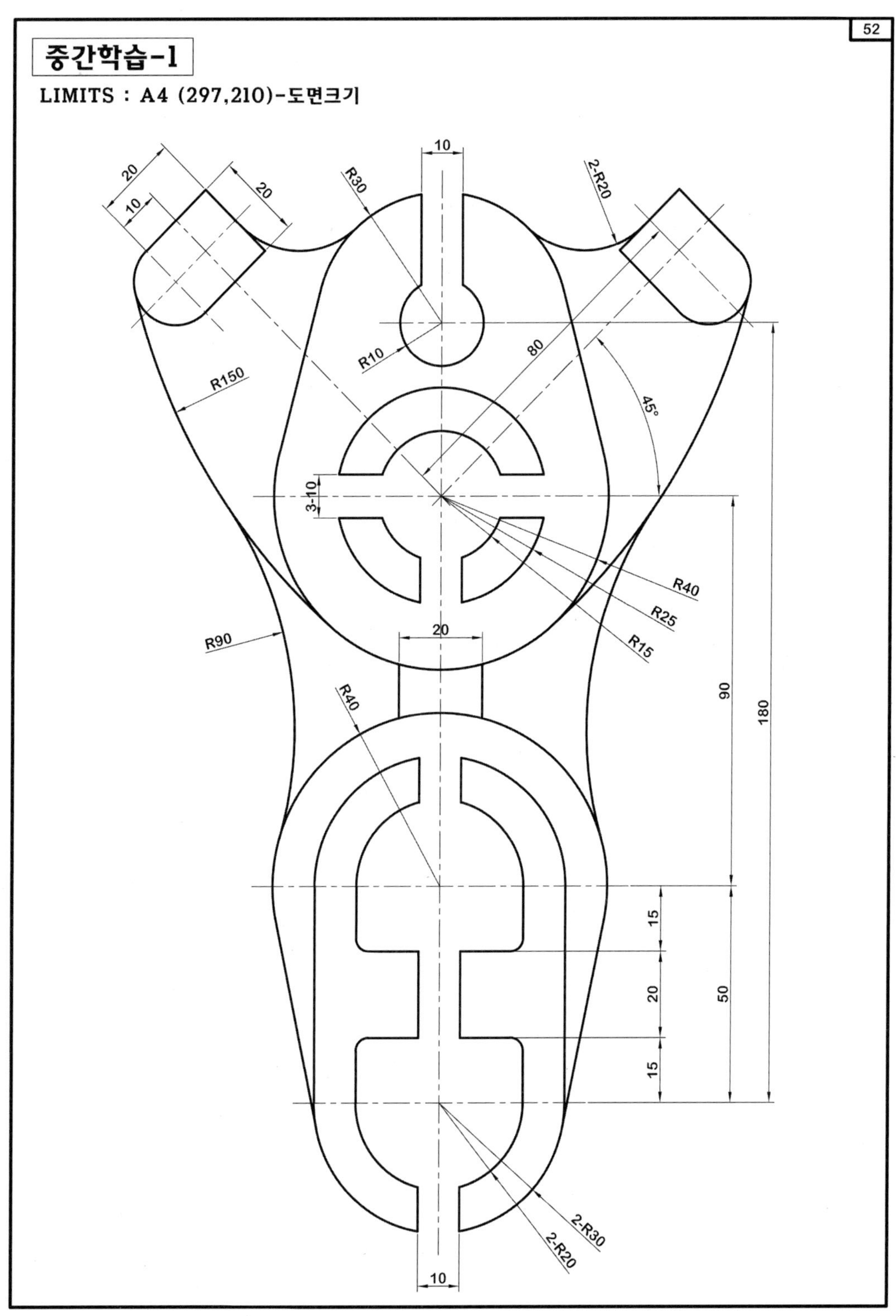

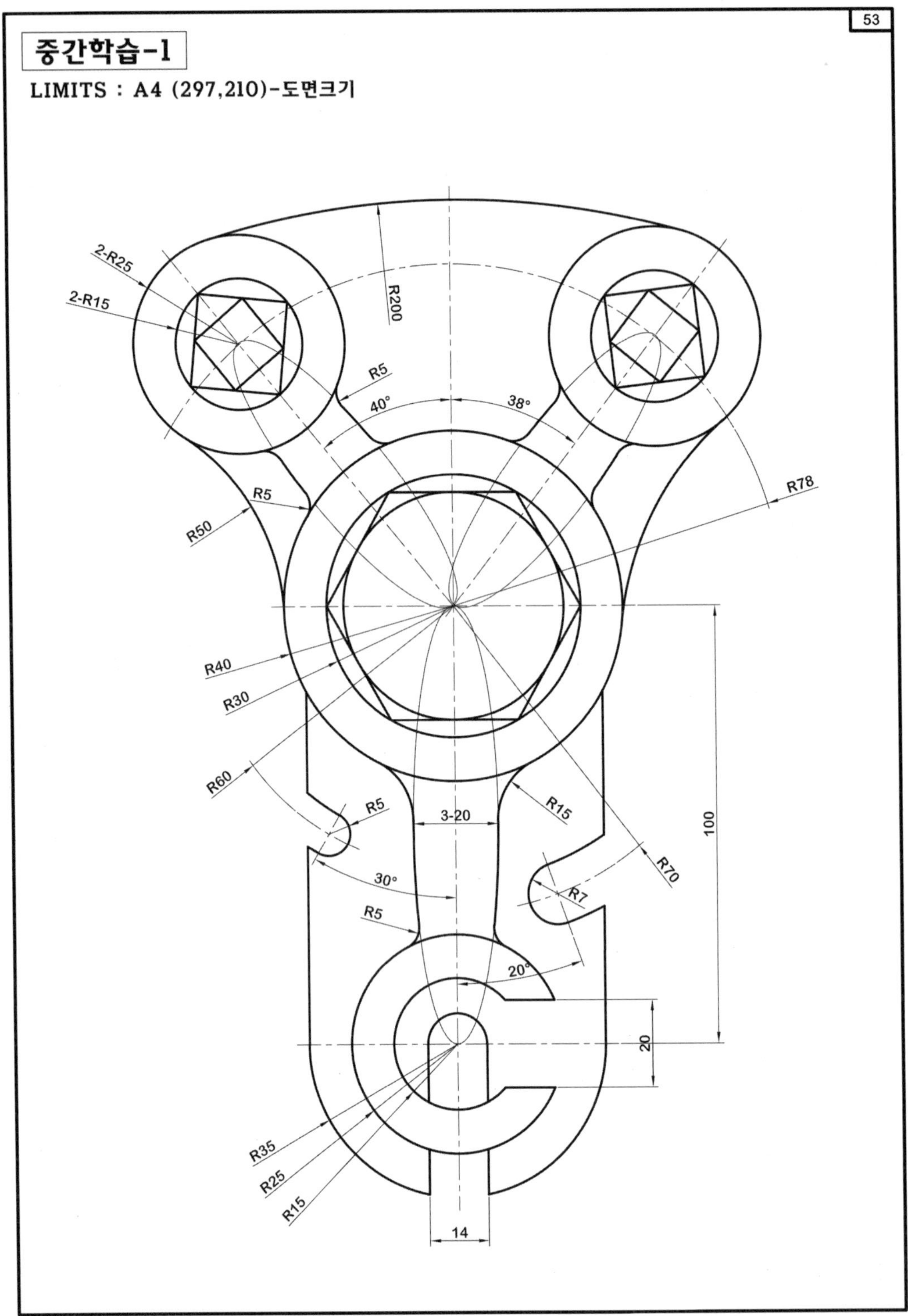
53
중간학습-1
LIMITS : A4 (297,210)-도면크기
2-R25
2-R15
R200
R5
40°
38°
R5
R50
R78
R40
R30
R60
R5
3-20
R15
100
R70
R7
30°
R5
20°
20
R35
R25
R15
14

배열복사 [ARRAY | 단축키[AR] / 원형배열복사, 사각배열복사

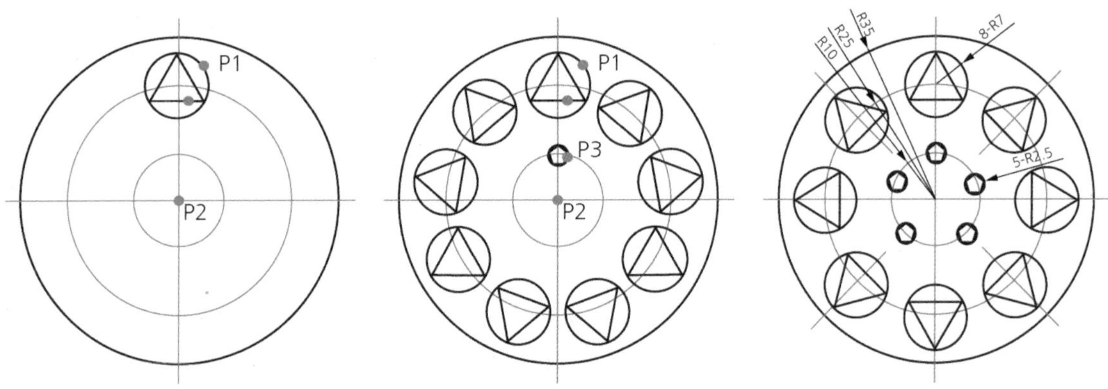

명령: – AR [ARRAY]
객체 선택: P1 선택 1개를 찾음
객체 선택: P1 선택 1개를 찾음, 2 전체
객체 선택: Enter
배열 유형을 입력하십시오 [직사각형(R)/경로(PA)/극 좌표(PO)] <직사각형>: PO (극 좌표)
유형 = 극 좌표 연관성 = 예
배열의 중심점을 지정한다 또는 [기준점(B)/회전 중심(A)]: P1 선택
배열을 편집하려면 그립을 선택한다. 또는 [연관(AS)/기준점(B)/항목(I)/각도(A)/채우기 각도(F)/행(ROW)/레벨(L)/항목 회전(ROT)/나가기(X)]<나가기(x)>: I (항목 수량 선택)
배열에 항목 수를 입력하십시오. 또는 [표현식(E)]<6>: 9 (수량입력)
배열을 편집하려면 그립을 선택한다. 또는 [연관(AS)/기준점(B)/항목(I)/각도(A)/채우기 각도(F)/행(ROW)/레벨(L)/항목 회전(ROT)/나가기(X)]<나가기(x)>: X

- 채우기 각도(F) : 복사수량의 회전 각도를 정한다. (90도를 선택할 경우 90도에 9개가 배치된다. / "+", "-" 값을 변경하여 회전 방향이 변경가능하다.

명령: – AR [ARRAY]

객체 선택: P3 선택 1개를 찾음
객체 선택: P3 선택 1개를 찾음, 2 전체
객체 선택: Enter
배열 유형은 입력하십시오 [직사각형(R)/경로(PA)/극 좌표(PO)] <직사각형>: PO(극 좌표)
유형 = 극 좌표 연관성 = 예
배열의 중심점을 지정한다 또는 [기준점(B)/회전 중심(A)]: P2 선택
배열을 편집하려면 그립을 선택한다. 또는 [연관(AS)/기준점(B)/항목(I)/각도(A)/채우기 각도(F)/행(ROW)/레벨(L)/항목 회전(ROT)/나가기(X)]<나가기(x)>: ROT (항복 회전)
배열 항목을 회전 하시겠습니까? [예(Y)/아니오(N)] <예>: N
배열을 편집하려면 그립을 선택한다. 또는 [연관(AS)/기준점(B)/항목(I)/각도(A)/채우기 각도(F)/행(ROW)/레벨(L)/항목 회전(ROT)/나가기(X)]<나가기(x)>: Enter

* 항목회전 Y : 중심을 기준으로 물체를 회전하면서 복사한다.
  N : 중심을 기준으로 물체를 일정한 방향으로 복사한다.

사각배열복사

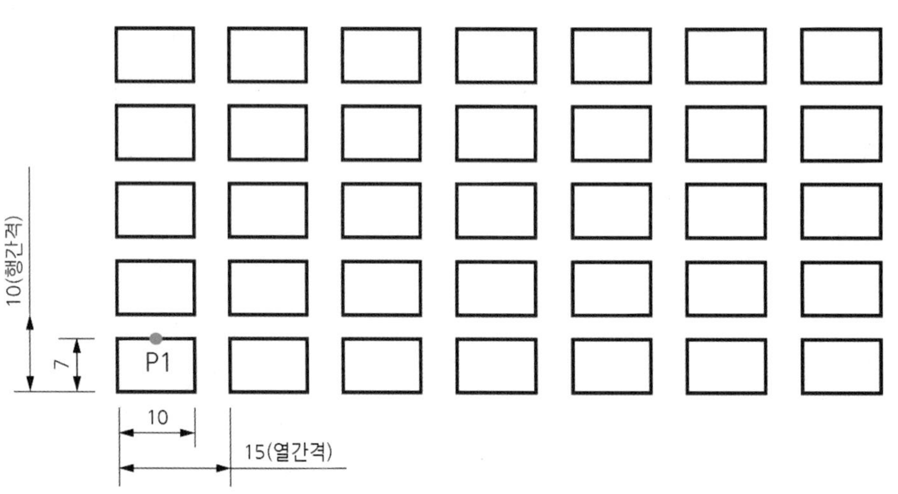

명령: – AR [ARRAY]

객체 선택: P1 선택 1개를 찾음
객체 선택: Enter
배열 유형을 입력하십시오 [직사각형(R)/경로(PA)/극 좌표(PO)] <극 좌표>: R (직사각형)
유형 = 직사각형 연관성 = 예
배열을 편집하기 위해 그립을 선택한다. 또한 [결합(AS)/기준점(B)/계산(COU)/간격(S)/열(COL)/행(R)/레벨(L)/나가기(X)]<나가기(X)>:
R (행) 선택
행 의 숫자를 입력하십시오. 또는 [표현식(E)]<3>: 5 (행 개수 입력)
행 사이의 거리를 지정하십시오. 또는 [합계(T)/표현식(E)]<10.5000>: 10 (행 간격입력)
행 사이에 증 분 높이를 지정하십시오. 또는 [표현식(E)]<0>: 0 (3차원 높이값 입력)

배열을 편집하기 위해 그립을 선택한다. 또한 [결합(AS)/기준점(B)/계산(COU)/간격(S)/열(COL)/행(R)/레벨(L)/나가기(X)]<나가기(X)>: COL (열) 선택
열 의 숫자를 입력하십시오. 또는 [표현식(E)]<4>: 7 (열 개수 입력)
열 사이의 거리를 지정하십시오. 또는 [합계(T)/표현식(E)]<15.0000>: 15 (열 간격 입력)
배열을 편집하기 위해 그립을 선택한다. 또한 [결합(AS)/기준점(B)/계산(COU)/간격(S)/열(COL)/행(R)/레벨(L)/나가기(X)]<나가기(X)>: Enter

참고

행 간격과 열 간격을 "- 마이너스" 값을 입력하게 된다면 반대 배열로 배치된다.

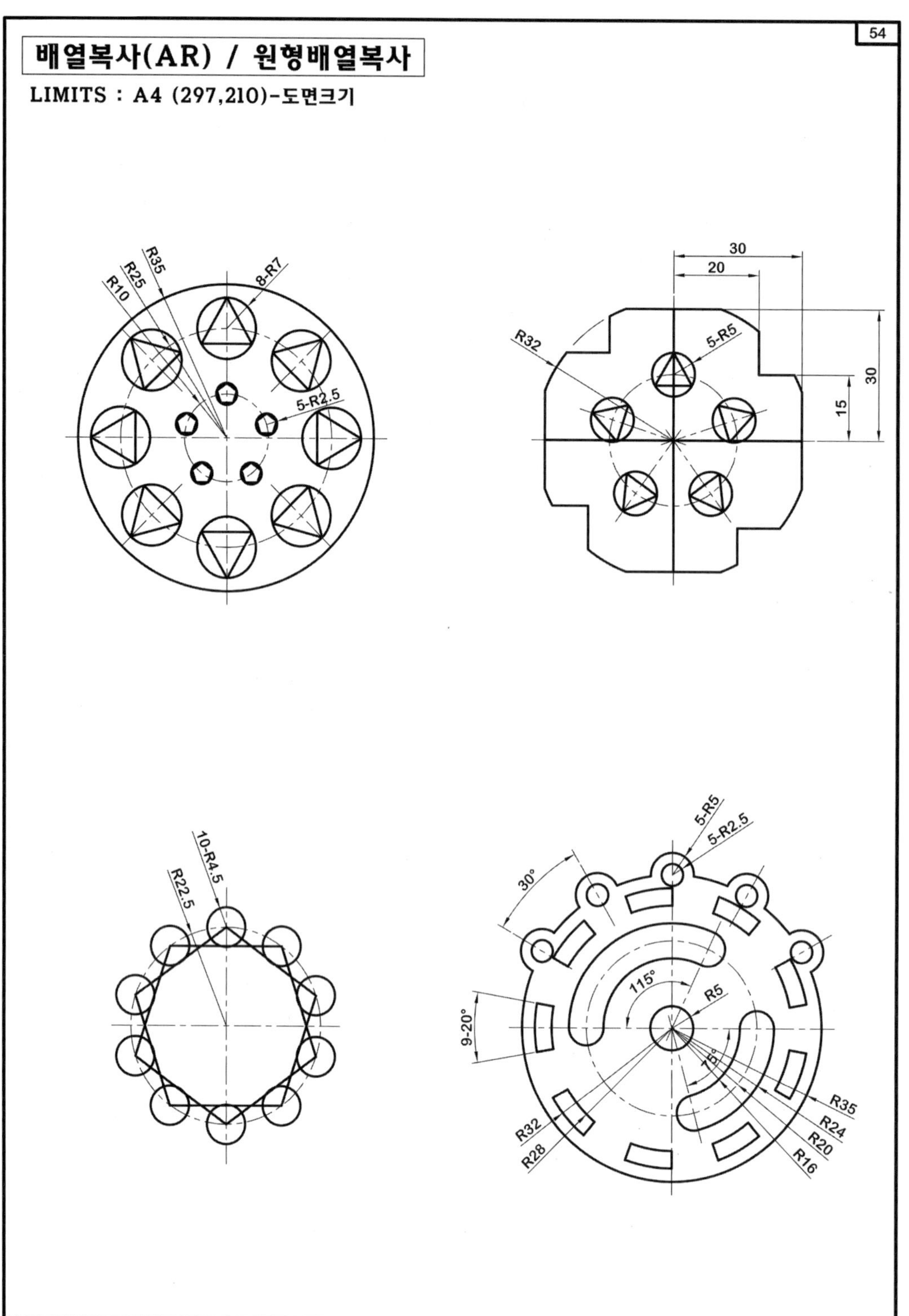
54
배열복사(AR) / 원형배열복사
LIMITS : A4 (297,210)-도면크기
R35
R25
R10
8-R7
5-R2.5
30
20
R32
5-R5
30
15
10-R4.5
R22.5
5-R5
5-R2.5
30°
115°
R5
9-20°
15°
R35
R24
R20
R16
R32
R28

55

배열복사(AR) / 원형배열복사

LIMITS : A4 (297,210)-도면크기

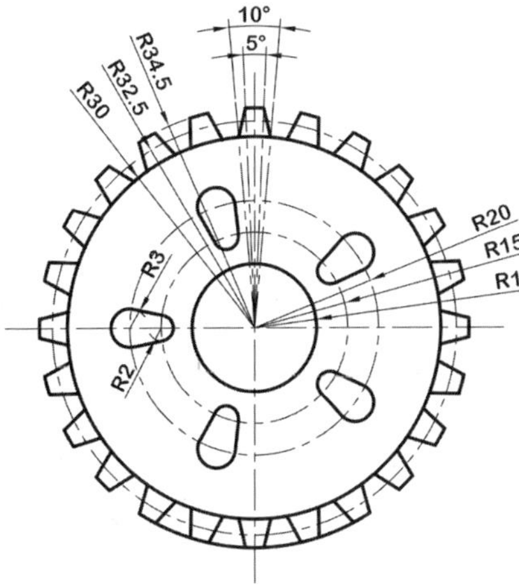

10°
5°
R34.5
R32.5
R30
R20
R15
R10
R3
R2

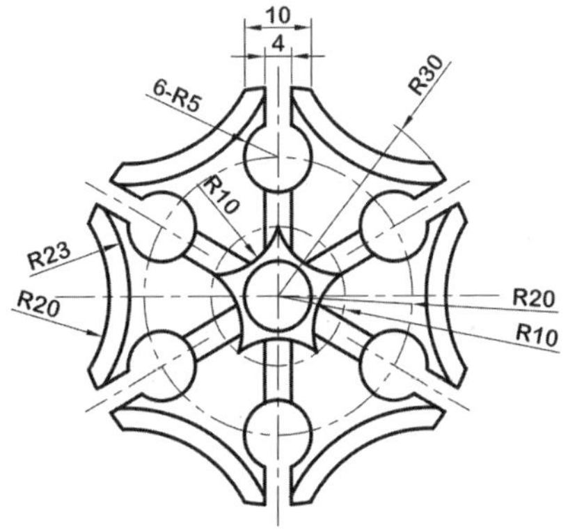

10
4
6-R5
R30
R10
R23
R20
R20
R10

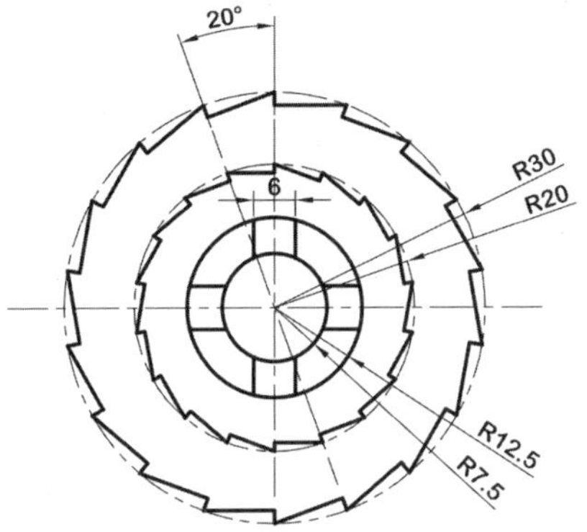

20°
6
R30
R20
R12.5
R7.5

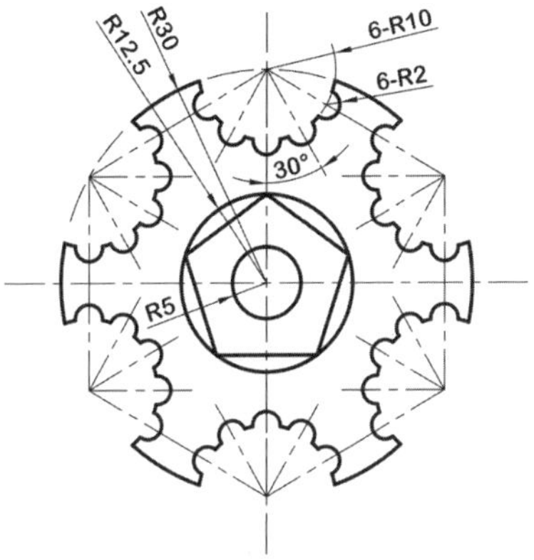

R12.5
R30
6-R10
6-R2
30°
R5

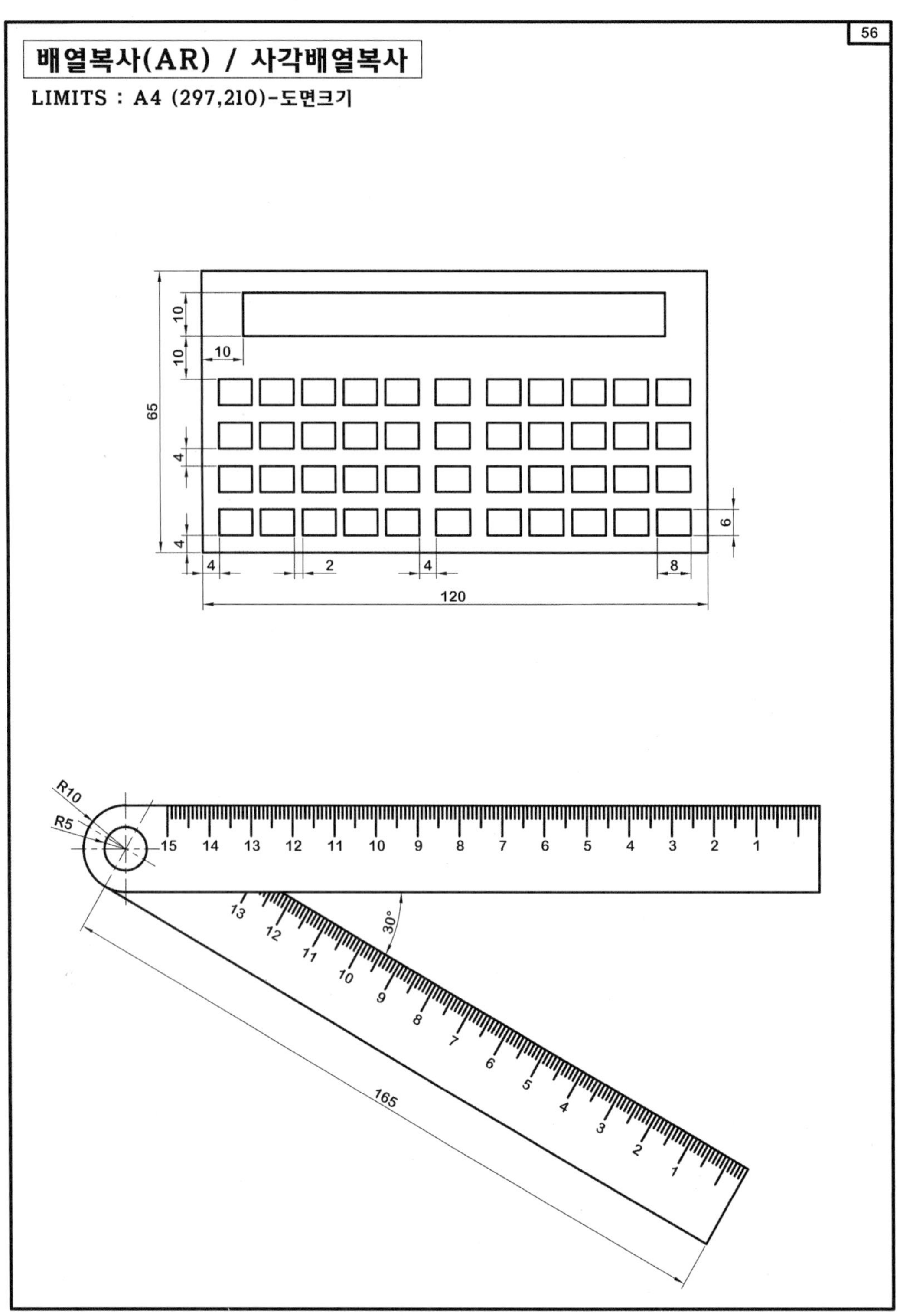
56
배열복사(AR) / 사각배열복사
LIMITS : A4 (297,210)-도면크기
10
10
10
65
4
4
4
2
4
8
6
120
R10
R5
15 14 13 12 11 10 9 8 7 6 5 4 3 2 1
13 12 11 10 9 8 7 6 5 4 3 2 1
30°
165

치수 스타일 편집기 [DIMSTYLE | 단축키[D]

치수를 입력하기 전 치수 유형을 변경하여야 한다.

한국제도규격 “KS”에서 정의하는 부분으로 동일하게 하여야 한다.

명령: D DIMSTYLE (**치수 스타일 선택**)

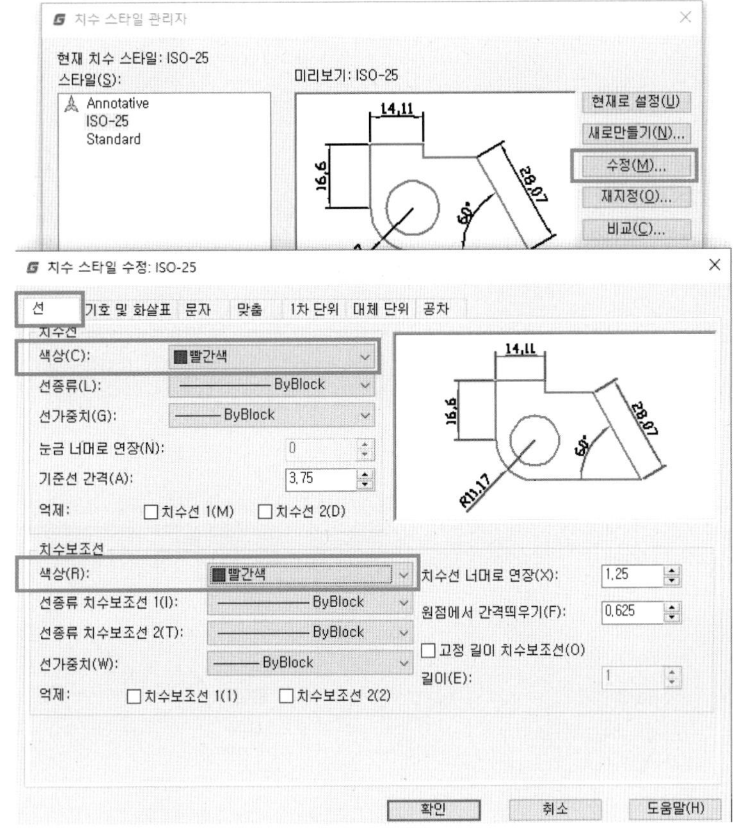

대화창에서 “수정”을 선택한다.

[선 탭]

치수의 색상에 빨간색을 선택한다.

치수보조선 색상에 빨간색을 선택한다.

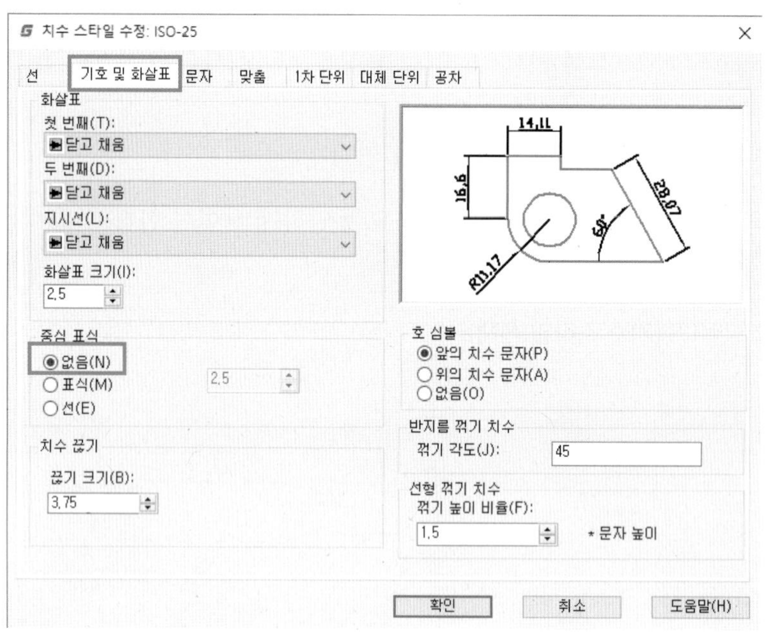

[기호 및 화살표 탭]

중심표식 : "없음" 선택

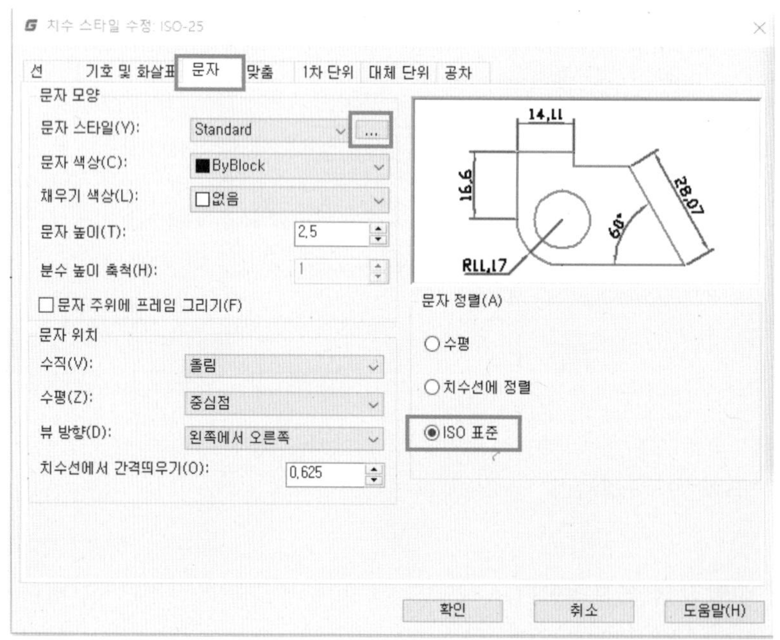

[문자 탭]

문자 스타일에서 "…"을 선택한다.

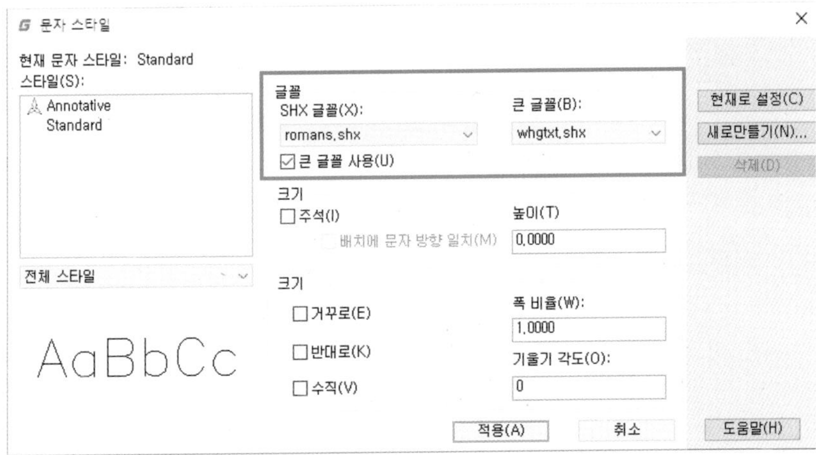

- 문자 스타일 대화창이 출력된다.
  글꼴에서 "Romans.Shx"을 선택하여 영문폰트를 결정한다.
  "큰 글꼴사용"을 체크한다.
- 큰 글꼴 대화창이 활성화 된다. "Whgtxt.Shx를 선택한다.
- 적용을 선택한다.
- (기능사 or 산업기사 실기에서 사용되는 유형의 폰트이다.)
  문자 색상은 "노란색"으로 변경한다.

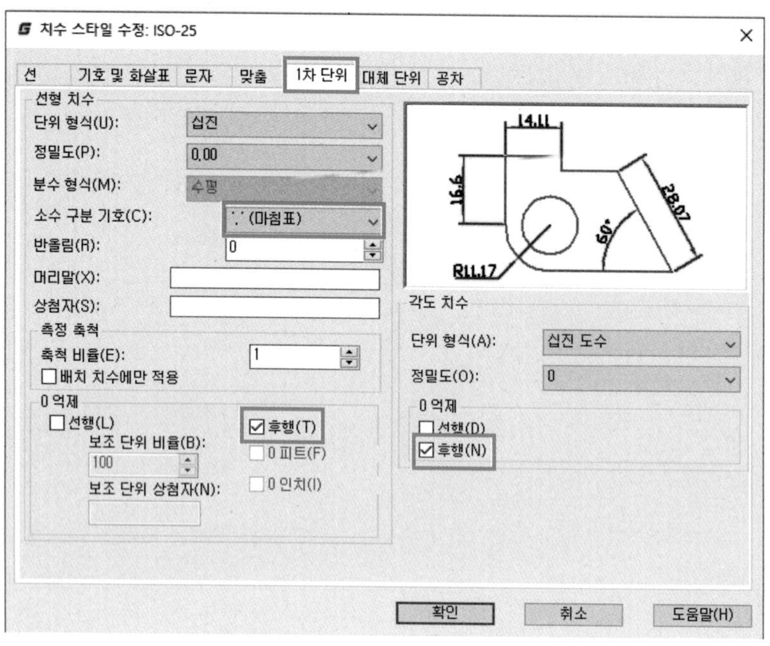

[1차 단위 탭]

소수 구분기호에서 "쉼표"를 "마침표"로 변경한다.

국내에서 사용되는 "쉼표"는 백분위 구분으로 정의되어 있다. 따라서 소수 구분기호는 "마침표"로 변경한다. 확인을 선택한다.

확인을 선택 후 치수 스타일 관리자 "닫기"를 선택한다.

스타일을 변경하게 된다면 앞으로 입력되는 치수는 스타일 유형에서 변경된 색상과 유형으로 치수가 입력되게 된다.

DIM [치수 | 아이콘 메뉴]

• GstarCAD 클래식 아이콘

• 2D 드래프팅 아이콘

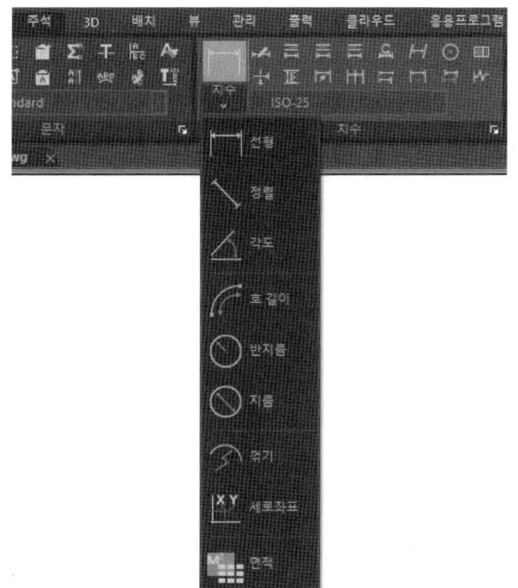

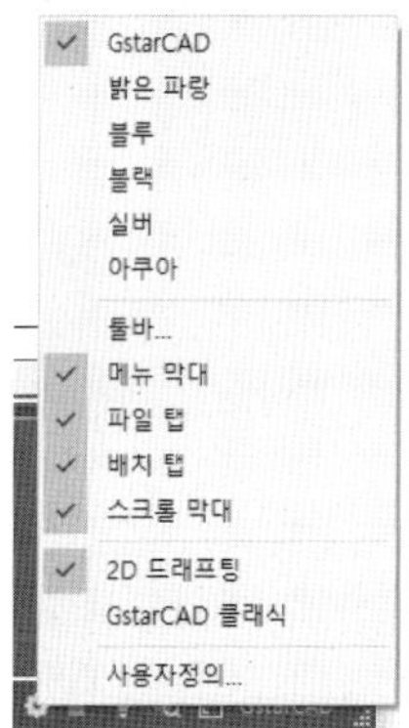

치수에서 "GstarCAD 클래식" 메뉴와 "2D 드래프팅" 메뉴의 변경은 GstarCAD 화면 우측 하단의 기어 모양의 아이콘을 선택하여 변경한다.

DIM [치수 | 선형 치수]

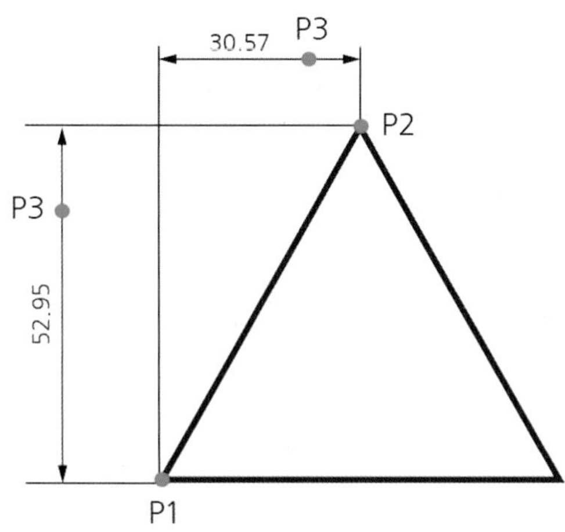

명령: _dimlinear [선형 치수]
첫 번째 치수보조선 원점 지정 또는 <객체 선택>: P1 선택 두 번째 치수보조선 원점 지정: P2 선택 치수선 위치를 지정하거나 [다중문자(M)/문자(T)/각도(A)/수평(H)/수직(V)/회전된(R)]:P3 선택 치수 문자 = 52.95

- 선택된 포인트 점을 기준으로 수직으로 마우스를 움직이면 "수평 치수"가 생성된다. 그러나 선택된 포인트 점을 기준으로 수평으로 마우스를 움직이면 "수직 치수"가 나타난다.

균등분할 [DIVIDE | 단축키[DIV]

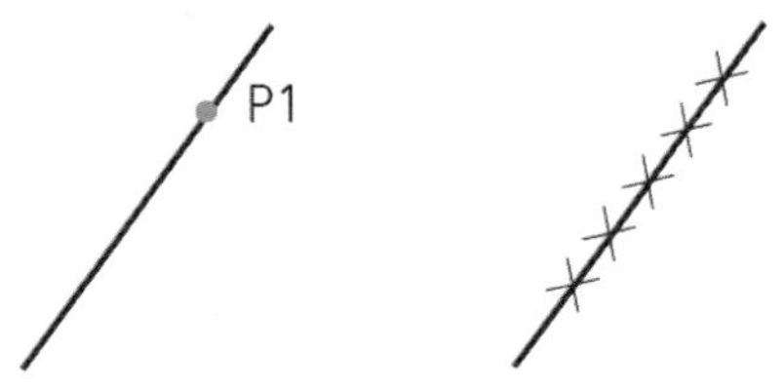

※ 점 스타일 변경. "ddptype"

명령: DIV DIVIDE [**균등분할**]

등분할 객체 선택: P1 선택
세그먼트의 수를 입력하거나 [블록(B)]: 6 (분할 수 입력)

선택한 선분이 총 6등분 되는 위치에 점을 생성한다. 점으로 생성되어 일반 선분에 위치하였을 때에는 확인하지 못하므로 임의로 선택을 하면 위치를 확인할 수 있다.

주의

DIVIDE 명령을 사용하기 전에 "점 스타일"을 변경한다.(DDPTYPE)

점 스타일 변경 [DDPTYPE]

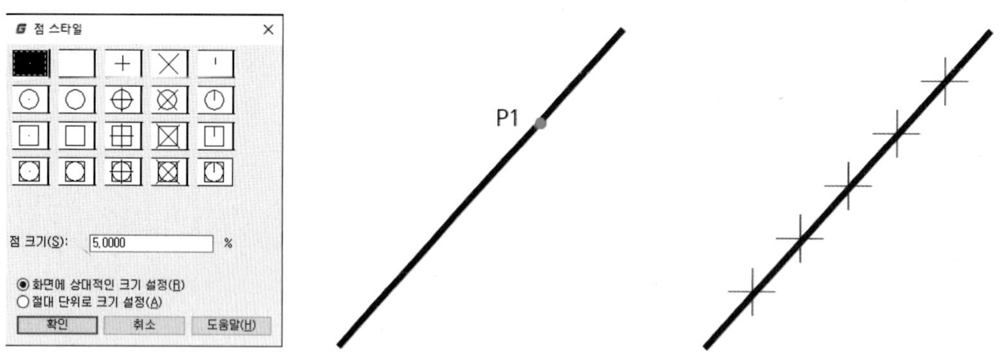

명령: ddptype [**포인트 모양 선택**]
모형 재생성 중

대화상자에서 원하는 포인트 스타일을 선택 후 확인을 선택한다. 우측에서 보는 그림처럼 포인트 모양이 변경되어 출력된다.

길이분할 [MEASURE] | 단축키 [ME]

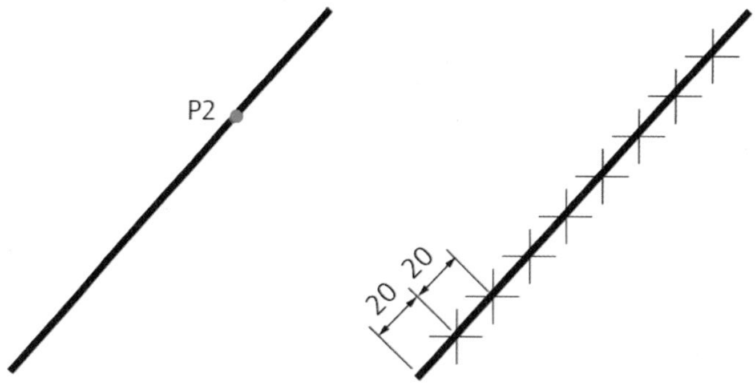

DIM [치수 | 정렬 치수]

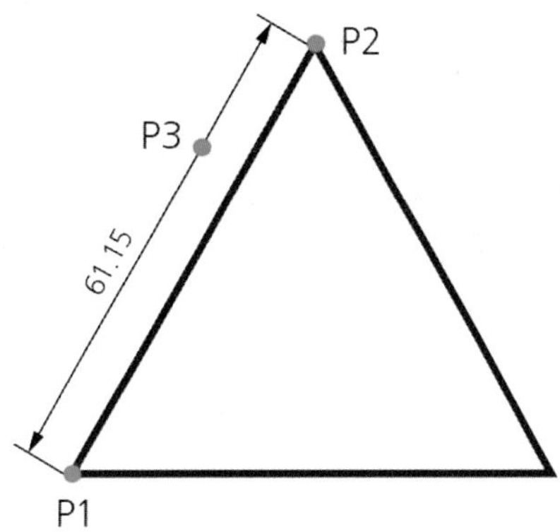

명령: _dimaligned [정령]

첫 번째 치수보조선 원점 지정 또는 <객체 선택>: P1 선택
두 번째 치수보조선 원점 지정: P2 선택
치수선 위치를 지정하거나 [다중선(M)/문자(T)/각도(A)]: P3 선택
치수 문자 = 61.15

- 수평과 수직이 아닌 치수를 입력할 때 사용한다.
- 치수는 절대로 “EXPLODE (분해)”해서는 안 된다.

DIM [치수 | 각도 치수]

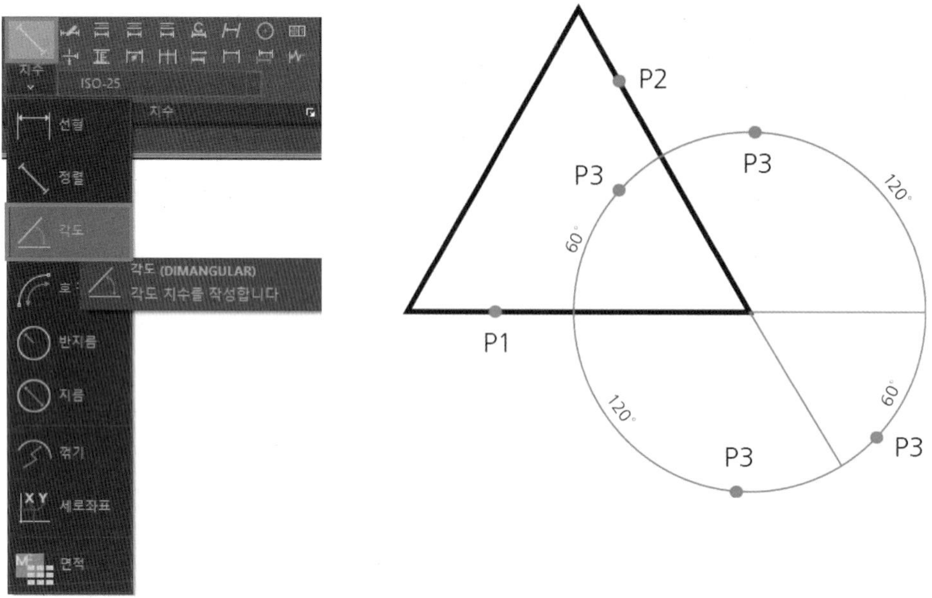

명령: _dimangular [각도]

호, 원, 선을 선택하거나 <정점 지정>: P1 선택
두 번째 선 선택: P2 선택
치수 호 선 위치를 지정하거나 [다중문자(M)/문자(T)/각도(A)/사분점(Q)]: P3 선택
치수 문자 = 60

• 선택한 2개 선분의 각도를 입력한다.

DIM [치수 | 호의 길이]

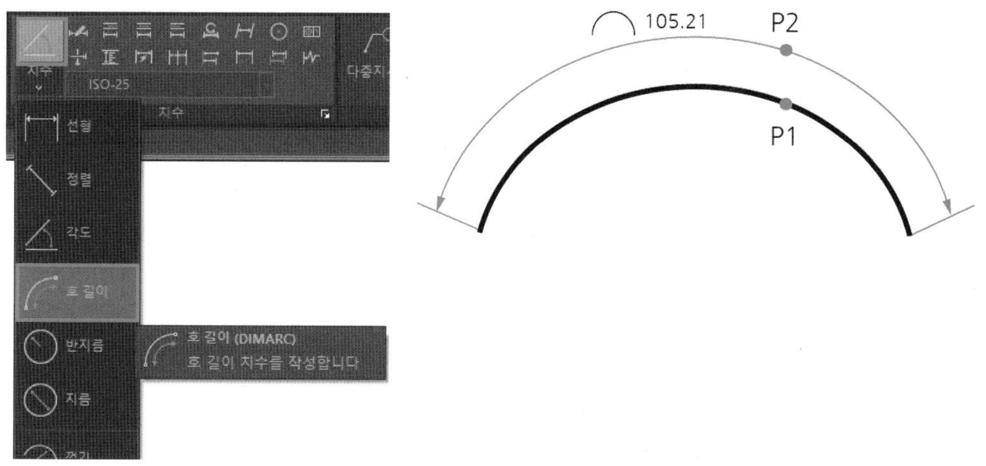

명령:_dimarc [호 길이]
호 또는 폴리선 호 세그먼트 선택: P1 선택 호 길이 치수 위치를 지정하거나 [다중문자(M)/문자(T)/각도(A)/일부(P)/지시선(L)]: P2 선택 치수 문자 = 105.21

• 선택한 호 둘레의 길이를 나타낸다.

DIM [치수 | 반지름 치수]

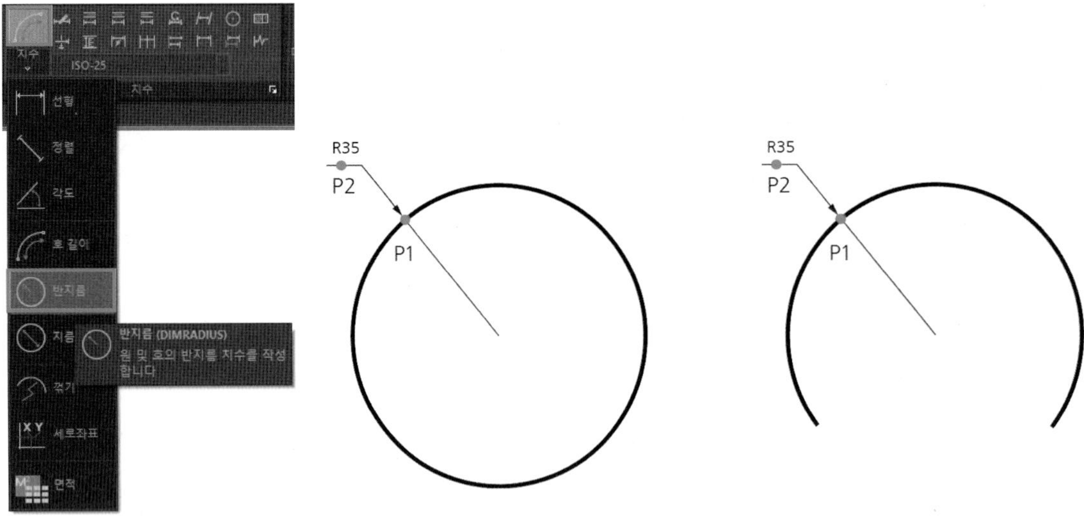

명령:_dimradius [반지름]
호 또는 원 선택: P1 선택 치수 문자 = 35 치수선 위치 지정하거나 [다중문자(M)/문자(T)/각도(A)] : P2 선택

- 선택한 원 or 호의 반지름을 나타낸다.

DIM [치수 | 지름 치수]

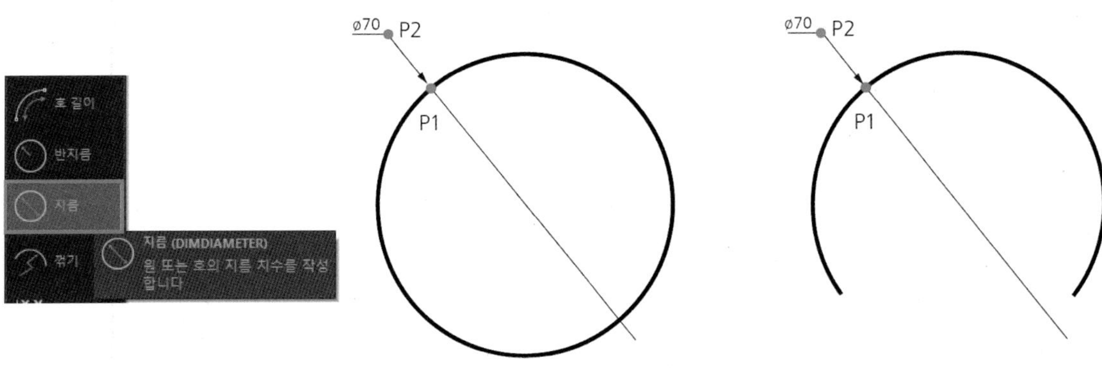

명령:_dimdiameter [지름]
호 또는 원 선택: P1 선택 치수 문자 = 70 치수선 위치 지정하거나 [다중문자(M)/문자(T)/각도(A)] : P2 선택

• 선택한 원 or 호의 지름 치수가 나타난다.

DIM [치수 | 꺾기 치수]

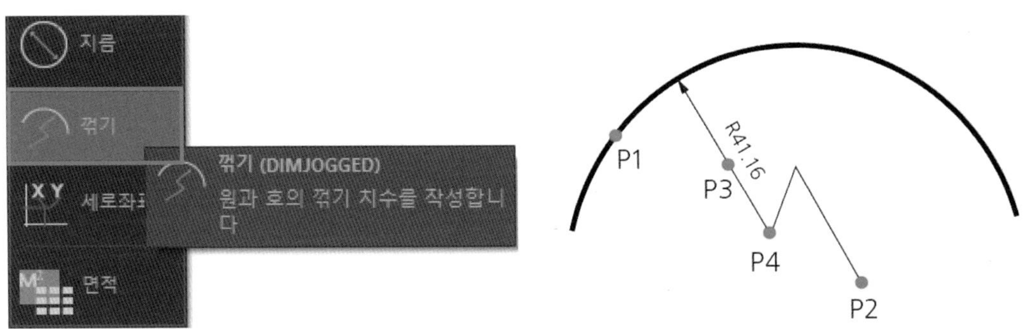

명령: _dimjogged [꺾기]
호 또는 원 선택: P1 선택
중심 위치 재지정 지정: P2 선택 (꺾기 치수의 중심이 되는 위치를 지정함)
치수 문자 = 41.16
치수선 위치 지정하거나 [다중문자(M)/문자(T)/각도(A)] : P3 선택 (치수가 위치를 지정함)
꺾기 위치 지정: P4 선택 (꺾이는 모서리 부분의 위치를 선택함)

- 선택한 호에 꺾기 치수가 선택됨 (꺾기 치수를 사용하는 경우는 호의 크기가 매우 크므로 도면상에서 표현되는 지름 또는 반지름 치수를 표현하기가 힘든 경우에 사용한다.

DIM [치수 | 기준 치수]

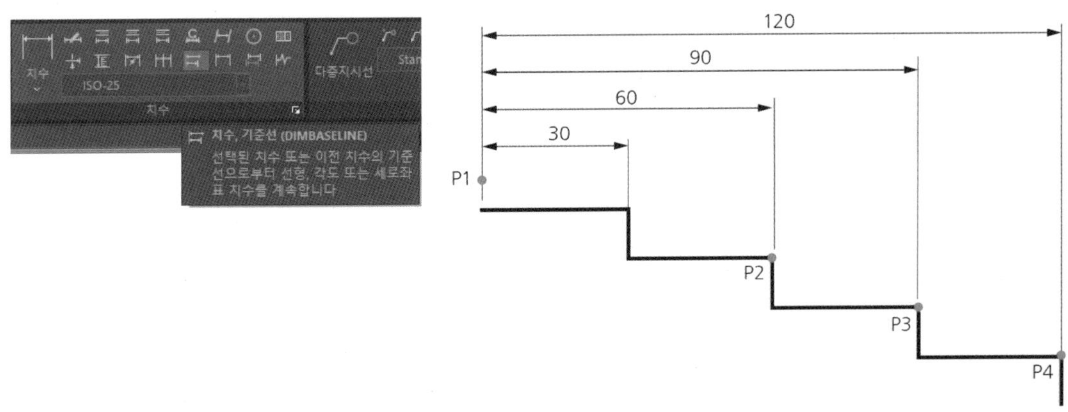

기준 치수를 입력하기 위해서는 우선적으로 수평 치수=30 또는 수직 치수를 입력하여야 한다.

명령: _dimbaseline [치수, 기준선]

기준 치수 선택: P1 선택
두 번째 치수보조선 원점을 지정하거나 [명령 취소(U)/선택(S)] <선택(S)>: P2 선택
치수 문자 = 60
두 번째 치수보조선 원점을 지정하거나 [명령 취소(U)/선택(S)] <선택(S)>: P3 선택
치수 문자 = 90
두 번째 치수보조선 원점을 지정하거나 [명령 취소(U)/선택(S)] <선택(S)>: P4 선택
치수 문자 = 120
두 번째 치수보조선 원점을 지정하거나 [명령 취소(U)/선택(S)] <선택(S)>: Enter

DIM [치수 | 연속 치수]

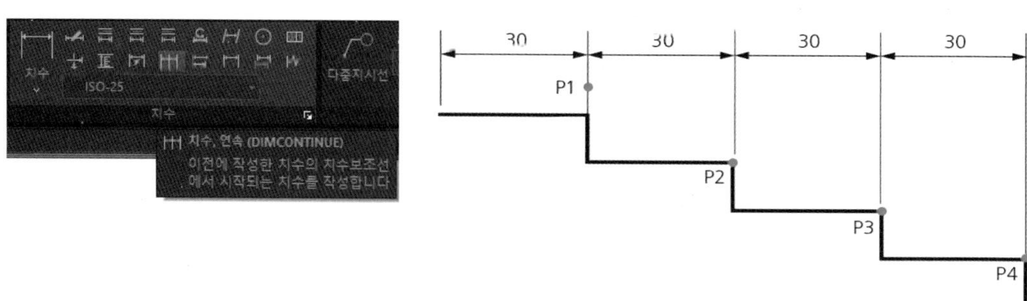

명령: _dimcontinue [치수, 연속]

연속된 치수 선택: P1 선택 (연속될 치수의 보조선을 선택한다.)
두 번째 치수보조선 원점을 지정하거나 [명령 취소(U)/선택(S)] <선택(S)>: P2 선택
치수 문자 = 30
두 번째 치수보조선 원점을 지정하거나 [명령 취소(U)/선택(S)] <선택(S)>: P3 선택
치수 문자 = 30
두 번째 치수보조선 원점을 지정하거나 [명령 취소(U)/선택(S)] <선택(S)>: P4 선택
치수 문자 = 30
두 번째 치수보조선 원점을 지정하거나 [명령 취소(U)/선택(S)] <선택(S)>: Enter

- 연속되는 치수의 보조선이 연속 치수의 출발 치수가 된다.
  일반적으로는 선형 치수로 입력한다. 연속 치수를 사용하기 위해서는 사용자가 연속 치수를 사용한다는 것을 미리 인지해 둔 상태에서 치수를 입력한다.

DIM [치수 | 치수 간격 주기]

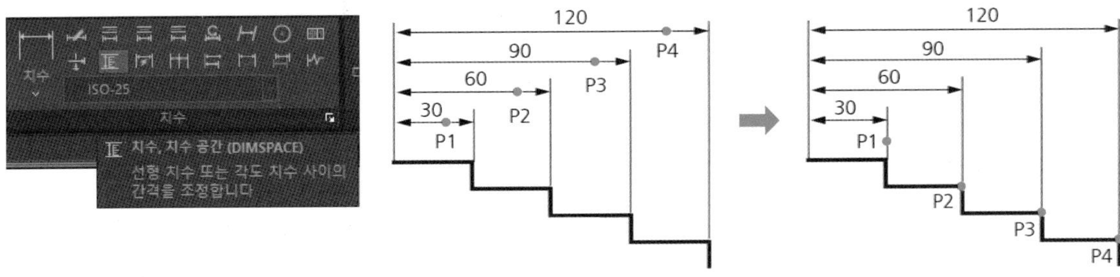

명령:_DIMSPACE [치수, 치수공간]
기준 치수 선택: P1 선택 간격을 둘 치수 선택: 1개를 찾음 P2 선택 간격을 둘 치수 선택: 1개를 찾음, 2 전체 P3 선택 간격을 둘 치수 선택: 1개를 찾음, 3 전체 P4 선택 간격을 둘 치수 선택: 엔터 값을 입력하거나 [자동(A)] <자동(A)>: 10 (치수선과 치수선의 간격 입력)

- 일반적인 선형 치수로 치수를 입력하면 치수와 치수 사이의 간격이 일정하지 않다(위 그림). 따라서 치수와 치수의 간격을 일정하게 배치하는 것이 도면의 가치를 높여 준다. 즉 "치수 간격" 명령을 이용하여 치수와 치수의 간격을 일정하게 배치하는 것이 좋은 작도법이다.

DIM [치수 | 끊기 치수]

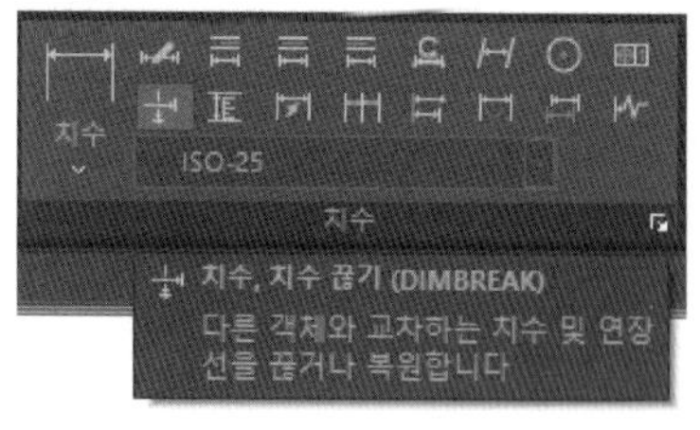

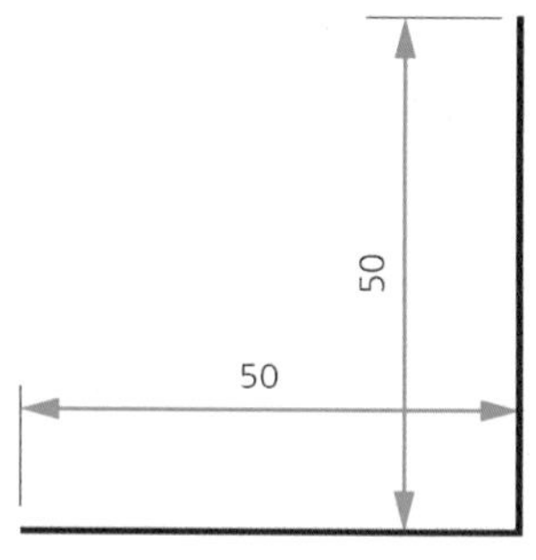

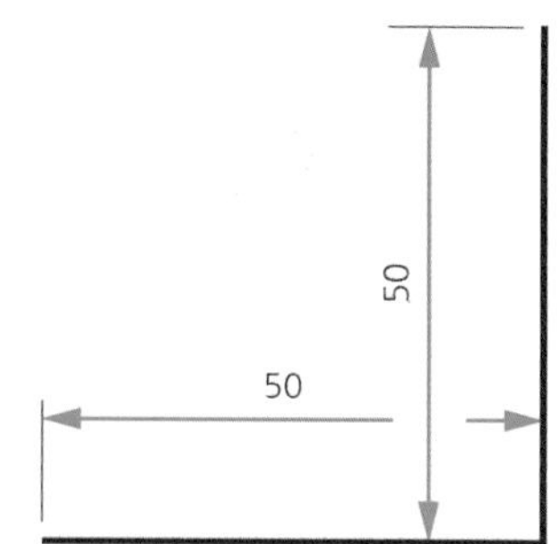

명령: _DIMBREAK [**치수, 치수 끊기**]
추가/삭제/중단 할 치수를 선택하거나 [다중(M)]: P1 선택 [끊을 치수 선택] 치수를 끊을 객체를 선택하거나 [자동(A)/수동(M)/제거(R)] <자동(A)>: P2 선택 치수를 끊을 객체 선택: Enter 1개의 객체 수정됨

- 치수선과 치수선이 서로 교차 시에 사용한다.
- 오른쪽 그림에서 보듯이 끊어진 치수는 세로 치수보다 뒤편에 존재하는 치수인 경우에 표현되는 방식이다. 치수선이 서로 교차할 때에도 사용되지만 뒤쪽에 있는 치수를 표현할 때도 오른쪽 그림과 같이 표현한다.

DIM [치수 | 치수 수정]

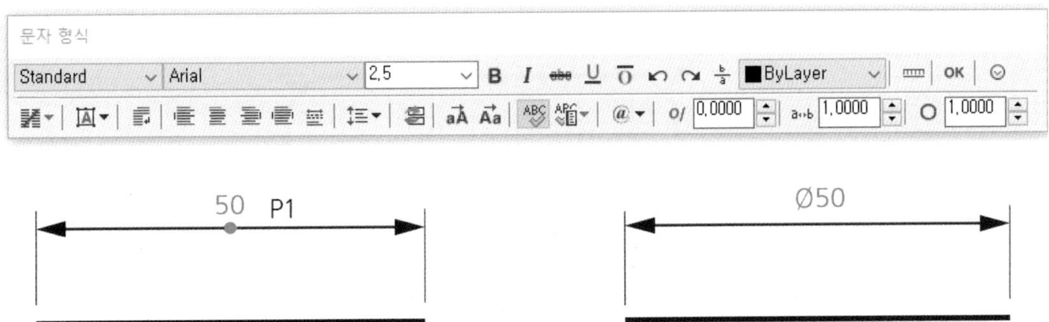

[치수 수정]

- 치수 수정은 치수에 마우스 커서를 위치한 다음 더블 클릭하여 수정하거나 또는 문자 편집 명령어인 "ED" 명령어를 사용하여 편집하게 된다.
  편집 방법은 문자를 사용하는 방법과 동일하게 한다.

[TIP] 기존 치수 문자를 변경하는 방법에서도 사용되지만 치수를 강제로 변경하기 위해서도 많이 사용되는 방법이다.

사용자는 몇몇 특수기호 작성을 꼭 알아준다.

%%C = ∅(지름 표기)
%%P = ±(플러스마이너스 표기)
%%D = °(각도의 도 표기)

앞에서 언급한 세 개의 표기법은 반드시 알아둔다.

치수 명령어의 모두를 설명하지는 않았지만, 일반적으로 사용되는 치수 명령어는 여기서 설명한 부분만 정확히 숙지해도 도면상 치수 입력에 문제가 되지 않는다.

DIM [치수 | LEADER 치수]

명령: LEADER

지시선 시작점 지정: P1 선택
다음 점 지정: P2 선택
다음 점 지정 또는 [주석(A)/형식(F)/명령 취소(U)] <주석(A)>: Enter
주석 문자의 첫 번째 행 입력 또는 <옵션>: C5 (값 입력)
주석 문자의 다음 행을 입력: Enter

여러 줄 문자 [MTEXT | 단축키[T]

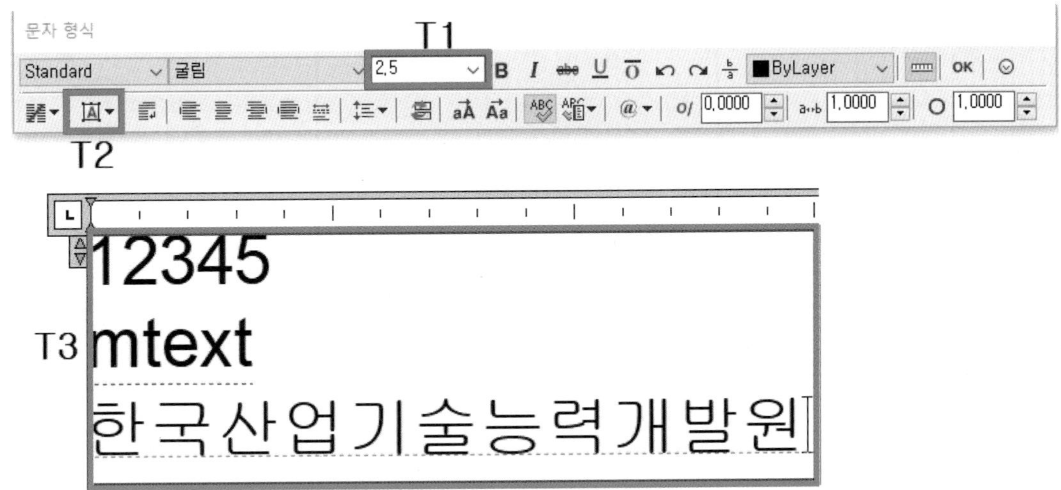

명령: T [MTEXT]
현재 문자 스타일: "Standard" 문자 높이: 2.5 주석: 아니오 첫 번째 구석점 지정 또는 : 임의의 좌측상단 점 선택 반대 코너를 지정하거나 [높이(H)/자리맞추기(J)/선간격(L)/회전(R)/스타일(S)/폭(W)/칼럼(C)]: 임의의 우측하단 점 선택

- 임의의 두 위치점을 선택하게 된다면 아래쪽의 "T3" 박스가 생성된다.
- 사용자는 생성된 박스에 원하는 글자를 입력한다. 숫자, 영문, 한글 모두가 가능하다.
- "T2"의 문자 정렬위치를 정의할 수 있으며, "T1"를 이용하여 선택된 문자 크기도 변경이 가능하다.

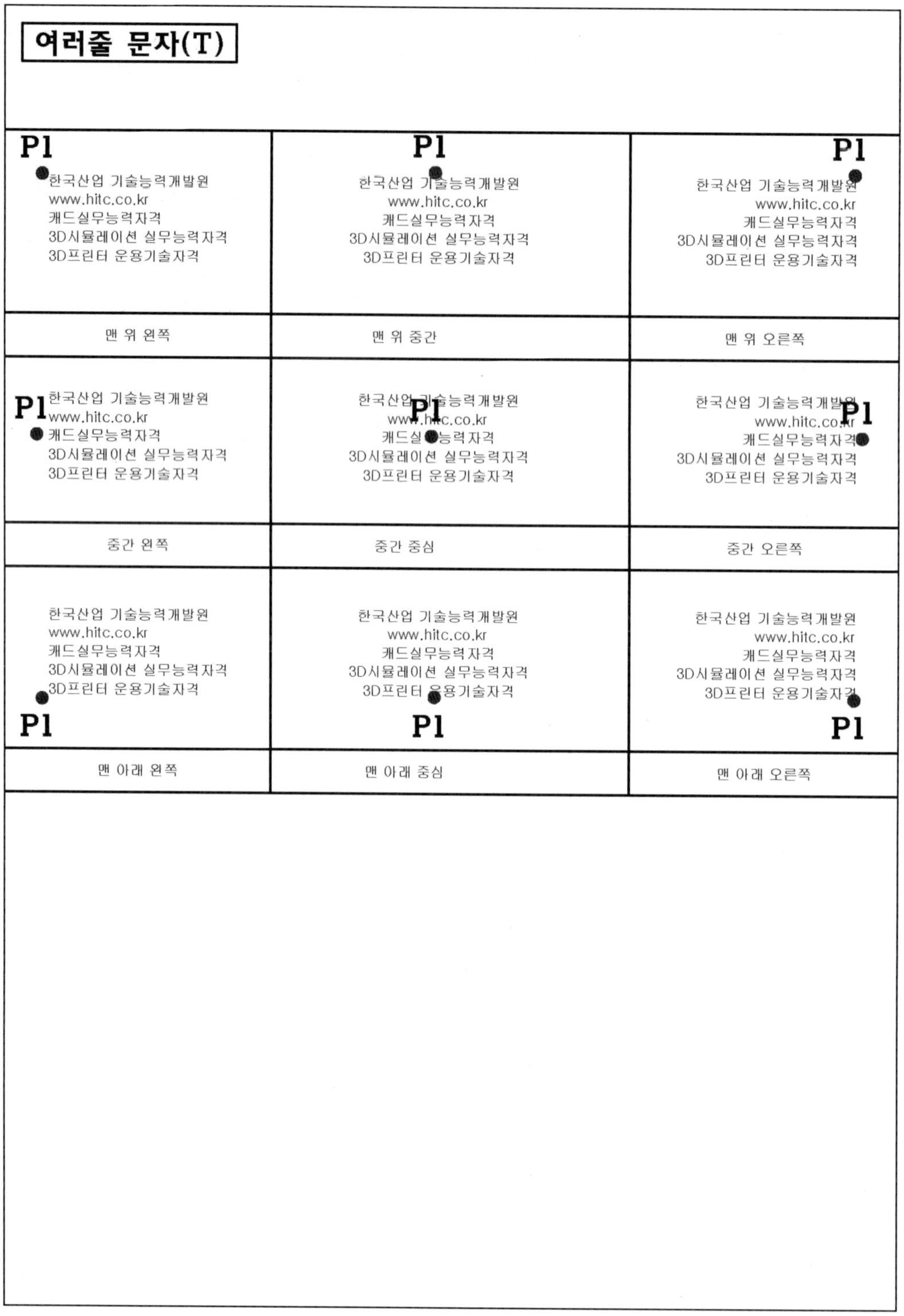

여러줄 문자(T)

P1 한국산업 기술능력개발원 www.hitc.co.kr 캐드실무능력자격 3D시뮬레이션 실무능력자격 3D프린터 운용기술자격	P1 한국산업 기술능력개발원 www.hitc.co.kr 캐드실무능력자격 3D시뮬레이션 실무능력자격 3D프린터 운용기술자격	P1 한국산업 기술능력개발원 www.hitc.co.kr 캐드실무능력자격 3D시뮬레이션 실무능력자격 3D프린터 운용기술자격
맨 위 왼쪽	맨 위 중간	맨 위 오른쪽
P1 한국산업 기술능력개발원 www.hitc.co.kr 캐드실무능력자격 3D시뮬레이션 실무능력자격 3D프린터 운용기술자격	한국산업 기술능력개발원 P1 www.hitc.co.kr 캐드실무능력자격 3D시뮬레이션 실무능력자격 3D프린터 운용기술자격	한국산업 기술능력개발원 www.hitc.co.kr P1 캐드실무능력자격 3D시뮬레이션 실무능력자격 3D프린터 운용기술자격
중간 왼쪽	중간 중심	중간 오른쪽
한국산업 기술능력개발원 www.hitc.co.kr 캐드실무능력자격 3D시뮬레이션 실무능력자격 3D프린터 운용기술자격 P1	한국산업 기술능력개발원 www.hitc.co.kr 캐드실무능력자격 3D시뮬레이션 실무능력자격 3D프린터 운용기술자격 P1	한국산업 기술능력개발원 www.hitc.co.kr 캐드실무능력자격 3D시뮬레이션 실무능력자격 3D프린터 운용기술자격 P1
맨 아래 왼쪽	맨 아래 중심	맨 아래 오른쪽

문자수정 [DDEDIT | 단축키[ED]

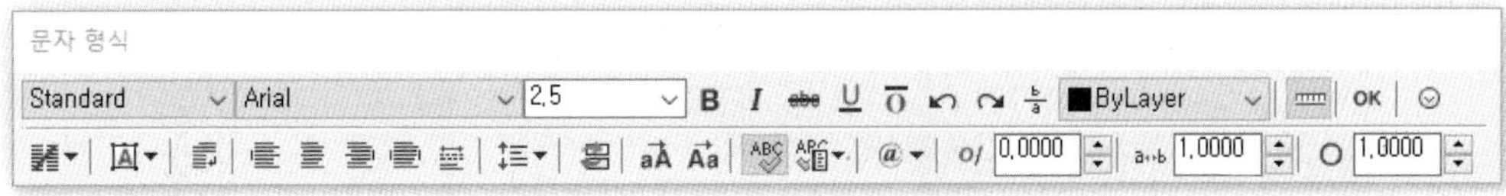

12345
MTEXT
한국산업기술능력개발원

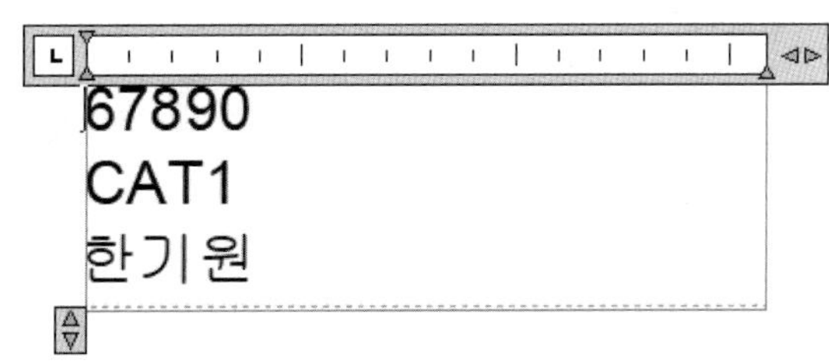

명령: ED [DDEDIT]
주석 객체 선택 또는 [명령 취소(U)] : 작성된 문자선택

- 문자를 선택하게 된다면 우측에서와 같이 대화상자가 출력된다. 여기에서 문자를 수정하거나 또는 추가하면 된다. 수정 끝나면 "확인"버튼을 선택하여 수정을 완료한다.
  주석 객체 선택 또는 [명령 취소(U)]: 엔터

- 마우스 커서를 작성된 문자에 위치하고 "더블클릭"을 하여도 수정명령이 실행된다.

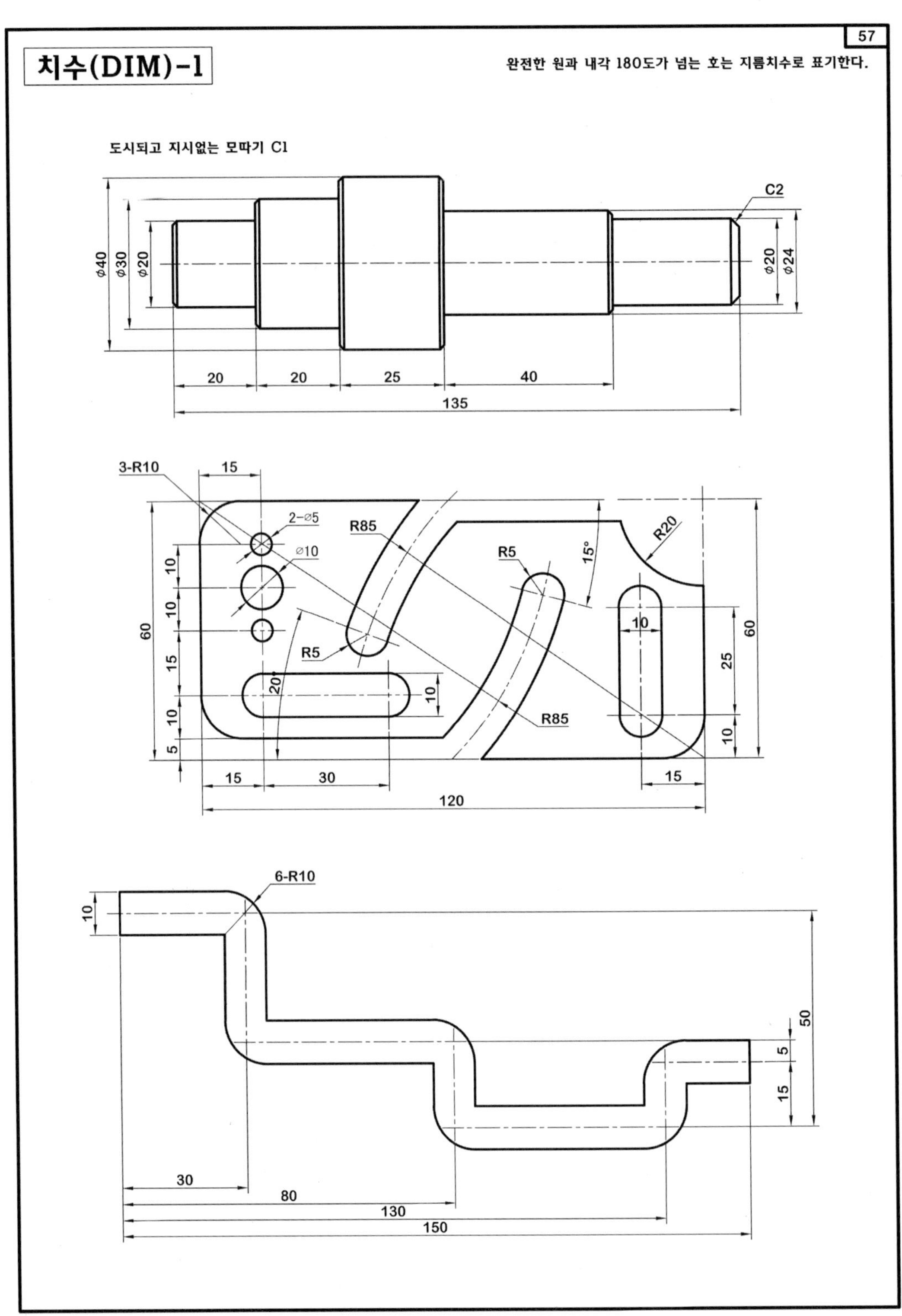
57
치수(DIM)-1
완전한 원과 내각 180도가 넘는 호는 지름치수로 표기한다.
도시되고 지시없는 모따기 C1
C2
ϕ40
ϕ30
ϕ20
ϕ20
ϕ24
20
20
25
40
135
3-R10
15
2-ϕ5
ϕ10
R85
R5
15°
R20
10
10
60
15
10
5
R5
20°
10
10
25
60
R85
10
15
30
15
120
6-R10
10
50
5
15
30
80
130
150

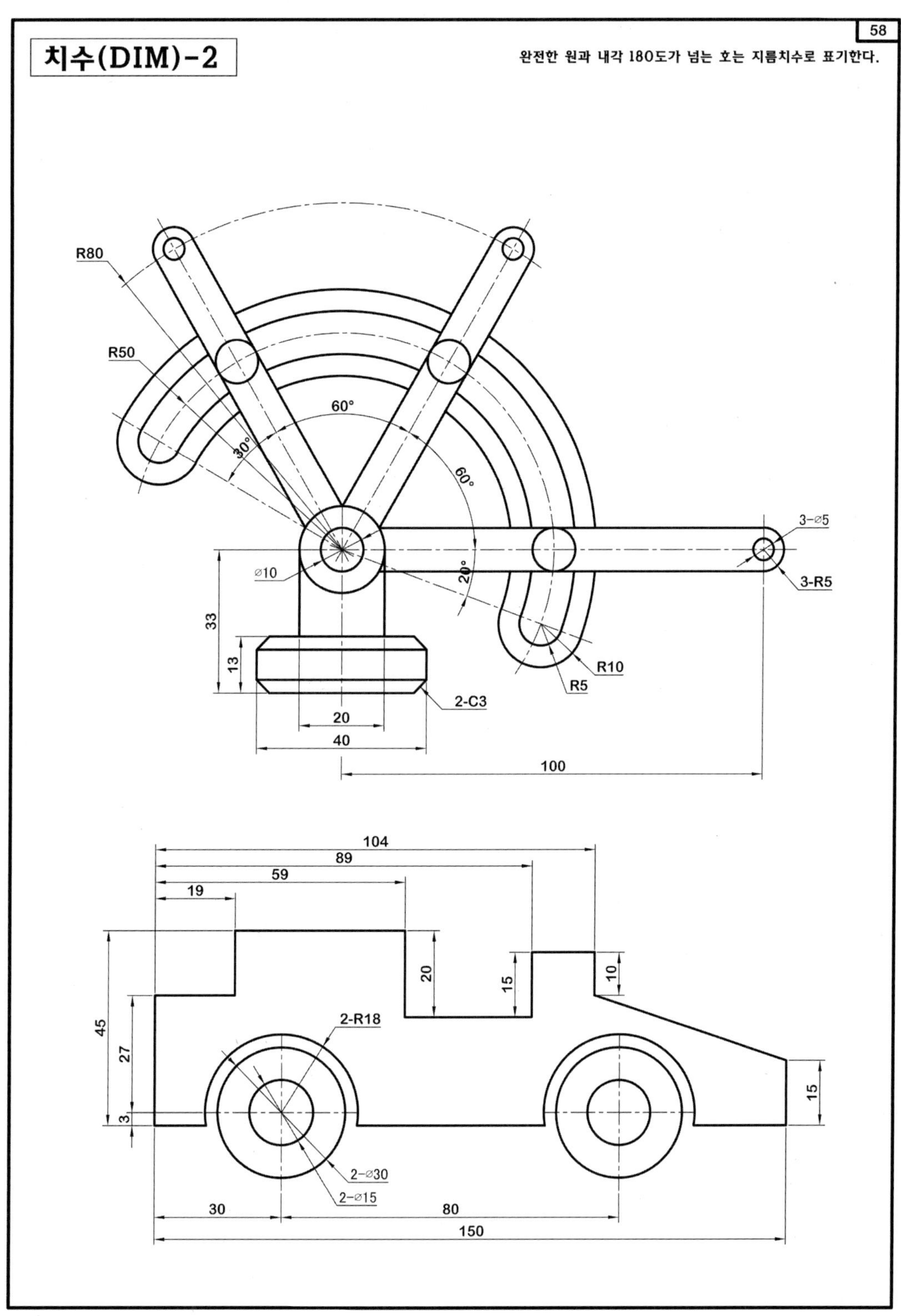
58
치수(DIM)-2
완전한 원과 내각 180도가 넘는 호는 지름치수로 표기한다.
R80
R50
60°
30°
60°
20°
⌀10
3-⌀5
3-R5
R10
R5
2-C3
33
13
20
40
100
104
89
59
19
20
15
10
2-R18
45
27
3
15
2-⌀30
2-⌀15
30
80
150

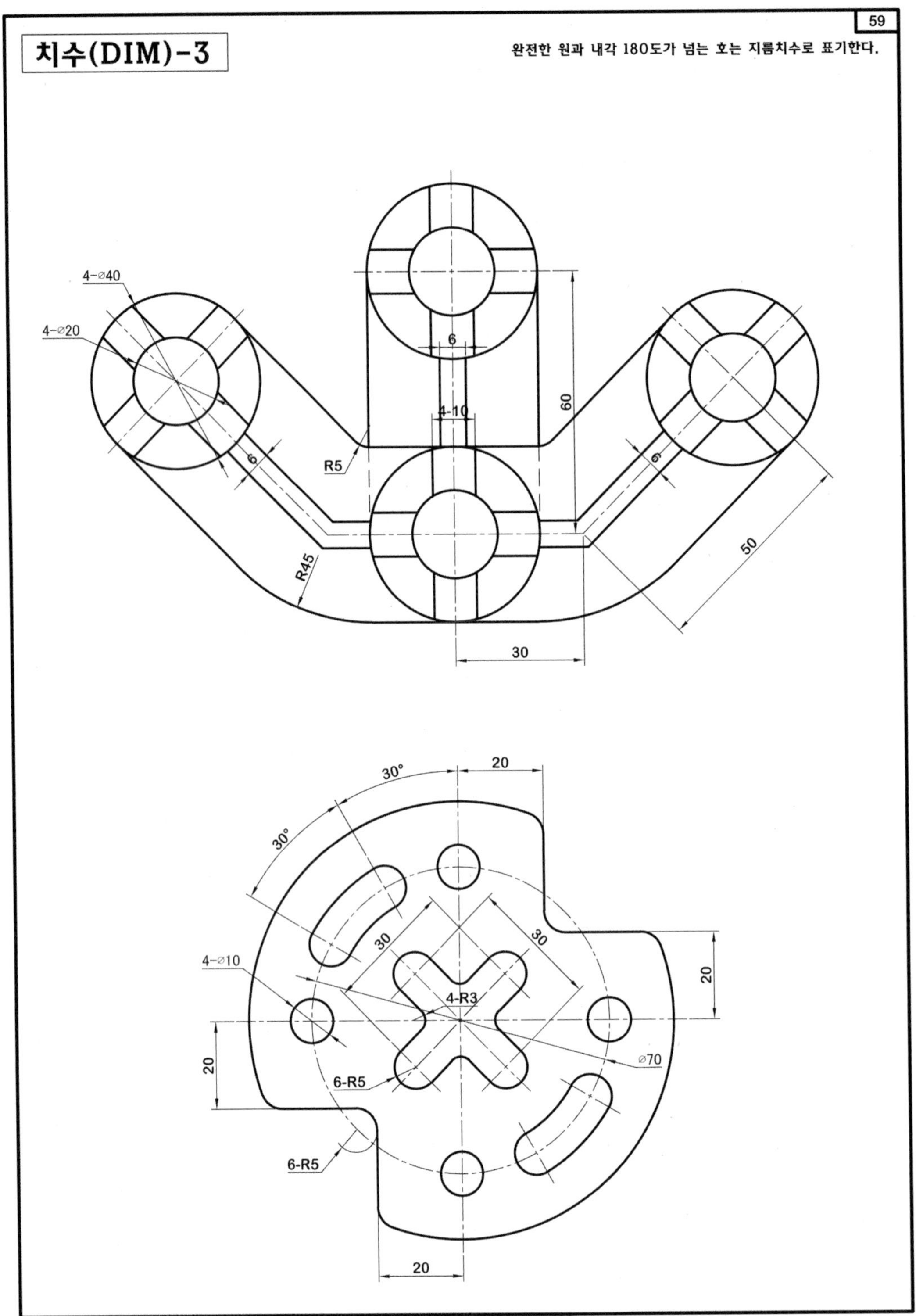
59
치수(DIM)-3
완전한 원과 내각 180도가 넘는 호는 지름치수로 표기한다.
4-⌀40
4-⌀20
6
60
4-10
R5
6
6
50
R45
30
30°
20
30°
30
30
20
4-⌀10
4-R3
⌀70
20
6-R5
6-R5
20

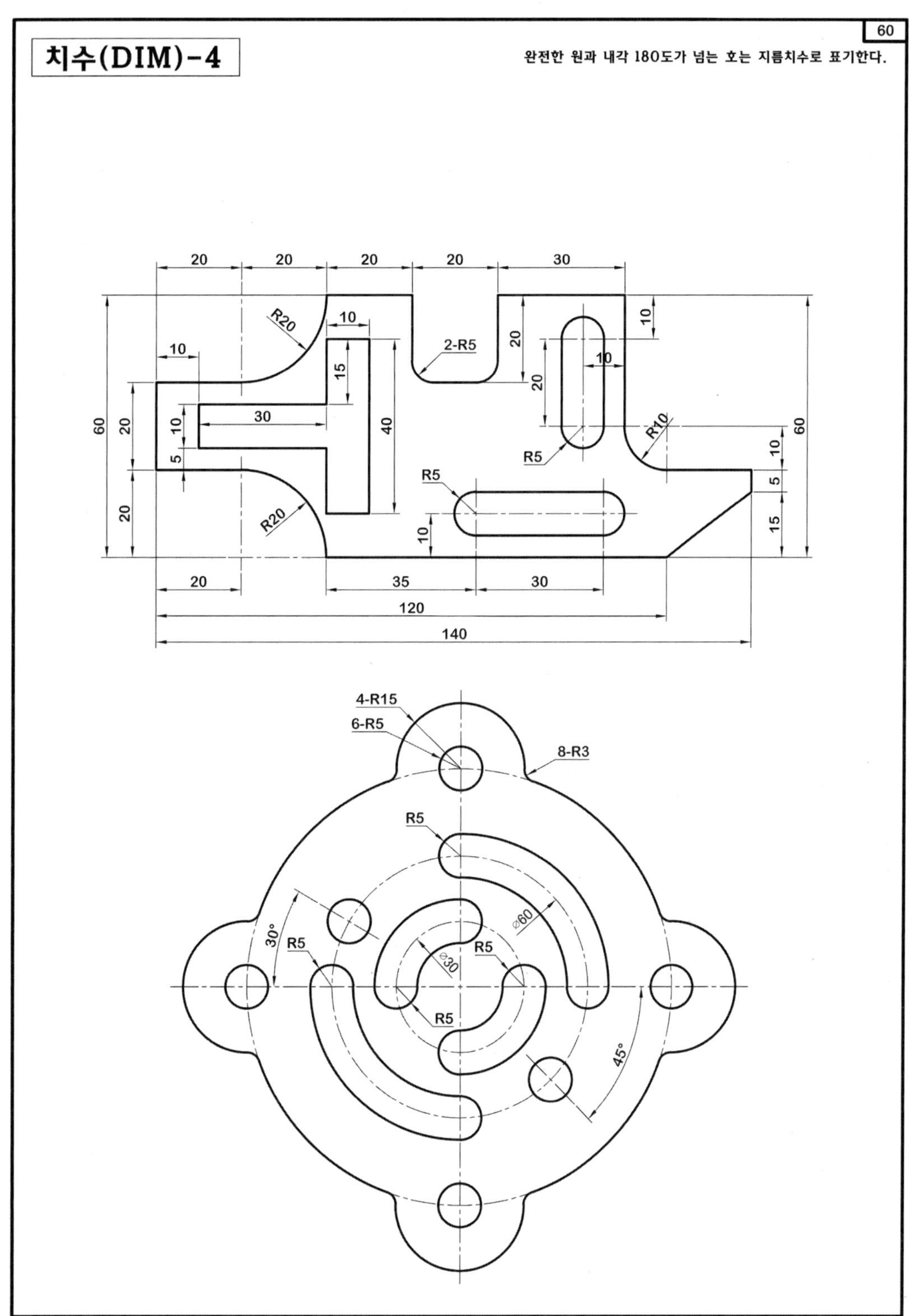

치수(DIM)-4
60
완전한 원과 내각 180도가 넘는 호는 지름치수로 표기한다.
20
20
20
20
30
R20
10
2-R5
20
10
10
15
10
20
30
40
60
20
10
R10
60
10
5
R5
10
R5
5
20
R20
10
15
20
35
30
120
140
4-R15
6-R5
8-R3
R5
⌀60
30°
R5
R5
⌀30
R5
45°

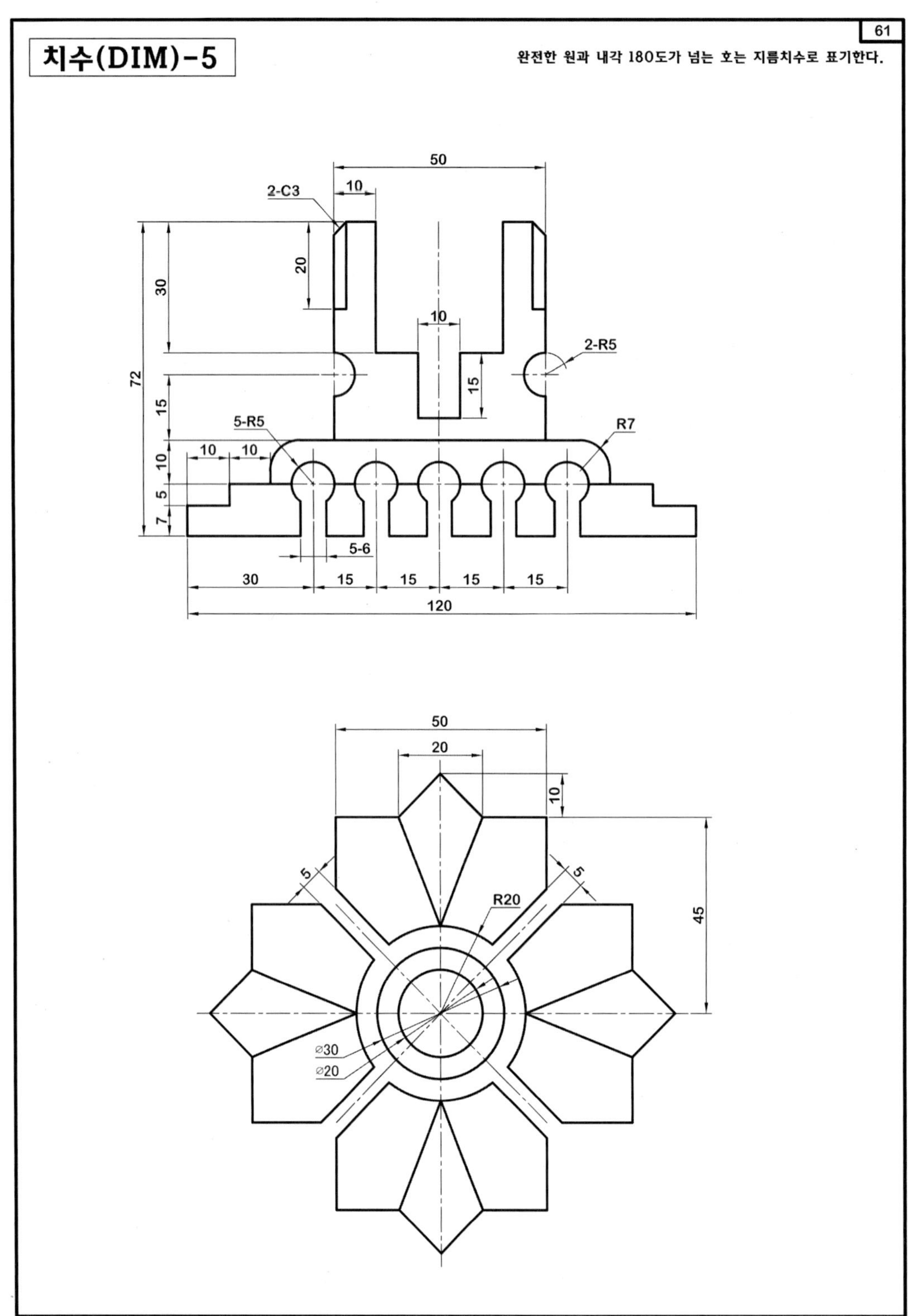

61
치수(DIM)-5
완전한 원과 내각 180도가 넘는 호는 지름치수로 표기한다.
50
2-C3
10
20
30
10
2-R5
72
15
15
5-R5
R7
10
10
10
5
7
5-6
30
15
15
15
15
120
50
20
10
45
5
5
R20
⌀30
⌀20

영역 만들기 [REGION | 단축키[REG]

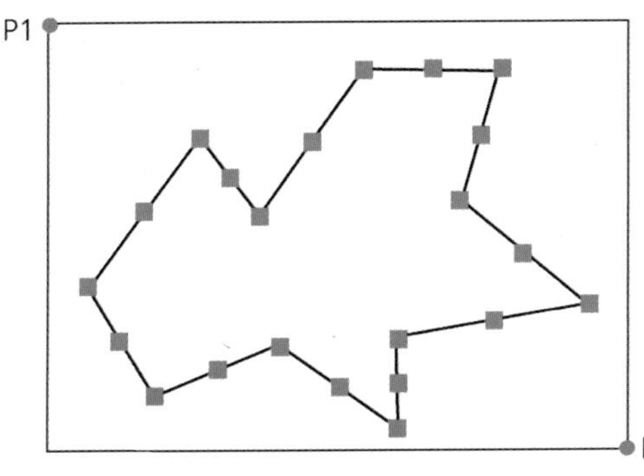

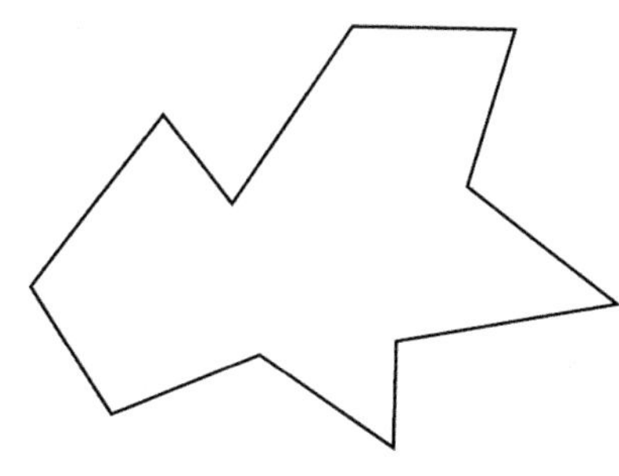

명령: REG REGION
객체 선택 : P1 선택 반대 구석 지정: P2 선택 9개를 찾음 객체 선택: Enter 1 루프이(가) 추출됨 1 영역이(가) 작성됨

- 선택된 선분들이 하나의 선으로 결합된다.(결합된 선분은 하나의 영역으로 설정된다.)
- "REGION" 명령어를 사용하기 위해서는 반듯이 선분의 양끝 점이 맞물려 있어야 하며, 선분과 선분이 교차되어서는 안 된다.

면적 [AREA | 단축키[AA]

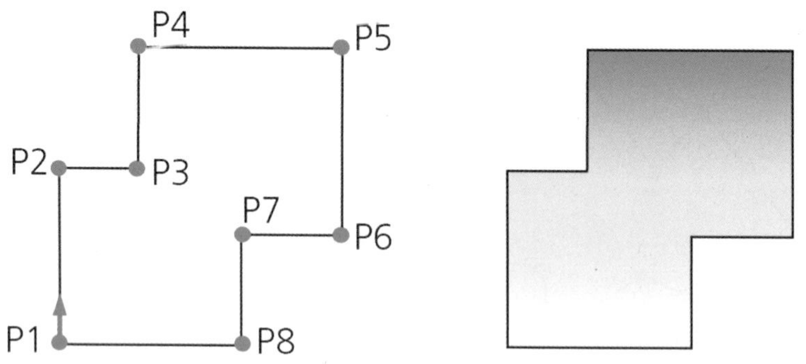

명령: AA [AREA]

첫 번째 모서리 점을 지정하거나 [객체(O)/면적 추가(A)/면적 빼기(S)] <객체(O)>: P1 선택
다음 점을 지정하거나 [호(A)/길이(L)/명령 취소(U)]: P2 선택
다음 점을 지정하거나 [호(A)/길이(L)/명령 취소(U)]: P3 선택
다음 점을 지정하거나 [호(A)/길이(L)/명령 취소(U)/전부(T)] <전부(T)>: P4 선택
다음 점을 지정하거나 [호(A)/길이(L)/명령 취소(U)/전부(T)] <전부(T)>: P5 선택
다음 점을 지정하거나 [호(A)/길이(L)/명령 취소(U)/전부(T)] <전부(T)>: P6 선택
다음 점을 지정하거나 [호(A)/길이(L)/명령 취소(U)/전부(T)] <전부(T)>: P7 선택
다음 점을 지정하거나 [호(A)/길이(L)/명령 취소(U)/전부(T)] <전부(T)>: P8 선택
다음 점을 지정하거나 [호(A)/길이(L)/명령 취소(U)/전부(T)] <전부(T)>: P1 선택
다음 점을 지정하거나 [호(A)/길이(L)/명령 취소(U)/전부(T)] <전부(T)>: Enter
면적 = 749.3636, 원주 = 125.9250

- 선택한 영역 면적은 =749.3636 이다.
  선택한 영역의 전체 둘레의 길이는 = 125.9250 이다.
  앞에서 언급한 면적과 둘레의 단위길이는 "mm" 단위이다.

- 캐드실무능력 자격에서는 작성된 도면의 단면적을 구하는 조건이 있다.
  앞에서 언급한 내용으로 객체의 면적을 구하여 답안에 작성한다.

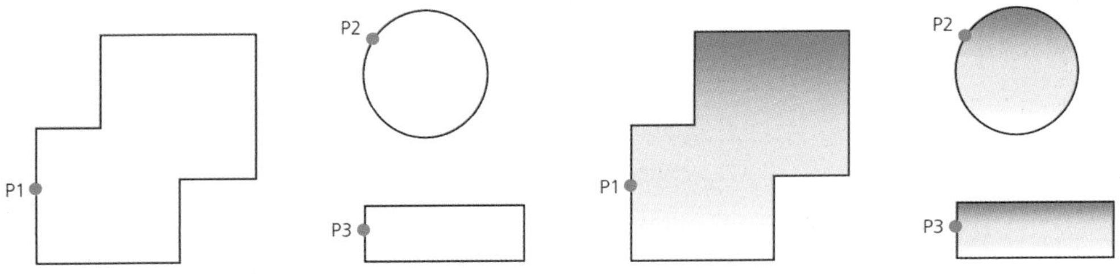

중요

면적을 구하기 위해서는 "REGION" 명령 적용을 통하여 하나의 선분으로 묶는다.

명령: AA [AREA]

첫 번째 모서리 점을 지정하거나 [객체(O)/면적 추가(A)/면적 빼기(S)] <객체(O)>: A (면적 추가)
첫 번째 모서리 점을 지정하거나 [객체(O)/면적 빼기(S)]: O (객체)

(추가 모드) 객체 선택: P1 (선택)
면적 = 749.3636, 원주 = 125.9250
전체 면적 = 749.3636 [P1 객체의 면적]

(추가 모드) 객체 선택: P2 (선택)
면적 = 248.7393, 원원주 = 55.9084
전체 면적 = 998.1028 [P1 + P2 = 의 합산의 면적 값]

(추가 모드) 객체 선택: P3 (선택)
면적 = 175.0731, 원주 = 60.5972
전체 면적 = 1173.1759 [P1 + P2 + P3] = 의 합산의 면적 값]

(추가 모드) 객체 선택: 엔터
면적 = 175.0731, 원주 = 60.5972
전체 면적 = 1173.1759
첫번째 모서리 점을 지정하거나 [객체(O)/면적 빼기(S)]: 엔터

전체 면적 = 1173.1759 [P1 + P2 + P3] = 의 합산의 면적 값]

분해 [EXPLODE | 단축키[X]

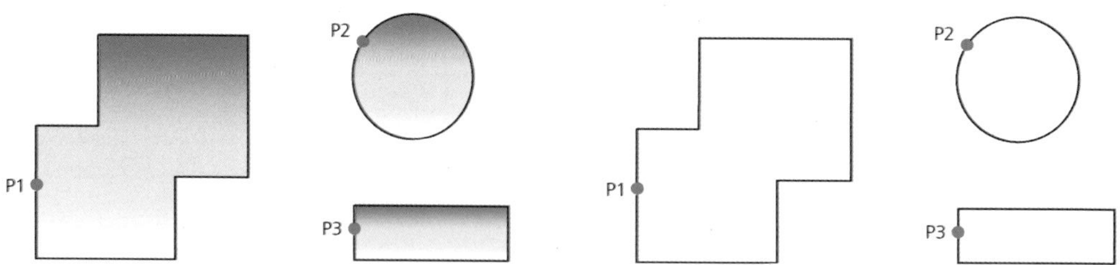

[각도치수]

명령: X [EXPLODE]

객체 선택: P1 선택 1개를 찾음
객체 선택: P2 선택 1개를 분해할 수 없다. 0개를 찾음, 1 전체 - (원은 분해 불가)
객체 선택: P3 선택 1개를 찾음, 2 전체
객체 선택: Enter

- P1, P3 는 다수의 선분들이 모여진 집합체이다. 집합체인 경우는 "분해"명령이 적용된다.
- 원 경우는 하나의 단일 객체로 생성된 완전객체임으로 "분해"명령이 적용되지 않는다.
- 연속선(polyline)을 개별적인 객체로 분해한다.

무늬 [HATCH | 단축키[H]

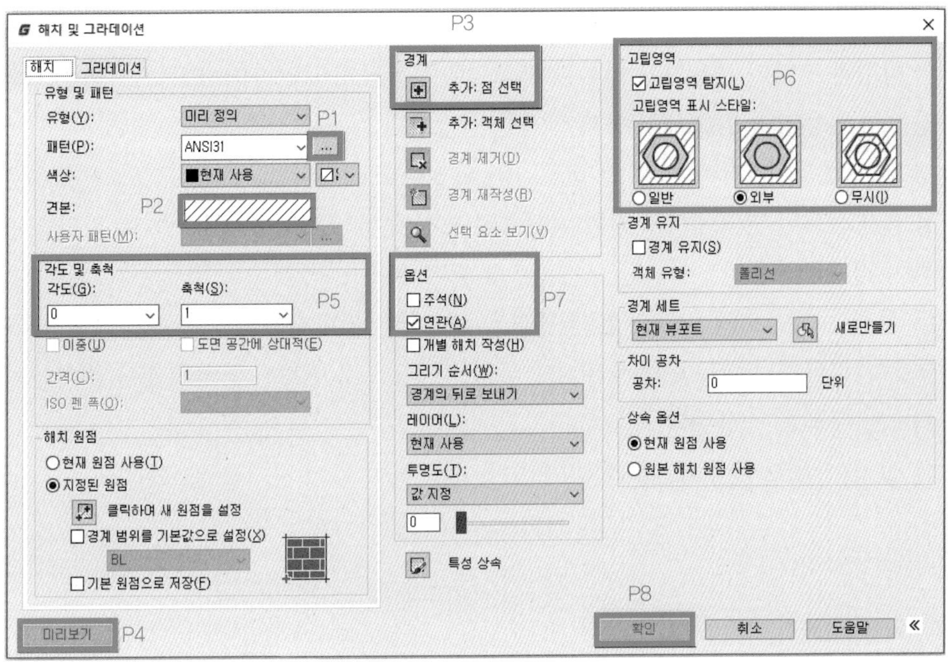

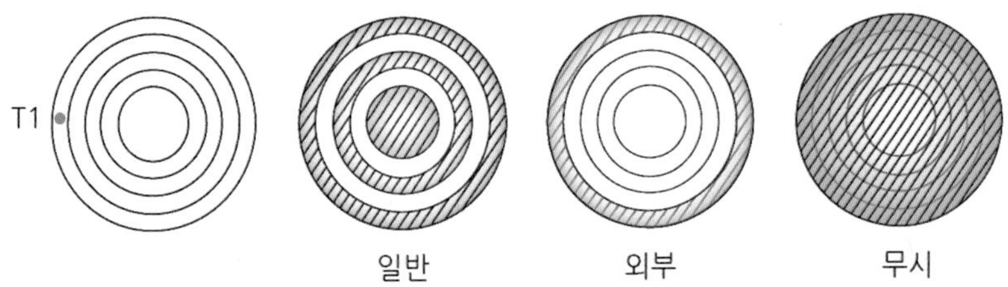

명령: H [HATCH]

내부 점을 지정하거나 [내부점 지정(S)/경계 삭제(B)]: T1 선택
모든 객체 선택...
가시적인 모든 것 선택 중...
선택된 데이터 분석 중...
내부 고립영역 분석 오류
내부 점을 지정하거나 [내부점 지정(S)/경계 삭제(B)]:

- P1, P2 를 선택하여 사용자가 입력할 무늬를 선택한다.
- P3 "추가점 선택" 아이콘을 선택 후 "T1"위치 점을 선택한다.
- P4 "미리 보기"를 선택 후 선택된 영역에 무늬가 들어가는 위치를 확인한다.
- 미리 보기를 확인 후 무늬의 크기와 무늬의 방향을 확인한다.
  만약 방향과 크기가 사용자가 원하는 형식으로 선택되지 않았다면 "P5" 위치의 각도와 스케일을 변경하여 사용자가 원하는 방향과 크기를 결정한다.
- 변경 후는 반듯이 "미리 보기"를 선택하여 확인한다.
- 사용자가 선택한 영역에서 어떠한 형식으로 도형에 무늬를 적용할지 "P6"부분의 고립영역을 선택하여 결정한다.
- 모든 설정이 되었으면 "P7"의 옵션/연관을 체크한다. (이 기능은 여러 영역에 무늬를 적용하여, 영역을 움직이거나 이동을 하게 된다면 무늬는 자동으로 변경된 영역 부분을 재계산 하여 변경된 영역으로 무늬를 적용한다.
- 모든 설정이 완료 된 후에는 "P8"의 확인을 선택하여 무늬 넣기를 완료한다.

무늬 편집명령어 [단축키[HE]]

명령: HE [HATCHEDIT]
해치 객체 선택: 작성된 해칭을 선택한다. 무늬대화상자가 출력되면 대화상자를 통하여 사용자가 원하는 상태로 변경한다.

해칭(H) / 해칭편집(HE)

해칭 (Hatch) – 단축키[H]

폐곡된 위치에 사용자가 원하는 패턴 무늬를 작성한다.

해칭편집(Hatch Edit) – 단축키[HE]

.작성된 무늬를 편집한다.

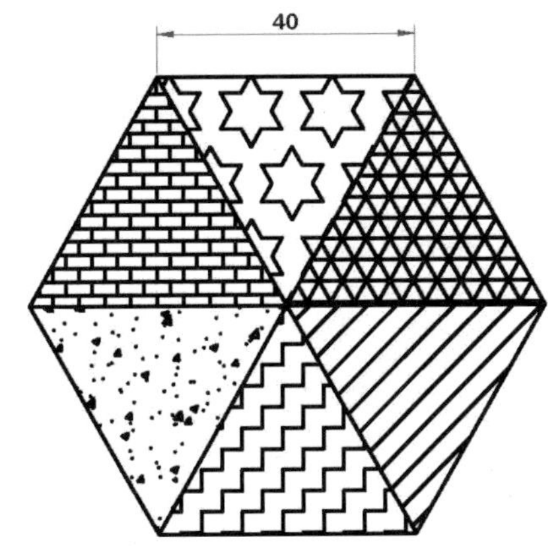

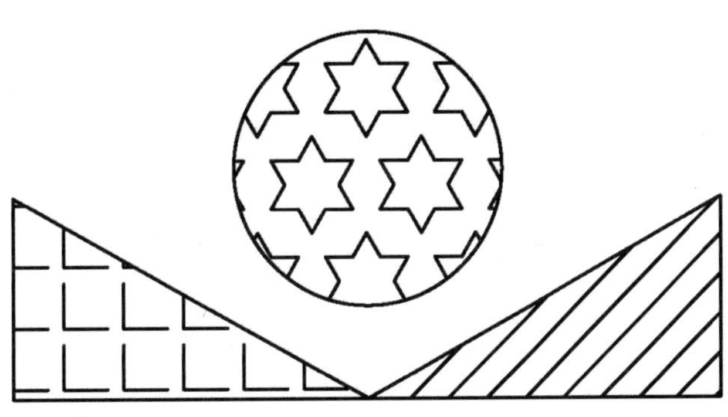

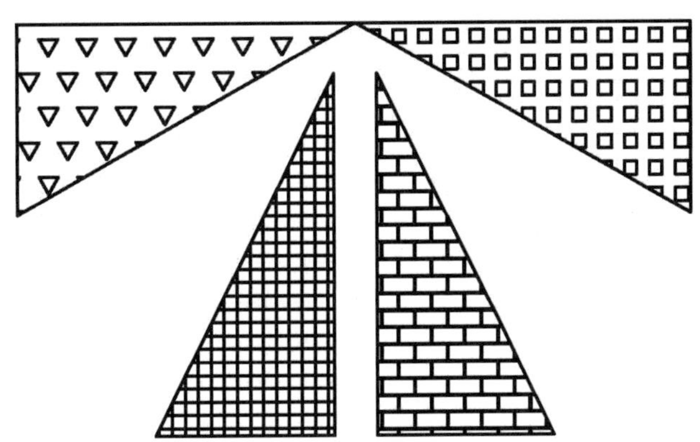

선분 종류 가져오기 [LINETYPE | 단축키[LT]

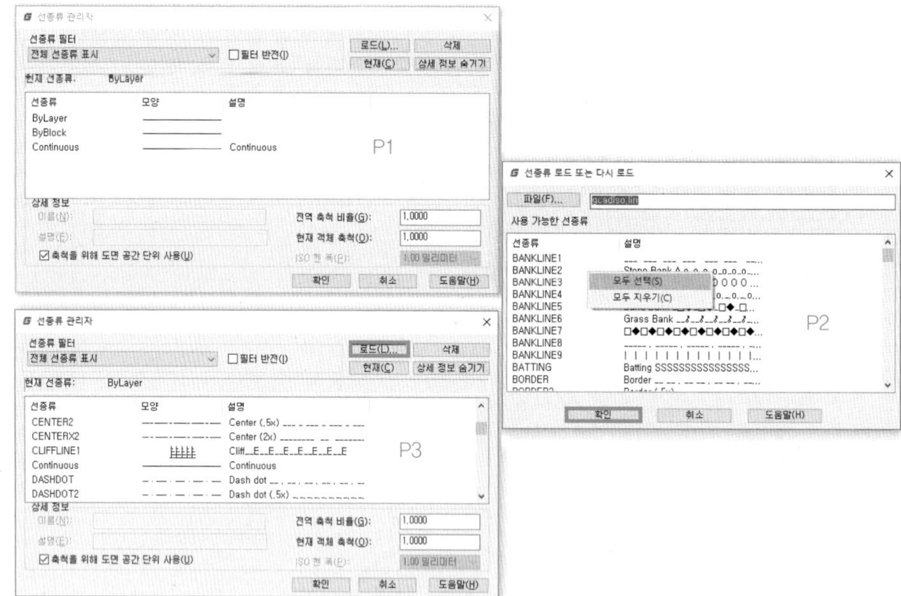

명령: LT [LINETYPE]

선분 종류 대화상자 출력 “P1”
우측 상단의 “로드”를 선택. “P2”
“선 종류 로드 또는 다시 로드” 대화창이 출력된다.(출력된 대화창에서 마우스 오른쪽 버튼을 선택한다.)
“모두 선택”을 선택 후 확인을 선택한다. 아래의 그림에서 보듯이 실선만 존재하던 대화상자에서 제공되는 모든 선분을 불러온다. “P3”

- 캐드는 초기 실행 시에는 선분 종류가 실선 하나로 고정되어 있다. 사용자가 여러 선분을 캐드 도면에 적용하기 위해서는 숨겨진 선분들을 불러와야만 캐드에서 선분종류를 사용할 수 있다.
- 선분을 사용하기 위해서는 선분을 불러 와야 한다는 것을…

특성 변경 [PROPERTIES | 단축키[CTRL+1]

특성 대화창을 이용하여 선분의 색상, 선분 종류, 도면층 등 여러 가지의 특성 부분을 변경할 수 있다. 지금부터 선분의 색상과 선분의 종류를 변경하도록 한다.

• 풀다운 메뉴 / 수정 / 특성을 선택한다.

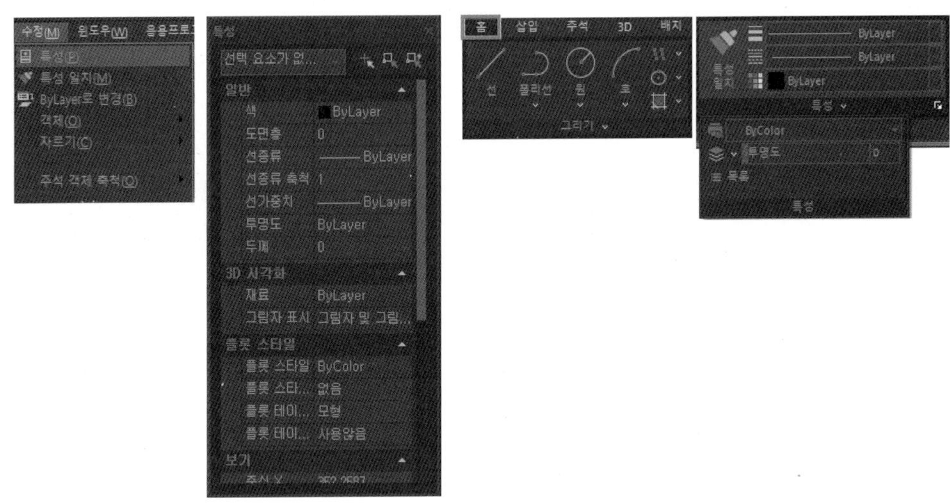

수정/특성 또는 “Ctrl+1” 을 선택한다면 좌측 화면에 특성 대화창이 출력된다.

이러한 특성 대화창을 이용하여서 변경하여도 되나 현업 에서는 특성 아이콘을 이용하여 객체의 특성을 변경한다.

• 풀다운 메뉴 / 홈 / 특성창 리본 (오른쪽 그림)

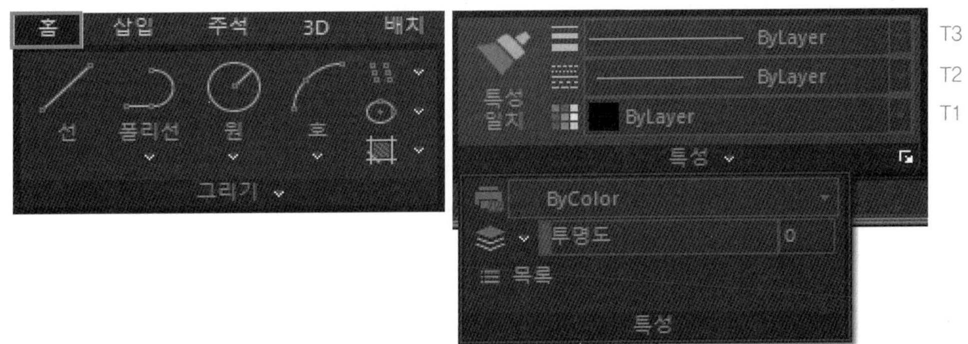

- T1 : 선택한 선분의 색상을 변경하는 창이다.
- T2 : 선택한 선분의 선분 유형을 변경하는 창이다. (이 기능을 사용하기 위해서는 반드시 "선분 종류"를 로드한 상태에서 가능하다.
- T3 : 선택한 선분의 선분가중치를 결정한다. (가중치가 적용되면 도면을 "출력"할 때 선택한 가중치 값으로 선분이 출력된다. 이 기능은 출력될 때 선분의 두께를 적용하는 기능이다)

1. 선분 색상 / 선분 종류 / 선분 가중치 변경하기

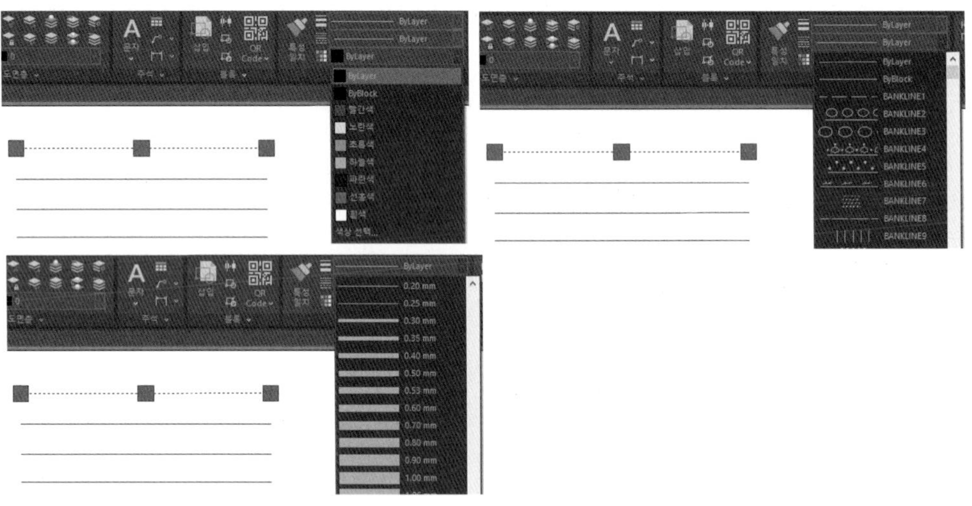

사용자는 명령어를 선택하지 않은 상태에서 선분을 선택한다.
특성 대화창으로 마우스를 이동하여 색상 변경 탭을 선택한다.
사용자가 원하는 색상(빨간색)을 선택한다.

사용자는 명령어를 선택하지 않은 상태에서 선분을 선택한다.
특성 대화창으로 마우스를 이동하여 선분유형변경 탭을 선택한다.(CENTER 선택)

사용자는 명령어를 선택하지 않은 상태에서 선분을 선택한다.
특성 대화창에서 마우스를 이동하여 선분 가중치를 선택한다. (0.40mm 선택)

[결과] 선택된 선분은 "빨간색" "Center" 선분과 가중치가 변경된다.
현 화면에서는 실선이 중심선으로 변경되는 것을 볼 수 있다. 그러나 선분가중치 값은 볼 수가 없다. 이러한 이유는 선분 가중치 값을 화면으로 나타내는 명령어를 적용해야 한다.

선분 가중치 변경 [LWEIGHT | 단축키[LW]

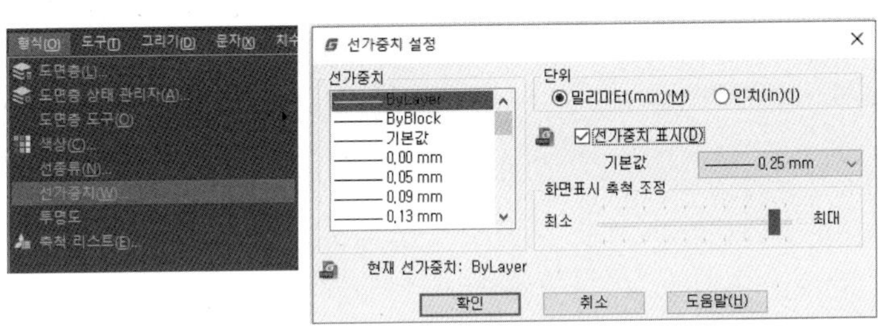

- 풀 다운 메뉴 / 형식 / 선 가중치를 선택한다. 오른쪽 대화상자가 출력된다. 선가중치를 표시를 체크한다. 기본값을 사용자가 원하는 값으로 선택한다. 확인을 선택한다.

[결과] 캐드 화면상에 선분의 폭이 넓을 형태로 변경된다. 만약 화면상에 선분의 폭이 계속 출력됨으로 인해 도면을 인지하는데 문제가 발생한다면 "선가중치 표시"를 체크오프 하게 된다면 선분의 폭은 하면 상에 모두 동일한 상태의 가는 선으로 표기된다.
가는 선으로 표기 된다고 하여 출력될 때 선분이 가는 실선으로 출력되는 것은 아니다. 출력 시에 사용자가 정의한 가중치로 출력된다. [중요!!!!]

선분 유형 축척 조정 [LTSCALE | 단축키[LTS]

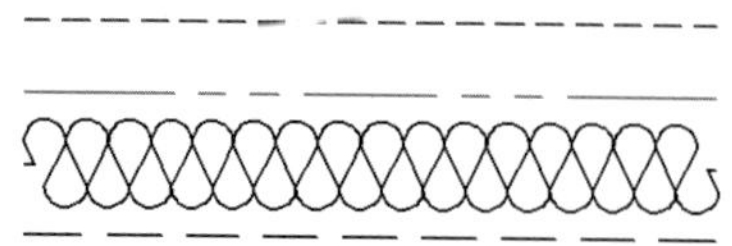

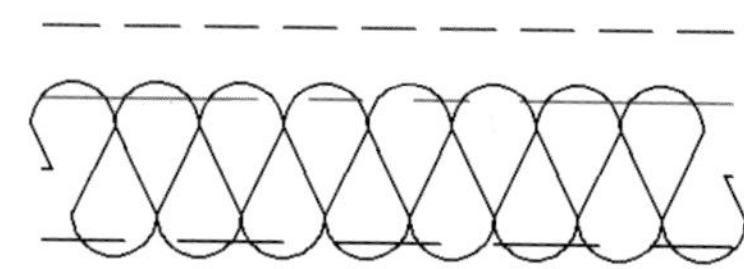

[명령행을 이용한 전체 선분 축척 조정]

명령: LTS [LTSCALE]

새로운 선 종류 축척 비율을 입력: <1.0000>: 3

모형 재생성 중

[결과] 명령행을 이용한 선분 축척 명령어는 캐드 화면상에 존재하는 모든 선분의 종류를 한 번에 적용하는 기능의 명령어이다.

[대화창을 이용한 개별선분 축적조정]

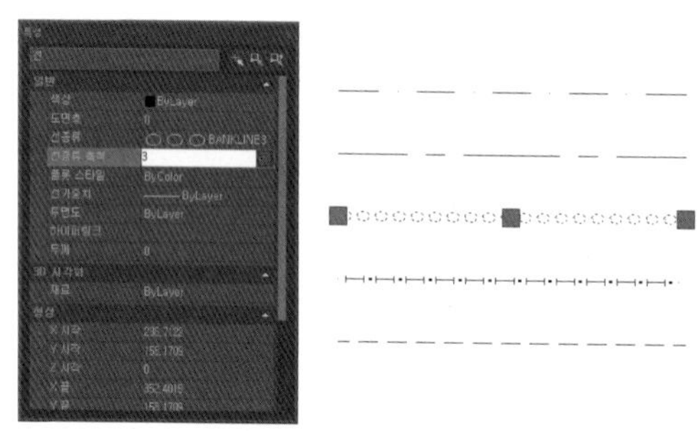

- 특성 대화창을 이용한 선분축척은 선택된 객체만 선분축척이 적용된다.
  사용자는 선분 축척을 변경하고자 하는 객체를 선택한다. 대화창에서 "선 종류 축척"공간에 변경하고자 하는 값을 입력 한 후 엔터를 한다. 선택된 객체는 사용자가 입력한 값으로 선분의 축척이 변경됨을 화면상으로 확인할 수 있다.

[TIP] 명령행을 이용한 선분 축척 명령은 캐드 도면상에 존재하는 모든 선분의 축척을 변경하는 것이다. 그러나 사용자는 필요에 따라서 특정한 선분의 간격을 적용할 필요가 있다. 이러한 경우에 대화창을 이용하여 선분의 축척을 조정한다면 선택된 객체만 선분축척이 적용된다.

특성 일치 [MATCH PROPERTIES | 단축키[MA]

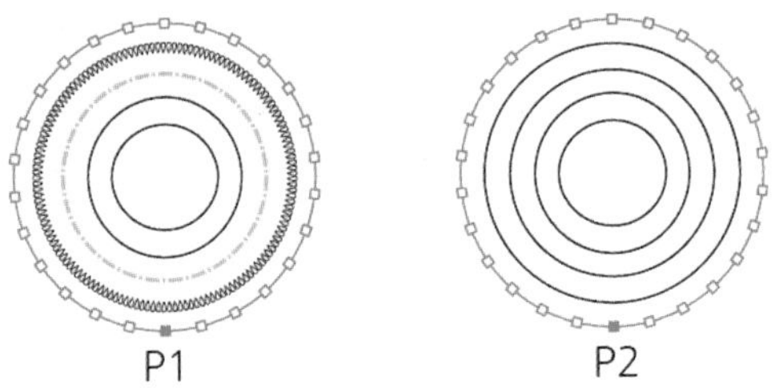

명령: MA [MATCHPROP]

원본 객체 선택: P1 선택
현재 활성 설정: 색상, 도면층, 선종류, 선축척, 선가중치, 두께, 플롯스타일, 치수 문자, 해치, 폴리선, 뷰포트, 테이블 재질, 그림자 표시, 다중 지시선
목표 객체를 선택하거나 [설정(S)]: P2 선택
목표 객체를 선택하거나 [설정(S)]: Enter

[결과] 특성 일치 명령어는 최초에 선택된 선분의 속성을 기준으로 하여 후에 선택된 선분이 최초 선택된 선분의 특성과 같은 형식으로 변경하여 준다. 현업에서 매우 많이 사용되는 명령이다.

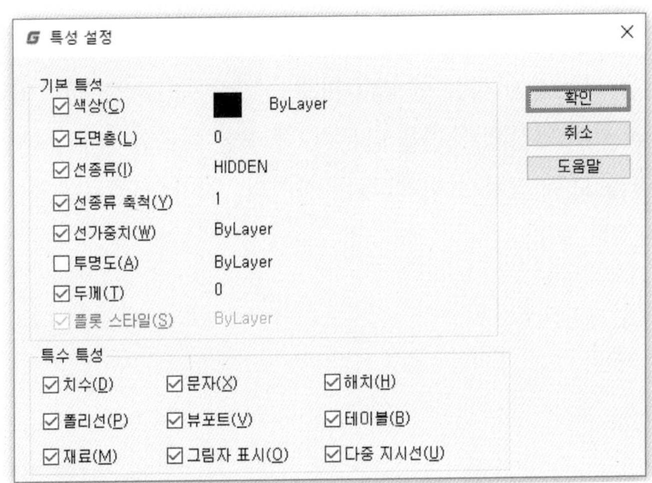

명령: MA [MATCHPROP]
원본 객체 선택: 임의 객체 선택
목표 객체를 선택하거나 [설정(S)]: S (설정 선택)

[결과] : 설정을 선택하게 되면, 그림과 같이 대화상자가 출력된다. 대화상자에서 나타난 값들은 모두 변경되게 된다. 만약 특정한 부분을 체크오프 하게 된다면, 특성변경을 적용하더라도 체크오프된 특성을 변경되지 않으며, 객체의 특성을 그대로 유지하게 된다. 꼭!! 필요한 상황에서만 설정을 제어 하세요.

도면층 [LAYER | 단축키[LA]

도년층은 복잡한 설계에서 같은 종류별, 유형별로 분리를 하는 것을 말한다. 예를 들면 아파트를 생각해 보자.
아파트가 완성되기 위해선 상당히 많은 도면이 필요하다. 우선 복잡한 철근도면, 전기 배선도면, 배관도면, 창과 문 등등 이러한 도면을 한 장에 포함하고 있다. 도면을 보고 판독하기란 매우 어려운 실정이다.

만약 배관공이 배관도면만 보고 싶다고 가정해보자. 배관공이 보는 도면은 모든 것이 포함되어 있어서 도면을 보기가 매우 어려울 것이다. 이러한 문제를 해결하기 위해 도면을 같은 종류, 같은 유형으로 분리한다. 이런 분리를 가능하게 하는 명령이 바로 "도면층(LAYER)" 이다. 한 장의 도면이지만 도면에 새로운 층이 되는 여러 장의 도면을 만든다. 투명한 셀로판지에 종류별로 각각 도면을 작성하여, 각각 작성된 도면을 모두 겹쳐 보이게 하는 것이다. 각각의 셀로판지에 도면을 작성하는 것이 또한 "도면층(LAYER)" 이다.

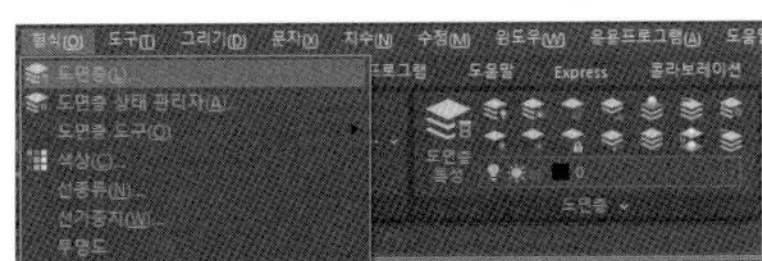

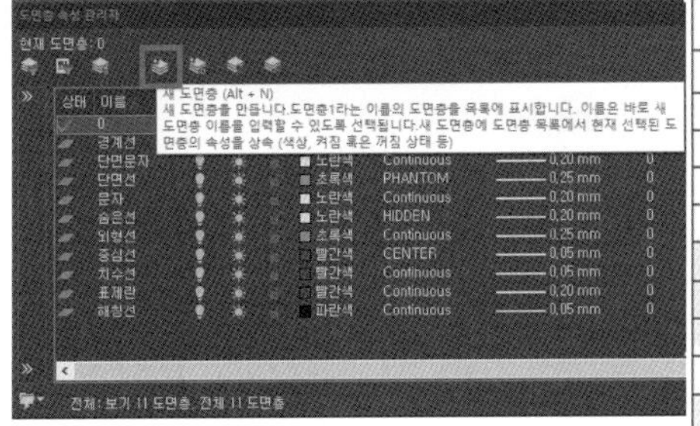

도면층	색상	가중치	기타
외형선	Green	0.25	
중심선	Red	0.05	center
숨은선	Yellow	0.2	hidden
치수선	Red	0.05	치수문자는 Yellow, 높이 2.5
문자	Yellow	0.2	높이 2.5
해칭선	Blue	0.05	
경계선	White	0.4	
표제란	Red	0.2	
단면선	Green	0.25	phantom
단면문자	Yellow	0.2	높이 3.5

도면층 [LAYER | 단축키[LA] - 2

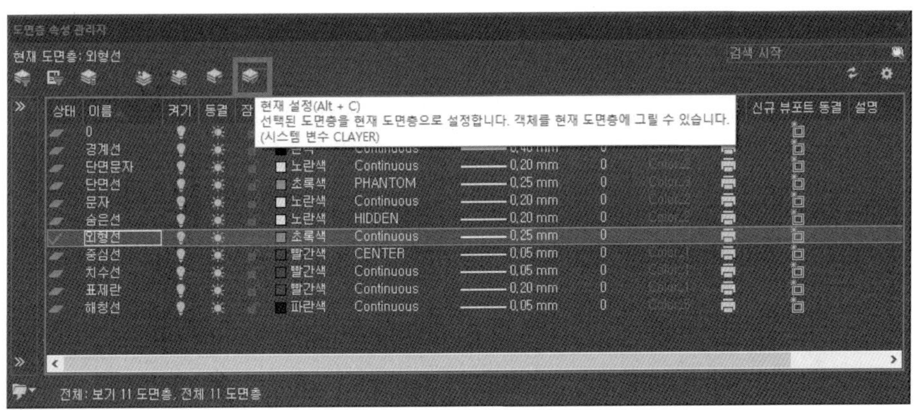

[현재 도면층]

사용자는 외형선을 선택 후 "V"체크 표시를 선택한다.

[결과] 체크 표시가 "0"에서 "외형선"에 위치한다. 이러한 작업은 앞으로 작업되는 모든 객체는 "색상 : 초록색" "선분 종류:continuous" "가중치: 0,25mm"로 도면상에 작성된다.

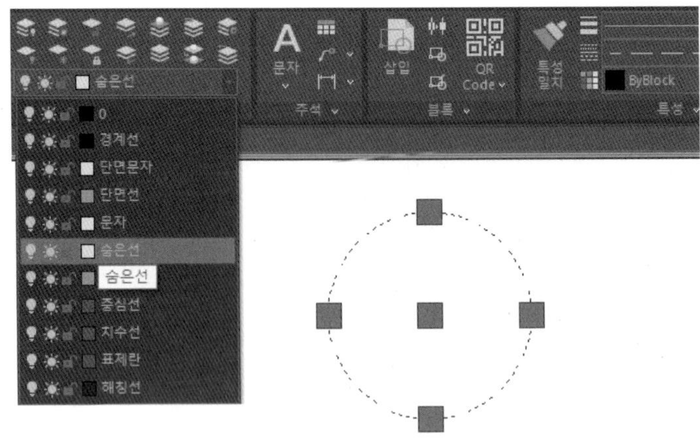

• 만약 현재 도면층을 설정하지 않은 상태에서 작업이 이뤄졌다면 도면층 아이콘을 이용하여 도면층을 변경할 수 있다.

• 명령어를 선택하지 않은 상태에서 원을 선택한다. 도면층 아이콘에서 "숨은선"을 선택한다. "ESC"키를 선택한다.

[결과] 선택한 원은 "숨은선" 도면층의 설정값과 동일한 상태로 변경된다.

사용자는 작업 후 변경하여도 무방하지만 가능하면, "현재 도면층"을 변경 후 작업할 것을 권장한다.

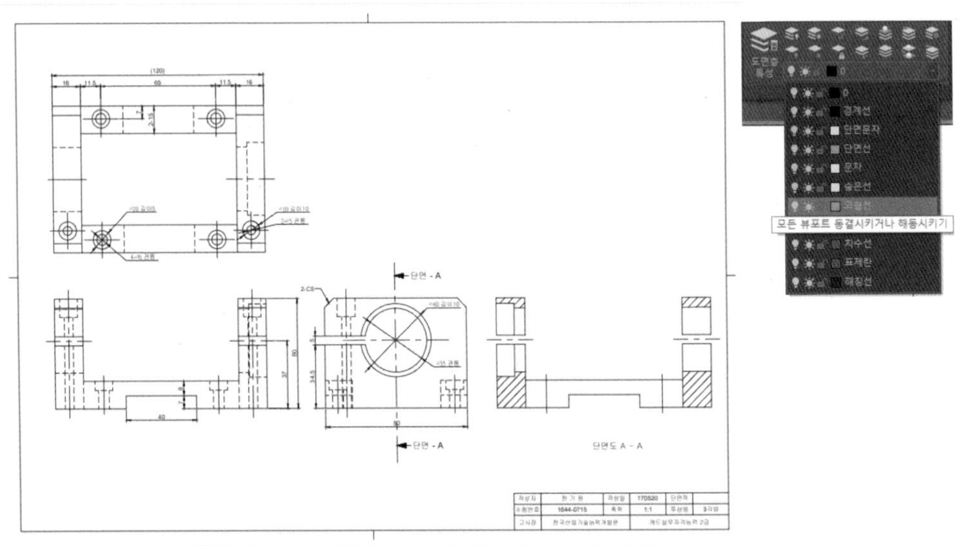

[동결]

- "동결(태양아이콘)"은 현재의 도면 화면 상태에서 숨겨주고, 제어 불능 상태로 설정된다.
- "오프(백열전등 아이콘)"을 사용하여도 된다. 그러나 "오프"아이콘은 삭제 명령 시에 숨겨진 객체들이 지워지질 수 있다. 가능하면 "동결"아이콘을 사용하도록 한다.
- 외형선 레이어를 선택한다.
- 동결아이콘을 선택하여 "동결"한다. 확인을 선택한다.

[결과] 그림과 같이 외형선이 화면상에서 사라지는 것을 보실 수 있다. 화면에서 사라졌지만 완전히 삭제된 것이 아니다. 다시 외형선 도면층을 선택 후 "동결"해제를 한다면 외형선 도면층은 화면에 나타나게 된다. 불필요한 도면층 레이어를 "동결"함으로 화면을 간략하게 만들어 사용자의 작업의 효율을 높이는 작업을 할 수 있다.

출력 [PLOT | 단축키[CTRL+P]

[명령:_plot (대화창 출력)]

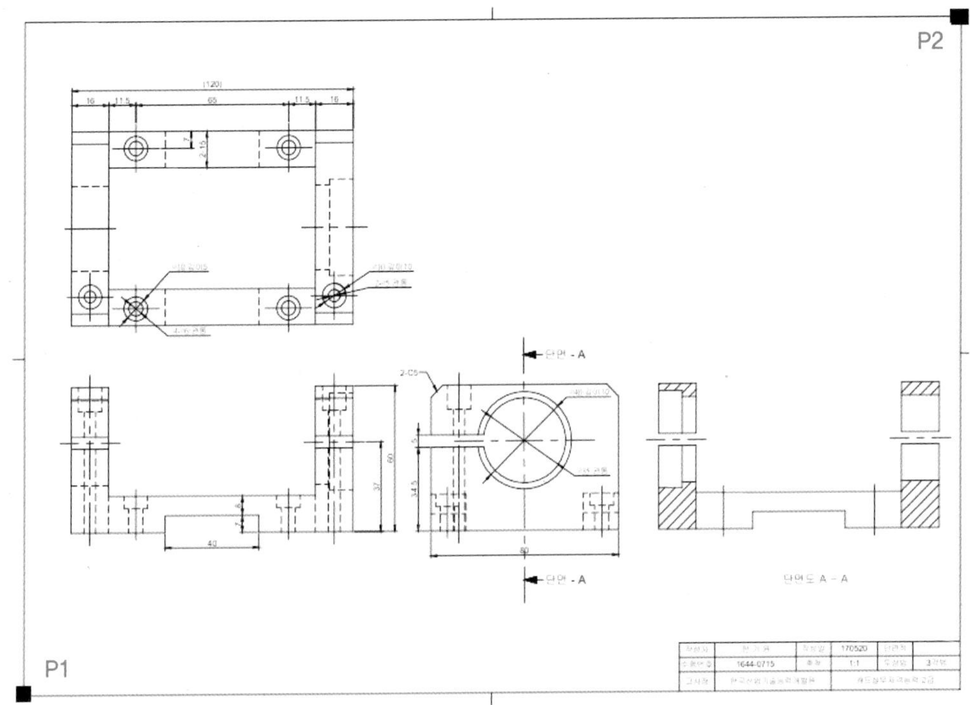

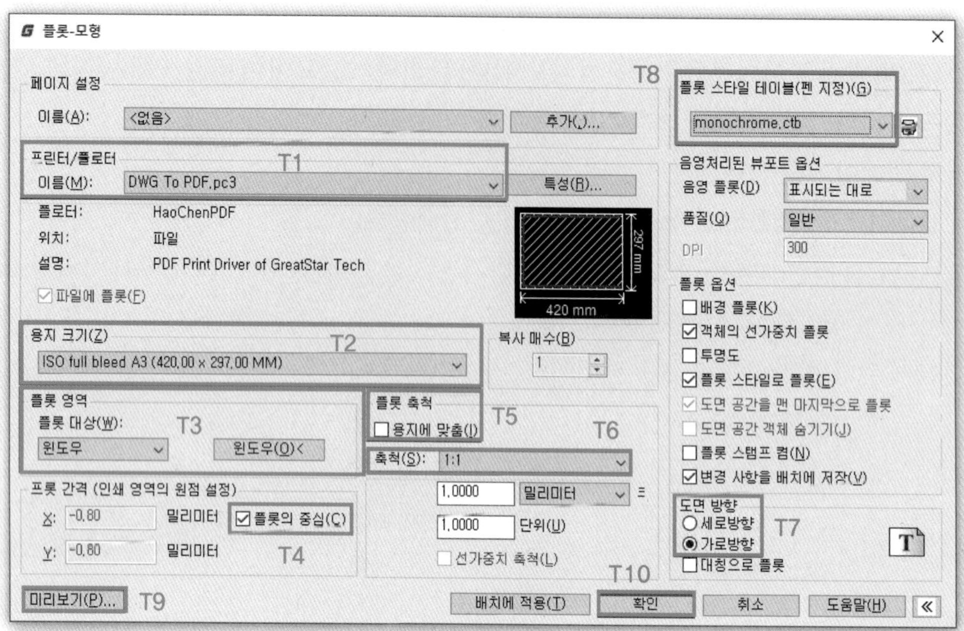

플롯-모형
페이지 설정
이름(A): <없음>
추가(.)...
T8
플롯 스타일 테이블(펜 지정)(G)
monochrome.ctb
프린터/플로터
T1
이름(M): DWG To PDF.pc3
특성(R)...
플로터: HaoChenPDF
위치: 파일
설명: PDF Print Driver of GreatStar Tech
파일에 플롯(F)
297 mm
420 mm
음영처리된 뷰포트 옵션
음영 플롯(D) 표시되는 대로
품질(Q) 일반
DPI 300
용지 크기(Z)
T2
ISO full bleed A3 (420.00 x 297.00 MM)
복사 매수(B)
플롯 영역
플롯 대상(W):
T3
윈도우
윈도우(O)<
플롯 축척
용지에 맞춤(I)
T5
T6
축척(S): 1:1
플롯 간격 (인쇄 영역의 원점 설정)
X: -0.80 밀리미터
Y: -0.80 밀리미터
플롯의 중심(C)
T4
1.0000 밀리미터
1.0000 단위(U)
선가중치 축척(L)
플롯 옵션
배경 플롯(K)
객체의 선가중치 플롯
투명도
플롯 스타일로 플롯(E)
도면 공간을 맨 마지막으로 플롯
도면 공간 객체 숨기기(J)
플롯 스탬프 켬(N)
변경 사항을 배치에 저장(V)
도면 방향
세로방향
가로방향
T7
대칭으로 플롯
T10
미리보기(P)...
T9
배치에 적용(T)
확인
취소
도움말(H)

명령: _plot (**대화창 출력**)

T1 : "프린터/플로터" - 이 영역은 사용자가 프린터기를 선택하는 영역이다. 사용자 컴퓨터에 프린터기가 연결되어 있다면, 이 창에 나타나게 된다. 그림에서 나타나듯이 "DWG To PDF.pc3"를 선택한다. 선택의 의미는 도면 출력을 "PDF"로 출력 한다는 것이다. 이는 캐드 도면을 볼 때 캐드 프로그램을 보유한 업체에서는 캐드 파일을 볼 수 있지만 캐드 프로그램을 보유하지 않은 업체에서는 캐드 파일을 볼 수 없는 이유다. 그러나 "PDF"파일은 "PDF"뷰어는 무료이기 때문에 모든 업체에서 볼 수 있다.

T2 : "용지크기" - 사용자가 작성한 도면의 출력 size를 결정한다. 사용자가 만약 A3의 크기로 출력을 원한다면 "ISO full bleed A3(420x297)"을 선택한다. 만약 "A2, A1, A4"의 용지로 출력을 원한다면 "용지크기"설정 창에서 원하는 용지 크기를 선택한다.

T3 : "플롯영역" - 사용자가 작성된 설계도에서 출력을 하고자 하는 영역을 선택하는 탭 이다. "플롯 대상 / 윈도우"를 선택한다. 선택 후에는 캐드 화면으로 이동된다. 여기에서 첫 포인트는 "P1" 두 번째 포인트는 "P2"를 선택한다. 이로써 출력하고자 하는 영역이 선택된다.

T4 : "플롯 간격"에서 "플롯의 중심"을 체크한다. 플롯 대화상자 중심에 있는 용지 "미리보기" 영역에서 출력 영역이 중앙에 정렬되는 것을 확인할 수 있다.

T5 : "플롯 축척" - 용지에 맞춤이 체크 되어있다. 용지에 맞춤이 체크된 경우는 출력되는 용지크기에 축척비율과 상관없이 용지크기에 자동으로 꽉 채워진 상태로 출력된다. 이 경우는 용지 비율이 "Non-Scale"이 된다. 정확한 축척으로 출력하기 위해서는 체크를 "오프" 한다.

T6 : "축척"은 "1:1"로 설정 한다. "1:1"이라는 비율은 실제 출력 후 캐드에서 입력된 치수와 용지에 출력된 치수가 동일한 크기이다. 만약 " 1:100"을 선택한다면, 캐드에서 작성된 설계도면이 용지에 출력될 때 실재 크기에서 1/100로 축소되어서 출력된다는 의미이다.

T7 : "도면 방향" - 도면 방향은 캐드 도면을 용지에 출력할 때 가로 또는 세로 방향 출력을 결정하는 부분이다. 세로 방향은 현업에서 많이 사용하지 않는 방향이다. (세로 방향은 KS제도 규격상 "A4"에서만 사용된다.) 일반적인 출력 방향인 "가로 방향"을 선택한다.

T8 : "플롯 스타일 테이블" - 플롯 스타일 테이블은 캐드 도면을 출력할 때, 출력 유형을 결정짓는 탭 이다. 기본을 선택 후 출력을 한다면 캐드 도면은 칼라로 출력되게 된다. 캐드도면 출력은 특별한 경우를 제외하고 칼라 출력을 권장하지는 않는다. 이러한 이유로 "monochrome.ctb (흑백)"으로 출력한다.

T9 : 앞의 선행 조건들이 사용자가 원하는 조건으로 선택이 되었다면 "미리보기"를 선택하여 최종적으로 어떻게 출력되는지를 확인한다.

T10 : "미리보기"를 통해 원하는 방향으로 적용되었다면, "확인"을 선택하여 출력한다. [프린터 종류에서 컴퓨터와 연결된 프린터를 사용하였다면 용지로 인쇄된다. 그러나 "PDF"로 선택이 되었다면 캐드는 "PDF"파일의 저장 위치를 묻게 된다. 사용자는 저장할 위치를 선택하여 저장을 하면 된다.]

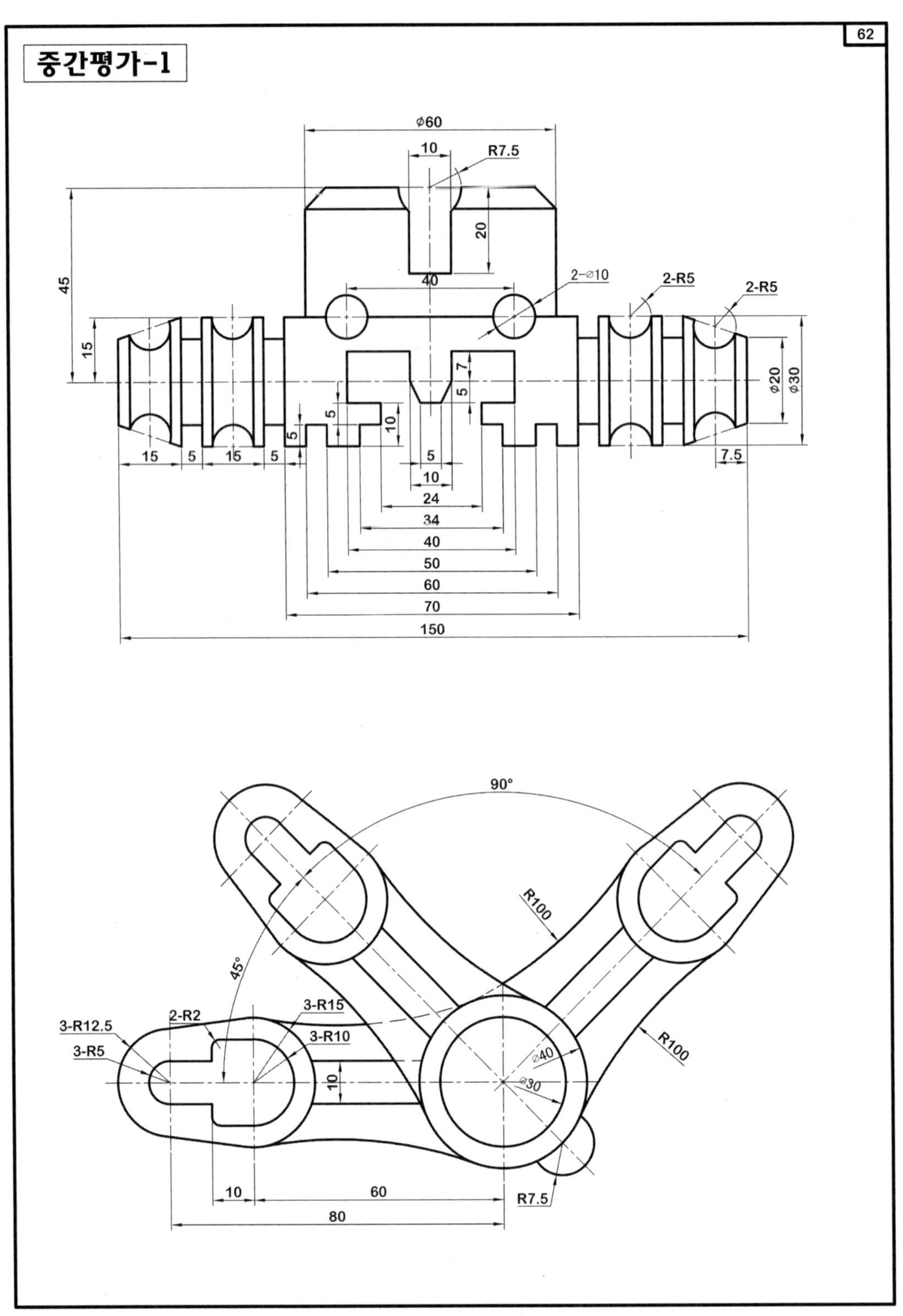

62
중간평가-1
ϕ60
10
R7.5
20
45
40
2-ϕ10
2-R5
2-R5
15
7
5
5
10
5
ϕ20
ϕ30
15
5
15
5
5
10
24
34
40
50
60
70
150
7.5
90°
R100
45°
3-R15
2-R2
3-R12.5
3-R10
3-R5
ϕ40
ϕ30
R100
10
10
60
80
R7.5

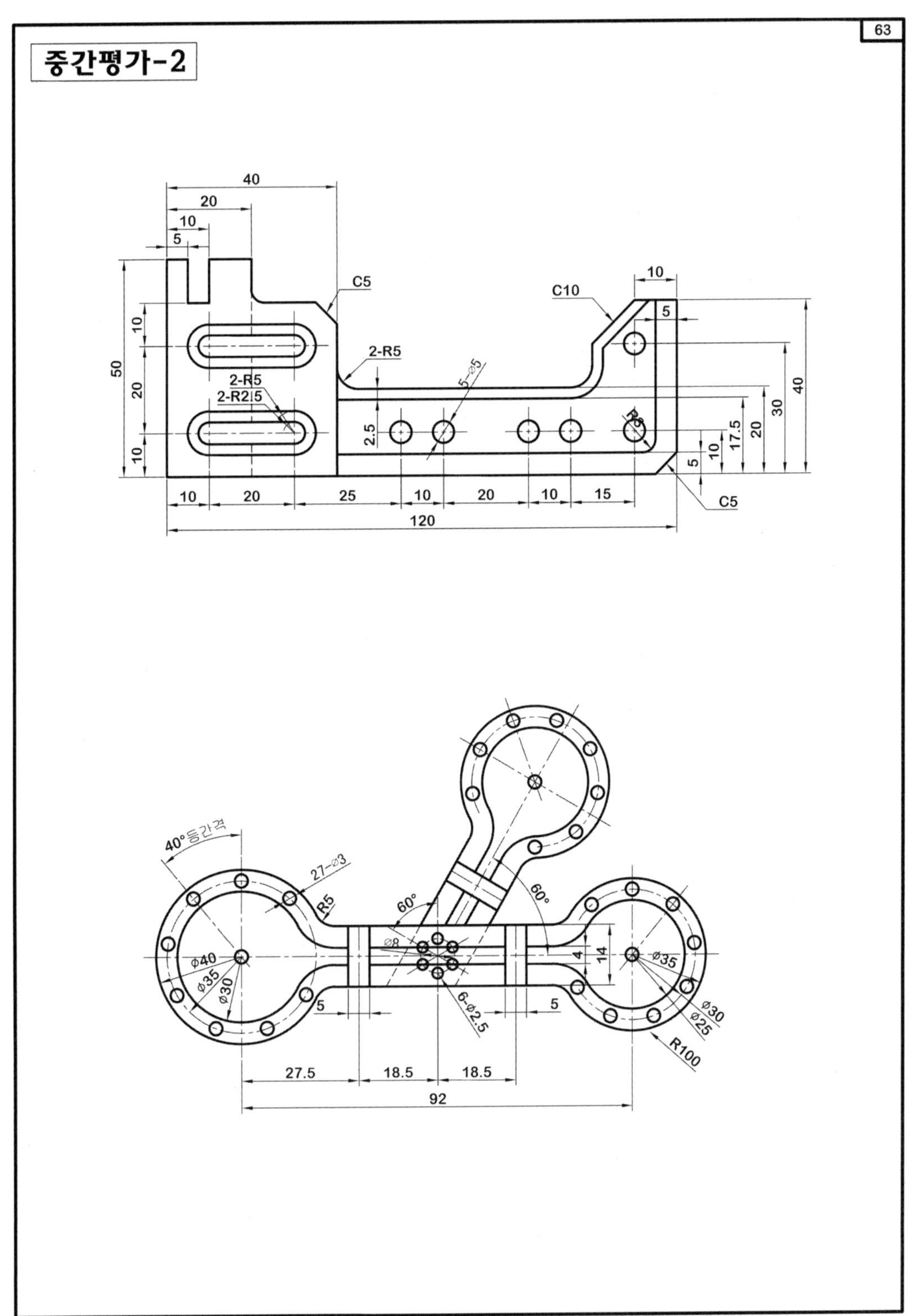
63
중간평가-2
40
20
10
5
C5
C10
10
5
2-R5
5-∅5
2-R5
2-R2.5
50
10
20
10
2.5
R5
17.5
20
30
40
10
20
25
10
20
10
15
C5
120
40°등간격
27-∅3
R5
60°
60°
∅8
4
14
∅40
∅35
∅30
∅35
6-∅2.5
5
5
∅30
∅25
R100
27.5
18.5
18.5
92

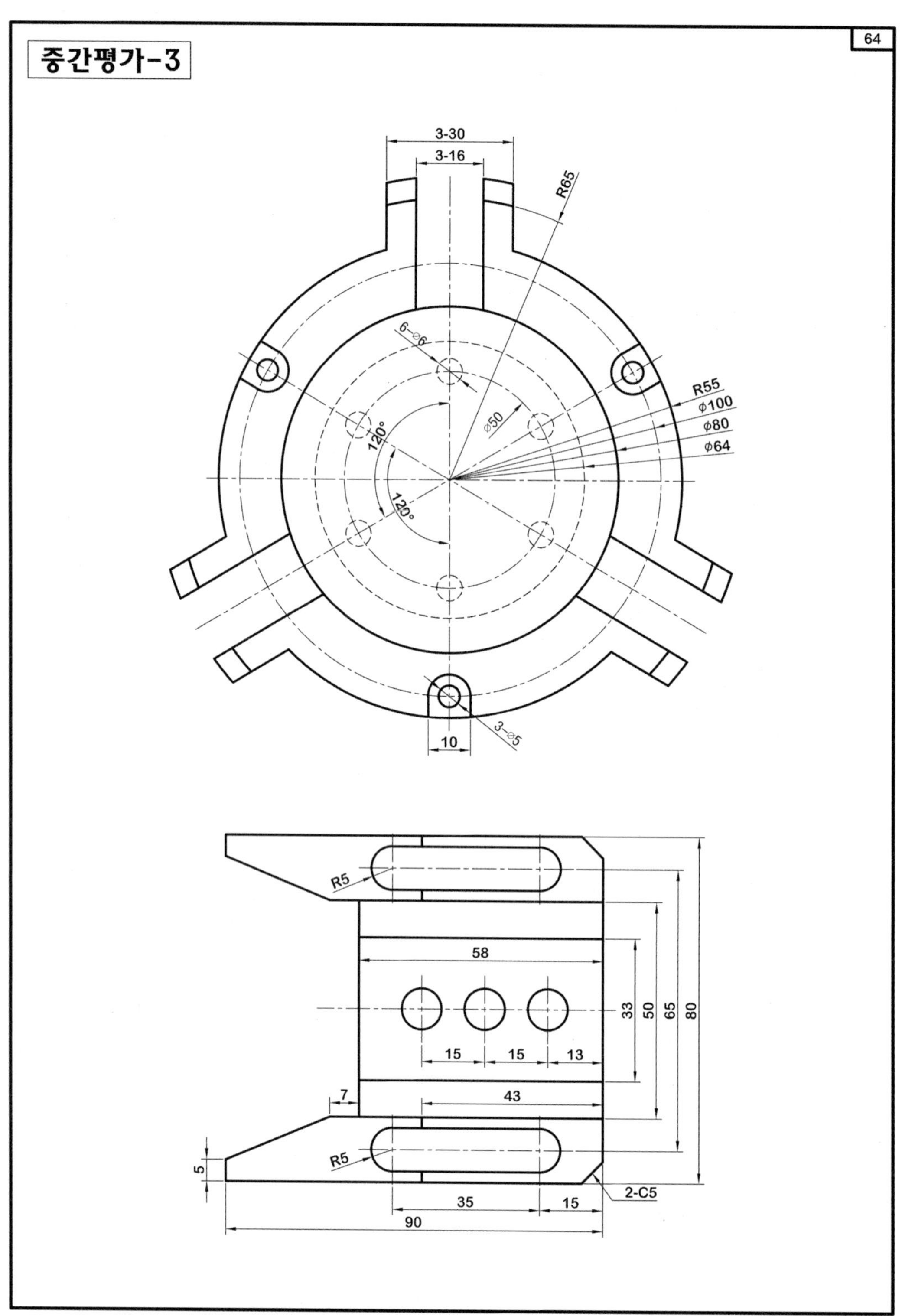
중간평가-3
64
3-30
3-16
R65
6-⌀6
R55
ϕ100
ϕ80
ϕ64
⌀50
120°
120°
3-⌀5
10
R5
58
33
50
65
80
15
15
13
7
43
R5
5
35
15
2-C5
90

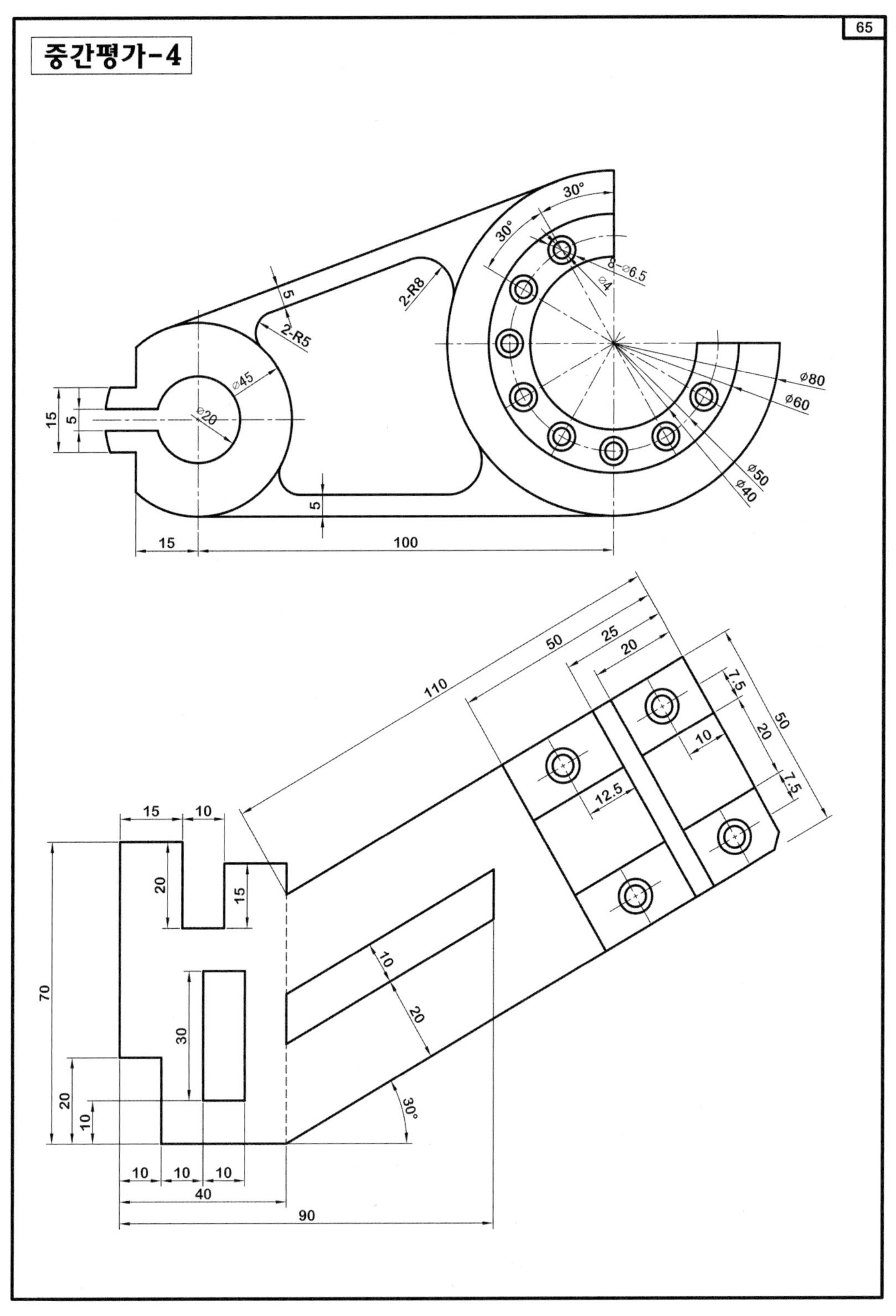
중간평가-4
65
30°
30°
8-⌀6.5
⌀4
5
2-R8
2-R5
⌀45
⌀20
⌀80
⌀60
⌀50
⌀40
15
5
5
15
100
110
50
25
20
7.5
50
20
10
12.5
7.5
15
10
20
15
70
30
10
20
20
10
30°
10
10
10
40
90

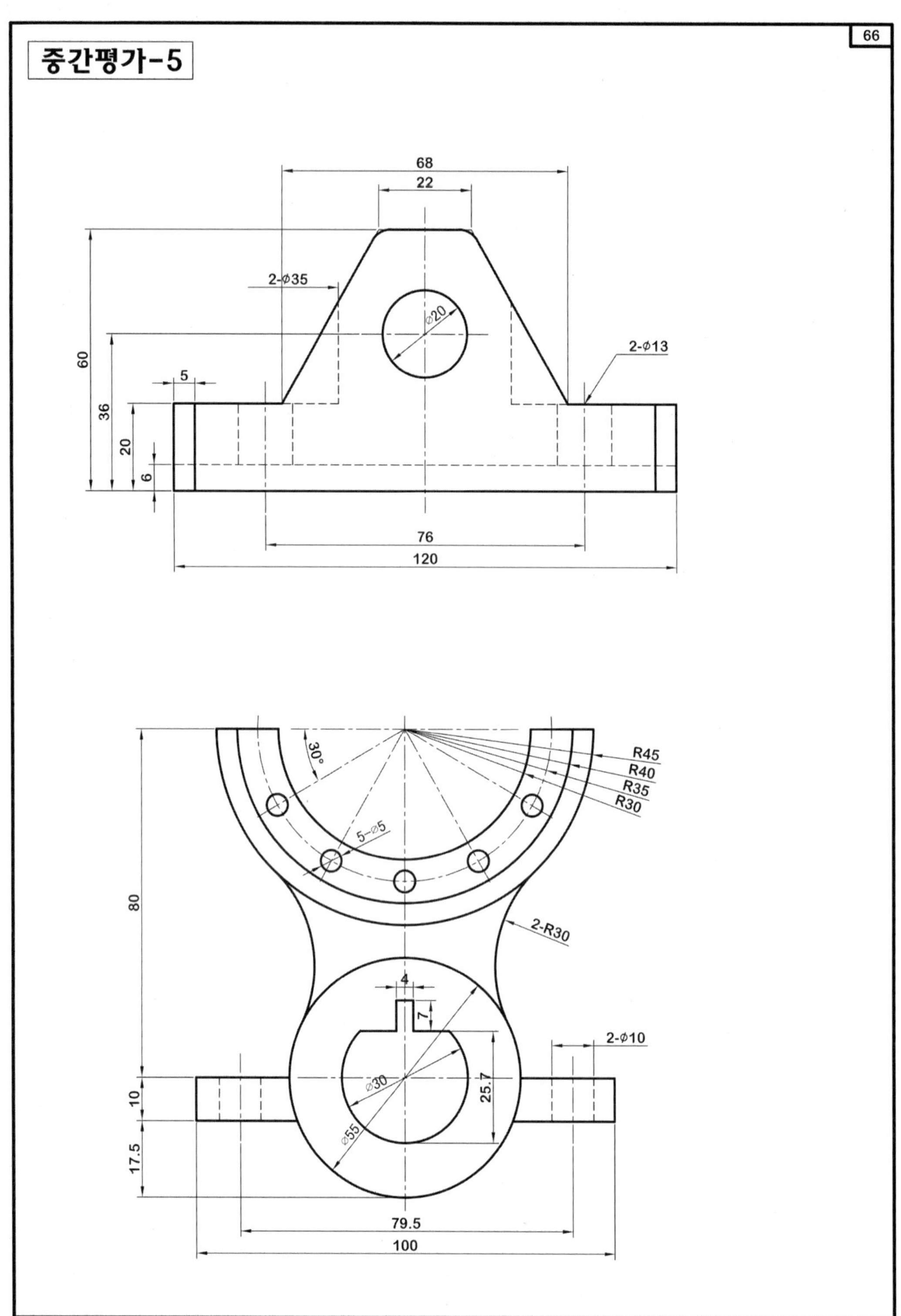
66
중간평가-5
68
22
2-Ø35
Ø20
2-Ø13
60
36
20
6
5
76
120
30°
R45
R40
R35
R30
5-Ø5
80
2-R30
4
7
2-Ø10
Ø30
25.7
10
Ø55
17.5
79.5
100

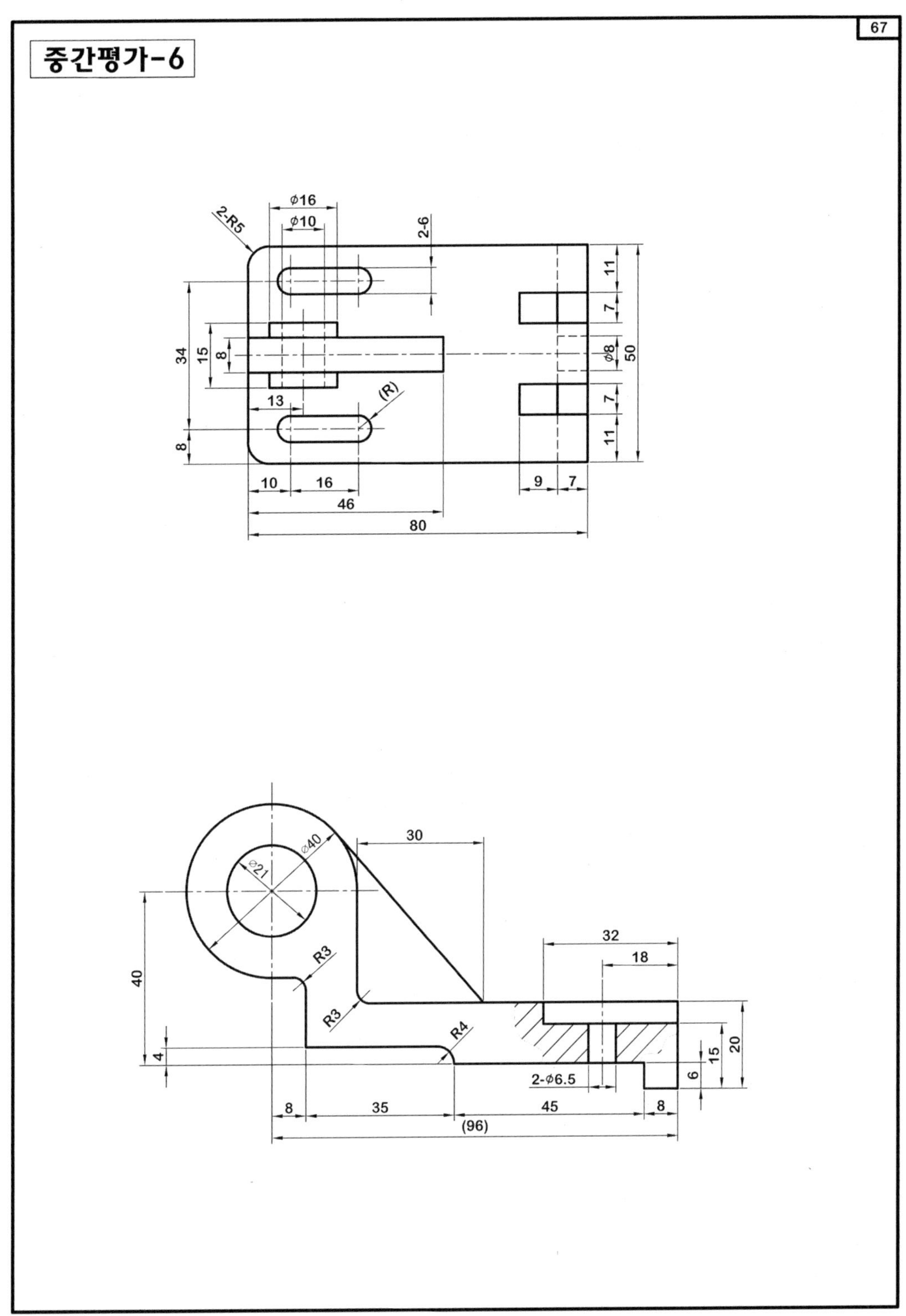
중간평가-6
67
2-R5
ϕ16
ϕ10
2-6
34
15
8
13
(R)
11
7
ϕ8
50
10
16
46
80
9
ϕ40
ϕ21
30
32
18
R3
R4
40
4
2-ϕ6.5
15
20
6
35
45
(96)

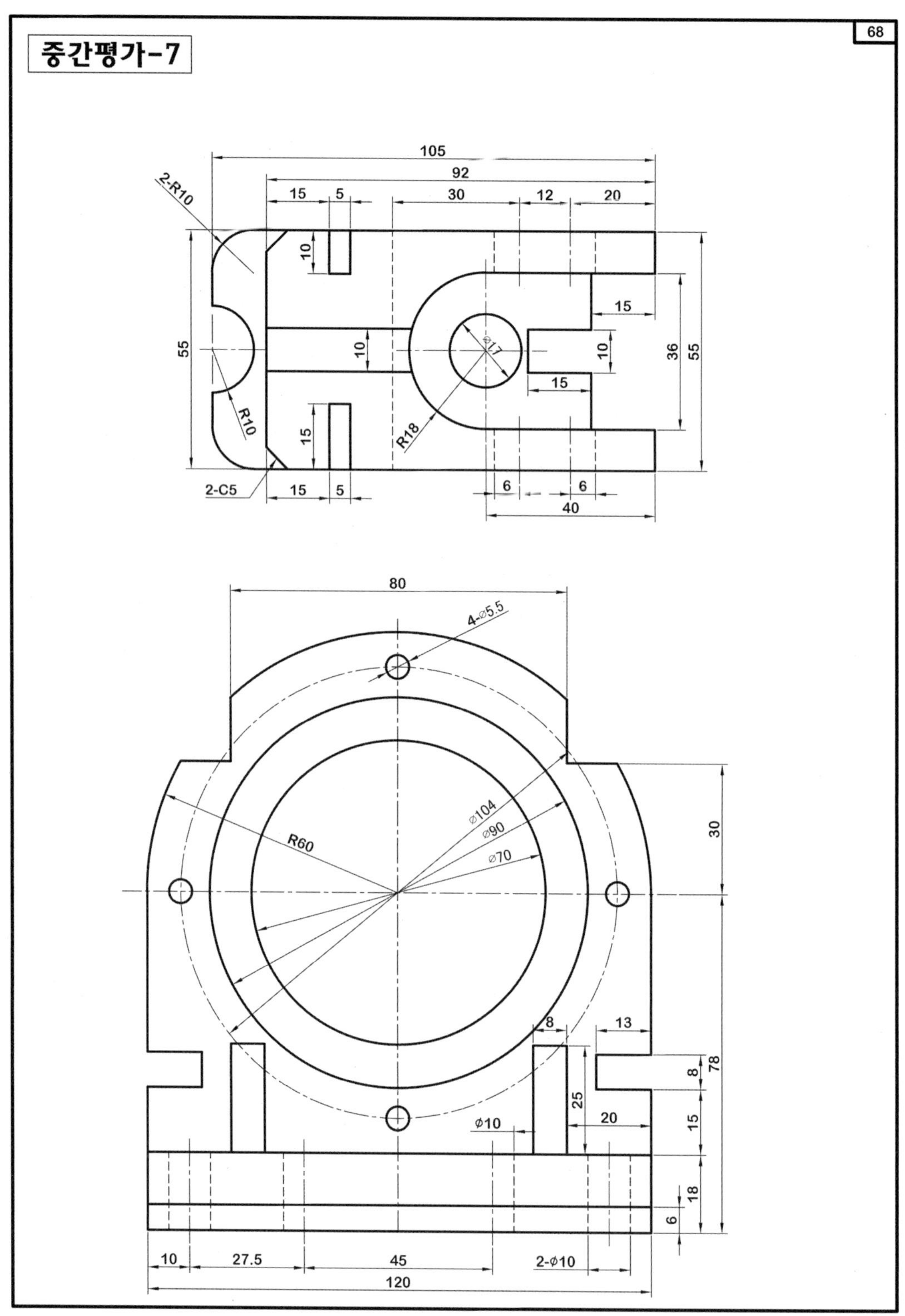
중간평가-7
68
105
92
2-R10
15
5
30
12
20
10
55
10
15
10
36
55
R10
15
R18
15
2-C5
15
5
6
6
40
⌀17
80
4-⌀5.5
⌀104
⌀90
⌀70
R60
30
8
13
8
78
25
20
15
⌀10
18
6
10
27.5
45
2-⌀10
120

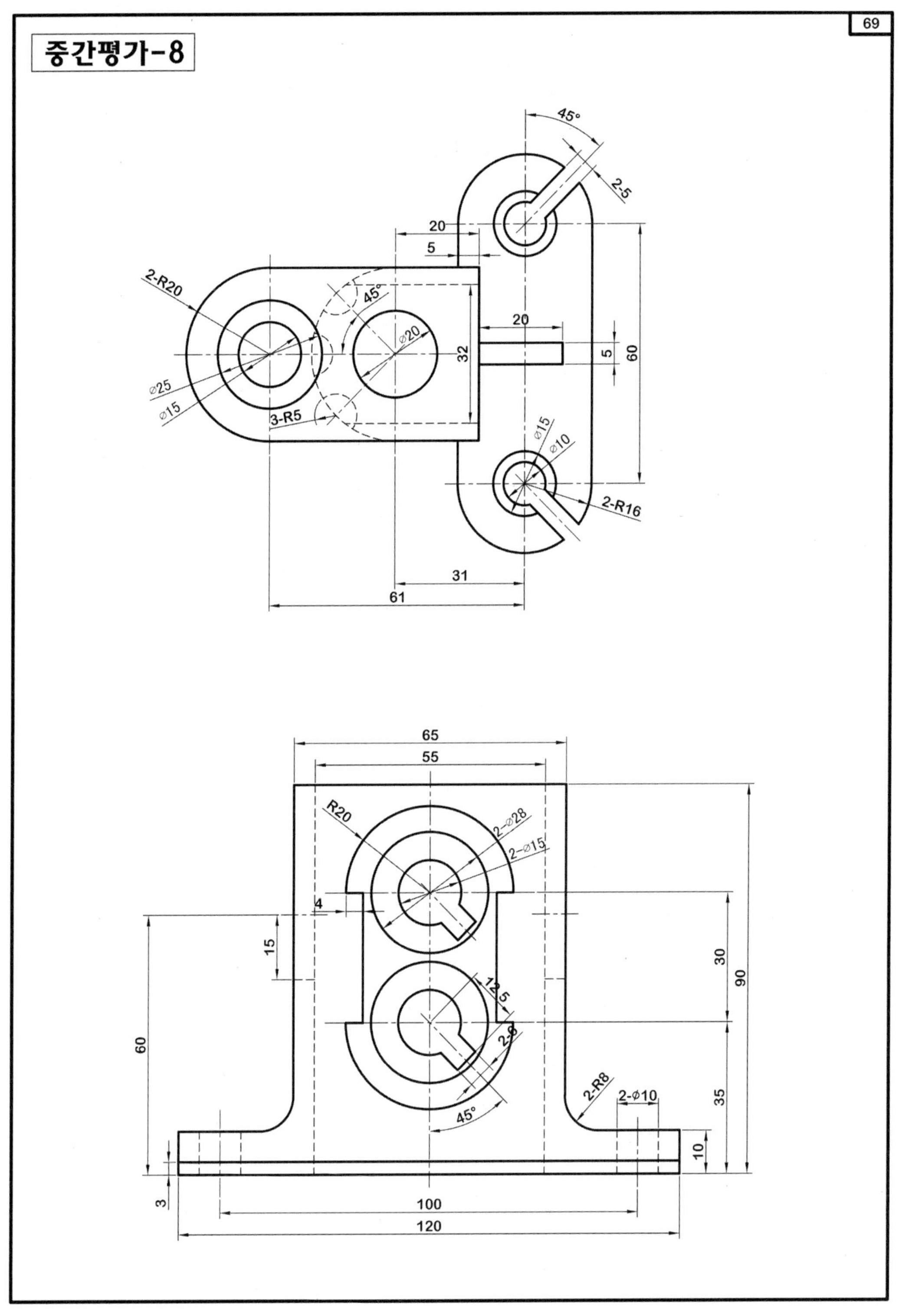
중간평가-8
69
45°
2-5
20
5
2-R20
45°
⌀20
20
32
5
60
⌀25
⌀15
3-R5
⌀15
⌀10
2-R16
31
61
65
55
R20
2-⌀28
2-⌀15
4
15
30
90
12.5
2-8
60
2-R8
2-⌀10
45°
35
10
3
100
120

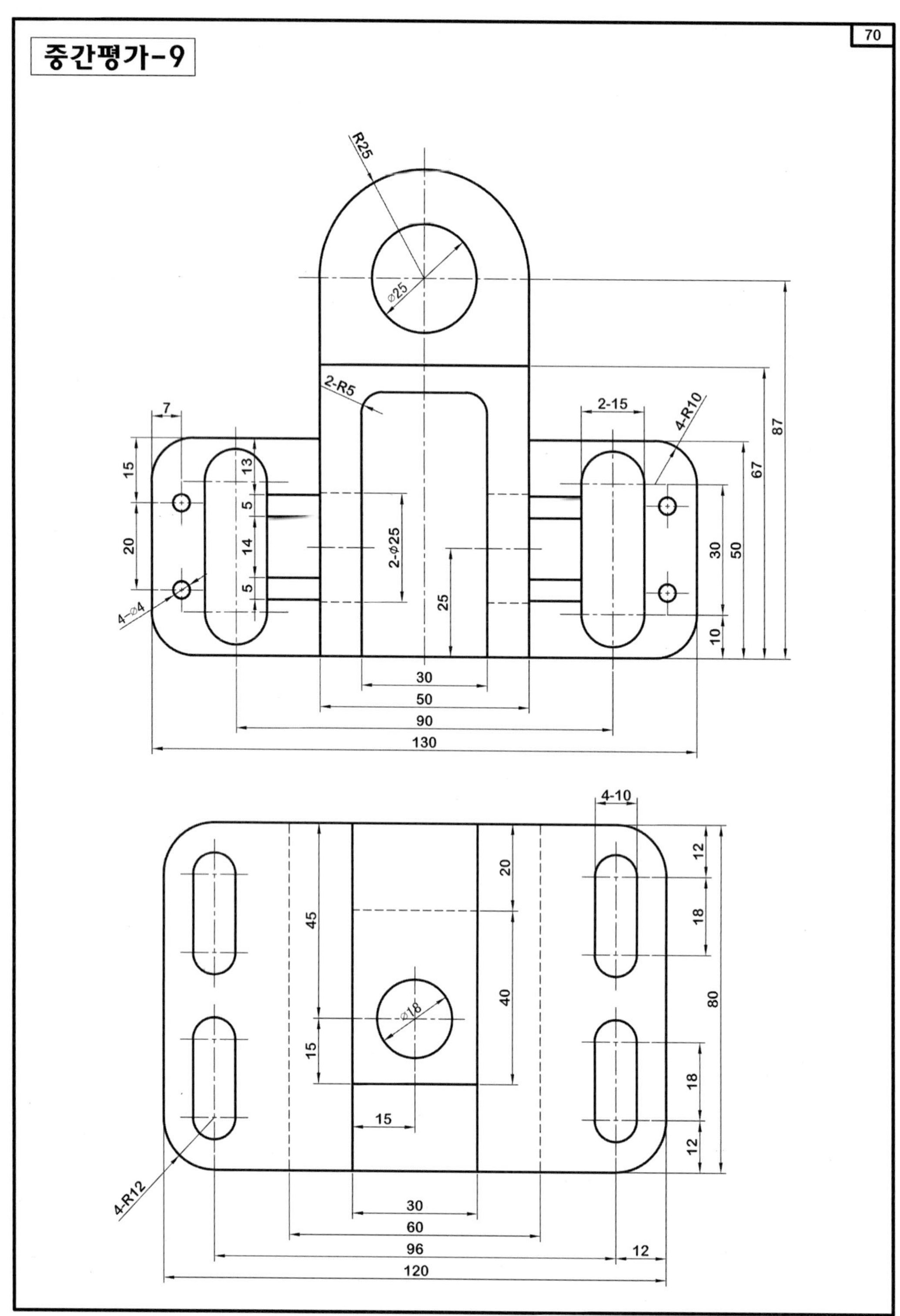

중간평가-9
70
R25
⌀25
2-R5
7
2-15
4-R10
15
13
5
20
14
5
4-⌀4
2-⌀25
25
30
50
10
67
87
30
50
90
130
4-10
12
18
80
18
12
45
20
⌀18
40
15
15
4-R12
30
60
96
12
120

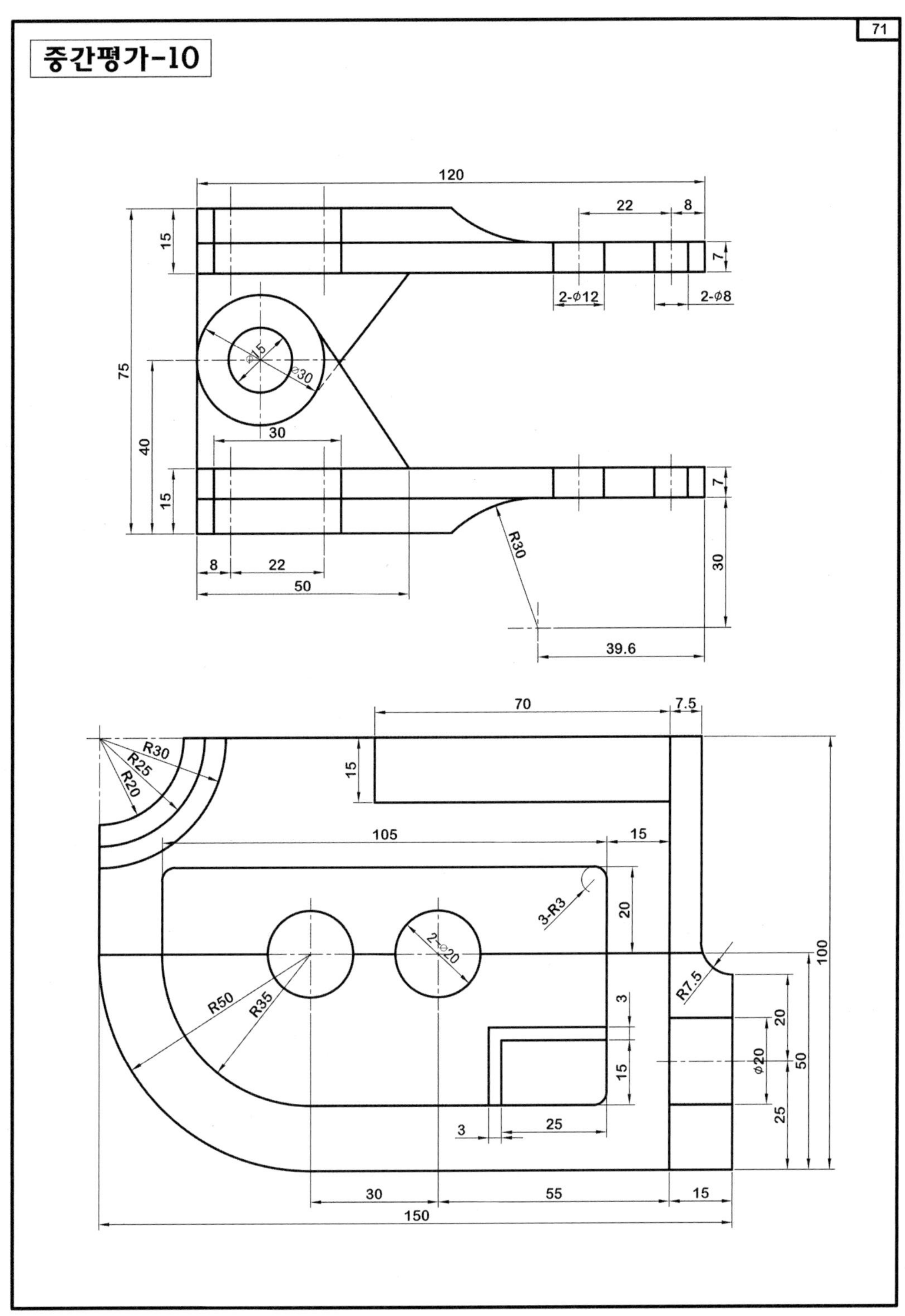
71
중간평가-10
120
22
8
15
7
2-ϕ12
2-ϕ8
75
40
ϕ15
ϕ30
30
15
7
8
22
50
R30
30
39.6
70
7.5
R30
R25
R20
15
105
15
3-R3
20
100
R7.5
R50
R35
2-ϕ20
3
20
ϕ20
50
15
25
3
25
30
55
15
150

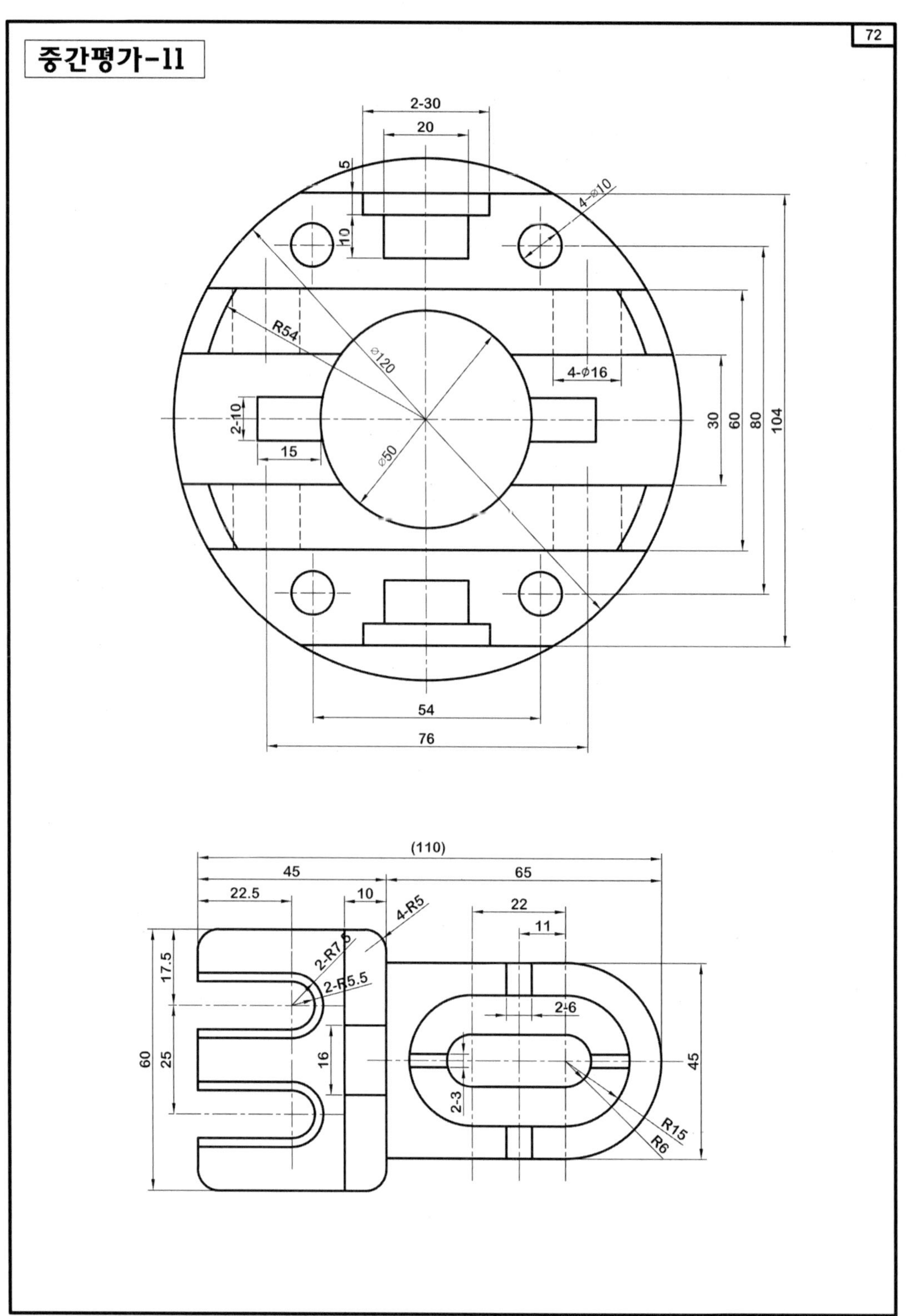
중간평가-11
72
2-30
20
5
10
4-⌀10
R54
⌀120
4-⌀16
2-10
15
⌀50
30
60
80
104
54
76
(110)
45
65
22.5
10
4-R5
22
11
2-R7.5
2-R5.5
17.5
2-6
60
25
16
45
2-3
R15
R6

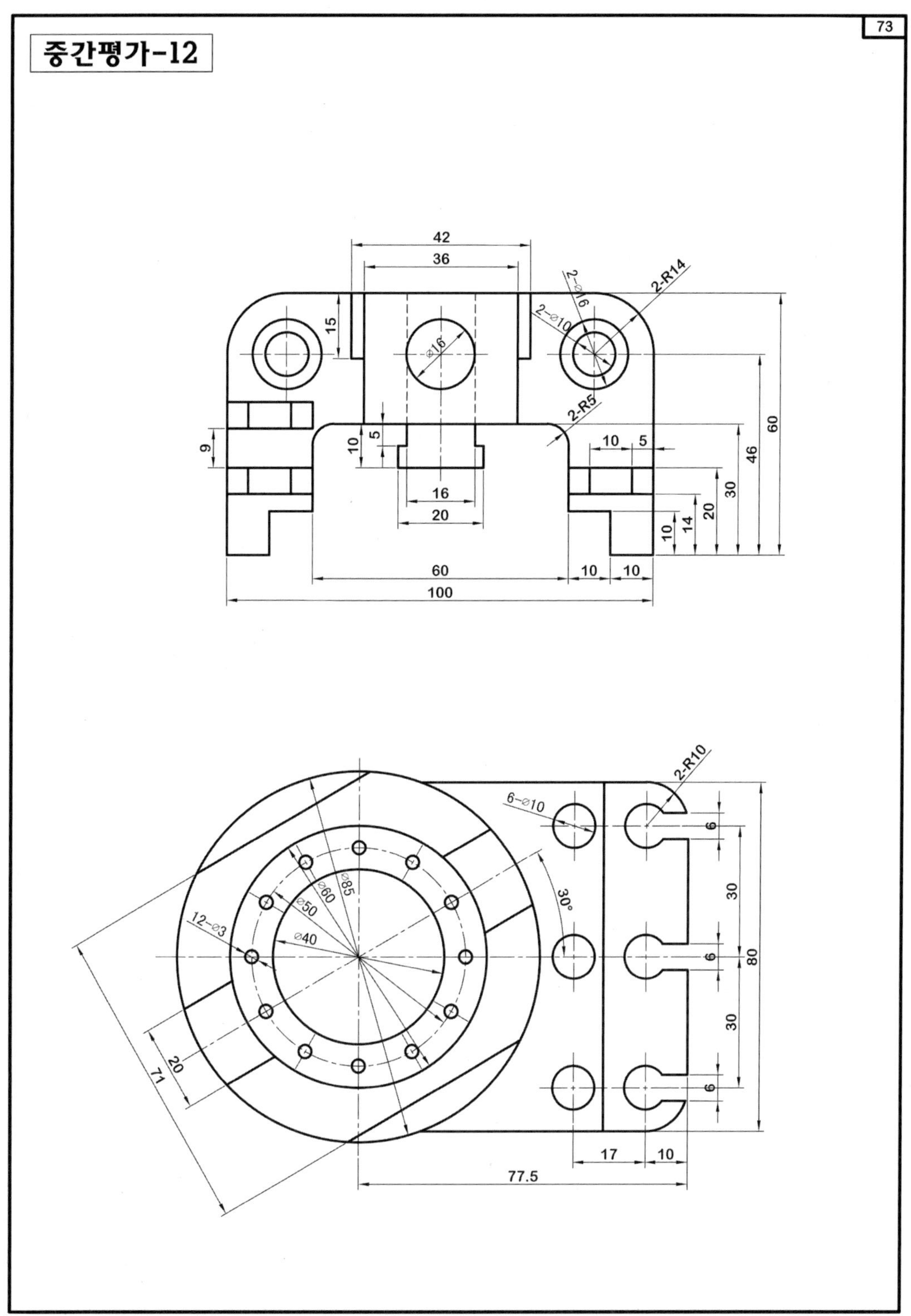
73
중간평가-12
42
36
2-⌀16
2-R14
2-⌀10
15
⌀16
2-R5
9
10
5
10
5
16
20
60
46
30
20
14
10
60
10
10
100
2-R10
6-⌀10
6
30
30°
6
80
30
6
12-⌀3
⌀85
⌀60
⌀50
⌀40
20
71
17
10
77.5

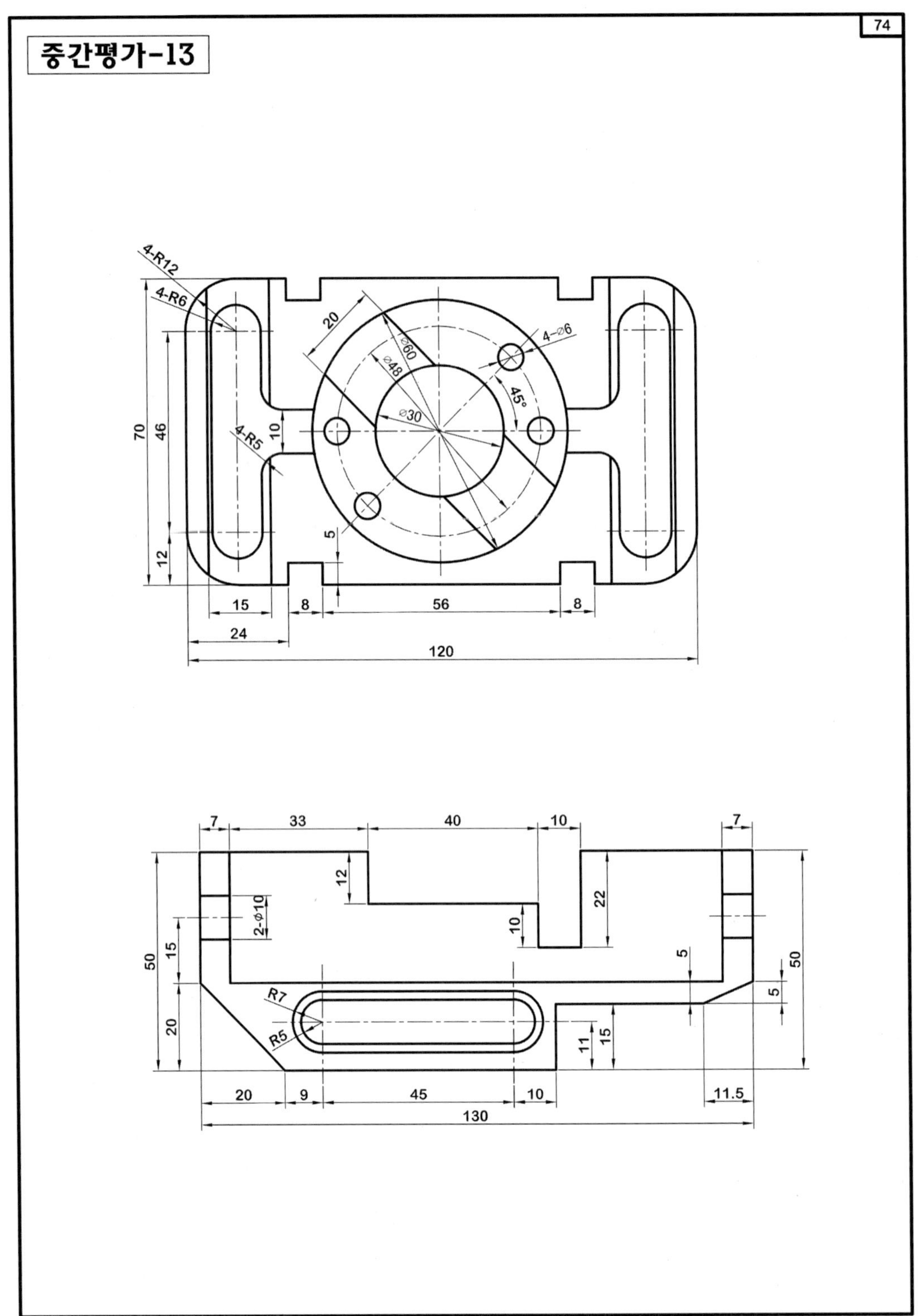
74
중간평가-13
4-R12
4-R6
20
⌀60
⌀48
4-⌀6
45°
⌀30
4-R5
10
70
46
12
5
15
8
56
8
24
120
7
33
40
10
7
12
2-⌀10
10
22
50
15
20
5
5
50
R7
R5
11
15
20
9
45
10
11.5
130

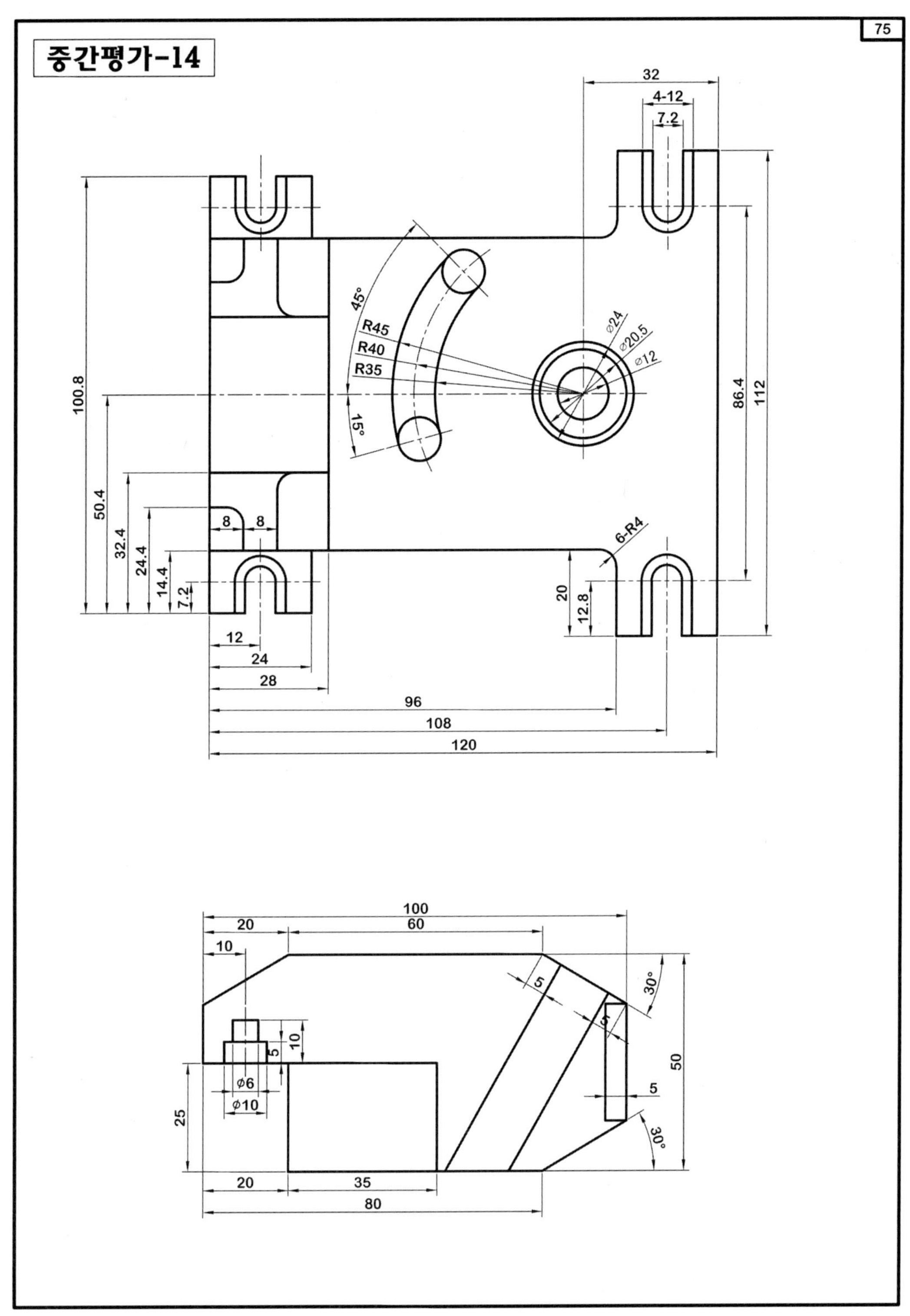

중간평가-14
75
32
4-12
7.2
100.8
45°
R45
R40
R35
15°
⌀24
⌀20.5
⌀12
86.4
112
50.4
32.4
24.4
14.4
7.2
8
8
6-R4
20
12.8
12
24
28
96
108
120
100
20
60
10
5
30°
10
5
⌀6
⌀10
25
50
5
30°
20
35
80

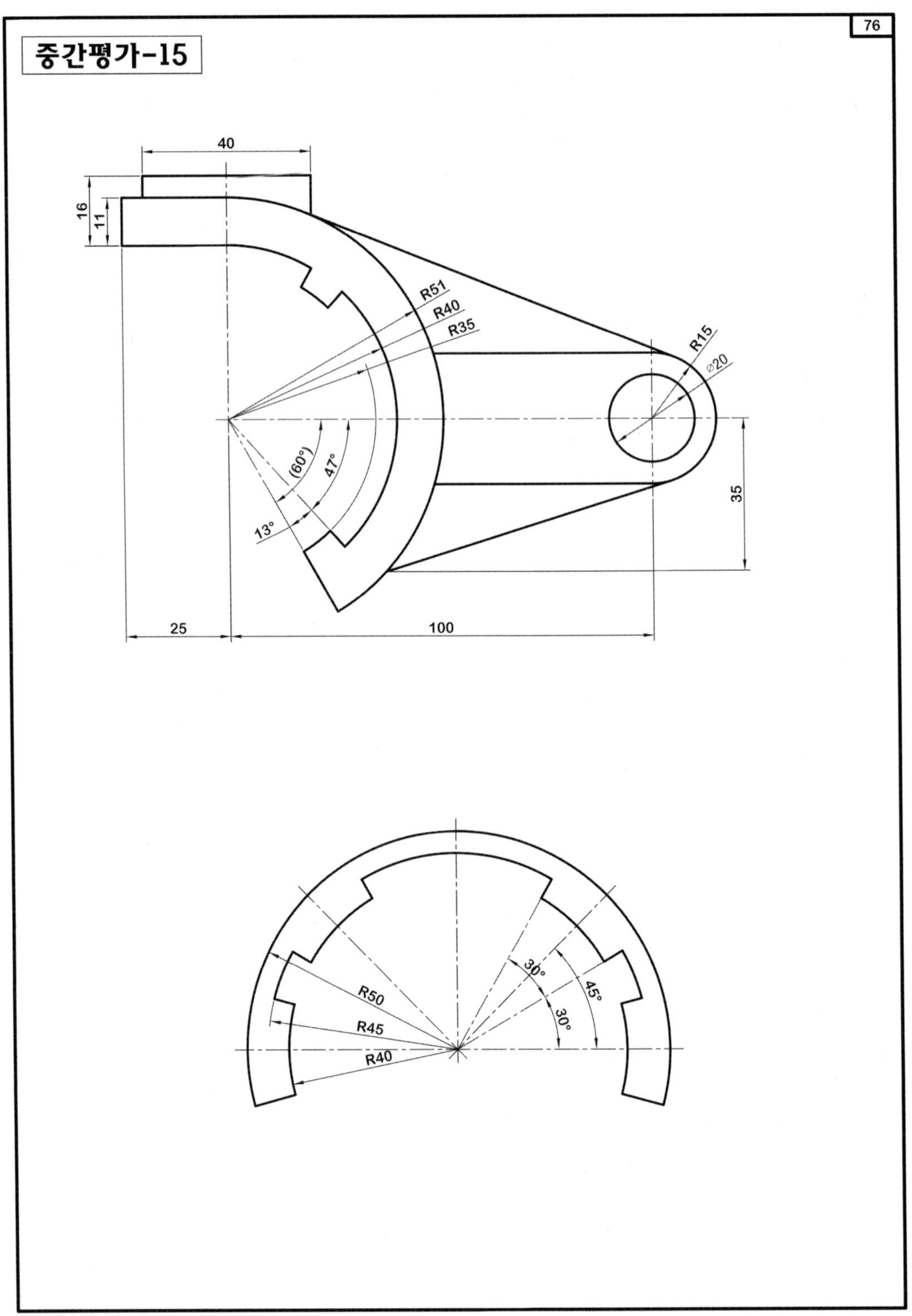
76
중간평가-15
40
16
11
R51
R40
R35
R15
⌀20
(60°)
47°
13°
35
25
100
R50
R45
R40
30°
30°
45°

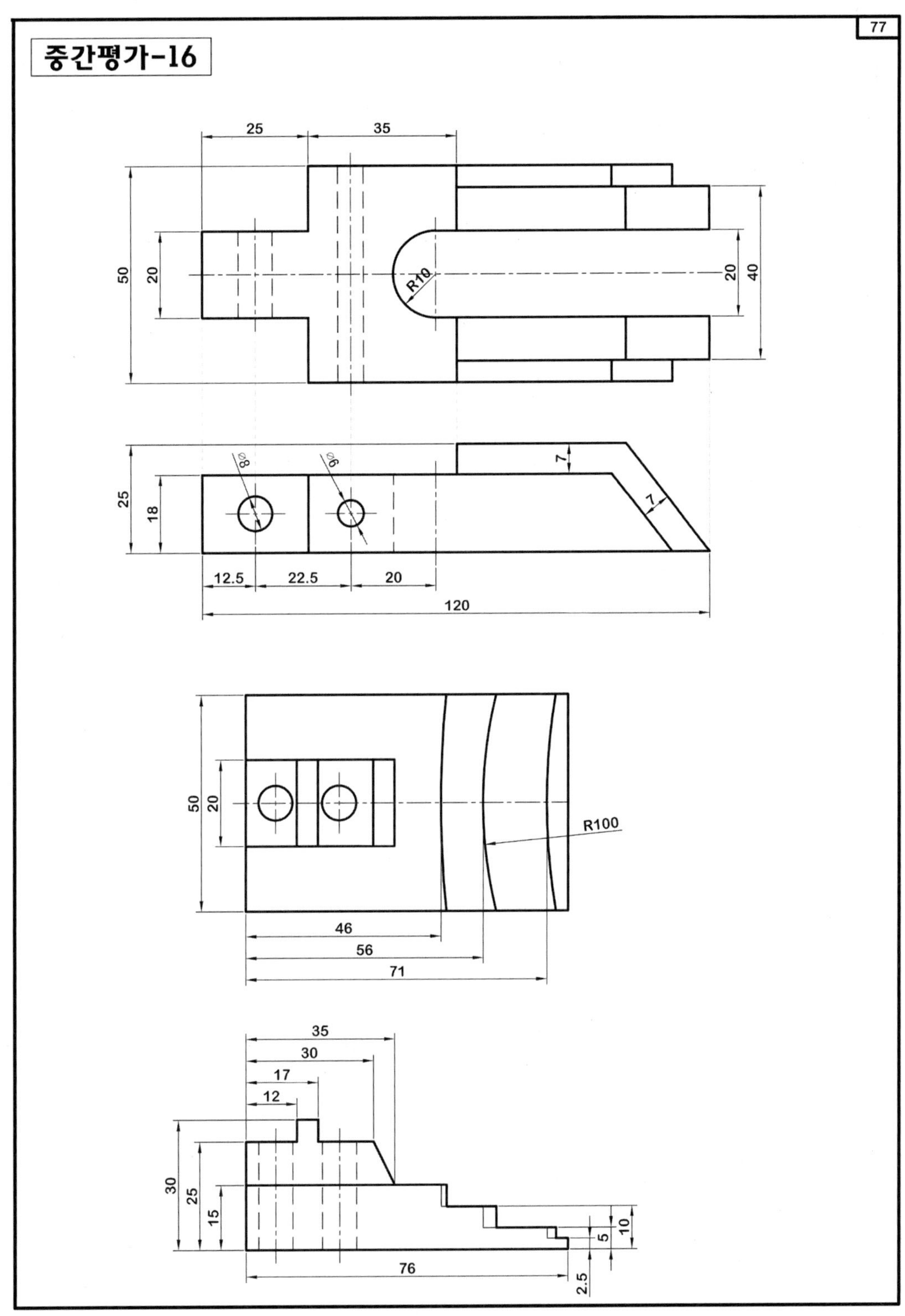
77
중간평가-16
25
35
50
20
R10
20
40
25
18
⌀8
⌀6
7
7
12.5
22.5
20
120
50
20
R100
46
56
71
35
30
17
12
30
25
15
10
5
76
2.5

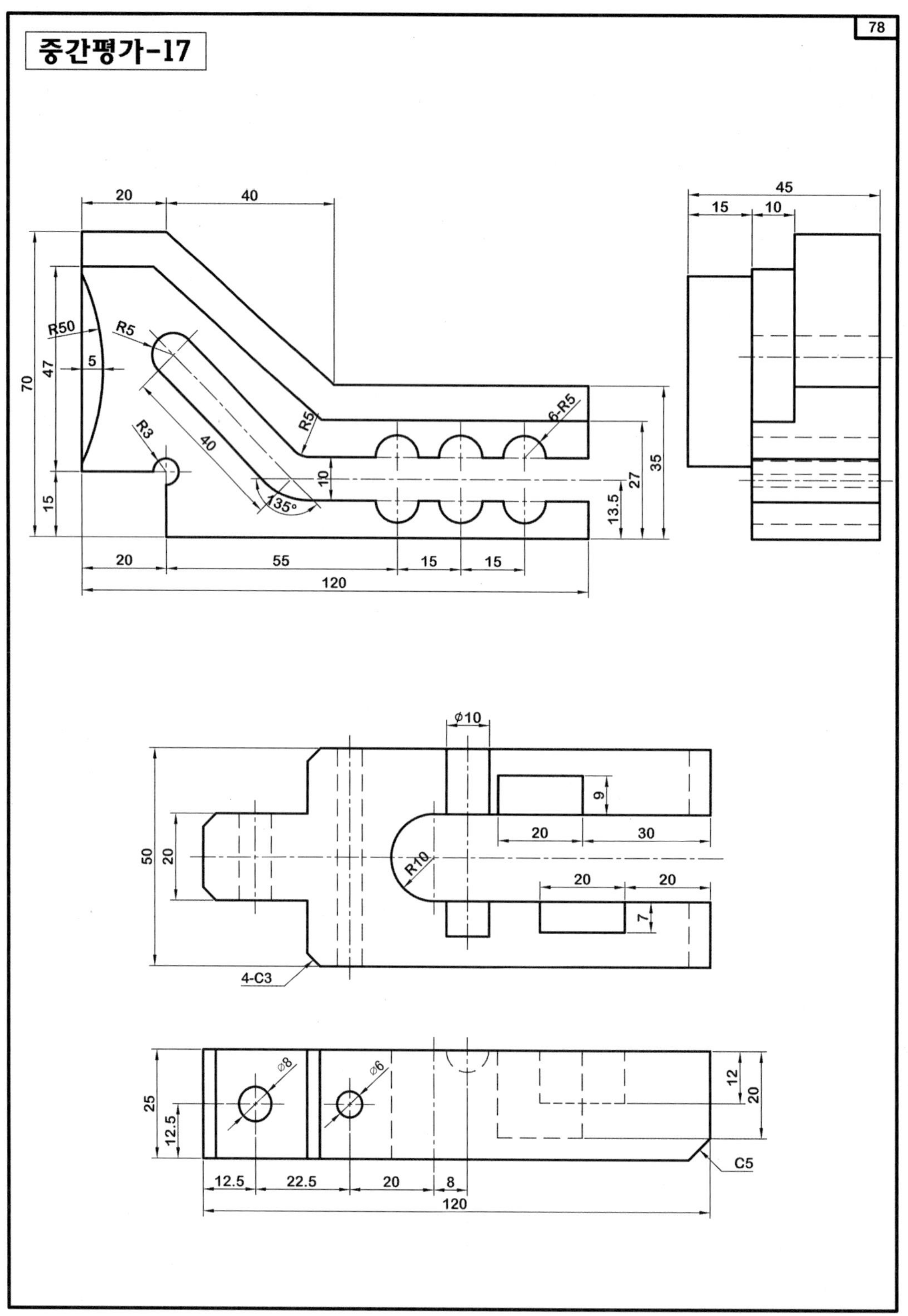

78
중간평가-17
20
40
45
15
10
R50
R5
70
47
5
R5
6-R5
R3
40
10
35
27
15
135°
13.5
20
55
15
15
120
ϕ10
9
20
30
50
20
R10
20
20
7
4-C3
ϕ8
ϕ6
25
12.5
12
20
C5
12.5
22.5
20
8
120

www.hitc.co.kr → 교육 및 정보 → 출판교재 자료실 → 삼각법 3D PDF 참고할 것

삼각법-1 : 우측도면을 작성할때 45°선(대각선)을 작성하여 수평과 수직으로 작성한다.

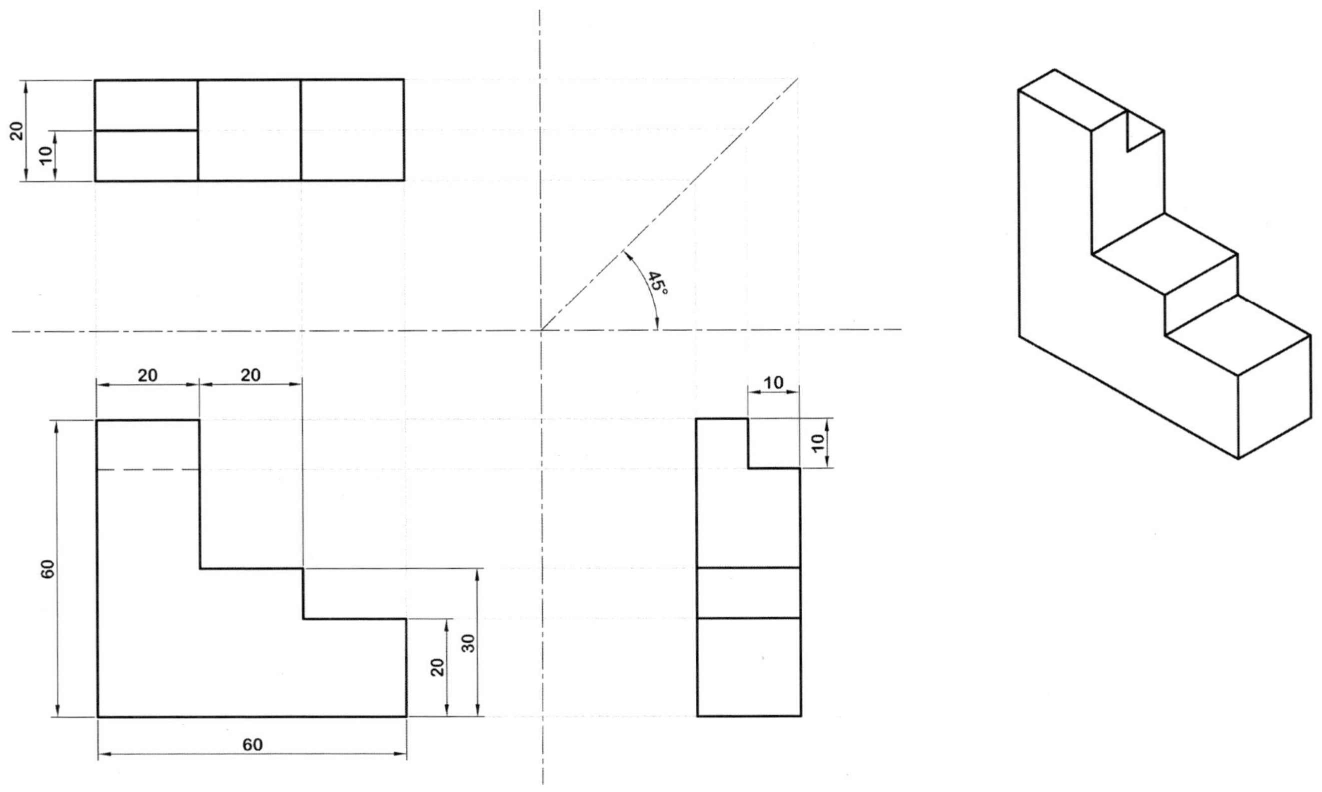

www.hitc.co.kr → 교육 및 정보 → 출판교재 자료실 → 삼각법 3D PDF 참고할 것

삼각법-2 : 우측도면을 작성할때 45°선(대각선)을 작성하여 수평과 수직으로 작성한다.

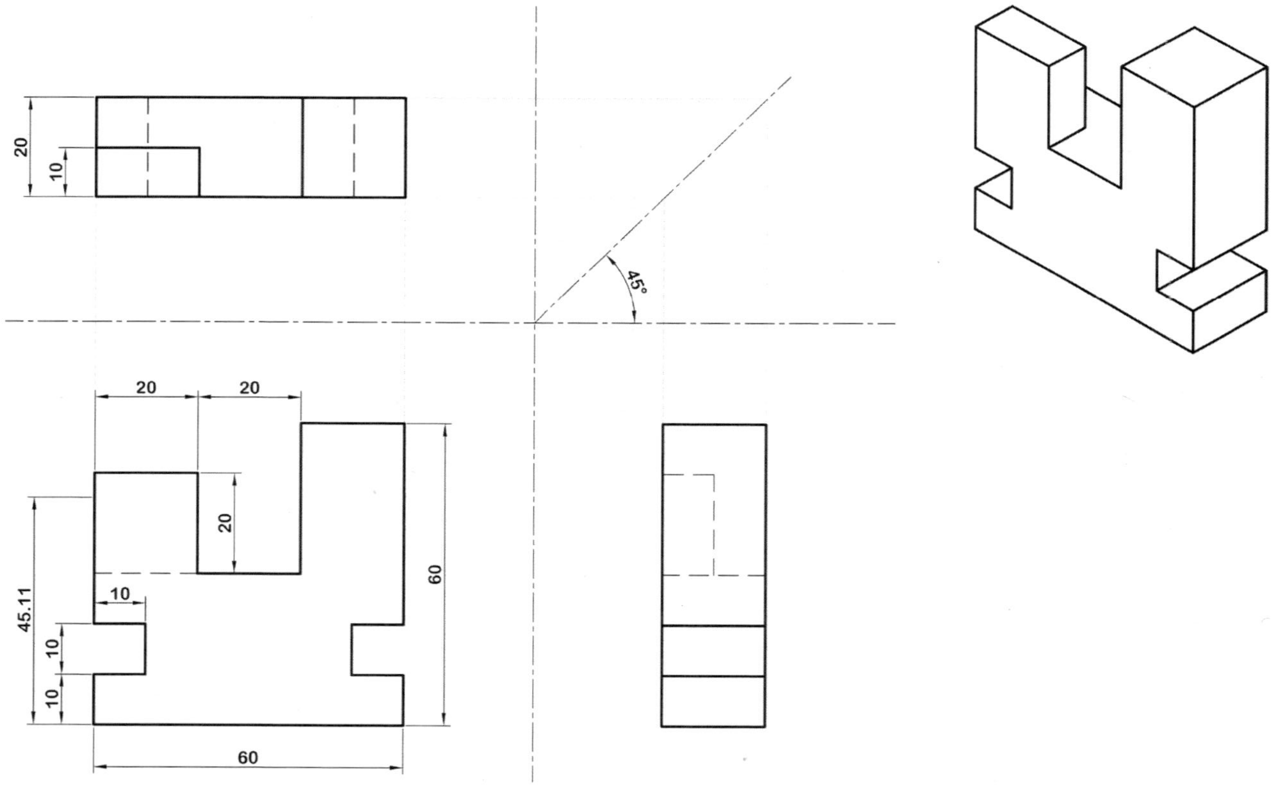

www.hitc.co.kr → 교육 및 정보 → 출판교재 자료실 → 삼각법 3D PDF 참고할 것

삼각법-3 : 우측도면을 작성할때 45°선(대각선)을 작성하여 수평과 수직으로 작성한다.

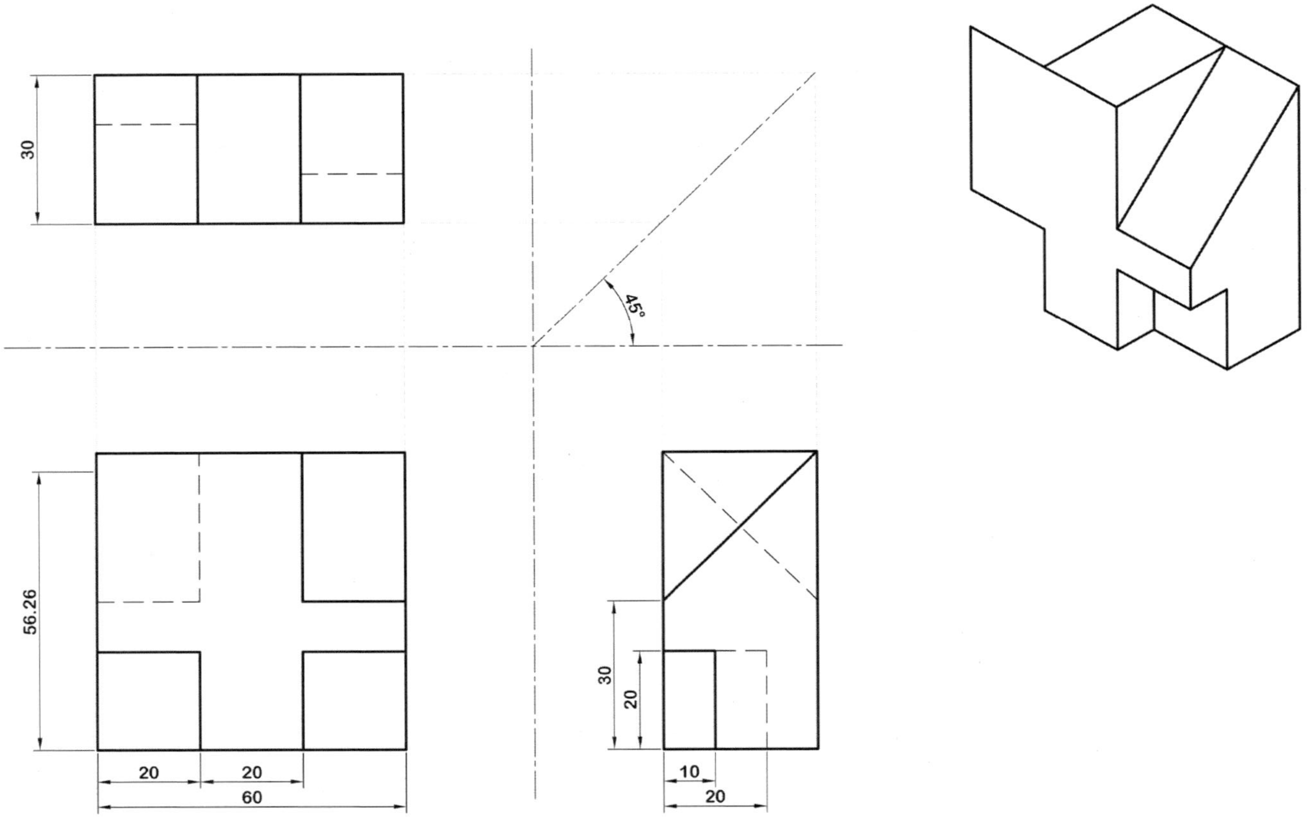

30

45°

56.26

20 20

60

30

20

10

20

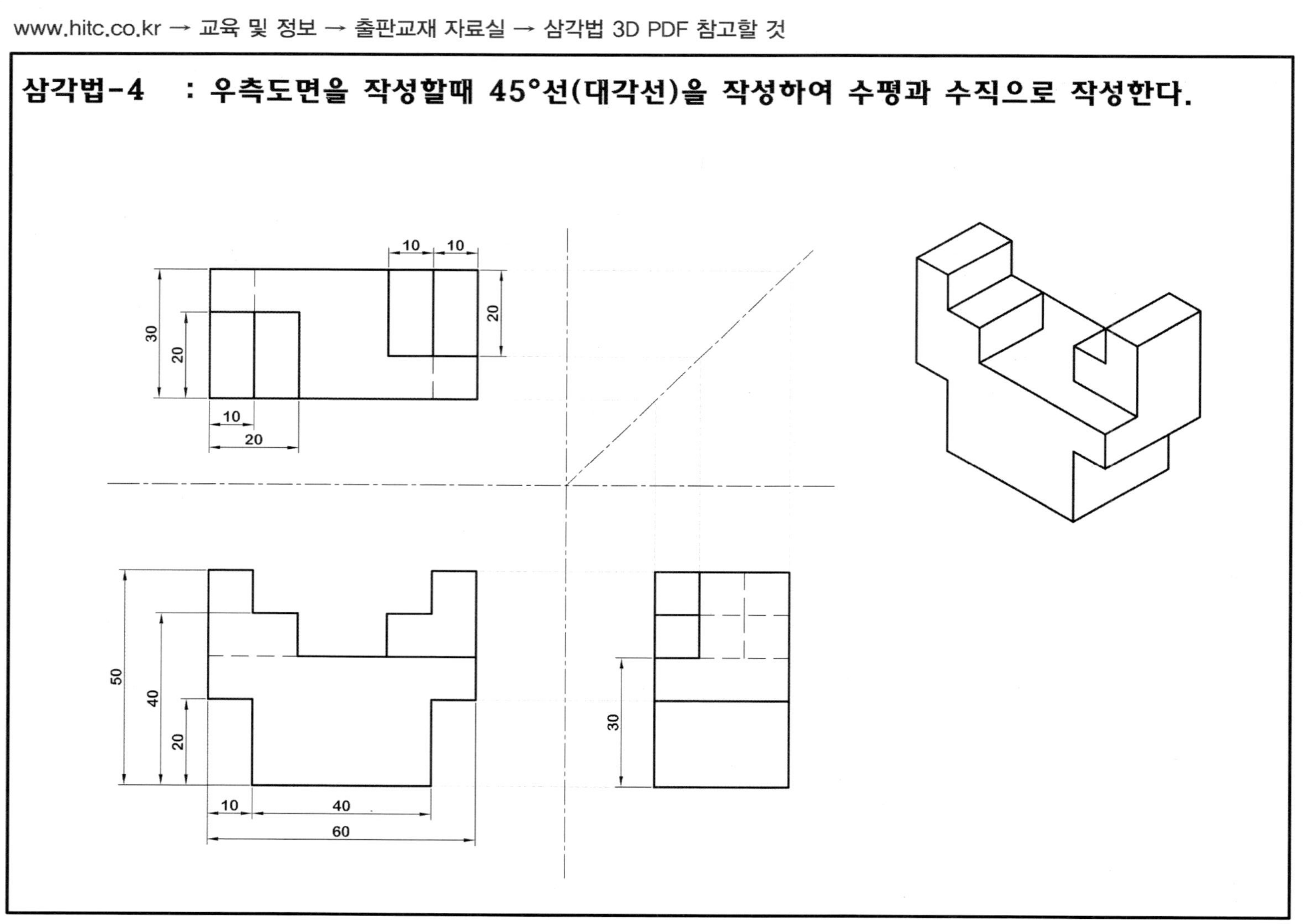
www.hitc.co.kr → 교육 및 정보 → 출판교재 자료실 → 삼각법 3D PDF 참고할 것
삼각법-4 : 우측도면을 작성할때 45°선(대각선)을 작성하여 수평과 수직으로 작성한다.
10
10
20
30
20
10
20
50
40
20
10
40
60
30

www.hitc.co.kr → 교육 및 정보 → 출판교재 자료실 → 삼각법 3D PDF 참고할 것

삼각법-5

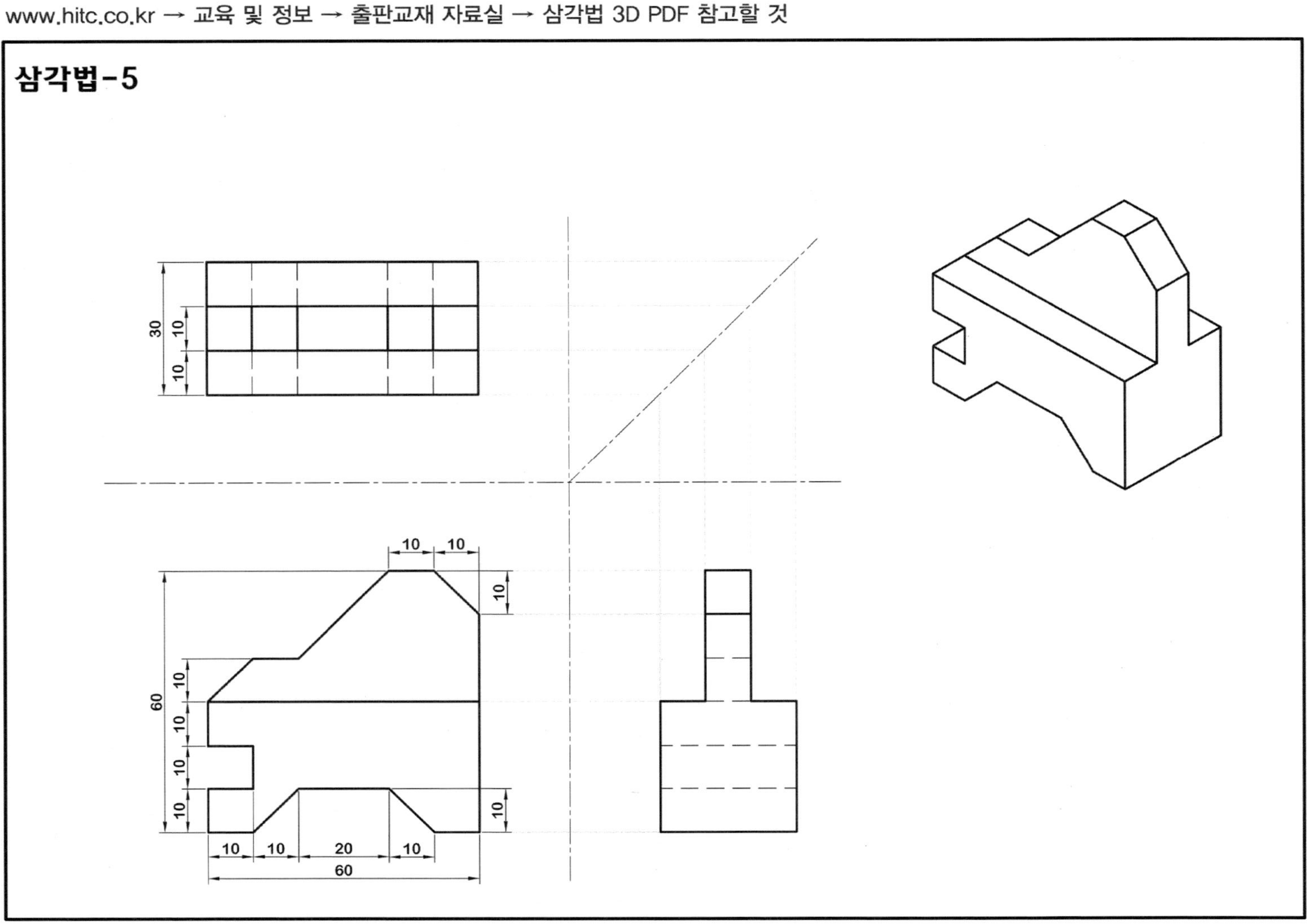

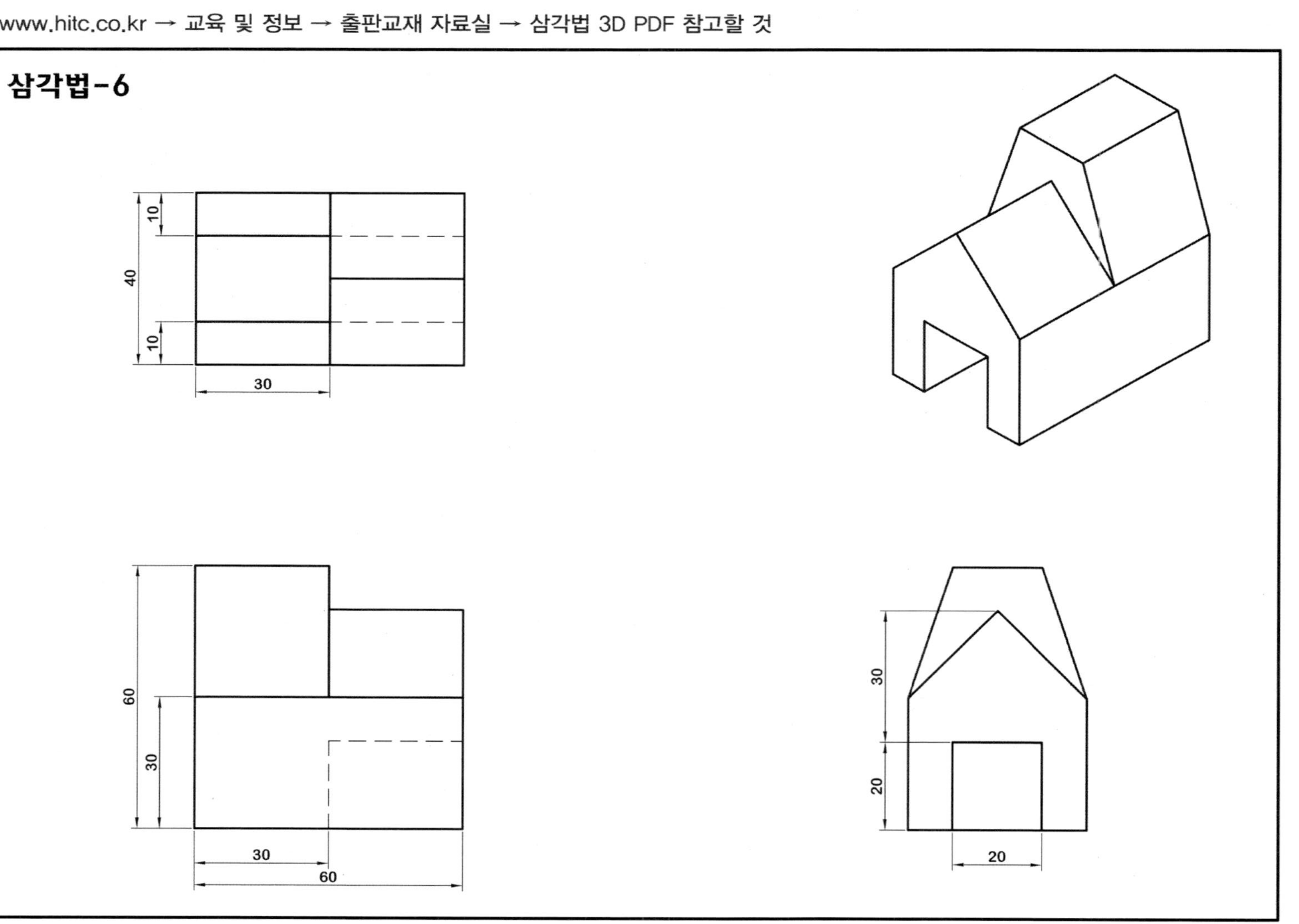
www.hitc.co.kr → 교육 및 정보 → 출판교재 자료실 → 삼각법 3D PDF 참고할 것
삼각법-6
10
40
10
30
60
30
30
60
30
20
20

www.hitc.co.kr → 교육 및 정보 → 출판교재 자료실 → 삼각법 3D PDF 참고할 것

삼각법-7

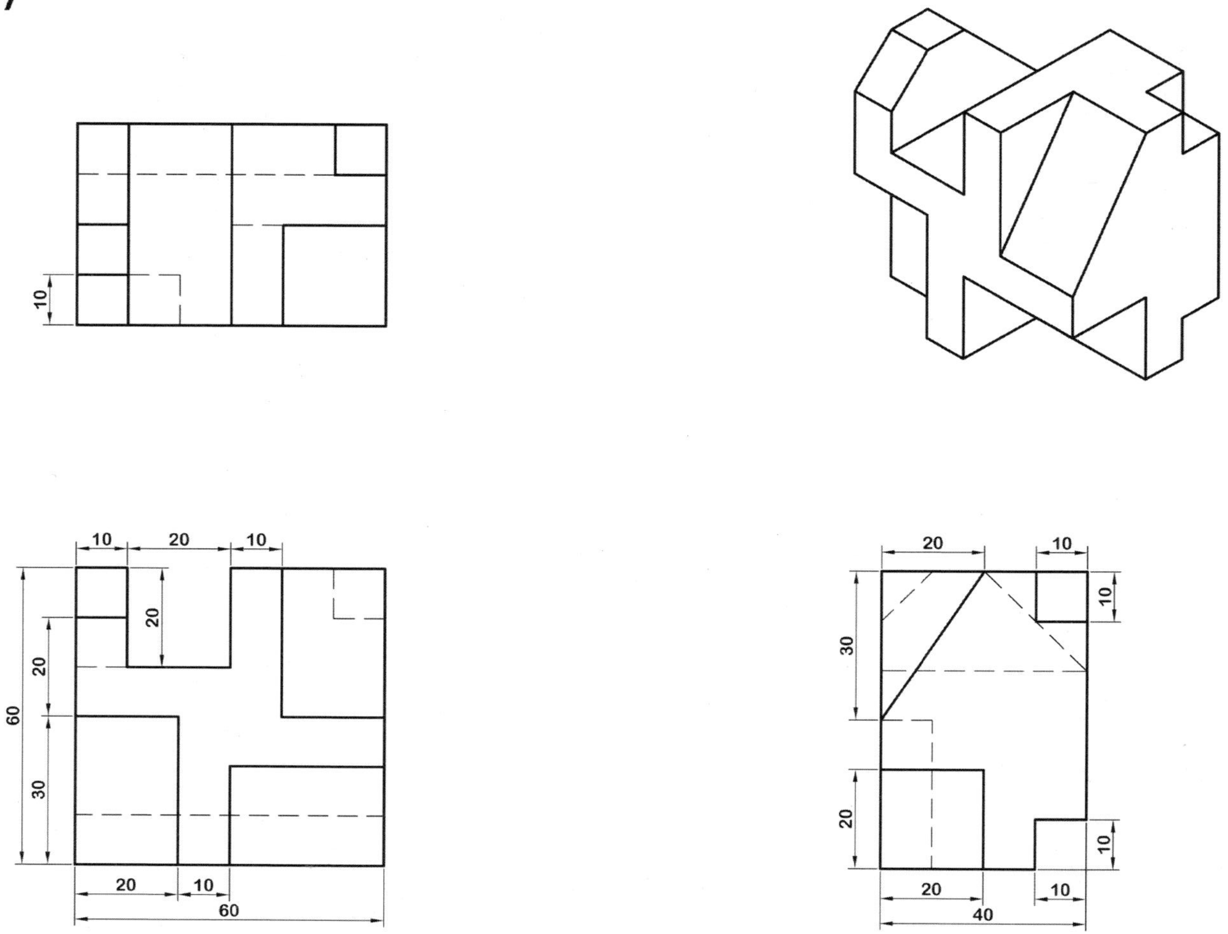

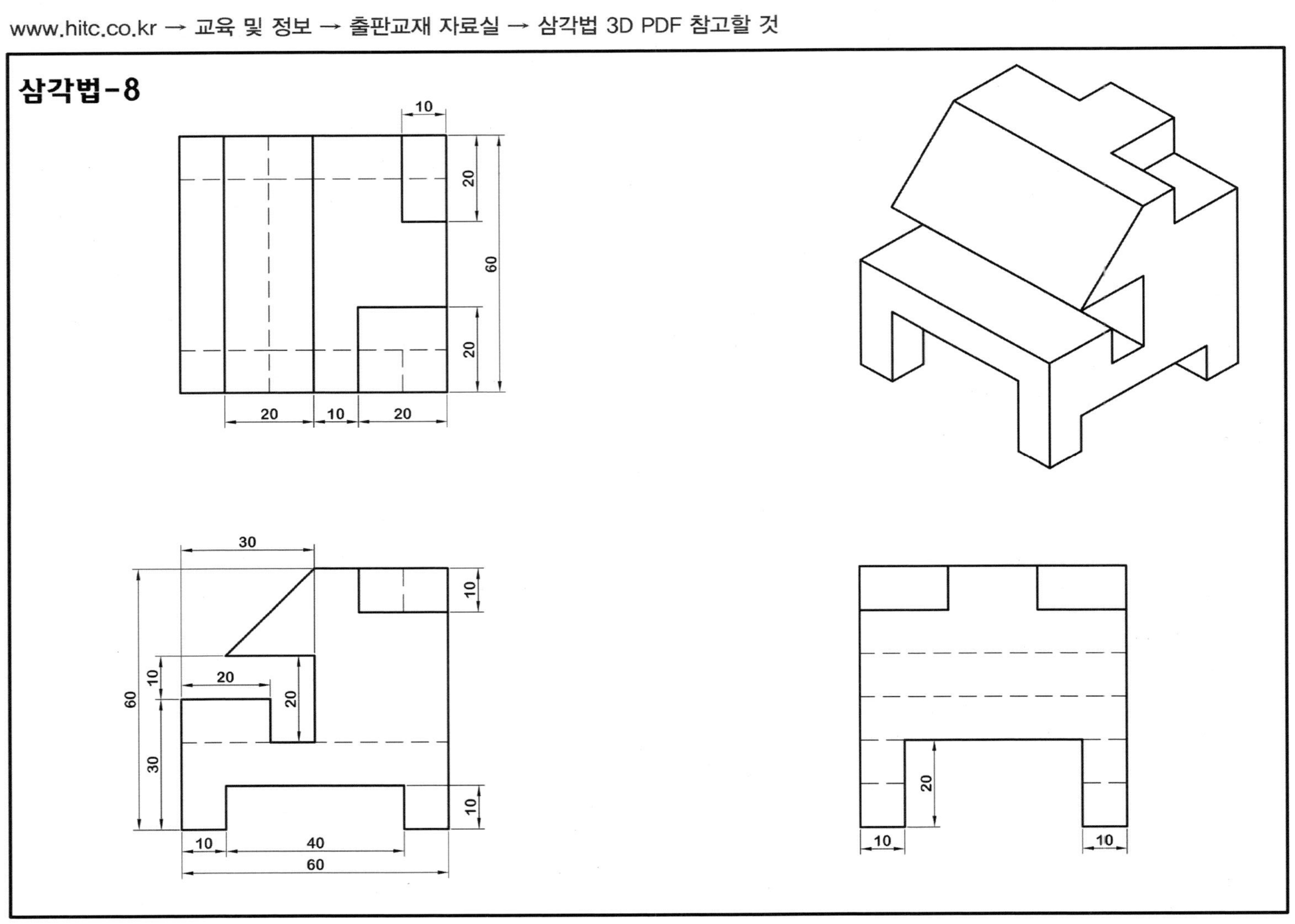
www.hitc.co.kr → 교육 및 정보 → 출판교재 자료실 → 삼각법 3D PDF 참고할 것
삼각법-8

www.hitc.co.kr → 교육 및 정보 → 출판교재 자료실 → 삼각법 3D PDF 참고할 것

삼각법-9

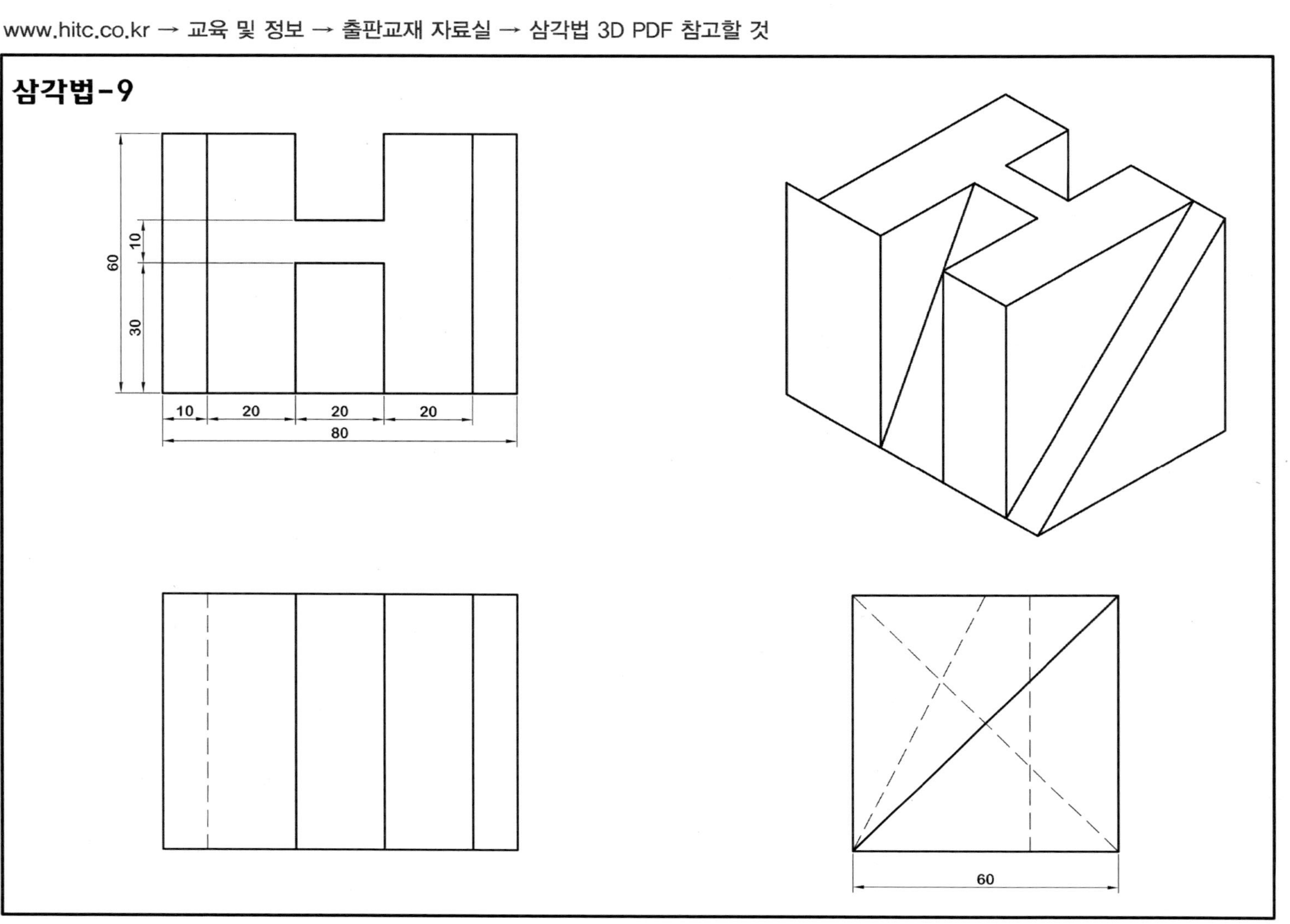

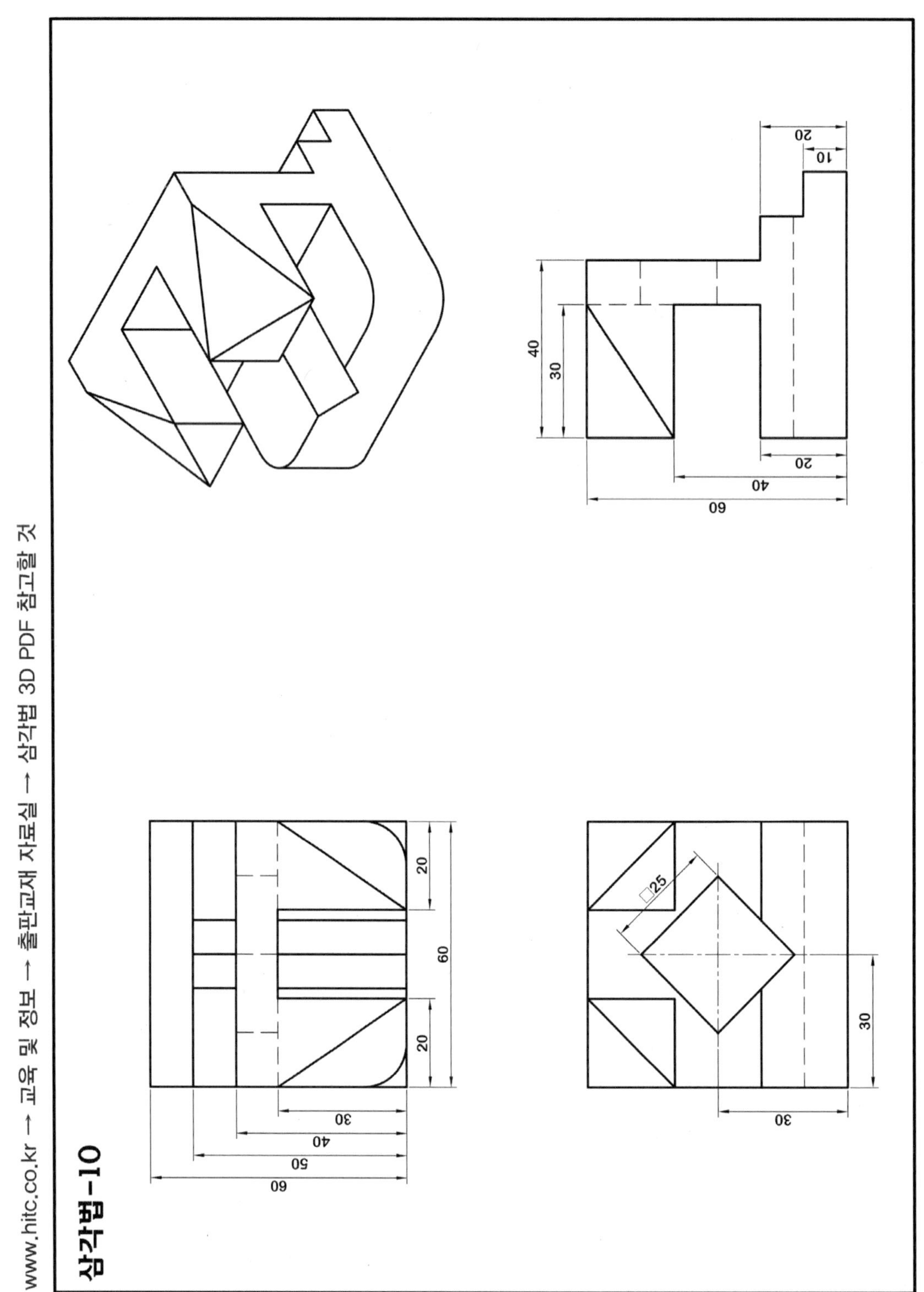
www.hitc.co.kr → 교육 및 정보 → 출판교재 자료실 → 삼각법 3D PDF 참고할 것
삼각법-10

www.hitc.co.kr → 교육 및 정보 → 출판교재 자료실 → 삼각법 3D PDF 참고할 것

삼각법-11

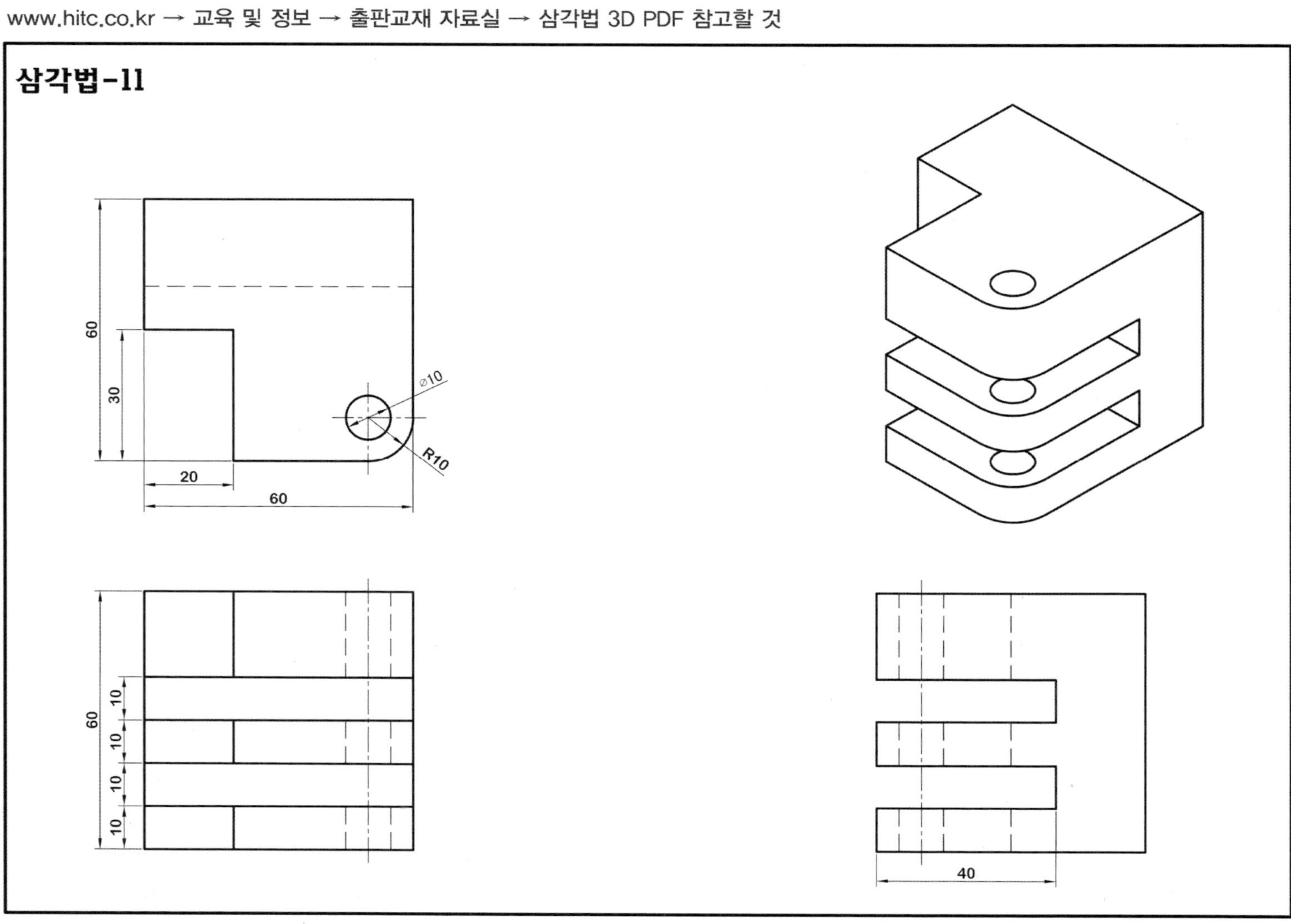

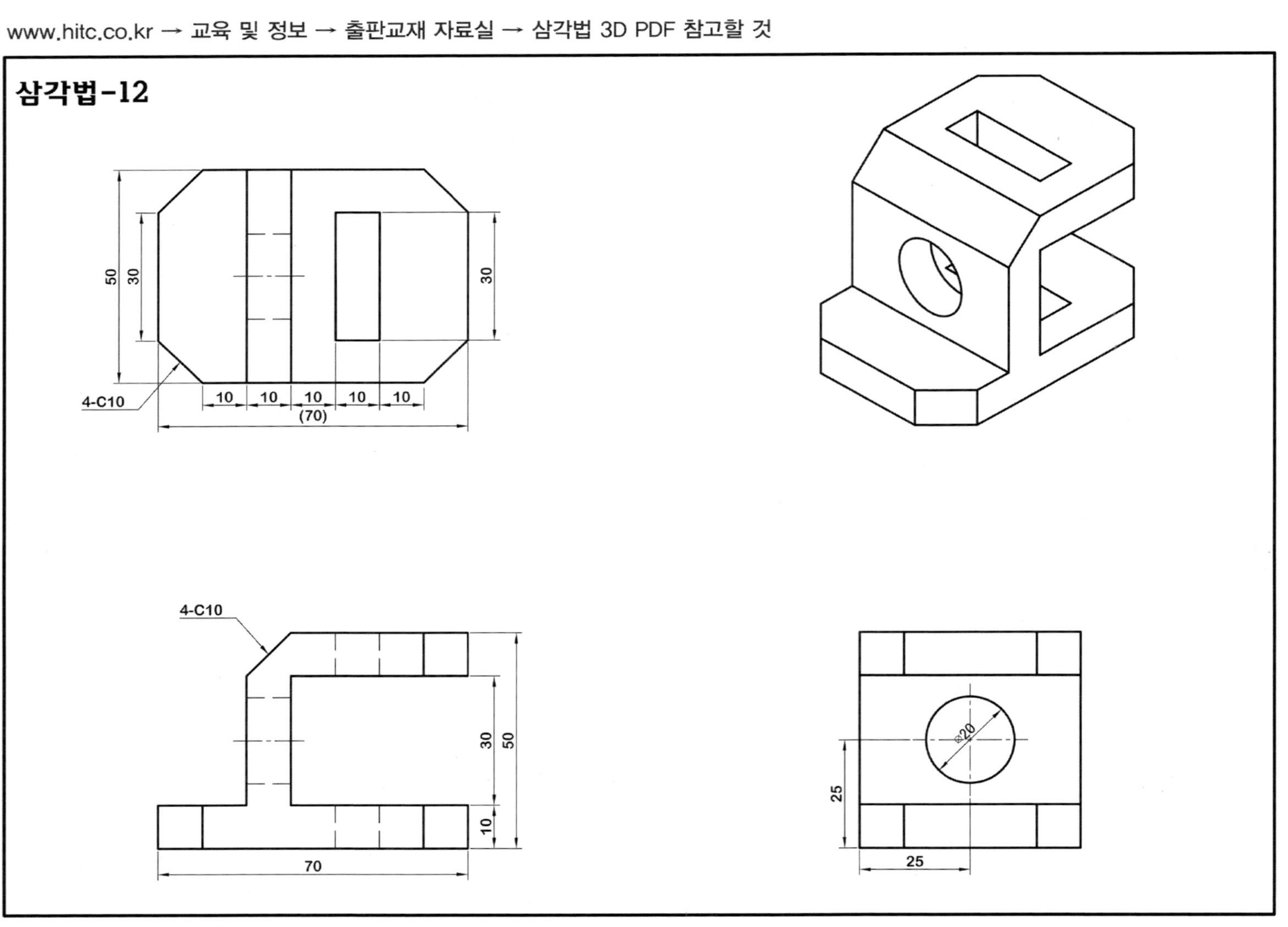
www.hitc.co.kr → 교육 및 정보 → 출판교재 자료실 → 삼각법 3D PDF 참고할 것
삼각법-12
50
30
30
4-C10
10
10
10
10
10
(70)
4-C10
30
50
10
70
ø20
25
25

www.hitc.co.kr → 교육 및 정보 → 출판교재 자료실 → 삼각법 3D PDF 참고할 것

삼각법-13

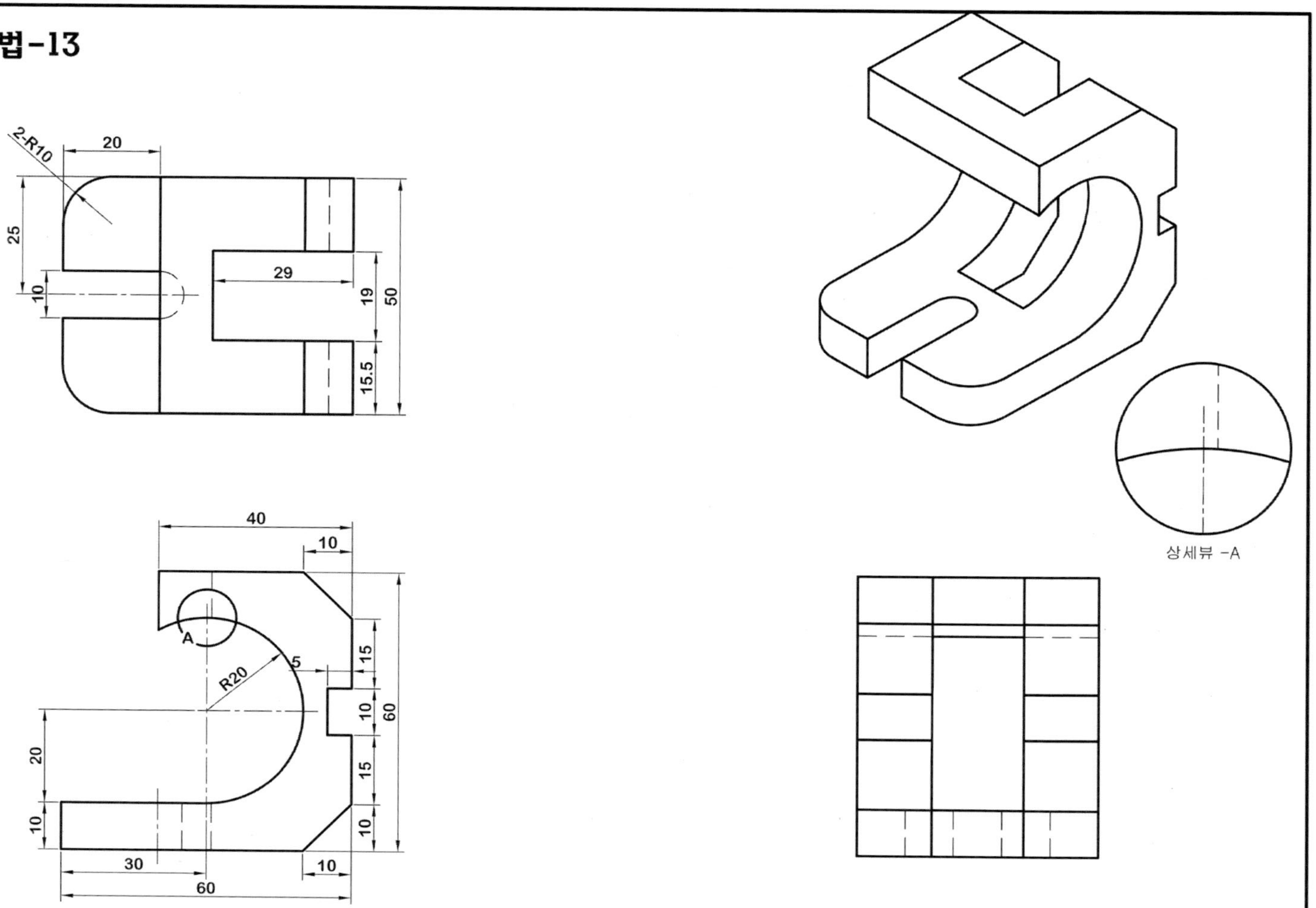

www.hitc.co.kr → 교육 및 정보 → 출판교재 자료실 → 삼각법 3D PDF 참고할 것

삼각법-14

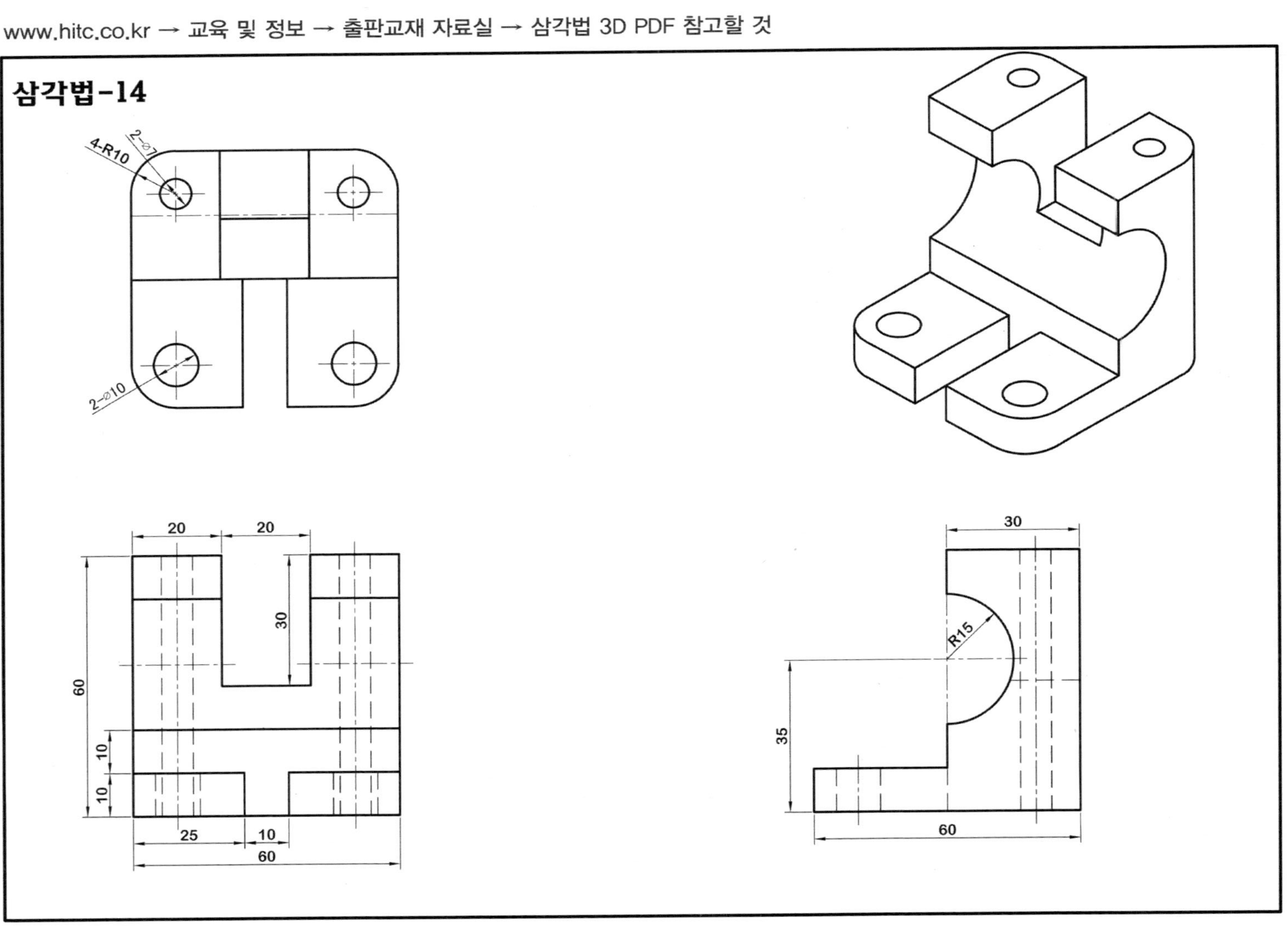

www.hitc.co.kr → 교육 및 정보 → 출판교재 자료실 → 삼각법 3D PDF 참고할 것

삼각법-15

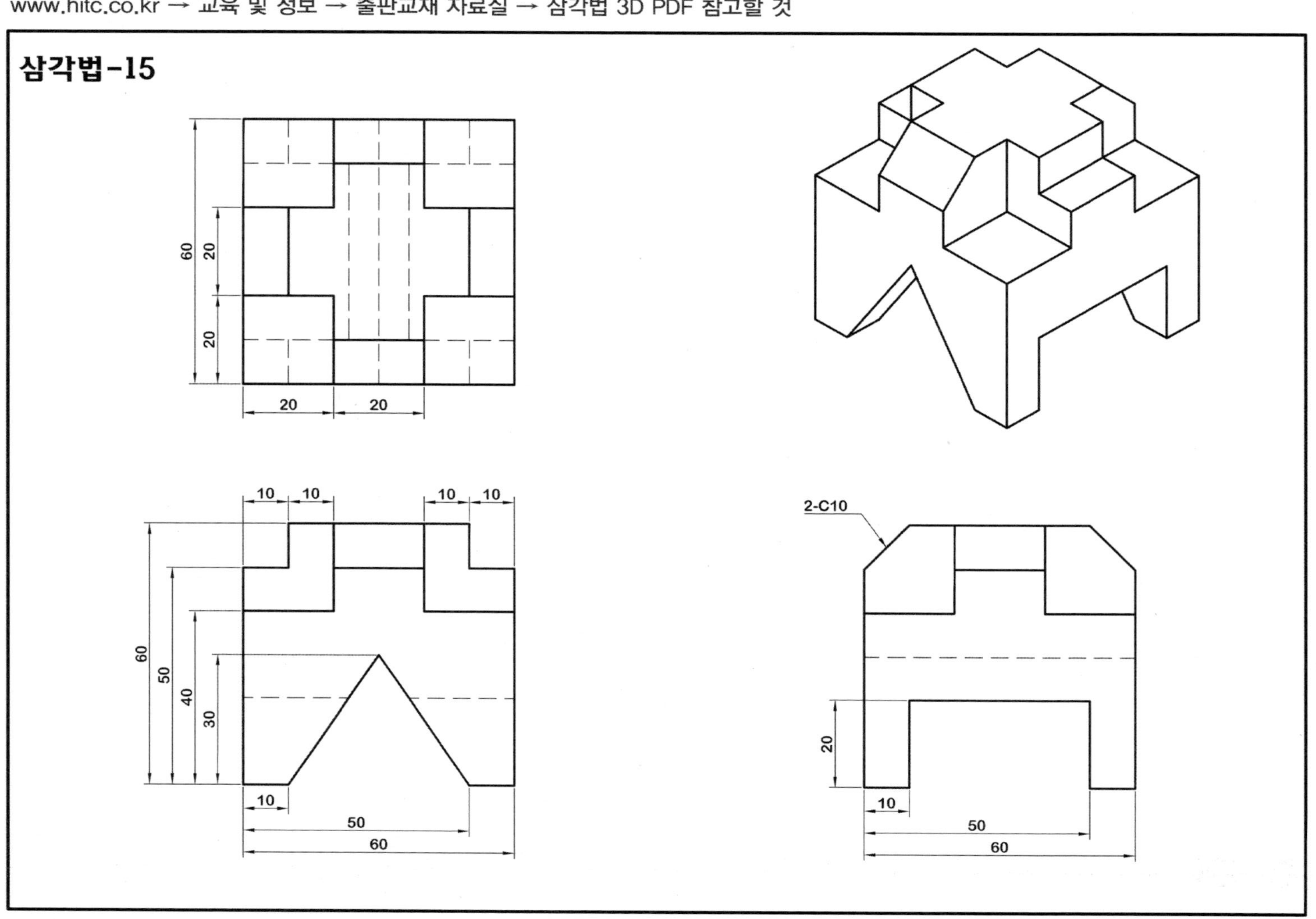

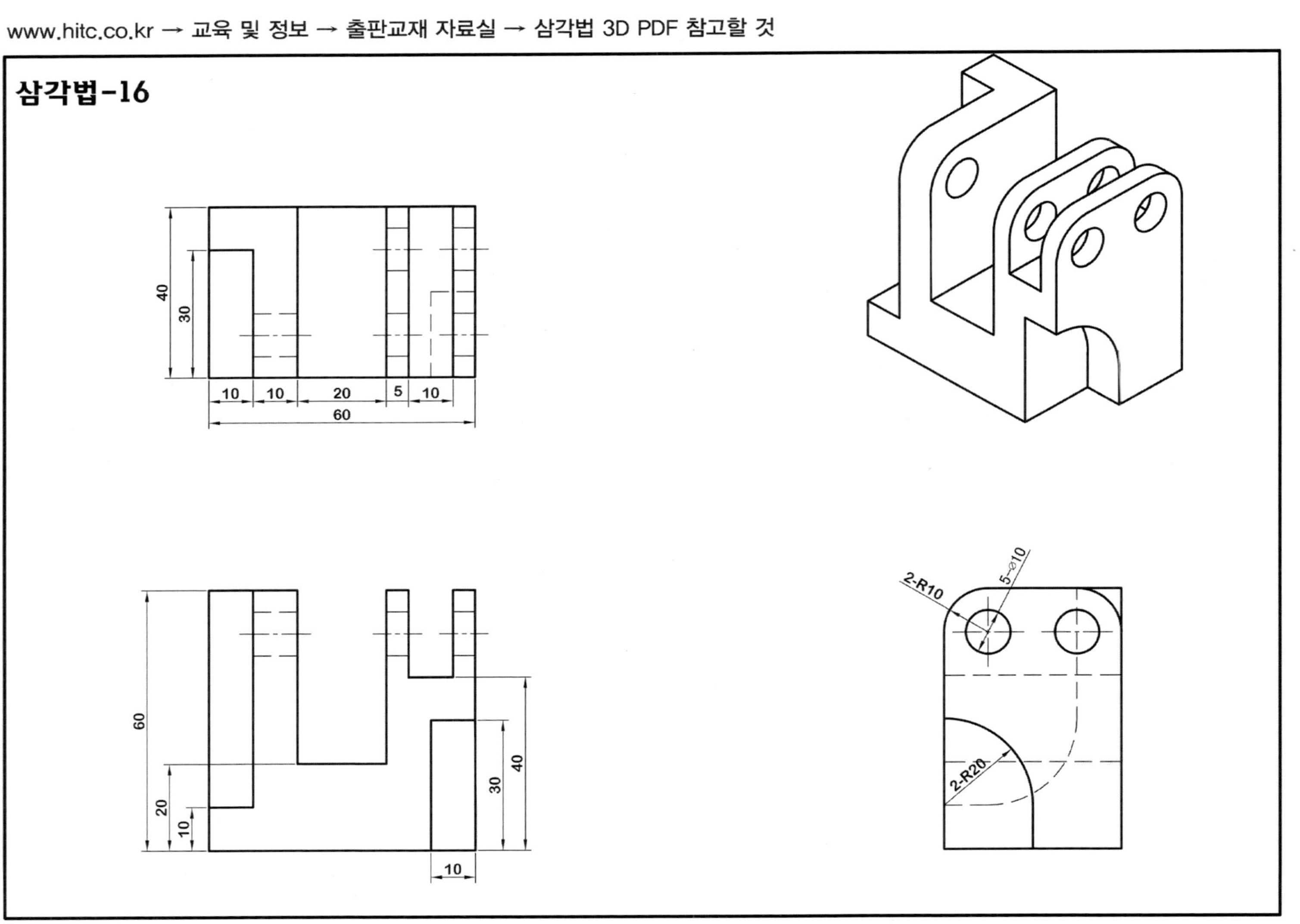

www.hitc.co.kr → 교육 및 정보 → 출판교재 자료실 → 삼각법 3D PDF 참고할 것
삼각법-16
40
30
10
10
20
5
10
60
60
20
10
30
40
10
2-R10
5-⌀10
2-R20

www.hitc.co.kr → 교육 및 정보 → 출판교재 자료실 → 삼각법 3D PDF 참고할 것

삼각법-17

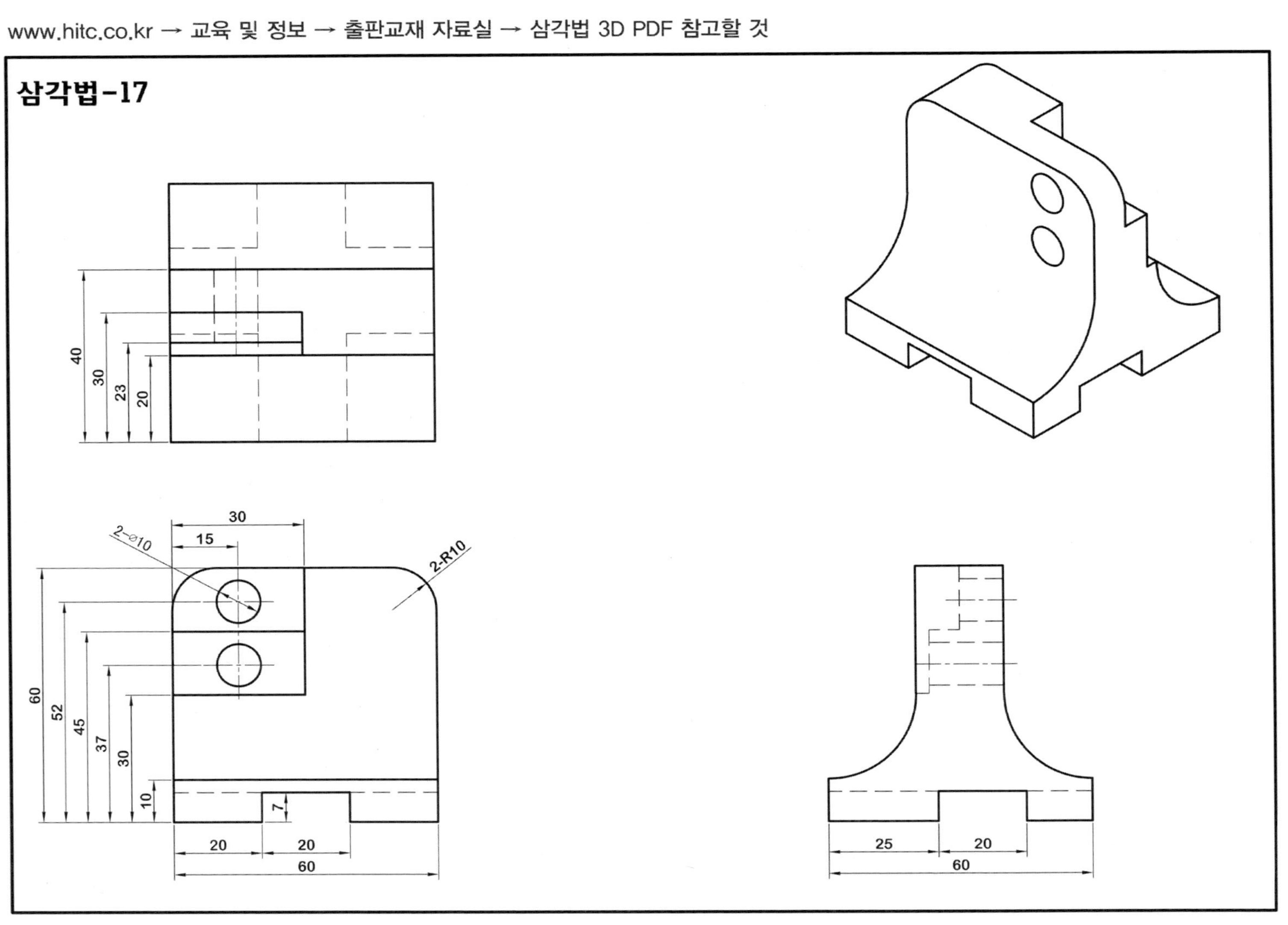

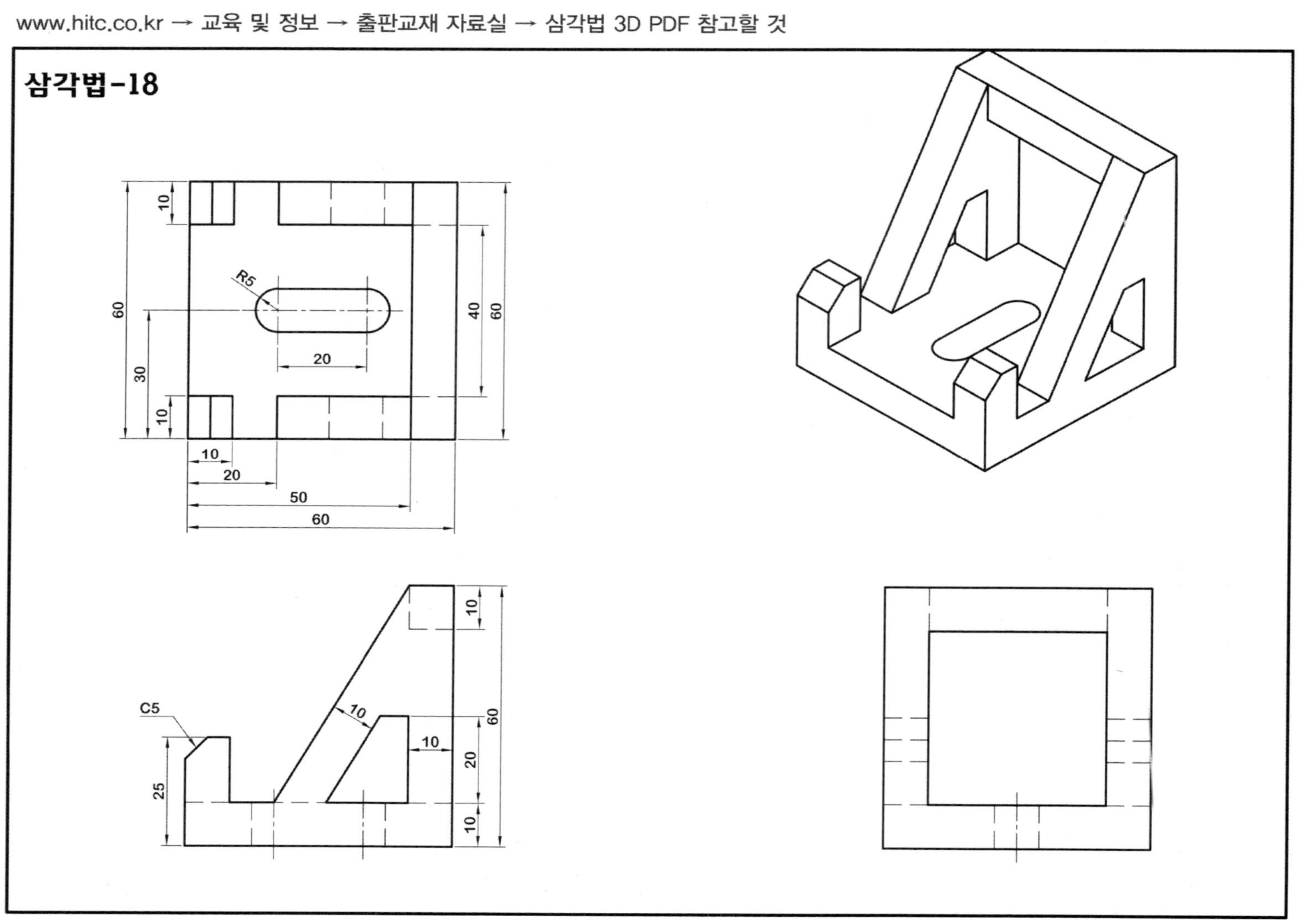

www.hitc.co.kr → 교육 및 정보 → 출판교재 자료실 → 삼각법 3D PDF 참고할 것
삼각법-18
10
R5
60
40
60
20
30
10
10
20
50
60
10
C5
10
10
60
20
25
10

www.hitc.co.kr → 교육 및 정보 → 출판교재 자료실 → 삼각법 3D PDF 참고할 것

삼각법-19

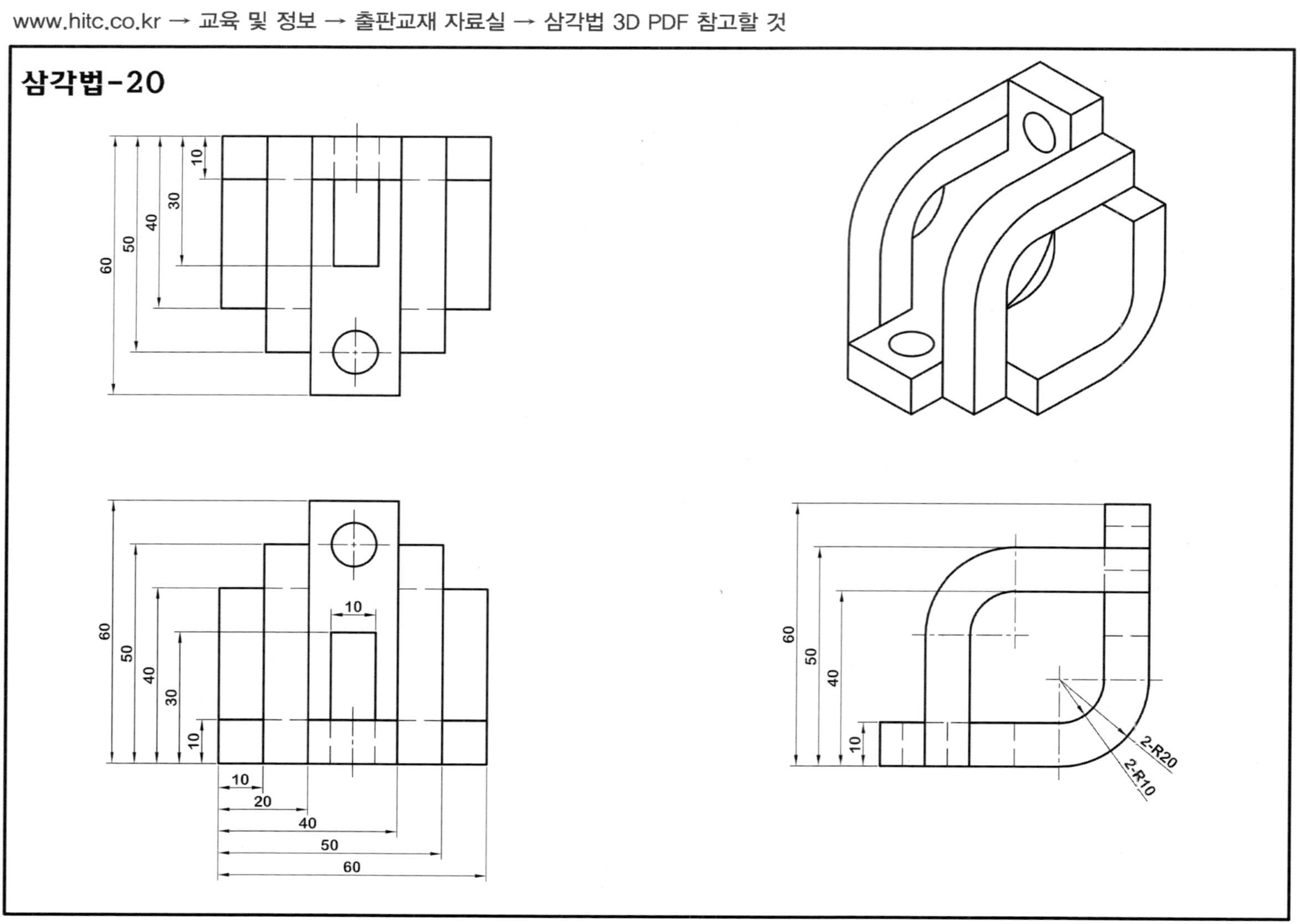
www.hitc.co.kr → 교육 및 정보 → 출판교재 자료실 → 삼각법 3D PDF 참고할 것
삼각법-20
10
30
40
50
60
10
10
30
40
50
60
10
20
40
50
60
10
40
50
60
2-R20
2-R10

www.hitc.co.kr → 교육 및 정보 → 출판교재 자료실 → 삼각법 3D PDF 참고할 것

삼각법-21

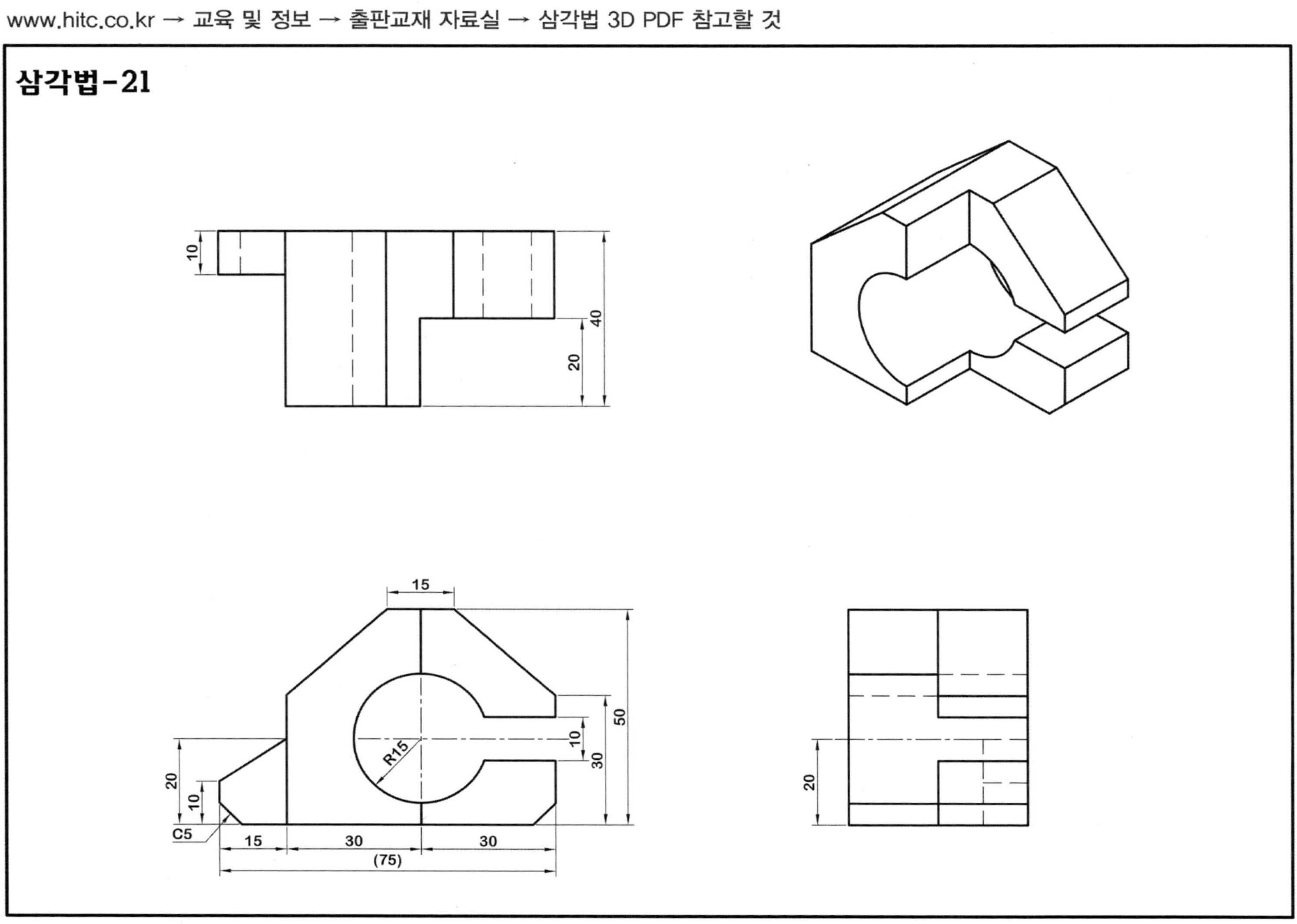

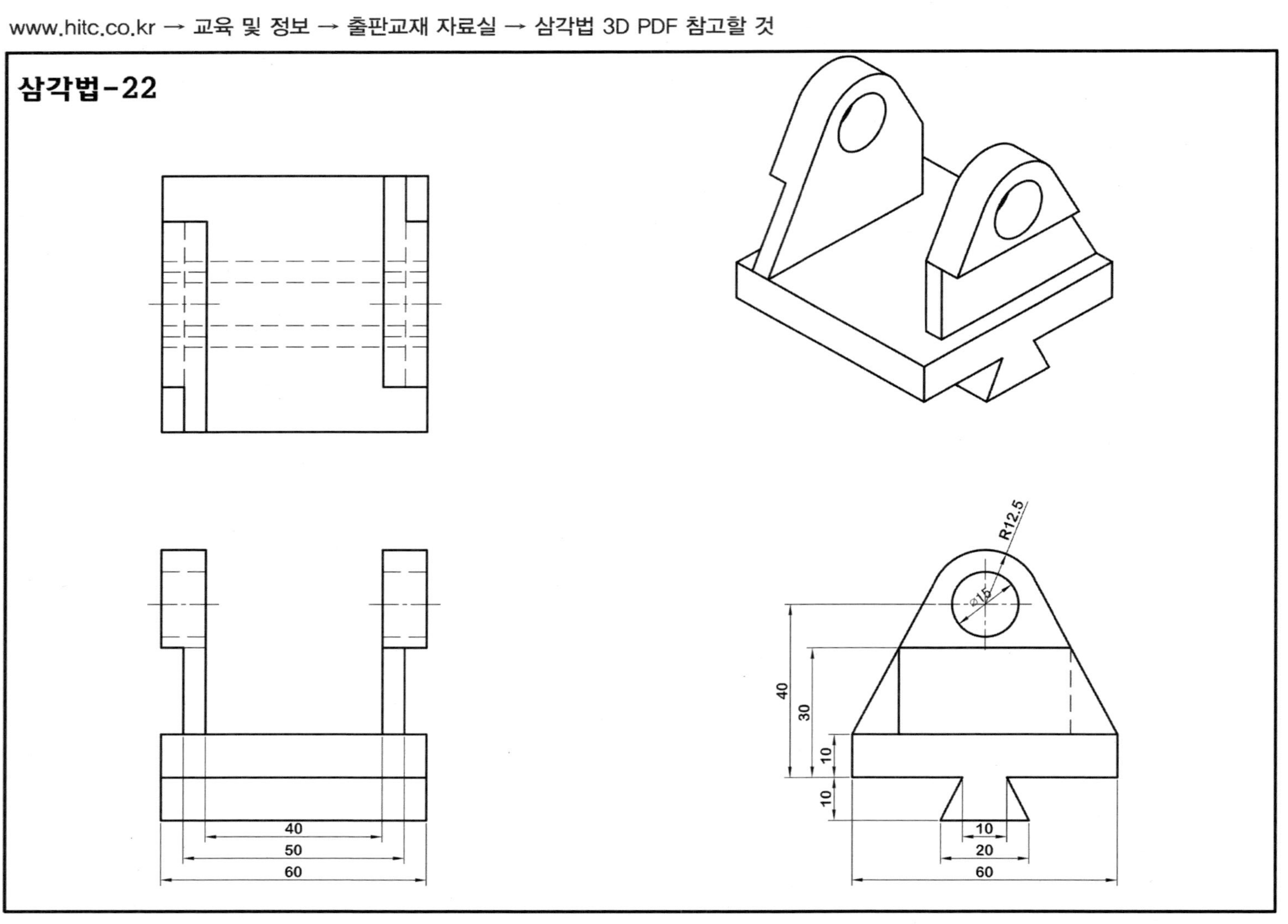
www.hitc.co.kr → 교육 및 정보 → 출판교재 자료실 → 삼각법 3D PDF 참고할 것
삼각법-22
R12.5
⌀15
40
30
10
10
10
20
60
40
50
60

www.hitc.co.kr → 교육 및 정보 → 출판교재 자료실 → 삼각법 3D PDF 참고할 것

삼각법-23

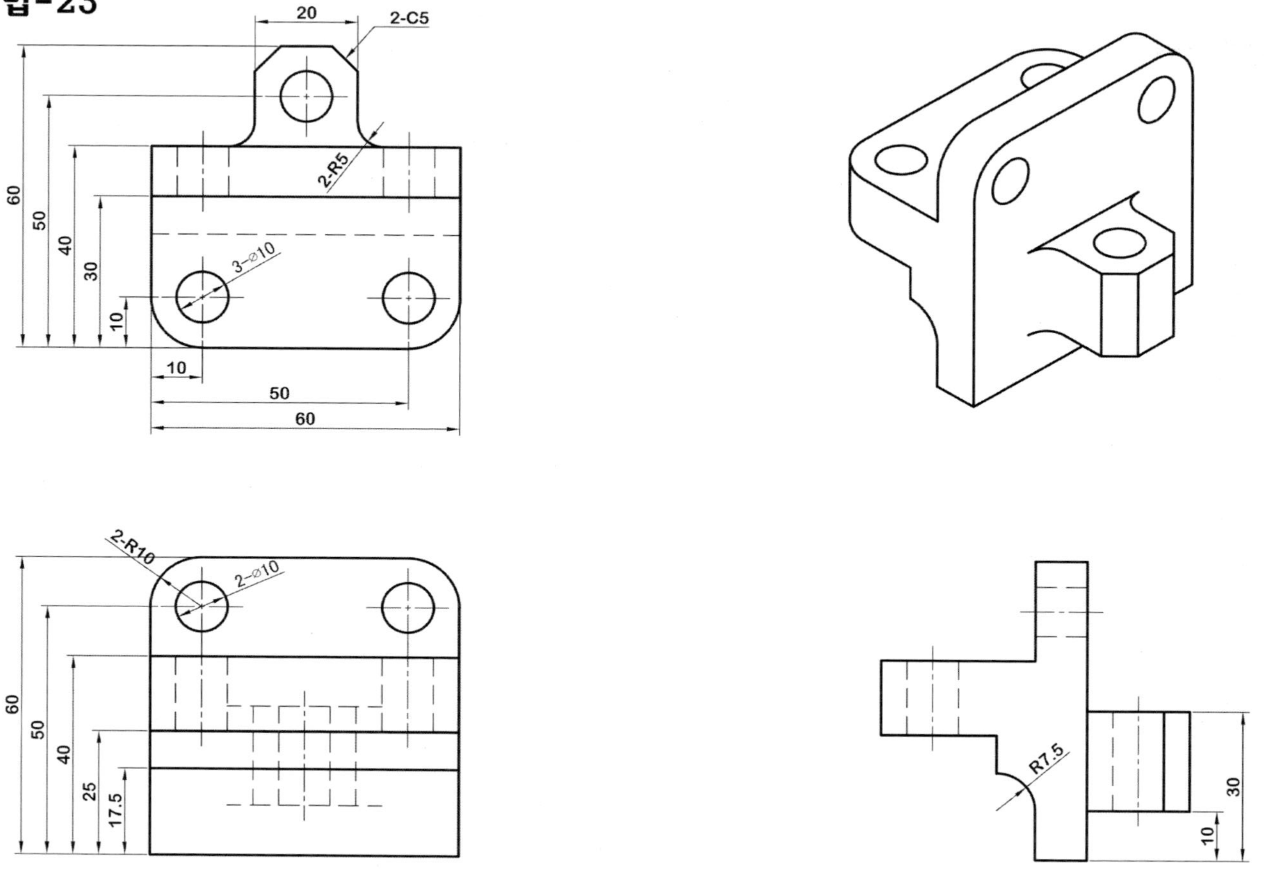

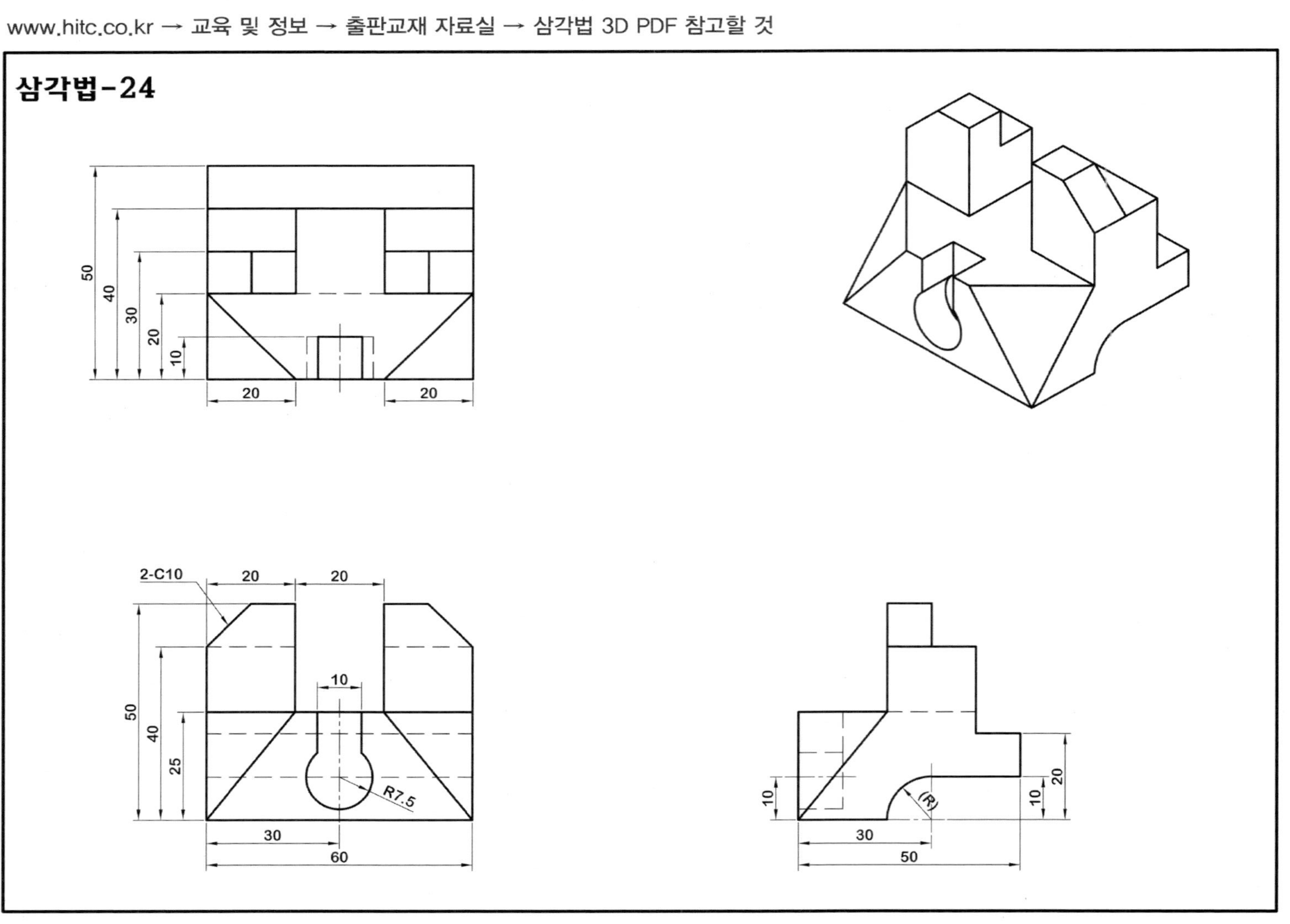
www.hitc.co.kr → 교육 및 정보 → 출판교재 자료실 → 삼각법 3D PDF 참고할 것
삼각법-24
50
40
30
20
10
20
20
2-C10
20
20
10
50
40
25
R7.5
30
60
10
(R)
10
20
30
50

www.hitc.co.kr → 교육 및 정보 → 출판교재 자료실 → 삼각법 3D PDF 참고할 것

삼각법-25

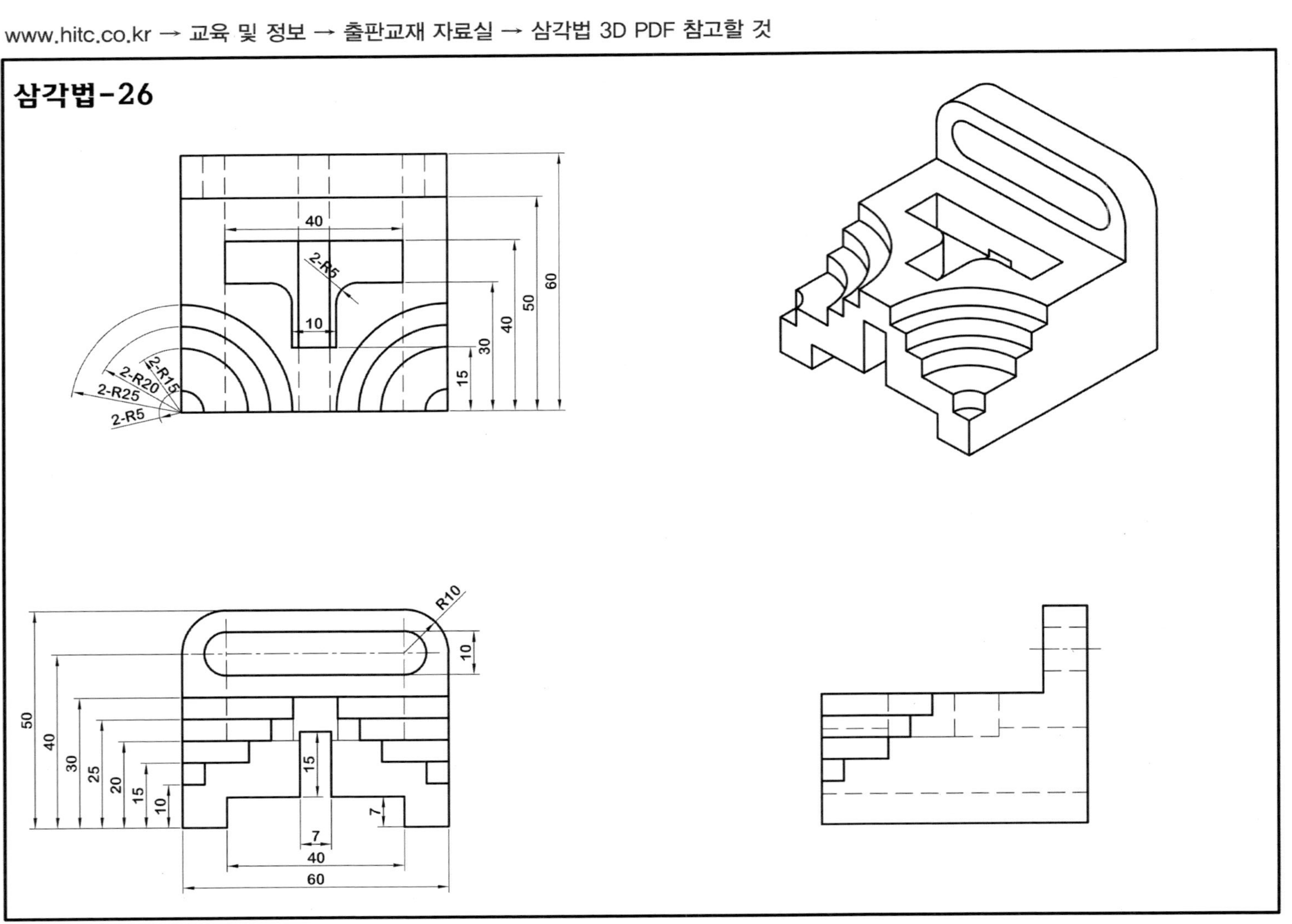
www.hitc.co.kr → 교육 및 정보 → 출판교재 자료실 → 삼각법 3D PDF 참고할 것
삼각법-26
2-R5
2-R15
2-R20
2-R25
R10

www.hitc.co.kr → 교육 및 정보 → 출판교재 자료실 → 삼각법 3D PDF 참고할 것

삼각법-27

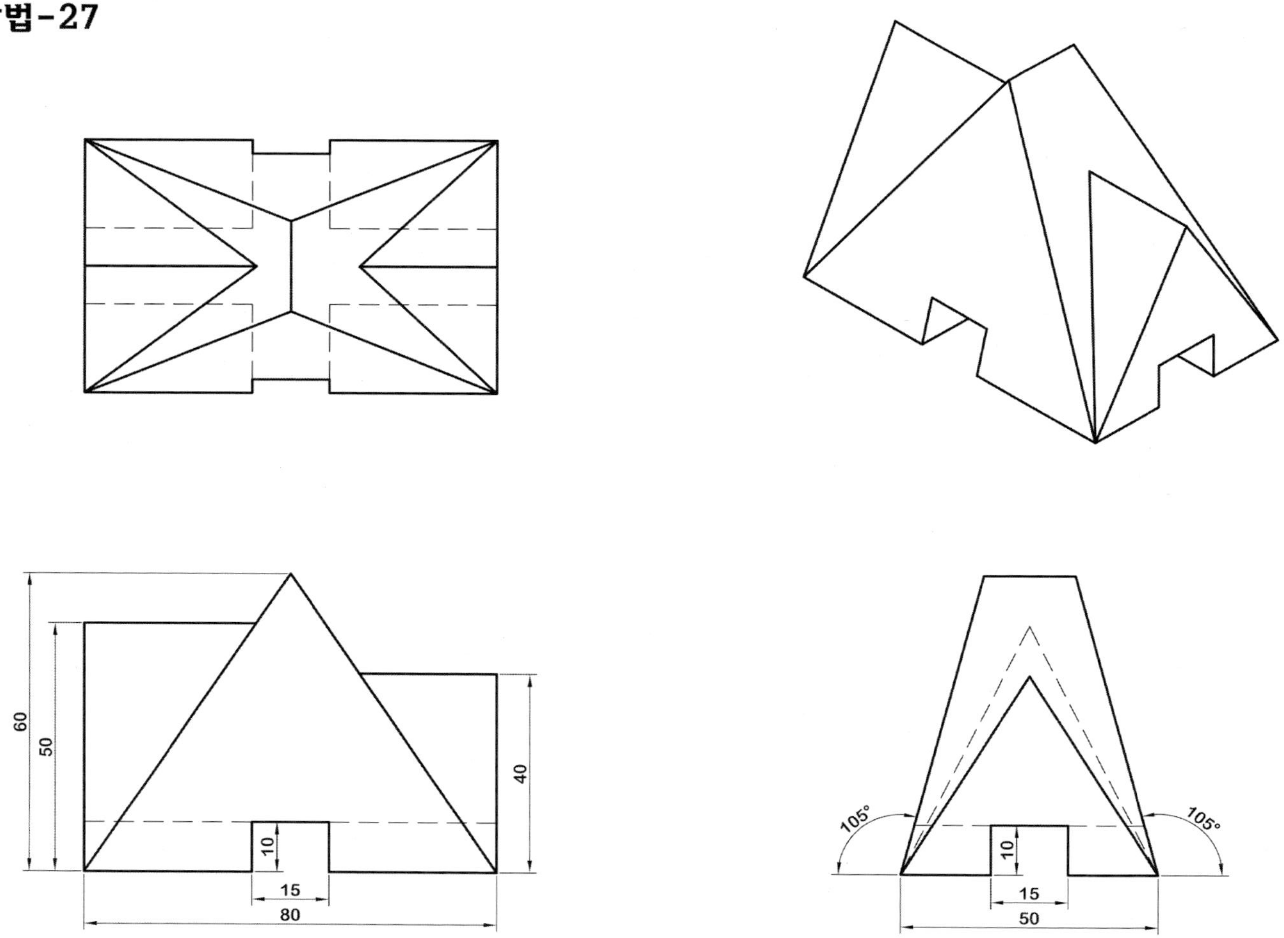

60
50
40
10
15
80
105°
105°
10
15
50

www.hitc.co.kr → 교육 및 정보 → 출판교재 자료실 → 삼각법 3D PDF 참고할 것

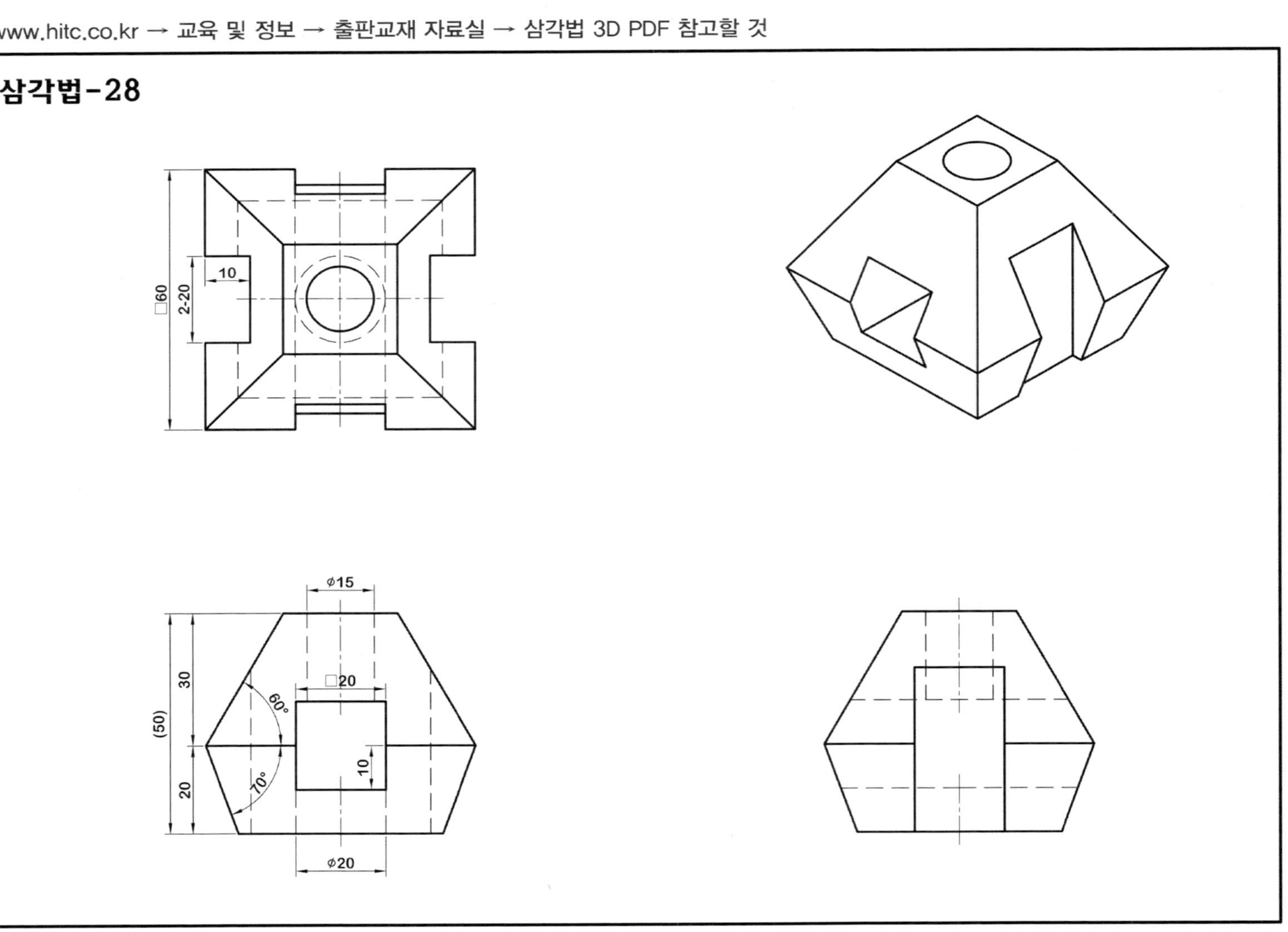

www.hitc.co.kr → 교육 및 정보 → 출판교재 자료실 → 삼각법 3D PDF 참고할 것

삼각법-29

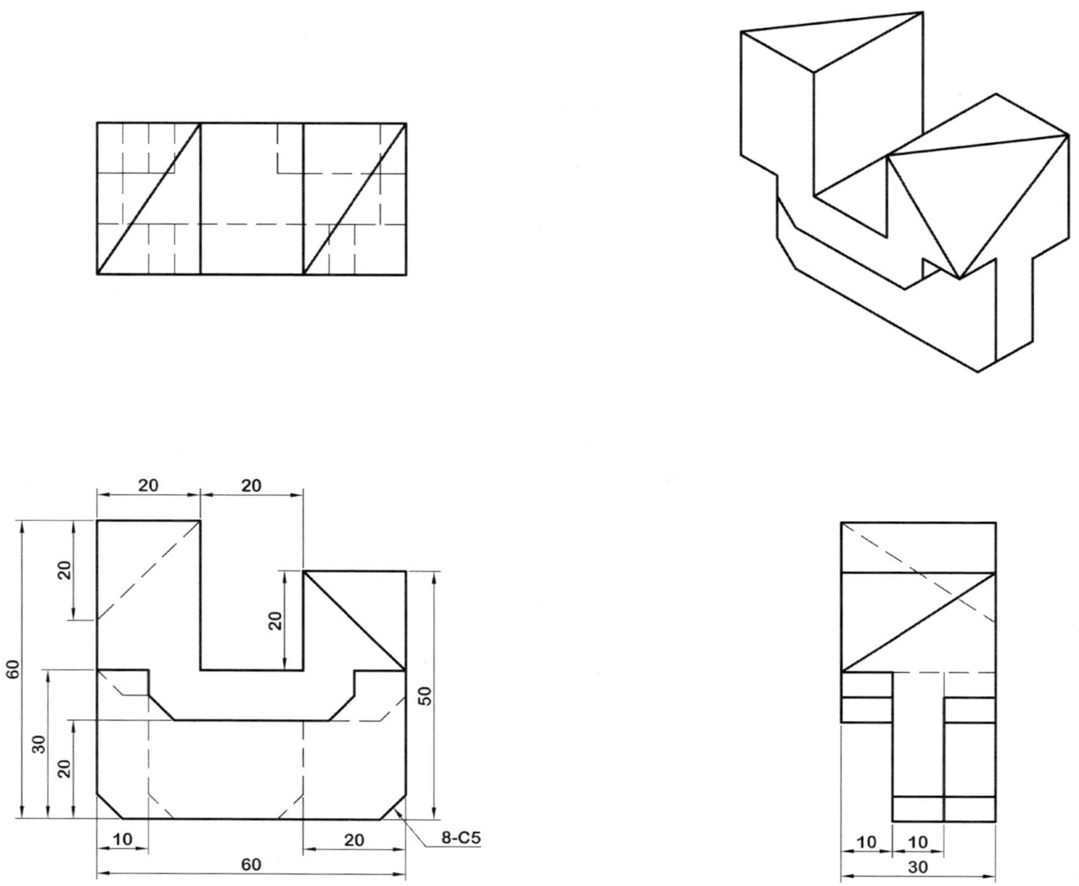

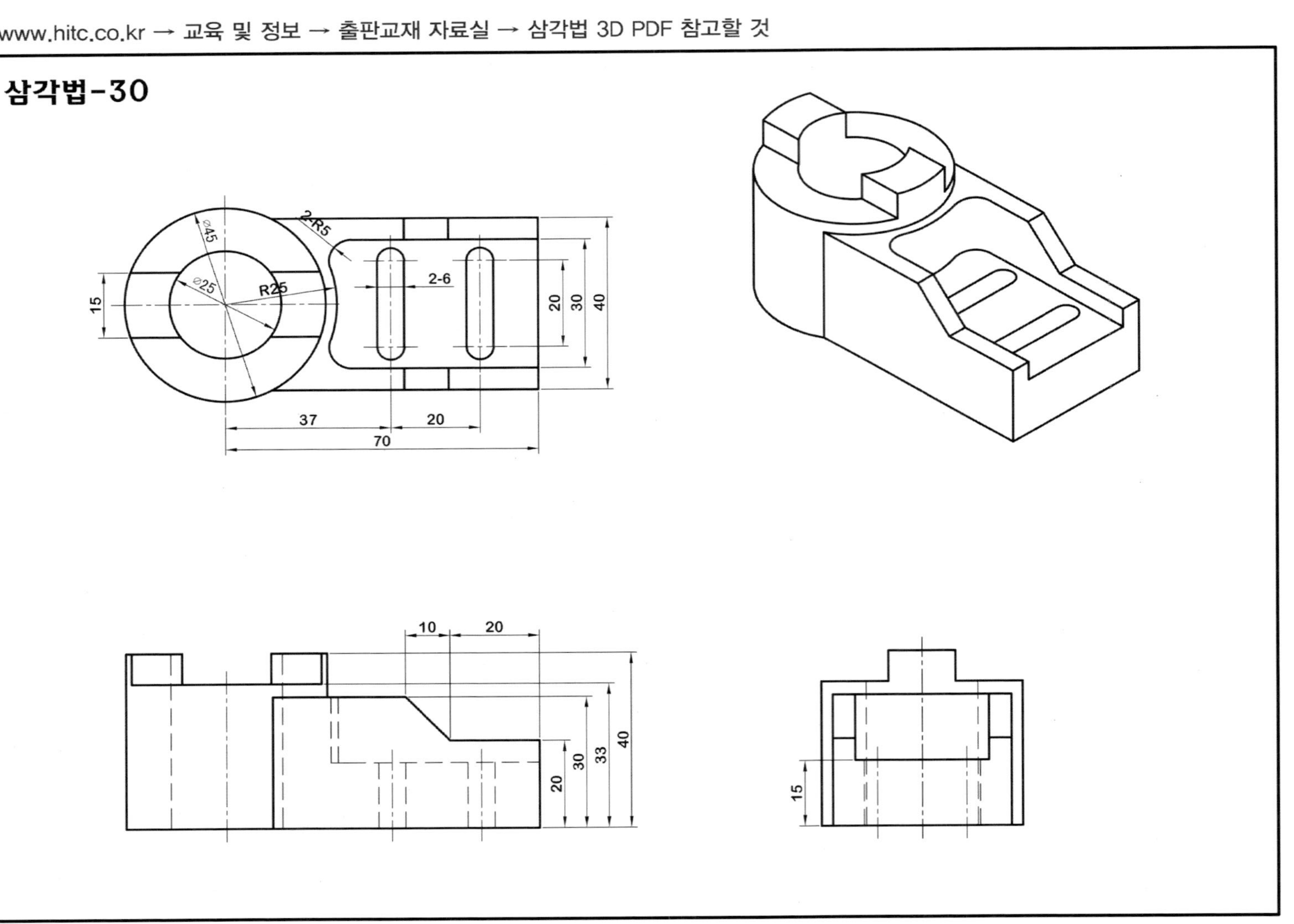
www.hitc.co.kr → 교육 및 정보 → 출판교재 자료실 → 삼각법 3D PDF 참고할 것
삼각법-30
⌀45
⌀25
R25
2-R5
2-6
15
20
30
40
37
20
70
10
20
20
30
33
40
15

■ PART 04

GstarCAD를 이용한 캐드실무 능력평가(CAT) 2급 따라하기

■ CONTENTS

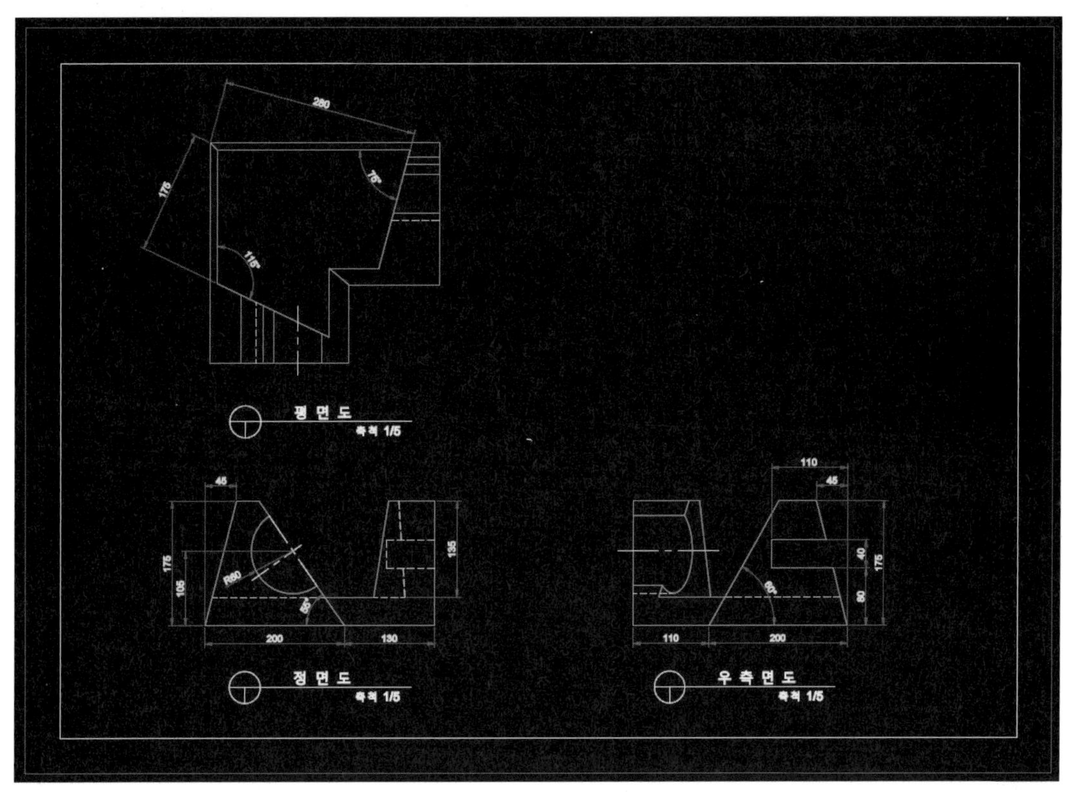
280
175
75°
115°
평 면 도
축척 1/5
45
175
105
R60
60°
135
200
130
정 면 도
축척 1/5
110
45
40
175
60
60°
110
200
우 측 면 도
축척 1/5

1. 초기 도면설정

1-1. 선 종류 불러오기

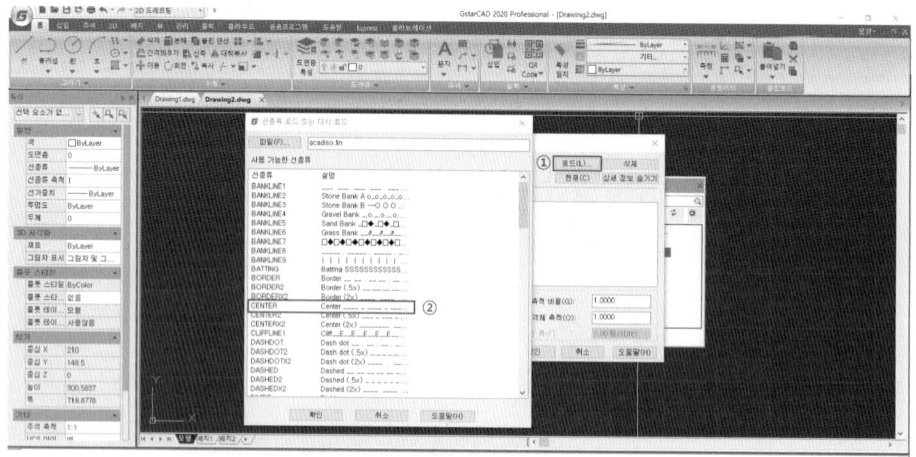

CAT 2급 답안을 작성하기 위해서 제일 먼저 선분 종류를 불러온다.

① 명령 : linetype (엔터) 후, 나타나는 대화상자에서 로드(L)을 클릭한다.

② 선 종류 로드 대화상자에서 Ctrl키를 누른 상태에서 시험에 필요한 Center, Hidden, Phantom 선 종류를 다중 선택하여 확인 한다.

1-2. 도면층(Layer) 설정

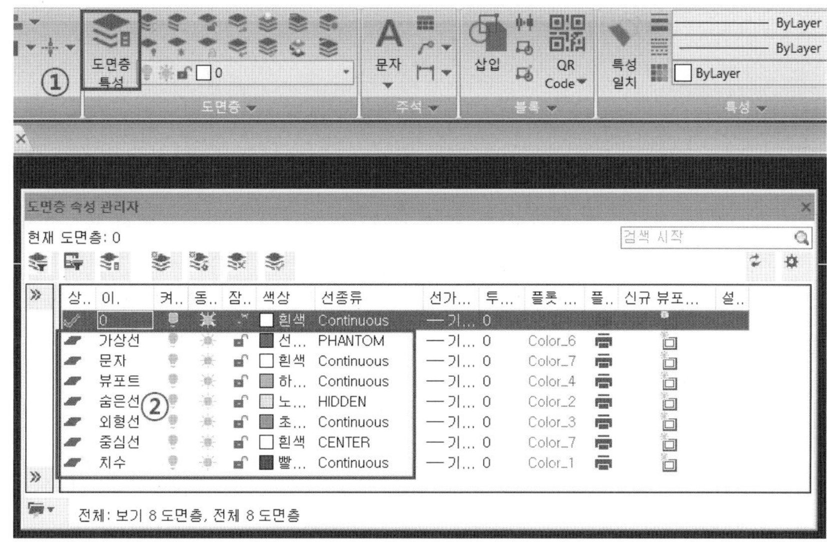

선 종류를 불러온 후, 도면층 관리자에서 응시조건에서 요구하는 도면층을 위 그림과 같이 설정한다.

① 명령 : Layer 또는 리본메뉴 도면층 특성 클릭

정투상 도면 외형선 작성 – 기준 정투상 도면

2-1. 도면 화면크기 수정

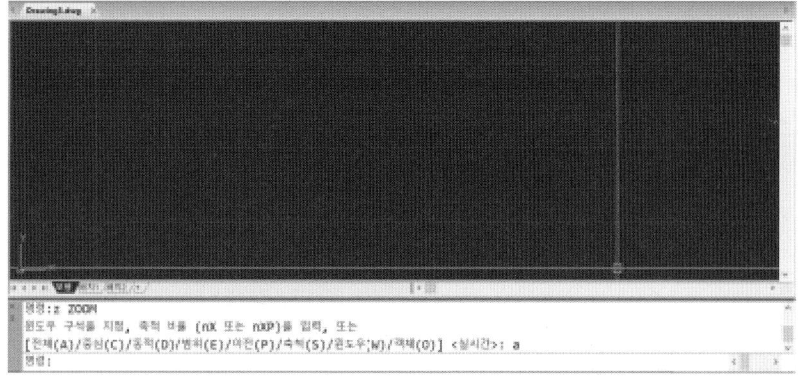

최초 새 파일 또는 기존의 제공 템플릿을 이용하는 경우, 화면의 크기가 기준 limits크기로 변경한다.

① > 명령 : zoom (단축키 : z)

② 옵션에서 a (전체, All)을 입력하고 엔터 한다.

2-2. 기준 선분 작성 (Ray 명령 사용)

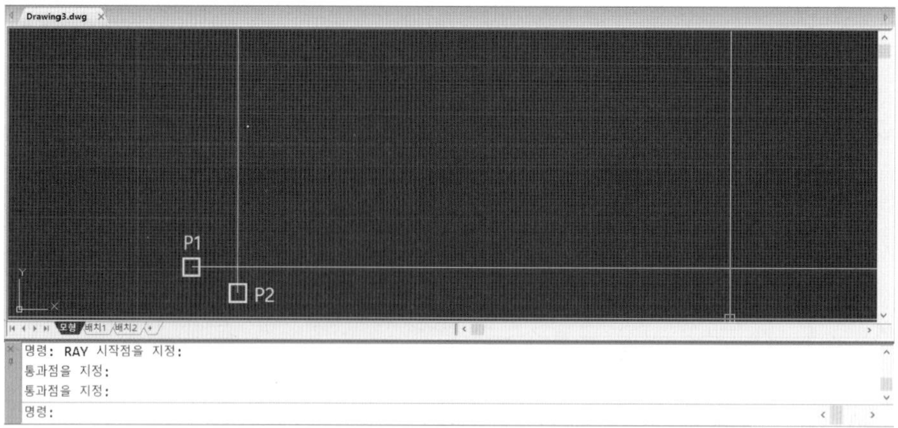

Ray 명령을 이용하여, 가로/세로 기준 선분을 임의의 위치에 작성한다.

> 명령 : Ray (엔터)

> 시작점을 지정 : 임의의 시작 위치 지정

> 통과점을 지정 : 선분이 지나는 방향 지정 (F8, 직교 사용 권장)

① Ray 명령으로 임의의 시작점(P1)을 지정하고, 0도 방향으로 클릭한다.

② Ray 명령으로 임의의 시작점(P2)을 지정하고, 90도 방향으로 클릭한다.

※ F8, 직교 상태에서 작업을 진행한다.

2-3. 정면도 기준 선분 작성

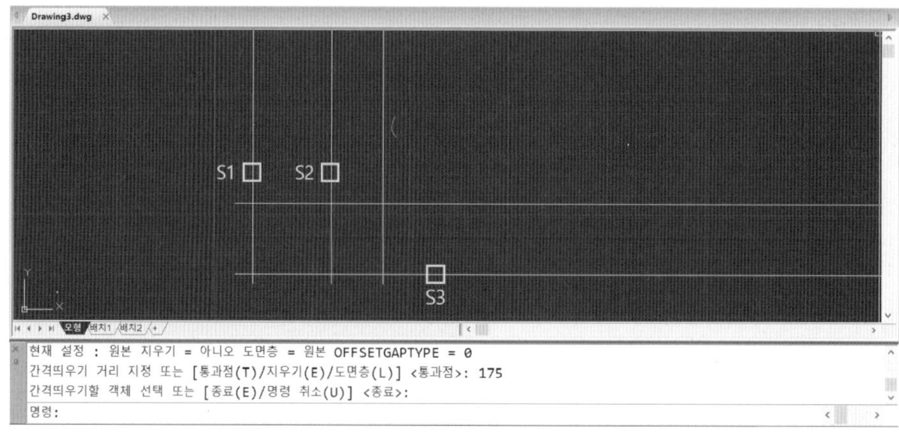

문제 도면과 같이 정면도 작성에 필요한 기준 선을 간격띄우기 명령으로 작성한다.

① 처음 작성한 세로 선분(S1)을 기준으로 0도 방향 200mm 간격띄우기

② 간격띄우기한 객체(S2)로 0도 방향 130mm 간격띄우기

③ 처음 작성한 가로 선분(S3)을 기준으로 90도 방향 175mm 간격띄우기

2-4. 우측면도 기준 선분 작성

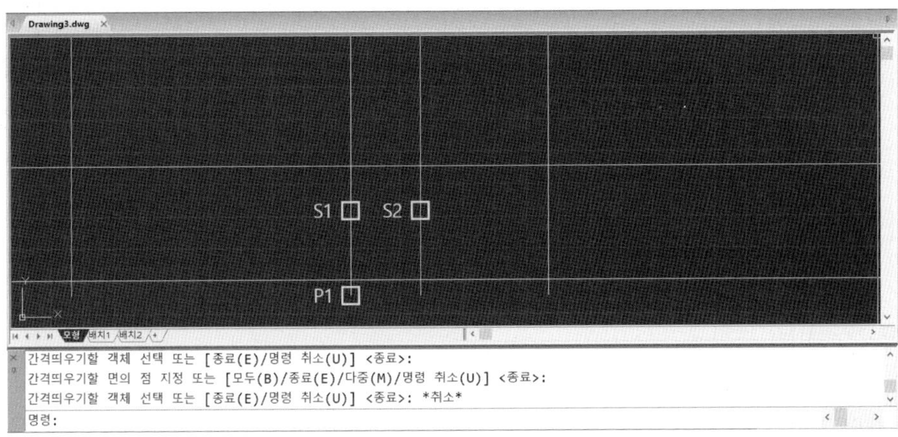

정면도 기준 선분 작성 후, 우측면도 기준 선분도 정면과 비슷하게 작성한다.

① 우측면이 시작할 임의의 위치(P1)에 Ray 명령으로 90도 방향으로 선분을 작성한다.

② 작성된 선분(S1)을 기준으로 0도 방향 110mm 간격띄우기

③ 간격띄우기 된 객체(S2)를 기준으로 0도 방향 200mm 간격띄우기

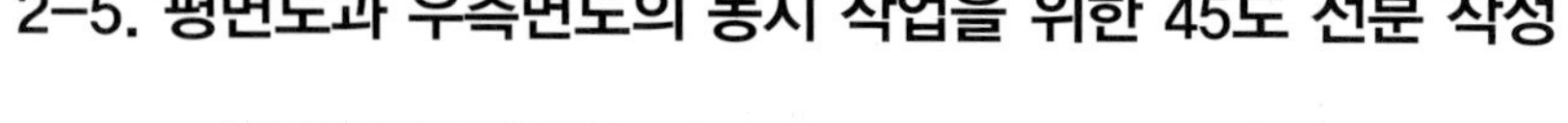

2-5. 평면도과 우측면도의 동시 작업을 위한 45도 선분 작성

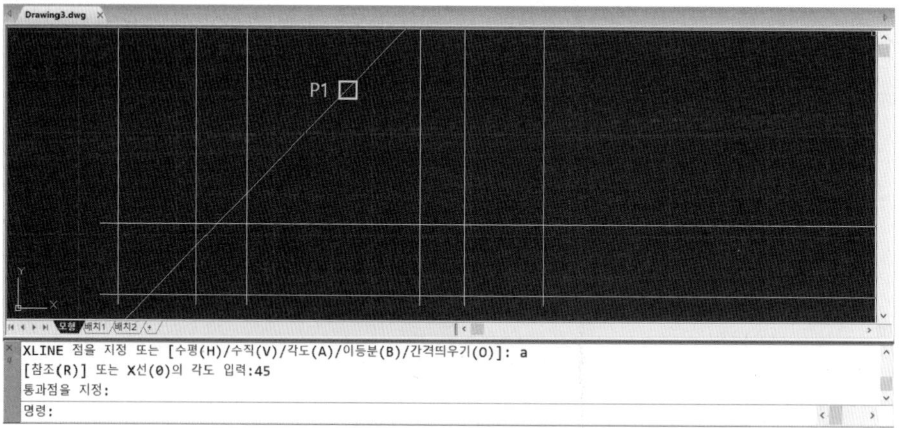

정확하고, 빠른 정투상 도면 작성을 위해서 45도 임의의 선분을 작성한다.

> 명령 : Xline (단축키 : xl), 엔터

> 옵션 : 각도(A), 엔터

> 각도 입력 : 45, 엔터

> 통과점을 지정 : 45도 무한 구성선이 위치할 임의의 지점 지정

① 명령 xline을 입력하고, 각도(a) 입력 후, 각도 45도를 입력하고, 위치할 임의의 지점(P1)을 클릭하여 45도 무한 구성선을 작성한다.

※ Ray 명령이나, Line 명령을 이용하여 45도 선분을 작성해도 무관하다.

2-6. 평면도 기준 선분 작성

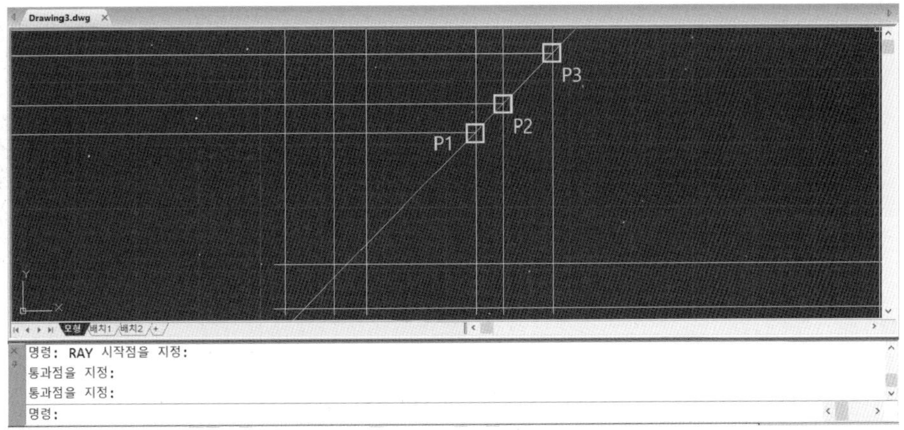

우측면도에 작성된 기준 선분과 45로 구성선에 교차하는 위치를 기준으로 평면도 기준 외형선을 작성한다.

① Ray 명령으로 우측면도 선분과 45도 선분 교차점(P1, P2, P3) 각각 지정하고 180도 방향으로 클릭

2-7. 기준 투상도면을 제외한 불필요 선분 정리

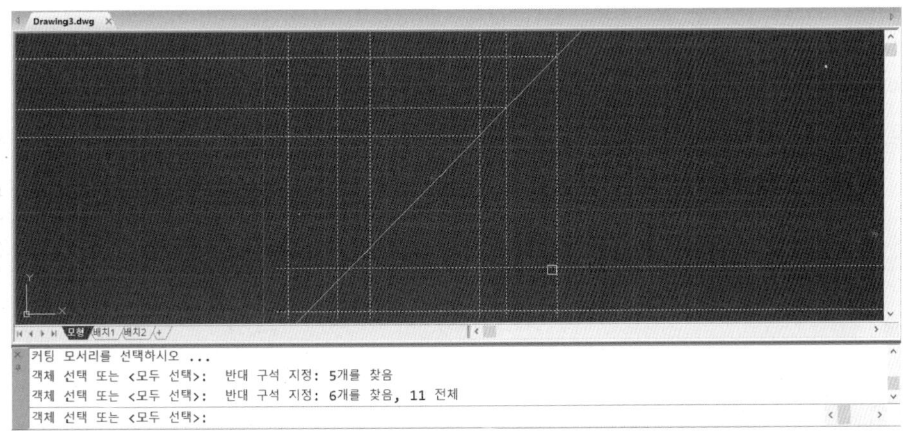

Trim명령을 이용하여, 기준 투상도면의 외형선을 남겨두고, 불필요한 요소 잘라내기

① trim명령으로 Ray명령에 의해서 생성된 객체를 전부 선택한다.

② 문제 도면과 같이 투상도면에 필요한 선분을 제외하고 나머지는 전부 정리한다.

2-8. 정면도 및 우측면도 세부 외형선 작성

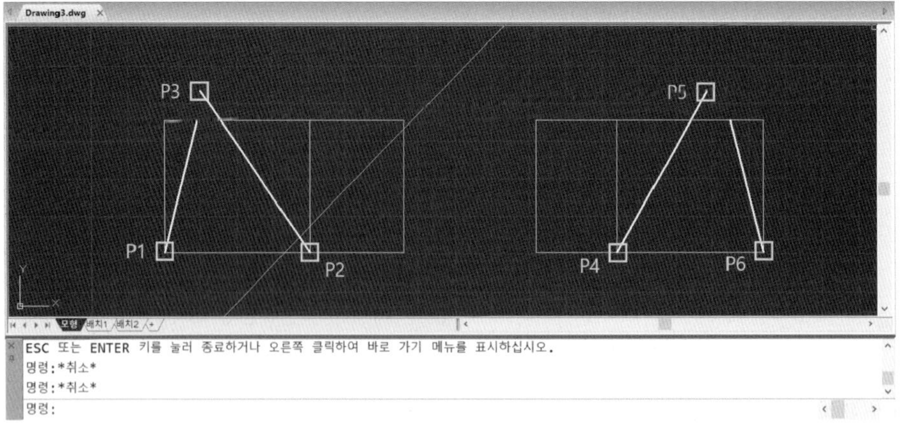

문제 도면과 같이 정면도와 우측면도에 기울어져 있는 도면 형상을 line로 작성한다.

①번 선분의 시작점(P1)을 지정하고, 다음 점을 상대좌표 @45,175를 입력하여 작성한다.
②번 선분의 시작점(P2)을 지정하고, 다음 점을 상대극좌표 <-55를 입력하고, 두 번째 점(P3)를 지정한다.
③번 선분의 시작점(P4)을 지정하고, 다음 점을 상대극좌표 <60을 입력하고, 두 번째 점(P5)를 지정한다.
④번 선분의 시작점(P6)을 지정하고, 다음 점을 상대좌표 @-45,175를 입력하여 작성한다.
⑤ 불필요한 요소는 trim(잘라내기)를 이용하여 정리한다.

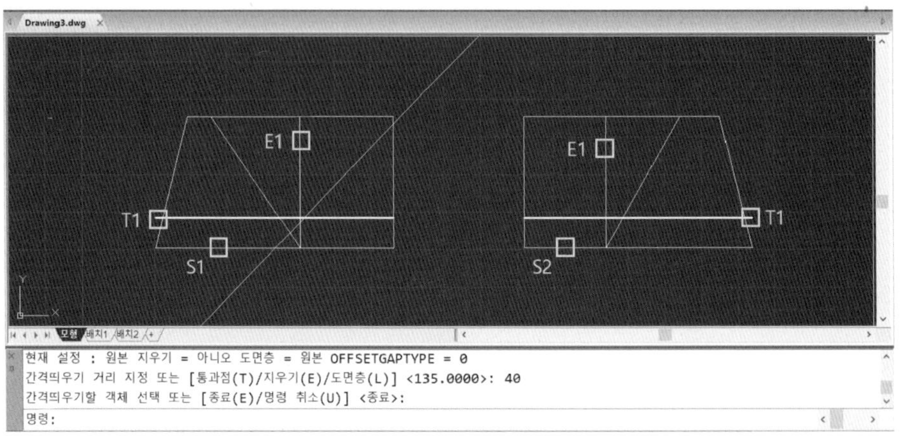

정면도/우측면도 하부 선분을 간격띄우기로 작성한다.

① 정면도 하단 선분(S1)을 선택하여 90도 방향으로 40mm 간격띄우기 한다.

② 우측면도 하단 선분(S2)를 선택하여 90도 방향으로 40mm 간격띄우기 한다.

③ 문제 도면과 같이 불필요한 부분(T1)을 trim으로 정리한다.

⑤ 처음 작성한 불필요한 선분(E1)을 제거한다.

2-9. 평면도 세부 외형선 추가

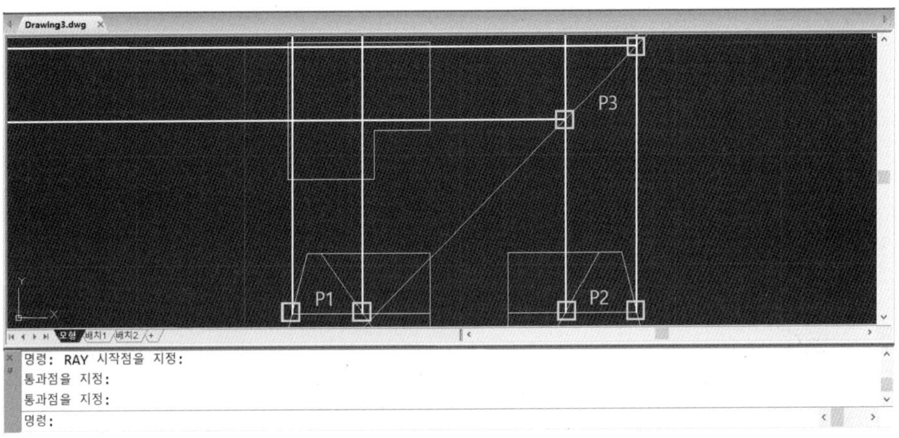

40mm 간격띄우기 한 선분을 기준으로, 평면도 세부 외형선을 작성한다.

① 정면도에서 40mm 간격띄우기한 선분과 교차점(P1)을 지정하여 Ray 명령으로 90도 방향으로 선분을 작성한다.

② 우측면도에서 40mm 간격띄우기한 선분의 교차점(P2)를 지정하여 Ray 명령으로 90도 방향으로 선분을 작성한다.

③ 우측 90도 선분과 45도 선분의 교차점(P3)을 Ray 명령으로 180도 방향으로 선분을 작성한다.

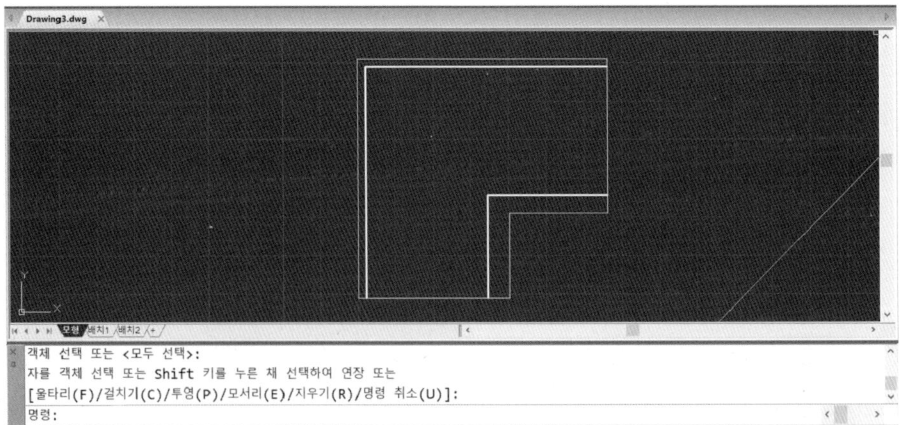

앞에서 작성한 선분을 문제 도면과 같이 Trim명령으로 정리하고, 불필요한 요소는 제거한다.

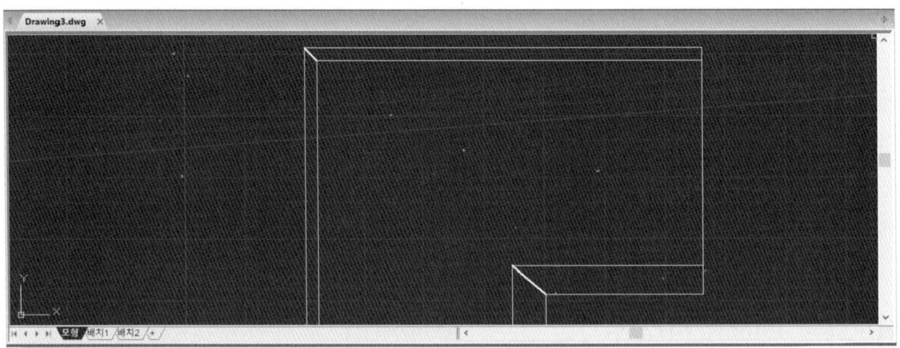

문제 도면과 같이 기울어지고 각이 있는 모서리에 line명령으로 선분을 추가 한다.

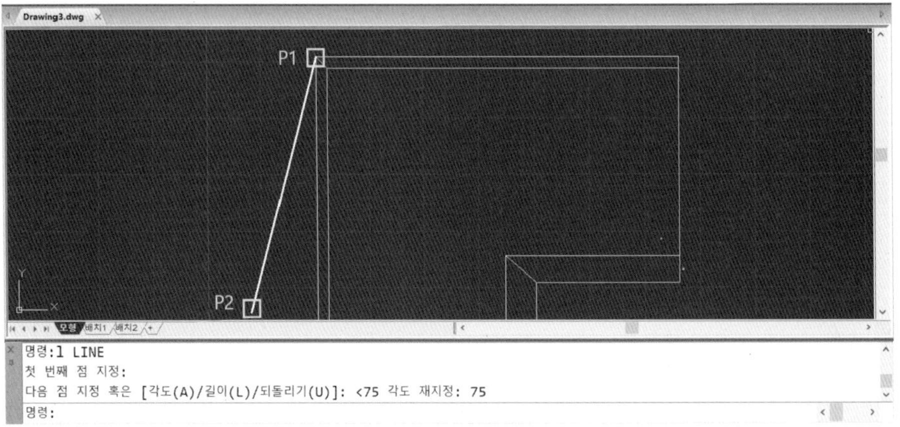

평면도에서 각도로 기울어져 있는 외형선을 표현하기 위해서 기준 위치에 먼저 임의의 선분을 작성한다.

① 문제에서 평면도 치수 기준점(P1)을 Line명령으로 시작하고, 다음 점에 <75 입력하고, 임의의 위치(P2)에 지정한다.

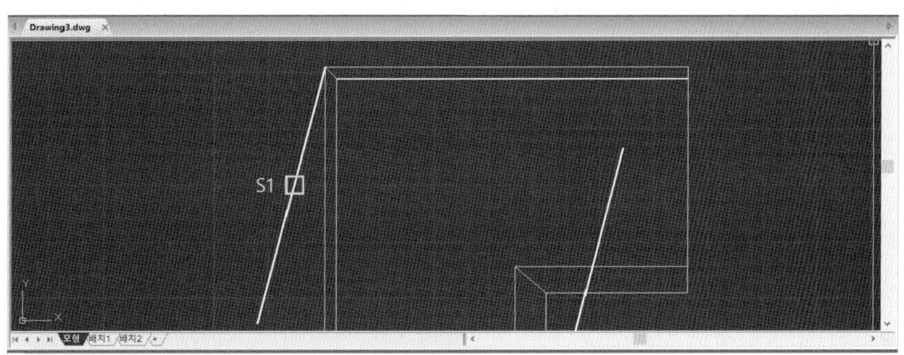

작성된 75도 임의의 선분을 간격띄우기 명령으로 복사한다.

① 임의로 작성된 선분(S1)을 선택하고 offset명령으로 280mm 만큼 오른쪽으로 복사한다.

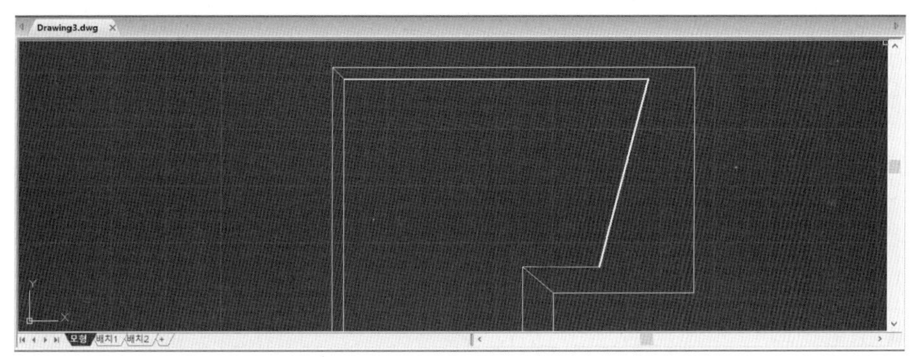

Trim (자르기), Extend (연장) 명령 또는 Fillet (모깎기) 명령을 이용하여, 문제 도면과 같이 선분을 정리하고, 불필요한 선분을 제거한다.

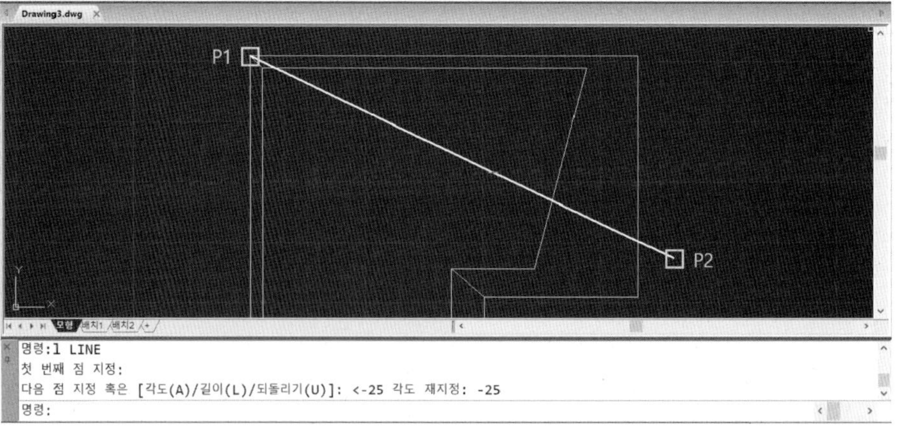

이전과 동일한 방법으로 115도 기울어진 선분을 작성하기 위한 임의의 선분을 기준점에서 먼저 작성한다.

① 문제에서 평면도 치수 기준점(P1)을 Line명령으로 시작하고, 다음 점에 <-25 입력한 후, 임의의 위치(P2)에 지정한다.

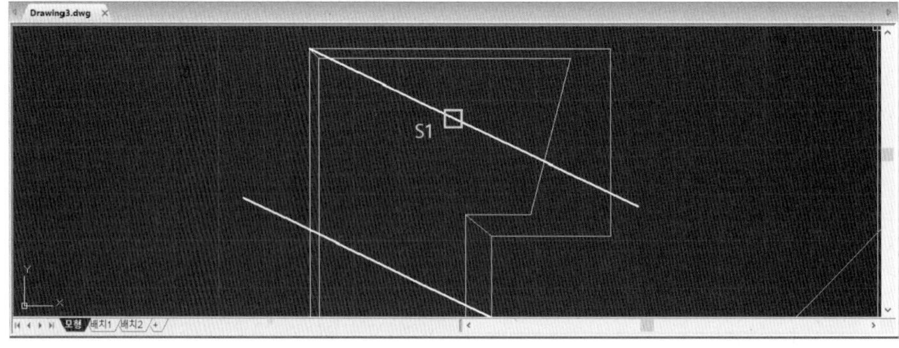

작성된 115도 임의의 선분을 간격띄우기 명령으로 복사한다.① 임의로 작성된 선분(S1)을 선택하고 offset명령으로 175mm 만큼 복사한다.

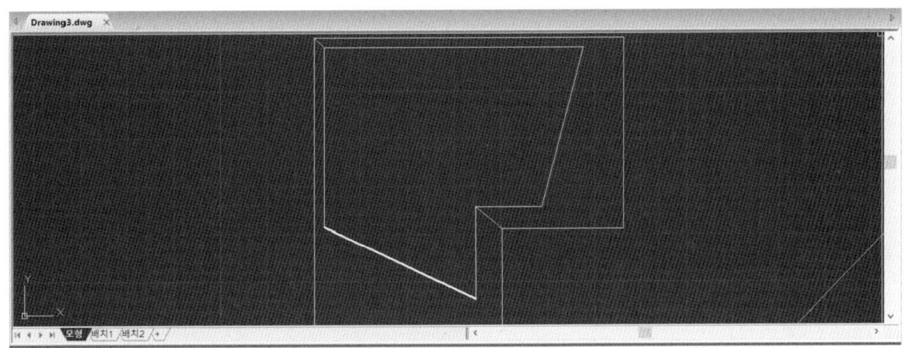

Trim (자르기) 명령 또는 Fillet (모깎기) 명령을 이용하여, 문제 도면과 같이 선분을 정리하고, 불필요한 선분을 제거한다.

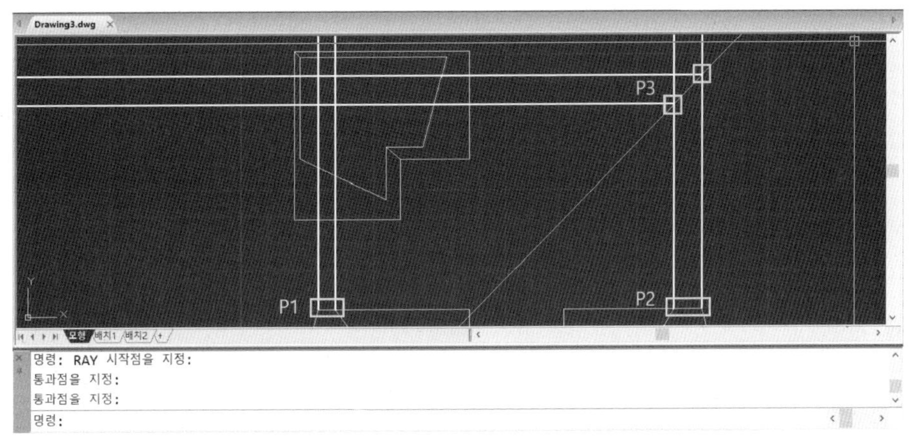

정면도와 우측면도에 존재하는 상단부분을 기준으로 평면도 세부 외형선을 작성한다.

① 정면도에서 기울어져 있는 상단 끝점(P1)을 기준으로 Ray 명령으로 90도 방향으로 선분을 작성한다.
② 우측면도에서 기울어져 있는 상단 끝점(P2)을 기준으로 Ray명령으로 90도 방향으로 선분을 작성한다.
③ 우측 90도 선분과 45도 선분의 교차점(P3)을 Ray명령으로 180도 방향으로 선분을 작성한다.

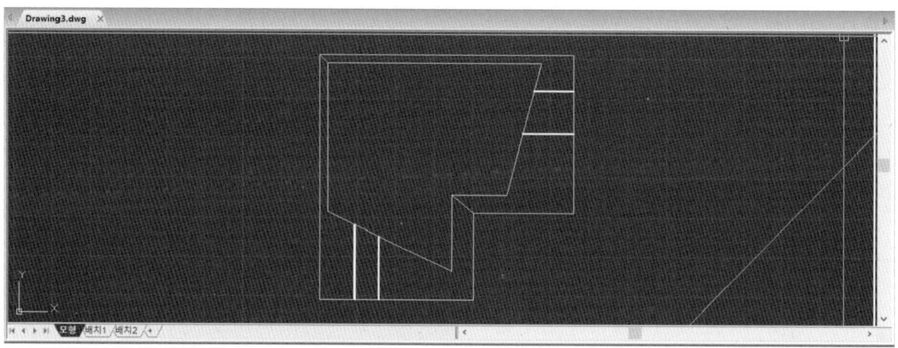

Trim (자르기) 명령을 이용하여, 문제 도면과 같이 선분을 정리하고, 불필요한 선분을 제거한다.

2-10. 평면도 작성에 따른 정면도 외형선 추가

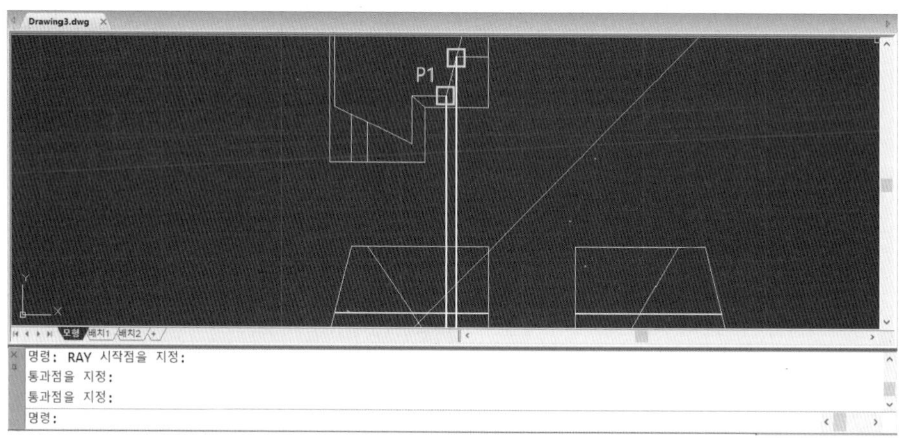

평면도에서 기울어진 부분에 따른 정면도 외형선을 추가 작성한다.

① 평면도에서 기울어져 있는 상단 끝점(P1)을 기준으로 Ray 명령으로 270도 방향으로 선분을 작성한다.

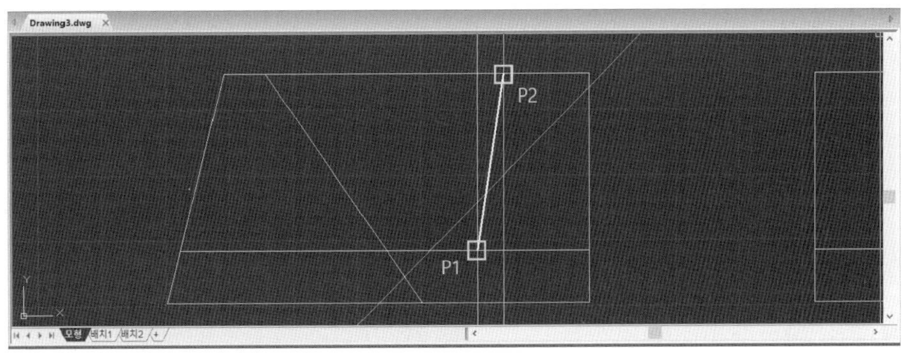

정면도에 작성될 외형선은 line명령으로 작성한다.

① Ray명령으로 작성된 수직 선분과 이미 작성된 정면도 선분의 교차점(P1, P2)를 line명령으로 작성한다.

② Ray로 작성된 수직 선분을 선택하여 제거한다.

③ 문제 도면과 같이 Trim으로 불필요한 요소를 정리한다.

2-11. 평면도 작성에 따른 우측면도 외형선 추가

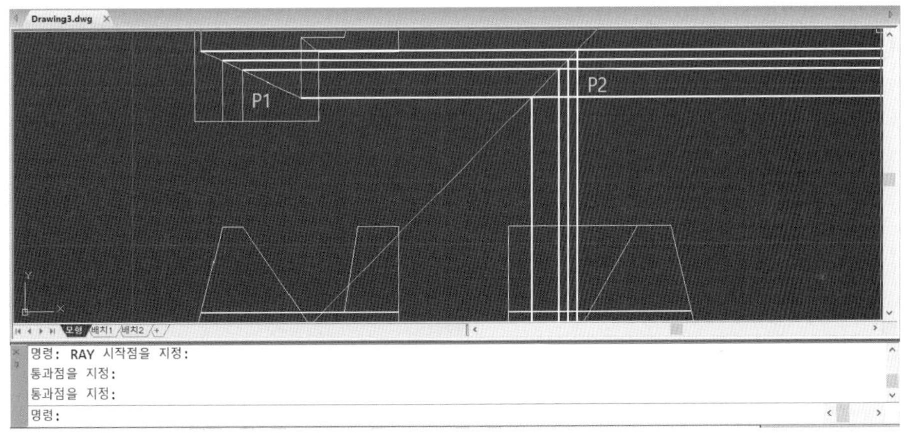

평면도에서 기울어진 부분에 따른 정면도 외형선을 추가 작성한다.

① 평면도에서 기울어져 있는 상단 끝점(P1)을 기준으로 Ray 명령으로 0도 방향으로 선분을 작성한다.

② 작성된 Ray 수평 선분과 45도 선분의 교차점(P2)을 기준으로 Ray명령으로 270도 방향으로 선분을 작성한다.

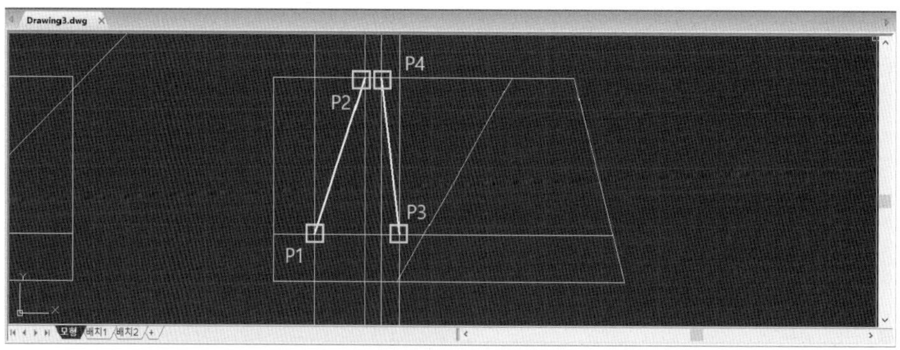

우측면도에 작성될 외형선은 line명령으로 작성한다.

① Ray명령으로 작성된 수직 선분과 이미 작성된 우측면도 선분의 교차점(P1 -> P2, P3 -> P4)를 line명령으로 작성한다.

② Ray로 작성된 수직 선분을 선택하여 제거한다.

③ 문제도면과 같이 Trim으로 불필요한 요소를 정리한다.

2-12. 정면도 원 외형선 작성

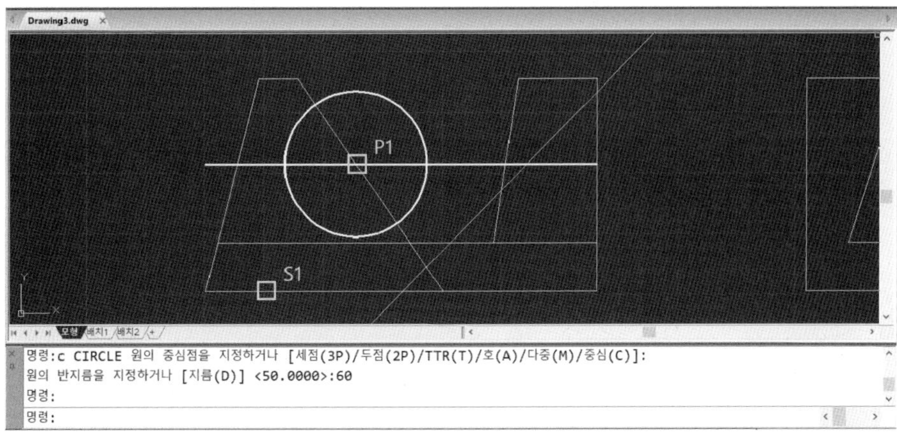

문제 도면의 치수와 같이 중심선의 위치에 맞게 원호를 작성한다.

① 정면도 제일 아래 기준선(S1)을 선택하여, 105mm 만큼 90도 방향으로 간격띄우기 한다.

② Circle(원)명령으로 간격띄우기한 선분과 55도 기울어진 선분의 교차점(P1)을 원의 중심점으로 지정하고, 반지름 60mm를 입력하여 원을 작성한다.

2-13. 평면도와 우측면도에 원통 작성을 위한 구성선 작성

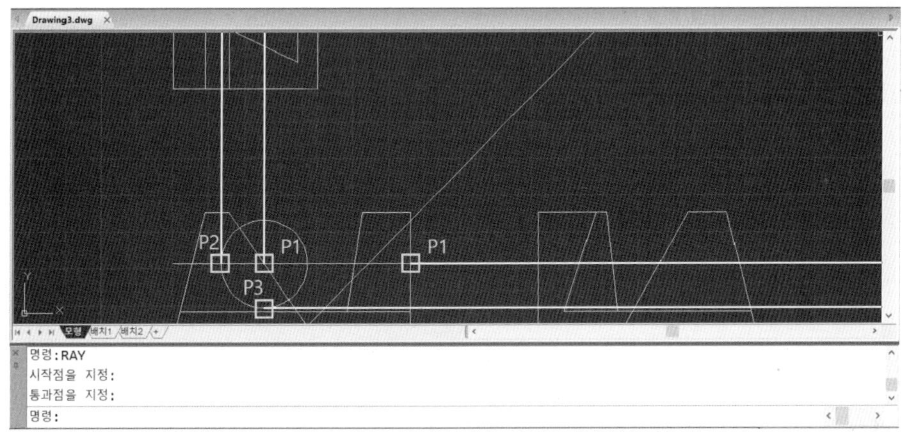

Ray명령으로 작성된 정면도의 원을 기준으로, 평면도와 우측면도 작성을 위한 중심선과 사분점 기준 선을 작성한다.

① 정면도에 작성된 원의 중심점(P1)을 기준으로 Ray명령으로 0도 방향과 90도 방향으로 각각 중심

구성선을 작성한다.

② 정면도에 작성된 원의 사분점(180도 위치, P2)을 기준으로 90도 방향의 Ray선을 작성한다.

③ 정면도에 작성된 원의 사분점(270도 위치, P3)를 기준으로 0도 방향의 Ray선을 작성한다.

2-14.우측면도에 타원을 위한 구성선 작성

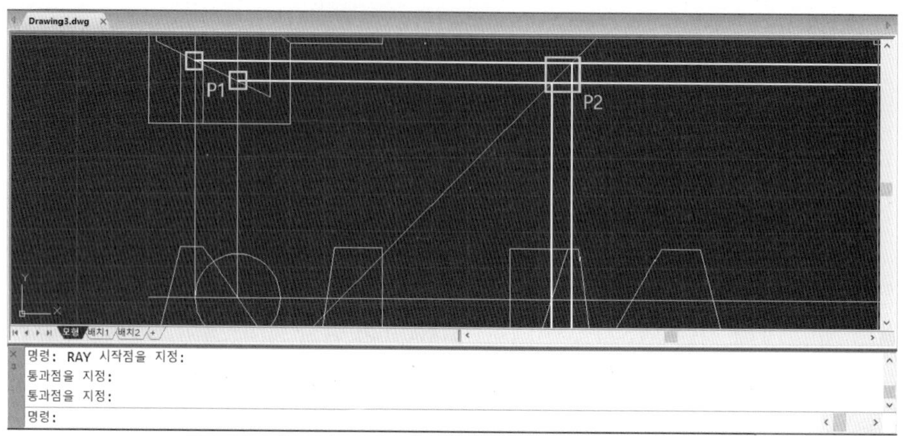

문제 도면과 같이 우측면도에 표시되어진 타원을 작성하기 위해서, 평면도를 기준으로 구성선을 작성한다.

① 2-12에서 작성된 ①, ②번 선분과 평면도에서 원통이 끝나는 교차점(P1)을 기준점으로 0도 방향의 Ray선을 작성한다.

② Ray로 작성된 수평 선분과 45도 선분의 교차점(P2)을 기준으로 270도 방향의 Ray선을 작성한다.

2-15.우측면도에 타원 작성

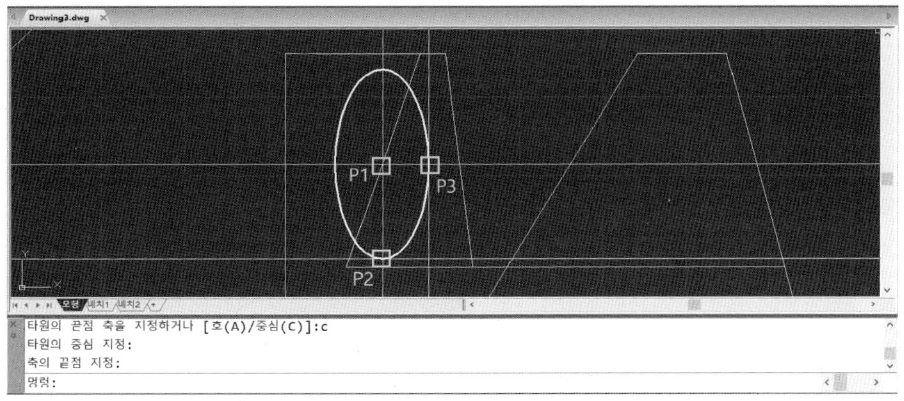

이미 작성된 구성선을 기준으로 원통이 비스듬하게 잘렸을 때 나타나는 타원을 작성한다.

① Ellipse(단축키, el)명령을 입력 후, 옵션에서 중심(C)를 입력하고, 교차점(P1)에 지정한다.

② 타원의 첫 번째 끝점을 2-12에서 작성된 사분점 선과 2-13에서 작성된 중심선의 교차점(P2)을 지정한다.

③ 타원의 두 번째 끝점을 2-12에서 작성된 수평 중심선과 2-13에서 작성된 선분의 교차점(P3)을 지정하여 타원을 완성한다.

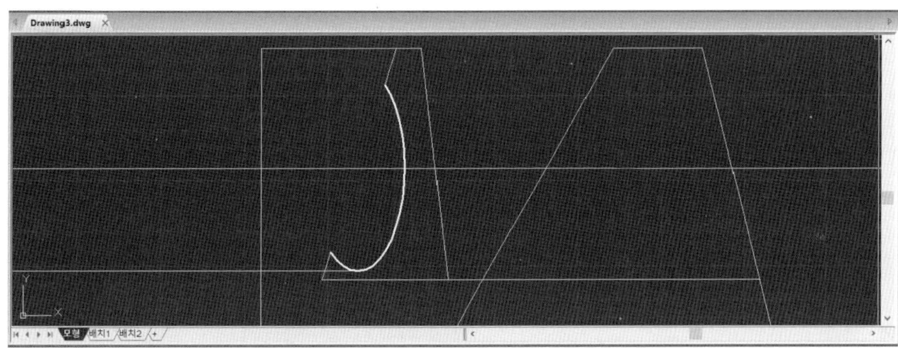

문제 도면과 같이 불필요한 객체 및 요소를 정리한다.

※ 가로 중심선과 원통 아래 가로선은 그대로 두고 불필요한 부분만 정리한다.

2-16. 우측면도에 원통 부분 외형선 작성

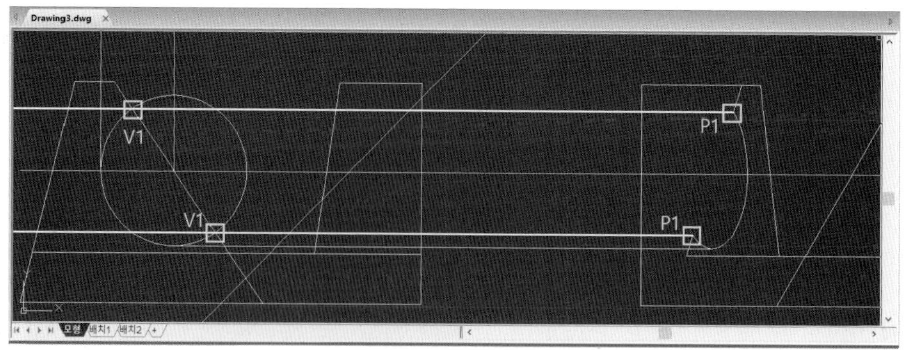

2-14에서 작성된 타원의 끝점을 기준으로 원통의 외형선을 작성한다.

① 우측면도에서 정리된 타원의 끝점(P1)을 기준으로 180도 방향의 Ray 선분을 작성한다.

※ 이때, 정면도의 원통과 55도 기울어진 선분의 교차점(V1)에 정확하게 통과해야 한다.

② 문제 도면과 같이 작성된 Ray선분을 Trim명령으로 정리한다.

2-17. 상단 원통부분 외형선 작성

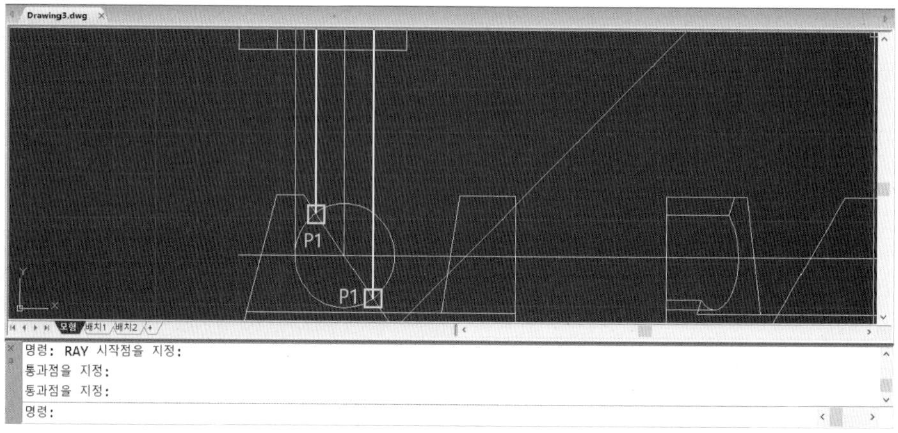

정면도에서 원통과 55도 기울어진 선분의 교차점에서 평면도 외형선의 위치를 작성한다.

① 정면도에 작성된 원과 55도 기울어진 선분의 교차점(P1)을 기준으로 90도 방향의 Ray 선분을 작성한다.

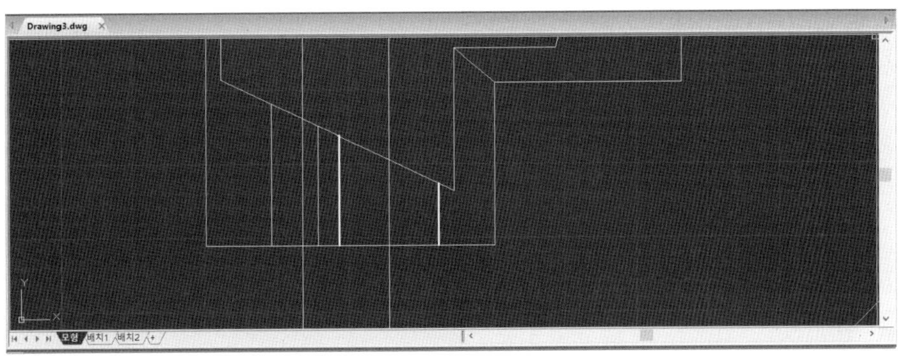

문제 도면과 같이 불필요한 객체 및 요소를 정리한다.

※ 세로 중심선과 원통 좌측 세로 선분은 그대로 두고 불필요한 부분만 정리한다.

2-18. 평면도와 우측면도 중심선 변경

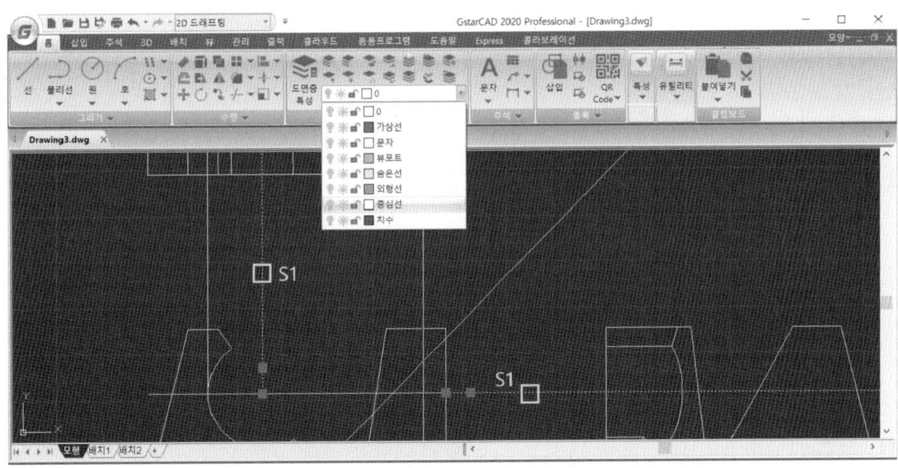

정면도에 작성된 원의 중심점을 기준으로 가로, 세로 작성된 선분을 중심선 도면층으로 변경한다.

① 원의 중심점을 기준으로 작성된 가로, 세로 선분(S1)을 그립으로 선택한다.

② 리본 메뉴에서 도면층 스타일 제어를 클릭하고, 중심선을 선택하여 도면층을 변경한다.

2-19. 평면도와 우측면도 숨은선 변경

정면도에 작성된 원의 사분점을 기준으로 가로, 세로 작성된 선분을 숨은선 도면층으로 변경한다.

① 원의 사분점을 기준으로 작성된 가로, 세로 선분(S1)을 그립으로 선택한다.

② 리본 메뉴에서 도면층 스타일 제어를 클릭하고, 숨은선을 선택하여 도면층을 변경한다.

2-20. 우측면도에 최종적인 외형선 작성

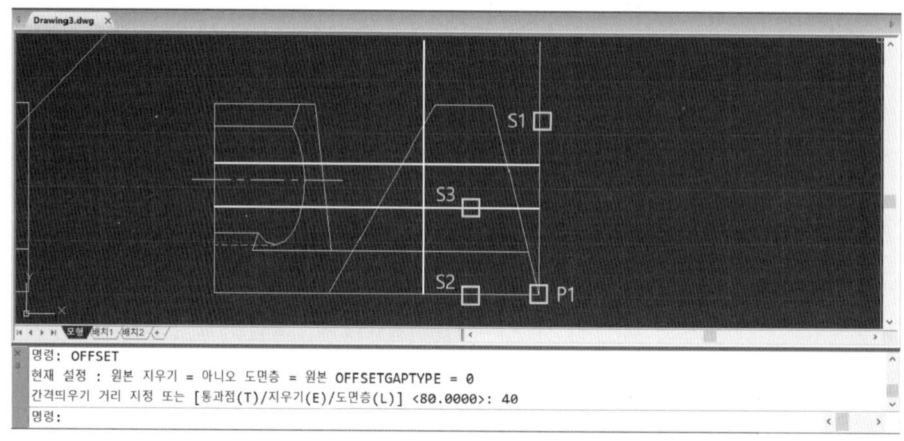

문제 도면과 같이 우측면도에 표시되어 있는 외형선을 마지막으로 작성한다.

① line명령으로 우측면도의 끝점(P1)을 지정하여 임의로 90도 방향으로 선분을 작성한다.

② 작성된 선분(S1)을 110mm 만큼 180도 방향으로 간격띄우기 하여 작성한다.

③ 우측면 제일 아래 선분(S2)를 80mm만큼 간격띄우기 하고, 다시(S3) 40mm만큼 간격띄우기 하

여 선분을 작성한다.

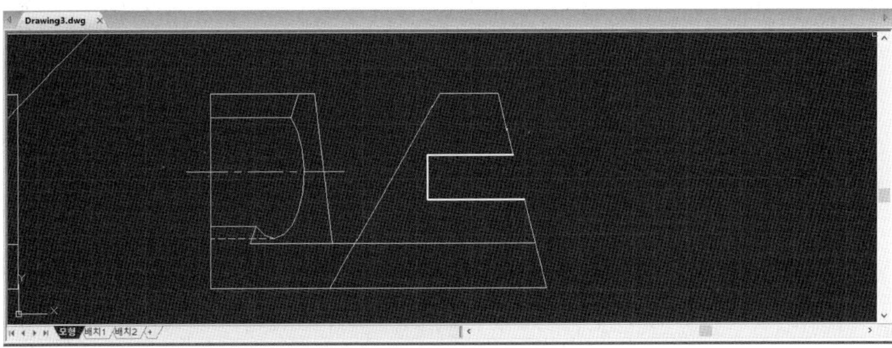

문제 도면과 같이 불필요한 객체 및 요소를 정리한다.

2-21. 우측면도에 작성된 외형선을 참고로 평면도 최종 외형선 작성

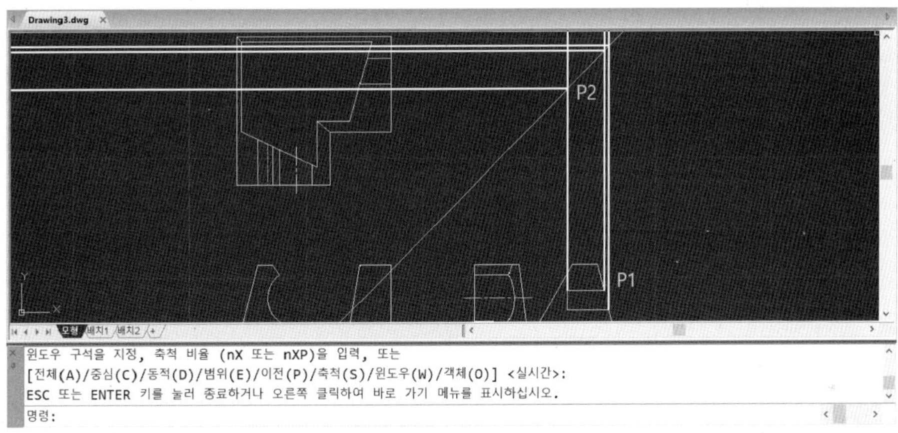

2-19에서 작성된 외형선을 기준으로 평면도에 필요한 외형선을 작성한다.

① 2-19에서 작성된 외형선의 끝점(P1)을 기준으로 90도 방향의 Ray 선분을 작성한다.

② 작성된 90도 선분과 45도 선분의 교차점(P2)를 기준으로 180도 방향의 Ray 선분을 작성한다.

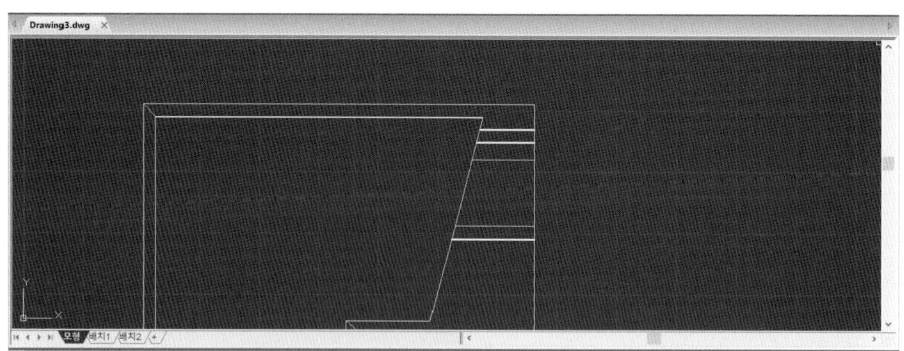

문제 도면과 같이 불필요한 객체 및 요소를 정리한다.

3. 정투상 도면 숨은선 및 중심선 작성

3-1. 특성일치를 이용해서 숨은선 속성 변경

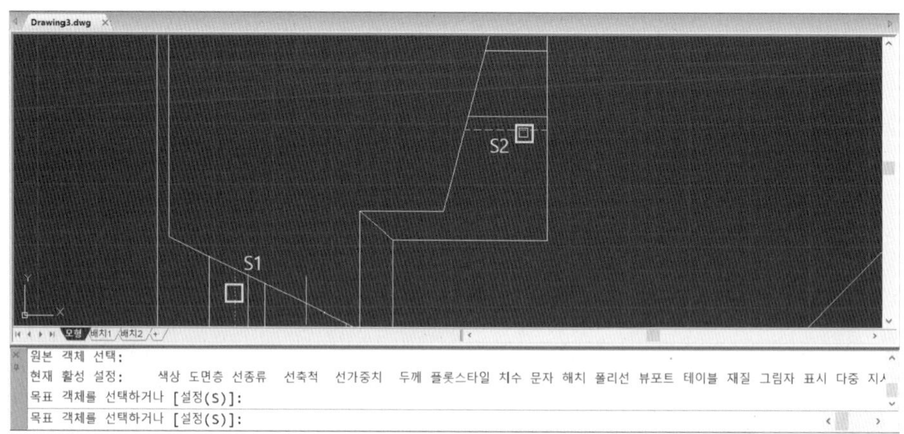

문제도면과 같이 2-20에서 정리된 선분 중 숨어 있는 선분의 속성을 변경한다.

① Matchprop(단축키, ma)(특성일치) 명령을 실행하고, 원본 객체를 기존에 객체(S1)로 선택하고, 목표 객체를 속성 변경할 객체(S2)를 선택하여 숨은선으로 변경한다.

3-2. 정면도 숨은선 작성

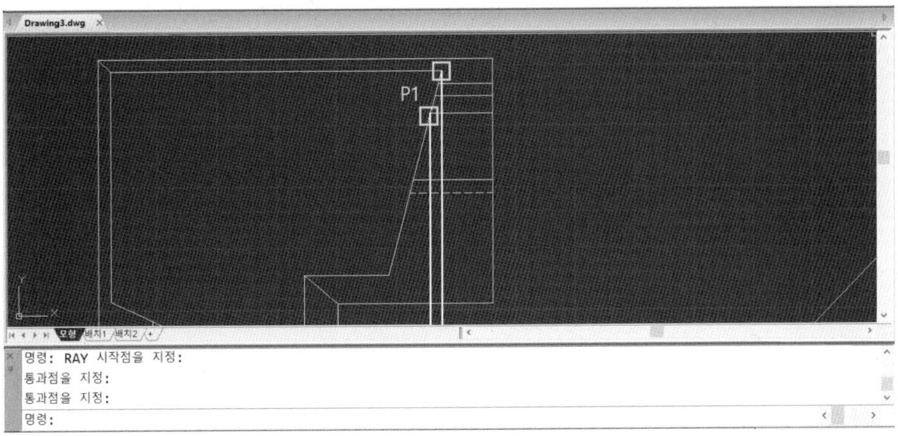

2-20에서 작성된 평면도 외형선을 기준으로 정면도 숨은선 작성을 위한 구성선을 작성한다.

① 2-20에서 작성된 평면도 외형선의 끝점(P1)을 기준으로 270도 방향의 Ray 선분을 작성한다.

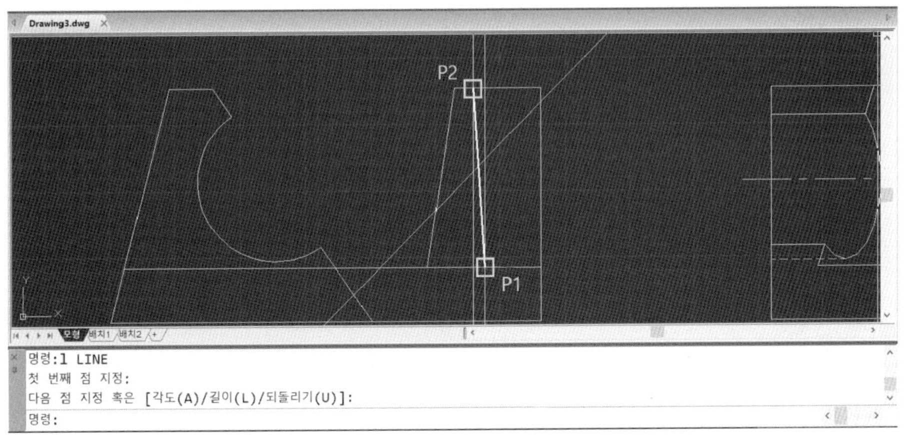

위에서 생성된 선분을 기준으로 정면도에서 교차점을 기준으로 숨은선 위치를 작성한다.

② 작성된 구성선과 정면도 외형선의 교차점(P1, P2)를 line 명령으로 선분을 작성한다.

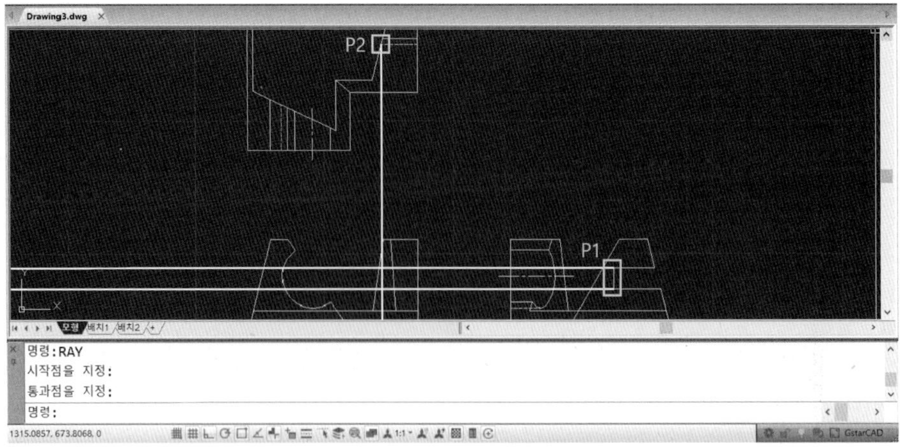

정면도 숨은선 완성을 위해, 우측면과 평면도에서 숨은선의 기준을 작성한다.

① 정면도에서 숨은선이 될 선분을 우측면도와 평면도의 끝점(P1, P2)을 기준으로 180도와 270도 방향의 Ray 선분을 작성한다.

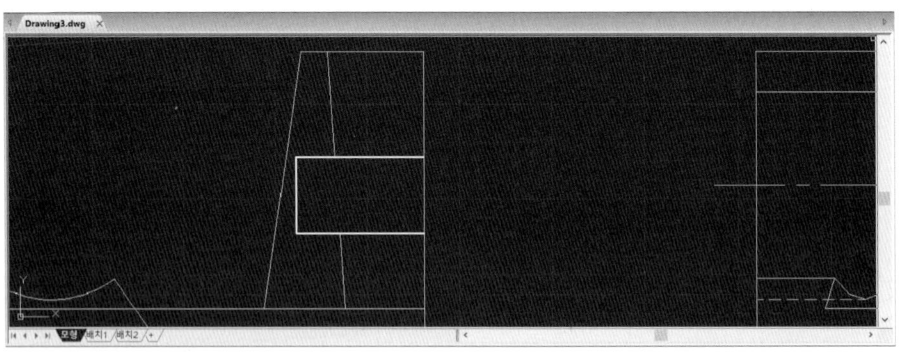

문제 도면과 같이 불필요한 객체 및 요소를 정리한다.

3-3. 정면도 숨은선 특성 변경

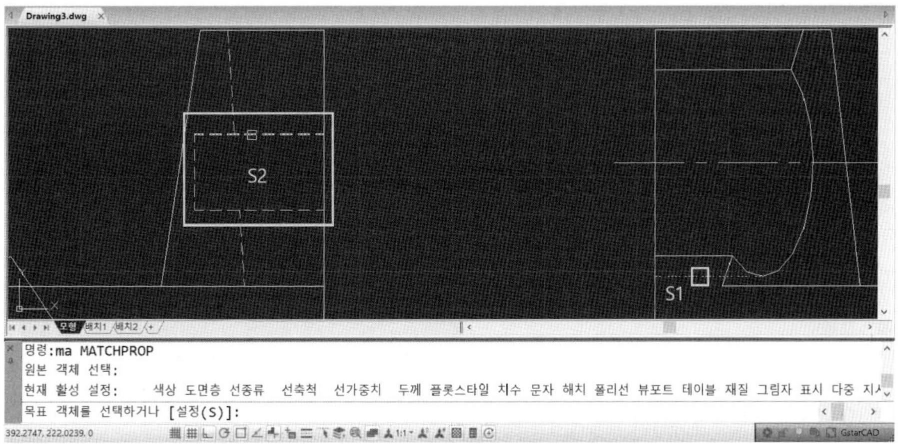

문제도면과 같이 3-2에서 정리된 선분의 속성을 변경한다.

① Matchprop(단축키, ma)(특성일치) 명령을 실행하고, 원본 객체를 기존에 객체(S1)로 선택하고, 목표 객체를 속성 변경할 객체(S2)를 선택하여 숨은선으로 변경한다.

3-4. 객체 절단(끊기) 후, 속성 변경

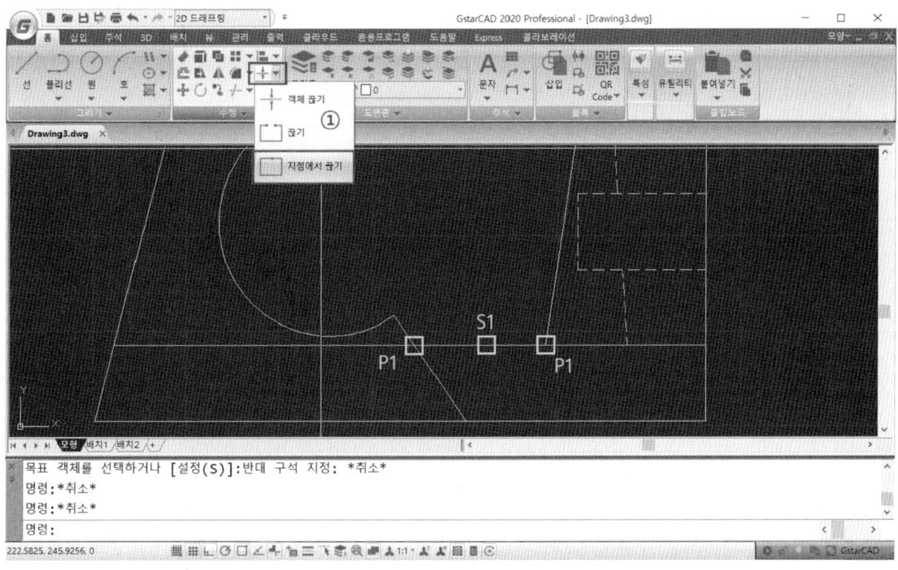

하나의 객체로 이루어진 선분에 각각 다른 속성을 부여하기 위해서, 선분의 일부분을 절단한다.

① 상단 리본, 끊기(Break, 단축키 br) 하위 명령에서 지점에서 끊기를 실행한다.
② 끊기 할 객체(S1)을 선택한다.
③ 선분을 분리한 교차점(P1)을 선택한다.
※ 끊기(Break) 명령은 한번에 하나의 객체만 작업이 가능하다.

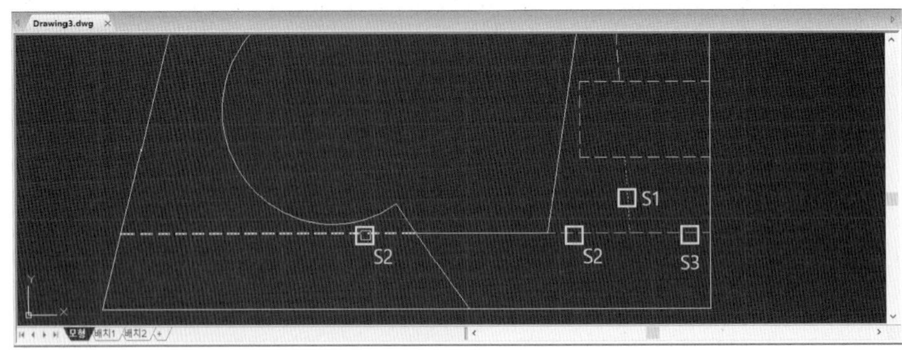

문제도면과 같이 끊어진 선분의 속성을 변경한다.
① Matchprop(단축키, ma)(특성일치) 명령을 실행하고, 원본 객체를 기존에 객체(S1)로 선택하고, 목표 객체를 속성 변경할 객체(S2)를 선택하여 숨은선으로 변경한다.
② 문제 도면과 같이 불필요한 선분(S3)을 정리한다.

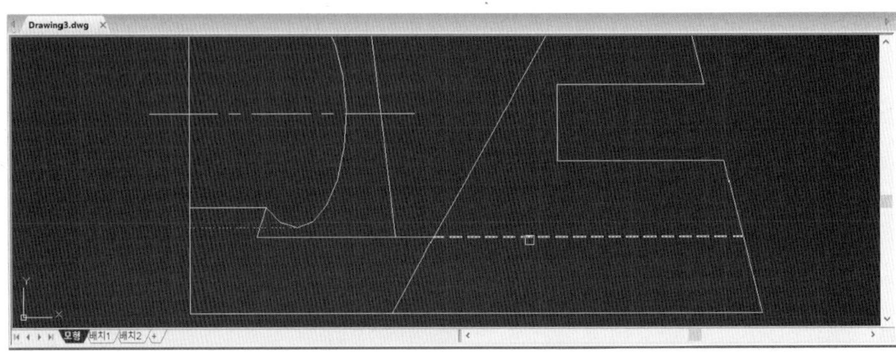

우측면도의 숨은선 속성도, 3-4와 동일한 방법으로 속성을 변경한다.

3-5. 정면도 중심선 작성

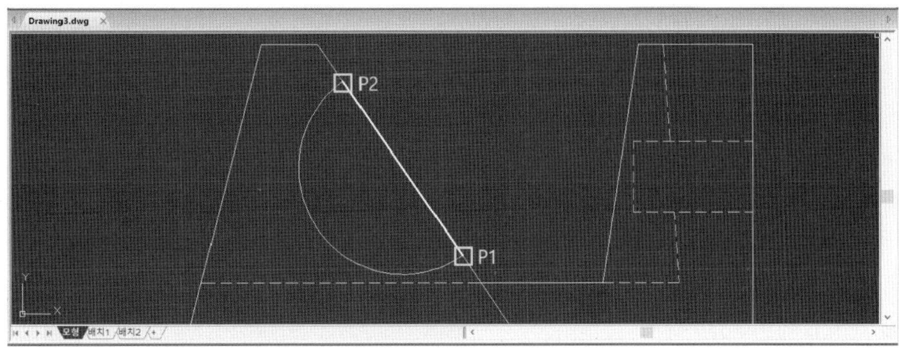

문제 도면과 같이 기울어진 중심선을 작성한다.

① 잘려진 원의 끝점(P1, P2)을 line명령으로 선분을 작성한다.

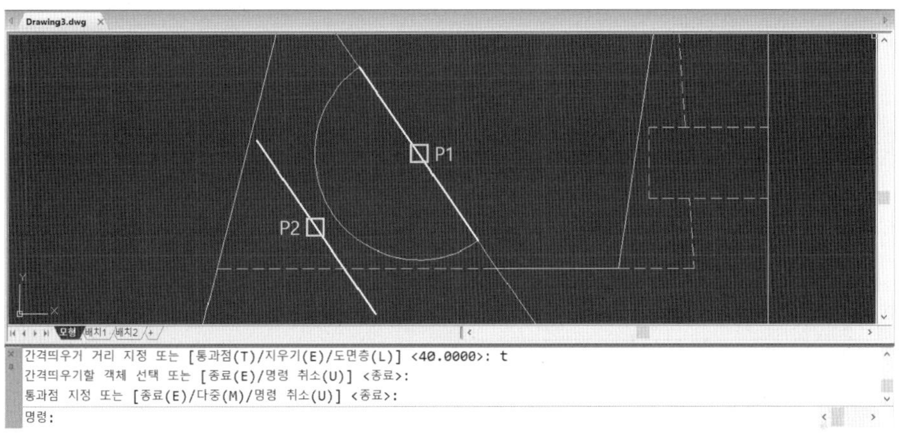

간격띄우기 통과점을 이용하여 임의의 위치에 선분을 복사한다.

① 새로 작성된 선분(S1)을 간격띄우기 옵션 통과점(T)를 이용하여 임의의 위치(P1)에 복사한다.

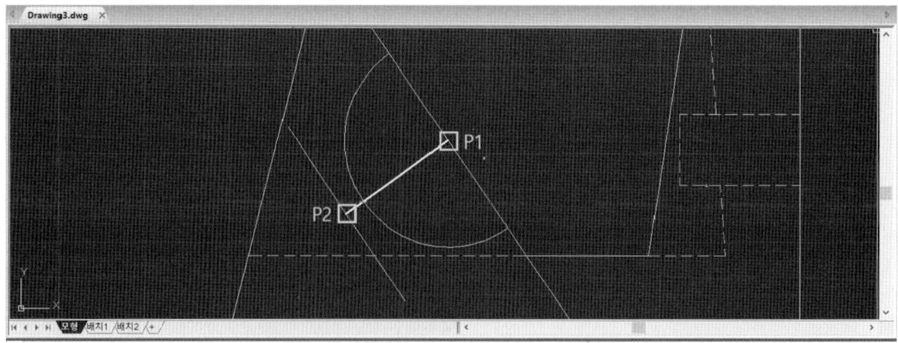

기울어진 중심선 작성하기

① line명령으로 원의 중심점(P1)을 기준으로 간격띄우기 된 객체(P2)에 수직(per)으로 선분을 작성한다.

※ 수직점은 Shift+마우스 오른클릭 후, 나타나는 대화상자에서 수직(P)를 선택하거나, 직접적으로 per을 입력 후, 대상 객체위에 클릭하면 대상 객체에 90도 위치에 선분이 작성된다.

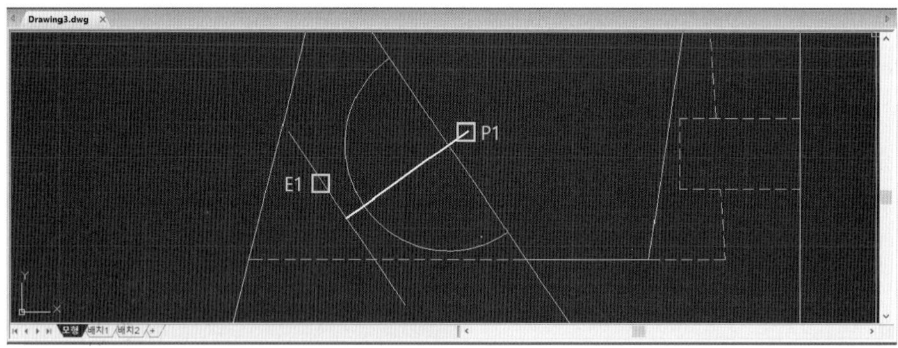

Lengthen(단축키, len) 명령을 이용하여, 중심선의 길이(P1)를 임의의 값으로 조절하고, 문제 도면과 같이 불필요한 선분(E1)을 제거 또는 정리한다.

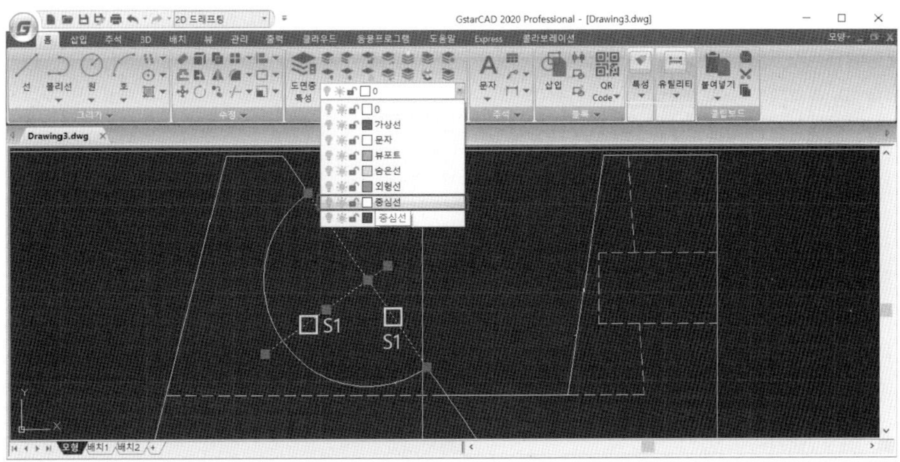

중심선으로 변경될 객체를 그립으로 선택하여, 도면층을 변경한다.

① 선분 속성이 변경될 객체(S1)를 선택하고, 도면층 스타일 제어를 클릭하여 중심선으로 도면층을 변경한다.

3-6. 외형선 도면층 변경

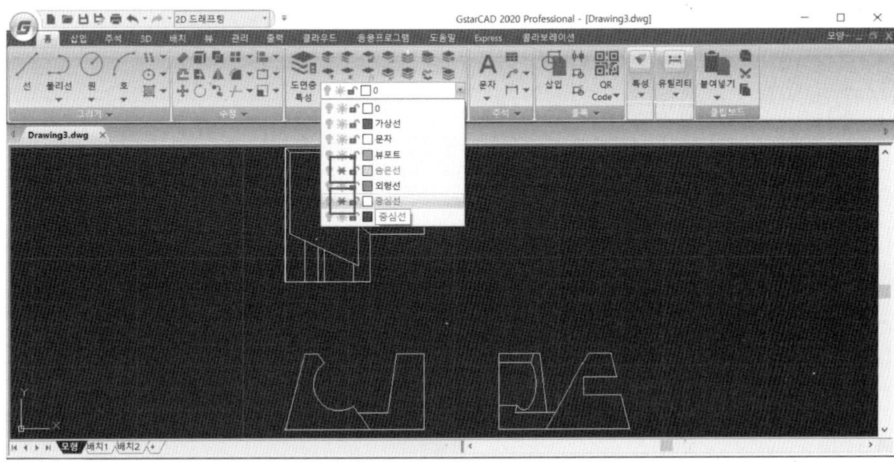

도면층 스타일 제어를 클릭하여, 이미 도면층이 변경된 숨은선과 중심선을 동결 시켜, 화면상에서 숨긴다.

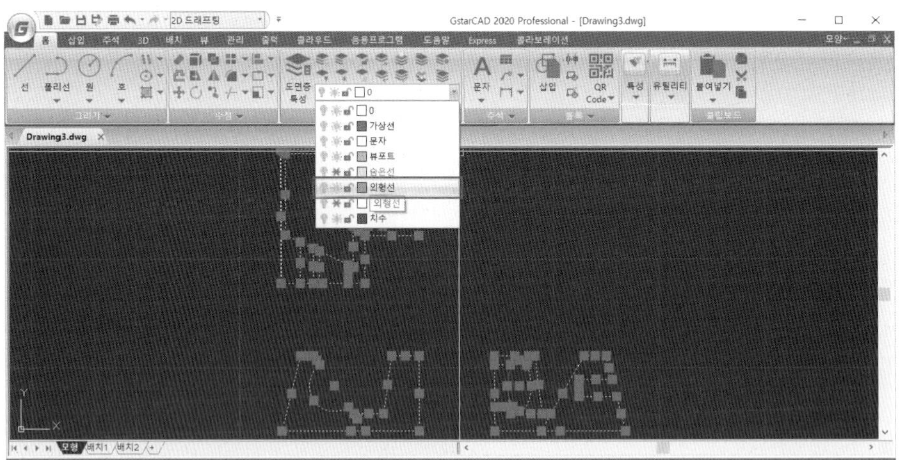

숨은선과 중심선을 동결 시킨 후, Ctrl + A (전체 선택)하고, 도면층 스타일 제어를 클릭하여 외형선으로 도면층을 변경한다.

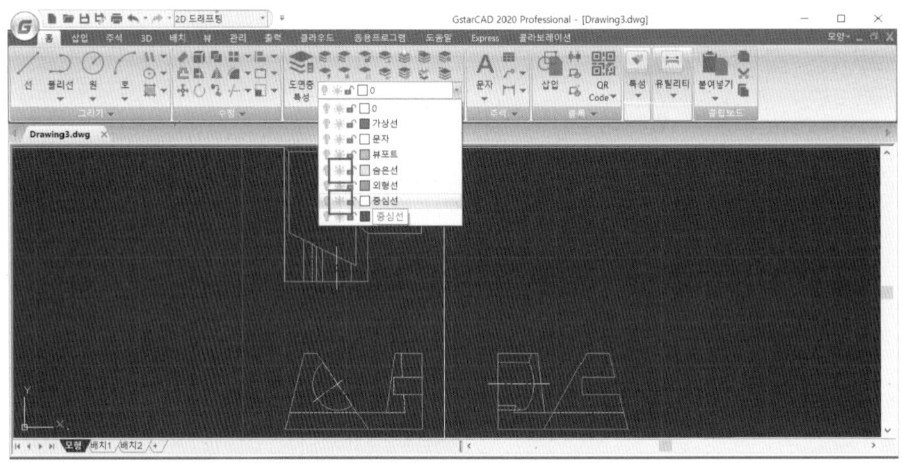

동결로 숨겼던 도면층을 동결해제 하여 모두 보이도록 한다.

4. 치수 기입

4-1. 도면층 기본값 변경

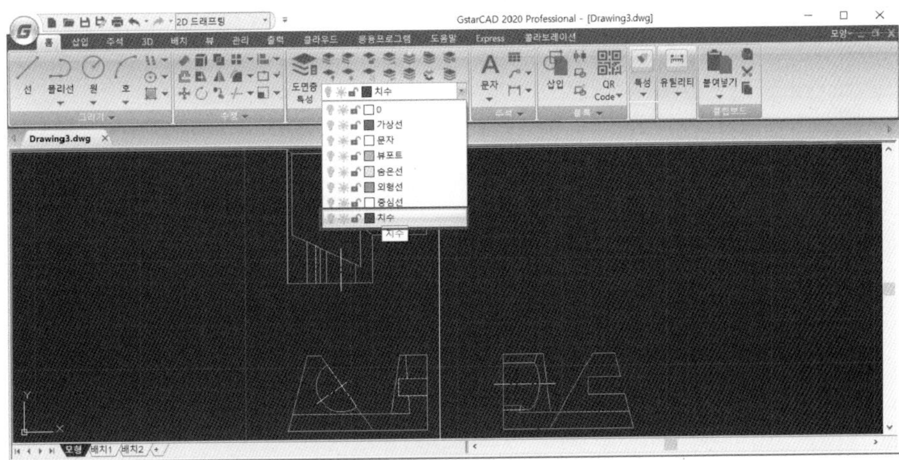

치수 기입 전, 도면층 스타일 제어에서 도면층 기본값을 치수로 변경한다.

4-2. 응시조건에 따른 치수 스타일 변경

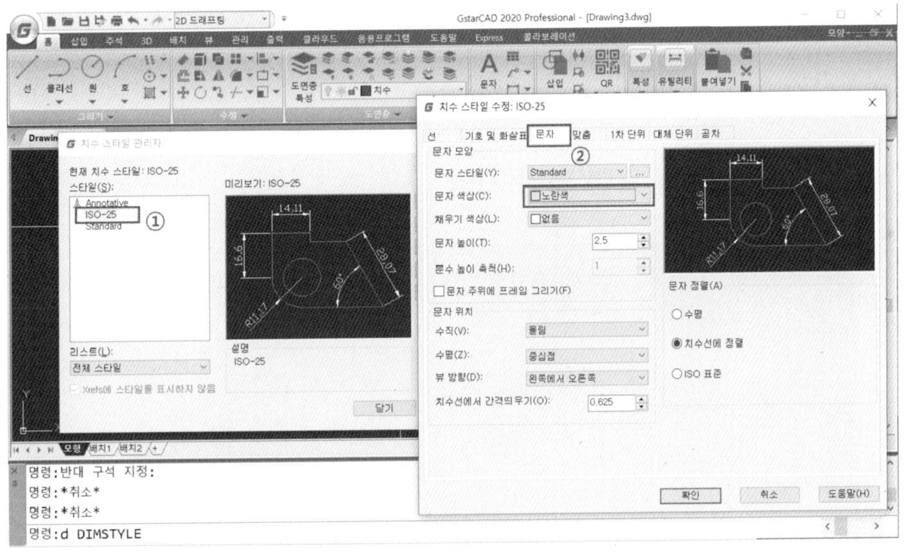

Dimstyle (단축키, d)를 입력하여, 치수 스타일을 응시조건에 맞게 변경한다.

① ISO-25을 선택하고, 수정을 클릭한다.

② 치수 스타일 수정에서 문자 탭을 클릭하고, 문자 색상을 노란색으로 변경한 후, 확인한다.

4-3. 도면 치수 기입

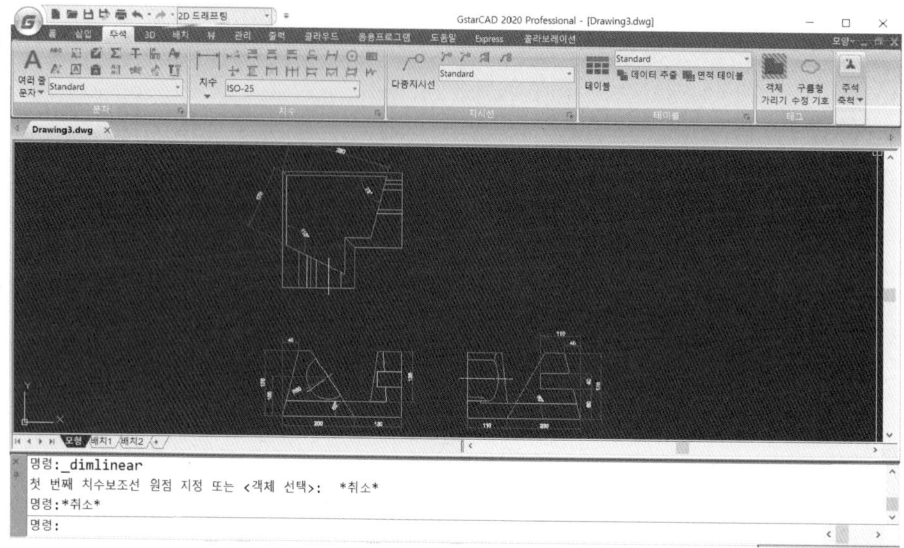

상단 메뉴바에서 주석을 클릭하여 나타나는 치수기입 명령을 이용하여 답안 도면과 같이 치수를 기입한다.

5. 도면 배치 작성

5-1. 배치 모드 전환 및 도면 범위 지정

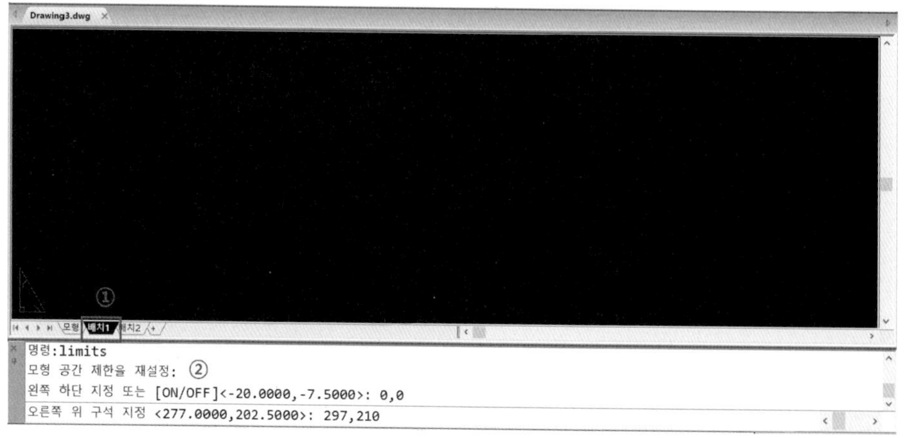

CAD 2급의 답안 작성을 위해 도면 양식 및 배치는 배치 탭을 통해서 작업이 이루어진다.

① 작업화면 하단 탭에서 배치 1 탭(시스템 명령 : tilemode, 0)을 클릭한다.

② 배치 화면에서 limits 명령을 실행하고, 화면 범위를 지정한다.

- 외쪽 하단 지정 : 문제에서 제시하고 있는 위치 좌표(0,0)
- 오른쪽 위 구속 지정 : 문제에서 제시하고 있는 위치 좌표(297,210)

③ Zoom명령을 실행하고, 전체(A) 옵션을 입력한다.

5-2. 도면 양식 - 용지크기 작성

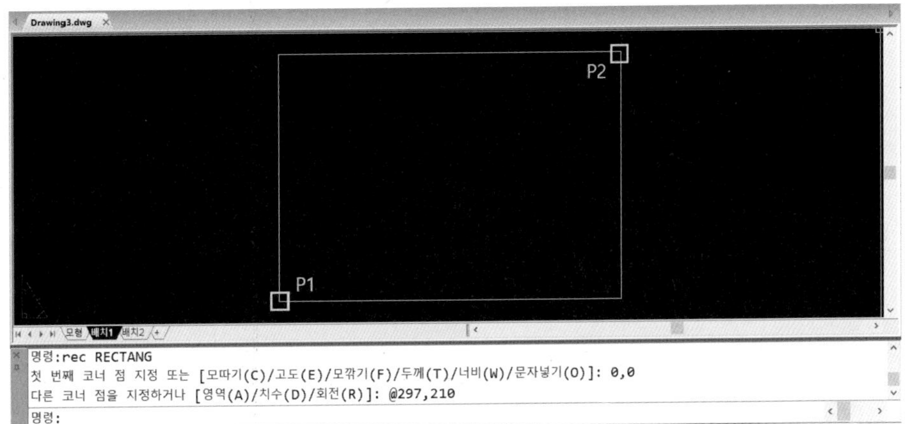

문제 조건을 참고하여 Rectang (단축키, rec)명령으로, 용지 크기를 작성한다.

① 사각형(Rectang) 명령을 실행하고, 첫 번째 코너 점 지정(P1)을 0,0으로 입력한 후, 다른 코너 점 지정(P2)에서 @297,210 또는 297,210 좌표을 입력하여 종이 크기를 작성한다.

※ 0번 도면층을 기본값으로 변경 한 후, 작성한다.

5-3. 도면 양식 - 도면 양식 작성

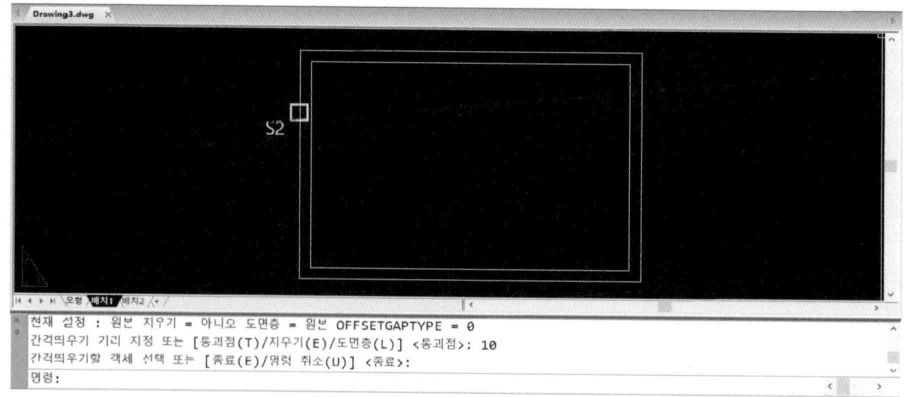

5-2에서 작성된 용지를 간격띄우기를 이용하여 문제 조건에 맞게 도면 양식을 작성한다.

① 작성된 용지(S1)를 10mm 만큼 안쪽으로 간격띄우기 한다.

5-4. 도면 배치 – 생성

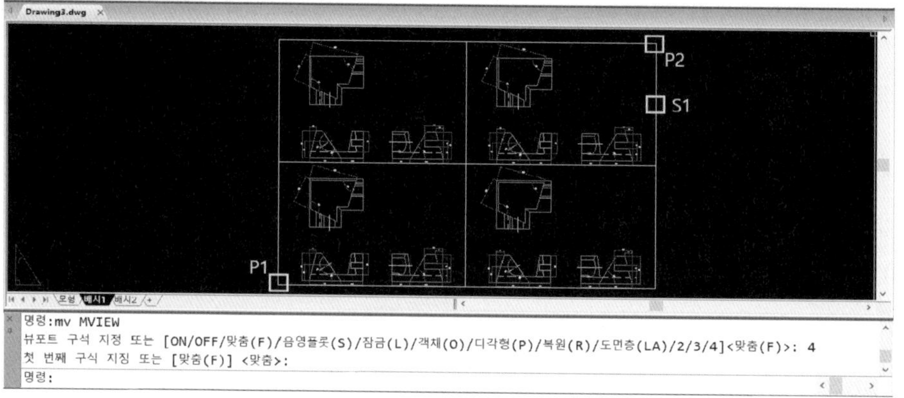

Mview명령을 이용하여 작성된 도면 양식에 맞게 도면 뷰를 작성한다.

① Mview (단축키, mv)명령을 실행하고, 나타나는 옵션에서 4를 입력한 다음, 작성된 도면양식의 첫 번째 구석 점(P1)과 두 번째 구석 점(P2)를 선택하여 4개의 도면 뷰를 생성한다.

② 4개의 도면 뷰에서 우측 상단의 도면 뷰(S1)를 선택 후, 문제 도면과 같이 제거한다.

5-5. 도면 배치 - 뷰 도면층 변경

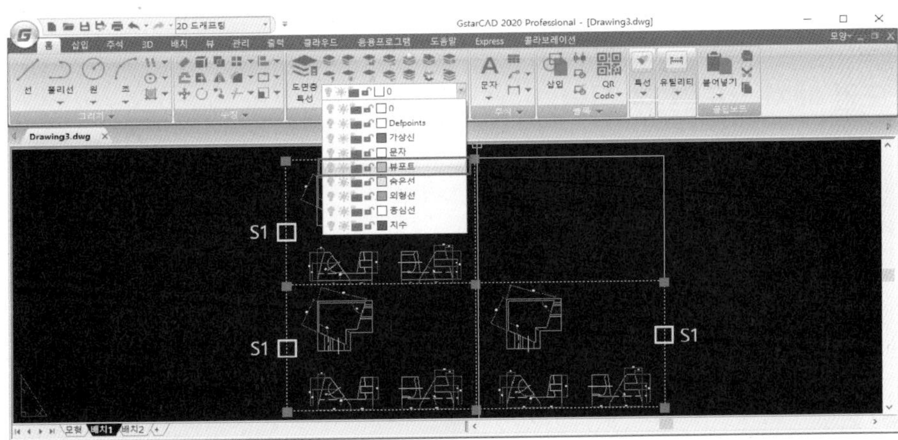

생성된 도면 뷰(S1)를 모두 선택하고, 도면층 스타일 제어에서 뷰포트 도면층으로 변경한다.

5-6. 도면 배치 - 개별 도면 뷰 변경

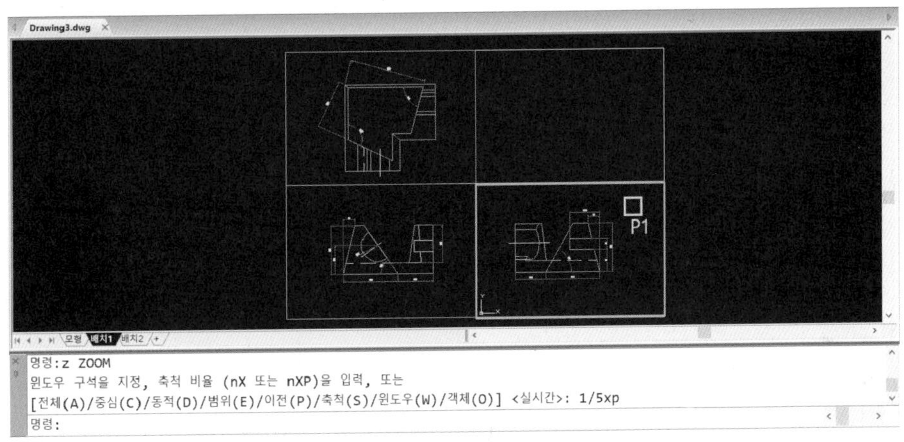

생성되어진 3개의 도면 뷰에 각각의 투상도면이 보일 수 있도록 조정 후, 문제 조건에 맞게 화면 축척을 변경한다.

① 해당 도면 뷰(P1)를 더블클릭하여 해당 도면 뷰로 전환한다.

② Zoom명령을 실행하고, 문제 조건과 같은 1/5xp을 입력한다.

③ 해당 도면 뷰에 하나의 투상도면만 보이도록 화면 위치를 조절 한다.

※ 각 도면 뷰의 크기와 위치는 위와 같은 방법으로 각각 수행한다.

※ 도면 뷰에서 빠져나올 때에는 도면 뷰 바깥 영역에서 다블 클릭하거나, Psapce (단축키, ps)를 입력하면 도면에서 빠져 나온다.

5-7. 도면 배치 - 도면 뷰 정렬

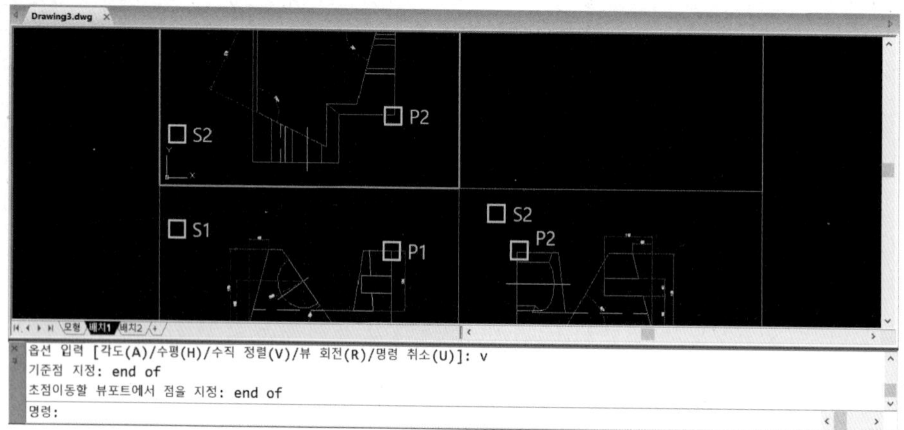

Mvsetup 명령을 이용하여 각각의 도면의 위치를 정렬한다.

① mvsetup 명령을 실행한 다음, 옵션에서 수평(H) 또는 수직 정렬(V)를 입력한다.

② 기준이 되는 도면 뷰(S1)를 선택하고, 정렬 기준이 되는 점(P1)을 지정한다.

③ 정렬될 뷰를 선택(S2)하고, 기준점(P1)과 위치가 맞는 대상 점(P2)를 지정한다.

※ 위와 같은 방법으로 다른 도면 뷰의 위치도 변경 한 후, 도면 뷰 환경에서 빠져 나온다.

5-8. 도면 배치 - 도면 뷰 경계 동결

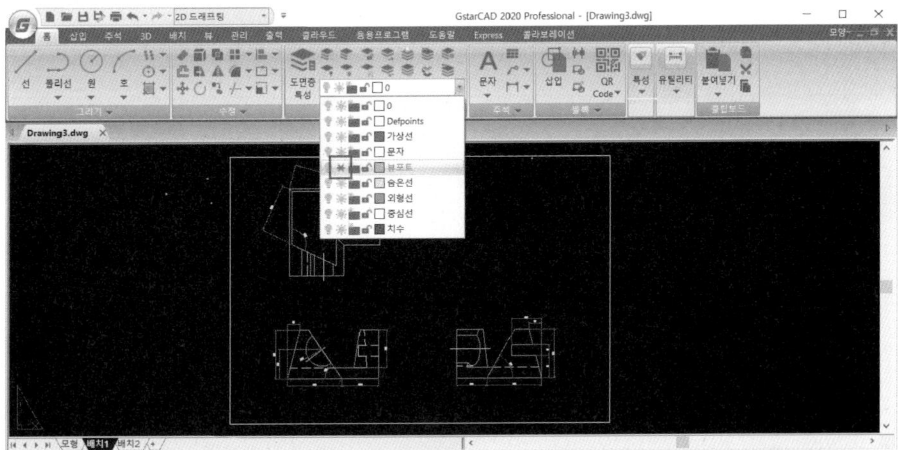

5-5에서 변경한 도면 뷰의 경계선을 화면상에 보이지 않게 해당 도면층을 동결한다.

5-9. 도면 배치 - 선종류 크기 변경

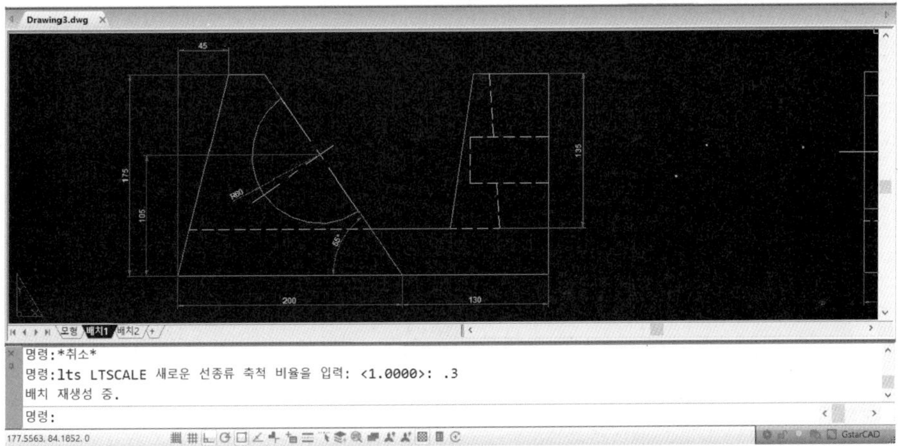

모형 영역에서의 선종류 크기와 배치 영역에서의 선 종류 크기가 다르게 적용될 경우, 적당한 크기로 변경한다.

① ltscale (단축키, lts)명령을 실행하고, 새로운 선종류 축척값을 0.5 ~ 0.3정도 입력한다.

※ 문제 조건의 용지 크기에 따라 선종류 축척값을 적절하게 변경한다.

6. 표지 타이틀 작성

6-1. 블록(Block)로 되어지 기호 불러오기

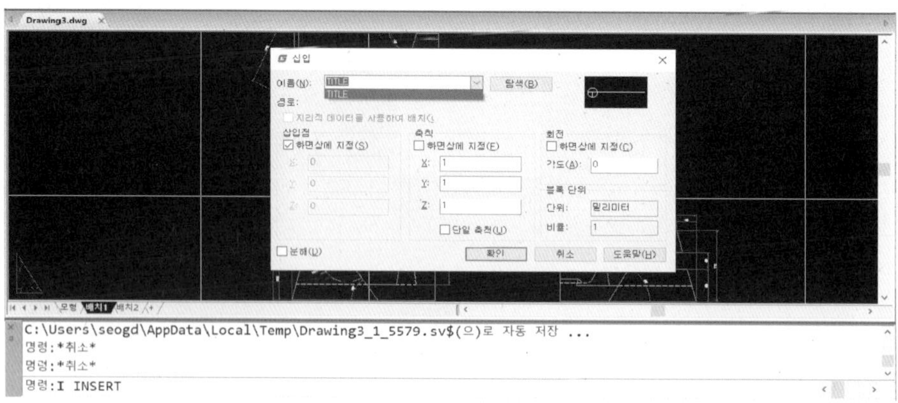

Insert를 이용하여 시험 템플릿으로 제공하는 기호를 도면상에 배치한다.

① insert (단축키, I)를 실행하고, 나타나는 대화상자에서 제공하는 TITLE 블록을 선택하고, 확인하고, 임의의 위치에 배치한다.

6-2. 기호에 문자 기입

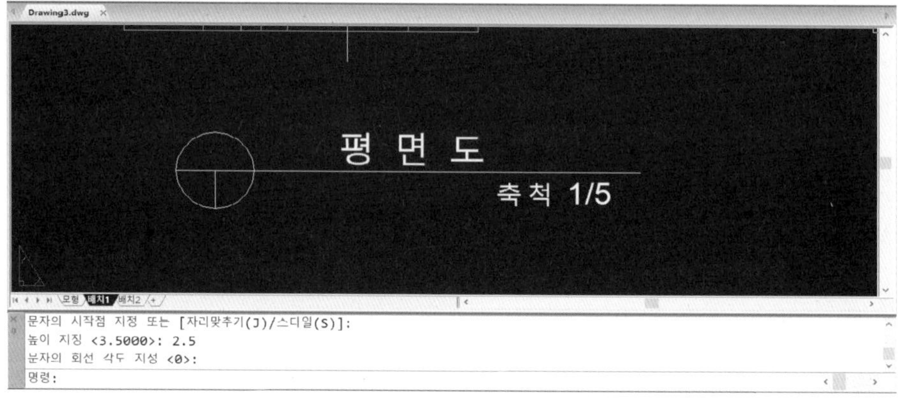

글쓰기 명령을 이용하여 도면 조건에 맞게 제목을 작성한다.

① 도면 조건을 참고하여 제목과 축척 값을 입력한다.

6-3. 기호에 문자 기입

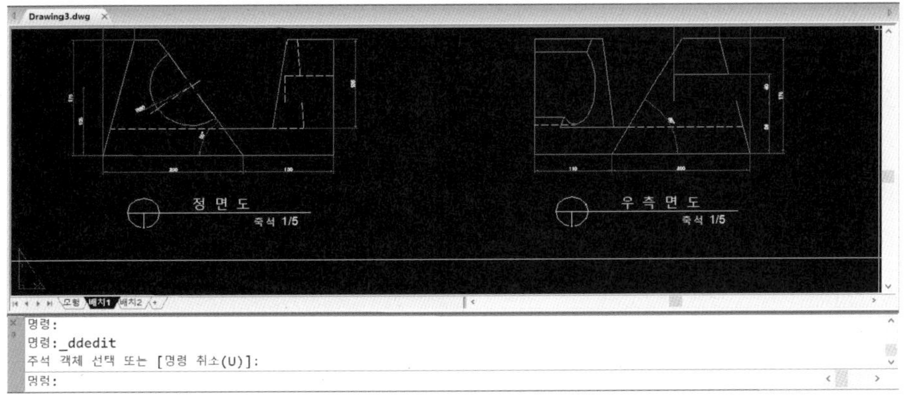

6-2에서 작성된 기호 및 문자를 다른 도면 뷰에도 복사 배치하고, 문자 내용을 변경한다.

① 6-2에서 작성된 기호 및 문자를 Copy (단축키, co)명령을 이용하여, 다른 도면 뷰에 복사한다.

② 변경한 문자를 더블 클릭한 후, 해당 문자로 변경하고, 최종적으로 도면 작성을 완료한다.

7. 도면 출력 설정

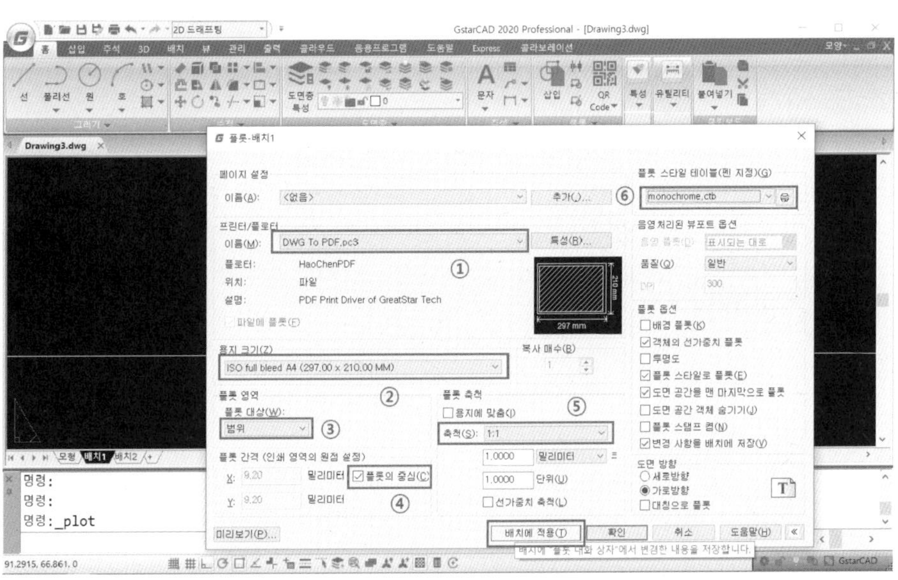

배치에서 완성된 도면을 출력할 수 있도록 설정하고, 저장한다.

명령 : PLOT (Ctrl + P)

① 프린터/플러터에서 DWG to PDF.pc3로 변경한다.
② 시험 조건에서 용지크기에 맞는 용지를 ISO Full bleed A4(ISO 전체 용지 A4)로 선택한다.
③ 플롯 영역에서 풀롯 대상을 범위로 변경한다.
④ 플롯 간격에서 풀롯의 중심을 선택한다.
⑤ 풀롯 출력에서 축척을 1:1로 변경한다.
⑥ 플롯 스타일 테이블을 monochrome.ctb로 변경한 후, 배치에 적용을 클릭한다.
※ 이후 도면을 저장하고 제출하면 시험은 종료 된다.

■ PART 05

3D 모델링

■ CONTENTS

CHAPTER 01 화면 뷰 조정

CAD 3D 작업을 위해서는 가장 잘 알고 있어야 하는 것이 "좌표계"이다.
2D 작업을 열심히 학습하신 분들은 쉽게 X (가로), Y (세로) 평면 화면은 눈에 확실히 습득하였다.
3D 작업 적용을 위해서는 X (가로), Y (세로), Z (높이) 3가지의 좌표를 익혀 두어야 한다.

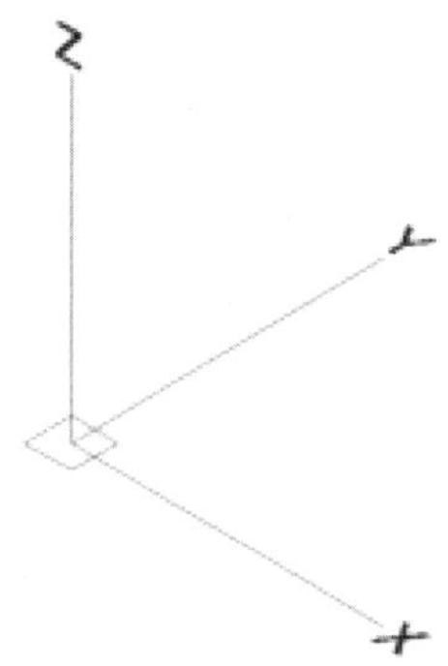

1. 화면 뷰 조정하기

화면 뷰 변경 방법은 총 3가지를 이용하여 조정할 수 있다.

① Shift + 마우스 오른쪽 버튼
② 뷰 아이콘을 활용하여 화면 뷰 변경
③ 명령어를 이용한 화면 뷰 변경 (명령어 : VPOINT)

1.1 Shift + 마우스 오른쪽 버튼

키보드 Shift를 누르면서 마우스 오른쪽 버튼을 클릭 후 마우스를 움직이면 화면 뷰를 3차원으로 조정할 수 있다.

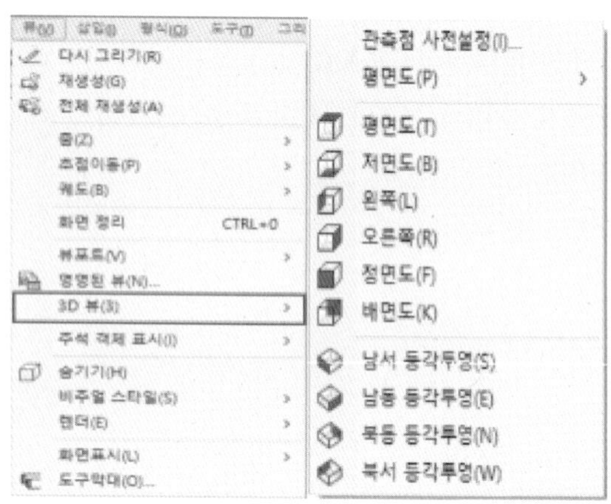

1.2 뷰 아이콘을 활용하여 화면 뷰 변경

풀 다운 메뉴 → 뷰 → 3D 뷰에서 각각의 뷰 변경 아이콘을 선택 하여 변경할 수 있다.
또한 아이콘 메뉴를 활성화 하여 Drawing Area (작업영역)에서 쉽게 아이콘으로 사용할 수 있다.

Status Line(현재 설정 옵션) 메뉴에 설정 → 툴바 → 뷰 선택

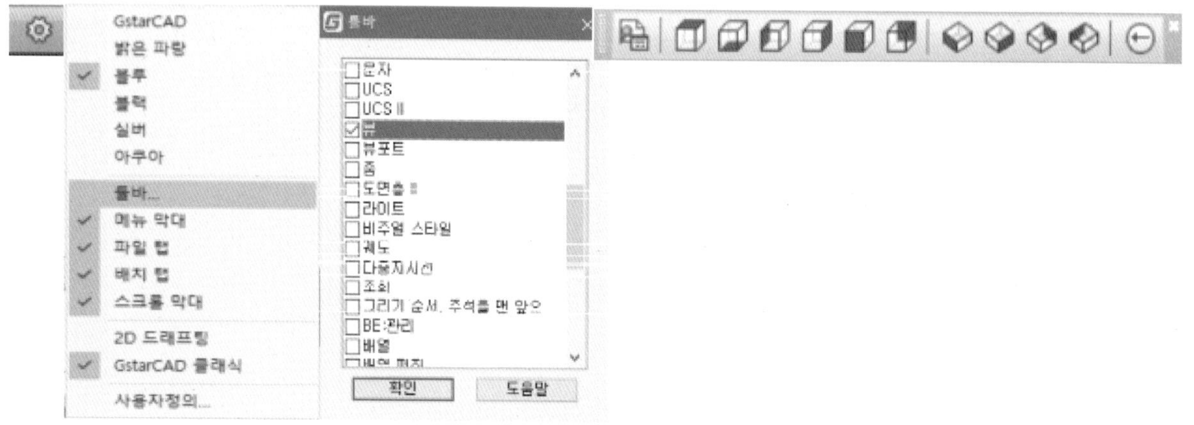

③ 명령어를 이용한 화면 뷰 변경 (명령어 : VPOINT)

명령 : Vpoint
단축명령어 : -Vp

명령:-vp VPOINT
현재 보기 방향: VIEWDIR=0.0000,0.0000,1.0000
관측점 지정 또는 [회전(R)] <나침판과 삼각대 표시>: 1,-1,1
모형 재생성 중.

※ 뷰 변경 시 방향에 따른 좌표 값을 다르게 입력 한다.

뷰 방향 변경 시 사용되는 기준 좌표

3D 뷰 방향	입력 좌표
평면도	0,0,1
정면도	0,−1,0
우측면도	1,0,0
좌측면도	−1,0,0
배면도	0,1,0
저면도	0,0,−1
남서 등각 투영	−1,−1,1
남동 등각 투영	1,−1,1
북동 등각 투영	1,1,1
북서 등각 투영	−1,1,1

CHAPTER 02 UCS 설정

UCS는 3D 작업을 할 때 가장 필요로 한 작업이며, 작업의 편리성을 위하여, 평면의 위치를 작업자가 편한 위치로 변경을 할 때 사용된다.

UCS 작업은 작업자가 편리하게 세 개의 점을 이용하여 작업할 수 있다.

1. UCS 설정

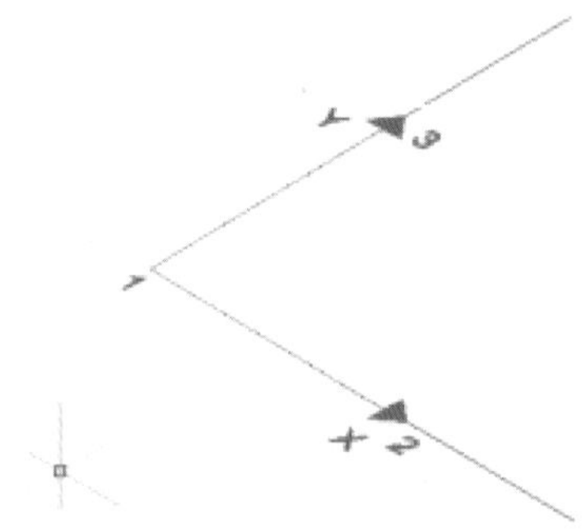

명령 : UCS
단축명령어 : 없음

명령:UCS
현재 UCS 이름:*표준*
UCS 원점을 지정하거나 [면(F)/이름(NA)/객체(OB)/이전 (P)/뷰(V)/전역(W)/X/Y/Z/Z축(ZA)]<전역(W)>: "첫 번째 점 클릭" → 평면의 위치
X축에서 점 지정 또는 <수락(A)>: "두 번째 점 클릭" → X 축 방향

한 개의 점을 지정 할 경우 X축, Y축 및 Z축의 방향을 변경하지 않고 현재 작성된 UCS의 원점이 이동된다.

두 개의 점을 지정 할 경우 첫 번째 점은 UCS 평면의 위치, 두 번째 점은 X축 방향을 지정하여 평면이 이동된다.

세 개의 점을 지정 할 경우 첫 번째 점은 UCS 평면의 위치, 두 번째 점은 X 방향을, 세 번째 점은 Y축 방향을 지정하여 평면이 이동된다.

2. UCS 설정 옵션

UCS 설정에는 기본적인 세 개의 점을 작업하는 방식이 기본이며 그에 따른 옵션을 아래 와 같이 이용할 수 있다.

1.1 UCS 옵션

① 면(F) ② 이름(NA) ③ 객체(OB) ④ 이전 (P) ⑤ 뷰(V) ⑥ 전역(W) ⑦ X, Y, Z ⑧ Z축(ZA)

① 면(F)

변경할 평면의 위치를 3차원 솔리드 평면을 선택하여 변경할 수 있다.

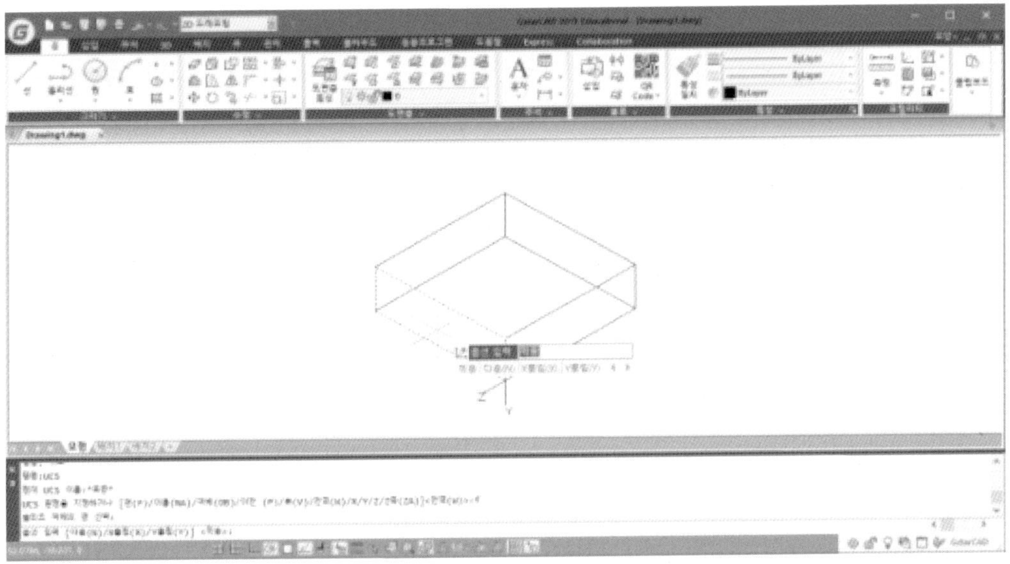

명령 : UCS
단축명령어 : 없음

명령:UCS
현재 UCS 이름:*이름 없음*
UCS 원점을 지정하거나 [면(F)/이름(NA)/객체(OB)/이전 (P)/뷰(V)/전역(W)/X/Y/Z/Z축(ZA)]<전역(W)>:F "면 옵션 입력"
솔리드 객체의 면 선택: "UCS 평면 정의 위치 선택"

※ 옵션 : 다음 (N) → 인접 면 또는 선택한 모서리의 뒷면에 UCS 평면 생성
X플립 (X) → X 축 방향 180도 회전
Y플립 (Y) → Y 축 방향 180도 회전

② 이름(NA)

현재 지정된 UCS 평면 위치를 저장 및 저장된 UCS 정의를 불러오기 및 삭제할 수 있다.

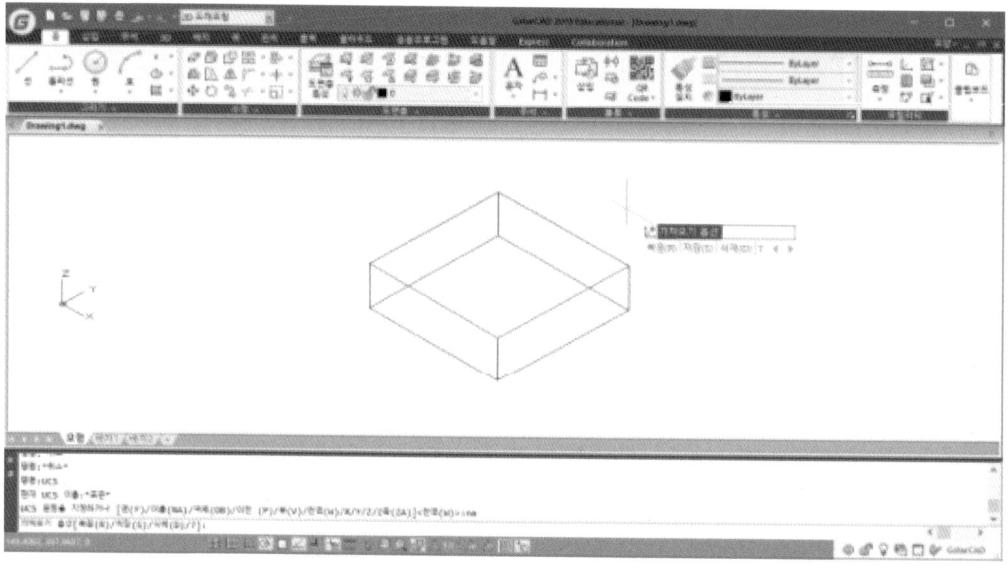

명령 : UCS
단축명령어 : **없음**

현재 UCS 이름:*표준*
UCS 원점을 지정하거나 [면(F)/이름(NA)/객체(OB)/이전 (P)/뷰(V)/전역(W)/X/Y/Z/Z축(ZA)]<전역(W)>:NA "이름 옵션 입력"
가져오기 옵션[복원(R)/저장(S)/삭제(D)/?]: "원하는 옵션 선택"

※ 옵션 : 복원(R) → 현재 UCS 평면에 저장된 UCS 정의를 불러오기한다.
저장(S) → 현재 설정 된 UCS 평면을 원하는 명칭으로 저장할 수 있다.
삭제(D) → 저장 된 UCS 정의를 삭제할 수 있다.

③ 객체(OB)

원하는 스케치 및 솔리드 모서리 선 등을 선택 객체를 위로 커서를 이동한 다음 원하는 UCS 정의가 맞는지 확인 후 선택하여 UCS 평면을 정의할 수 있다.

※ Xline (무한선) 및 3D폴리선은 객체 선택 할 수 없다.

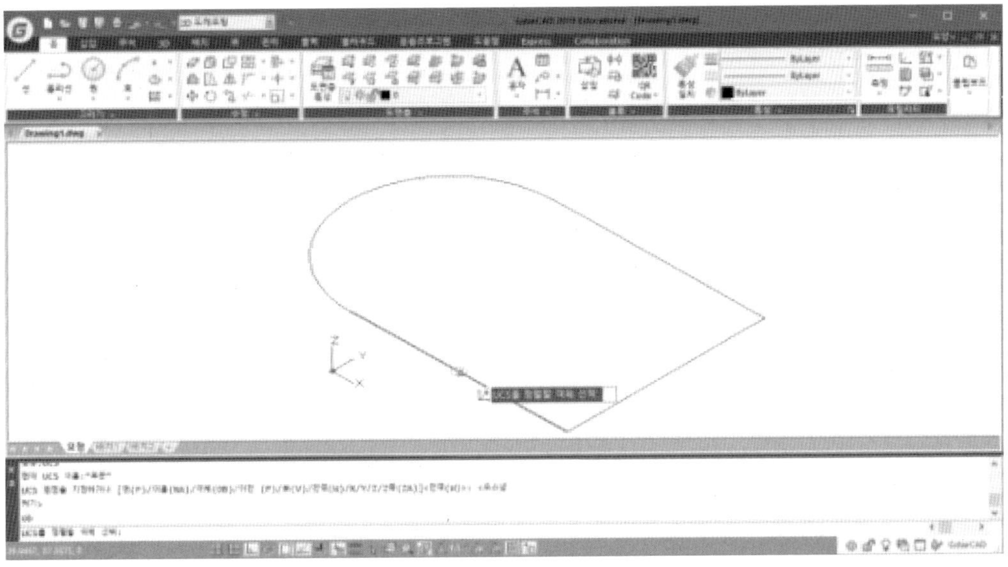

명령 : UCS
단축명령어 : 없음

명령:UCS
현재 UCS 이름:*표준*
UCS 원점을 지정하거나 [면(F)/이름(NA)/객체(OB)/이전 (P)/뷰(V)/전역(W)/X/Y/Z/Z축(ZA)]<전역(W)>: ob

④ 이전 (P)

명령 : UCS
단축명령어 : 없음

명령:UCS
현재 UCS 이름:*표준*
UCS 원점을 지정하거나 [면(F)/이름(NA)/객체(OB)/이전 (P)/뷰(V)/전역(W)/X/Y/Z/Z축(ZA)]<전역(W)>:P "현재 변경 된 UCS 정의를 변경 되기 이전 UCS 정의로 변경"

⑤ 뷰(V)

현재 CAD 작업 화면에 맞추어 XY평면을 적용할 수 있다. 원점은 그대로 유지되며, 화면 뷰에 맞추어 X 축 과 Y 축 만 각각 수평, 수직에 정렬된다.

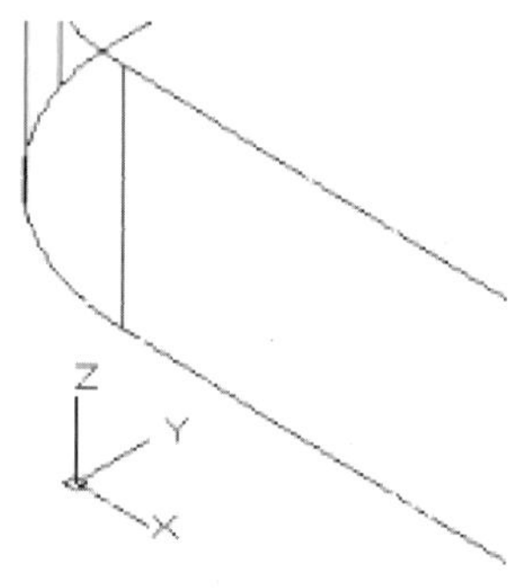

[현재 지정된 UCS 정의]

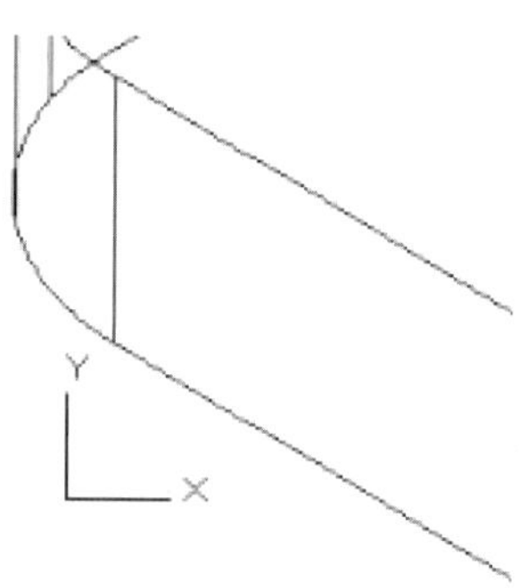

[뷰에 지정된 UCS 정의]

명령 : UCS
단축명령어 : **없음**

명령:UCS
현재 UCS 이름:*이름 없음*
UCS 원점을 지정하거나 [면(F)/이름(NA)/객체(OB)/이전 (P)/뷰(V)/전역(W)/X/Y/Z/Z축(ZA)]<전역(W)>:V "현재 화면 뷰에 맞추어 UCS 정의 설정"

⑥ 전역(W)

현재 정의 된 UCS 평면을 초기 기준 원점 UCS 정의로 변경할 때 사용한다.

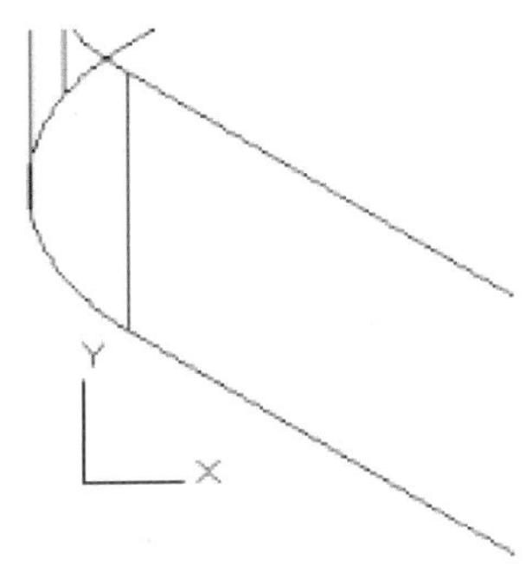

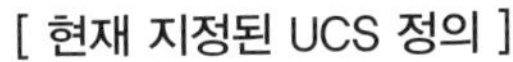
[현재 지정된 UCS 정의]

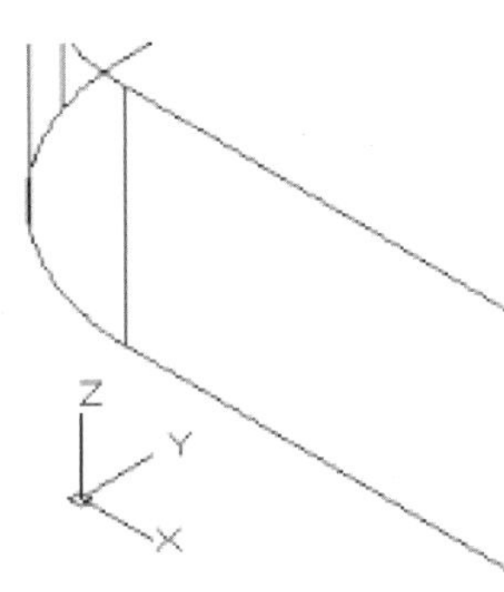

[기준 원점 UCS 정의 변경]

명령 : UCS
단축명령어 : **없음**

명령: UCS
현재 UCS 이름:*표준*
UCS 원점을 지정하거나 [면(F)/이름(NA)/객체(OB)/이전 (P)/뷰(V)/전역(W)/X/Y/Z/Z축(ZA)]<전역(W)>:W "초기 기준 원점 UCS 정의로 변경"

⑦ X, Y, Z

X (가로), Y (세로), Z (높이) 에 각 축을 중심으로 현재 지정 된 UCS 정의를 각도 값을 이용하여 변경할 수 있다.

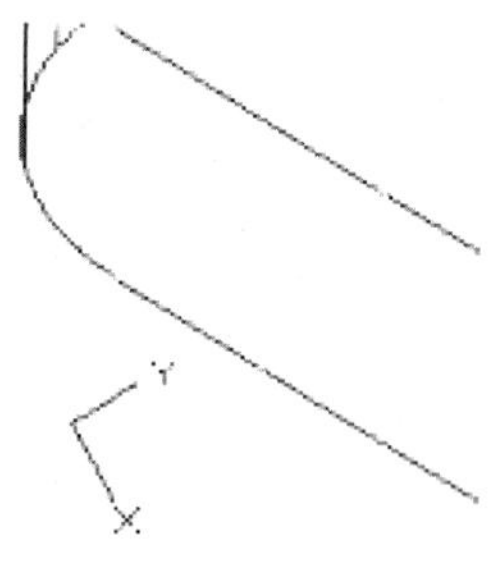

[X 축 UCS 각도 변경]

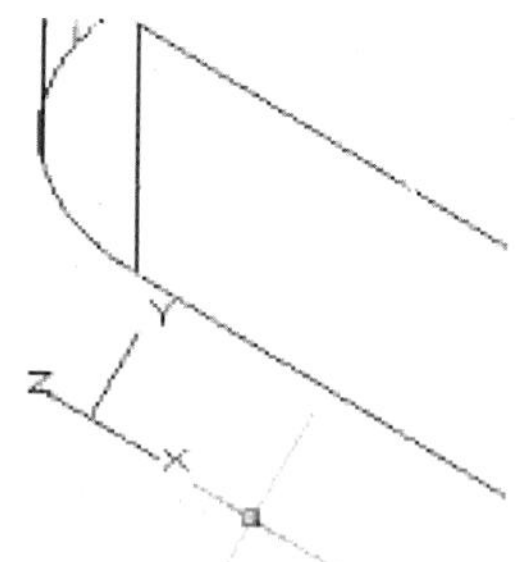

[Y 축 UCS 각도 변경]

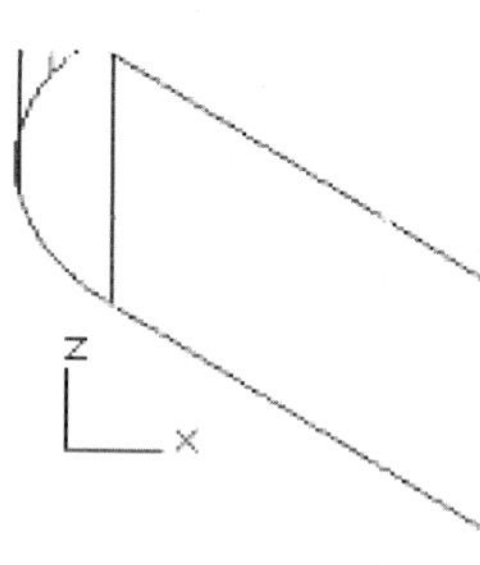

[Z 축 UCS 각도 변경]

명령 : UCS

단축명령어 : **없음**

명령:UCS

현재 UCS 이름:*표준*

UCS 원점을 지정하거나 [면(F)/이름(NA)/객체(OB)/이전 (P)/뷰(V)/전역(W)/X/Y/Z/Z축(ZA)]<전역(W)>:X "X축 각도를 이용한 UCS 정의 변경"

X축에 대한 회전 각도를 지정 <90>:45 "해당 축 각도 변경 값 입력"

⑧ Z축(ZA)

Z (높이)를 기준으로 UCS 정의를 변경할 수 있다. UCS 원점은 첫 번째 점으로 이동하고 Z 축은 두 번째 점을 통과하여 UCS 정의를 변경할 수 있다.

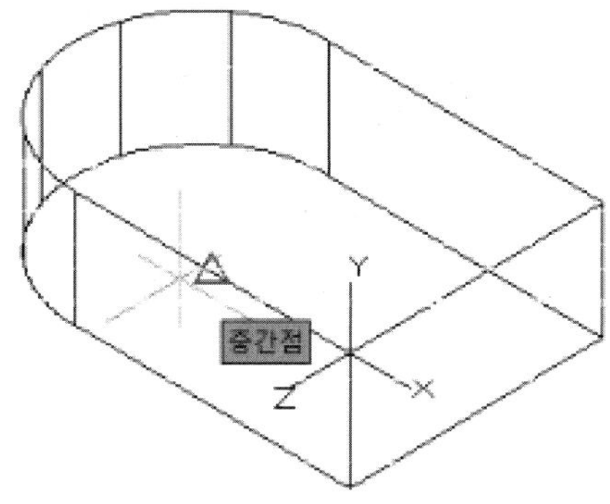

[원점 객체 위치 지정]

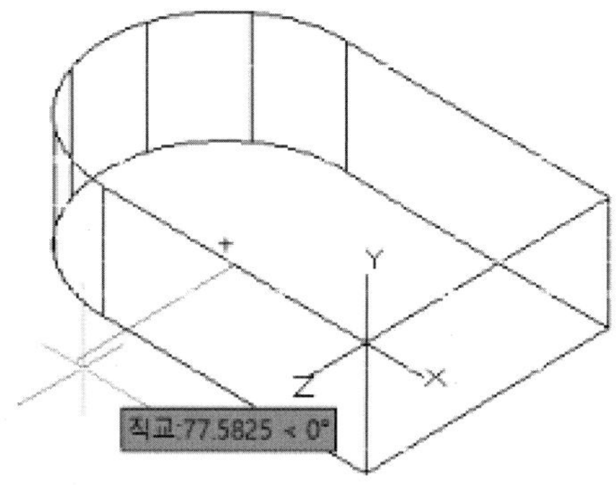

[Z 축 방향 지정]

명령 : UCS
단축명령어 : 없음

현재 UCS 이름:*표준*
UCS 원점을 지정하거나 [면(F)/이름(NA)/객체(OB)/이전 (P)/뷰(V)/전역(W)/X/Y/Z/Z축(ZA)]<전역(W)>:ZA
새 원점을 지정하거나 [객체(O)] <0,0,0>: “원점 객체 지정”
Z축에 점 지정 <-25.9710, 37.5030, 1.0000> : “Z 축 방향 지정”

※ 원점 및 Z 축 방향 지정은 절대 좌표 방법으로도 가능하며, 기존 객체 스냅을 활용하여 방향을 지정할 수 있다.

CHAPTER 03

평면(PLAN) 설정

지정한 사용자 설정 UCS 정의에 XY 평면에 대한 직교 뷰를 표시한다.
옵션을 아래와 같이 이용할 수 있다.

1. 평면(PLAN) 옵션

① 현재 UCS (C) ② UCS (U) ③ 표준 (W)

1.1 현재 UCS

현재 정의 된 UCS 평면 위치에 XY 평면을 현재 뷰포트에 생성한다.

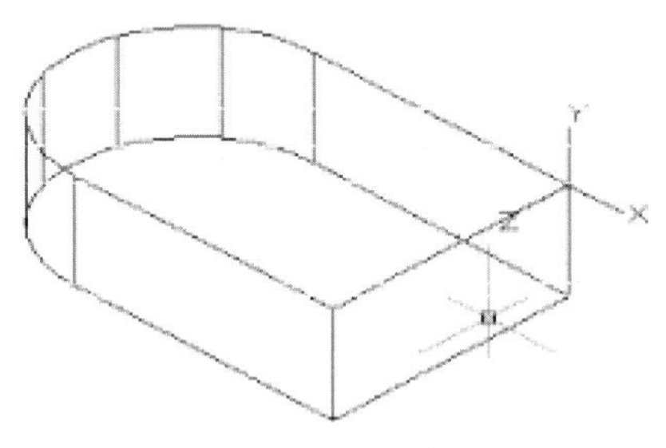

[기존 화면 뷰]

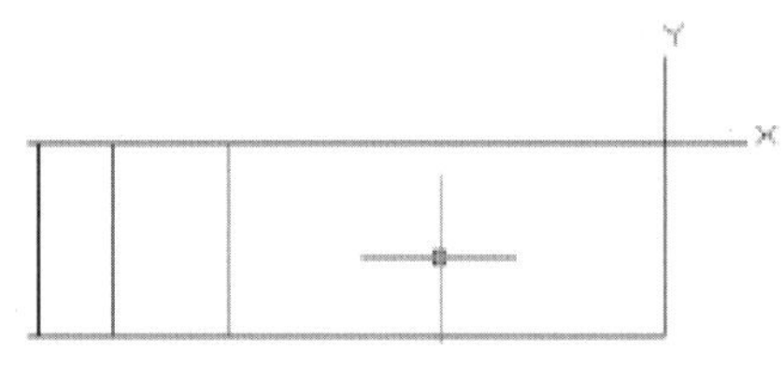

[현재 지정 UCS 평면에 뷰 생성]

명령 : UCS
단축명령어 : 없음

명령:PLAN 옵션 입력 [현재 UCS(C)/UCS(U)/표준(W)] <현재>:C
"현재 정의 된 UCS 평면 위치에 XY평면을 현재 뷰포트에 생성"
명령: 모형 재생성 중.

1.2 UCS (U)

미리 저장 되어 있는 UCS 정의에 맞추어 뷰포트를 생성할 수 있다.

UCS 정의 저장은 UCS 옵션을 이용하여 저장할 수 있다.

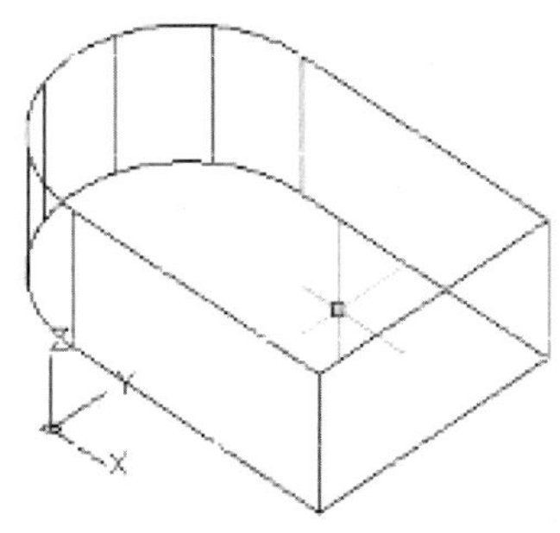

[기존 화면 뷰]

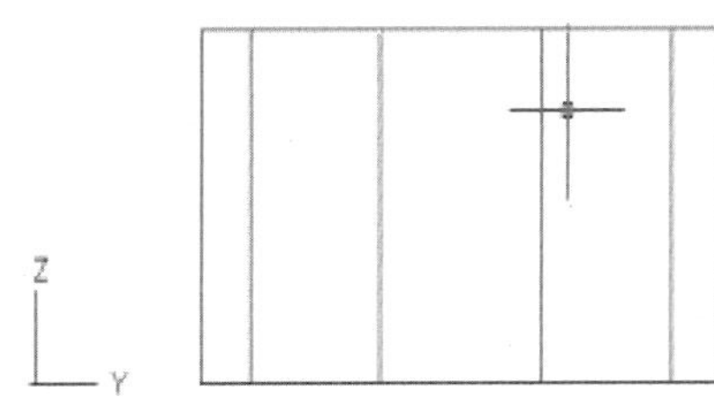

[저장 되어 있는 UCS 정의에 뷰 생성]

명령 : UCS

단축명령어 : **없음**

명령: PLAN 옵션 입력 [현재 UCS(C)/UCS(U)/표준(W)] <현재>:U

UCS 이름 입력 또는 [?]:SAMPLE "미리 저장된 UCS 정의 명칭 입력"

모형 재생성 중.

1.3 표준 (W)

표준 좌표계(WCS)의 평면도를 생성한다. 표준 좌표계(WCS)는 도면에서 모든 객체의 위치를 정의하는 고정된 좌표계이다.

※기본적으로 UCS는 WCS와 일치한다.

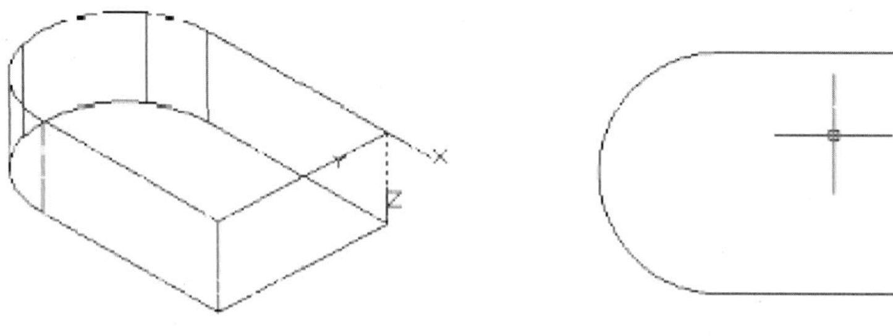

[현재 설정 된 UCS 뷰 포트]　　[고정 된 원점 UCS 뷰 포트]

명령 : UCS
단축명령어 : 없음
명령: PLAN 옵션 입력 [현재 UCS(C)/UCS(U)/표준(W)] <현재>:W "고정된 원점 UCS 평면에 뷰포트 생성"

CHAPTER 04 2D 기초 명령어

3D CAD 작업을 하기 위해서는 3차원 형상을 위한 스케치가 필요하다.
기본적인 스케치 작업은 2D에서 숙달이 되었기 때문에 3D 작업에 필요한 2D 스케치 몇 개를 더 확인 해 보겠다.

1. 2D 기초 명령어

① Region ② Boundary ③ 3D Poly

1.1 Region

[Region을 사용 하는 이유]

3D 작업에는 개별의 스케치가 필요로 한 것이 아니라. 하나의 폴리선 작업이 필요하다.
그러므로 여러 개의 선의 작업과 원 등의 스케치 작업을 하신 후 3D 형상을 만들기 위해서는 필히 여러 스케치 들을 하나의 폴리선으로 지정하여 작성하여야 한다.

그때 필요한 스케치가 바로 Region이다.
Region 명령어는 개별 스케치를 하나의 폴리선으로 변경할 수 있다.
유효한 스케치는 폴리선, 선, 원형 호, 원, 타원형 호, 타원, 스플라인이 포함된다.
각각의 닫힌 스케치 루프는 별도의 영역으로 변환된다. 모든 걸침 교차점 및 자체 교차 곡선은 거부된다.

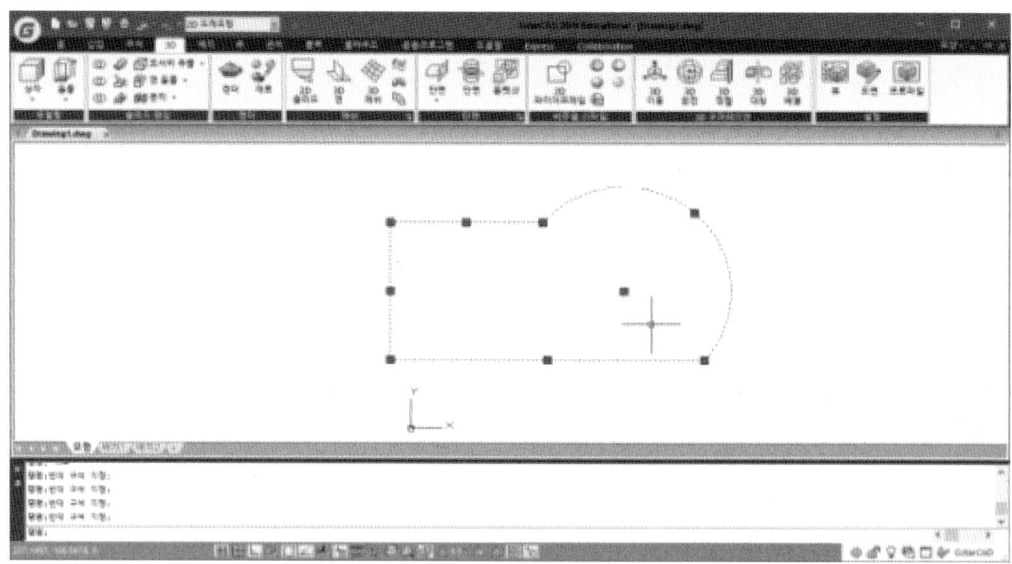

[개별 스케치 작성]

명령 : region
단축명령어 : reg

명령:REG REGION
객체 선택: 1개를 찾음 “첫 번째 객체 선택”
객체 선택: 1개를 찾음, 2 전체 “두 번째 객체 선택”
객체 선택: 1개를 찾음, 3 전체 “세 번째 객체 선택”
객체 선택: 1개를 찾음, 4 전체 “네 번째 객체 선택”
객체 선택: “모든 객체 선택 후 엔터 입력”
1 루프이(가) 추출됨.
1 영역이(가) 작성됨.

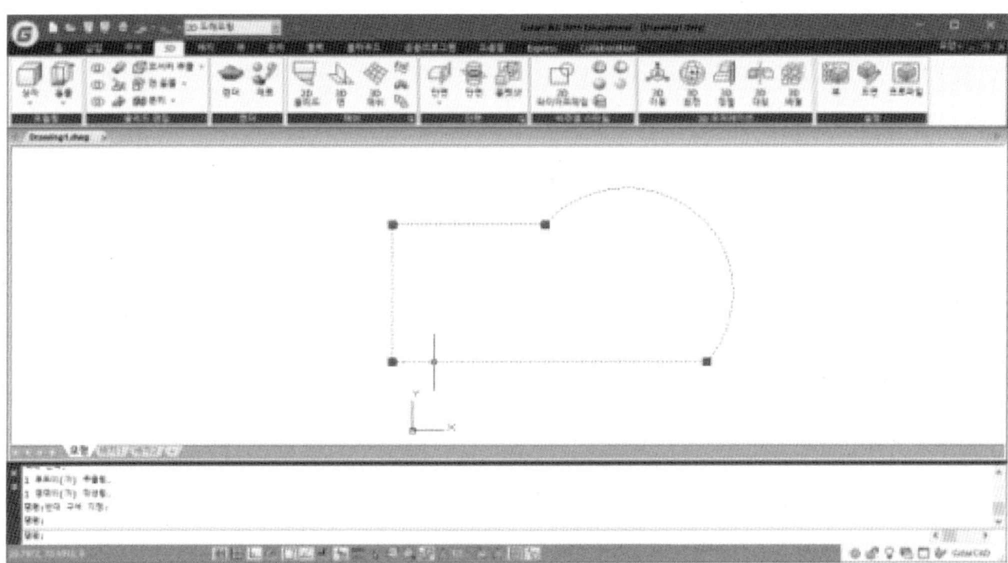

[REGION을 이용하여 하나의 객체로 작성]

1.2 Boundary

[Boundary를 사용 하는 이유]

3D 작업에는 개별의 스케치가 필요로 한 것이 아니라. 하나의 영역 스케치가 필요하다.
그러므로 여러 개의 선의 작업과 원 등의 스케치 작업을 하신 후 3D 형상을 만들기 위해서는 필히 여러 스케치 들을 하나의 스케치로 합쳐 영역으로 작성하여야 한다.
Boundary는 Region과 다르게 내부 영역을 폴리선 으로 작성할 수 있다.

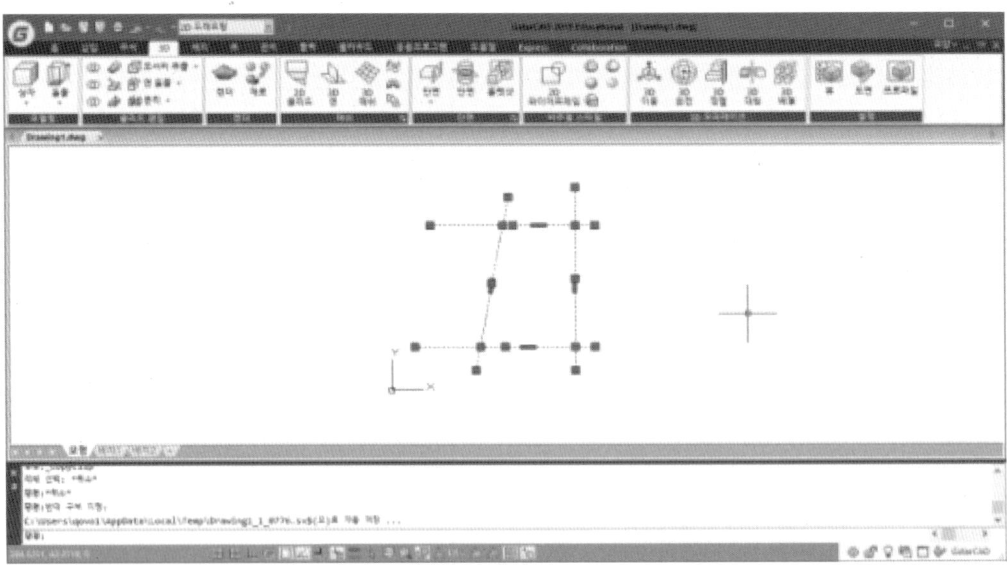

[폴리선 영역으로 만들고 싶은 스케치 작성]

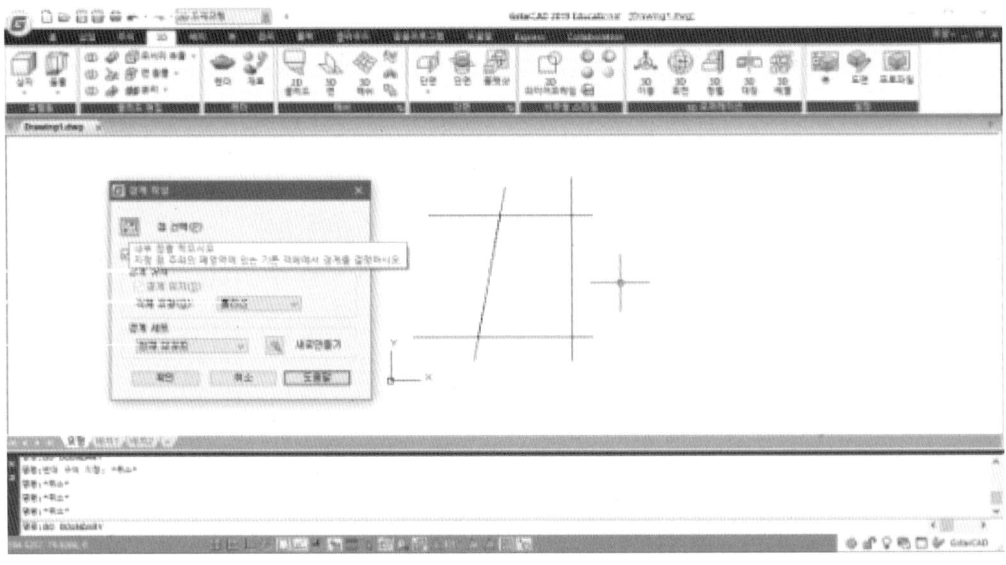

[명령어 입력 후 점 선택]

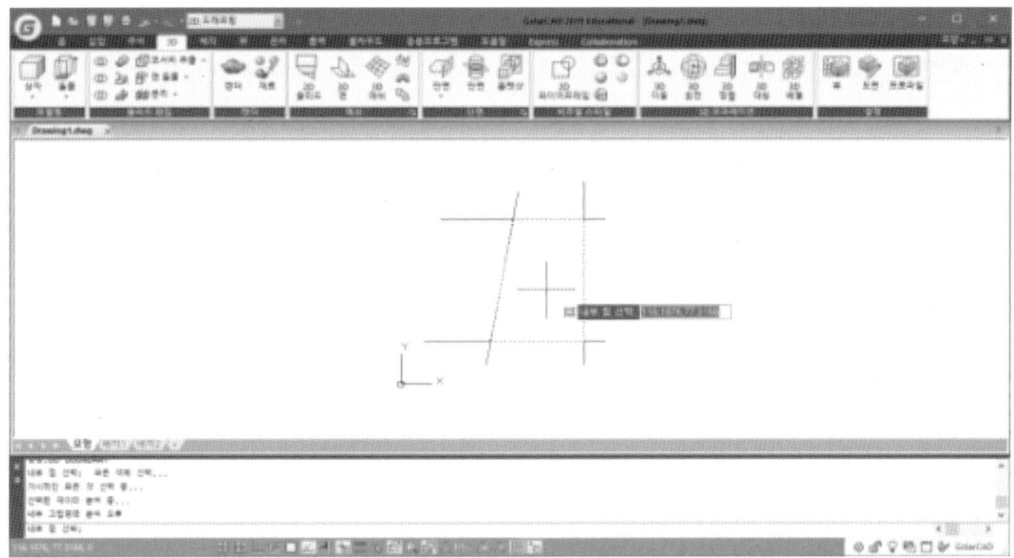

[원하는 폴리 영역 선택]

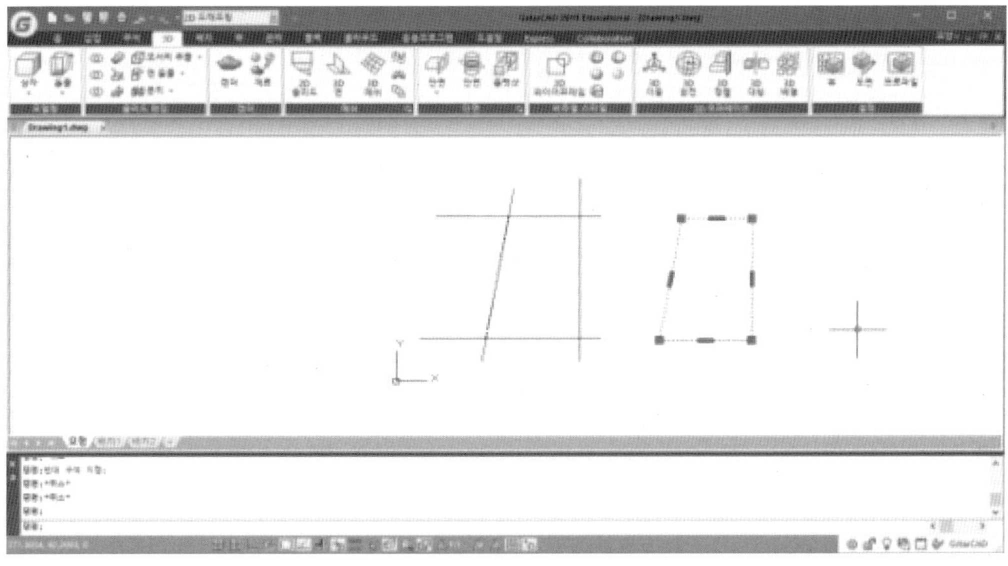

[Boundary 폴리선 영역 확인]

명령 : Boundary
단축명령어 : bo

명령: BO BOUNDARY
내부 점 선택: 모든 객체 선택... "점 섬택 선택"
가시적인 모든 것 선택 중...
선택된 데이터 분석 중...
내부 고립영역 분석 오류
내부 점 선택: "폴리선 영역 선택"
경계가 1 폴리선으로 생성되었다. "폴리선 영역 확인"

※ Region 과 Boundary 차이

Region 작업시 작성 스케치 자체가 폴리선으로 작업이 되었지만, Boundary 로 작업을 할 시에는 스케치는 남겨 놓은 채 선택 영역만 폴리선으로 작성되는 차이점이 있다.

1.3 3D Poly

[3D Poly를 사용 하는 이유]

Polyline (폴리선) 작업은 현재 정의되어져 있는 UCS 평면에서만 작업이 가능 하며, 3D Poly는 정의된 UCS 평면 상관없이 X축 (가로), Y축 (세로), Z축 (높이) 방향으로 자유로운 폴리선을 작성할 수 있다.

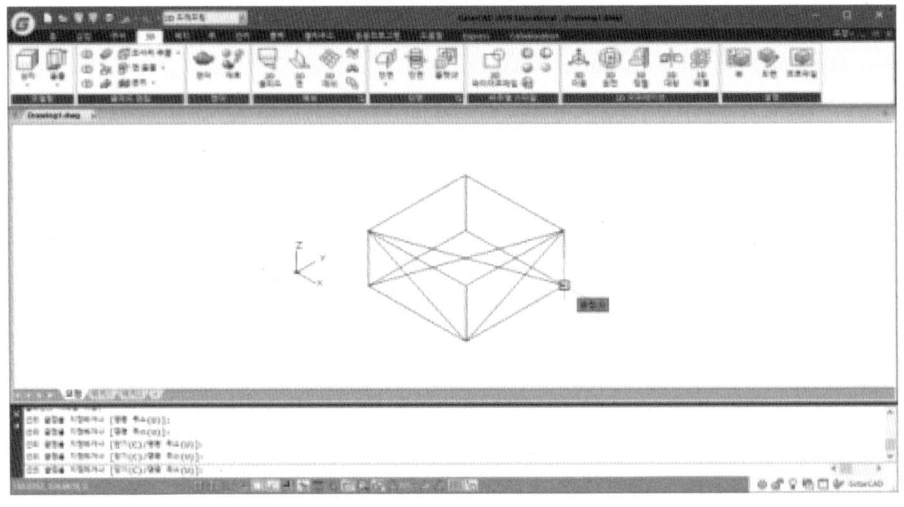

[3D Poly 작업 화면]

명령 : 3D Poly
단축명령어 : 없음

명령:3DPOLY
폴리선의 시작점 지정:
선의 끝점을 지정하거나 [명령 취소(U)]: "시작 위치 선택"
선의 끝점을 지정하거나 [명령 취소(U)]: "두 번째 위치 선택"
선의 끝점을 지정하거나 [닫기(C)/명령 취소(U)]: "세 번째 위치 선택"
선의 끝점을 지정하거나 [닫기(C)/명령 취소(U)]: "네 번째 위치 선택"
선의 끝점을 지정하거나 [닫기(C)/명령 취소(U)]: "명령 종료"

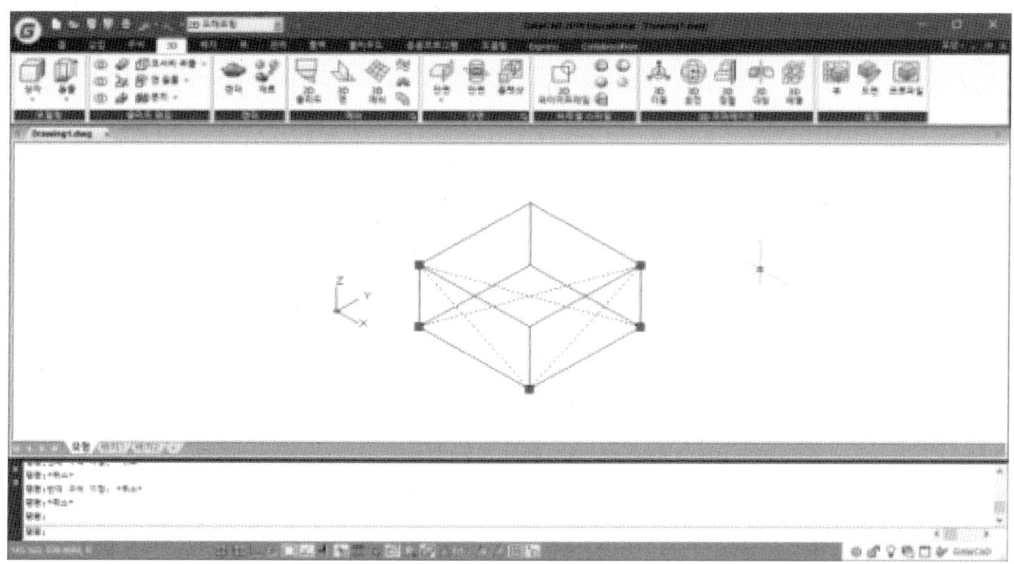

[3D Poly 작성 완료]

CHAPTER 05

3D 기초 명령어

가장 기본적인 필수 3D 모델링 작업 명령어를 알아보도록 하자.
모든 3D 기초 명령어를 작성하기 위해서는 기본 폴리선 스케치가 작성이 되어져 있어야 한다.

1. 3D 기초 명령어

① 돌출 (Extrude) ② 회전 (Revolve) ③ 스윕 (Sweep) ④ 로프트 (Loft) ⑤ 합집합 (Union)
⑥ 차집합 (Subtract) ⑦ 교집합 (Intersect)

1.1 돌출 (Extrude)

닫힌 객체 또는 면을 돌출시켜 솔리드 객체를 작성하는 명령어다.
가장 기본적으로 솔리드 형상을 제작하는 명령어다.

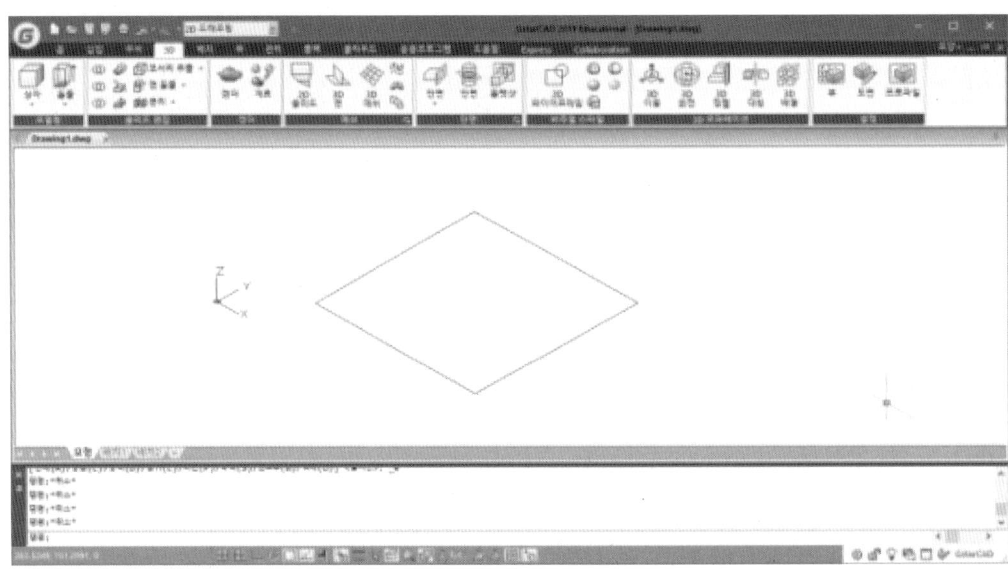

[가로 100mm 세로 100mm 사각형 스케치 작성]

명령 : Extrude
단축명령어 : Ext

명령:EXT EXTRUDE
현재 와이어프레임 밀도: ISOLINES=4
돌출할 객체 선택: 1개를 찾음 "폴리선 객체 선택"
돌출할 객체 선택: "원하는 방향 선택 및 돌출 높이 값 입력"
돌출의 높이를 지정하거나 [방향(D)/경로(P)/구배각(T)] <50.0000>: "높이 값 입력"

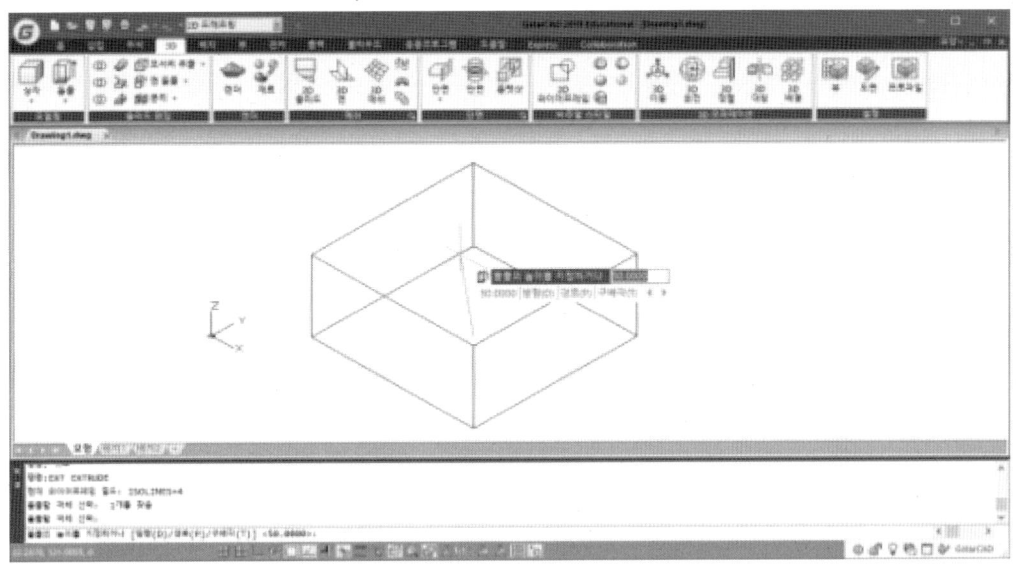

[원하는 높이 값 및 방향으로 돌출 작성]

(1) 돌출 (Extrude) 옵션 [EXT]

① 방향 (D) ② 경로 (P) ③ 구배각 (T)

1) 방향

두 지점을 지정하여 직접 작성한 스케치 크기에 맞게 돌출 방향을 지정할 수 있다.

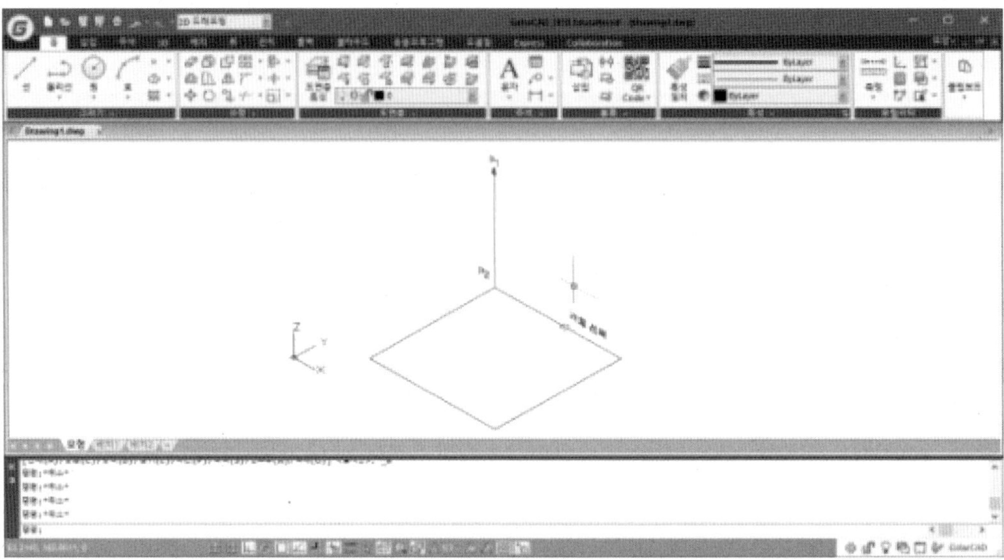

명령 : Extrude
단축명령어 : Ext

명령:EXT EXTRUDE
현재 와이어프레임 밀도: ISOLINES=4
돌출할 객체 선택: 1개를 찾음 "돌출 객체 선택"
돌출할 객체 선택:
돌출의 높이를 지정하거나 [방향(D)/경로(P)/구배각(T)] <50.0000>: D "돌출 옵션 선택"
방향의 시작점 지정: "P1 선택"
방향의 끝점 지정: "P2 선택"
정의된 객체를 삭제하겠습니까? [예(Y)/아니오(N)] <예>:

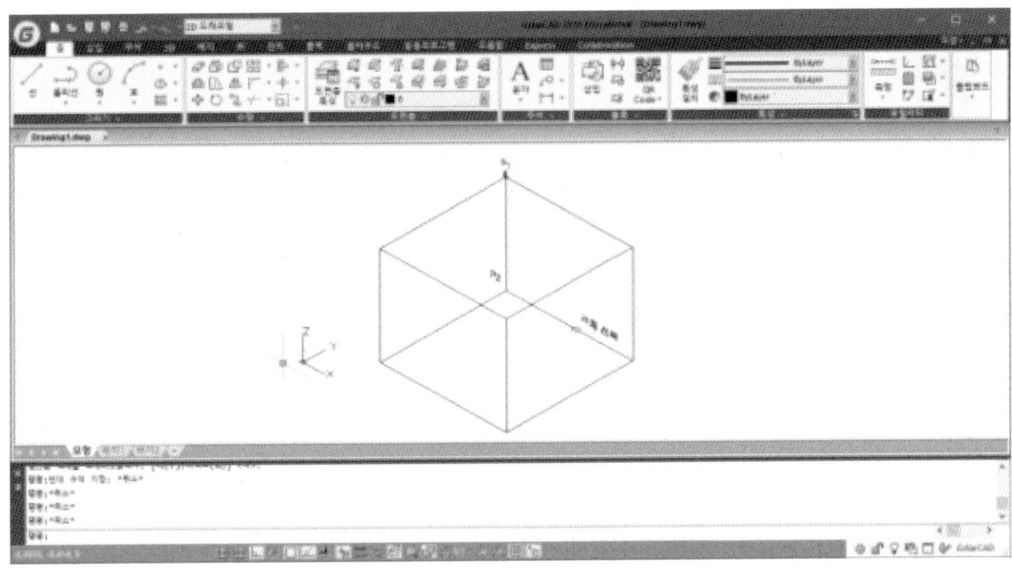

2) 경로 (P)

돌출기준 폴리선을 돌출 경로를 선택하여 돌출할 수 있다.

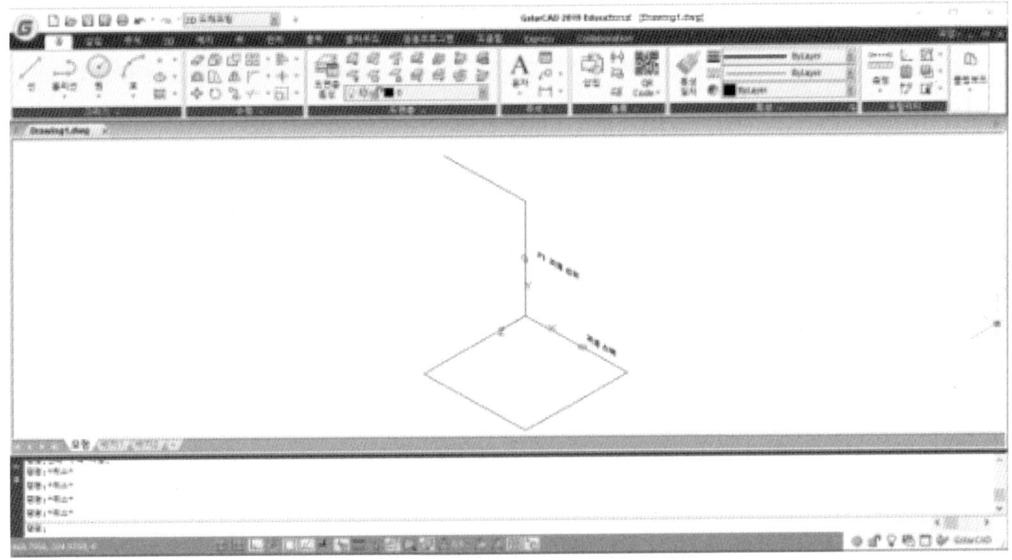

※ 기준 폴리선은 “선, 원, 호, 2D 폴리선, 나선, 솔리드 모서리, 곡면 모서리” 등을 경로로 사용할 수 있다.

명령 : Extrude
단축명령어 : Ext

명령:EXT EXTRUDE
현재 와이어프레임 밀도: ISOLINES=4
돌출할 객체 선택: 1개를 찾음 " 돌출 객체 선택 "
돌출할 객체 선택:
돌출의 높이를 지정하거나 [방향(D)/경로(P)/구배각(T)] <50.0000>: P "돌출 옵션 선택"
돌출 경로 선택 또는 [테이퍼 각도(T)]: 반대 구석 지정: "P1 경로 폴리선 선택"
정의된 객체를 삭제하겠습니까? [예(Y)/아니오(N)] <예>:

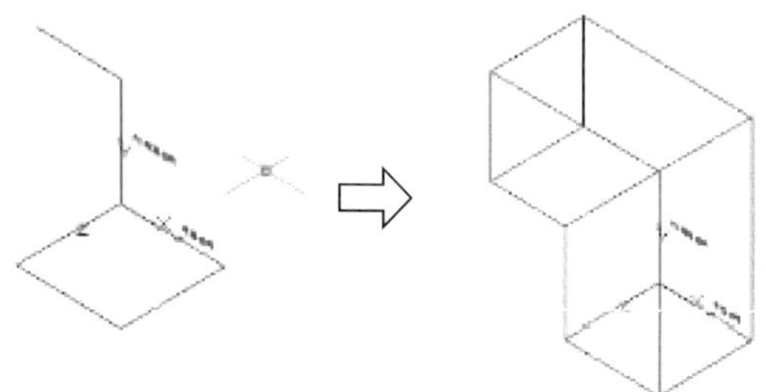

3) 구배각 (T)

돌출 시 돌출 방향에 따라 면 구배 각도를 지정할 수 있다.

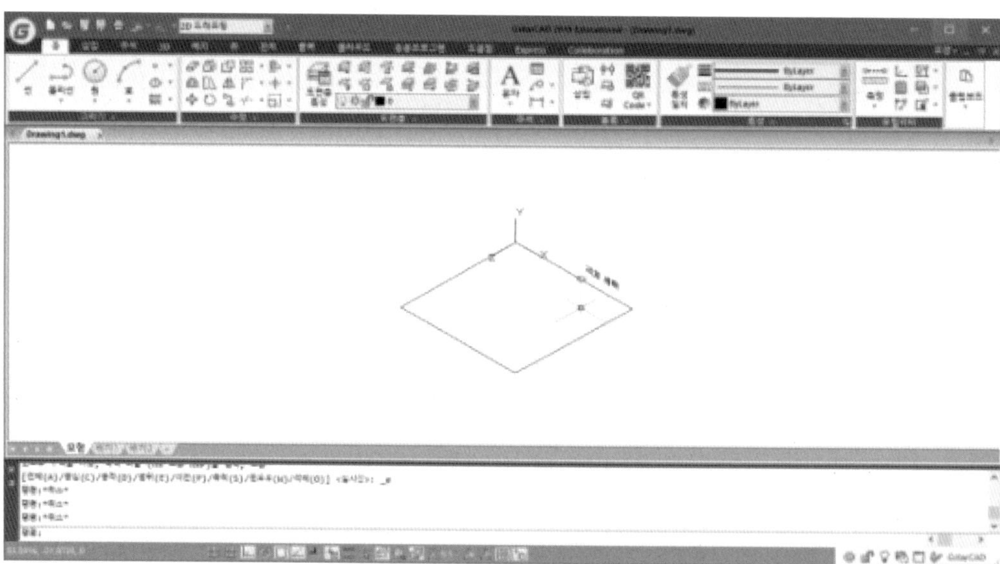

※ 구배 각도는 -90도 ~ 90도 까지 각도 입력 가능하다.

명령 : Extrude

단축명령어 : Ext

명령:EXT EXTRUDE
현재 와이어프레임 밀도: ISOLINES=4
돌출할 객체 선택: 1개를 찾음
돌출할 객체 선택: "돌출 객체 선택"
돌출의 높이를 지정하거나 [방향(D)/경로(P)/구배각(T)] <50.0000>: T "돌출 옵션 선택"
돌출을 위한 구배각도를 지정하시오 <330>: 30 "구배 각도 입력"
돌출의 높이를 지정하거나 [방향(D)/경로(P)/구배각(T)] <50.0000>: "돌출 높이 입력"
정의된 객체를 삭제하겠습니까? [예(Y)/아니오(N)] <예>:

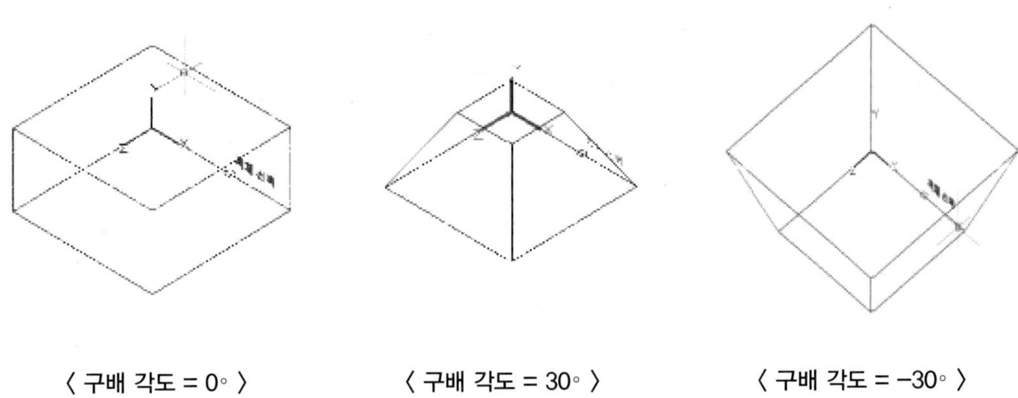

〈 구배 각도 = 0° 〉　〈 구배 각도 = 30° 〉　〈 구배 각도 = −30° 〉

1.2 회전 (Revolve) [REV]

축 스케치를 중심으로 닫혀 있는 스케치 객체를 회전시켜 솔리드 객체를 작성할 수 있다.

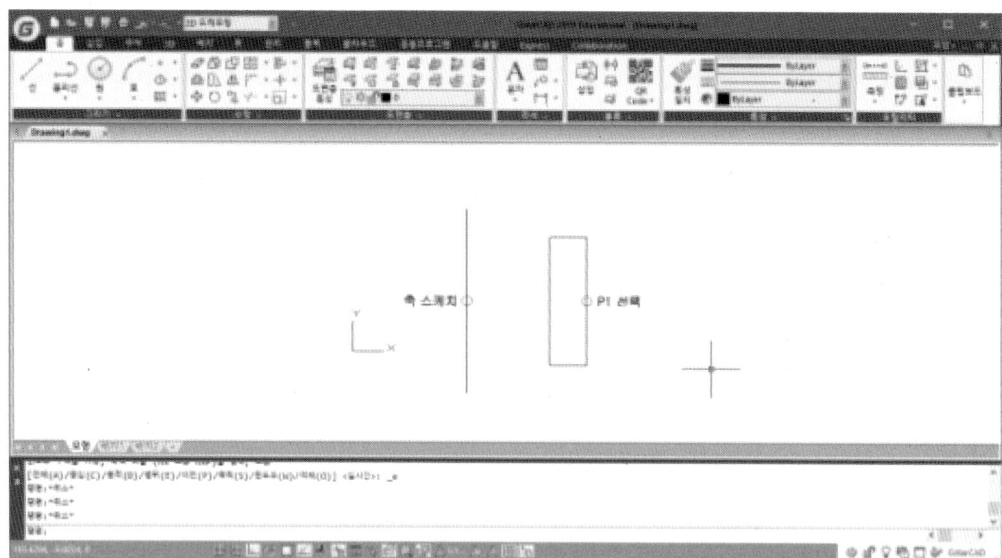

명령 : Revolve
단축명령어 : Rev

명령: REVOLVE
현재 와이어프레임 밀도: ISOLINES=4
회전할 객체 선택: 1개를 찾음 “P1 선택”
회전할 객체 선택:
축 시작점 지정 또는 다음에 의해 축 지정 [객체(O)/X/Y/Z] <객체(O)>: “축 끝점 지정”
축 끝점 지정: “축 끝점 지정”
회전의 각도를 지정하거나 [시작 각도(ST)] <360>: “전체 회전 각도 지정”

※ 전체 회전각도 값은 상대 극좌표와 마찬가지로 1° ~ 360° (-1° ~ −360°) 까지 지정할 수 있다.

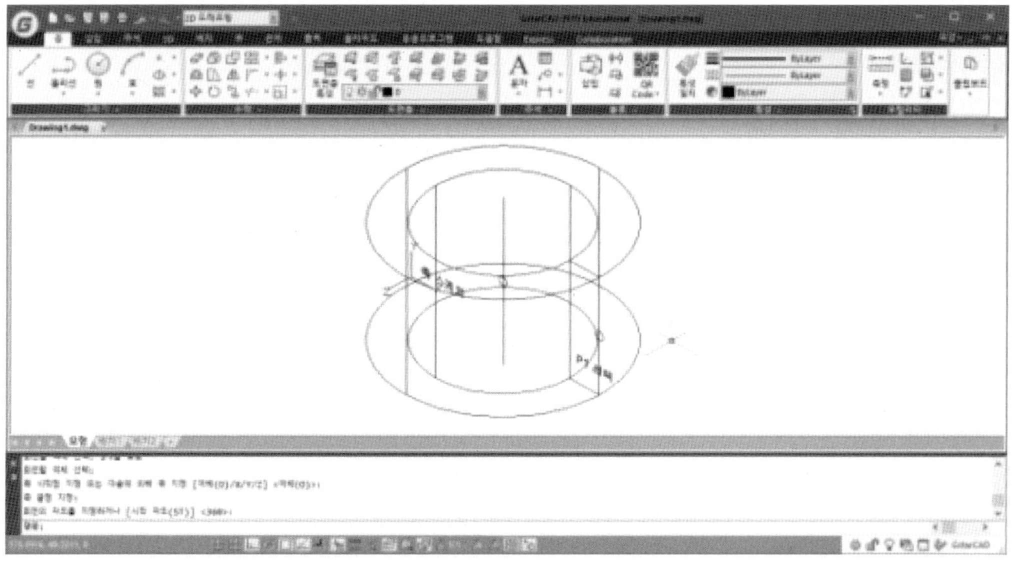

(1) 회전 (Revolve) 옵션

① 객체(O) ②X/Y/Z ③ 시작 각도 (ST)

1) 객체(O)

객체를 회전 시킬 축 스케치를 선택한다. 선, 폴리선, 솔리드 또는 곡면의 모서리 등을 축으로 선택할 수 있다.

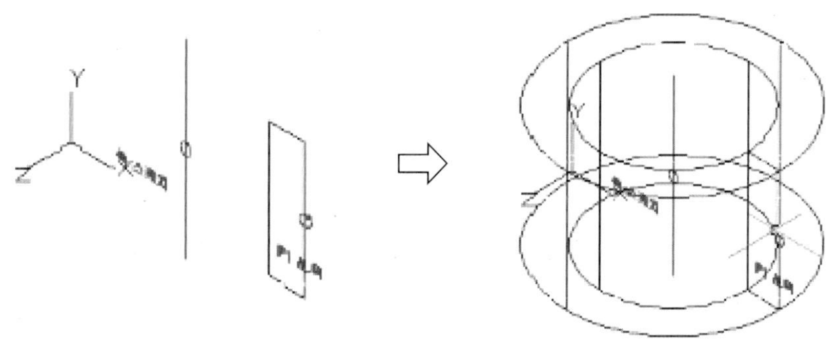

명령 : Revolve
단축명령어 : Rev

명령:REV REVOLVE
현재 와이어프레임 밀도: ISOLINES=4
회전할 객체 선택: 1개를 찾음 “P1 선택”
회전할 객체 선택:
축 시작점 지정 또는 다음에 의해 축 지정 [객체(O)/X/Y/Z] <객체(O)>: “객체 옵션 선택”
객체 선택: “축 스케치 선택”

2) X/Y/Z

현재 지정 된 UCS 방향에 따라 X, Y, Z축을 축으로 사용한다.

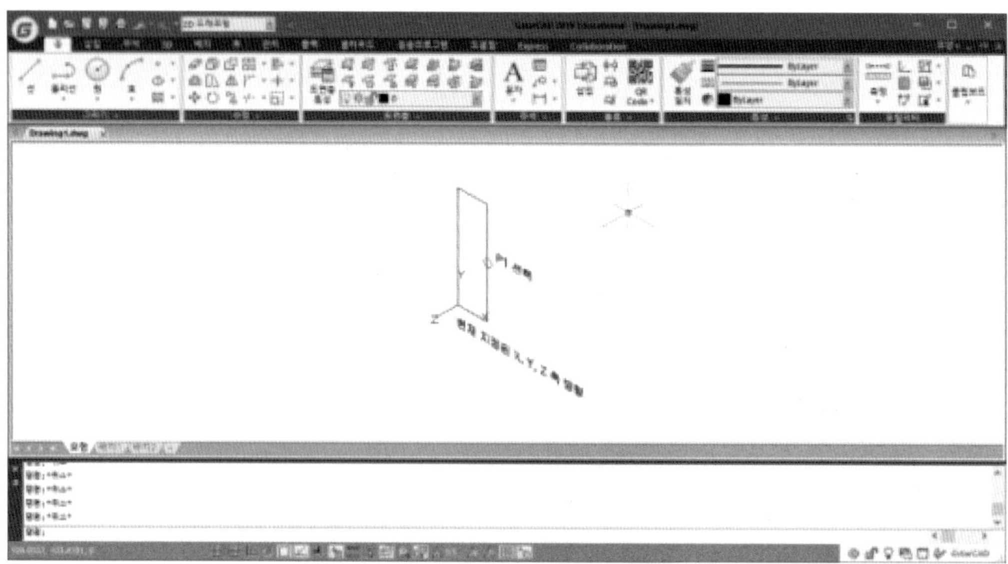

명령 : Revolve
단축명령어 : Rev

명령:REV REVOLVE
현재 와이어프레임 밀도: ISOLINES=4
회전할 객체 선택: 1개를 찾음 “P1 선택”
회전할 객체 선택:
축 시작점 지정 또는 다음에 의해 축 지정 [객체(O)/X/Y/Z] <객체(O)>: X “축 방향 선택”
회전의 각도를 지정하거나 [시작 각도(ST)] <360>:

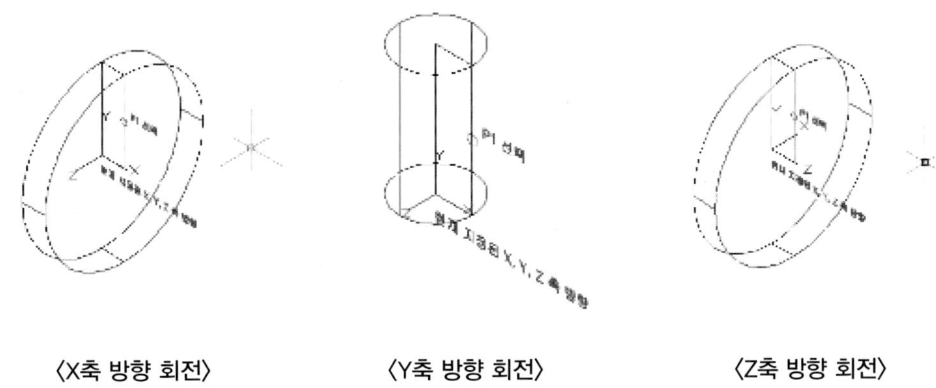

〈X축 방향 회전〉 〈Y축 방향 회전〉 〈Z축 방향 회전〉

3) 시작 각도 (ST)

회전 할 객체의 회전 시작 위치 값을 직접 지정하여 작업할 수 있다.

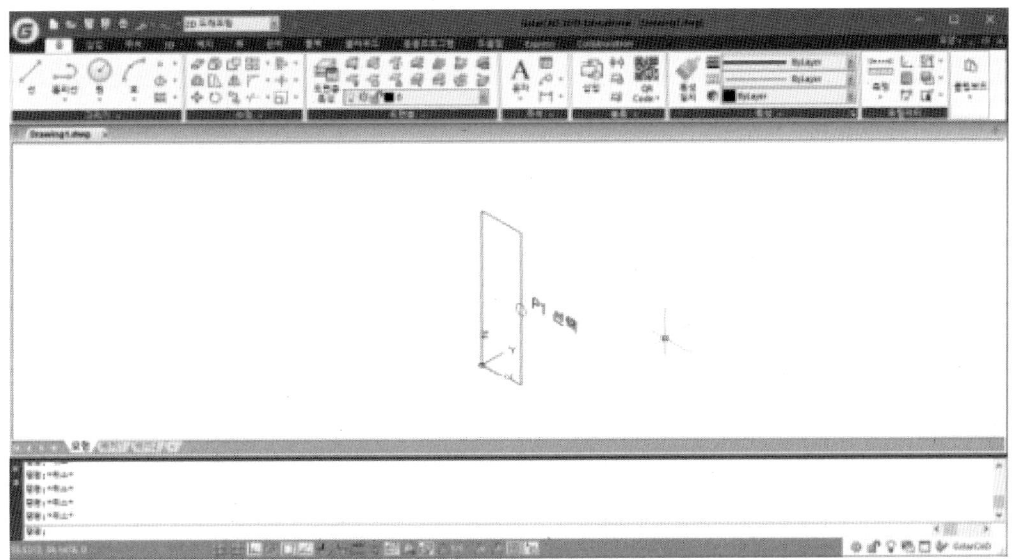

명령 : Revolve
단축명령어 : Rev

명령:REV REVOLVE
현재 와이어프레임 밀도: ISOLINES=4
회전할 객체 선택: 1개를 찾음 "P1 선택"
회전할 객체 선택:
축 시작점 지정 또는 다음에 의해 축 지정 [객체(O)/X/Y/Z] <객체(O)>: "축 끝점 지정"
축 끝점 지정: "축 끝점 지정"
회전의 각도를 지정하거나 [시작 각도(ST)] <360>: ST "객체 옵션 선택"
시작 각도 지정 <0.0>: 10 "회전 시작 각도 입력"
회전 각도 지정 <360>: 90 "회전 각도 입력"

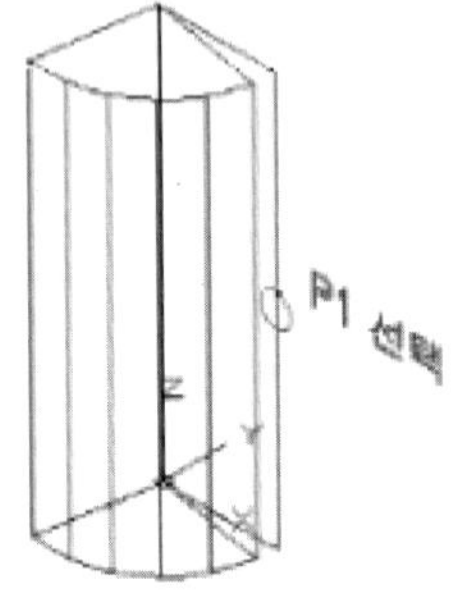

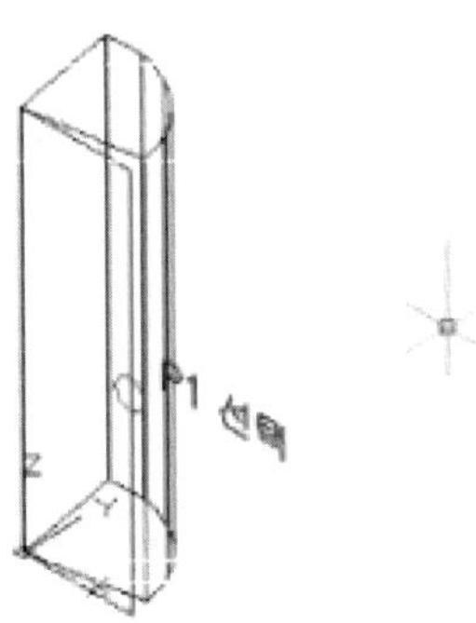

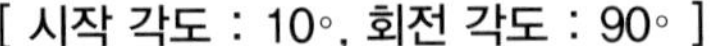

[시작 각도 : 10°, 회전 각도 : 90°]

[시작 각도 : −10°, 회전 각도: −90°]

1.3 스윕 (Sweep)

열려 있는 경로나 닫힌 경로를 따라 가며 솔리드 객체 또는 표면 객체를 작성한다.

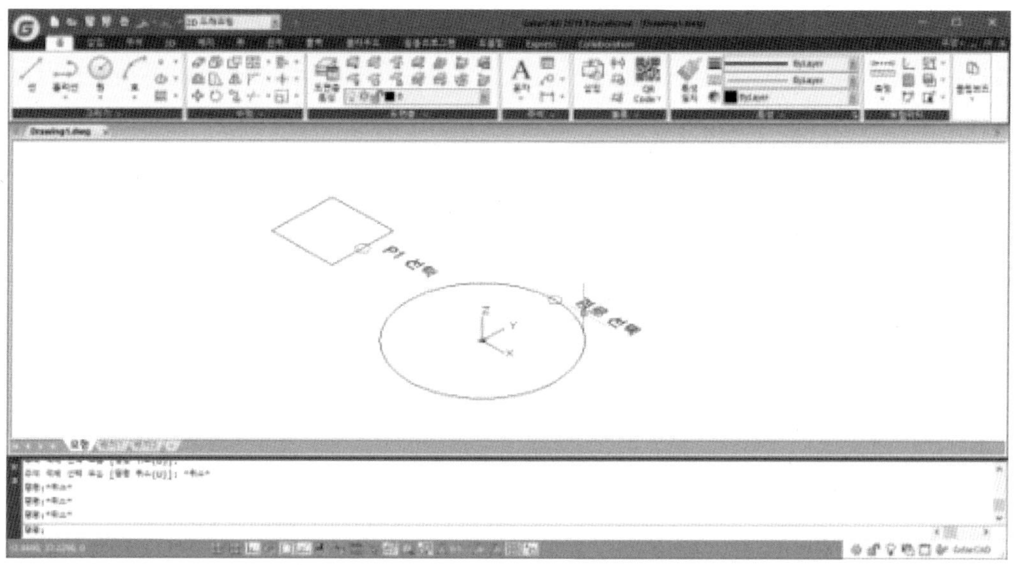

명령 : Sweep
단축명령어 : 없음

명령:SWEEP
현재 와이어프레임 밀도: ISOLINES=4
스윕할 객체 선택: 1개를 찾음 "P1 객체 선택"
스윕할 객체 선택:
스윕 경로 선택 또는 [정렬(A)/기준점(B)/축척(S)/비틀기(T)]: "경로 선택"

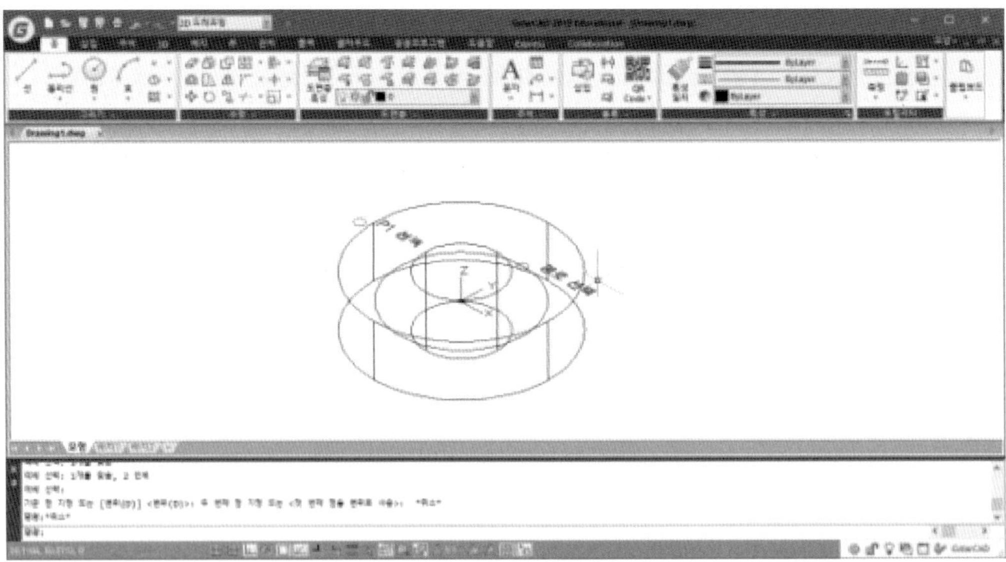

(1) 스윕 (Sweep) 옵션

① 정렬 (A) ② 기준점 (B) ③ 축척 (S) ④ 비틀기 (T)

1) 정렬 (A)

스윕할 객체를 경로에 수직으로 정렬 할 것인지의 여부를 지정할 수 있다.

명령 : Sweep
단축명령어 : **없음**

명령:sweep
현재 와이어프레임 밀도: ISOLINES=4
스윕할 객체 선택: 1개를 찾음 “P1 객체 선택”
스윕할 객체 선택:
스윕 경로 선택 또는 [정렬(A)/기준점(B)/축척(S)/비틀기(T)]:a “객체 옵션 선택”
스윕하기 전에 스윕 객체를 경로에 직교가 되게 정렬 [예(Y)/아니오(N)]<예(Y)>:
“스윕할 객체를 경로에 수직으로 정렬 할 것인지의 여부 설정”
스윕 경로 선택 또는 [정렬(A)/기준점(B)/축척(S)/비틀기(T)]:

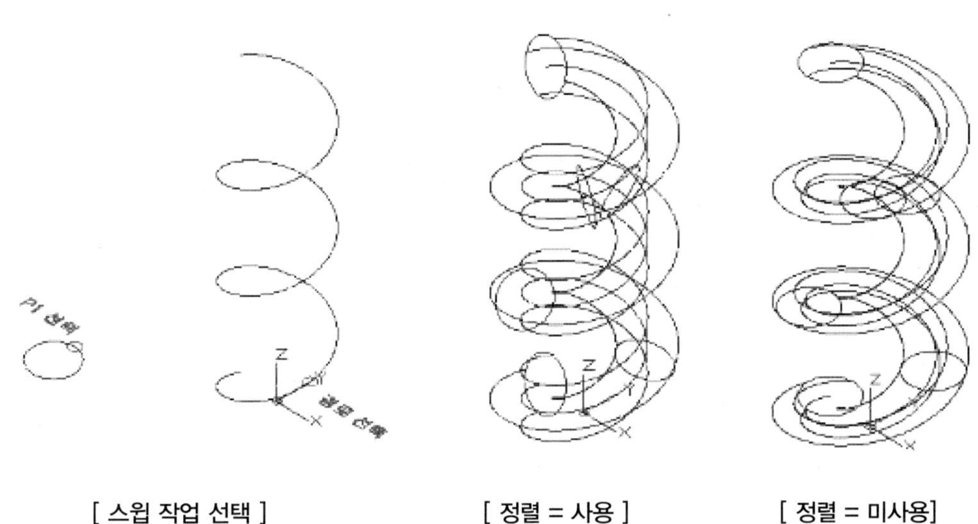

[스윕 작업 선택] [정렬 = 사용] [정렬 = 미사용]

2) 기준점

스웝할 객체 와 경로의 기준점을 직접 선택 하여 원하는 위치의 스웝 작업을 할 수 있다.

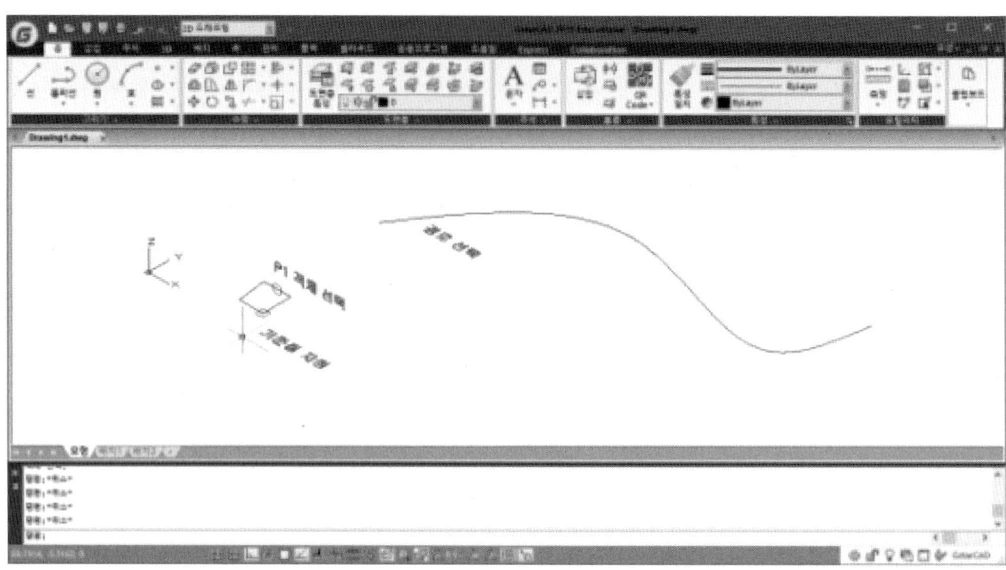

명령 : Sweep

단축명령어 : 없음

명령: SWEEP

현재 와이어프레임 밀도: ISOLINES=4

스웝할 객체 선택: 1개를 찾음 "P1 객체 선택"

스웝할 객체 선택: [Enter]

스웝 경로 선택 또는 [정렬(A)/기준점(B)/축척(S)/비틀기(T)]:b "객체 옵션 선택"

기준점 지정: "경로 지정"

스웝 경로 선택 또는 [정렬(A)/기준점(B)/축척(S)/비틀기(T)]: [Enter]

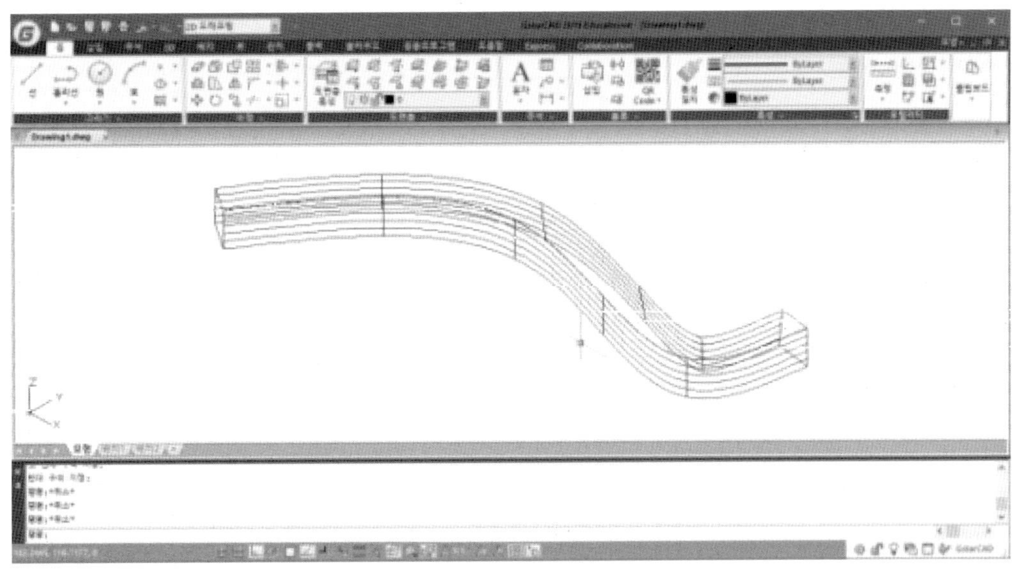

3) 축척 (S)

스윕할 객체의 축척을 변경할 수 있다. 축척을 사용 할 시에는 스윕 객체가 끝 부분으로 작업이 되면서 입력한 배수 값만큼의 객체 크기를 변경한다.

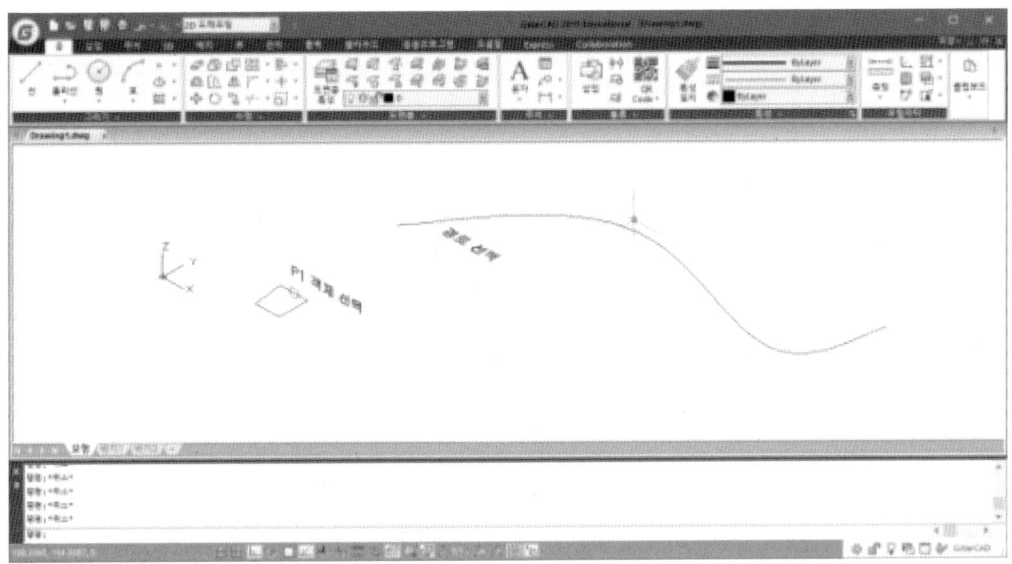

명령 : Sweep
단축명령어 : 없음

명령:SWEEP
현재 와이어프레임 밀도: ISOLINES=4
스윕할 객체 선택: 1개를 찾음 "P1 객체 선택"
스윕할 객체 선택:
스윕 경로 선택 또는 [정렬(A)/기준점(B)/축척(S)/비틀기(T)]:s "객체 옵션 선택"
축척 비율 입력 또는 [참조(R)]<1.0000>:5 "원하는 작업 스케일 입력"
스윕 경로 선택 또는 [정렬(A)/기준점(B)/축척(S)/비틀기(T)]:

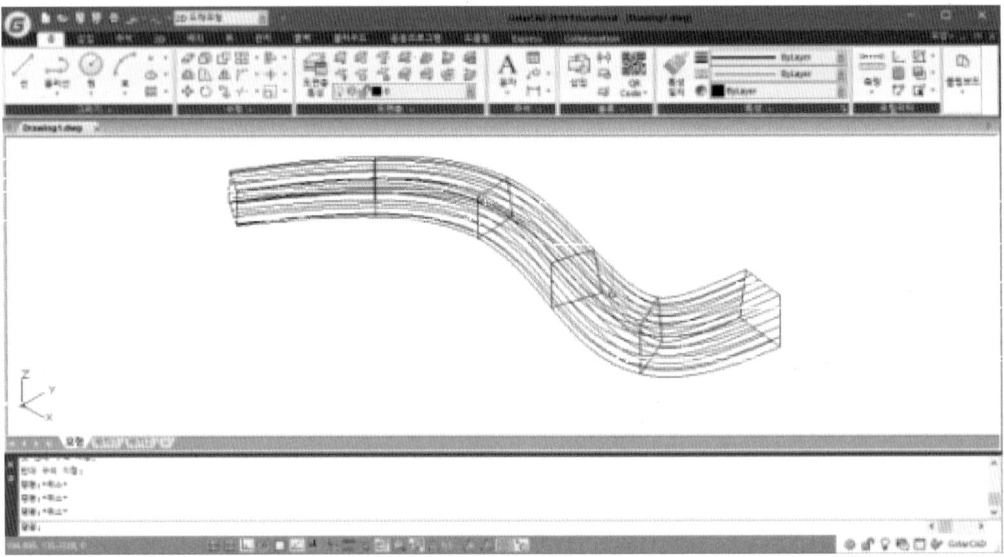

4) 비틀기 (T)

스윕할 객체를 원하는 회전 값을 입력하여 형태를 단순 작업이 아닌 비틀리게 작업할 수 있다.

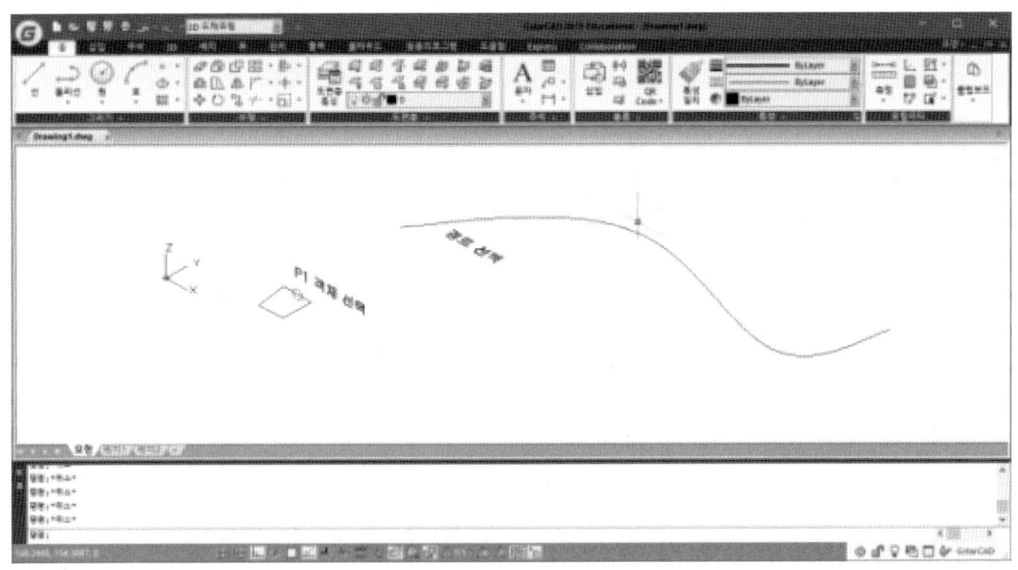

명령 : Sweep
단축명령어 : 없음

명령: SWEEP
현재 와이어프레임 밀도: ISOLINES=4
스윕할 객체 선택: 1개를 찾음 “P1 객체 선택”
스윕할 객체 선택:
스윕 경로 선택 또는 [정렬(A)/기준점(B)/축척(S)/비틀기(T)]:T “객체 옵션 선택”
비틀기 각도 입력 또는 비평면형 스윕 경로에 뱅킹 허용 [뱅크(B)]<0>:60
“원하는 각도 값을 입력”
스윕 경로 선택 또는 [정렬(A)/기준점(B)/축척(S)/비틀기(T)]:

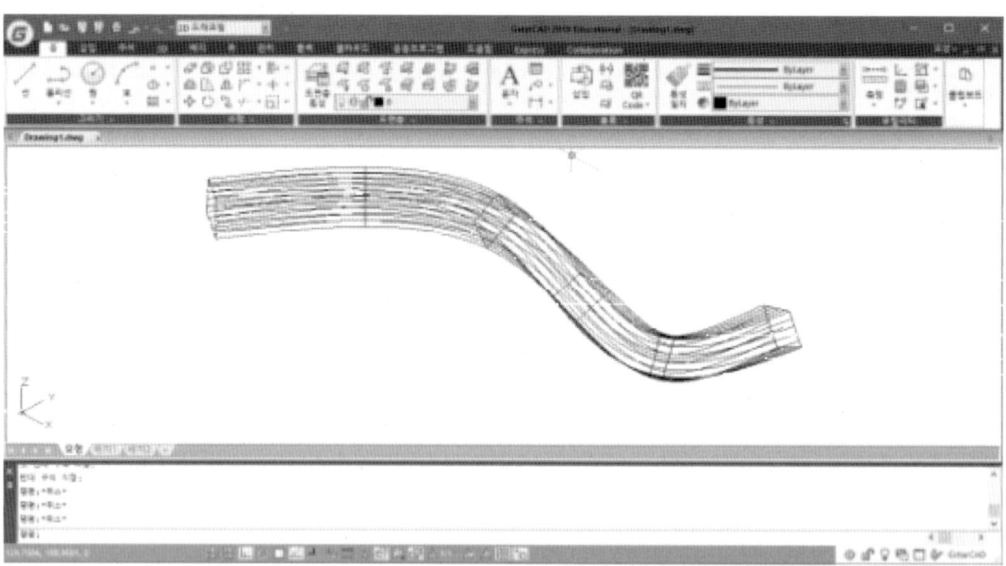

1.4 로프트 (Loft)

여러 개의 스케치 나 횡단면을 연결 하여 솔리드 또는 표면 객체를 작성하는 명령이다. 로프트 작업 시 항상 연결 할 스케치 및 횡단면을 순차 적으로 선택해야 한다.

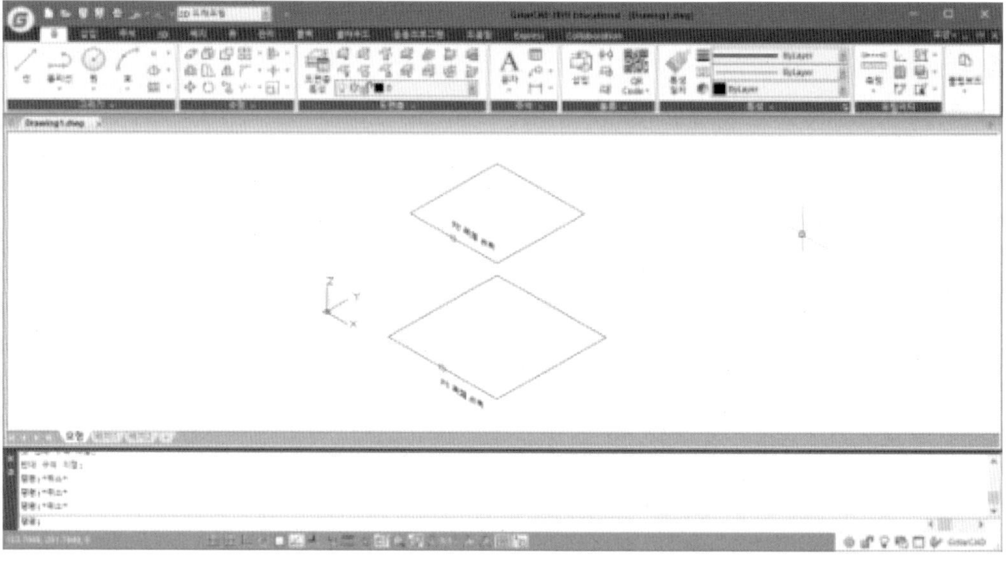

명령 : Loft
단축명령어 : 없음

명령:loft
올림 순서로 횡단 선택: 1개를 찾음 “P1 객체 선택”
올림 순서로 횡단 선택: 반대 구석 지정: 1개를 찾음, 2 전체 “P2 객체 선택”
올림 순서로 횡단 선택: Enter
옵션 입력 [가이드(G)/경로(P)/횡단면만(C)] <횡단면만(C)>: Enter

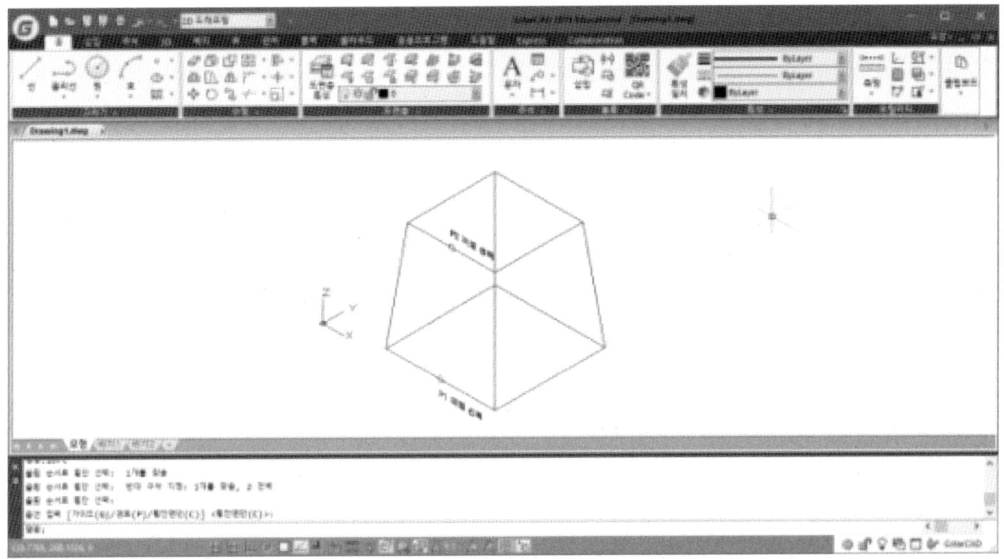

(1) 로프트 (Loft) 옵션

① 가이드 (G) ② 경로 (P) ③ 횡단면만 (C) ④ 설정

1) 가이드

로프트 작성에서 솔리드 또는 표면의 횡단면을 조정하는 안내곡선을 지정하여 작업할 수 있다. 안내 곡선은 한 개부터 여러 개의 안내 곡선을 사용할 수 있다.

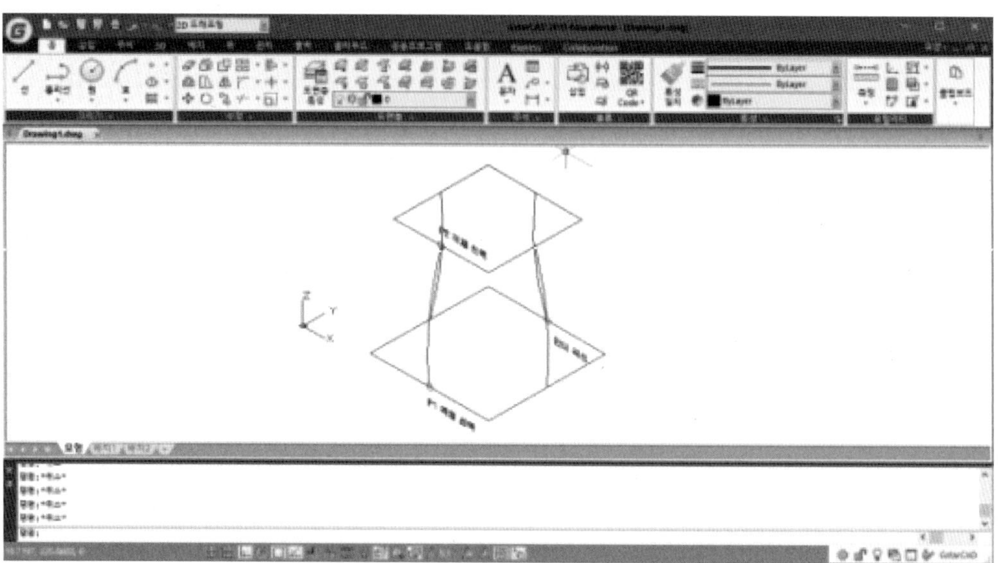

명령 : Loft
단축명령어 : 없음

명령: LOFT
올림 순서로 횡단 선택: 1개를 찾음 “P1 선택”
올림 순서로 횡단 선택: 1개를 찾음, 2 전체 “P2 선택”
올림 순서로 횡단 선택:
옵션 입력 [가이드(G)/경로(P)/횡단면만(C)] <횡단면만(C)>: G “객체 옵션 선택”
안내 곡선 선택:반대 구석 지정: 2개를 찾음 “각각 안내 곡선 선택”
안내 곡선 선택:반대 구석 지정: 2개를 찾음, 4 전체 “각각 안내 곡선 선택”
안내 곡선 선택:

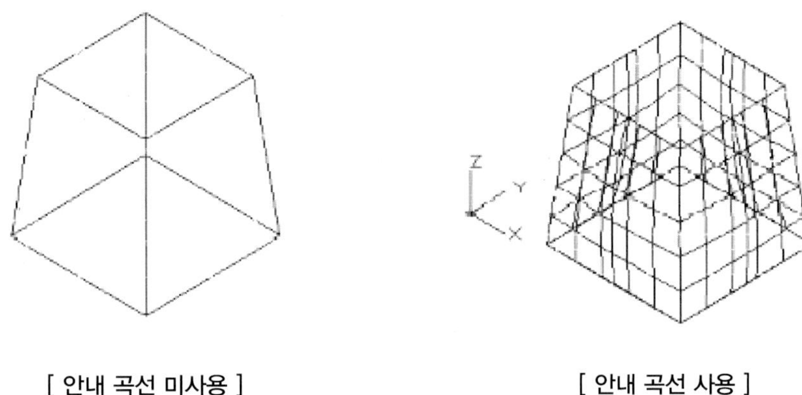

[안내 곡선 미사용]　　　　[안내 곡선 사용]

2) 경로 (P)

로프트 작성 시 횡단면이 따라 갈 수 있도록 하나의 경로를 지정하여 작업할 수 있다. 경로 곡선은 횡단면의 모든 평면을 교차해야 한다.

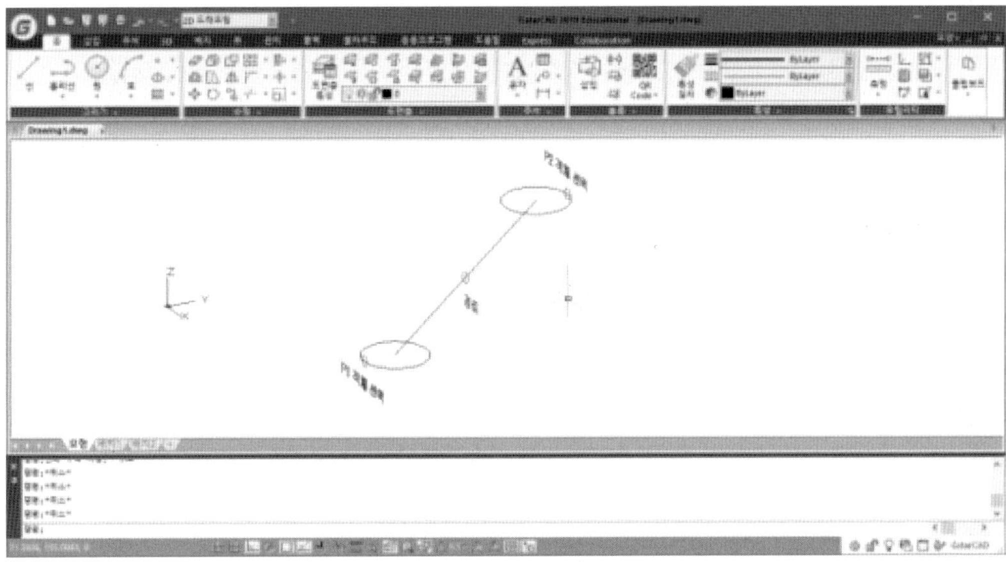

명령 : Loft
단축명령어 : 없음

명령: LOFT
올림 순서로 횡단 선택: 1개를 찾음 "P1 객체 선택"
올림 순서로 횡단 선택: 1개를 찾음, 2 전체 "P2 객체 선택"
올림 순서로 횡단 선택:
옵션 입력 [가이드(G)/경로(P)/횡단면만(C)] <횡단면만(C)>: P "경로 객체 선택"
경로 곡선 선택:

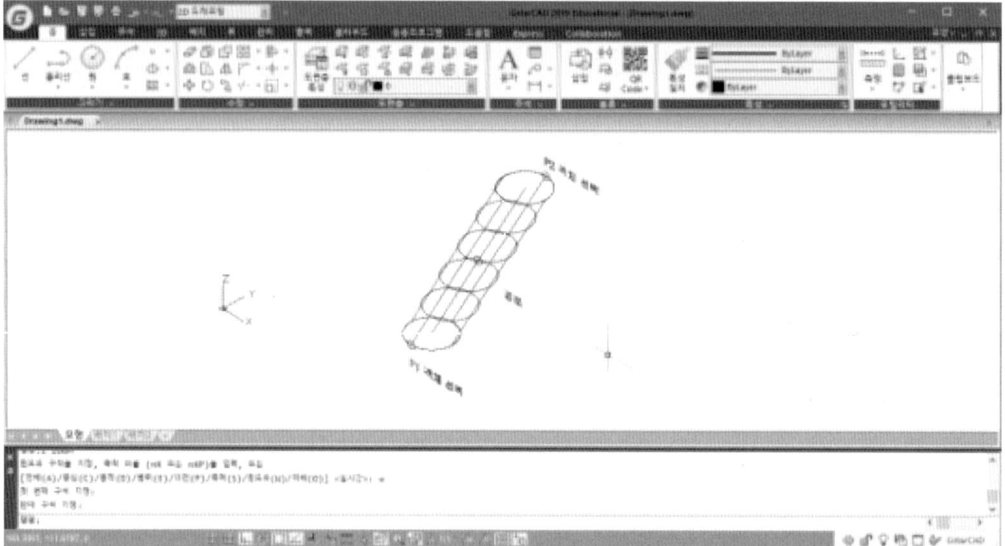

3) 횡단면만 (C)

가이드 및 경로를 사용하지 않고 객체를 작성할 수 있다.

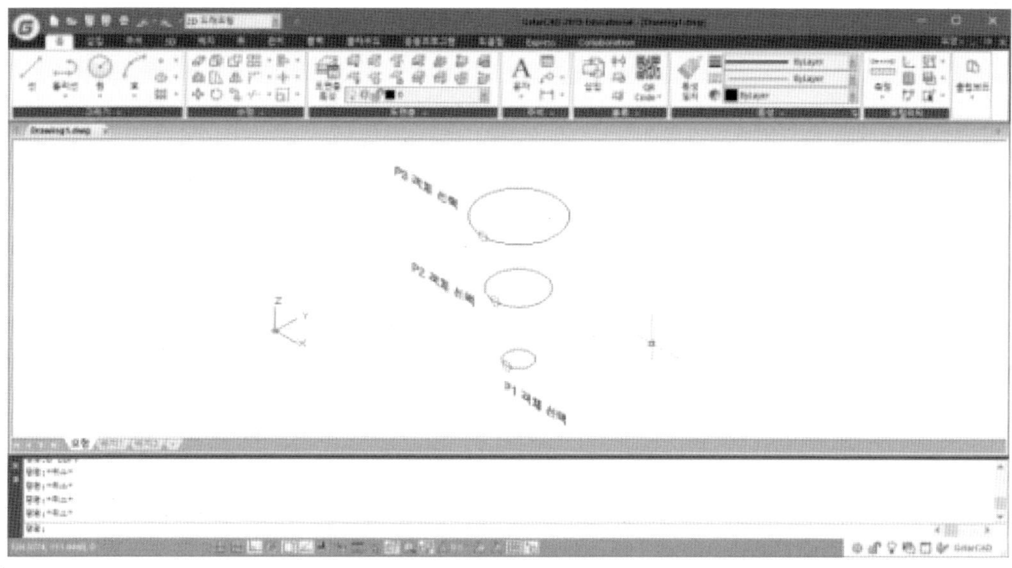

명령 : Loft

단축명령어 : 없음

명령: Loft

올림 순서로 횡단 선택: 1개를 찾음 “P1 객체 선택”

올림 순서로 횡단 선택: 1개를 찾음, 2 전체 “P2 객체 선택”

올림 순서로 횡단 선택: 1개를 찾음, 3 전체 “P3 객체 선택”

올림 순서로 횡단 선택:

옵션 입력 [가이드(G)/경로(P)/횡단면만(C)] <횡단면만(C)>:

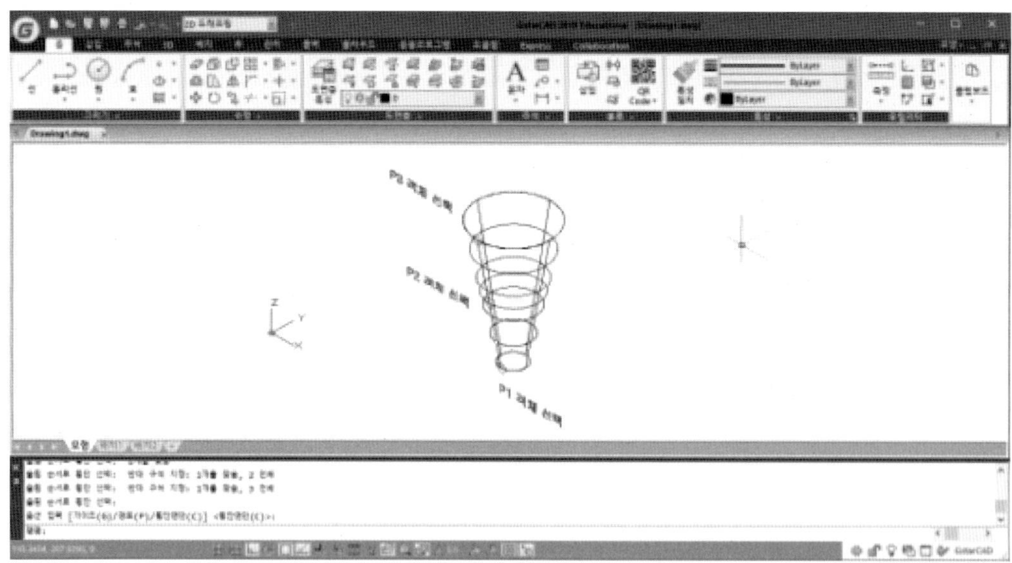

4) 설정

횡단면 작업 시 여러 설정 값을 지정할 수 있다.

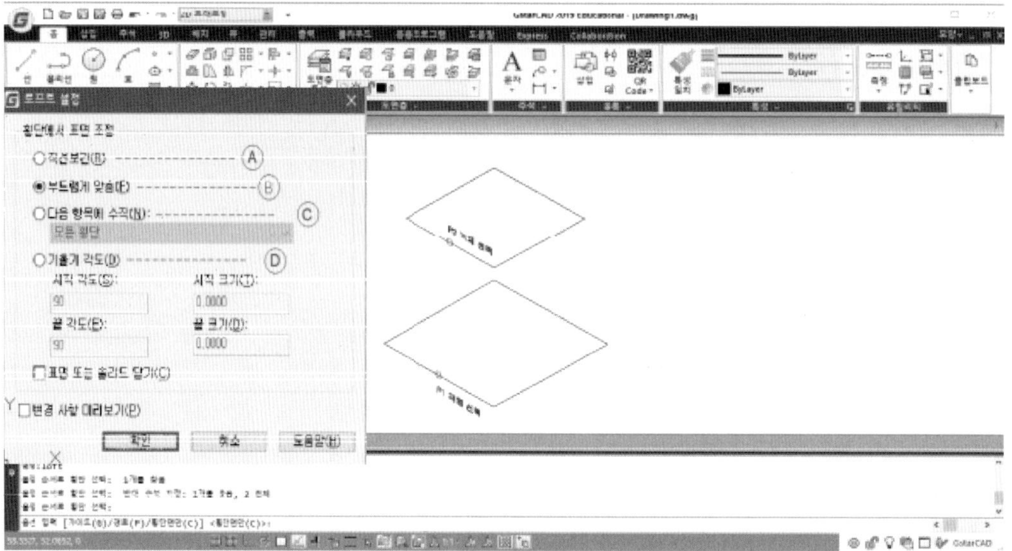

① 직선 보강

황단면 연결을 직선으로 작성한다.

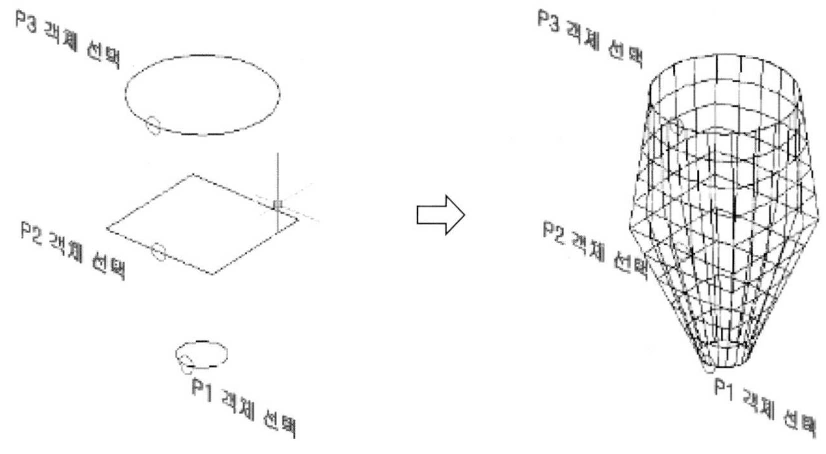

② 부드럽게 맞춤

횡단면 연결을 부드럽게 작성한다.

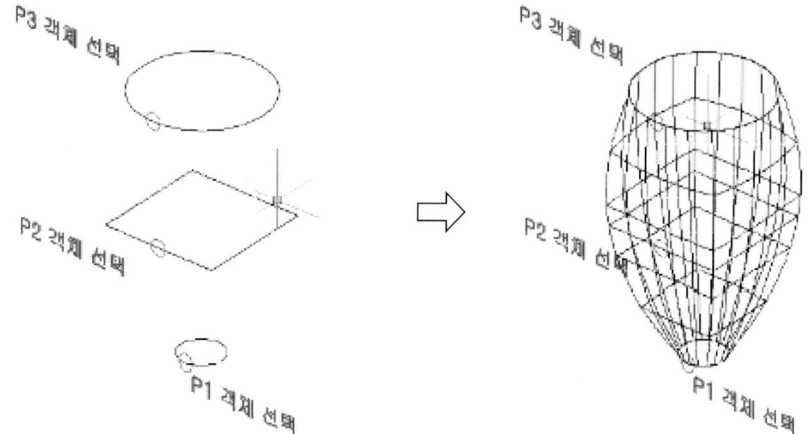

③ 다음 항목에 수직

횡단면을 통과하는 솔리드 또는 곡면을 조정할 수 있다.

옵션 : 모든 횡단. 시작 횡단. 끝 횡단, 시작 및 끝 횡단

Ⓐ 모든 횡단

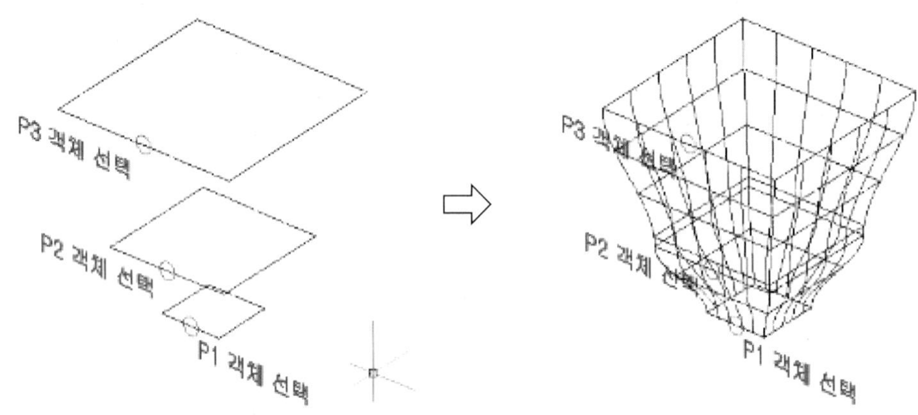

Ⓑ 시작 횡단

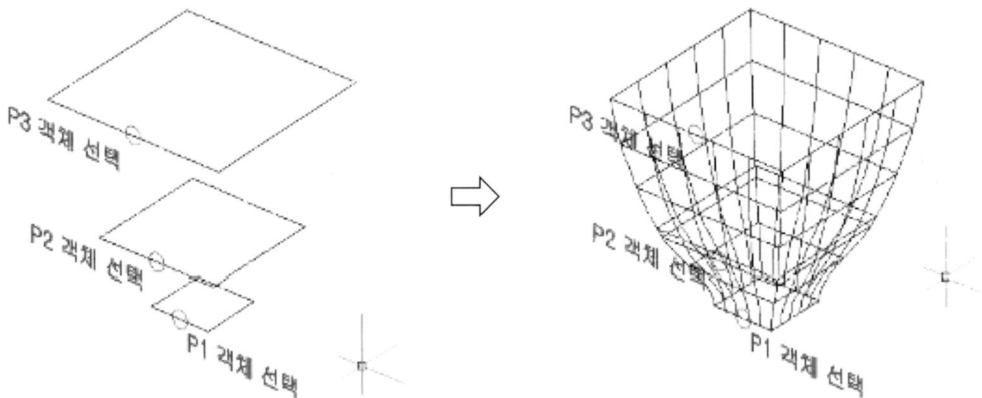

Ⓒ 끝 행단

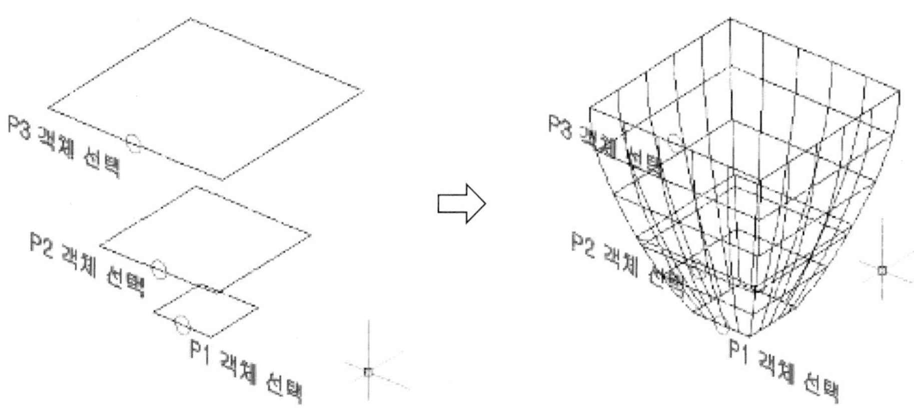
P3 객체 선택
P2 객체 선택
P1 객체 선택
P3 객체 선택
P2 객체 선택
P1 객체 선택

Ⓓ 시작 및 끝 횡단

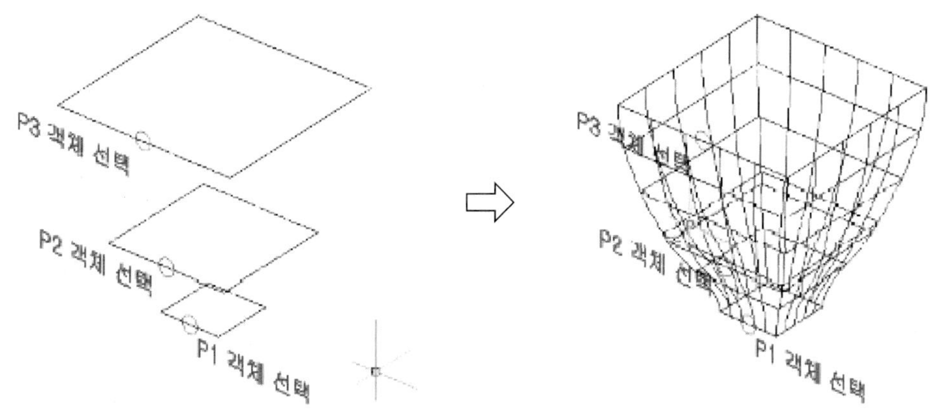
P3 객체 선택
P2 객체 선택
P1 객체 선택
P3 객체 선택
P2 객체 선택
P1 객체 선택

④ 기울 각도

첫 번재 객체와 마지막 회단의 기울기 각도 및 크기를 조정할 수 있다.

- 시작 각도 90, 끝 각도 90

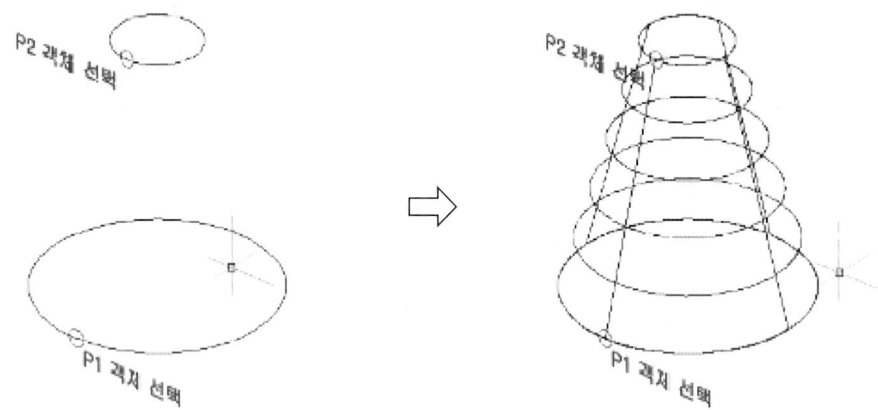

CHAPTER 06 복합 솔리드 작업 명령어

두 개 이상의 3차원 솔리드 작업을 합집합, 차집합, 교집합을 이용하여, 새로운 복합 솔리드 형태를 작성할 수 있다.

1. 복합 솔리드 작업 명령어

① 합집합 (Union) ② 차집합 (Subtract) ③ 교집합 (Intersect)

1.1 합집합 (Union) [UNI]

두 개 이상의 솔리드 객체를 하나의 객체로 작성할 수 있다. 객체는 선택 순서 및 개수 상관 없이 선택할 수 있다.

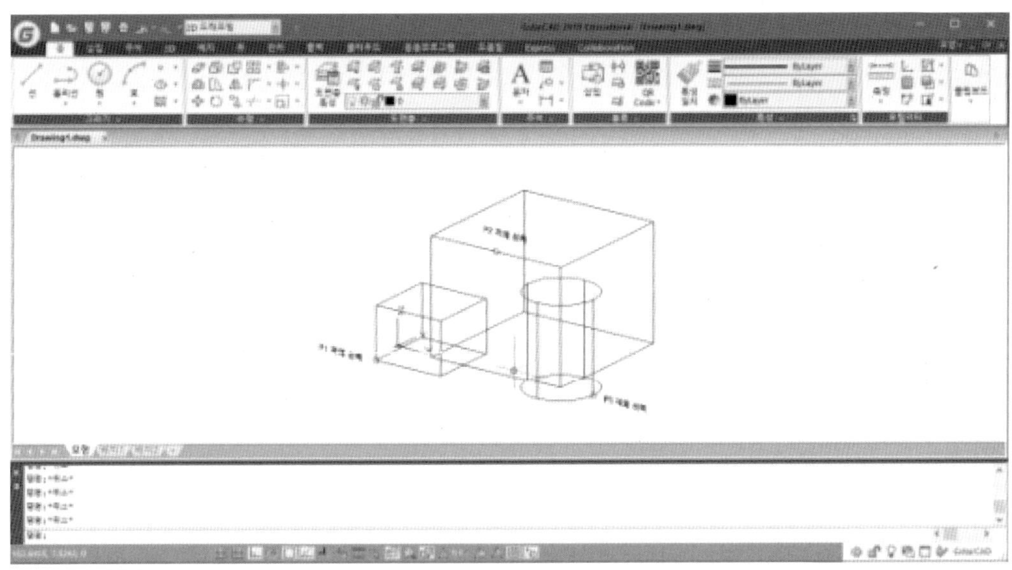

명령 : Union
단축명령어 : Uni

명령:Union
객체 선택: 반대 구석 지정: 1개를 찾음 “P1 객체 선택- 합집합 객체 선택”
객체 선택: 1개를 찾음, 2 전체 “P2 객체 선택 – 합집합 객체 선택”
객체 선택: 반대 구석 지정: 2개를 찾음 (1 개 중복됨), 3 전체 “P3 객체 선택 – 합집합 객체 선택”
객체 선택:

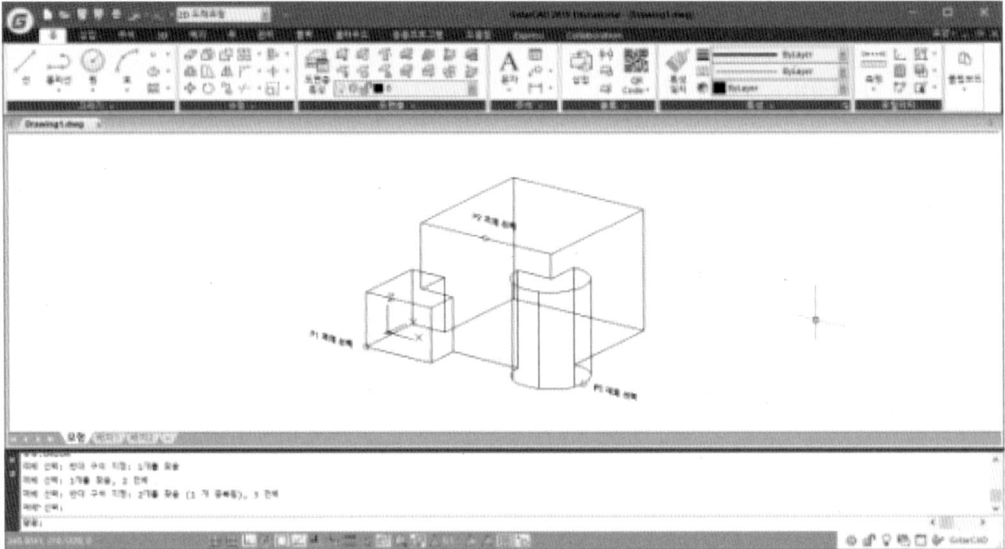

1.2 차집합 (Subtract) [SU]

기준 솔리드 객체에서 불필요한 객체와 겹처 있는 범위를 제거할 수 있다.
객체는 선택 순서는 기준 솔리드 객체 선택 후 불필요한 객체를 선택한다.

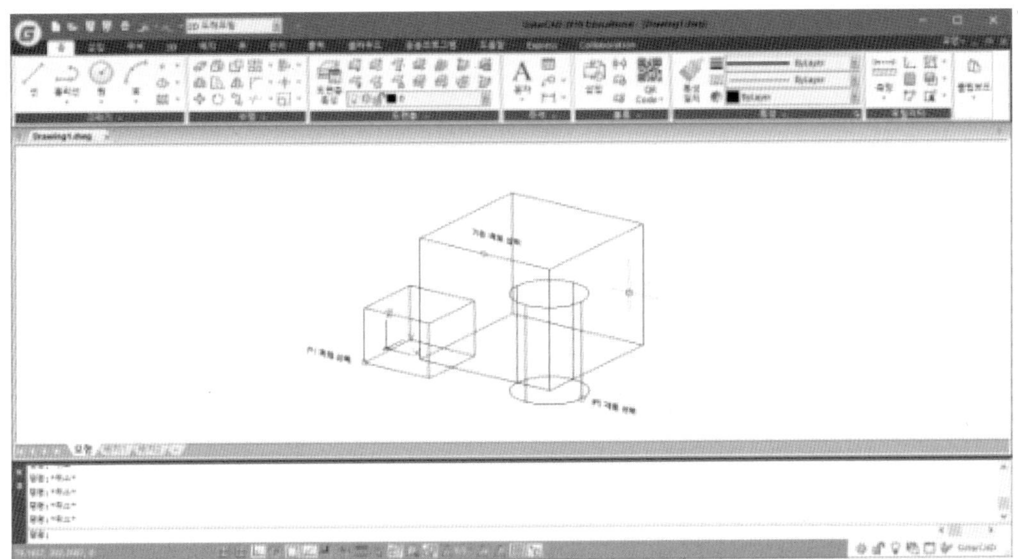

명령 : Subtract
단축명령어 : Su

명령:SU
SUBTRACT 제거 대상인 솔리드, 표면 및 영역을 선택 ..
객체 선택: 1개를 찾음 "기준 객체 선택"
객체 선택: 제거할 솔리드, 표면 및 영역을 선택 ..
객체 선택: 1개를 찾음 "P1 객체 선택 - 제거 객체 선택"
객체 선택: 1개를 찾음, 2 전체 "P2 객체 선택 - 제거 객체 선택"
객체 선택:

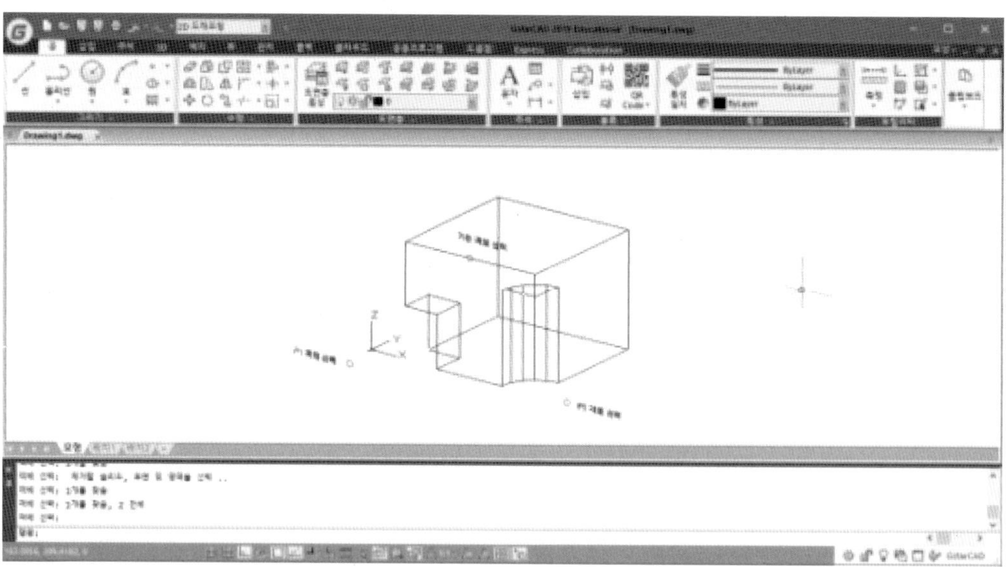

1.3 교집합 (Intersect)

두 개 이상의 겹치는 솔리드 객체를 선택하여 겹쳐 있는 공통 부분을 제외한 나머지 부분을 제거할 수 있다.

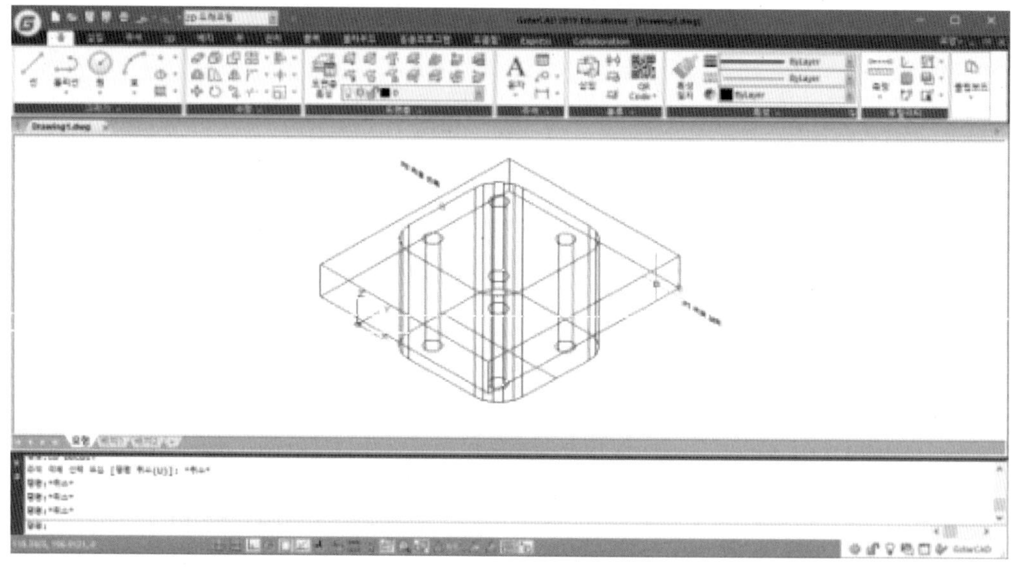

명령 : Subtract
단축명령어 : Su

명령:INTERSECT
객체 선택: 1개를 찾음 “P1 객체 선택”
객체 선택: 1개를 찾음, 2 전체 “P2 객체 선택”
객체 선택:

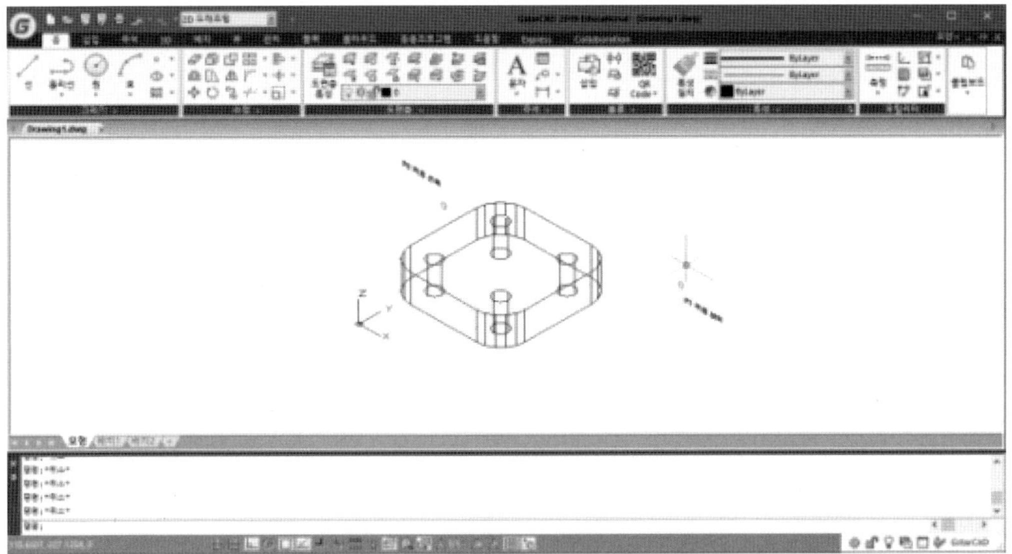

CHAPTER 07 3D 편집 명령어

3D 작업 시 작업의 편리성 및 형태를 수정이 필요로 한다. 그때 여러 가지 수정 명령어를 사용한다.

1. 3D 편집 명령어

① 3D 회전 (Rotate 3D) ② 슬라이스 (Slice) ③ 단면 작업 (Section) ④ 플랫 샷 (Flatshot)
⑤ 솔리드 편집 (Solidedit) ⑥ 모서리 모깎기 (Filletedge)

1.1 3D 회전 (Rotate 3D)

2D 스케치 및 3D 형상들을 UCS 정의와는 다르게 작성자가 원하는 방향으로 3D 회전을 할 수 있다.

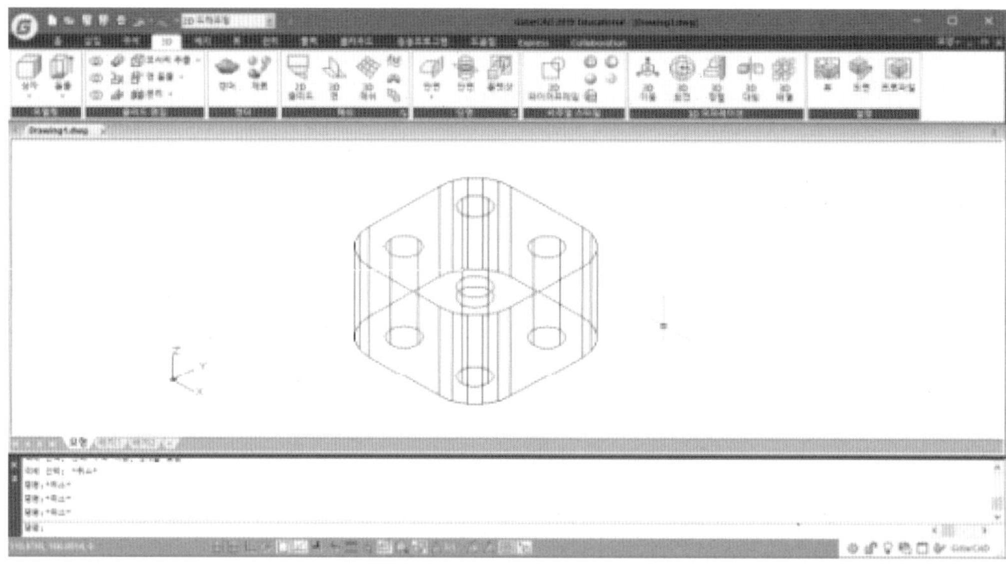

명령 : Rotate 3D
단축명령어 : **없음**

명령: ROTATE3D
현재 각도 설정:: ANGDIR=시계 반대 방향 ANGBASE=0
객체 선택: 반대 구석 지정: 1개를 찾음 "회전 할 객체 선택"
객체 선택: [Enter]
축 위에 첫 번째 점을 지정하거나 다음을 사용하여 축을 정의 "축의 첫 번째 점 지정"
[객체(O)/최종(L)/뷰(V)/X축(X)/Y축(Y)/Z축(Z)/2점(2)]:축 위의 두 번째 점 지정: "축의 두 번재 점 지정"
회전 각도를 지정하거나 [참조(R)]: 90 "회전 각도 값 입력"

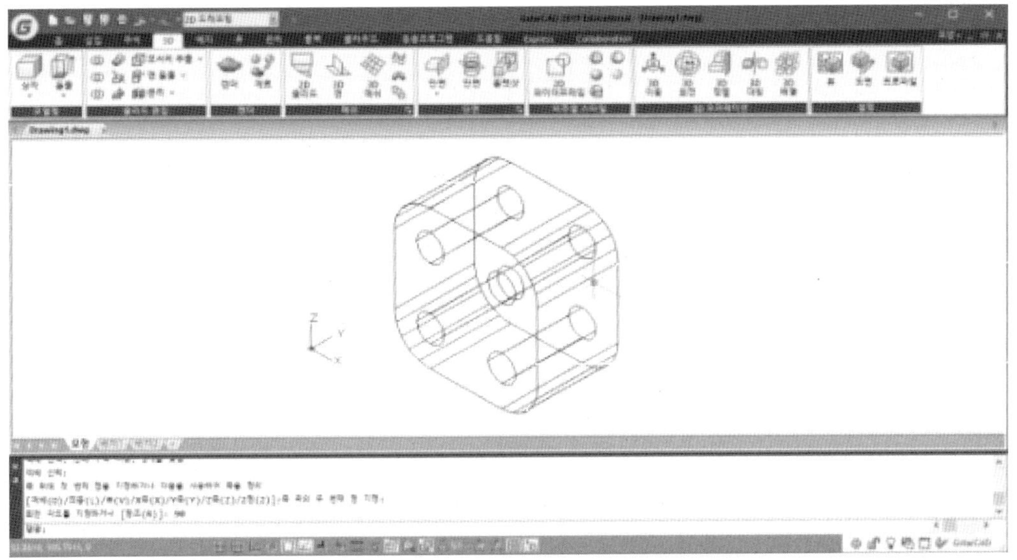

1.2 3D 회전 (Rotate 3D) 옵션

① 객체 (O) ② 최종 (L) ③ 뷰 (V) ④ X축 (X), Y축 (Y), Z축 (Z) ⑤ 2점 (2)

① 객체 (O)

3D 회전을 작업하기 위하여, 기존에 작성 된 선, 원, 호 또는 2D 폴리선을 기준점으로 객체를 회전할 수 있다.

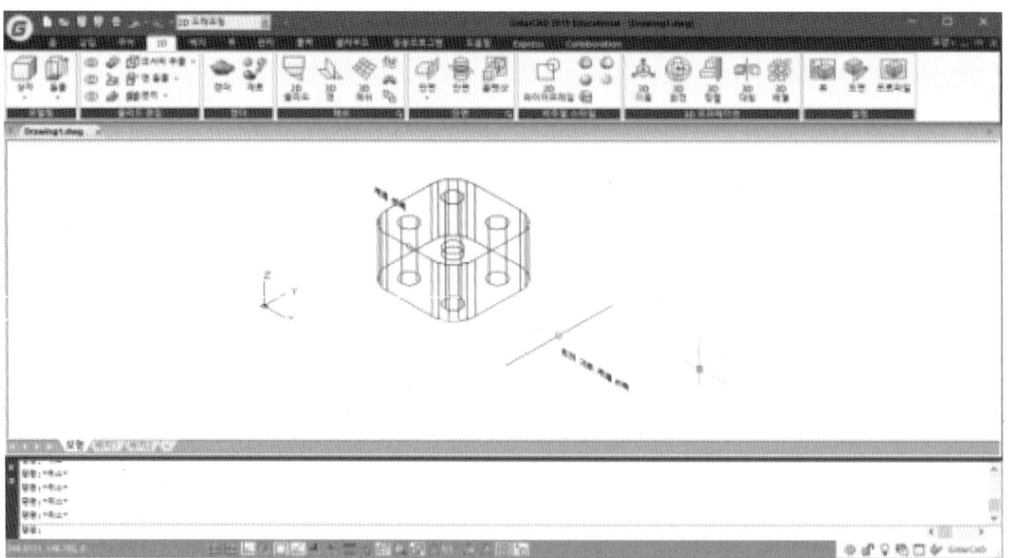

명령 : Rotate 3D
단축명령어 : 없음

명령: ROTATE3D
현재 각도 설정:: ANGDIR=시계 반대 방향 ANGBASE=0
객체 선택: 반대 구석 지정: 1개를 찾음 "회전 할 객체 선택"
객체 선택:
축 위에 첫 번째 점을 지정하거나 다음을 사용하여 축을 정의
[객체(O)/최종(L)/뷰(V)/X축(X)/Y축(Y)/Z축(Z)/2점(2)]:O "객체 옵션 선택"
선, 원, 호 또는 2D-폴리선 세그먼트 선택: "회전 기준 객체 선택"
회전 각도를 지정하거나 [참조(R)]: 15 "회전각도 입력"

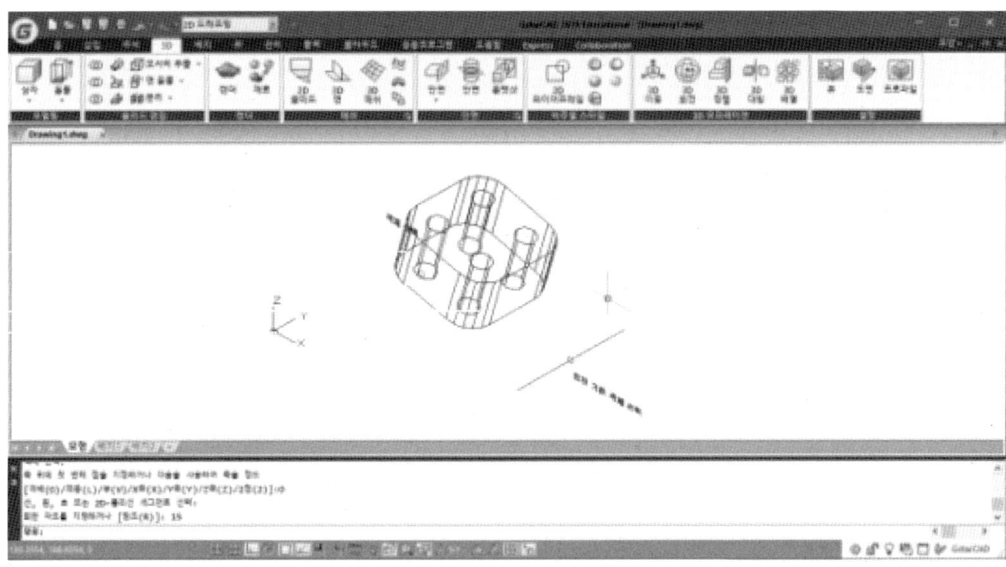

② 최종 (L)

3D 회전을 작업하기 위하여, 기존에 작성 된 선, 원, 호 또는 2D 폴리선을 기준점으로 객체를 회전할 수 있다.

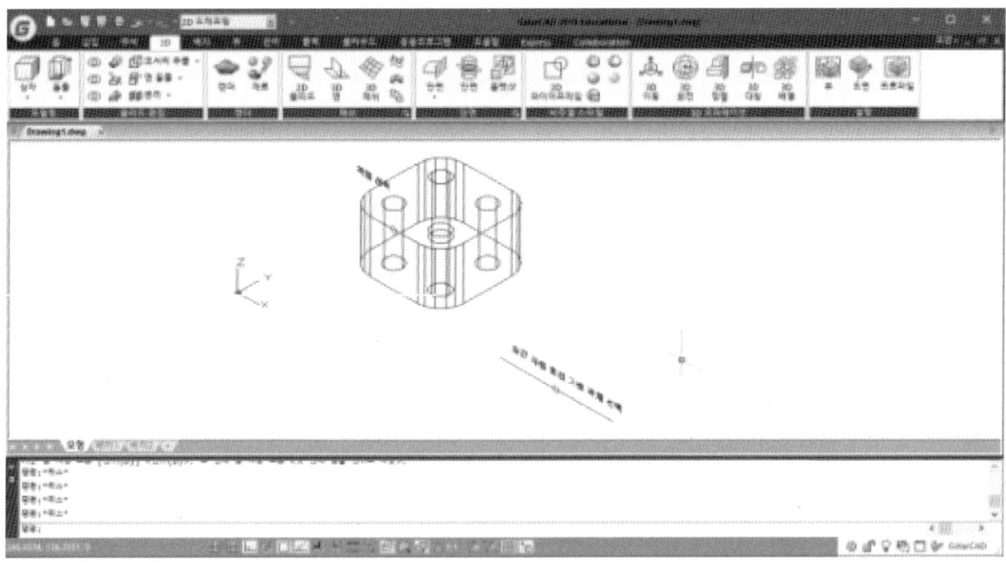

명령 : Rotate 3D
단축명령어 : **없음**

명령: ROTATE3D
현재 각도 설정:: ANGDIR=시계 반대 방향 ANGBASE=0
객체 선택: 반대 구석 지정: 1개를 찾음 "회전 할 객체 선택"
객체 선택:
축 위에 첫 번째 점을 지정하거나 다음을 사용하여 축을 정의
[객체(O)/최종(L)/뷰(V)/X축(X)/Y축(Y)/Z축(Z)/2점(2)]:L "객체 옵션 선택"
회전 각도를 지정하거나 [참조(R)]: 90 "마지막으로 사용 한 회전축을 기준으로 원하는 각도 입력"

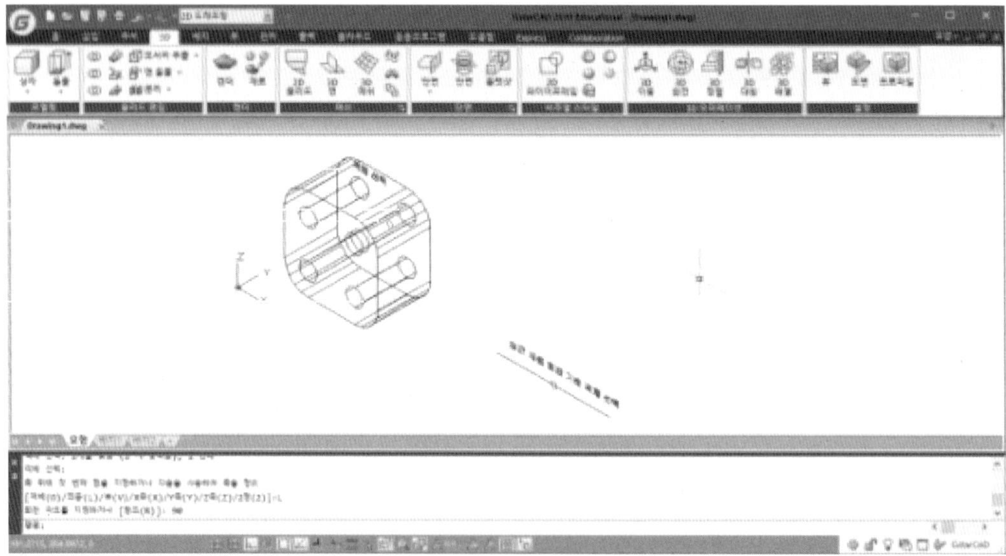

③ 뷰 (V)

하나의 지정된 점을 통과하는 현재 뷰포트의 관측 방향에 회전축을 정렬하여 회전할 수 있다.

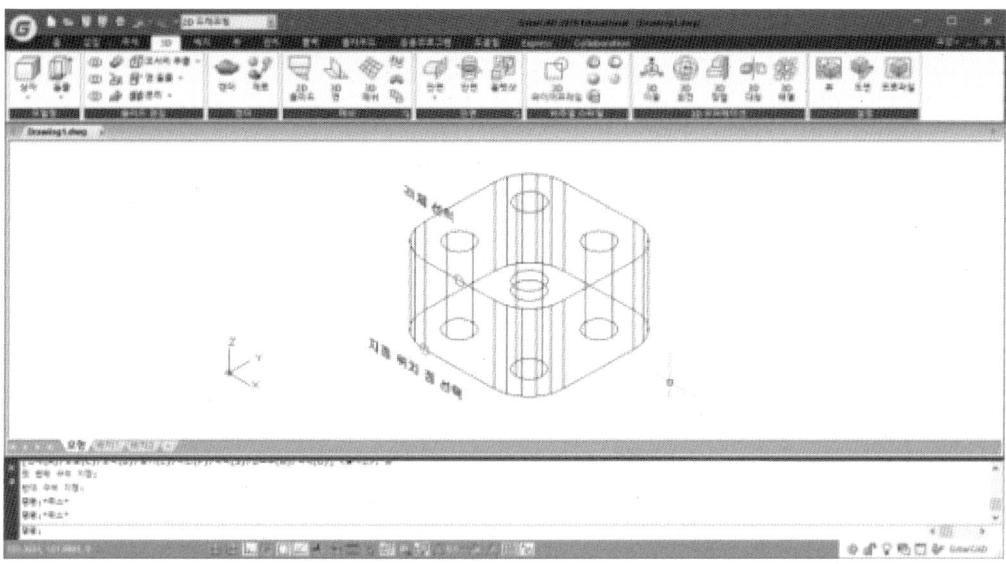

명령 : Rotate 3D
단축명령어 : 없음

명령: ROTATE3D
현재 각도 설정:: ANGDIR=시계 반대 방향 ANGBASE=0
객체 선택: 반대 구석 지정: 1개를 찾음 “회전 객체 선택”
객체 선택:
축 위에 첫 번째 점을 지정하거나 다음을 사용하여 축을 정의
[객체(O)/최종(L)/뷰(V)/X축(X)/Y축(Y)/Z축(Z)/2점(2)]:V “객체 옵션 선택”
뷰 방향 축위의 점 지정 <0,0,0>: “지정 위치 점 선택”
회전 각도를 지정하거나 [참조(R)]: 45 “회전각도 입력”

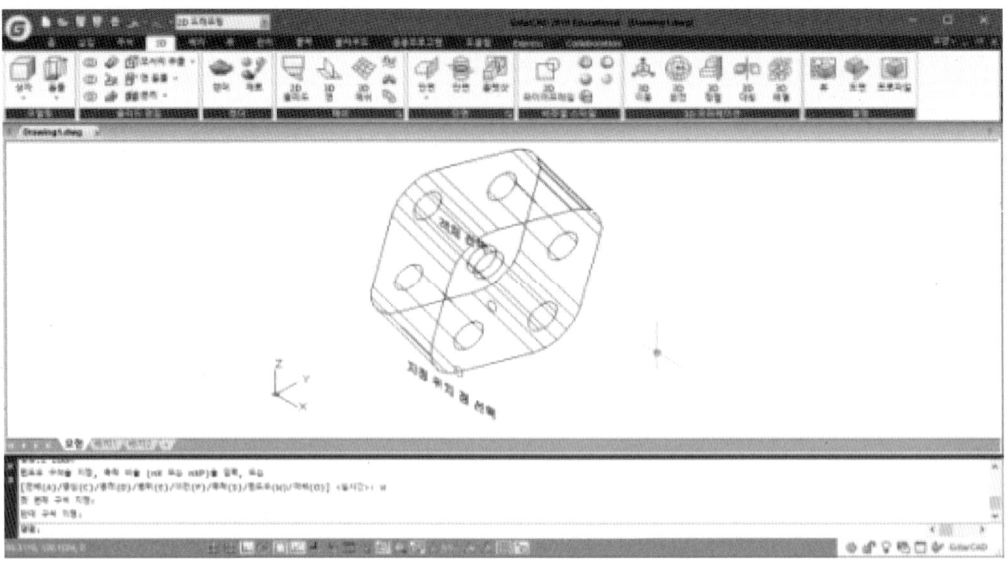

④ X축 (X), Y축 (Y), Z축

하나의 지정 된 점을 선택하여, 각 X축, Y축, Z축 방향으로 원하는 각도 값을 입력하여 객체를 회전할 수 있다.

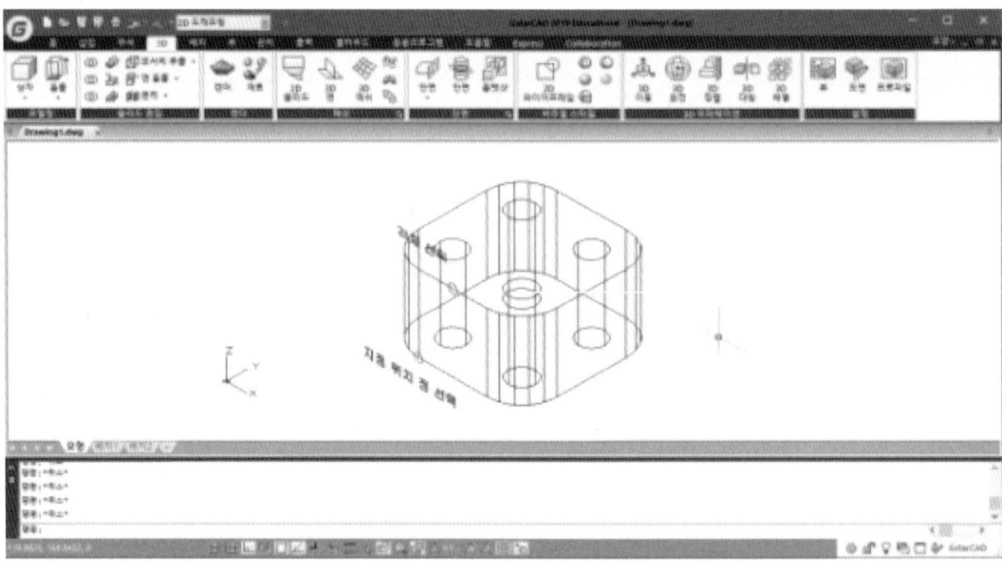

명령 : Rotate 3D
단축명령어 : 없음

명령: ROTATE3D
현재 각도 설정:: ANGDIR=시계 반대 방향 ANGBASE=0
객체 선택: 반대 구석 지정: 1개를 찾음 "회전 객체 선택"
객체 선택: [Enter]
축 위에 첫 번째 점을 지정하거나 다음을 사용하여 축을 정의
[객체(O)/최종(L)/뷰(V)/X축(X)/Y축(Y)/Z축(Z)/2점(2)]:X "객체 옵션 선택"
X 축에서 점을 지정 <0,0,0> : "지정 위치 점 선택"
회전 각도를 지정하거나 [참조(R)]: 90 "회전각도 입력"

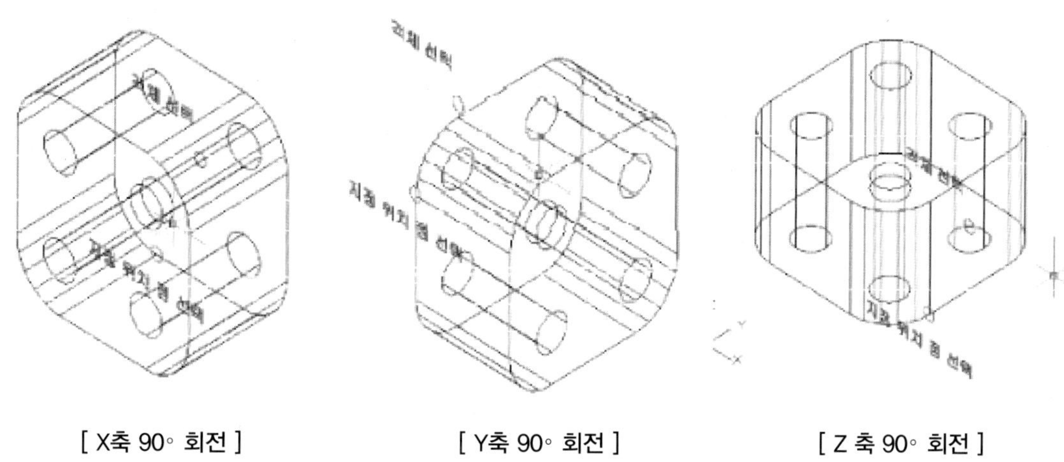

[X축 90◦ 회전]　　[Y축 90◦ 회전]　　[Z 축 90◦ 회전]

⑤ 2점 (2)

두 개의 점을 선택하여 생성되는 가상의 선을 회전축으로 사용하여 객체를 회전할 수 있다.

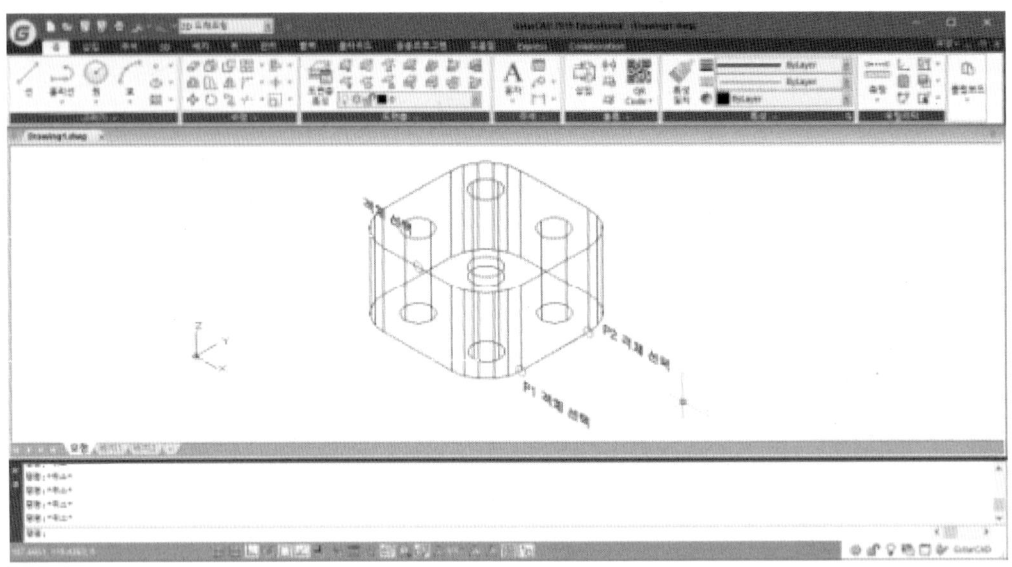

명령 : Rotate 3D

단축명령어 : **없음**

명령: ROTATE3D

현재 각도 설정:: ANGDIR=시계 반대 방향 ANGBASE=0

객체 선택: 반대 구석 지정: 1개를 찾음 "회전 객체 선택"

객체 선택:

축 위에 첫 번째 점을 지정하거나 다음을 사용하여 축을 정의

[객체(O)/최종(L)/뷰(V)/X축(X)/Y축(Y)/Z축(Z)/2점(2)]:2 "객체 옵션 선택"

축 위의 첫 번째 점 지정: "P1 객체 선택" 축 위의 두 번째 점 지정: "P2 객체 선택"

회전 각도를 지정하거나 [참조(R)]: 90 "회전 각도 입력"

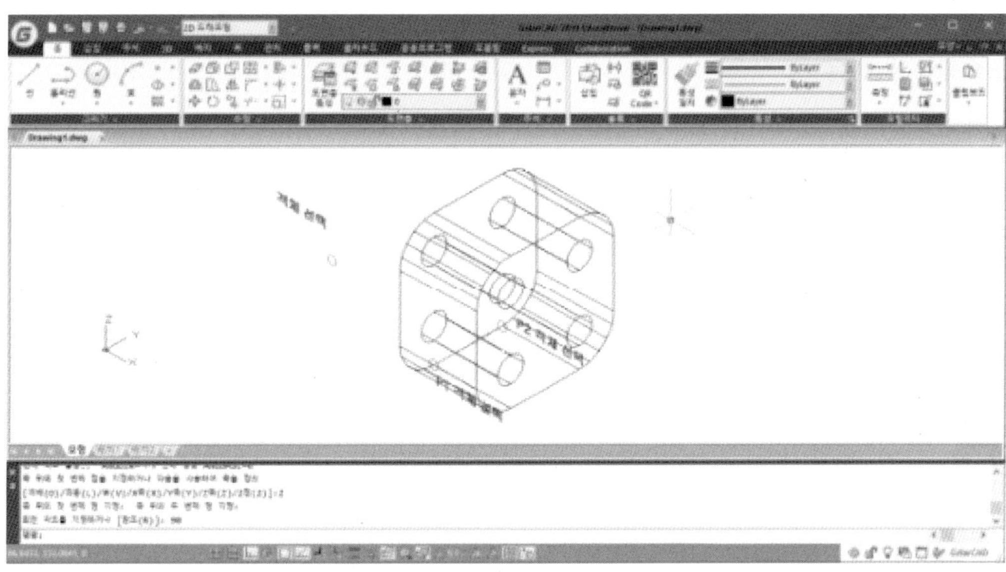

1.3 슬라이스 (Slice)

솔리드 객체를 원하는 평면 또는 곡면 등을 이용하여 자를 수 있다.

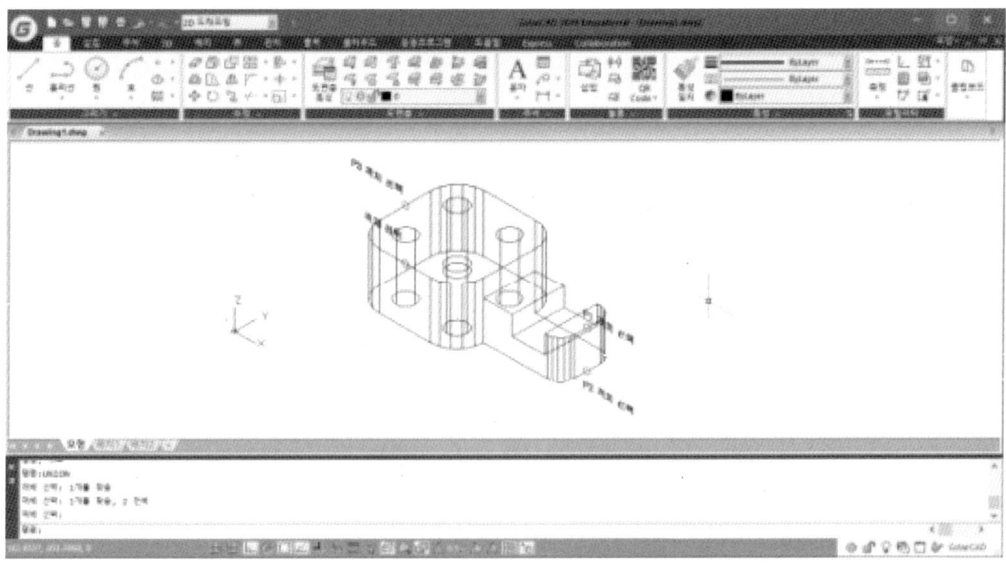

명령 : Slice
단축명령어 : **없음**

명령: SLICE
슬라이스할 객체 선택: 1개를 찾음 "객체 선택"
슬라이스할 객체 선택:
슬라이스 시작 점 지정 또는 [평면상의 객체(O)/표면(S)/Z축(Z)/뷰(V)/XY/YZ/ZX/3점(3)] <3점> 평면 위의 첫 번째 점 지정: "P1 객체 선택"
평면 위의 두 번째 점 지정: "P2 객체 선택"
평면 위의 세 번째 점 지정: "P3 객체 선택"
원하는 면의 점을 지정 또는 [양쪽 모두 유지] <양쪽 모두 유지(B)>:

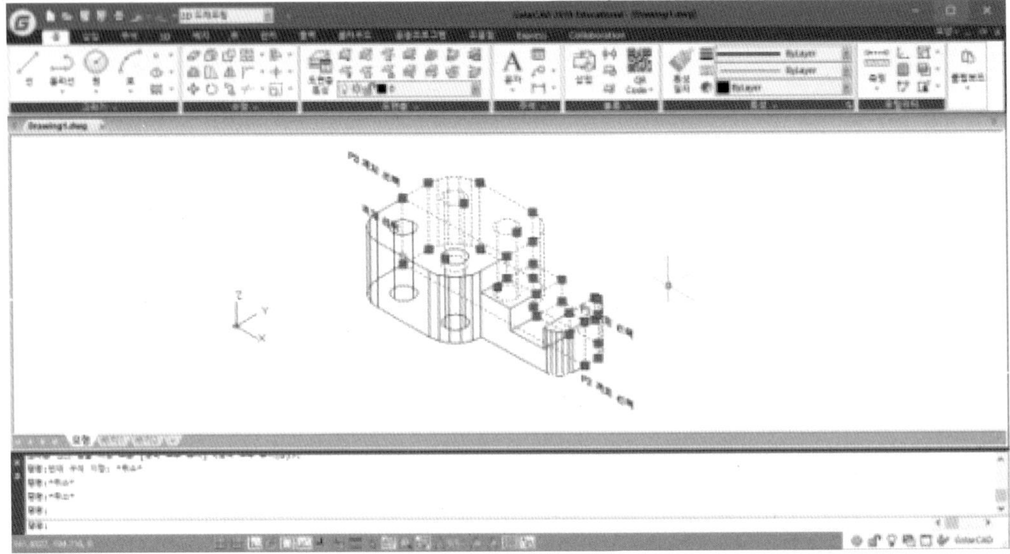

(1) 슬라이스 (Slice) 옵션

① 평면상의 객체 (O) ② 표면 (S) ③ Z축 (Z) ④ 뷰 (V) ⑤ XY, YZ, ZX ⑥ 3점 (3)

① 평면상의 객체 (O)

원, 타원, 원형, 타원형 호, 2D 폴리선 등의 객체를 절단 평면으로 사용하여 객체를 자른다.

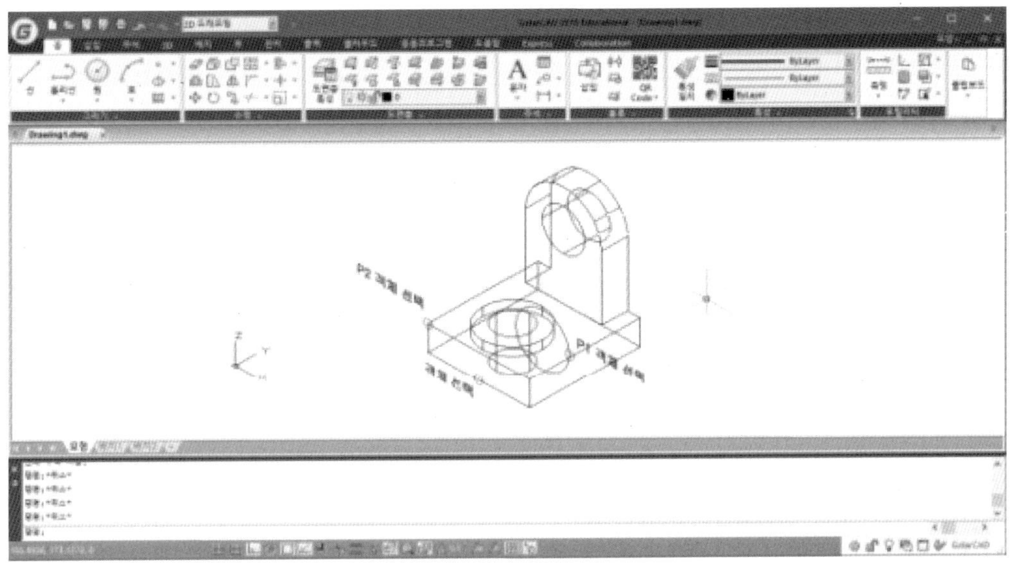

명령 : Slice
단축명령어 : 없음

명령: SLICE
슬라이스할 객체 선택: 1개를 찾음 "객체 선택"
슬라이스할 객체 선택:
슬라이스 시작 점 지정 또는 [평면상의 객체(O)/표면(S)/Z축(Z)/뷰(V)/XY/YZ/ZX/3점(3)] <3점>O
슬라이싱 평면을 정의할 원, 타원, 호, 2D 스플라인 또는 2D 폴리선 선택: "P1 객체 선택"
원하는 면의 점을 지정 또는 [양쪽 모두 유지] <양쪽 모두 유지(B)>: "P2 객체 선택"

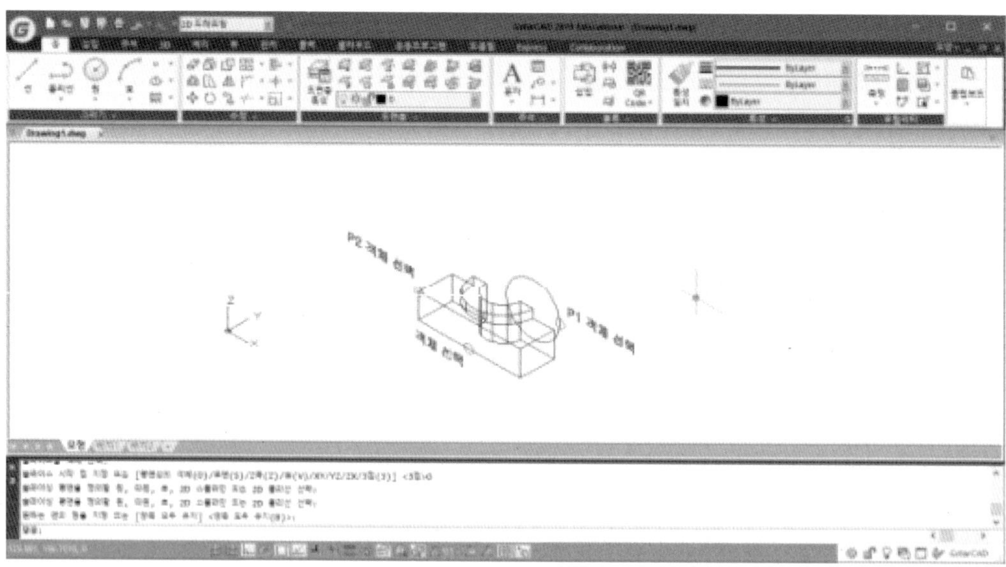

② 표면 (S)

곡면을 절단 평면으로 사용하여 객체를 자른다.

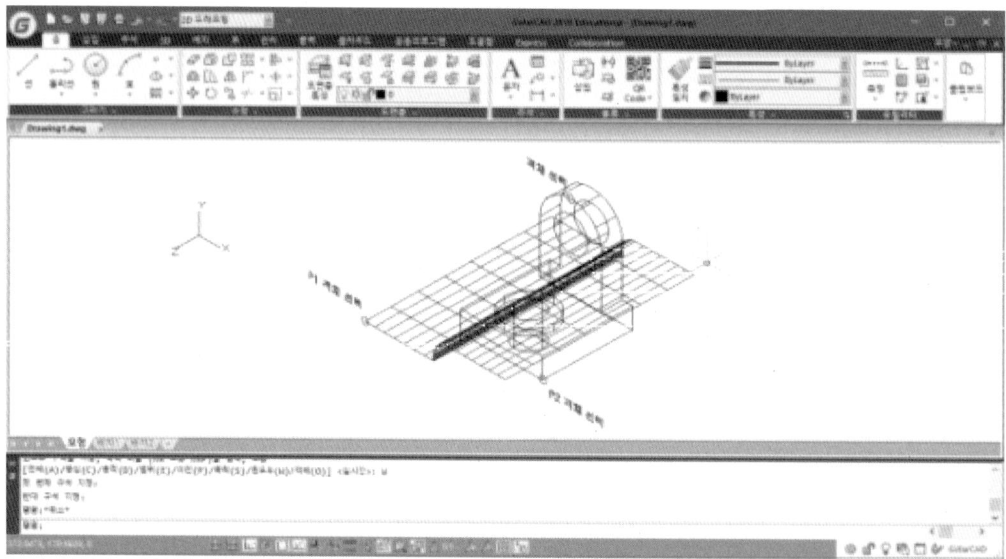

명령 : Slice
단축명령어 : 없음

명령: SLICE
슬라이스할 객체 선택: 1개를 찾음 “객체 선택”
슬라이스할 객체 선택:
슬라이스 시작 점 지정 또는 [평면상의 객체(O)/표면(S)/Z축(Z)/뷰(V)/XY/YZ/ZX/3점(3)] <3점>S
“객체 옵션 선택”
표면 선택: “자를 곡면 P1 선택”
유지할 슬라이스된 객체 선택 [양쪽 모두 유지(B)] <양쪽 모두 유지>: “남길 P2 객체 선택”

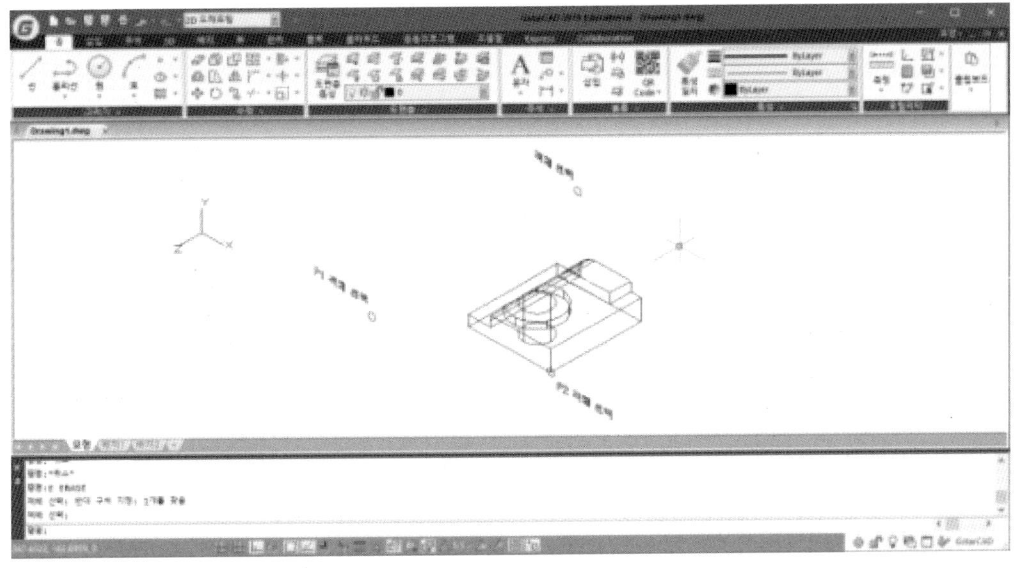

③ Z축 (Z)

평면상의 한 점과 평면 Z축 상의 한 점을 지정하여, 지정 된 Z축으로 하는 XY평면을 기준으로 객체를 자른다.

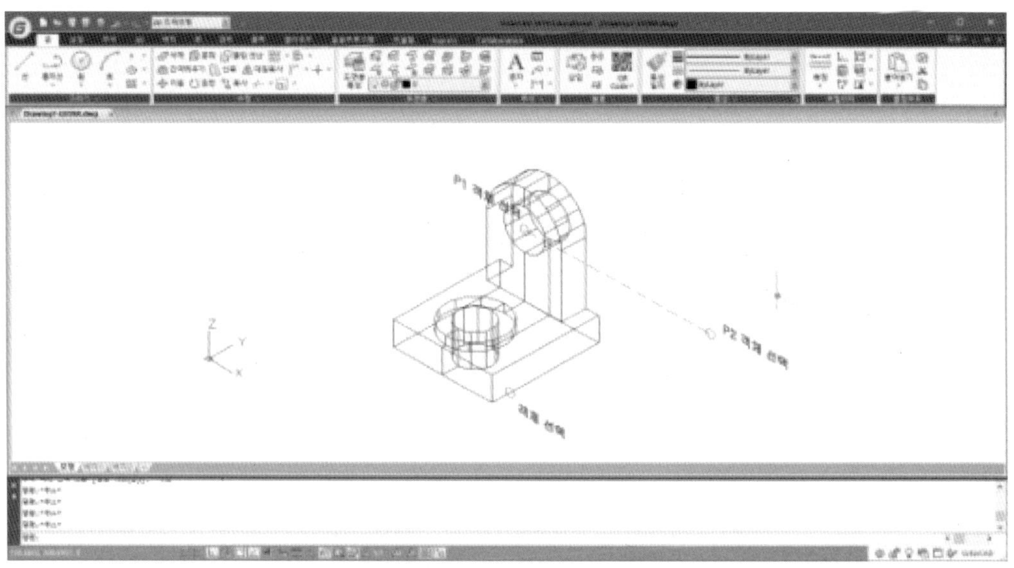

명령 : Slice
단축명령어 : **없음**

명령: SLICE
슬라이스할 객체 선택: 1개를 찾음 “객체 선택”
슬라이스할 객체 선택:
슬라이스 시작 점 지정 또는 [평면상의 객체(O)/표면(S)/Z축(Z)/뷰(V)/XY/YZ/ZX/3점(3)] <3점>Z 선택 “객체 옵션 선택”
평면 위의 점 지정: “P1객체 선택”
평면의 Z-축 (법선) 위의 점 지정: “P2 객체 선택”
원하는 면의 점을 지정 또는 [양쪽 모두 유지] <양쪽 모두 유지(B)>:

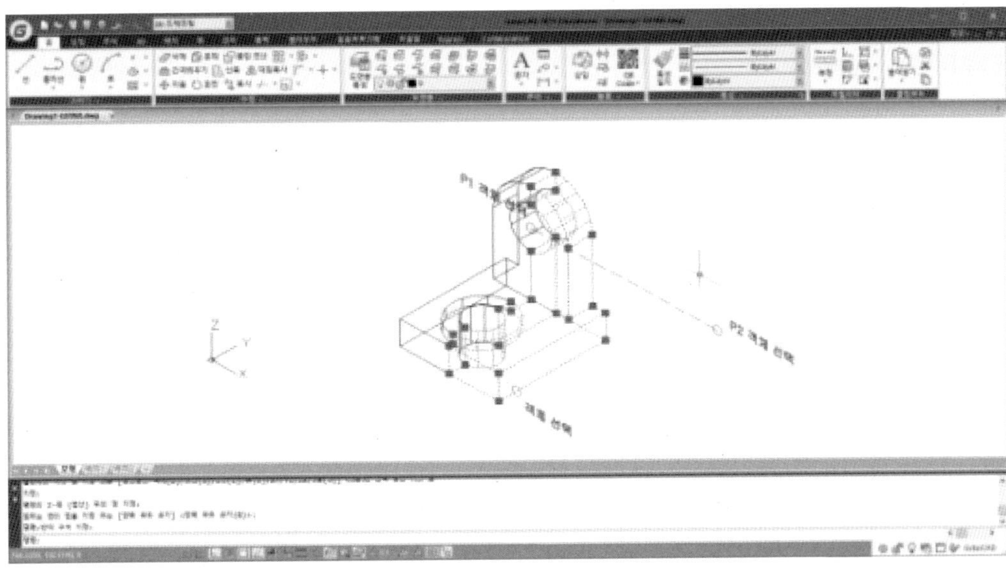

④ 뷰 (V)

절단 평면을 현재 뷰포트의 뷰 평면에 평행으로 정렬한다. 점을 지정하면 절단 평면의 위치가 정의된다.

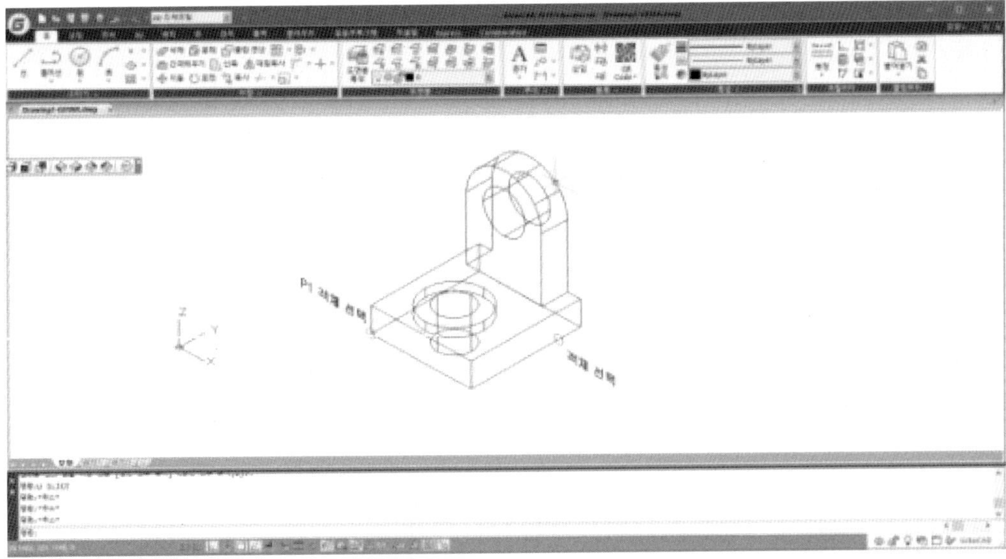

명령 : Slice
단축명령어 : 없음

명령: SLICE
슬라이스할 객체 선택: 반대 구석 지정: 1개를 찾음 "객체 선택"
슬라이스할 객체 선택:
슬라이스 시작 점 지정 또는 [평면상의 객체(O)/표면(S)/Z축(Z)/뷰(V)/XY/YZ/ZX/3점(3)] <3점>V
"객체 옵션 선택"
현재 뷰 평면 위의 점 지정 <0,0,0>: "P1 객체 선택"
원하는 면의 점을 지정 또는 [양쪽 모두 유지] <양쪽 모두 유지(B)>:

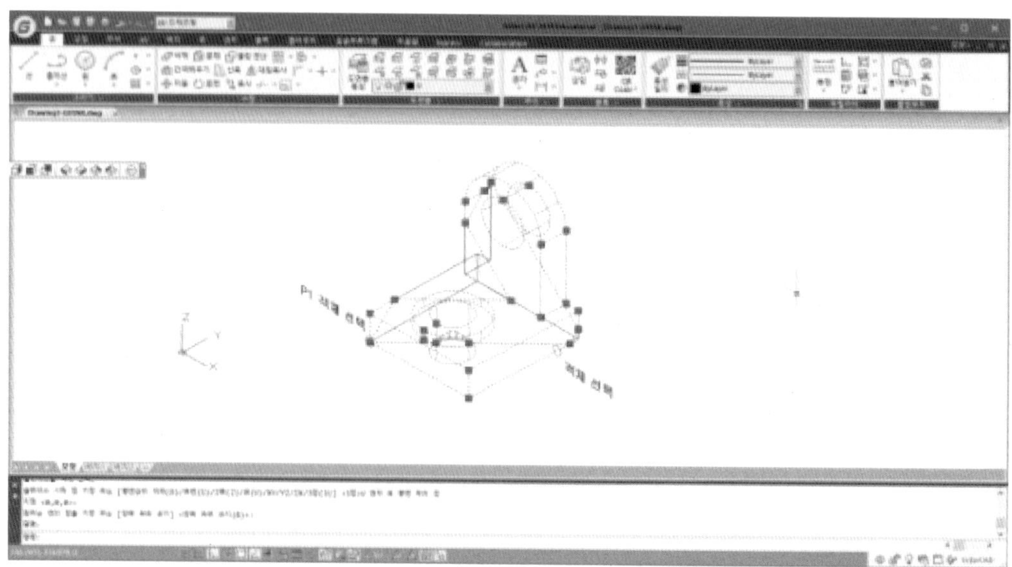

⑤ XY, YZ, ZX

절단 평면을 현재 정의 된 UCS의 XY, YZ, ZX 평면에 맞추어 객체를 자를 수 있다.

절단 평면의 위치는 정의할 점을 직접 선택하여 지정한다.

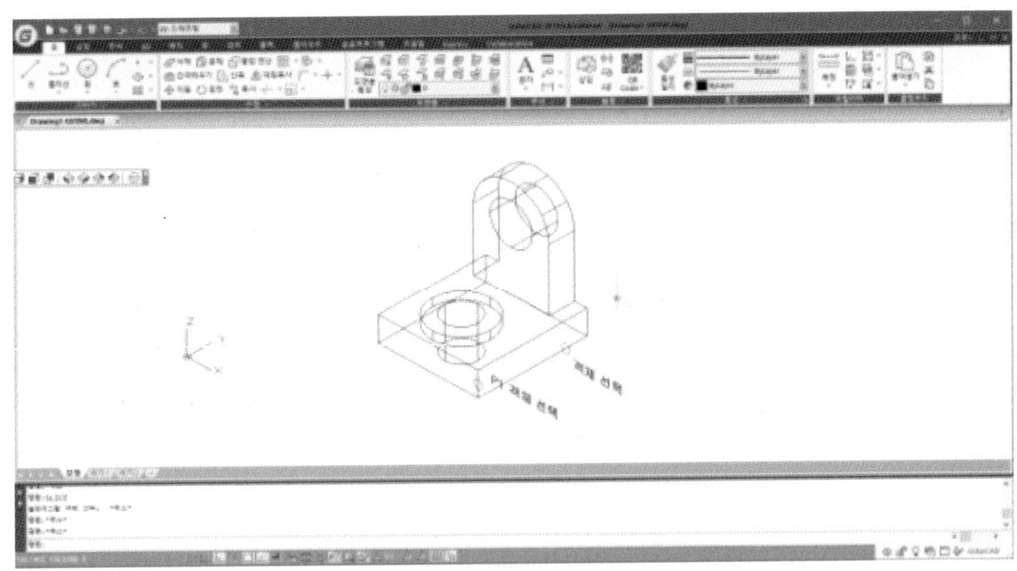

명령 : Slice

단축명령어 : **없음**

명령: SLICE

슬라이스할 객체 선택: 1개를 찾음 “객체 선택”

슬라이스할 객체 선택:

슬라이스 시작 점 지정 또는 [평면상의 객체(O)/표면(S)/Z축(Z)/뷰(V)/XY/YZ/ZX/3점(3)] <3점>XY
“객체 옵션 선택”

XY 평면 위의 점 지정 <0,0,0>: “P1 객체 선택”

원하는 면의 점을 지정 또는 [양쪽 모두 유지] <양쪽 모두 유지(B)>:

※ UCS 정의 평면으로 슬라이스 (Slice) 작업 시 각 평면에 맞는 UCS 위치를 잘 확인하여, 평면 위의 점을 지정 하여야 한다.

만약 UCS 정의 위치에 3D 객체가 지나가고 있지 않는 경우에는 슬라이스 (Slice) 작업이 적용되지 않는다.

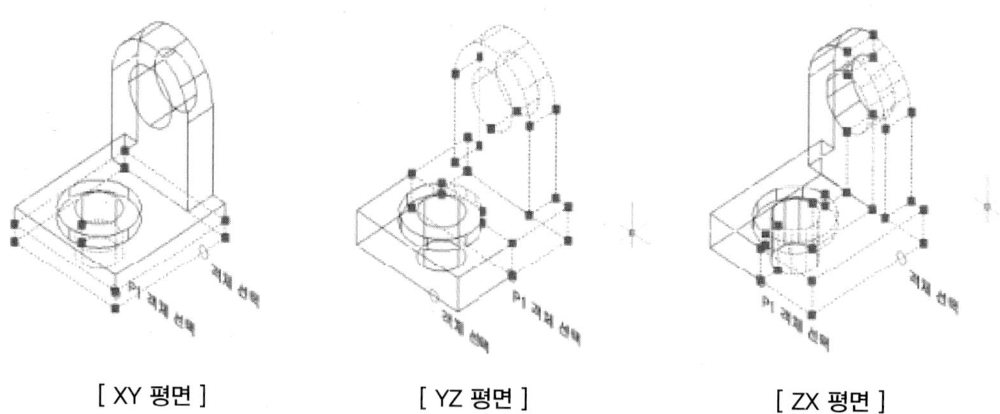

[XY 평면]　[YZ 평면]　[ZX 평면]

⑥ 3점 (3)

가장 기본적인 슬라이스(Slice) 작업이며, 3점을 선택하여 각각의 위치를 직접 지정하여 자를 수 있다.

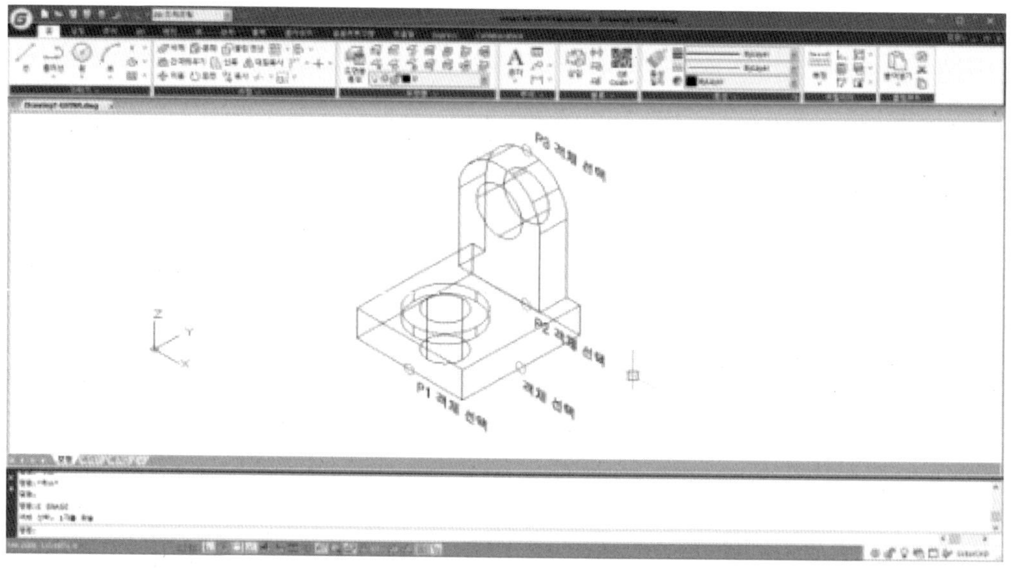

명령 : Slice

단축명령어 : **없음**

명령: SLICE

슬라이스할 객체 선택: 1개를 찾음 "객체 선택"

슬라이스할 객체 선택:

슬라이스 시작 점 지정 또는 [평면상의 객체(O)/표면(S)/Z축(Z)/뷰(V)/XY/YZ/ZX/3점(3)] <3점>3 "객체 옵션 선택"

평면 위의 첫 번째 점 지정: "P1 객체 선택"

평면 위의 두 번째 점 지정: "P2 객체 선택"

평면 위의 세 번째 점 지정: "P3 객체 선택"

원하는 면의 점을 지정 또는 [양쪽 모두 유지] <양쪽 모두 유지(B)>:

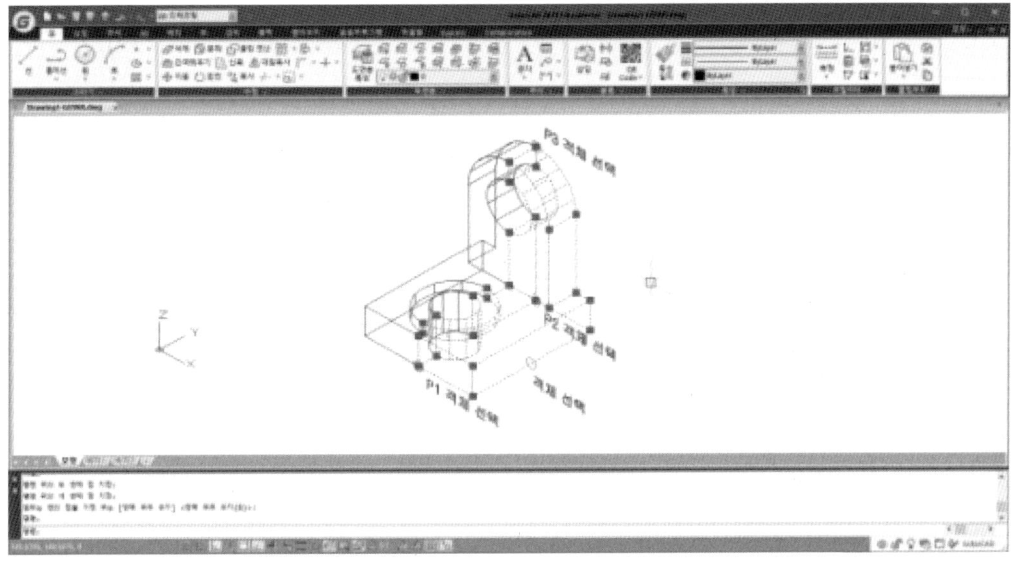

1.4 단면 작업 (Section)

3D 형상을 이용하여 원하는 위치에 2차원 단면을 생성할 수 있다.

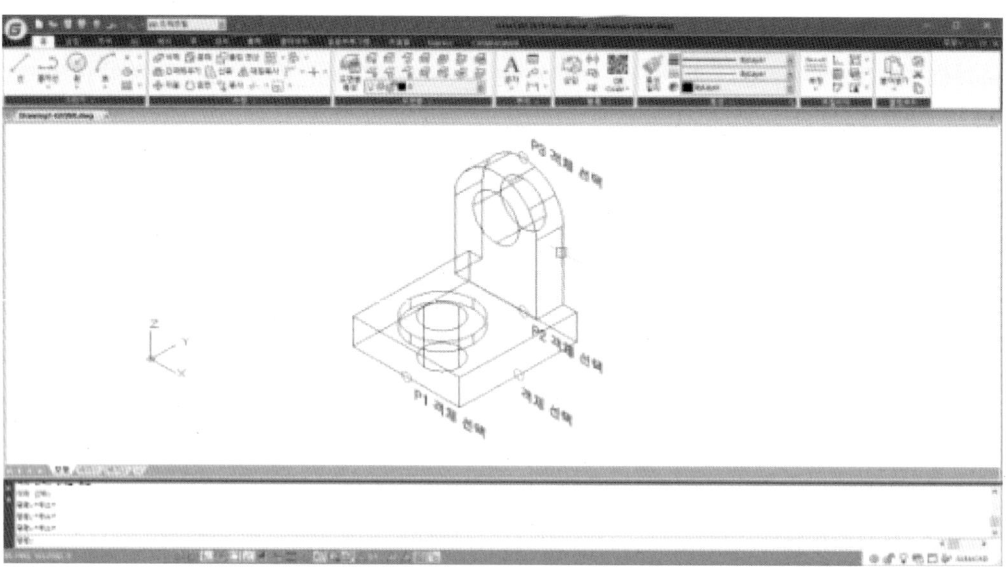

명령 : Section

단축명령어 : 없음

명령: SECTION

객체 선택: 1개를 찾음 "객체 선택"

객체 선택:

다음을 사용하여 단면 평면위에 첫 번째 점 지정 [객체(O)/Z축(Z)/뷰(V)/XY(XY)/YZ(YZ)/ZX(ZX)/3점(3)] <3점>: "객체 옵션 선택"

평면 위의 첫 번째 점 지정: "P1 객체 선택"

평면 위의 두 번째 점 지정: "P2 객체 선택"

평면 위의 세 번째 점 지정: "P3 객체 선택"

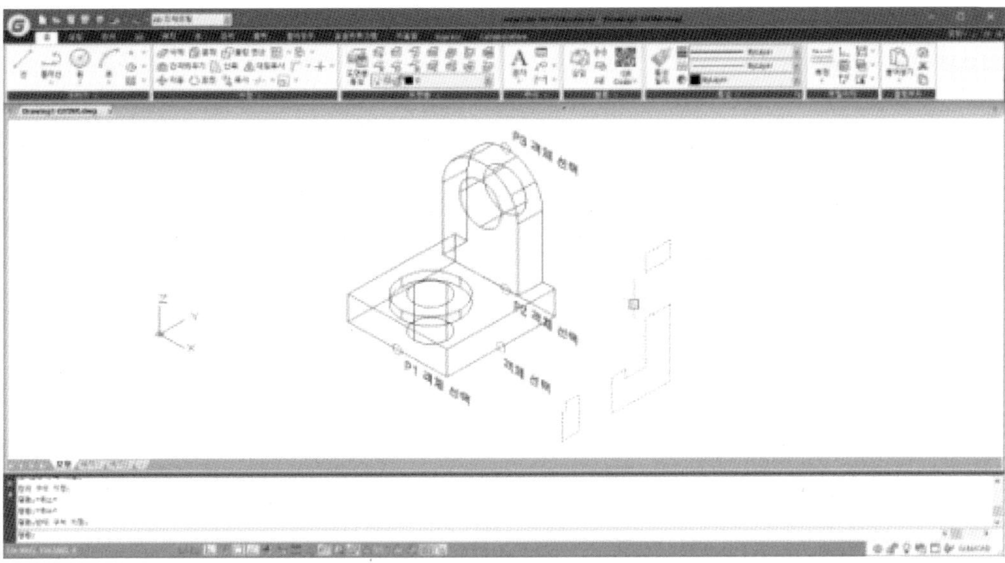

(1) 단면 작업 (Section) 옵션

① 객체 (O) ② Z축 (Z) ③ 뷰 (V) ④ XY, YZ, ZX ⑤ 3점 (3)

① 객체 (O)

원, 타원, 원형, 타원형 호, 2D 폴리선 등의 객체를 기준 평면으로 사용하여 객체의 단면을 작성할 수 있다.

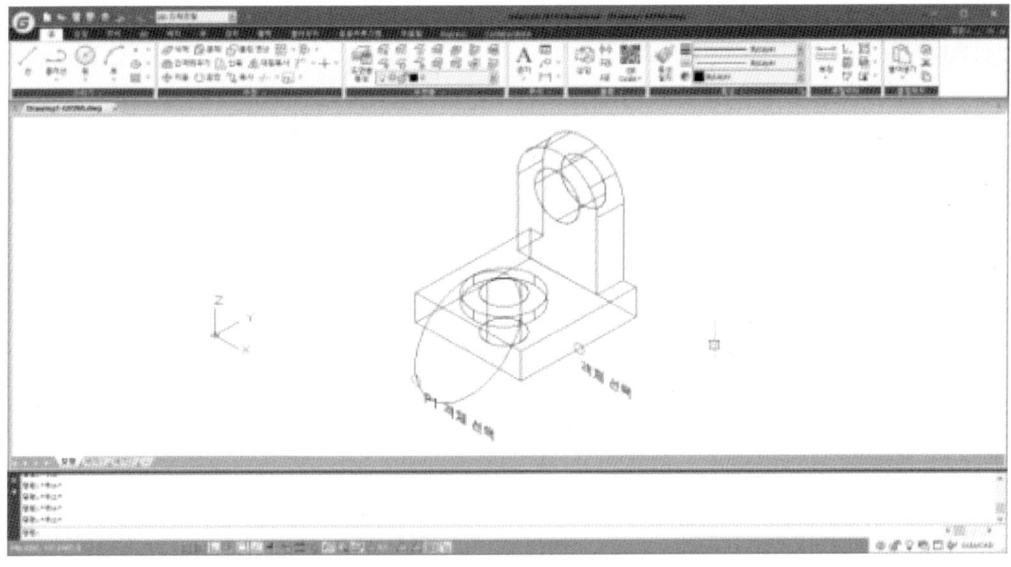

명령 : Section
단축명령어 : 없음

명령:SECTION
객체 선택: 1개를 찾음 “객체 선택”
객체 선택:
다음을 사용하여 단면 평면위에 첫 번째 점 지정 [객체(O)/Z축(Z)/뷰(V)/XY(XY)/YZ(YZ)/ZX(ZX)/3점(3)] <3점>: 평면 위의 첫 번째 점 지정: O “객체 옵션 선택”
원, 타원, 호, 2D-스플라인 또는 2D-폴리선 선택: “P1 객체 선택”

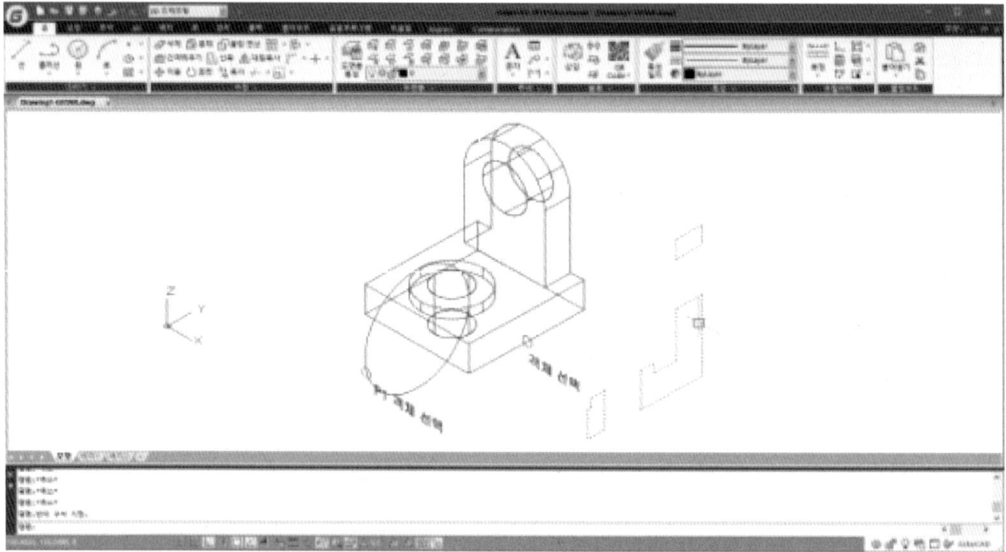

② Z축 (Z)

단면 평면 위의 한 점과 Z축 방향을 설정한 다른 점을 지정하여 단면을 작성한다.

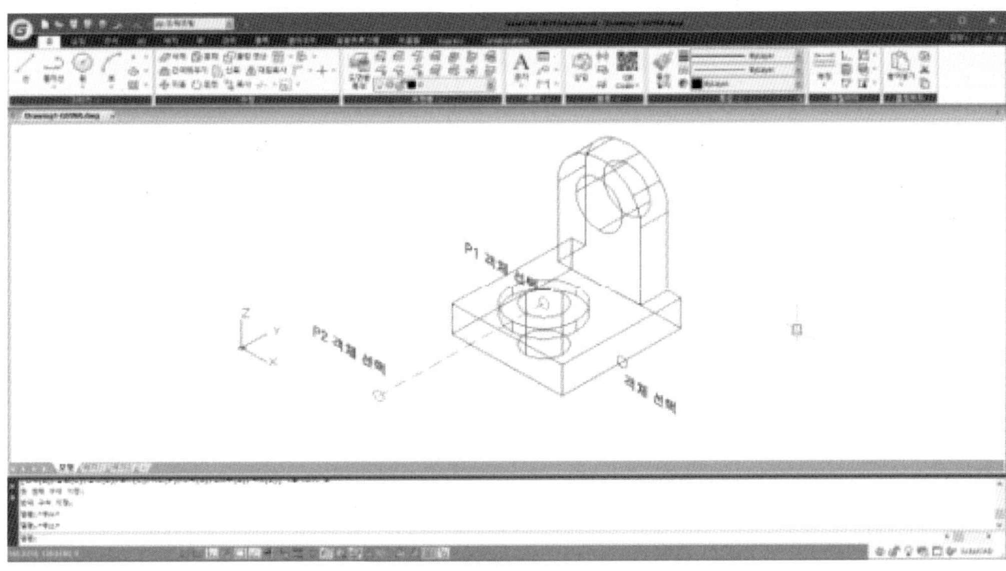

명령 : Section
단축명령어 : 없음

명령:SECTION
객체 선택: 반대 구석 지정: 0개를 찾음
객체 선택: 반대 구석 지정: 1개를 찾음
객체 선택:
다음을 사용하여 단면 평면위에 첫 번째 점 지정 [객체(O)/Z축(Z)/뷰(V)/XY(XY)/YZ(YZ)/ZX(ZX)/3점(3)] <3점>: 평면 위의 첫 번째 점 지정: Z "객체 옵션 선택"
선택 평면 위의 점 지정: "P1 객체 선택"
평면의 Z-축 (법선) 위의 점 지정: "P2 객체 선택"

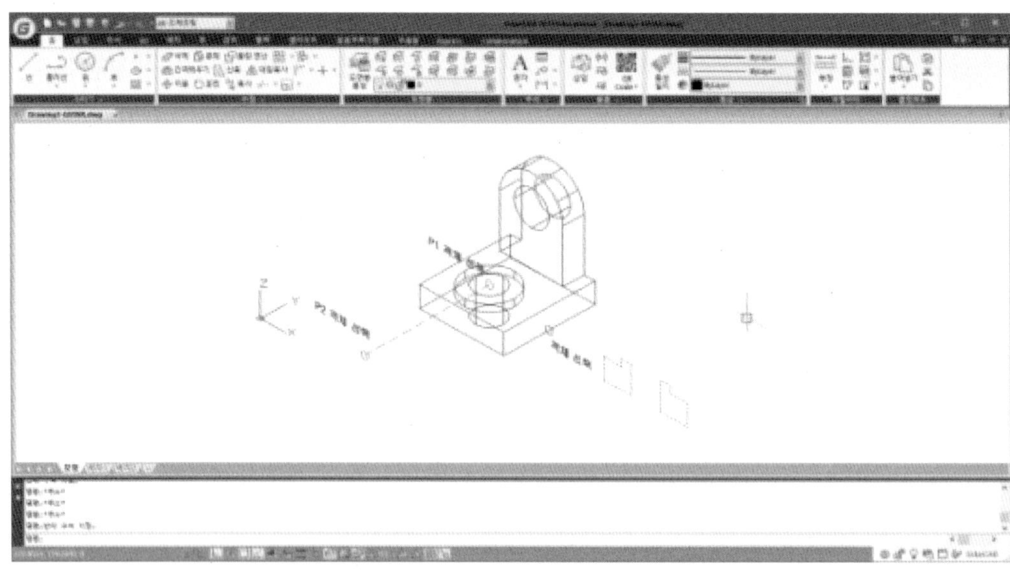

③ 뷰 (V)

단면 작업을 현재 뷰포트의 뷰 평면에 평행으로 정렬한다. 점을 지정하면 단면 평면의 위치가 정의된다.

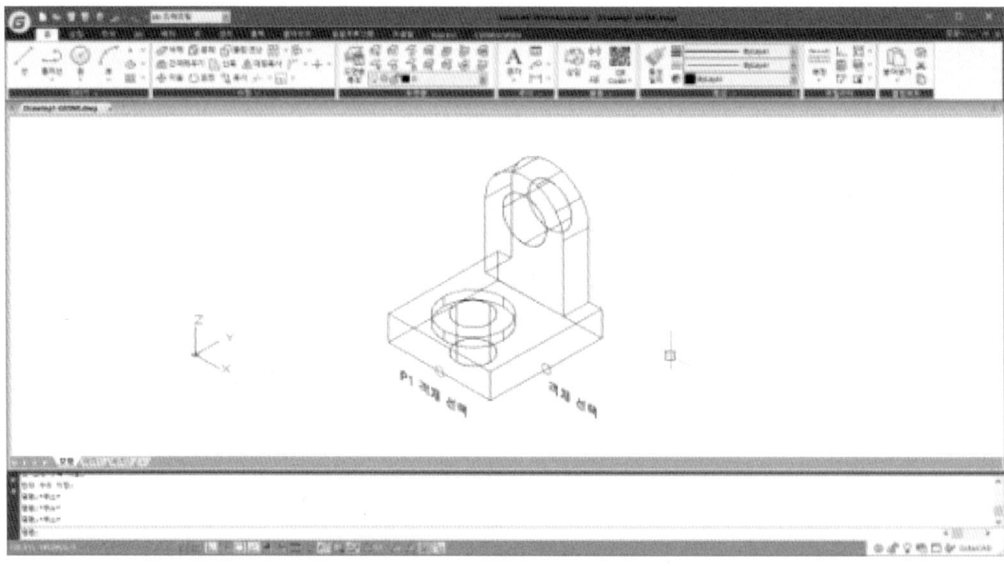

명령 : Section
단축명령어 : 없음

명령:SECTION
객체 선택: 1개를 찾음 “객체 선택”
객체 선택:
다음을 사용하여 단면 평면위에 첫 번째 점 지정 [객체(O)/Z축(Z)/뷰(V)/XY(XY)/YZ(YZ)/ZX(ZX)/3점(3)] <3점>: 평면 위의 첫 번째 점 지정: V “객체 옵션 선택”
현재 뷰 평면 위의 점 지정 <0,0,0>: “P1 객체 선택”

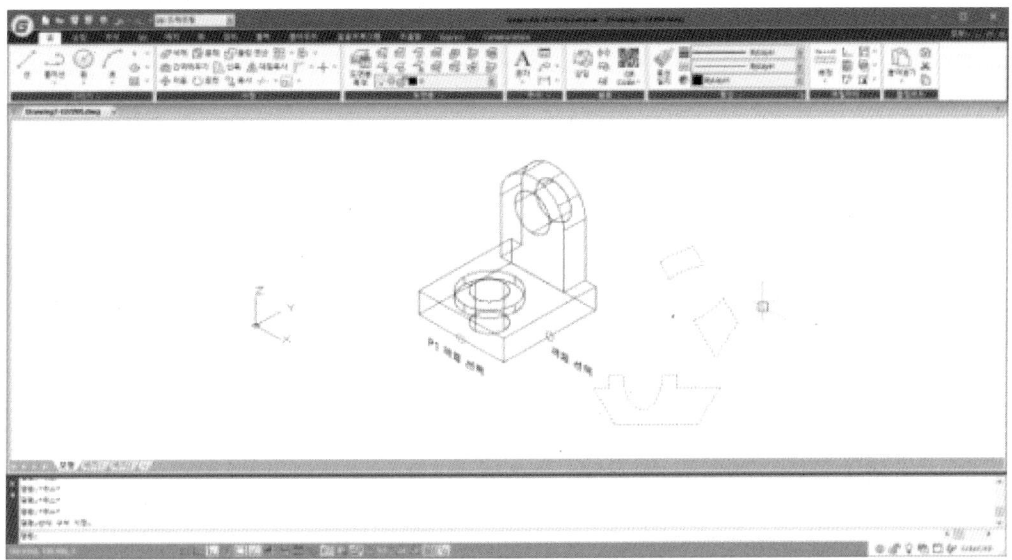

④ XY, YZ, ZX

단면 평면을 현재 정의 된 UCS의 XY, YZ, ZX 평면에 맞추어 단면 표현을 할 수 있다. 단면 평면의 위치는 정의할 점을 직접 선택하여 지정한다.

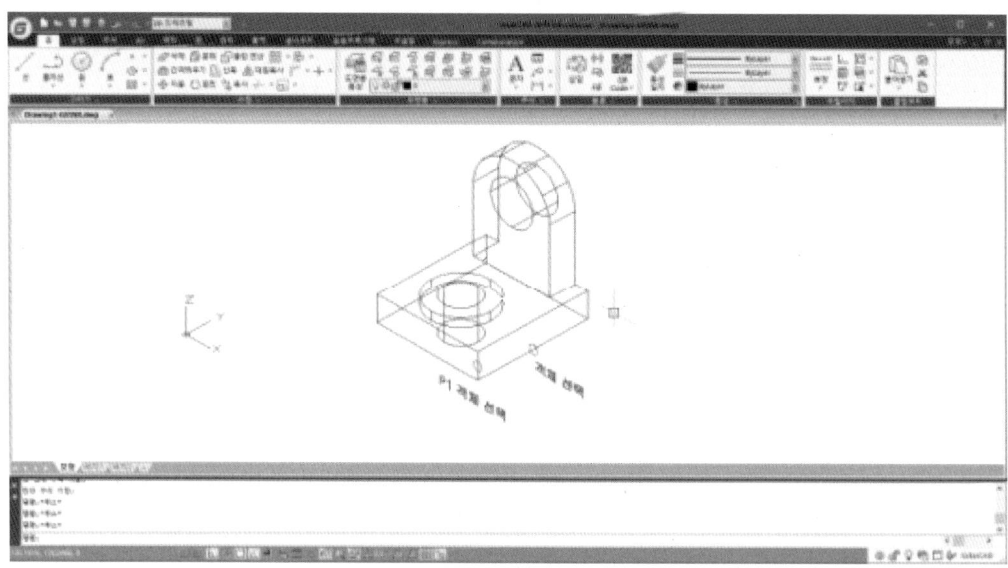

명령 : Section

단축명령어 : **없음**

명령:SECTION

객체 선택: 반대 구석 지정: 1개를 찾음 “객체 선택”

객체 선택:

다음을 사용하여 단면 평면위에 첫 번째 점 지정 [객체(O)/Z축(Z)/뷰(V)/XY(XY)/YZ(YZ)/ZX(ZX)/3점(3)] <3점>: 평면 위의 첫 번째 점 지정: XY “객체 옵션 선택”

ZX 평면 위의 점 지정 <0,0,0>: “P1 객체 선택”

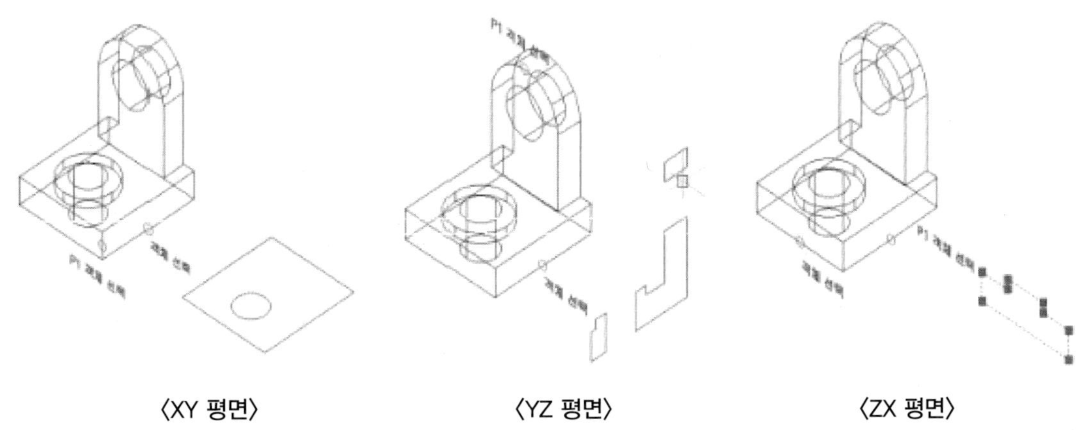

〈XY 평면〉 〈YZ 평면〉 〈ZX 평면〉

⑤ 3점 (3)

가장 기본적인 단면 작성 (Section) 작업이며, 3점을 선택하여 각각의 위치를 직접 지정하여 단면을 생성할 수 있다.

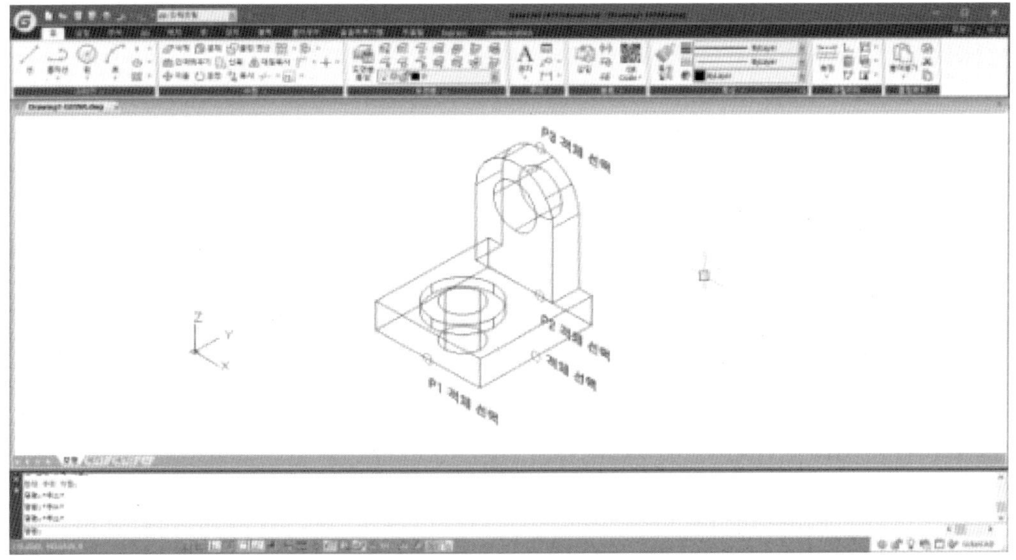

명령 : Section
단축명령어 : 없음

명령:SECTION
객체 선택: 1개를 찾음 “객체 선택”
객체 선택:
다음을 사용하여 단면 평면위에 첫 번째 점 지정 [객체(O)/Z축(Z)/뷰(V)/XY(XY)/YZ(YZ)/ZX(ZX)/3점(3)] <3점>: 평면 위의 첫 번째 점 지정: 3 “객체 옵션 선택”
평면 위의 첫 번째 점 지정: “P1 객체 선택”
평면 위의 두 번째 점 지정: “P2 객체 선택”
평면 위의 세 번째 점 지정: “P3 객체 선택”

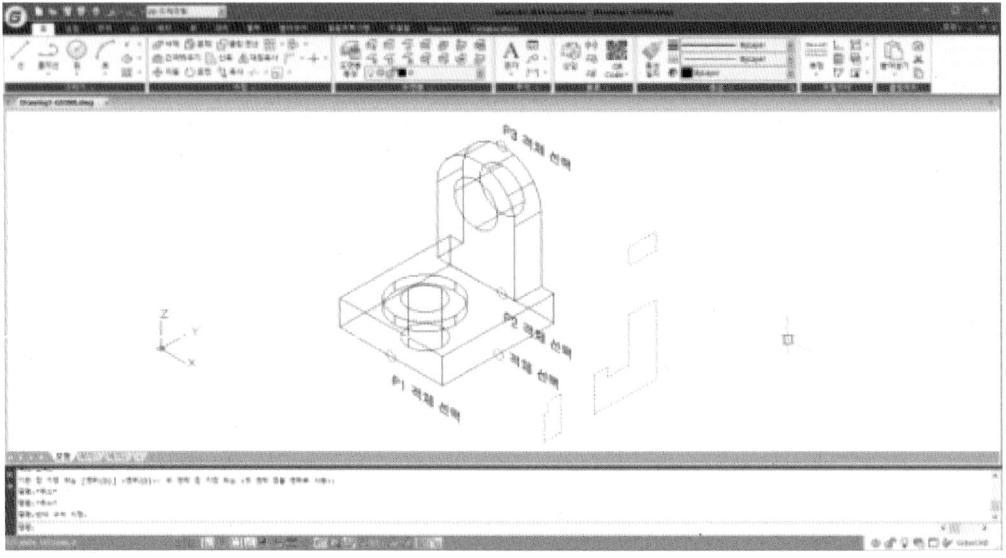

1.5 플랫 샷 (Flatshot)

현재 뷰를 기준으로 작성 된 모든 3D 객체를 2D 도면으로 작성할 수 있다.

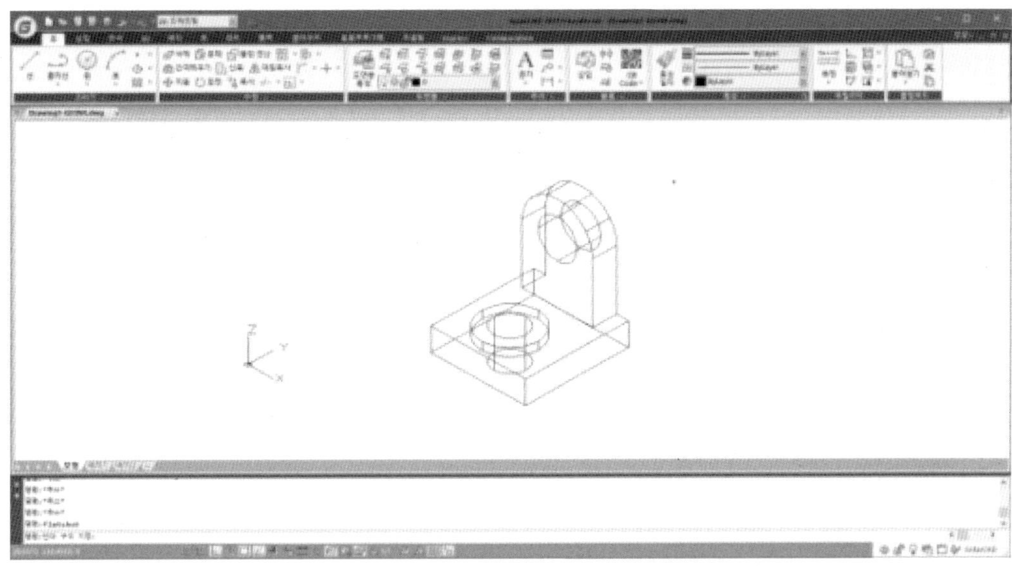

명령 : Flatshot

단축명령어 : 없음

명령:FLATSHOT

단위 : 밀리미터 변환 : 1.0000삽입점 지정 또는 [기준점(B)/축척(S)/X/Y/Z/회전(R)]: "원하는 옵션 선택"

X축척 비율 입력, 반대구석 지정, 또는 [구석(C)/XYZ] <1>: "가로 축척 비율 입력"

Y 축척 비율 입력 <X 축척 비율 사용>: "세로 축척 비율 입력"

회전 각도를 지정하시오 <0>: "2D 도면 기울기 각도 입력"

※ 플랫 샷(Flatshot) 작업시 2D 도면 작업에 필요한 방향에 3D 객체 및 화면 뷰를 지정하고 작성하여야만 정확한 방향의 2D 도면을 작성할 수 있다.

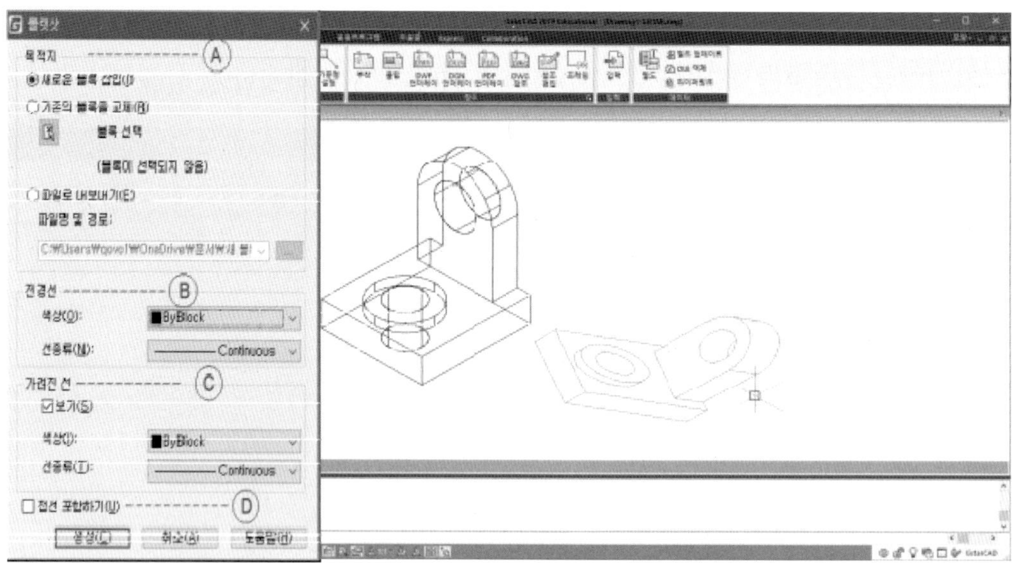
목적지
A
새로운 블록 삽입(I)
기존의 블록을 교체(R)
블록 선택
(블록이 선택되지 않음)
파일로 내보내기(E)
파일명 및 경로:
전경선
B
색상(O):
ByBlock
선종류(N):
Continuous
가려진 선
C
보기(S)
색상(I):
ByBlock
선종류(T):
Continuous
접선 포함하기(U)
D
생성(C)
취소(A)
도움말(H)

(1) 플랫 샷 (Flatshot) 설정 옵션

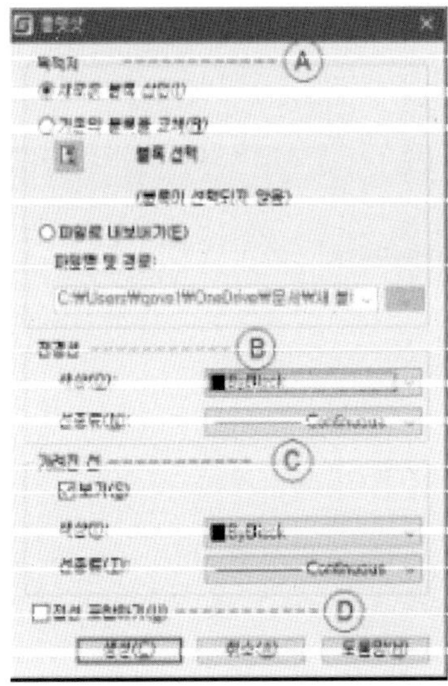

Ⓐ 목적지

3D 객체의 2D 평면 결과를 새 블록으로 삽입 할 것인지, 기존 블록으로 삽입 할 것인지, 파일로 저장 할 것인지를 선택한다.

Ⓑ 전경선

2D 평면 결과에 뷰에서 가려지지 않은 외형선의 색상과 선 종류를 지정한다.

Ⓒ 가려진 선

2D 평면 결과에 뷰에서 가려진 숨은선의 색상과 선 종류를 지정한다.

Ⓓ 접선 포함하기

곡면 표면에 대한 모서리 선을 작성한다.

보통은 접하는 모서리는 표현을 하지 않음으로, 체크는 필요시 활용한다.

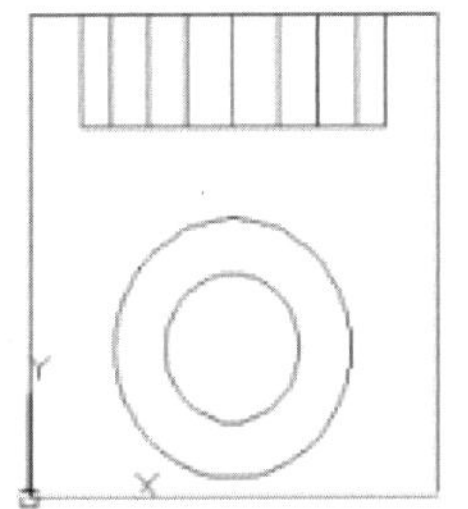

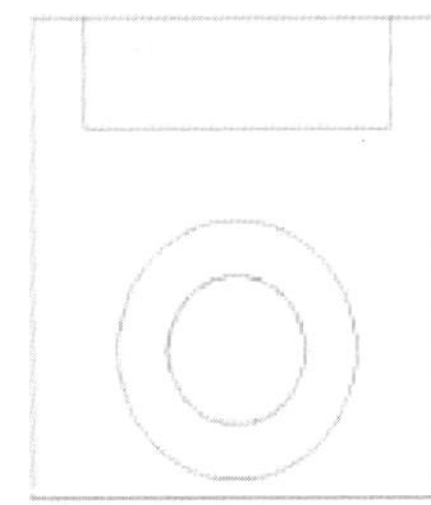

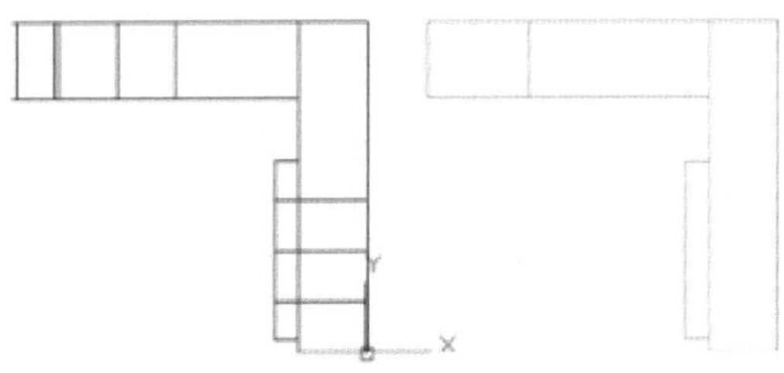

[3D 객체 방향에 따른 도면 작성]

1.6 솔리드 편집 (Solidedit)

작성 된 3D 솔리드 객체의 면을 선택하여, 돌출, 이동, 간격띄우기, 삭제, 회전, 테이퍼, 색상, 복사 등의 편집 옵션을 활용하여 솔리드의 면을 수정할 수 있다.

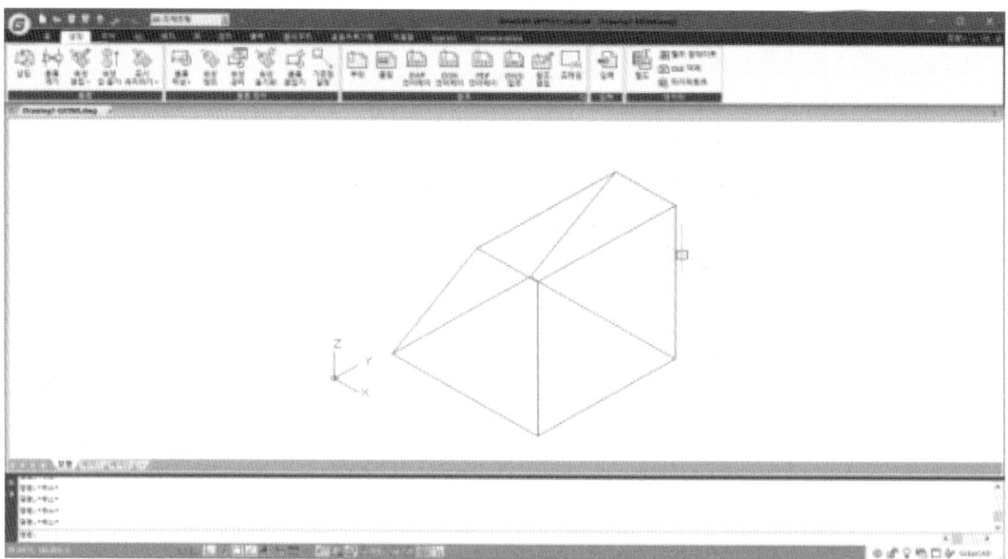

명령 : Solidedit
단축명령어 : **없음**

명령:SOLIDEDIT
솔리드 편집 자동 검사: SOLIDCHECK=1
솔리드 편집 옵션 [면(F)/모서리(E)/본체(B)/명령 취소(U)/종료(X)] <종료>:f "면 옵션 선택"
면 편집 옵션 입력
[돌출(E)/이동(M)/회전(R)/간격띄우기(O)/테이퍼(T)/삭제(D)/복사(C)/색상(L)/재료(A)/명령취소(U)/종료(X)] <종료>: "해당 되는 옵션 선택"

(1) 솔리드 편집 (Solidedit) 옵션

① 돌출 (E) ② 이동(M) ③ 회전(R) ④ 간격띄우기(O) ⑤ 테이퍼(T) ⑥ 삭제(D) ⑦ 복사(C)
⑧ 색상(L) ⑨ 재료(A)

① 돌출 (E)

작성 된 면을 이용하여 3D 객체의 면을 X, Y, Z 방향으로 돌출할 수 있다.
돌출 옵션은 돌출 값 / 경로 2가지의 옵션을 이용할 수 있다.

돌출값

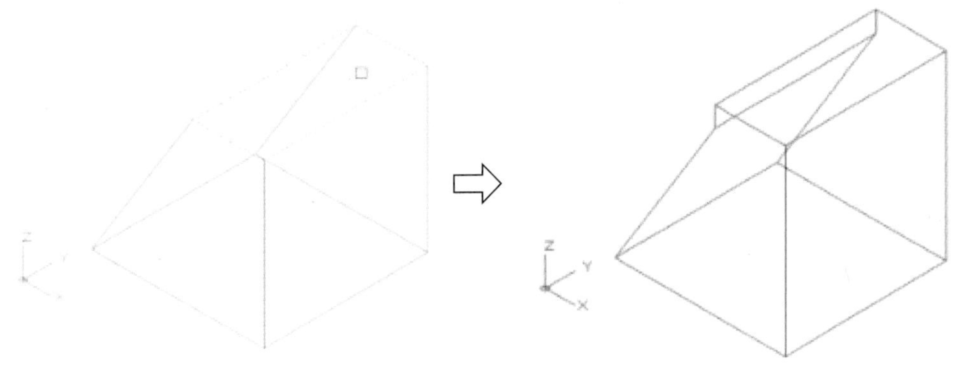

명령 : Solidedit

단축명령어 : 없음

명령: SOLIDEDIT
솔리드 편집 자동 검사: SOLIDCHECK=1
솔리드 편집 옵션 [면(F)/모서리(E)/본체(B)/명령 취소(U)/종료(X)] <종료>:F "면 옵션 선택"
면 편집 옵션 입력
[돌출(E)/이동(M)/회전(R)/간격띄우기(O)/테이퍼(T)/삭제(D)/복사(C)/색상(L)/재료(A)/명령취소(U)/종료(X)] <종료>: E "객체 옵션 선택"
면 또는 객체 선택 [명령취소(U)/삭제(R)]:1개 면 발견. "돌출 면 선택"
면 또는 객체 선택 [명령 취소(U)/삭제(R)/전체(ALL)]:
돌출 높이 지정 또는 [경로(P)]:10 "돌출 값 입력"
돌출을 위한 구배각도를 지정하시오 <0>:
솔리드 확인이 시작됨.
솔리드 확인이 완료됨.

경로

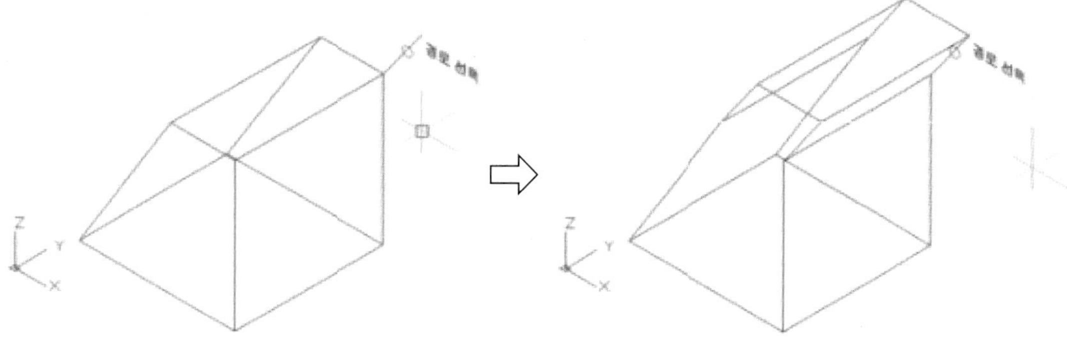

명령 : Solidedit

단축명령어 : **없음**

명령: SOLIDEDIT
솔리드 편집 자동 검사: SOLIDCHECK=1
솔리드 편집 옵션 [면(F)/모서리(E)/본체(B)/명령 취소(U)/종료(X)] <종료>:F “면 옵션 선택”
면 편집 옵션 입력
[돌출(E)/이동(M)/회전(R)/간격띄우기(O)/테이퍼(T)/삭제(D)/복사(C)/색상(L)/재료(A)/명령취소(U)/종료(X)] <종료>: E “객체 옵션 선택”
면 또는 객체 선택 [명령취소(U)/삭제(R)]:1개 면 발견. “돌출 면 선택”
면 또는 객체 선택 [명령 취소(U)/삭제(R)/전체(ALL)]:
돌출 높이 지정 또는 [경로(P)]:P “경로 옵션 선택”
돌출 경로 선택: “경로 선택”
솔리드 확인이 시작됨.
솔리드 확인이 완료됨.

② 이동(M)

작성된 3D 솔리드 객체를 선택한 면에서 지정한 높이 또는 거리를 이용하여 이동할 수 있다.

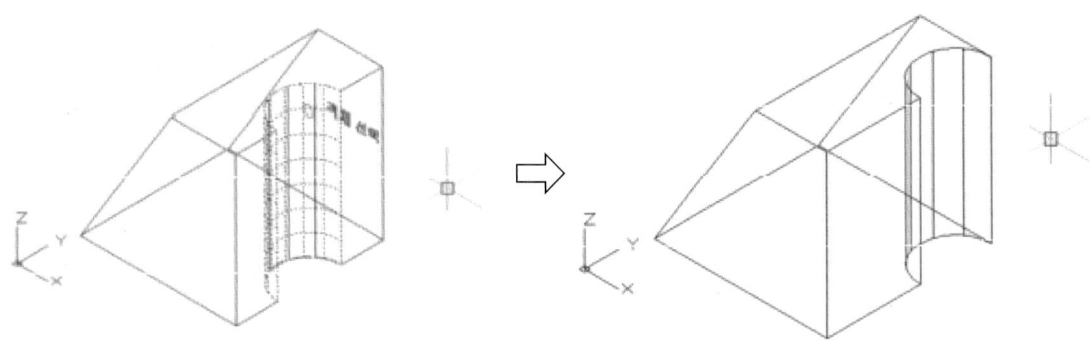

명령 : Solidedit

단축명령어 : **없음**

명령: SOLIDEDIT
솔리드 편집 자동 검사: SOLIDCHECK=1
솔리드 편집 옵션 [면(F)/모서리(E)/본체(B)/명령 취소(U)/종료(X)] <종료>:F "면 옵션 선택"
면 편집 옵션 입력
[돌출(E)/이동(M)/회전(R)/간격띄우기(O)/테이퍼(T)/삭제(D)/복사(C)/색상(L)/재료(A)/명령취소(U)/종료(X)] <종료>:M "객체 옵션 선택"
면 또는 객체 선택 [명령취소(U)/삭제(R)]:1개 면 발견. "이동 객체 면 선택"
면 또는 객체 선택 [명령 취소(U)/삭제(R)/전체(ALL)]:
기준점 또는 변위 지정: "이동 기준점 선택"
변위의 두 번째 점 지정: "이동 위치점 선택"
솔리드 확인이 시작됨.
솔리드 확인이 완료됨.

③ 회전(R)

작성된 객체의 면을 회전 시켜 형태를 변형 시킬 수 있다.

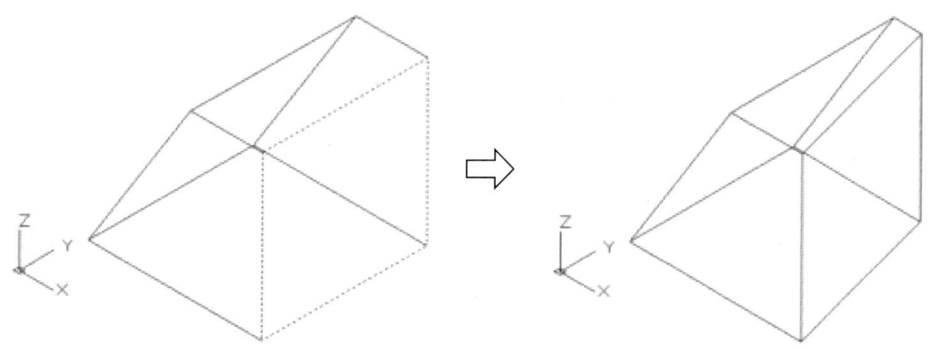

명령 : Solidedit

단축명령어 : **없음**

명령: SOLIDEDIT
솔리드 편집 자동 검사: SOLIDCHECK=1
솔리드 편집 옵션 [면(F)/모서리(E)/본체(B)/명령 취소(U)/종료(X)] <종료>:F "면 옵션 선택"
면 편집 옵션 입력
[돌출(E)/이동(M)/회전(R)/간격띄우기(O)/테이퍼(T)/삭제(D)/복사(C)/색상(L)/재료(A)/명령취소(U)/종료(X)] <종료>: R "객체 옵션 선택"
면 또는 객체 선택 [명령취소(U)/삭제(R)]:1개 면 발견. "회전 객체 면 선택"
면 또는 객체 선택 [명령 취소(U)/삭제(R)/전체(ALL)]:
축 점 지정 또는 [객체의 축(A)/뷰(V)/X축(X)/Y축(Y)/Z축(Z)] <2점>: "회전 축 선택"
회전축 상의 두 번째 점 지정: "회전 축 선택"
회전 각도를 지정하거나 [참조(R)]: 15 "회전 각도 입력"
솔리드 확인이 시작됨.
솔리드 확인이 완료됨.

④ 간격띄우기(O)

작성 된 3D 객체의 면을 지정한 거리 또는 위치 점 까지 간격을 띄울 수 있다.

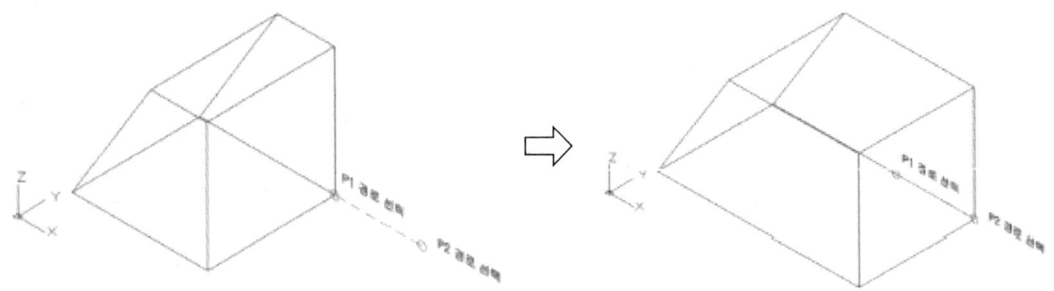

명령 : Solidedit
단축명령어 : **없음**

명령: SOLIDEDIT
솔리드 편집 자동 검사: SOLIDCHECK=1
솔리드 편집 옵션 [면(F)/모서리(E)/본체(B)/명령 취소(U)/종료(X)] <종료>:F “면 옵션 선택”
면 편집 옵션 입력
[돌출(E)/이동(M)/회전(R)/간격띄우기(O)/테이퍼(T)/삭제(D)/복사(C)/색상(L)/재료(A)/명령취소(U)/종료(X)] <종료>: O “객체 옵션 선택”
면 또는 객체 선택 [명령취소(U)/삭제(R)]:1개 면 발견. “간격띄우기 평면 선택”
면 또는 객체 선택 [명령 취소(U)/삭제(R)/전체(ALL)]:
간격띄우기 거리 지정: “P1 경로 선택”
두 번째 점을 지정: “P2 경로 선택”
솔리드 확인이 시작됨.
솔리드 확인이 완료됨.

⑤ 테이퍼(T)

작성 된 3D 객체의 면을 90° ~ -90° 사이의 각도를 지정하여 축에 대한 기울기를 지정할 수 있다.

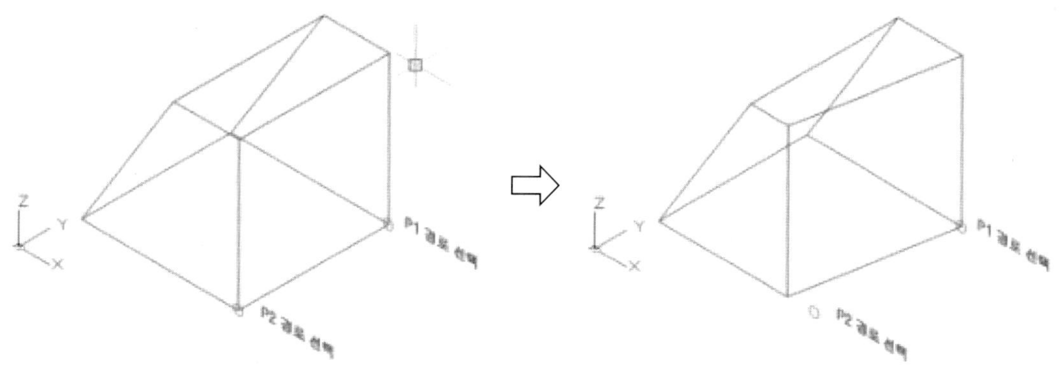

명령 : Solidedit

단축명령어 : 없음

명령: SOLIDEDIT
솔리드 편집 자동 검사: SOLIDCHECK=1
솔리드 편집 옵션 [면(F)/모서리(E)/본체(B)/명령 취소(U)/종료(X)] <종료>: F "면 옵션 선택"
면 편집 옵션 입력
[돌출(E)/이동(M)/회전(R)/간격띄우기(O)/테이퍼(T)/삭제(D)/복사(C)/색상(L)/재료(A)/명령취소(U)/종료(X)] <종료>: T "객체 옵션 선택"
면 또는 객체 선택 [명령취소(U)/삭제(R)]:1개 면 발견. "기울 면 선택"
면 또는 객체 선택 [명령 취소(U)/삭제(R)/전체(ALL)]:
기준점 지정: "P1 경로 선택"
테이퍼축을 따라 다른 점 지정: "P2 경로 선택"
테이퍼 각도를 지정: 10 "테이퍼 각도 지정"
솔리드 확인이 시작됨.
솔리드 확인이 완료됨.

⑥ 삭제(D)

작성 된 3D 객체의 모깎기 및 모따기 면을 삭제할 수 있다.

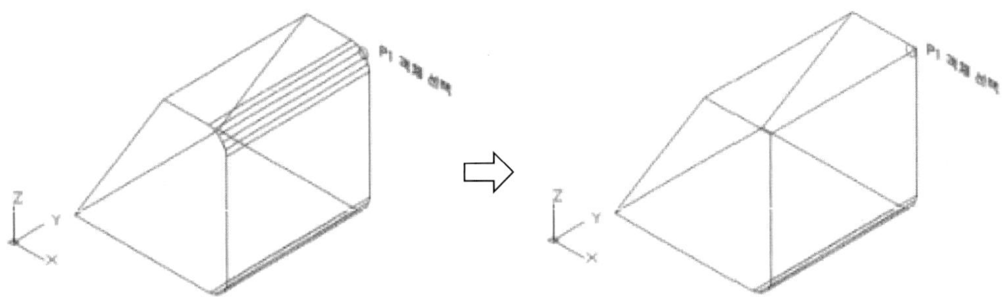

명령 : Solidedit
단축명령어 : **없음**

명령: SOLIDEDIT
솔리드 편집 자동 검사: SOLIDCHECK=1
솔리드 편집 옵션 [면(F)/모서리(E)/본체(B)/명령 취소(U)/종료(X)] <종료>:F "면 옵션 선택"
면 편집 옵션 입력
[돌출(E)/이동(M)/회전(R)/간격띄우기(O)/테이퍼(T)/삭제(D)/복사(C)/색상(L)/재료(A)/명령취소(U)/종료(X)] <종료>: D "객체 옵션 선택"
면 또는 객체 선택 [명령취소(U)/삭제(R)]:1개 면 발견. "삭제 할 면 선택"
면 또는 객체 선택 [명령 취소(U)/삭제(R)/전체(ALL)]:
솔리드 확인이 시작됨.
솔리드 확인이 완료됨.

⑦ 복사(C)

작성된 3D 객체의 면을 복사할 수 있다.

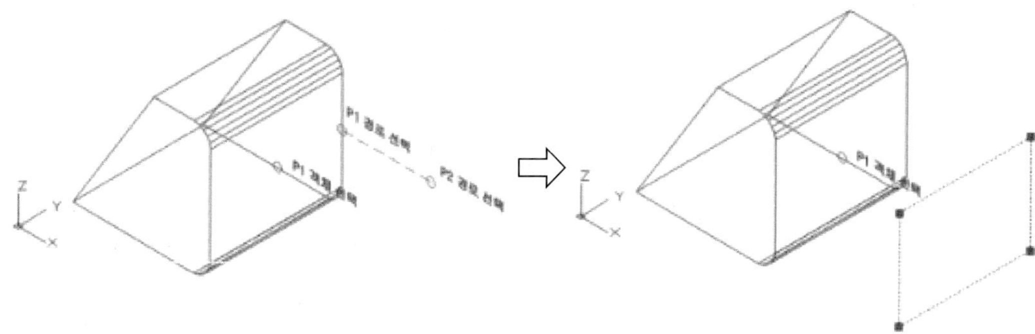

명령 : Solidedit
단축명령어 : 없음

명령: SOLIDEDIT
솔리드 편집 자동 검사: SOLIDCHECK=1
솔리드 편집 옵션 [면(F)/모서리(E)/본체(B)/명령 취소(U)/종료(X)] <종료>: F "면 옵션 선택"
면 편집 옵션 입력
[돌출(E)/이동(M)/회전(R)/간격띄우기(O)/테이퍼(T)/삭제(D)/복사(C)/색상(L)/재료(A)/명령취소(U)/종료(X)] <종료>: C "객체 옵션 선택"
면 또는 객체 선택 [명령취소(U)/삭제(R)]:1개 면 발견. "복사 면 선택"
면 또는 객체 선택 [명령 취소(U)/삭제(R)/전체(ALL)]: Enter
기준점 또는 변위 지정: "P1 경로 선택"
변위의 두 번째 점 지정: "P2 경로 선택"

⑧색상(L)

작성된 3D 객체의 면의 색상을 변경할 수 있다.

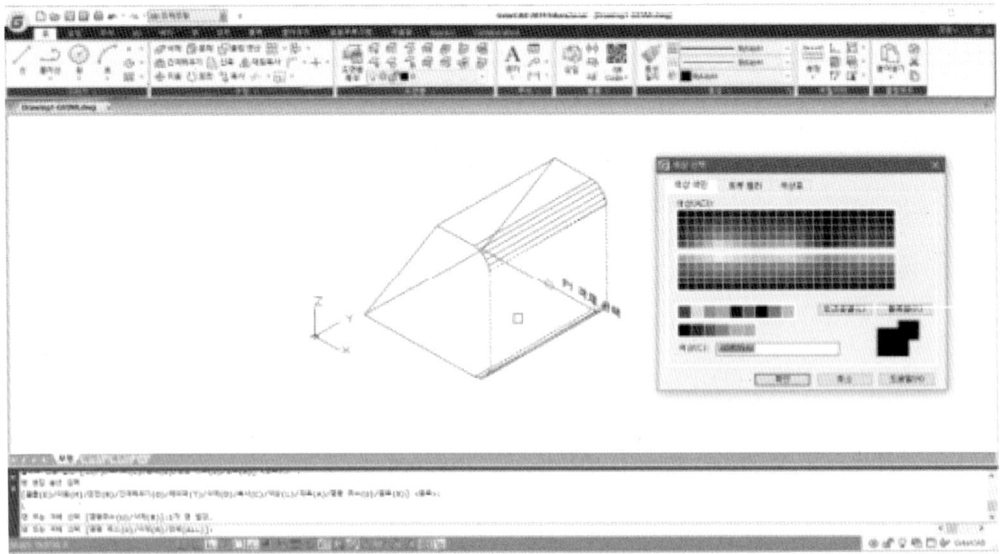

⑨재료(A)

작성된 3D 객체의 재료를 변경할 수 있다.

1.7 모서리 모깍기 (Filletedge)

작성된 3D 객체 모서리를 둥근 모서리로 작성할 수 있다.

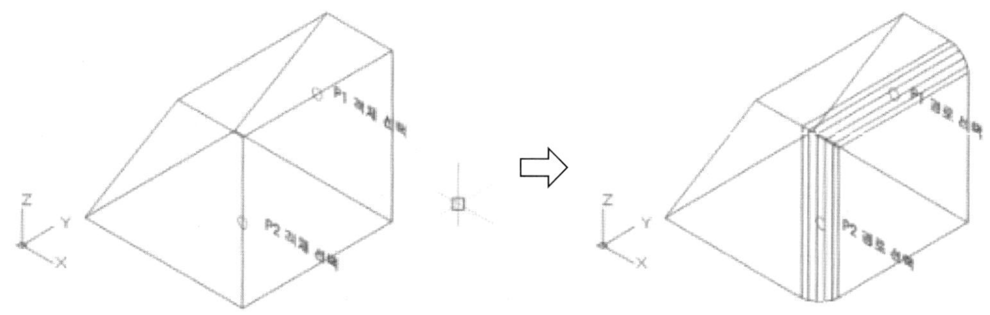

명령 : Filletedge
단축명령어 : 없음

명령: FILLETEDGE
반지름 : 10.000000 “기본 설정 반지름 값”
모서리를 선택하거나 [체인(C)/반지름(R)]: “P1 객체 선택”
모서리를 선택하거나 [체인(C)/반지름(R)]: “P2 객체 선택”
모서리를 선택하거나 [체인(C)/반지름(R)]:
필렛을 위해 2 선택.
필렛을 하려면 엔터를 누르거나 [반지름(R)]: r “반지름 옵션 선택”
필렛 반지름 입력 혹은 [표현식(E)] <10.000000>: 10 “원하는 반지름 값 입력”
필렛을 하려면 엔터를 누르거나 [반지름(R)]:

■ PART 06

CAT 1급 기출문제 풀이

■ CONTENTS

CHAPTER 01

CAD 실무능력평가 1급 문제 출제 유형

1. 응시 조건

CAD실무능력평가 1급 응시조건

■ 시험구성

1. 시험 문제: 범용CAD의 각종 설정 조작 및 2D의 작성과 3D 모델링
2. 시험 시간: 실기시험 90분
3. 시험 내용: 총 3문항
   문제 1) 주어진 3D 모델을 탐색한 후, 문제 도면에 맞게 3D 모델을 편집하고, 체적 값과 정 투상도법을 기준으로 2D 도면을 작성 합니다. (1 문항)
   문제 2) 주어진 문제 도면을 보고 3D 모델을 작성합니다. 모델을 작성한 후 체적과 길이 값을 구합니다. (2 문항)
4. 합격 기준: 100점 만점에 60점 이상 득하면 합격입니다

■ 응시조건

1. CAD 실무능력평가 1급은 실기 90분으로 시행되며, 합격 기준은 실기 3문항을 통해 60점 이상 합격입니다
2. 템플릿 파일을 다운로드 한 후, 주어진 문제 도면을 참조해 3D 모델을 수정하여, 2D 도면을 작성합니다. (1 문항)
3. 문제 1) 체적 및 2D 도면을 작성한 후에는 3D 모델을 삭제하며, 별도로 제출하지 않습니다.
4. 두 개의 문제도면을 참조하여 3D 모델링을 하고 주어진 문제에 맞게 길이 값 및 체적 값을 입력합니다. (2 문항)
5. 2D 도면을 작성할 때에는 주어진 조건에 맞게 도면층, 치수, 문자 스타일 등을 적용해야 하며, "수험번호.DWG" 이름으로 저장한 후 제출합니다
6. 문제 2) 3D 모델 작성하기를 진행할 때에는 체적 및 길이 값을 입력한 후 [시험중간저장]을 눌러 부분 저장을 하면서 진행합니다.
   (작성한 3D 모델의 CAD파일은 별도로 제출하지 않습니다.)
7. 시험 답안 제출 및 입력을 완료한 후에는 [시험 제출]을 클릭하여 시험을 종료합니다. 종료 후에는 감독관에게 최종 확인을 받고 문제가 없다면 퇴실합니다.

■ 파일 제출 및 정답 입력

1. 문제유형 1) 1문항 (배점 50점 - 체적 값 15점, 2D 도면 작성 35점)
   - 작성한 3D 모델을 MASSPROP 기능을 이용하여 체적 값을 구하여 정답 입력 항목에 기재 합니다.
   - 작성한 최종 도면인 수험번호.DWG 파일을 시험 문제 창에서 제공하는 파일 업로드 기능을 이용하여 제출 합니다.
   - 답안 제출 시간도 시험 시간(90분)에 포함되어 있으며, 별도로 제공하지 않습니다.
2. 문제유형 2) 2문항 (각 25점 - 길이 값 10점, 체적값 15점)
   - 주어진 문제 도면을 참조하여 3D모델을 작성하고, 3DPOLY 와 LIST 기능을 이용하여, A~C(D)까지 길이 값을 구하여 정답 입력 항목에 기재 합니다.
   - 주어진 문제 도면을 참조하여 3D모델을 수정하고, MASSPROP 기능을 이용하여 체적 값을 구하여 정답 입력 항목에 기재 합니다.

2. 표제 형식 및 각종 도면 설정 값

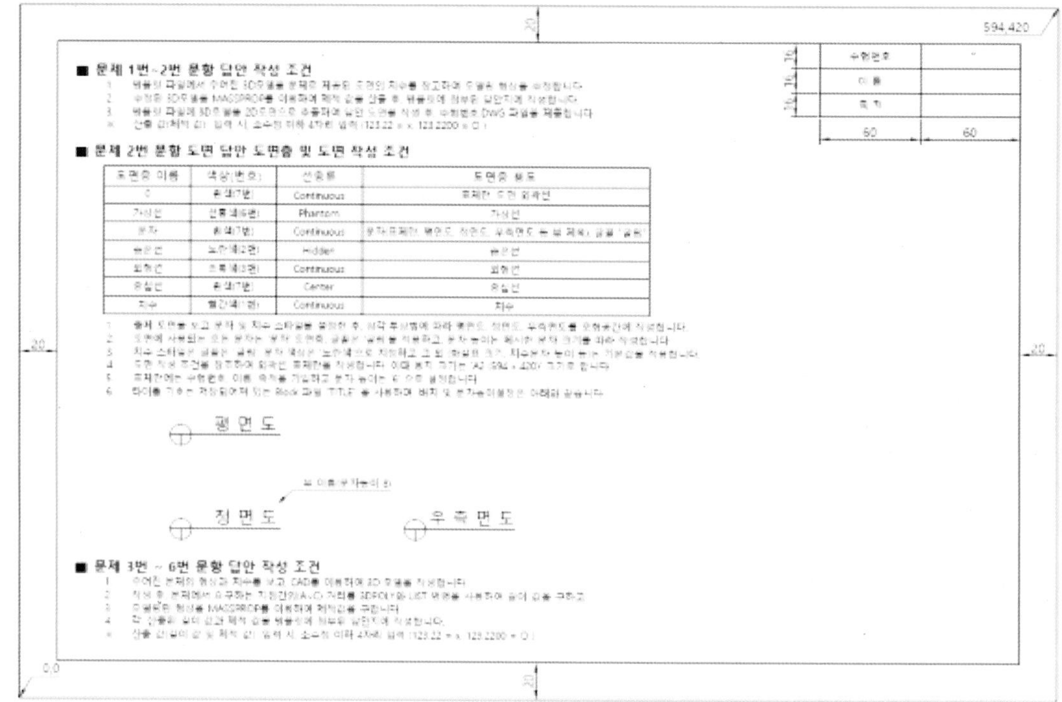

3. 문제 형식

1번 문항

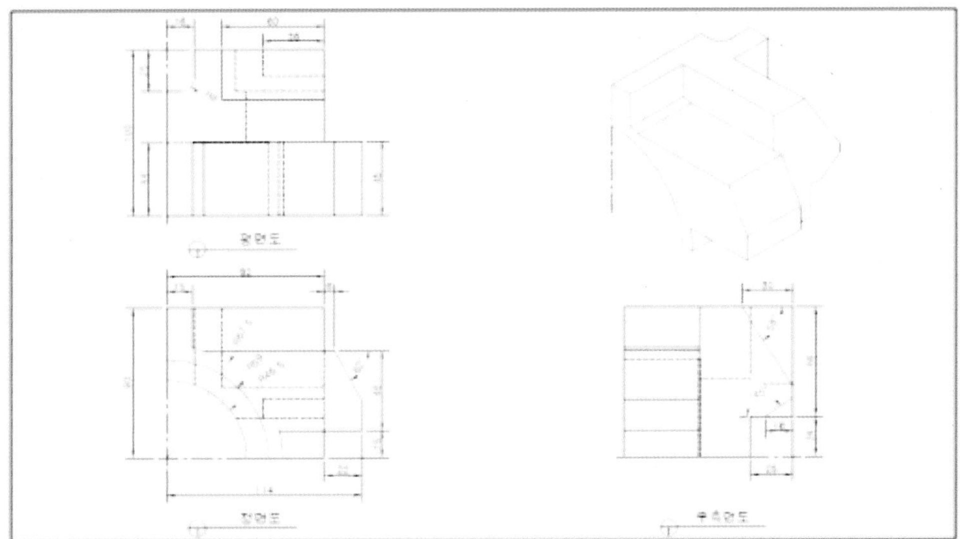

문제유형 1. 템플릿 파일에서 주어진 3D모델을 문제 도면의 치수를 참고하여 수정하고, 2D도면으로 답안 도면을 작성합니다.

문제 1번 : 수정된 3D모델의 체적을 구하시오. (15점)

※ 체적 값 입력시, 소수점 4자리까지 기입합니다. 예) 456789.25 = X , 456789.2500 = O

문제 2번 : 수정된 3D 모델은 템플릿 파일에 2D 도면으로 추출하여, 답안 도면을 작성한 후 제출 합니다. (35점)

2번 문항

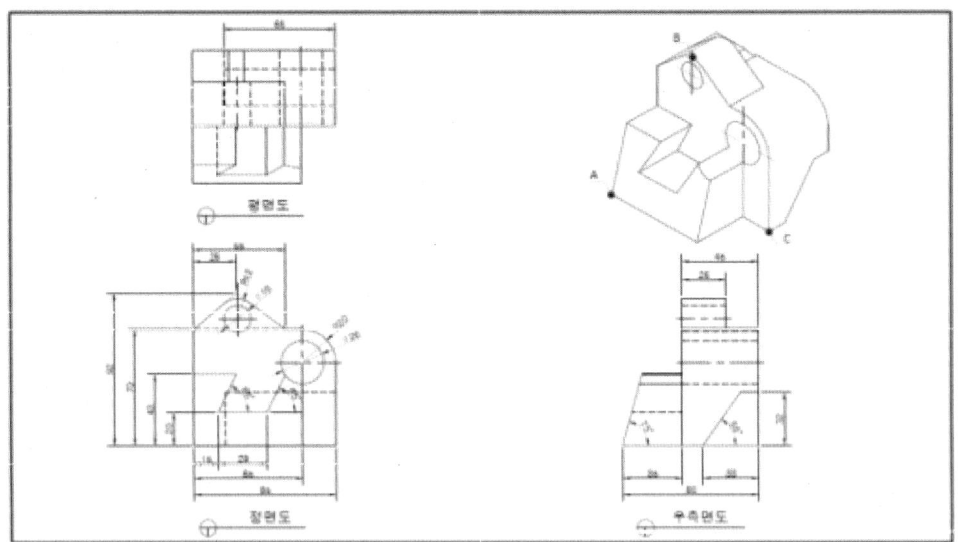

문제유형 2-1. 다음 도면을 3차원으로 작성하고, 물음에 답하시오.

문제 3번 : 도면을 토대로 작성한 3차원 객체에 등각 도면에서 제시하는 A~C까지의 길이 값을 구하시오. (10점)

문제 4번 : 작성된 모델의 체적을 구하시오. (15점)

※길이 및 체적 값은 소수점 4자리 입력 (예, 5876.25 = X, 5876.2500 = O)

3번 문항

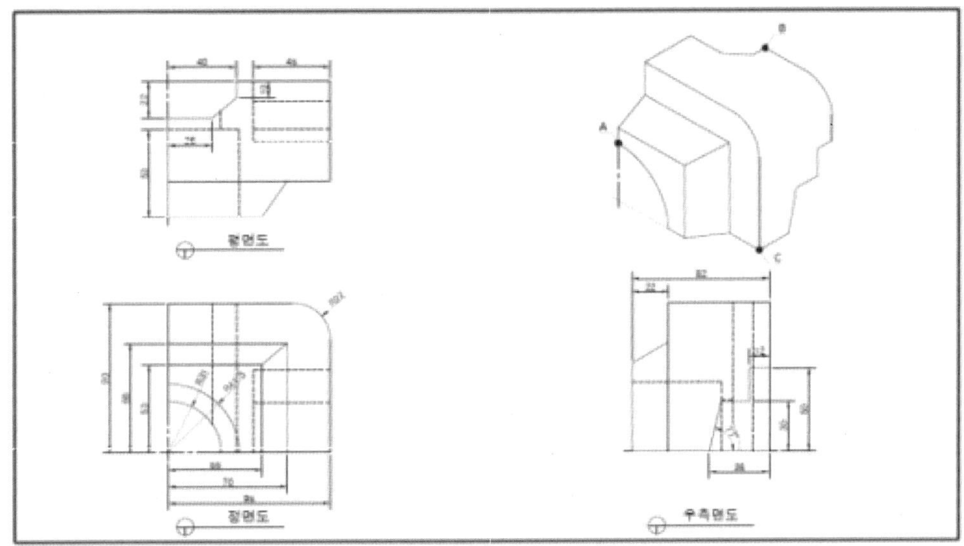

문제유형 2-2. 다음 도면을 3차원으로 작성하고, 물음에 답하시오.

문제 5번 : 도면을 토대로 작성한 3차원 객체에 등각 도면에서 제시하는 A~C까지의 길이 값을 구하시오. (10점)

문제 6번 : 작성된 모델의 체적을 구하시오. (15점)

※ 길이 및 체적 값은 소수점 4자리 입력 (예, 5876.25 = X, 5876.2500 = O)

CAD 실무능력평가 1급 문제 풀이

1번 문항

1번 문항은 제시된 문제 도면을 확인 후 템플릿에 포함된 객체를 수정 하여 도면 작성 후 제출한다.

순서 1

문제 도면

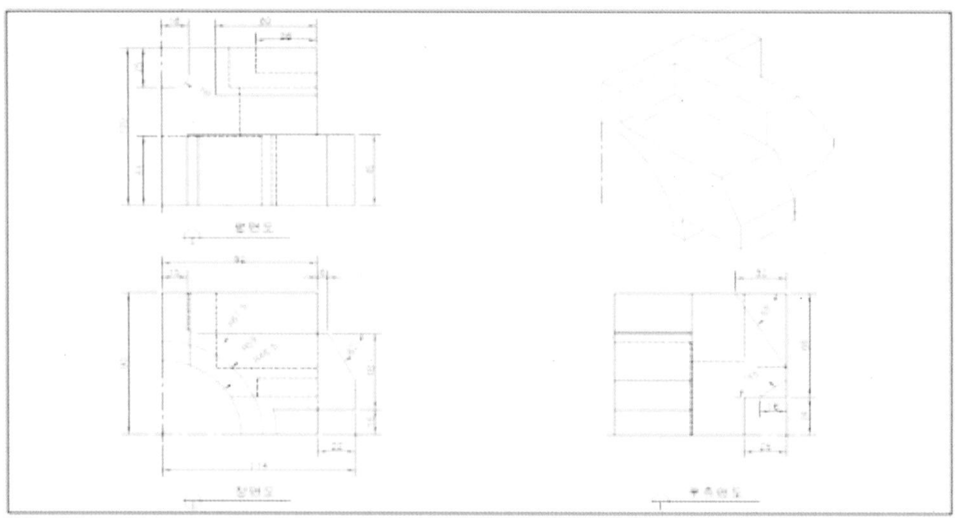

도면 템플릿

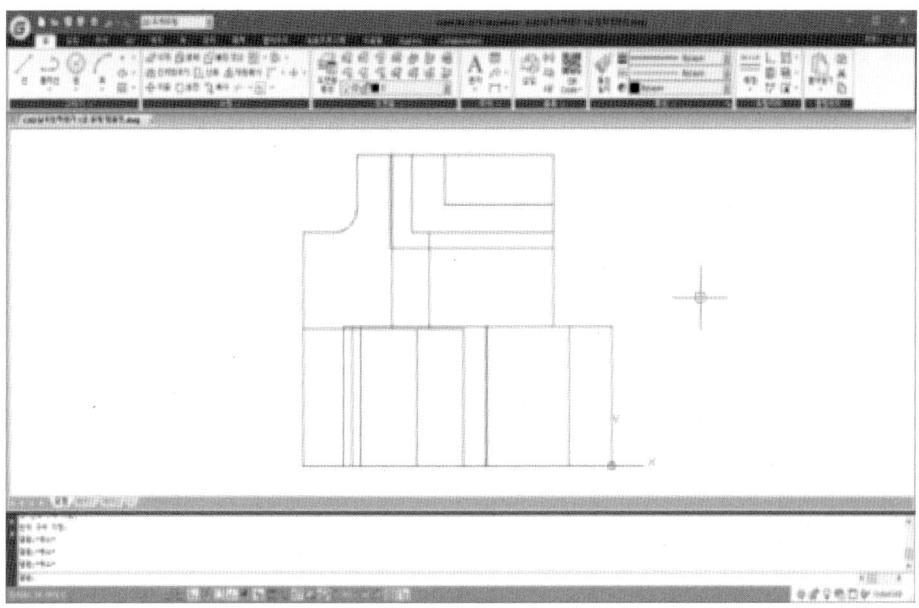

우선 주어진 문제 도면 및 템플릿을 확인 한다. 확인 후 3D ROTATE 기능 과 플랫 샷 (Flatshot) 기능을 이용하여 문제 도면과 똑같은 도면을 작성한다.

순서 2

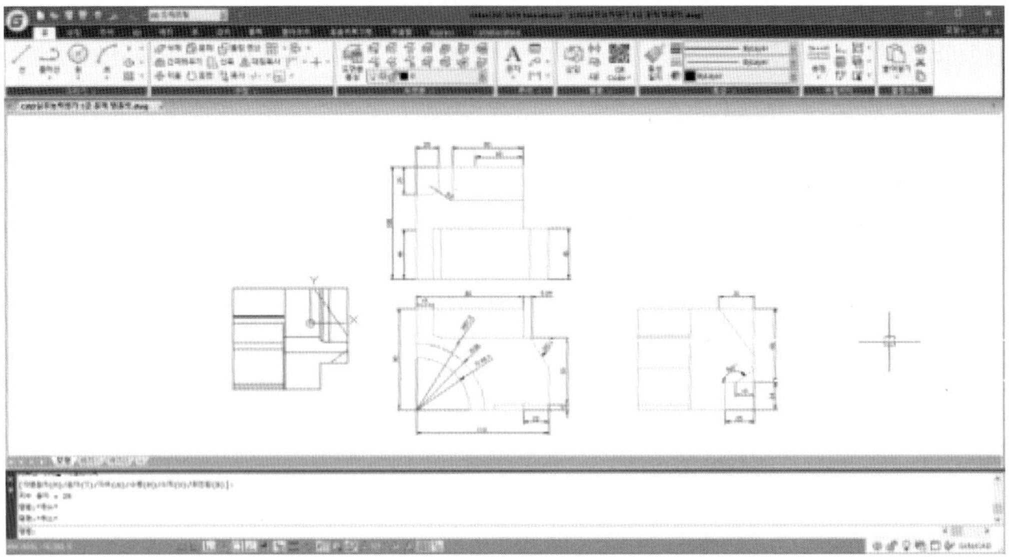

플랫 샷(Flatshot) 기능을 이용하여 해당된 도면 형태를 확인 후 치수 측정 명령어를 이용하여 도면과 동일한 위치의 치수를 확인한다.

순서 3

솔리드 편집 (Solidedit) 기능을 이용하여 문제 도면 과 주어진 템플릿의 크기가 다른 형태를 수정/편집한다.

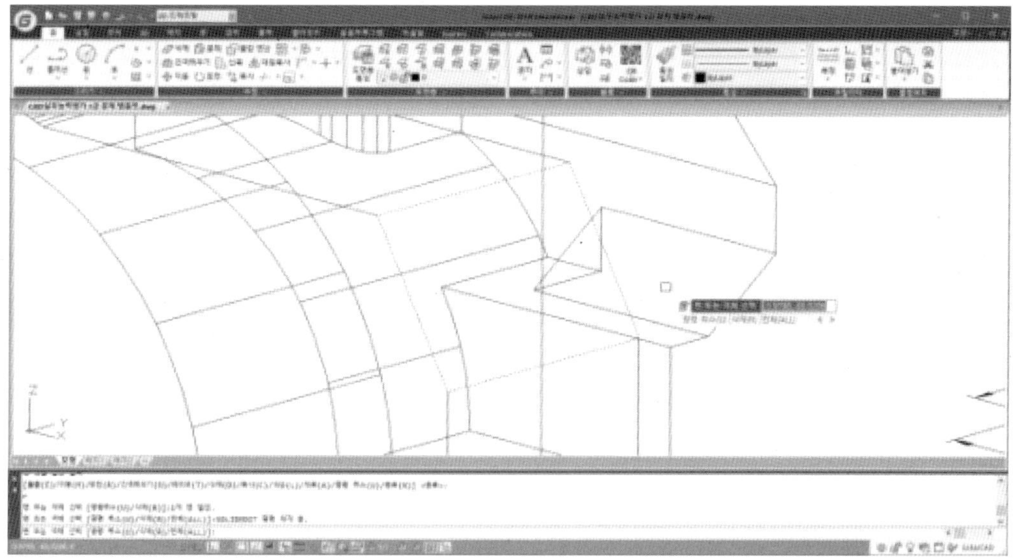

정면도 위치의 기울기의 각도 평면을 수정 한다. 답안도면에는 62° 이며, 템플릿 도면 각도는 60° 임으로 솔리드 편집 면 선택 후 각도를 2° 변경한다.

순서 4

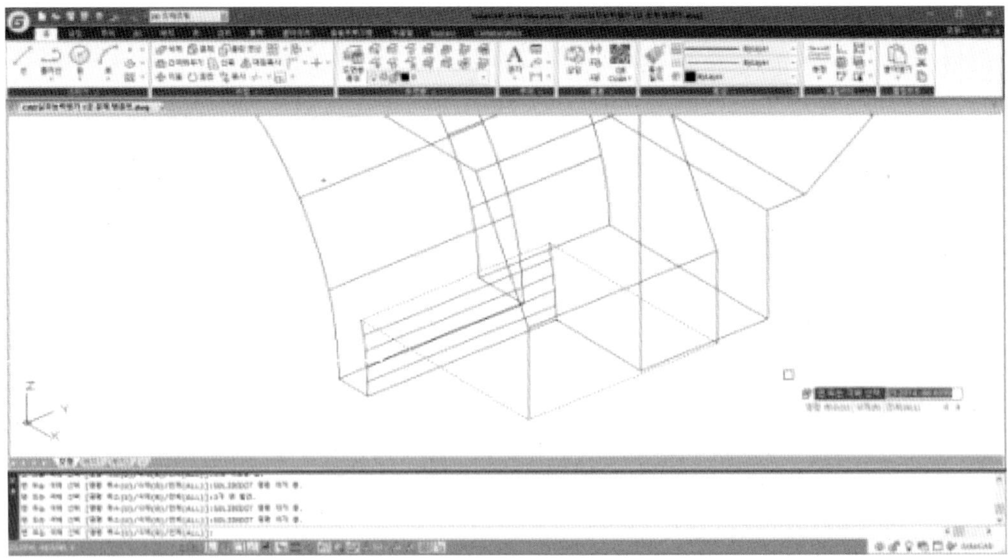

정면도 위치의 바닥 면 높이를 5mm에서 16mm로 변경한다.

순서 5

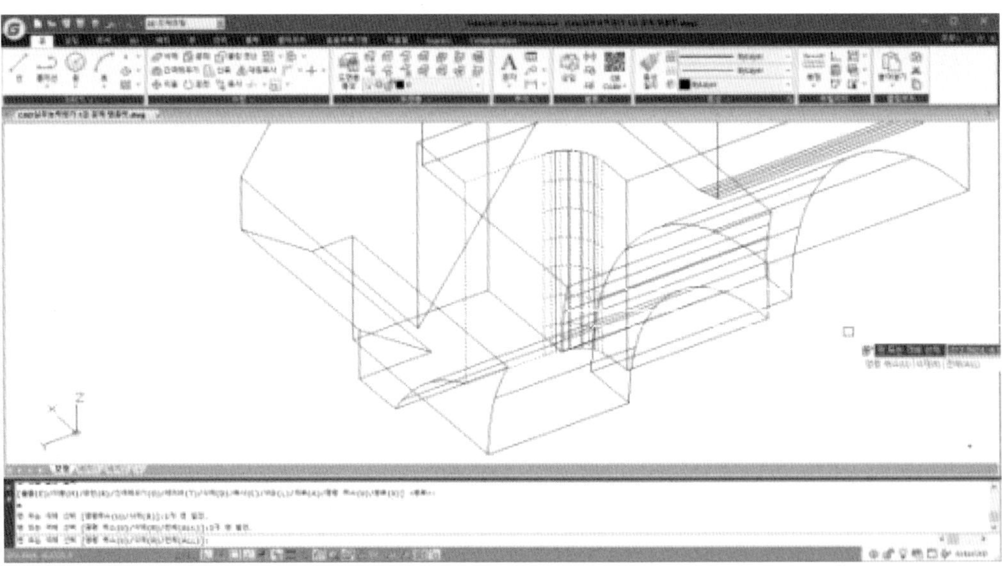

정면도 수정 후 평면도에 있는 가로 20mm 세로 25mm 면을 가로 16mm, 세로 25mm 크기로 면을 이동한다.

순서 6

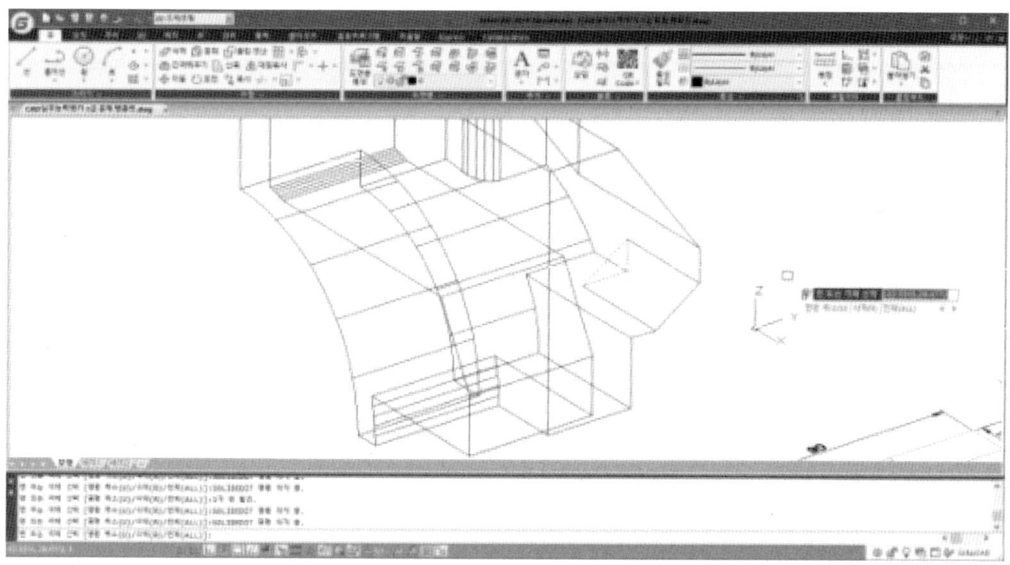

평면도에 있는 깊이 40mm 면을 깊이 36mm으로 변경한다.

순서 7

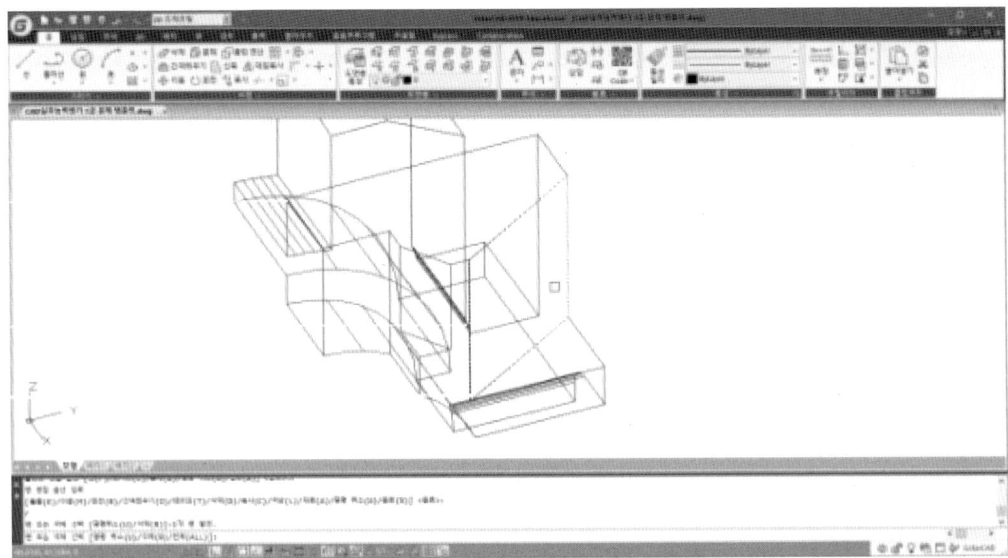

측면도에 있는 길이 30mm 각도 55° 면을 각도 3°를 변경하여 58° 면으로 변경한다.

순서 8

도면층 설정

도면층 이름	색상(번호)	선종류	도면층 용도
0	흰색(7번)	Continuous	표제란, 도면 외곽선
가상선	선홍색(6번)	Phantom	가상선
문자	흰색(7번)	Continuous	문자(표제란, 평면도, 정면도, 우측면도 등 뷰 제목), 글꼴 "굴림"
숨은선	노란색(2번)	Hidden	숨은선
외형선	초록색(3번)	Continuous	외형선
중심선	흰색(7번)	Center	중심선
치수	빨간색(1번)	Continuous	치수

레이어 설정

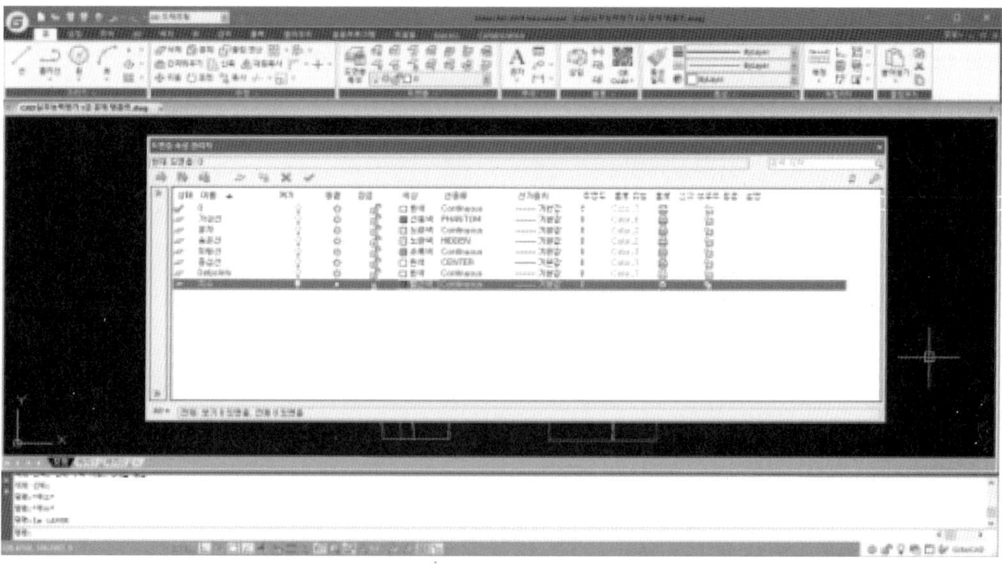

솔리드 편집 (Solidedit)이 끝난 솔리드 형태를 각 평면에 맞는 플랫 샷 (Flatshot)을 이용하여 배치 후 문제에서 제시한 레이어를 설정한다.

순서 9

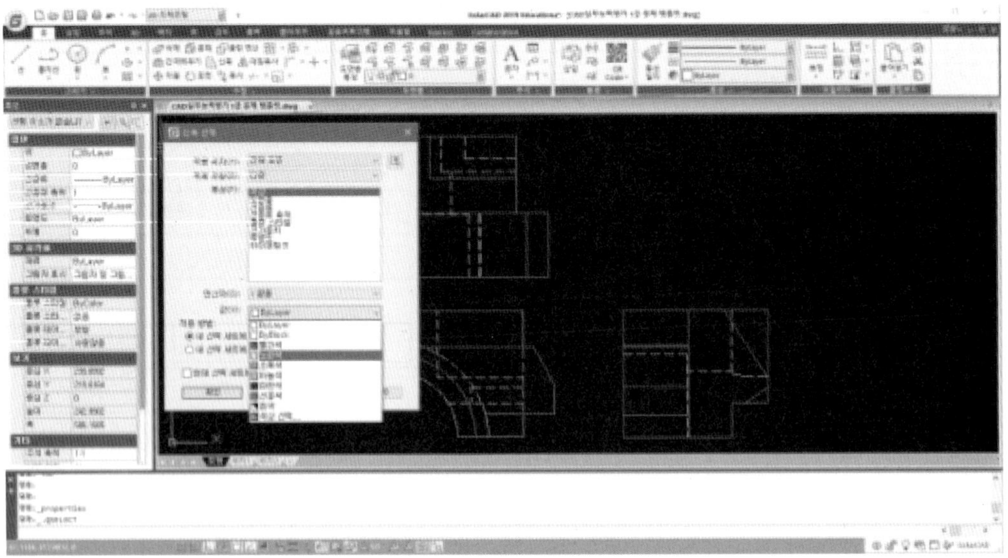

플랫 샷(Flatshot)를 이용하여 작성된 위치의 도면을 특성(Propertise) 창에 신속 선택을 이용하여 각각 레이어에 맞는 선으로 변경한다.

순서 10

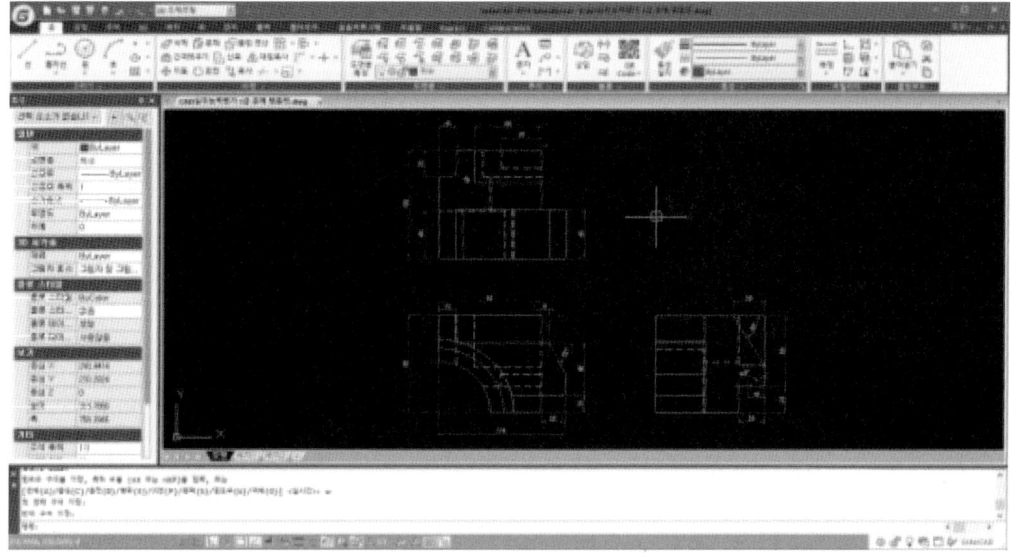

각각 위치에 맞는 도면 배치 및 치수 측정을 작성한다.

순서 11

삽입 (Insert) 기입

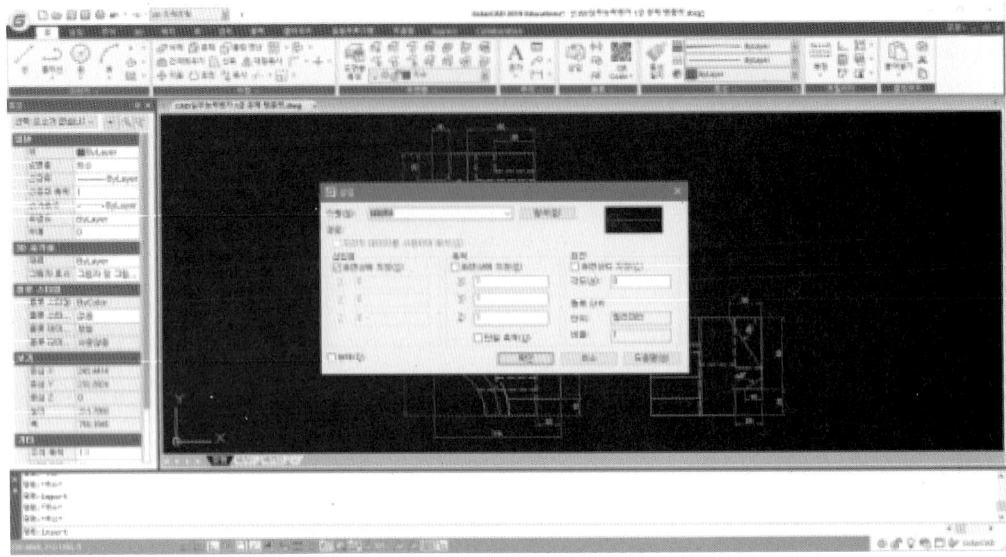

타이틀 배치 주서 기입

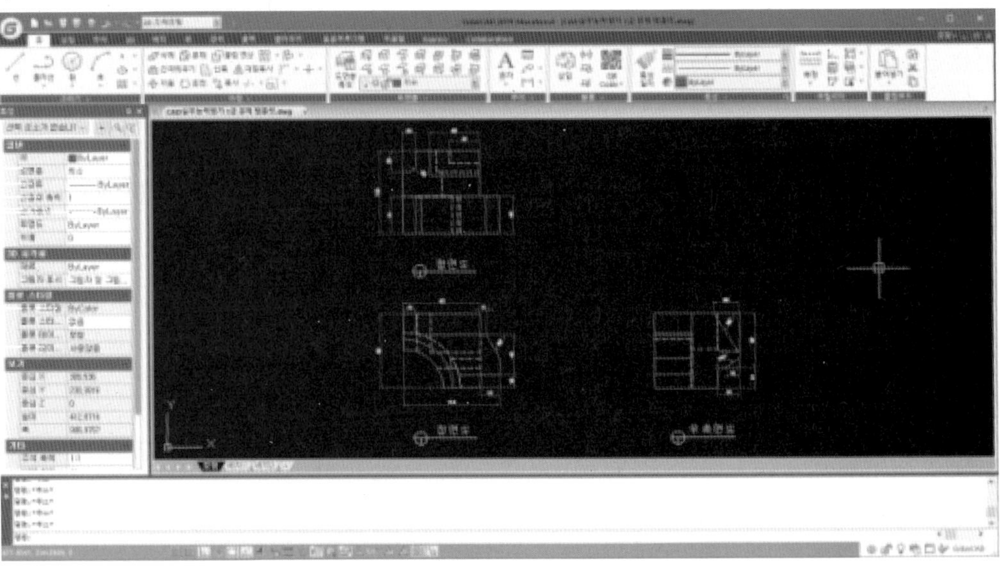

도면 배치 후 삽입 (Insert) 기능을 이용하여 템플릿에서 제공하는 타이틀 (TITLE)를 불러와 답안

도면과 동일하게 배치한다.
또한 배치 후 문자 기입 (Mtext)를 이용하여 해당되는 위치에 각 뷰의 명칭을 기입한다.
뷰 명칭 기입은 문자 레이어를 사용하여 문자 높이는 8mm를 적용한다.
또한 타이틀 (TITLE) 레이는 0번 레이어를 사용한다.

순서 12

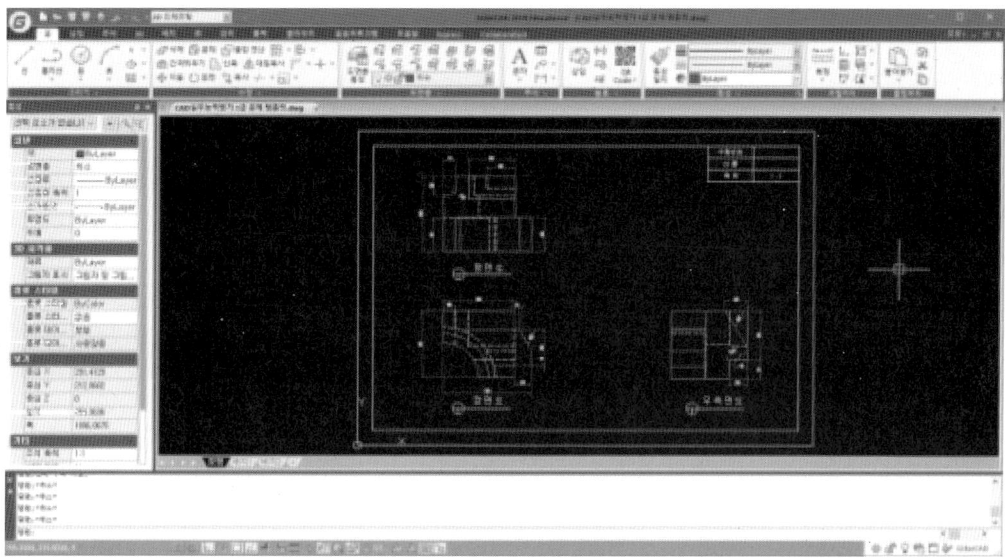

배치가 완료된 도면은 문제에서 제시하는 용지 크기에 맞게 표제란을 작성한다.
작성 후 출력 (Plot) 기능을 이용하여 PDF 파일로 저장한다.
※ 저장 시 수정 한 3D 모델링 객체는 삭제한다.

2번 문항 / 3번 문항

2번 문항 과 3번 문항은 각각 개체에 맞는 도면을 확인 후 3D 모델링 기능을 사용하여 답안과 동일하게 모델링을 한다.

2번 문항 과 3번 문항은 템플릿이 별도로 없으며 답안 작성 시 gcadiso.dwt 파일을 이용하여 작업한다.

2번 문항 과 3번 문항 답안 제출은 거리 값 및 모델링 체적 값만 산출 하여 제출한다. (답안 모델링 제출 X)

2번 문항 문제 도면

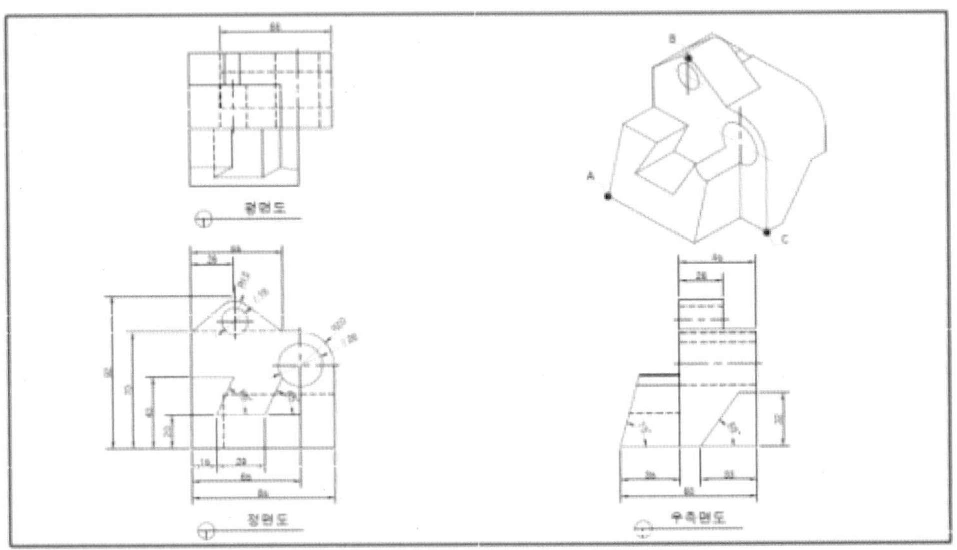

문제유형 2-1. 다음 도면을 3차원으로 작성하고, 물음에 답하시오.

문제 3번 : 도면을 토대로 작성한 3차원 객체에 등각 도면에서 제시하는 A~C까지의 길이 값을 구하시오. (10점)

문제 4번 : 작성된 모델의 체적을 구하시오. (15점)

※ 길이 및 체적 값은 소수점 4자리 입력 (예, 5876.25 = X, 5876.2500 = O)

순서 1

정면도

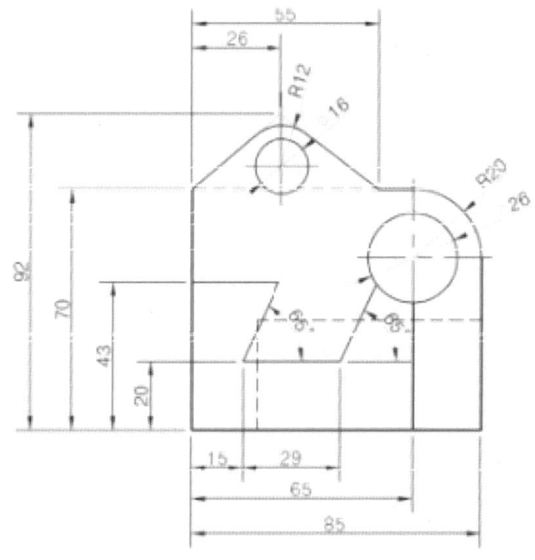

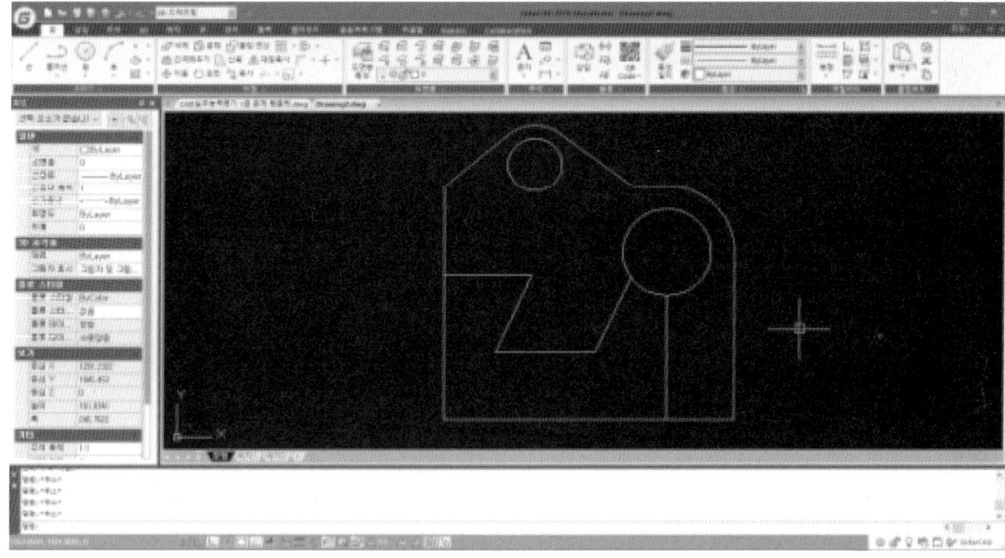

정면도에 작성 된 치수와 동일한 영역의 스케치를 작성한다.

작성 후 Region (Reg) 와 바운더리 (Boundary)를 이용하여 3D 객체를 작성 할 수 있는 닫힌 영역의 스케치를 작성한다.

순서 2

우측면

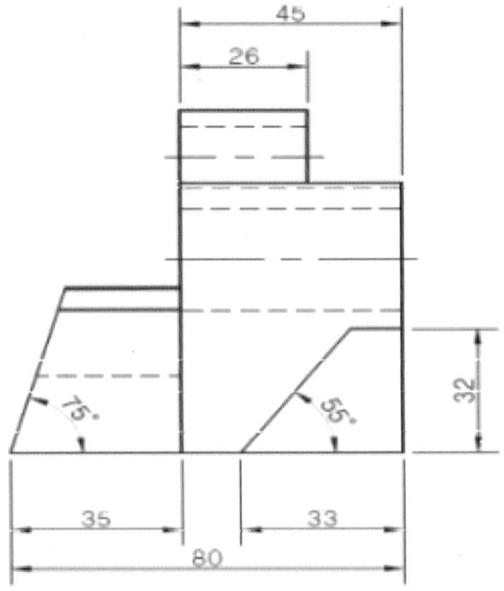

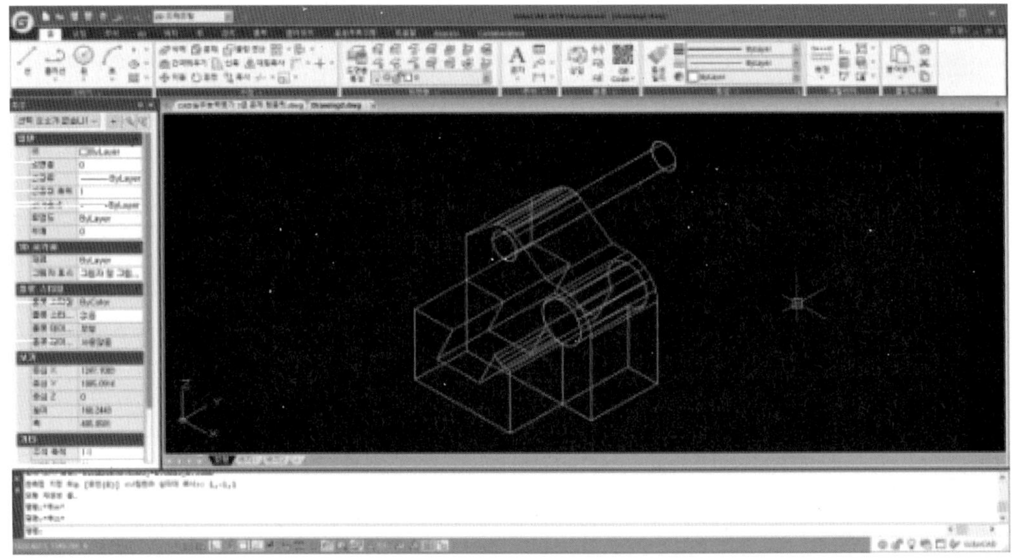

도면의 우측면에 제시한 각 크기의 솔리드를 생성한다.

객체 생성 시 ROTATE 3D 기능 과 돌출 (Extrude)를 이용하여 작성한다.

순서 3

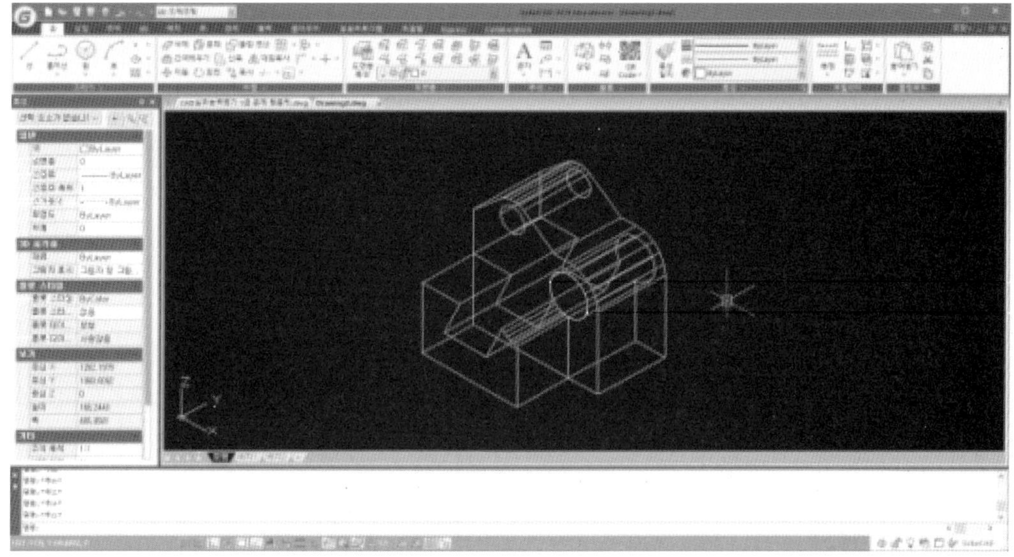

작성 된 3D 객체를 합집합 (Uninon), 차집합 (Subtract)를 이용하여 하나의 객체로 작성한다.

순서 4

우측면 평면도

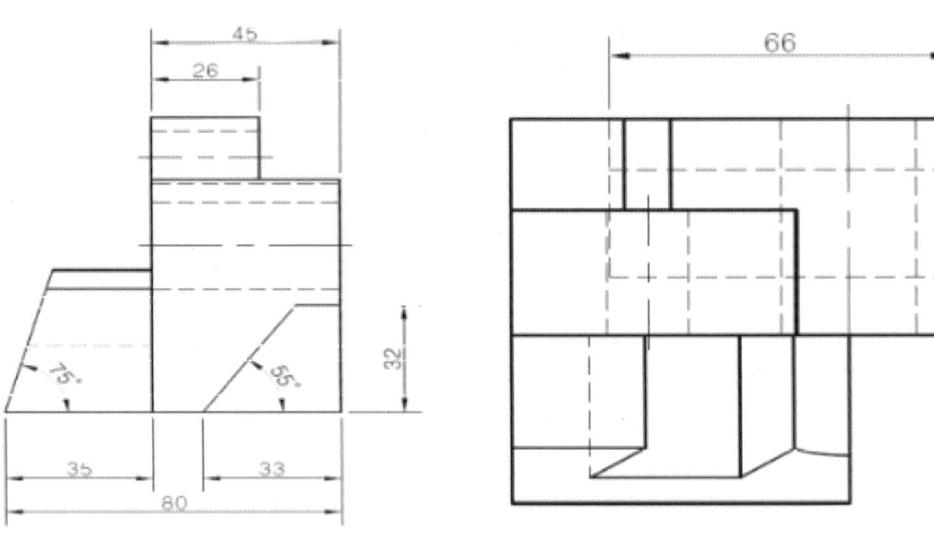

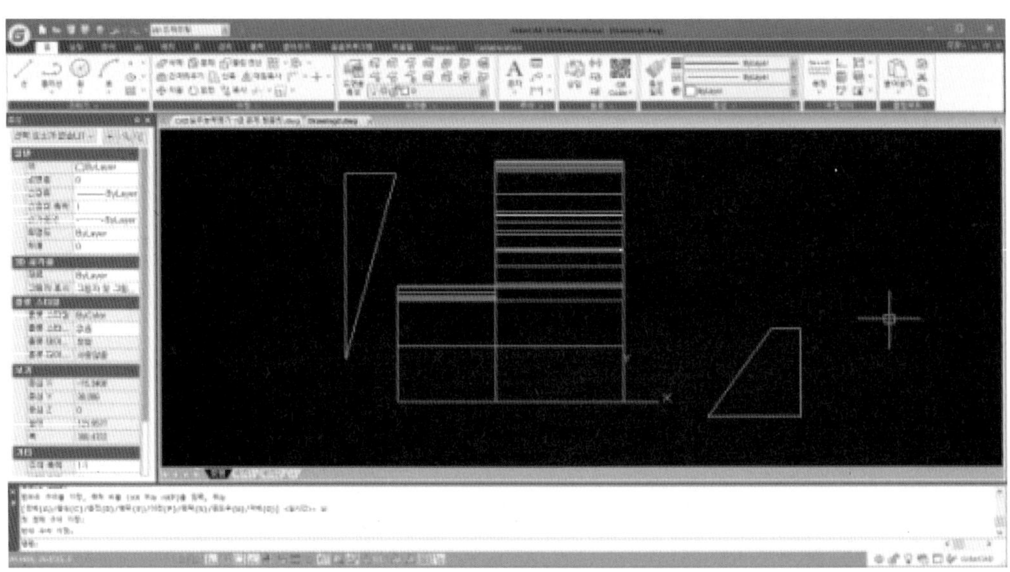

UCS 정의를 우측면으로 맞추어 기울어진 평면 및 각도를 가진 평면을 작성한다.
각도를 가진 평면은 평면도에 해당되는 돌출 크기를 확인할 수 있다.

순서 5

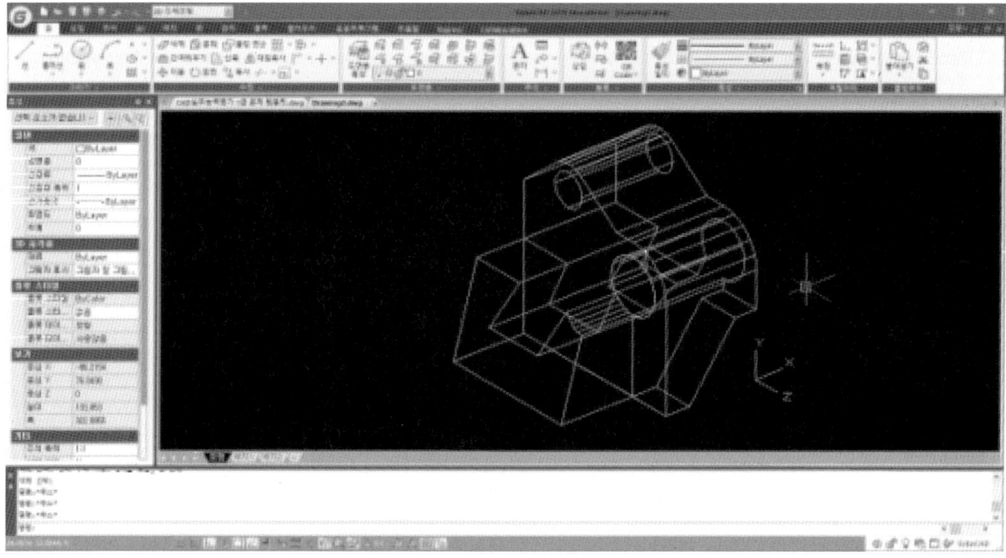

작성 된 객체는 차집합 (Subtract)를 이용하여 정리한다.

순서 6

위치에 따른 3D POLY 작성

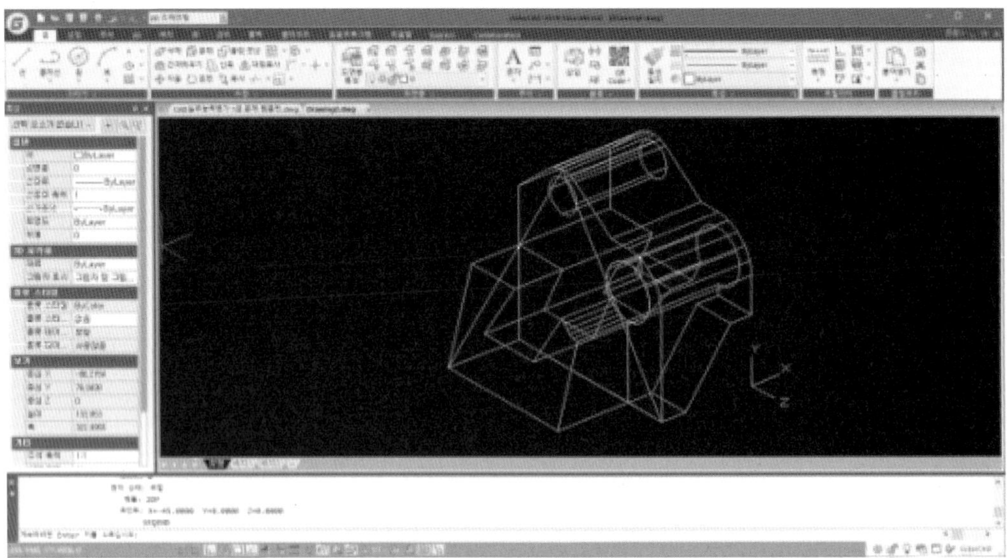

List 명령어를 이용한 3D POLY 길이 값 산출

질량산출 (MASSPROP)을 이용하여 질량 값 측정

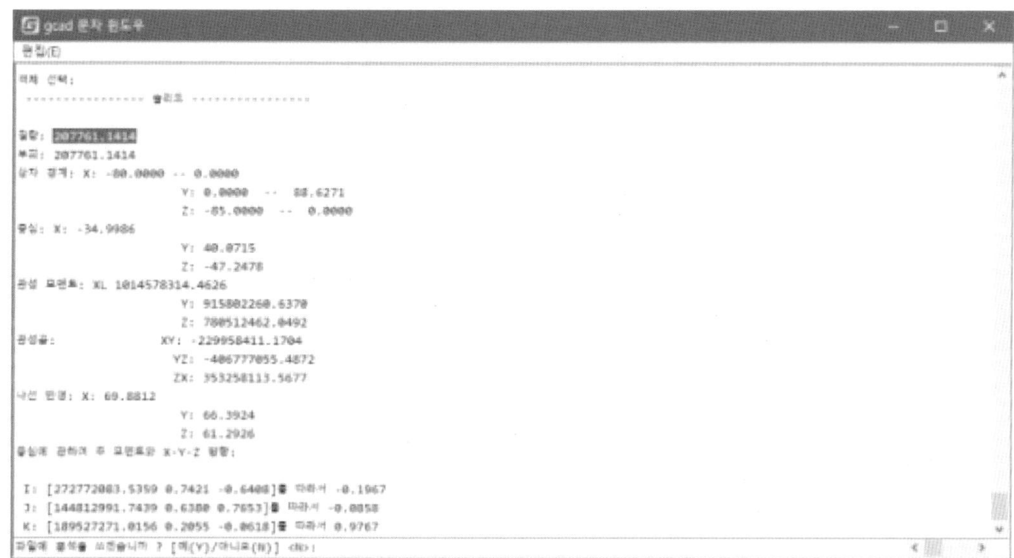

모델링이 완성 된 객체는 답안 도면에서 제시한 위치에 3D POLY를 이용한 거리 값 측정 질량 산출 (MASSPROP)을 이용하여 길이 값 및 질량 값을 산출한다.

3번 문항 문제 도면

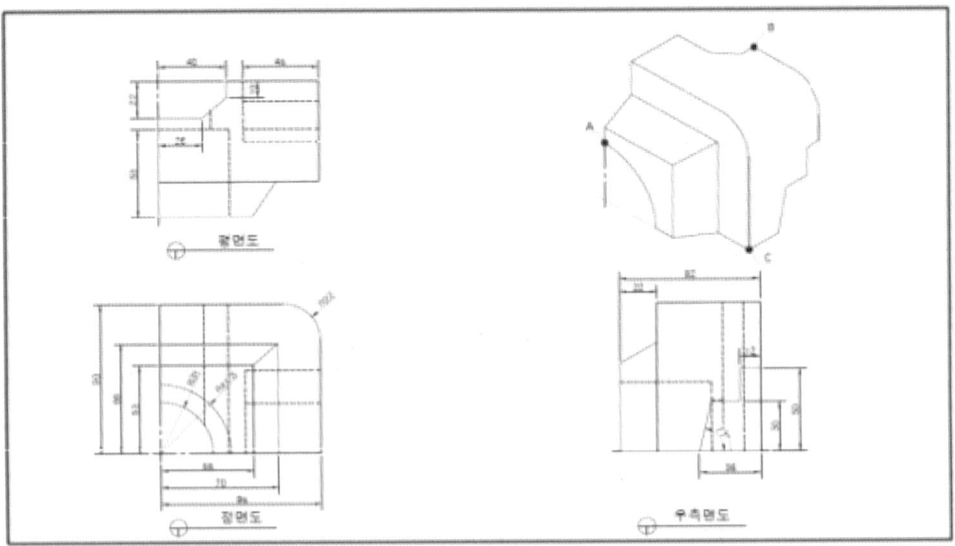

문제유형 2-2. 다음 도면을 3차원으로 작성하고, 물음에 답하시오.

문제 5번 : 도면을 토대로 작성한 3차원 객체에 등각 도면에서 제시하는 A~C까지의 길이 값을 구하시오. (10점)

문제 6번 : 작성된 모델의 체적을 구하시오. (15점)

※ 길이 및 체적 값은 소수점 4자리 입력 (예, 5876.25 = X, 5876.2500 = O)

순서 1

정면도

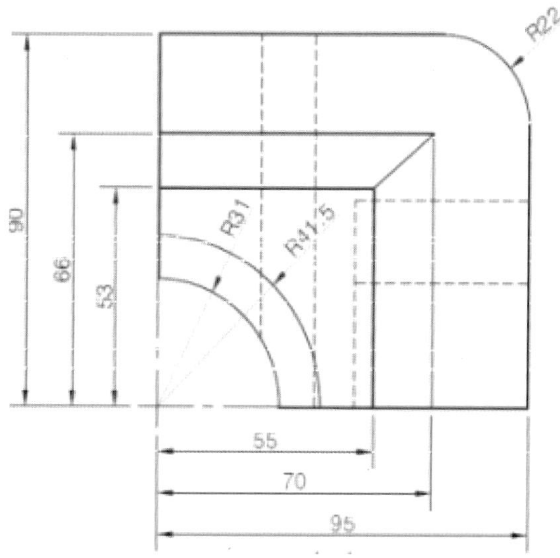

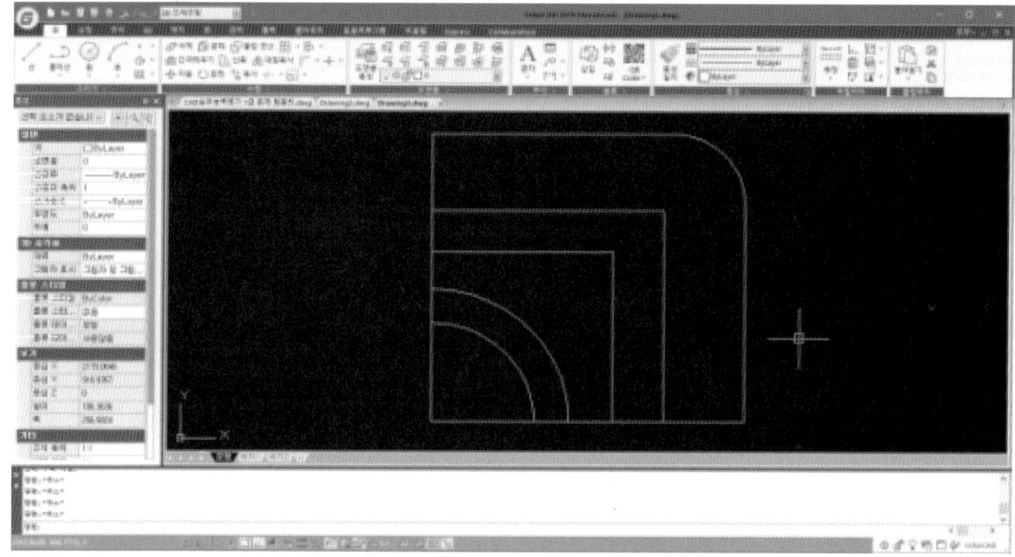

정면도에 작성 된 치수와 동일한 영역의 스케치를 작성한다.

작성 후 Region (Reg) 와 바운더리 (Boundary)를 이용하여 3D 객체를 작성 할 수 있는 닫힌 영역의 스케치를 작성한다.

순서 2

우측면

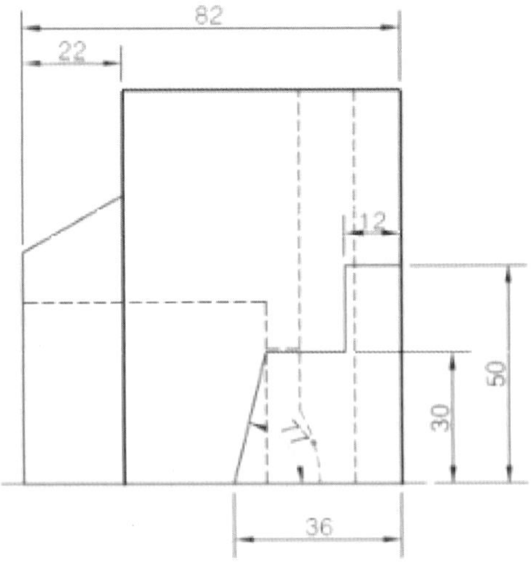

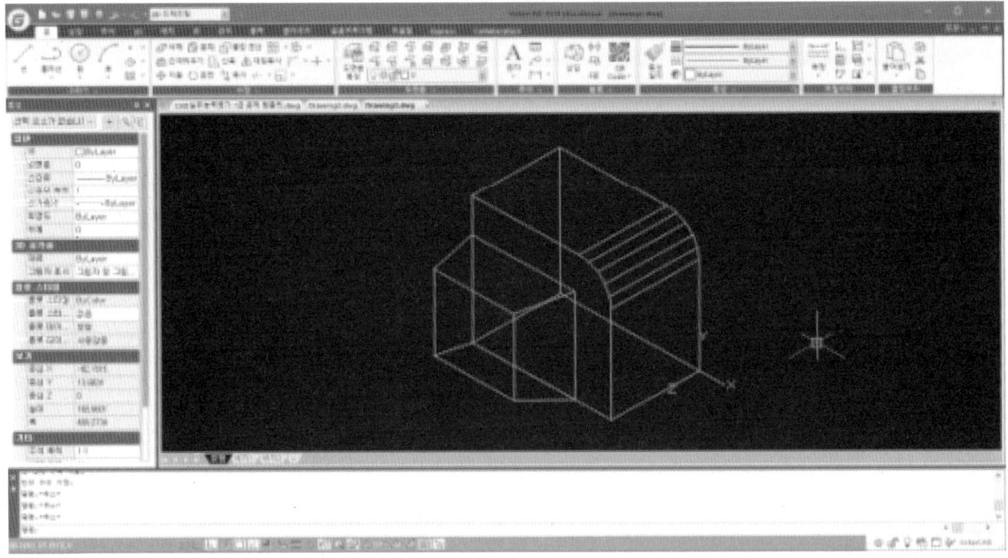

도면의 우측면에 제시한 각 크기의 솔리드를 생성한다.

객체 생성 시 ROTATE 3D 기능 과 돌출 (Extrude)를 이용하여 작성한다.

가로 70mm, 세로 66mm 크기의 사각형 과 가로 55mm, 세로 53 사각형은 로프트 (Loft)를 이용하여 작성한다.

순서 3

평면도

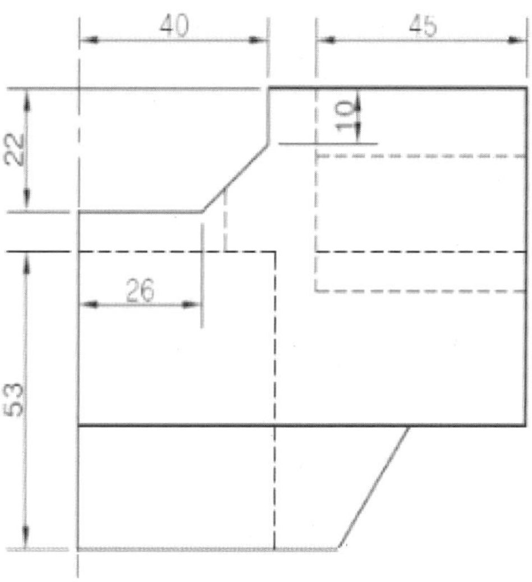

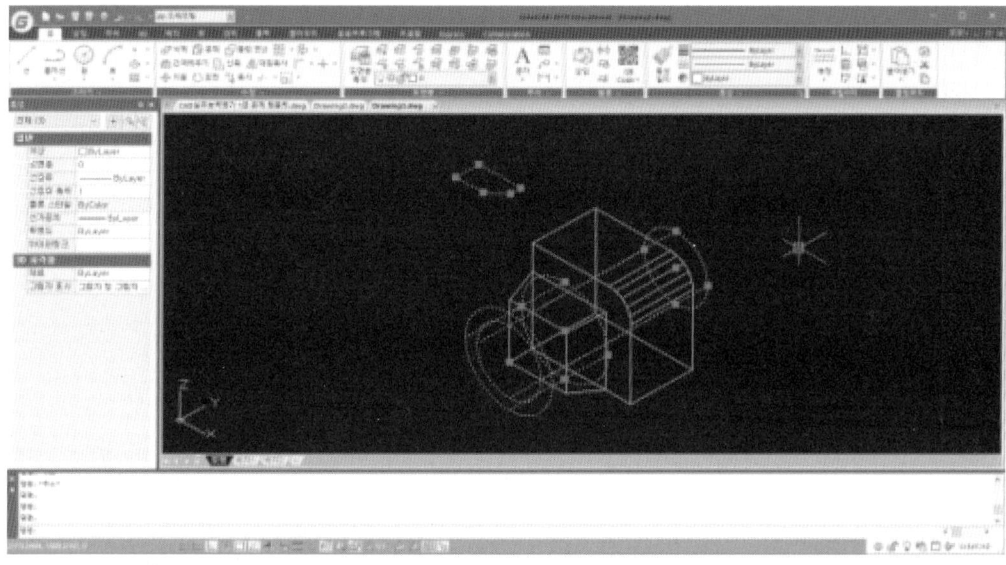

UCS 정의를 평면도로 맞추어 정면도에 위치한 원 돌출 2개 및 평면도에 위치한 형태를 작성한다. 작성 후 객체 크기에 맞게 돌출 (Extrude) 형태를 작성한다.

순서 4

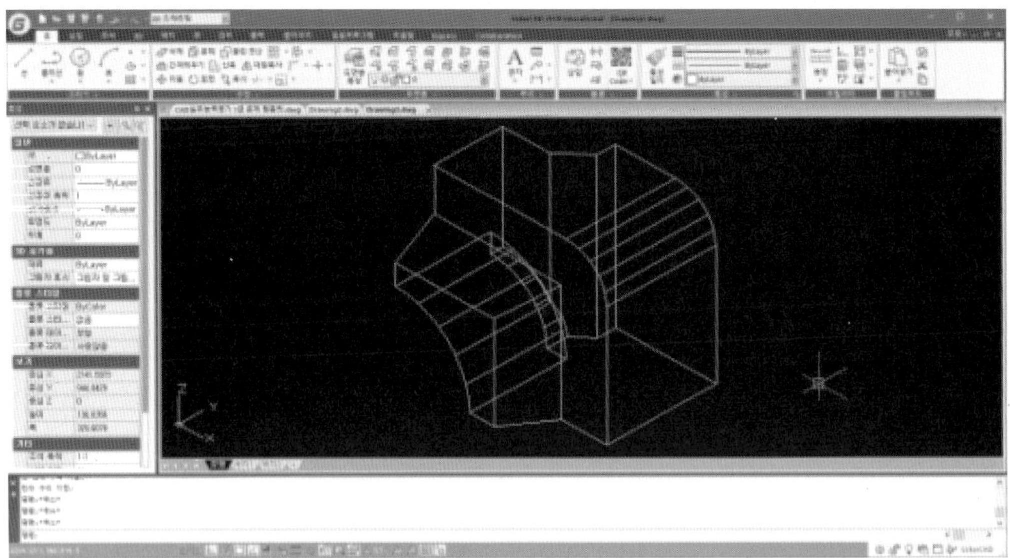

작성 된 객체는 합집합 (Union) 및 차집합 (Subtract)를 이용하여 정리한다.

순서 5

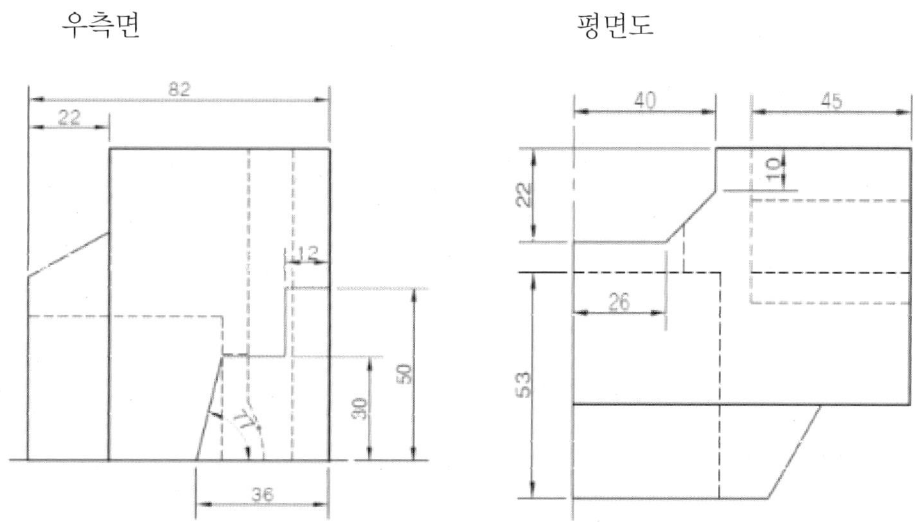

UCS 정의를 우측면으로 맞추어 기울어진 평면 및 각도를 가진 평면을 작성한다.
각도를 가진 평면은 평면도에 해당되는 돌출 크기를 확인할 수 있다.

순서 6

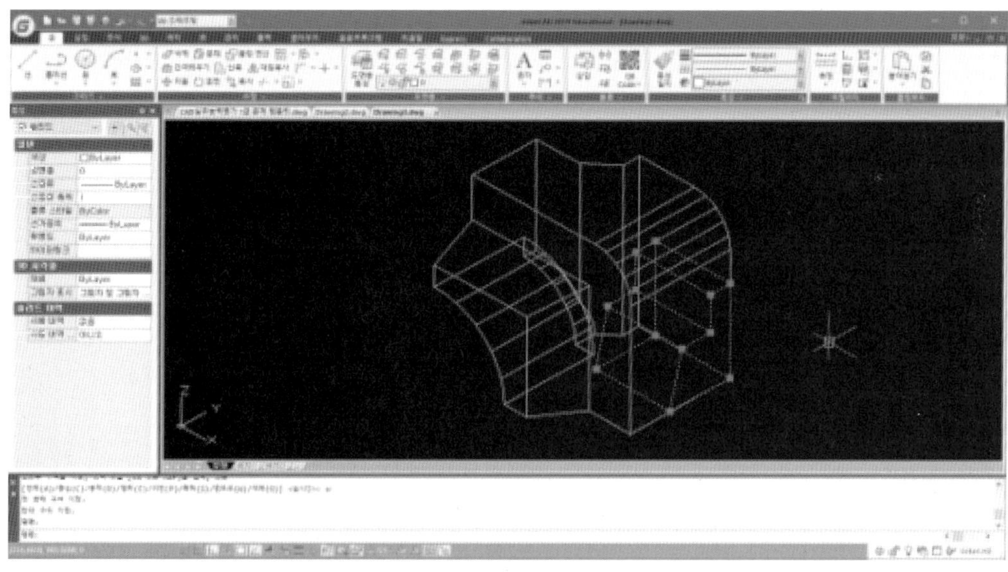

작성 된 객체는 차집합 (Subtract)를 이용하여 정리한다.

순서 7

위치에 따른 3D POLY 작성

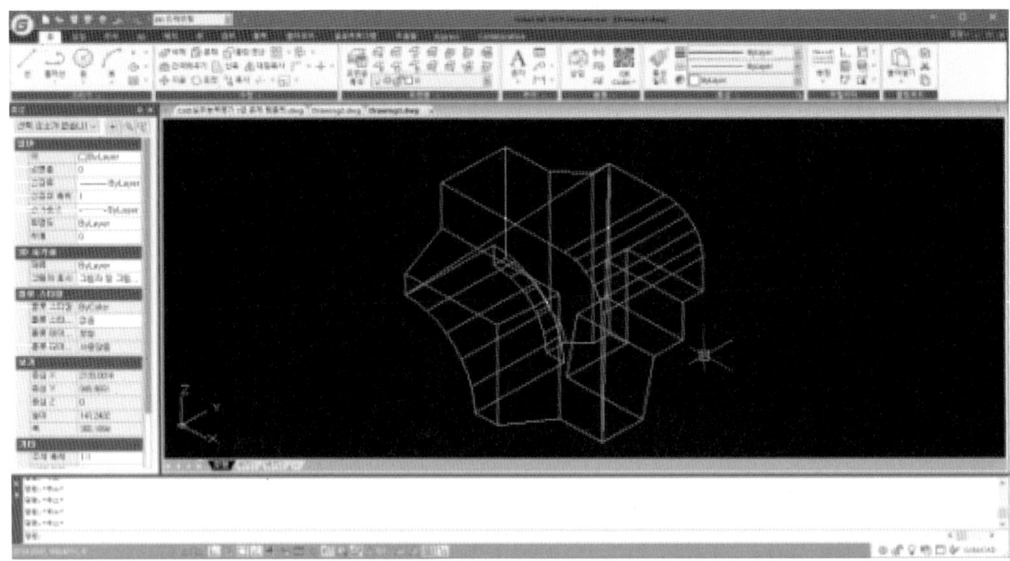

List 명령어를 이용한 3D POLY 길이 값 산출

```
gcad 문자 윈도우
편집(E)

                폴리선
          레이어: 0
        공간 상태: 모델
            핸들: 283
             열기
         총 면적: 5172.2953
           길이: 224.6720
               꼭지점
          레이어: 0
        공간 상태: 모델
            핸들: 285
          포인트: X=2130.9851  Y=852.2971  Z=41.5000
               꼭지점
          레이어: 0
        공간 상태: 모델
            핸들: 286
          포인트: X=2170.9851  Y=934.2971  Z=90.0000
               꼭지점
          레이어: 0
        공간 상태: 모델
            핸들: 287
          포인트: X=2225.9851  Y=874.2971  Z=0.0000
               SEQEND
계속하려면 Enter 키를 누르십시오:
```

질량산출 (MASSPROP)을 이용하여 질량 값 측정

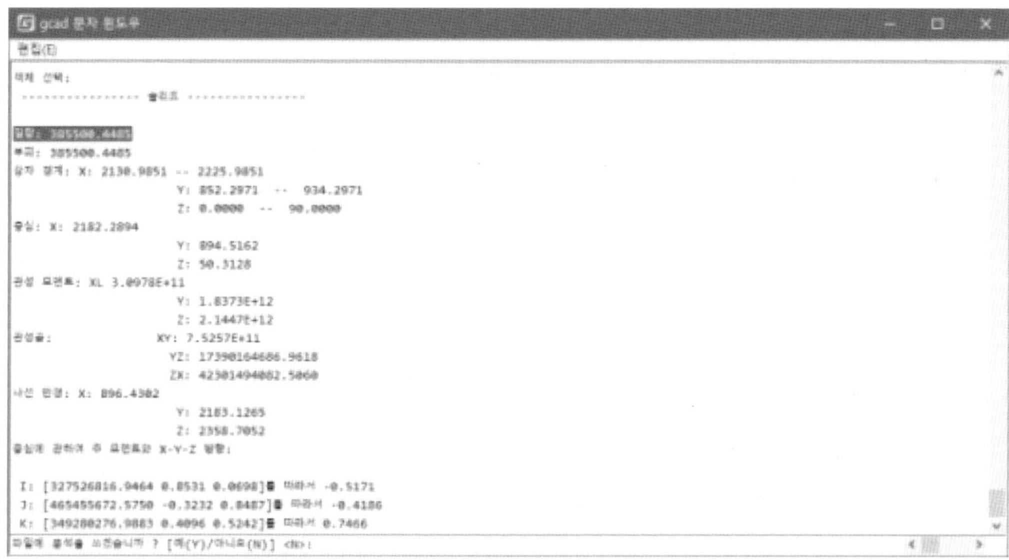

모델링이 완성 된 객체는 답안 도면에서 제시한 위치에 3D POLY를 이용한 거리 값 측정 질량 산출 (MASSPROP)을 이용하여 길이 값 및 질량 값을 산출한다.

답안 제출 창에 산출된 값을 입력한다.

■ PART 07

연습문제

■ CONTENTS

CHAPTER 01

CAD 실무능력 연습문제 1

https://blog.naver.com/proguider

연습문제 1번

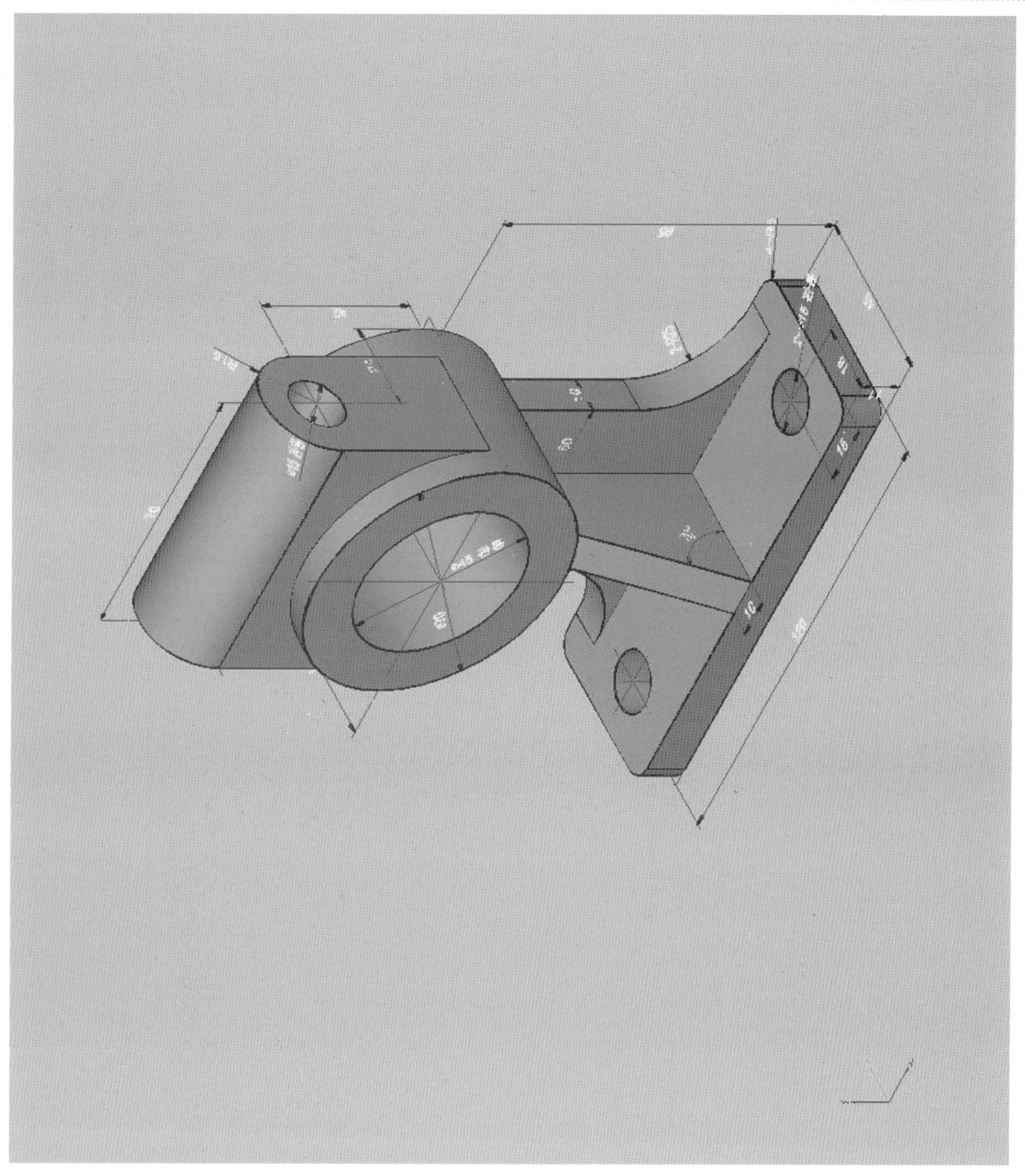

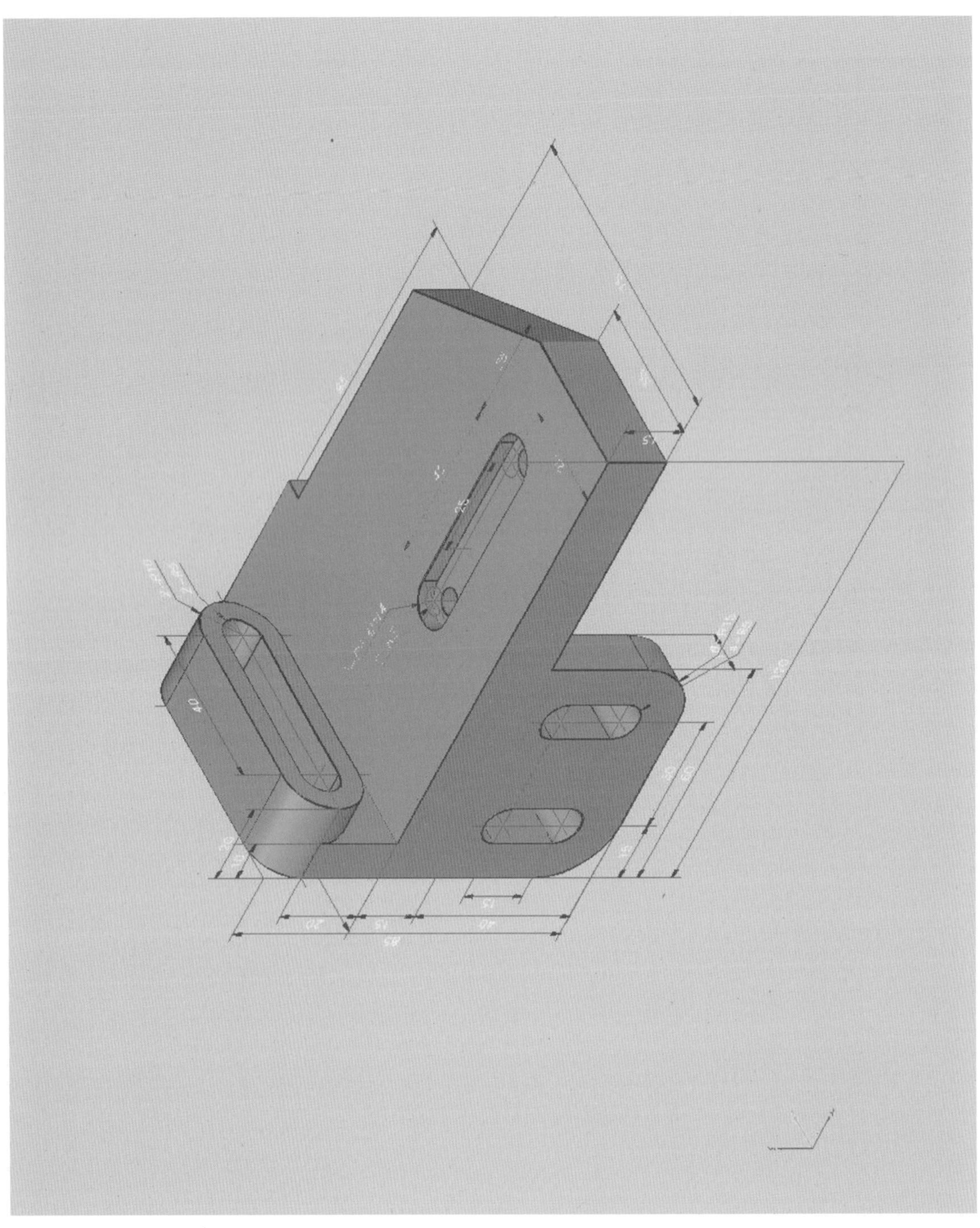

연습문제 2번

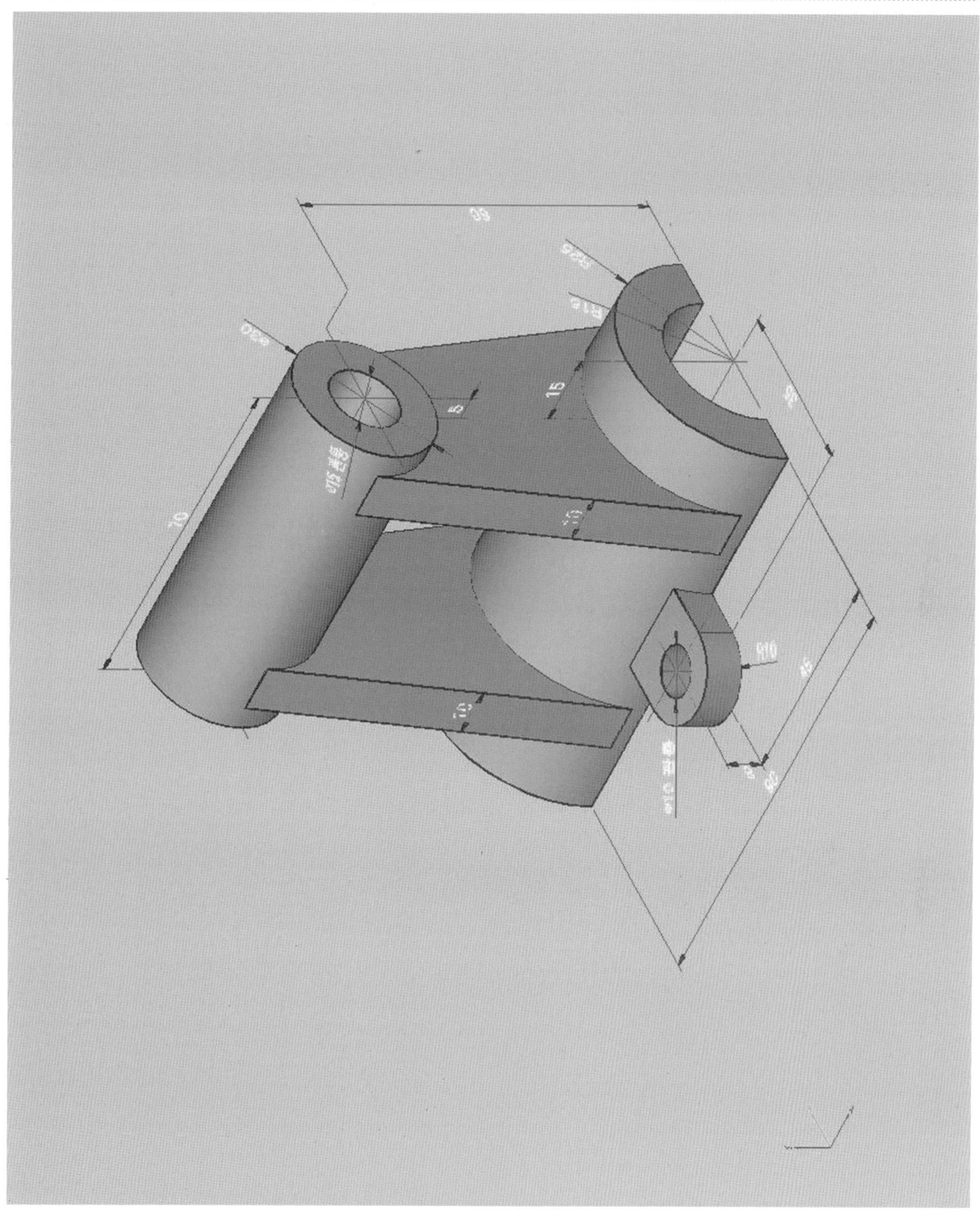

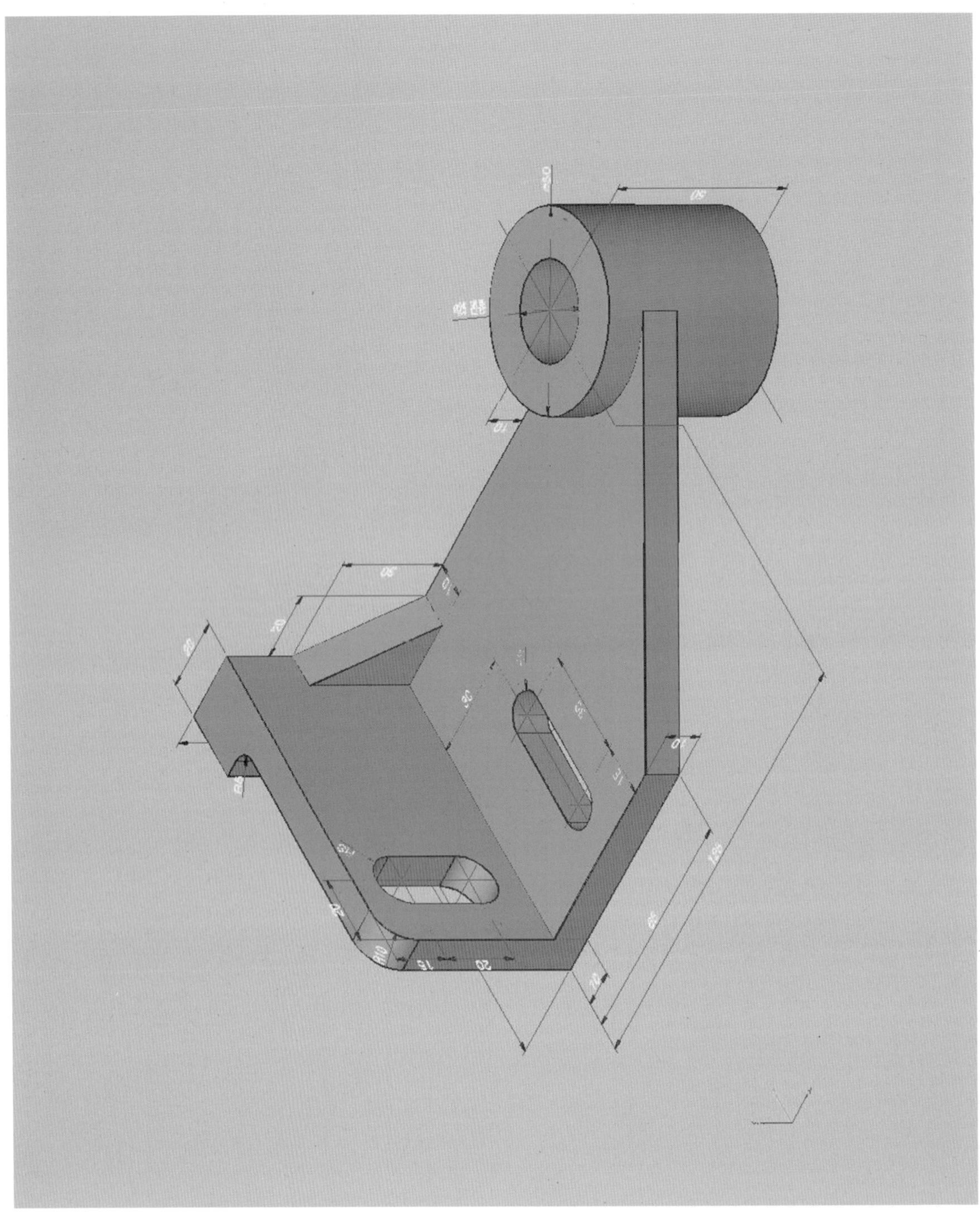

연습문제 3번

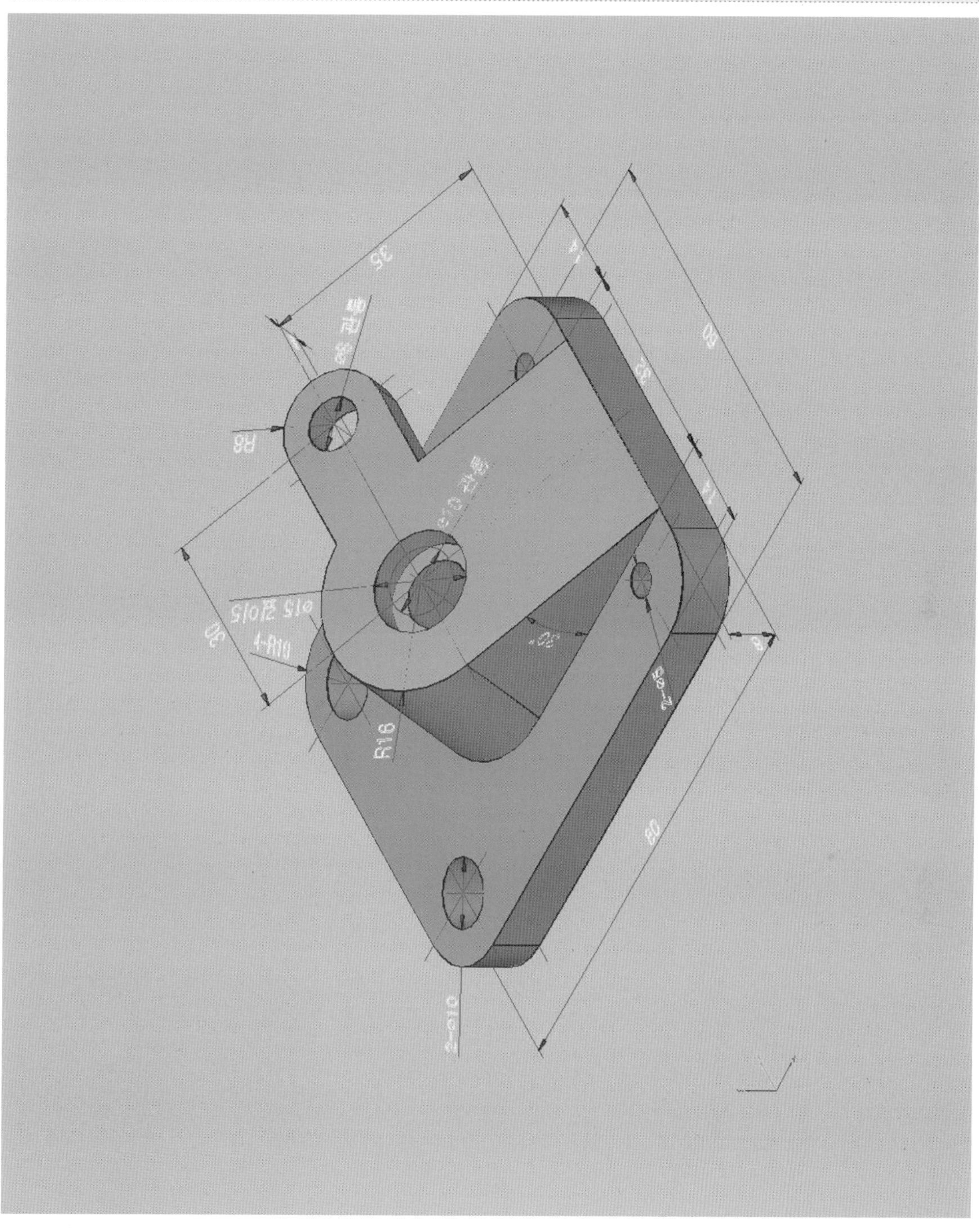

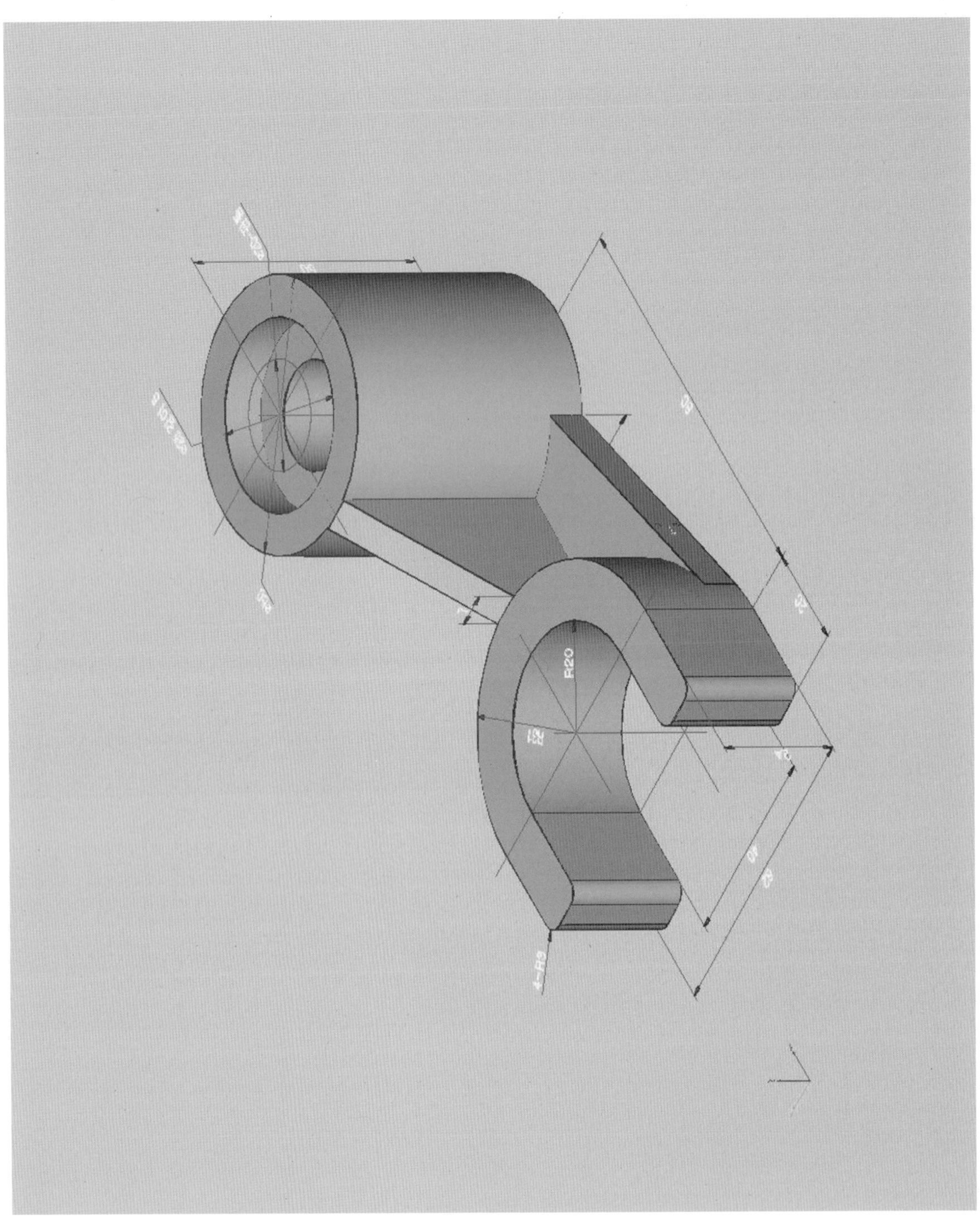
R20

연습문제 4번

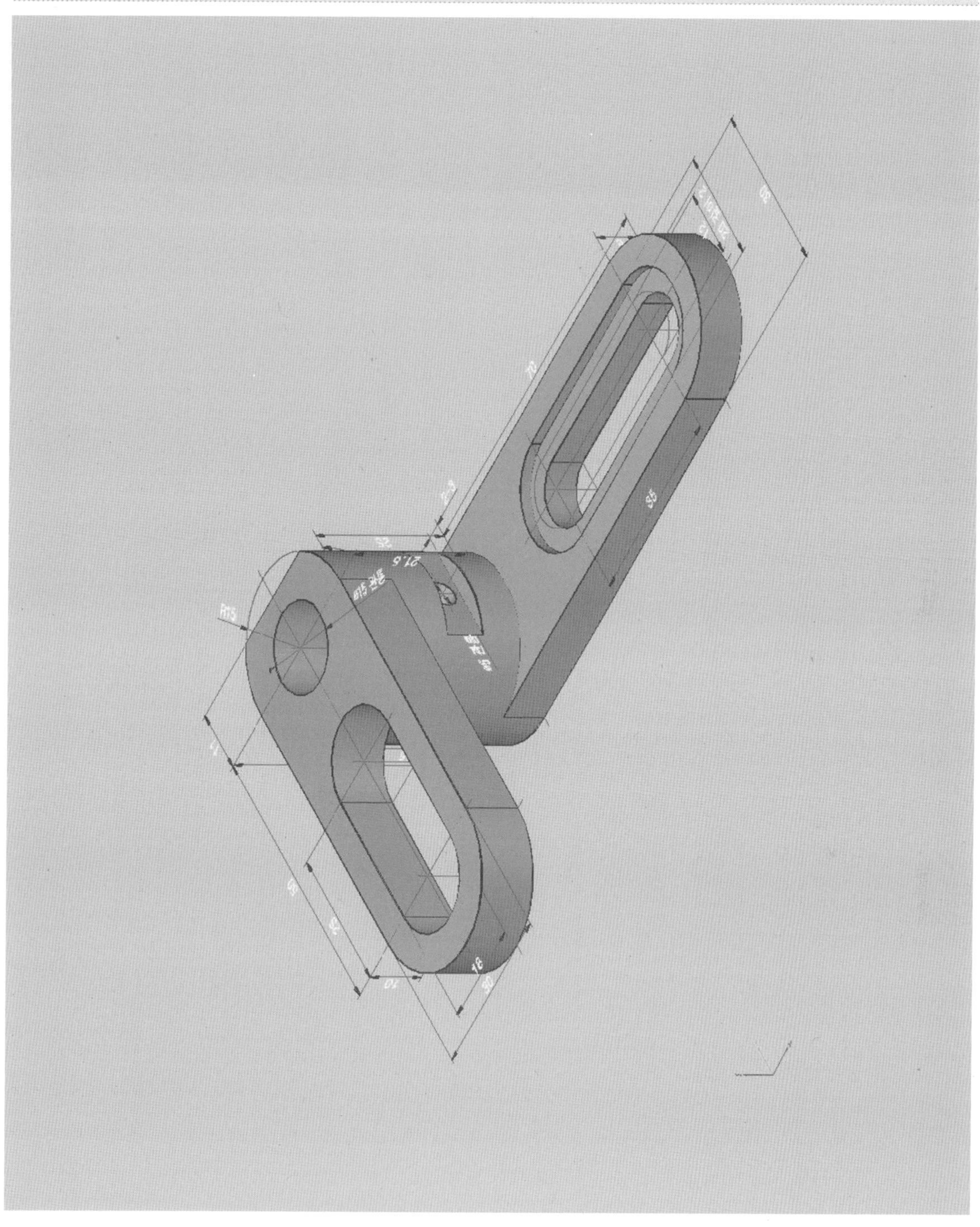

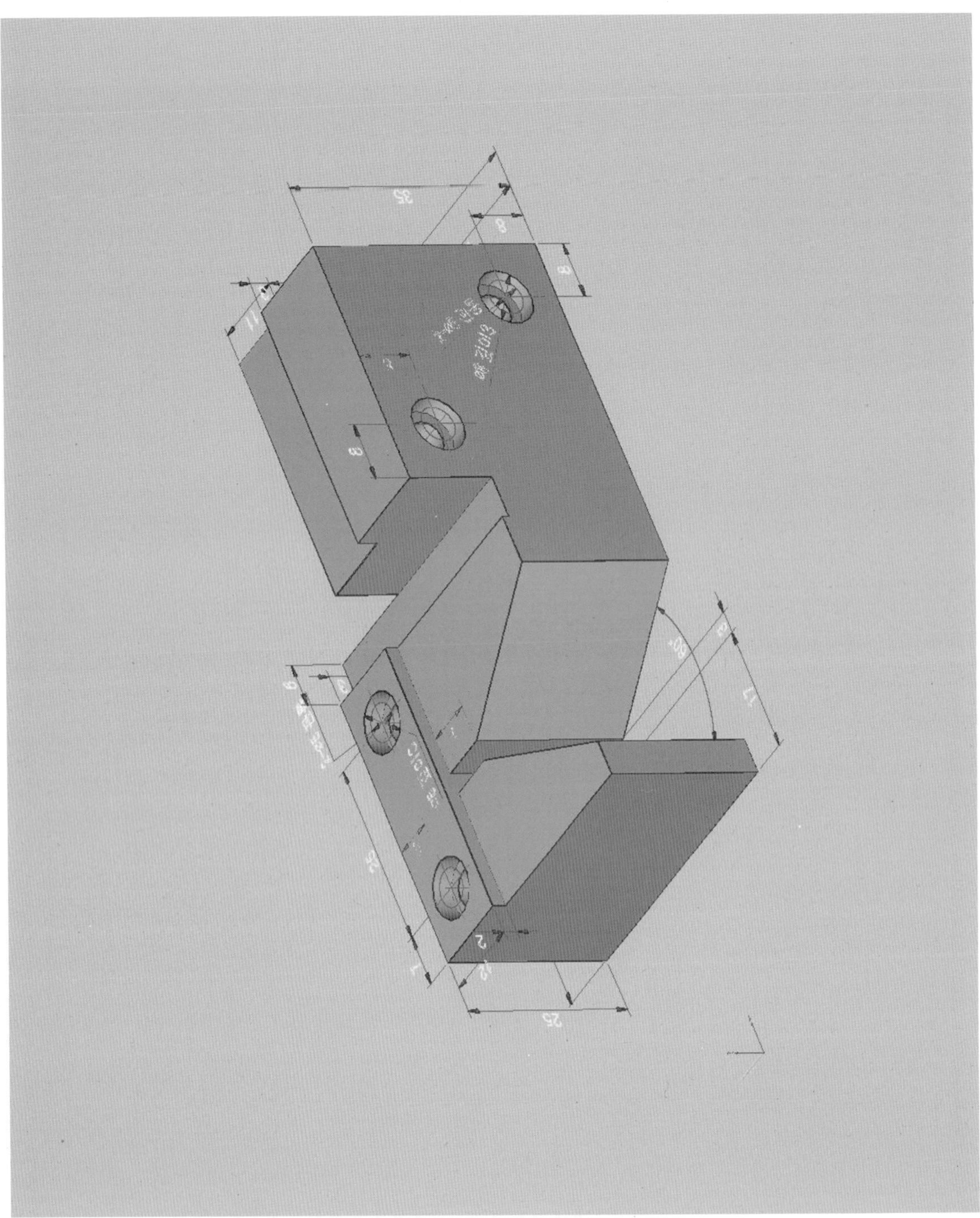

연습문제 5번

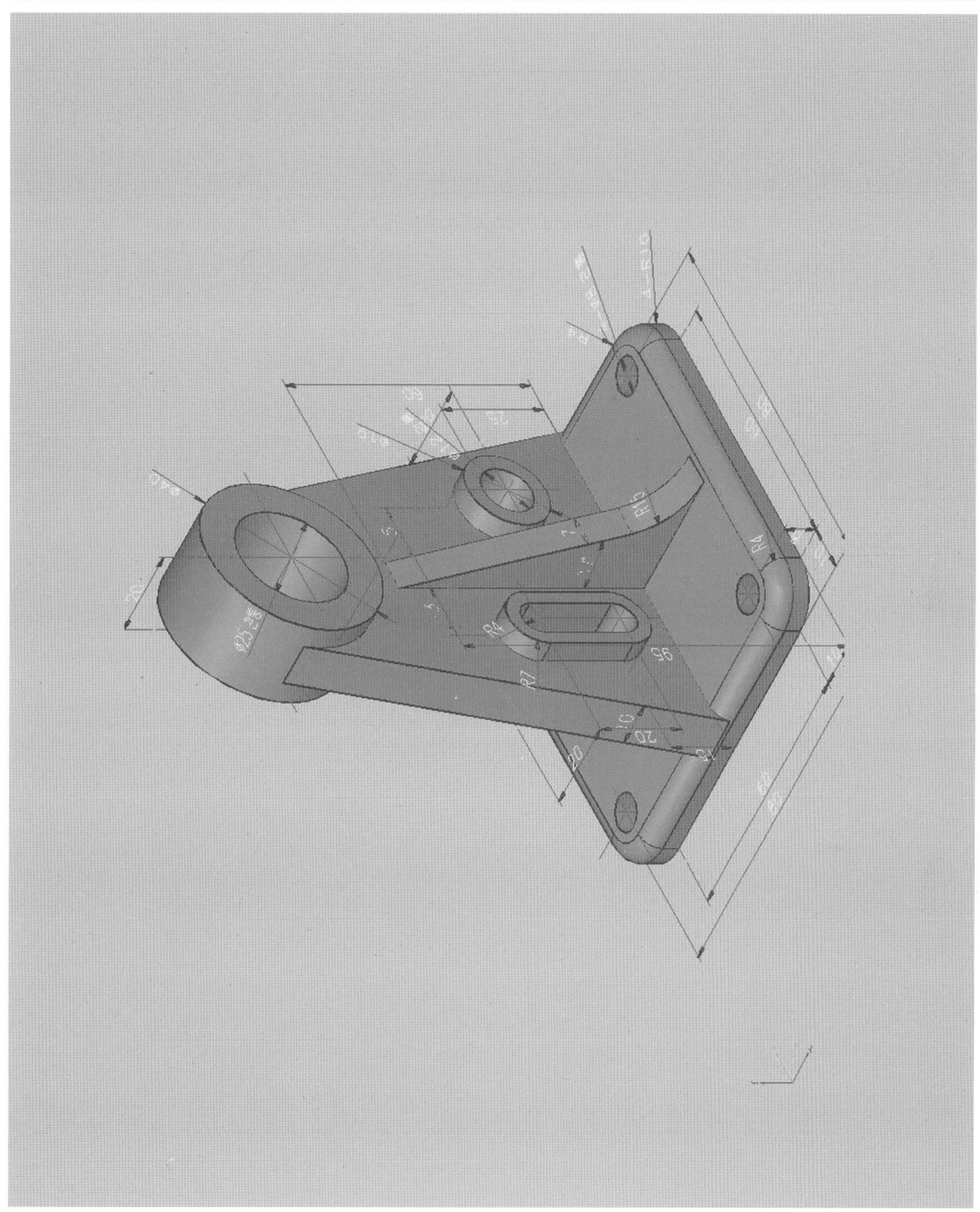

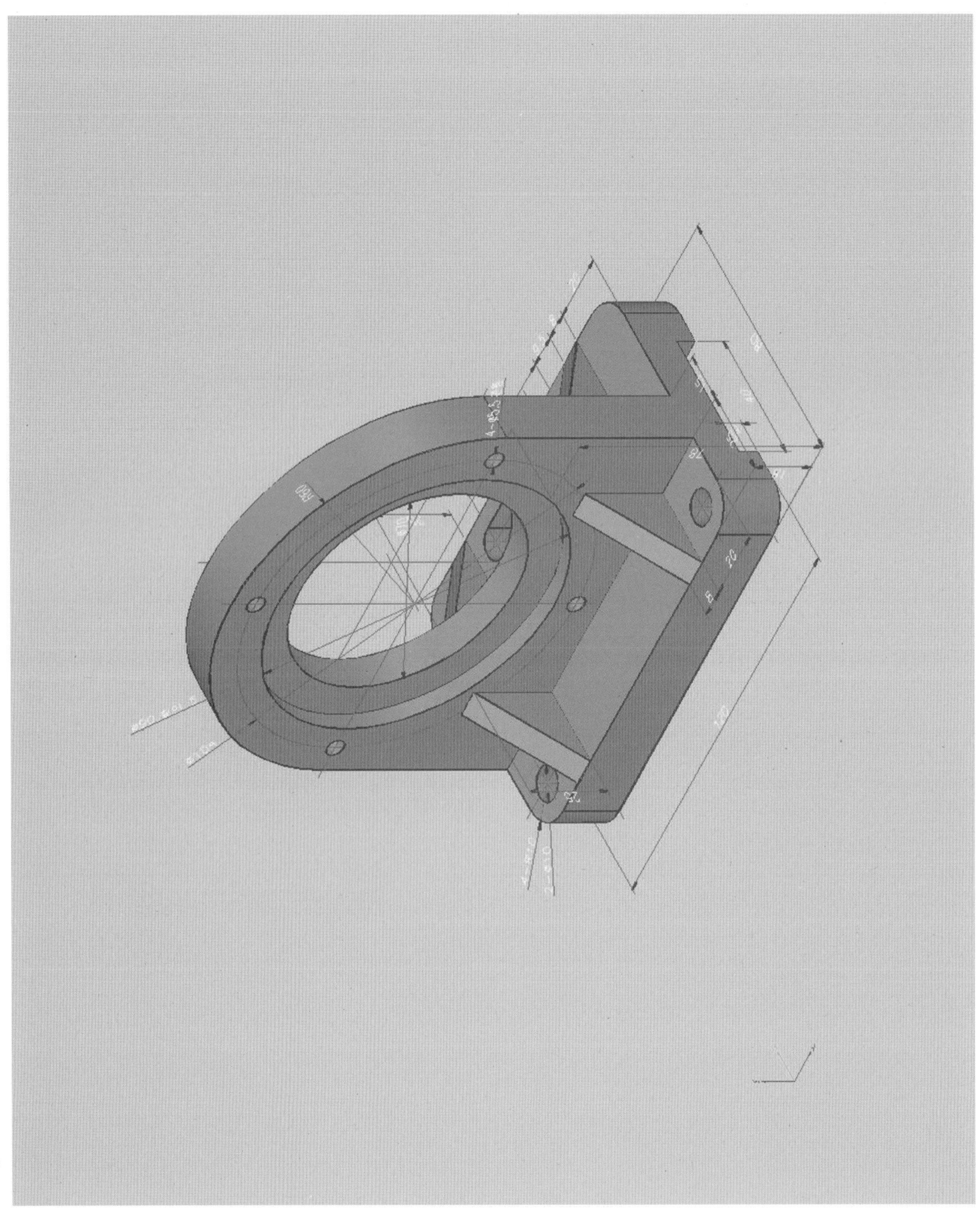

연습문제 6번

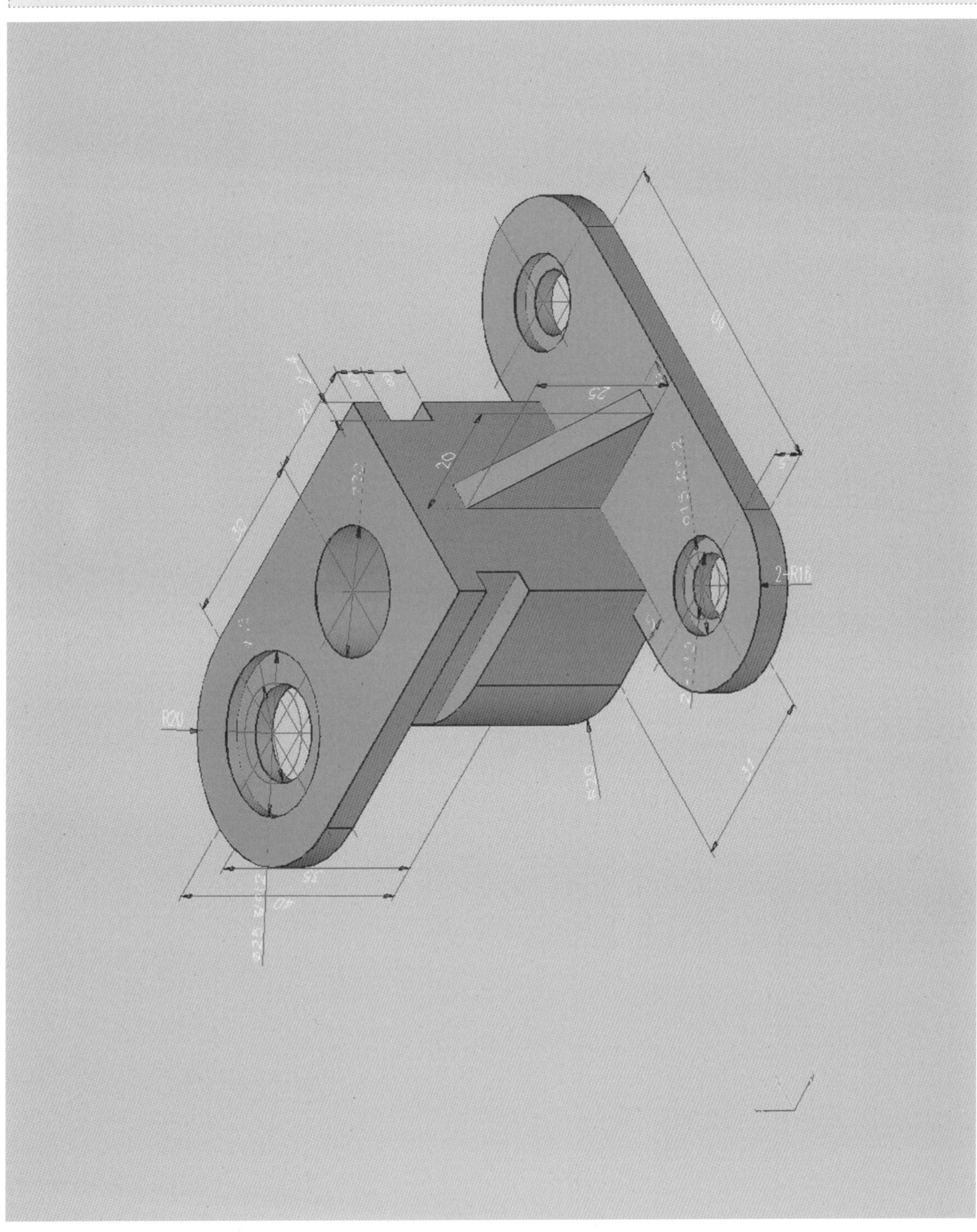

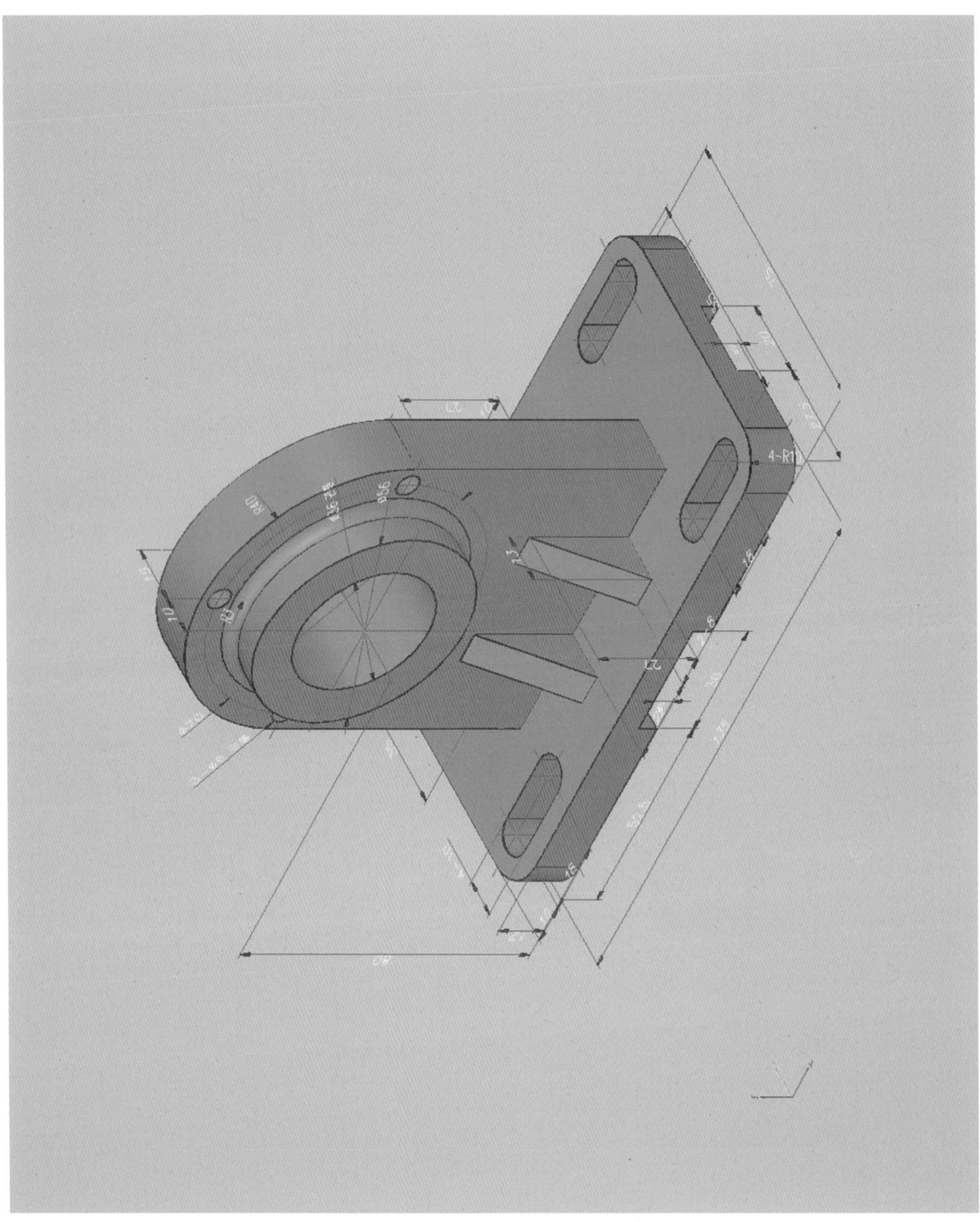

연습문제 7번

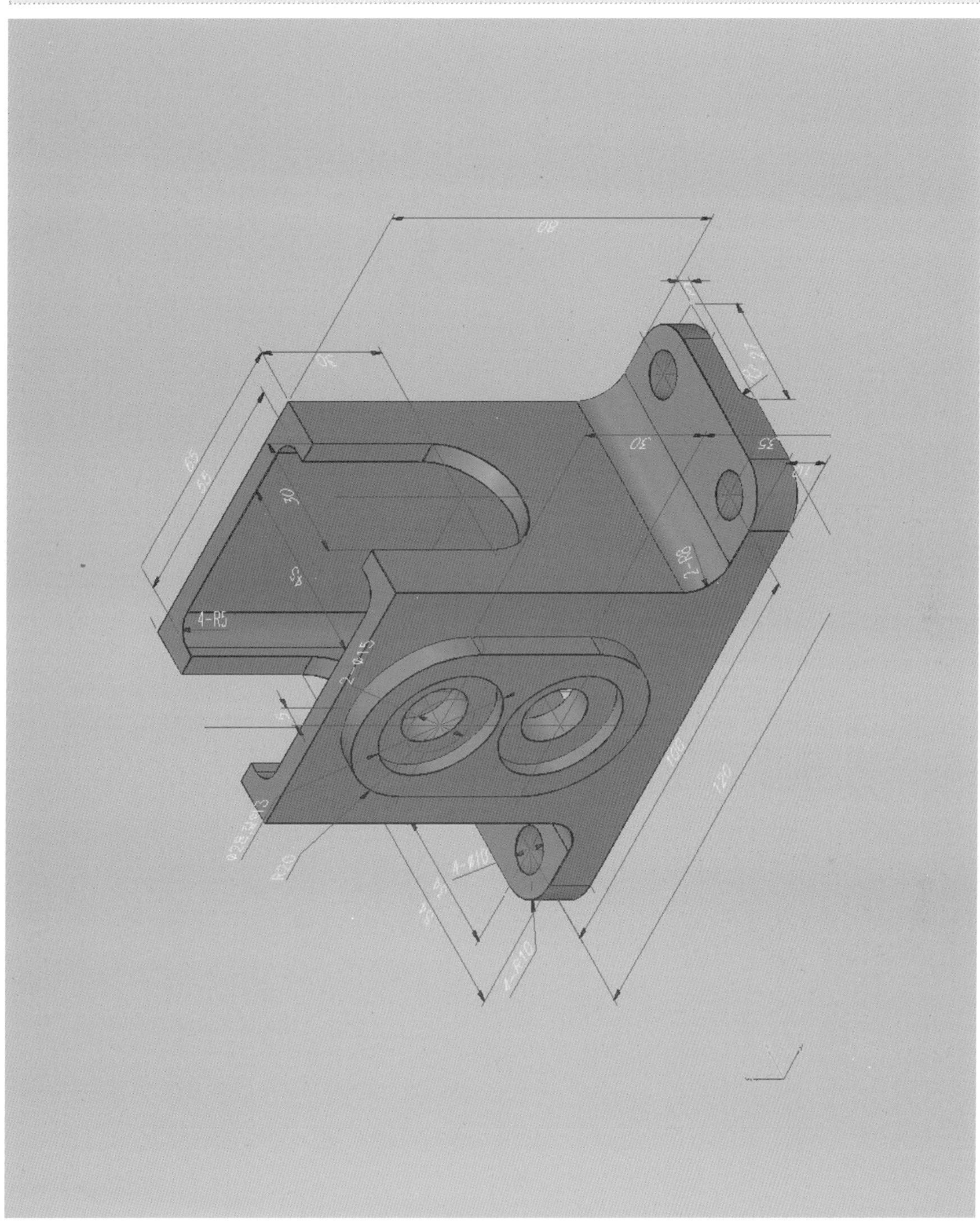

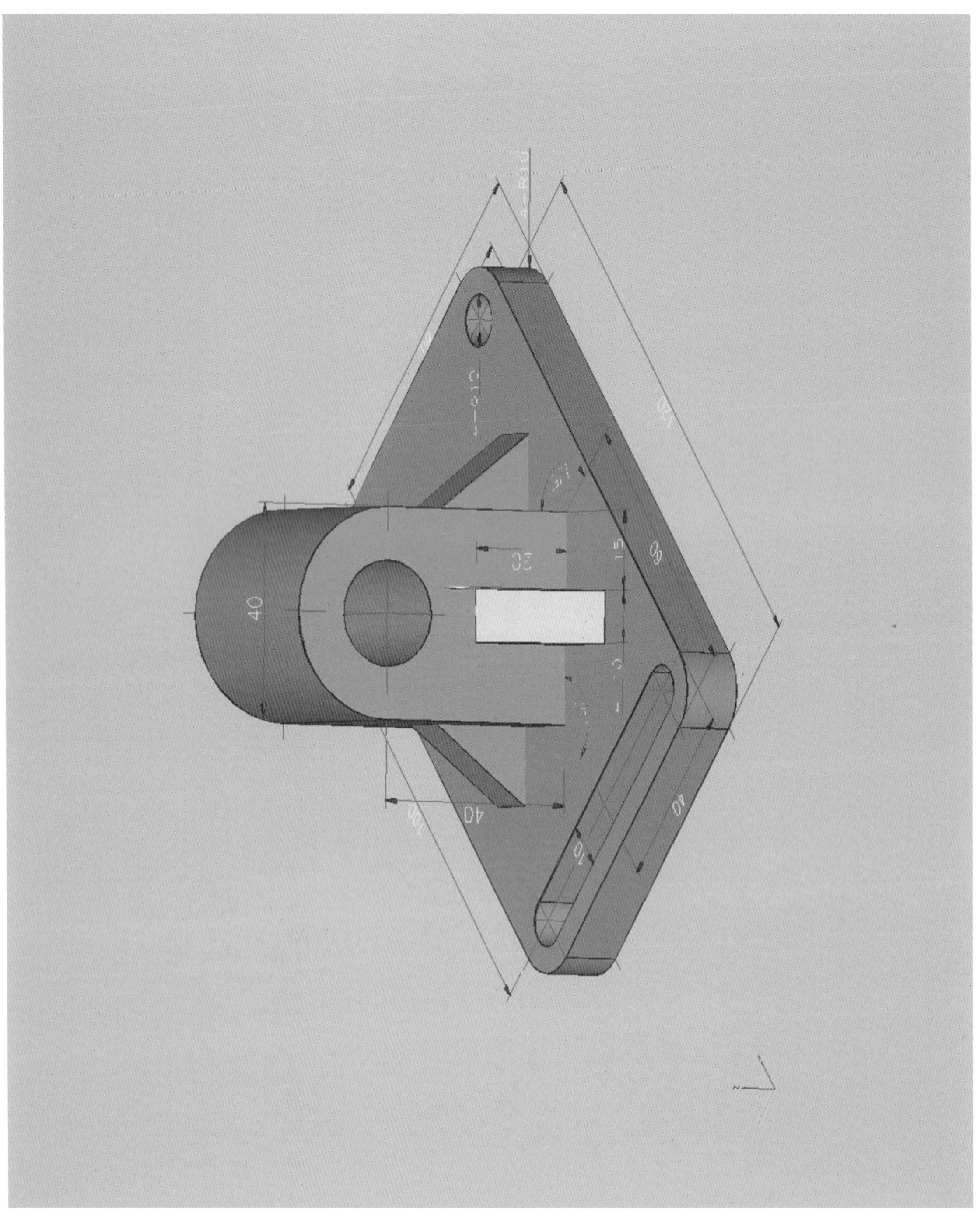

연습문제 8번

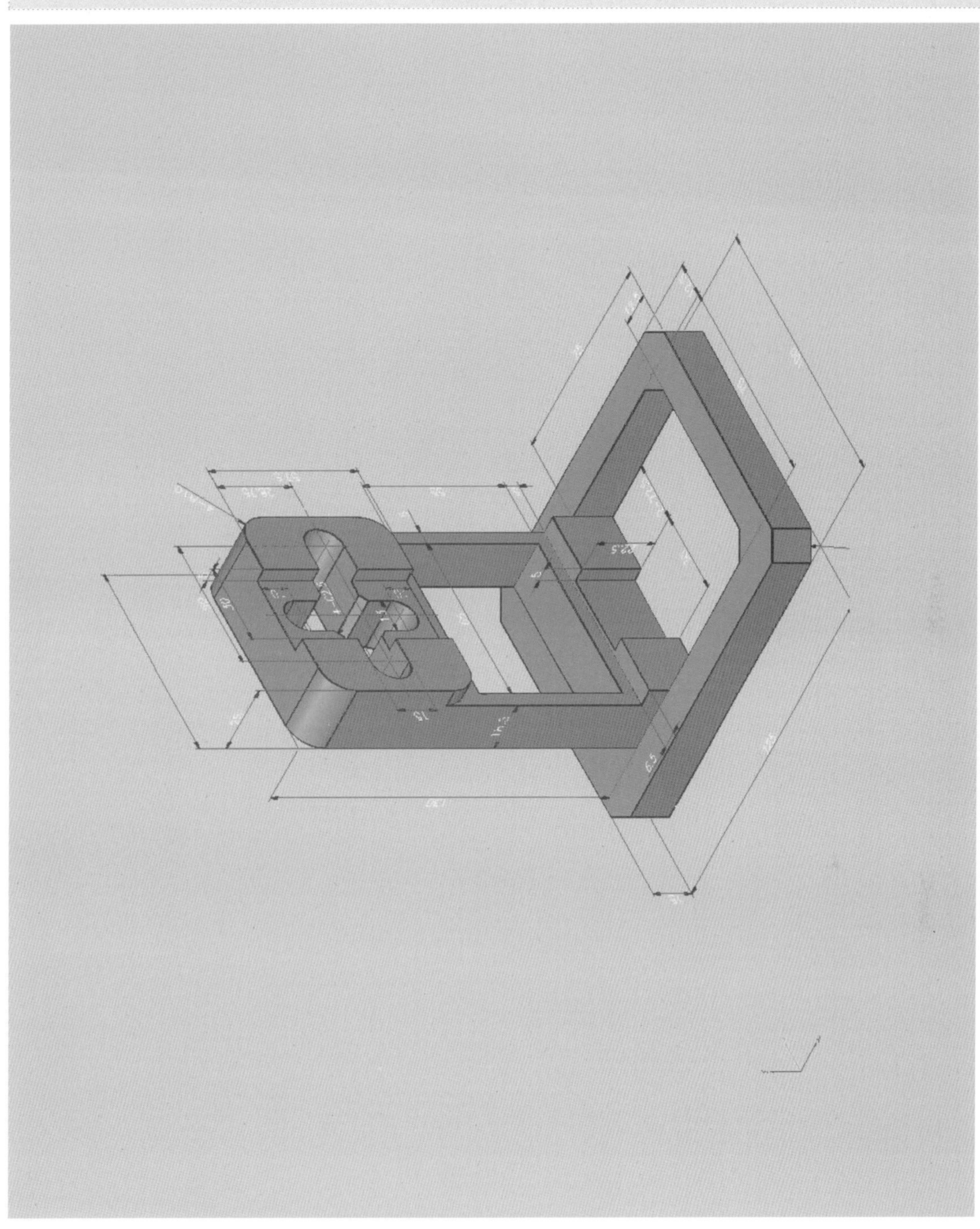

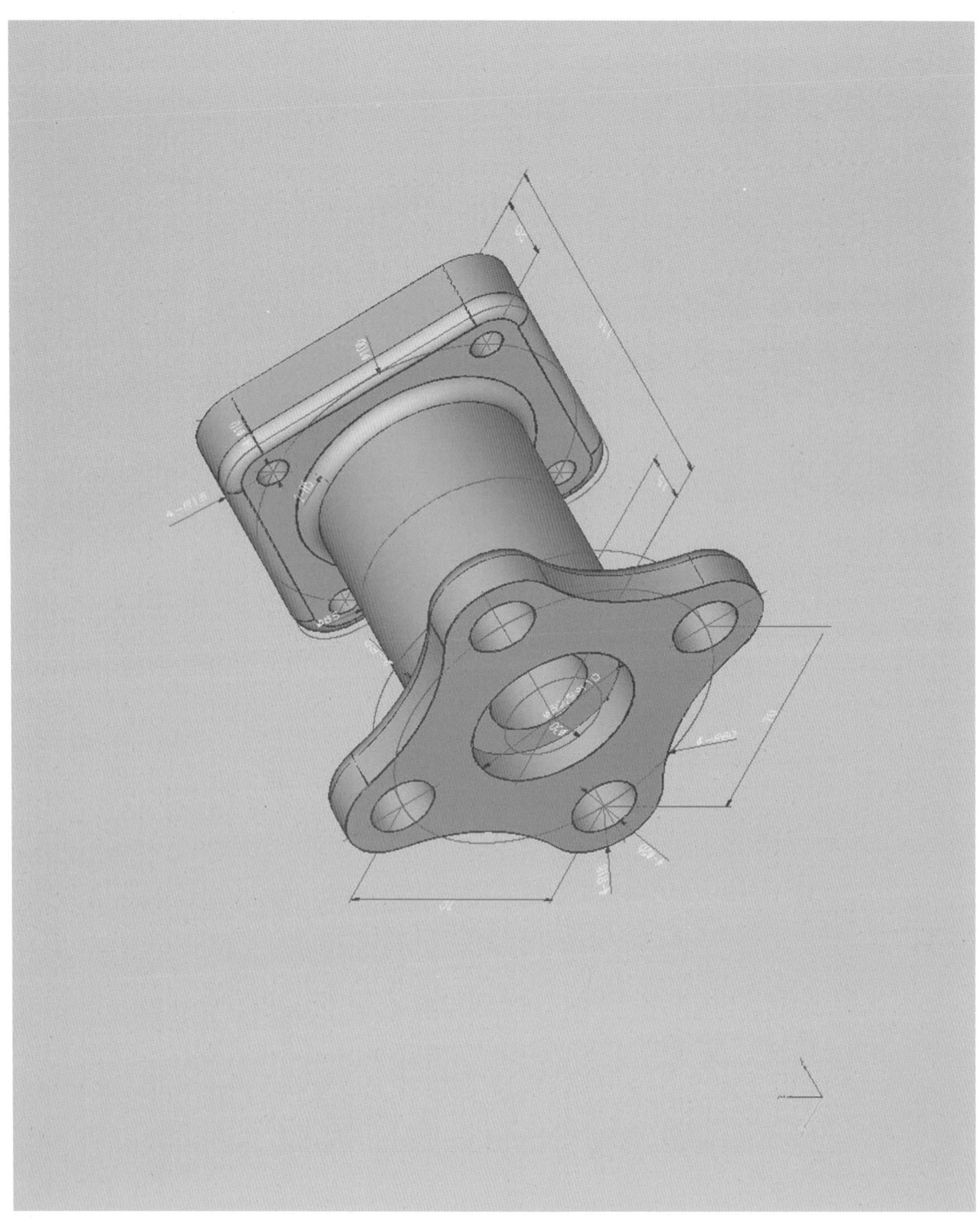

연습문제 9번

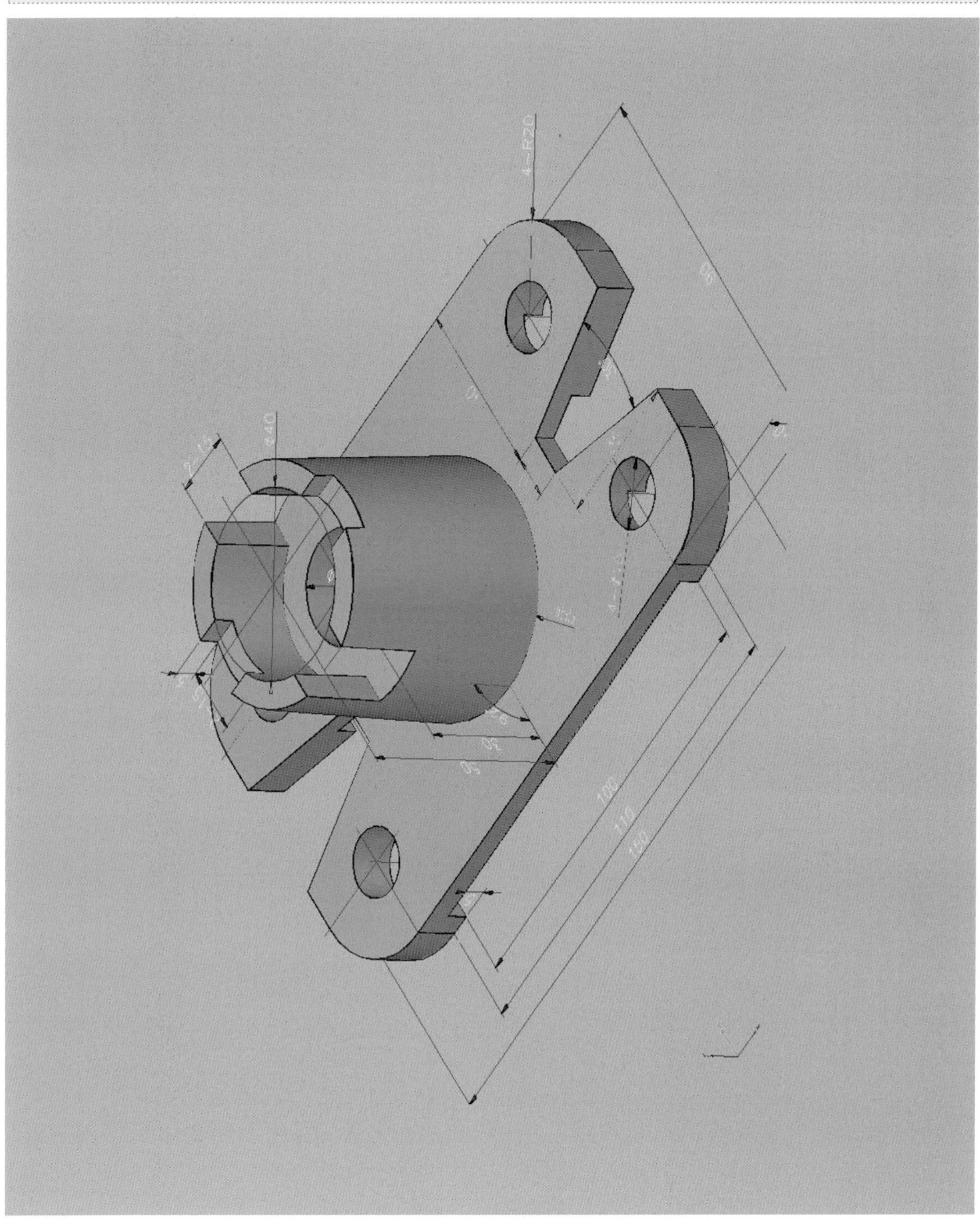

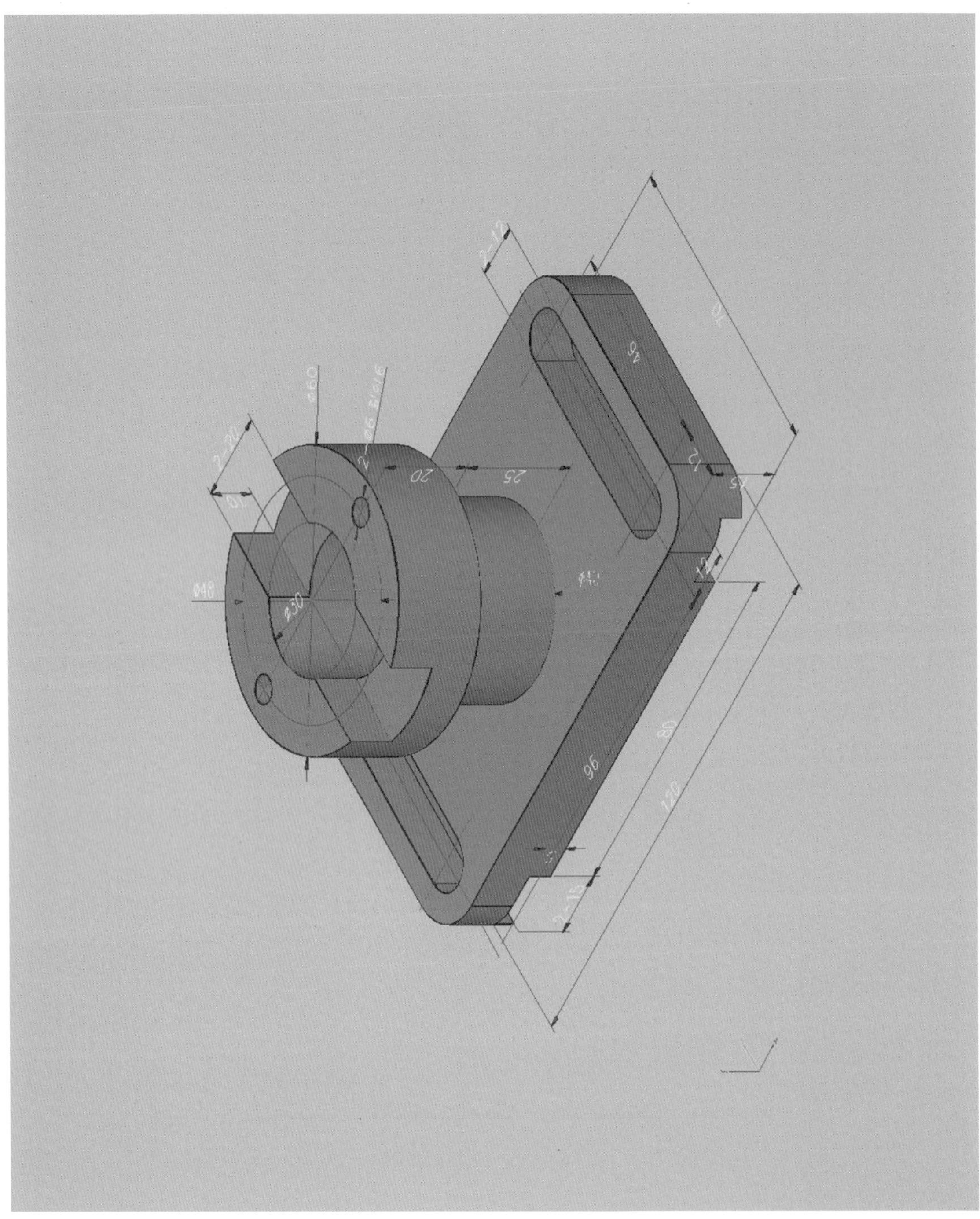

Ø60
2-20
Ø48
Ø30
Ø40
20
25
12
46
70
96
80
120
2-15

연습문제 10번

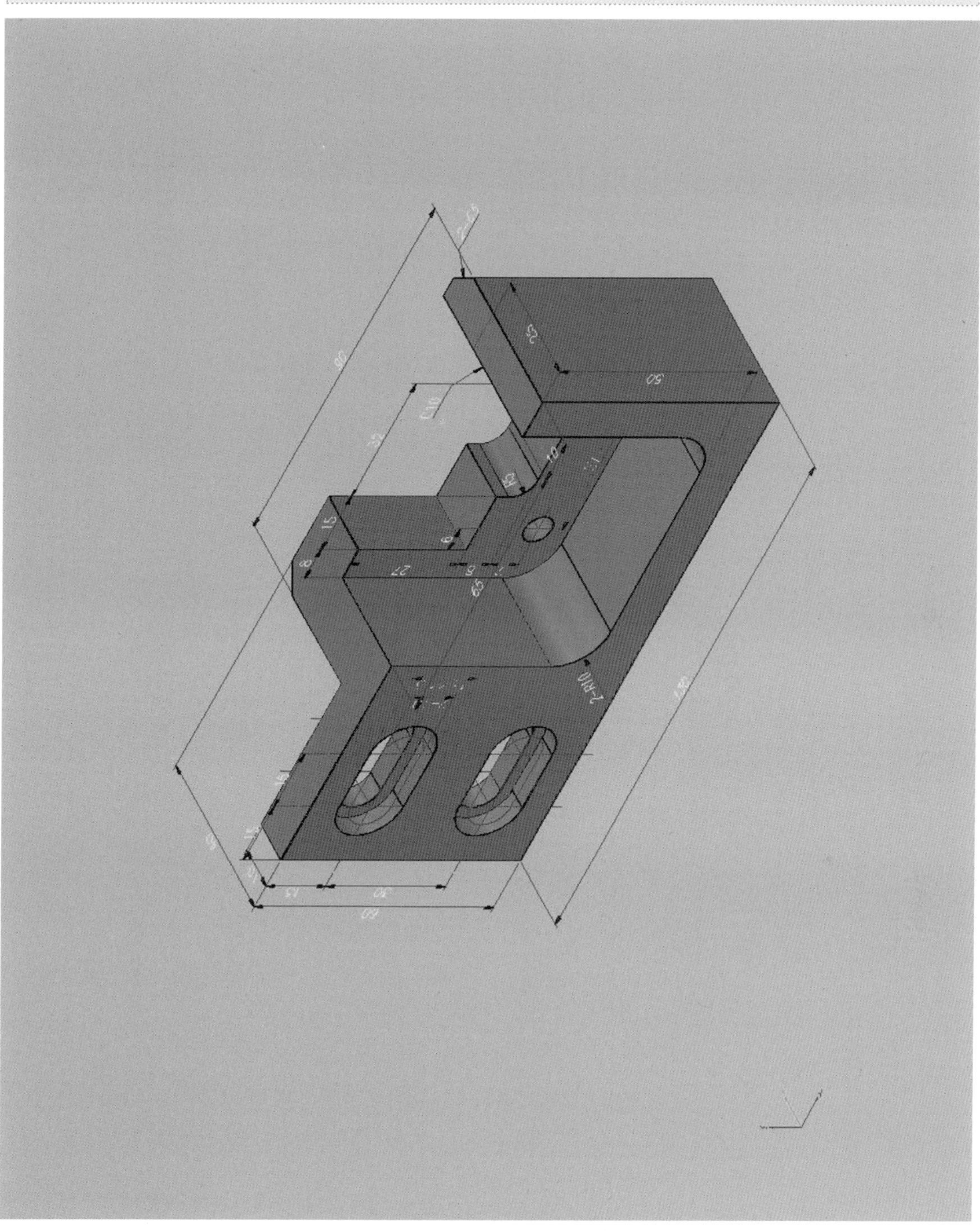

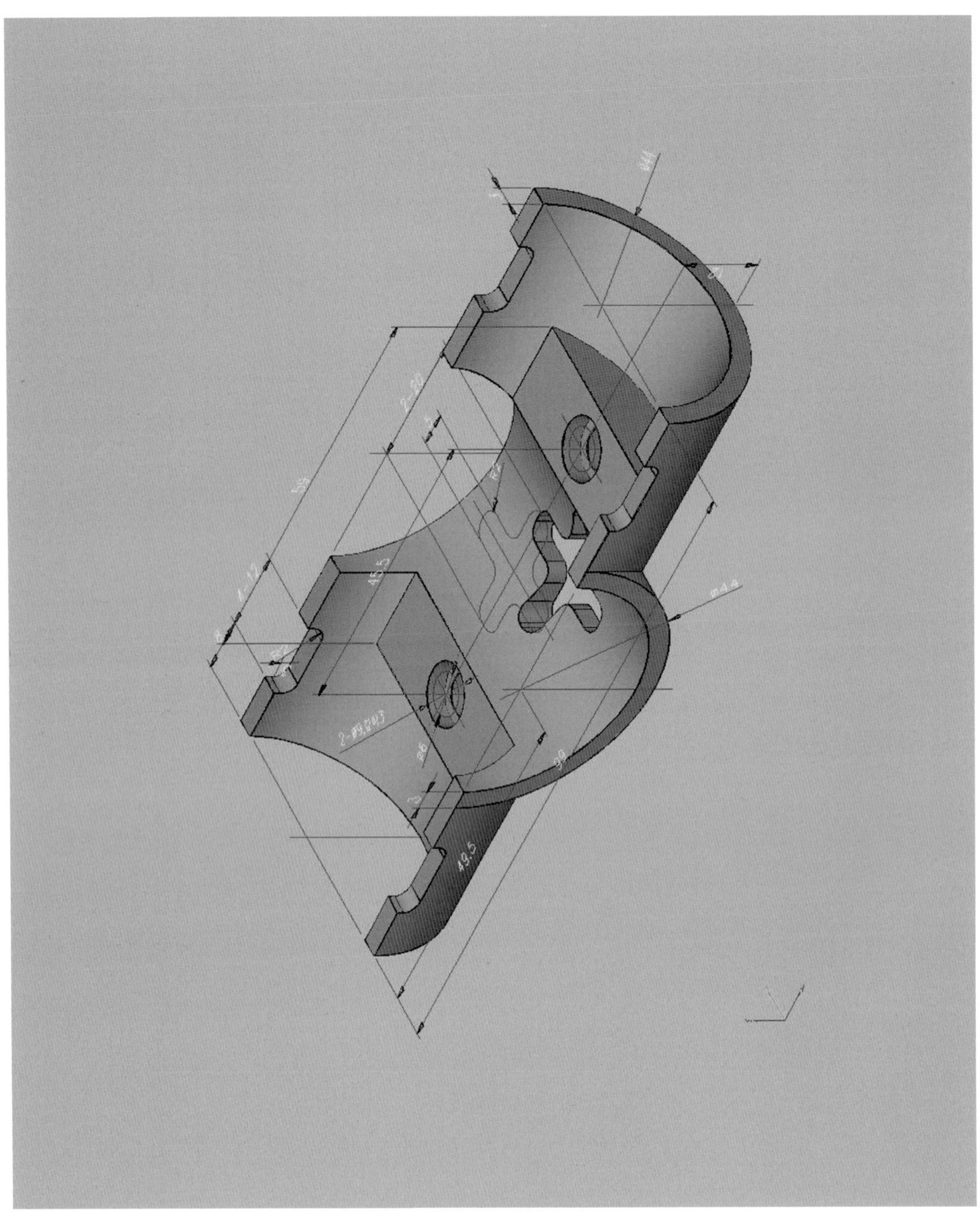

CHAPTER 02 CAD 실무능력 연습문제 2

https://blog.naver.com/proguider [2016년]

[160305] 기출문제 찾아보기

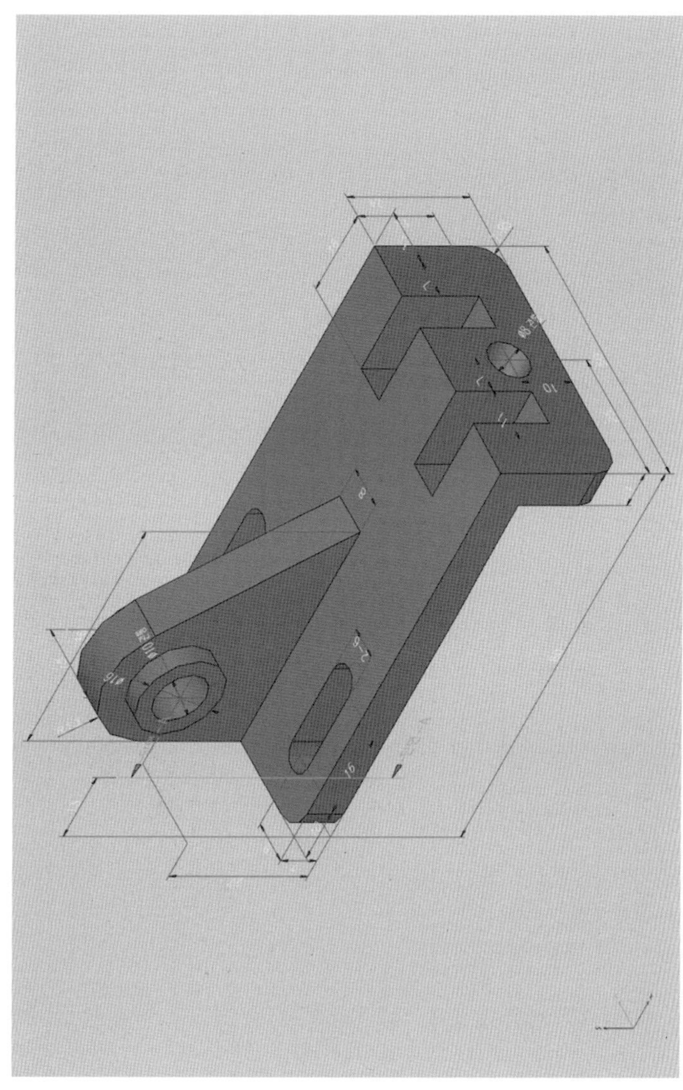

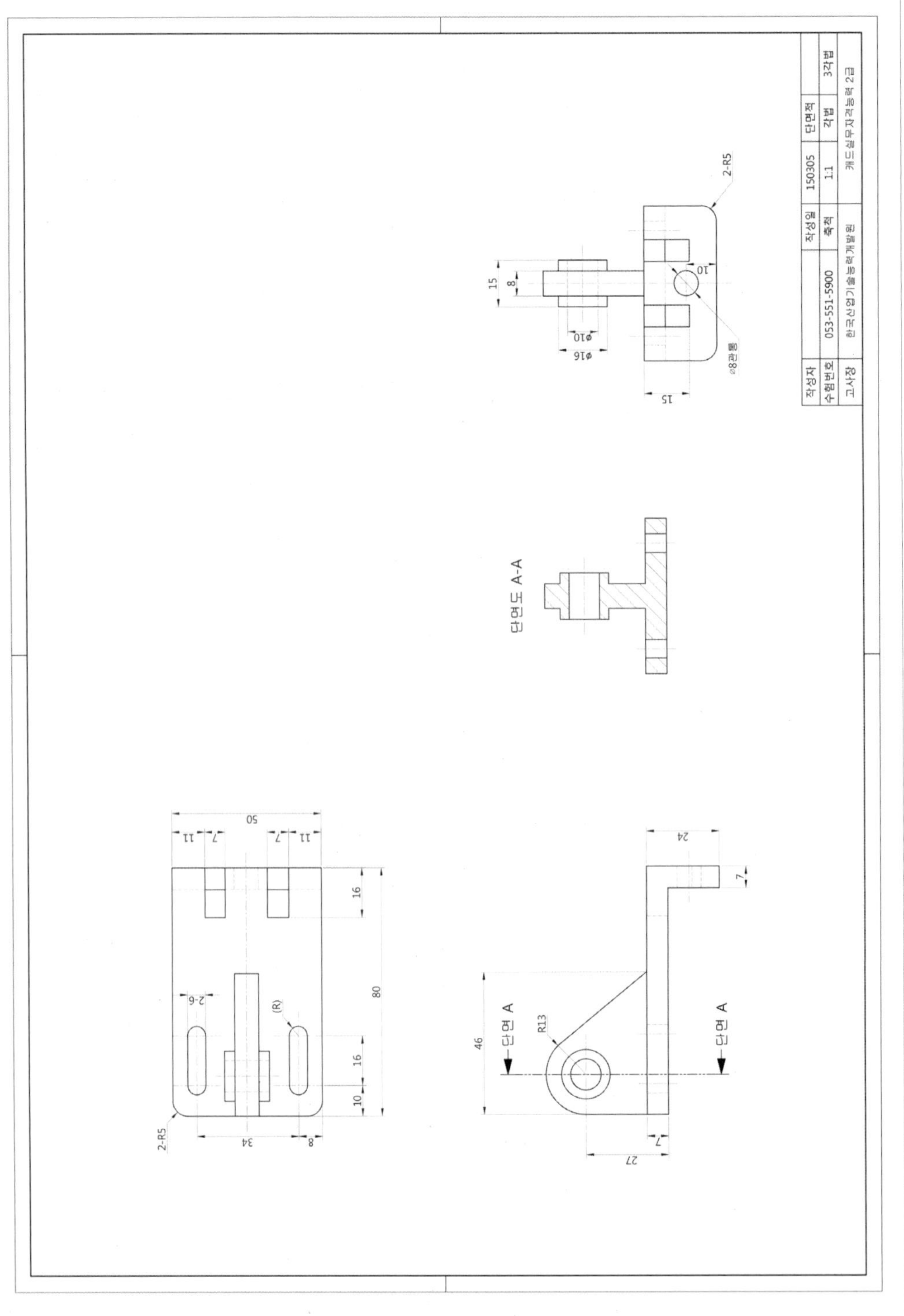
작성자
수험번호
053-551-5900
작성일
150305
단면적
축척
1:1
각법
3각법
고사장
한국산업기술능력개발원
캐드실무자격능력 2급
단면도 A-A
단면 A
단면 A
2-R5
ø8관통
ø10
ø16
R13
2-R5
2-6
(R)
50
80
46
24
27
34
15
16
10
11
7
8

https://blog.naver.com/proguider

[160319] 기출문제 찾아보기

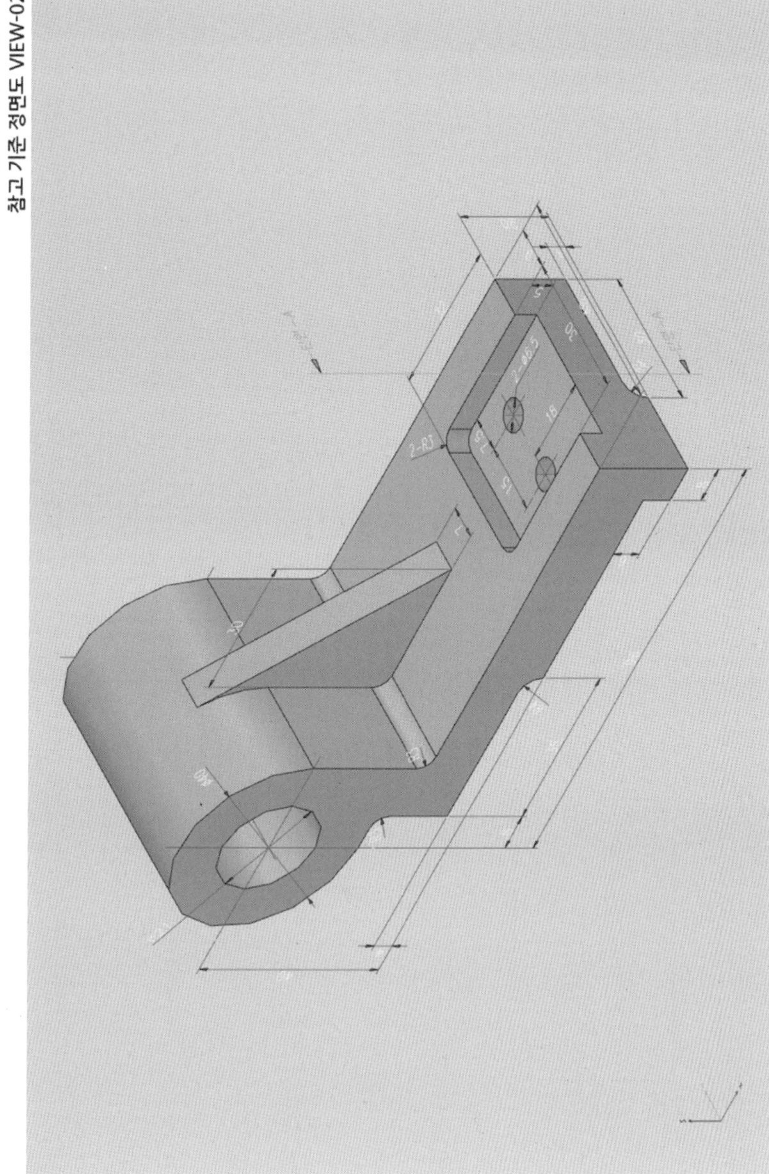

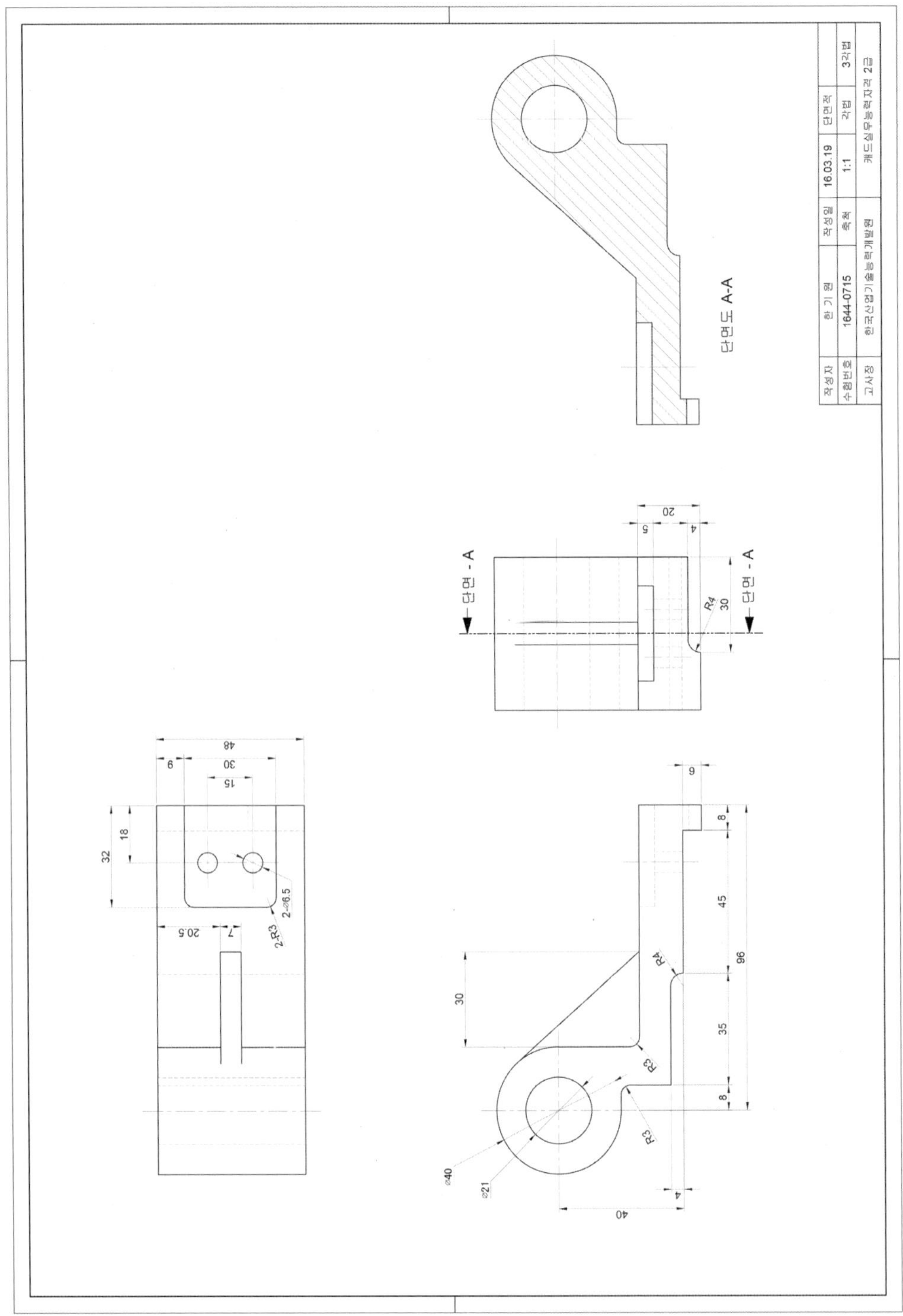

https://blog.naver.com/proguider

[160402] 기출문제 찾아보기

2016-04-02 2급 1부-10:00~11:30

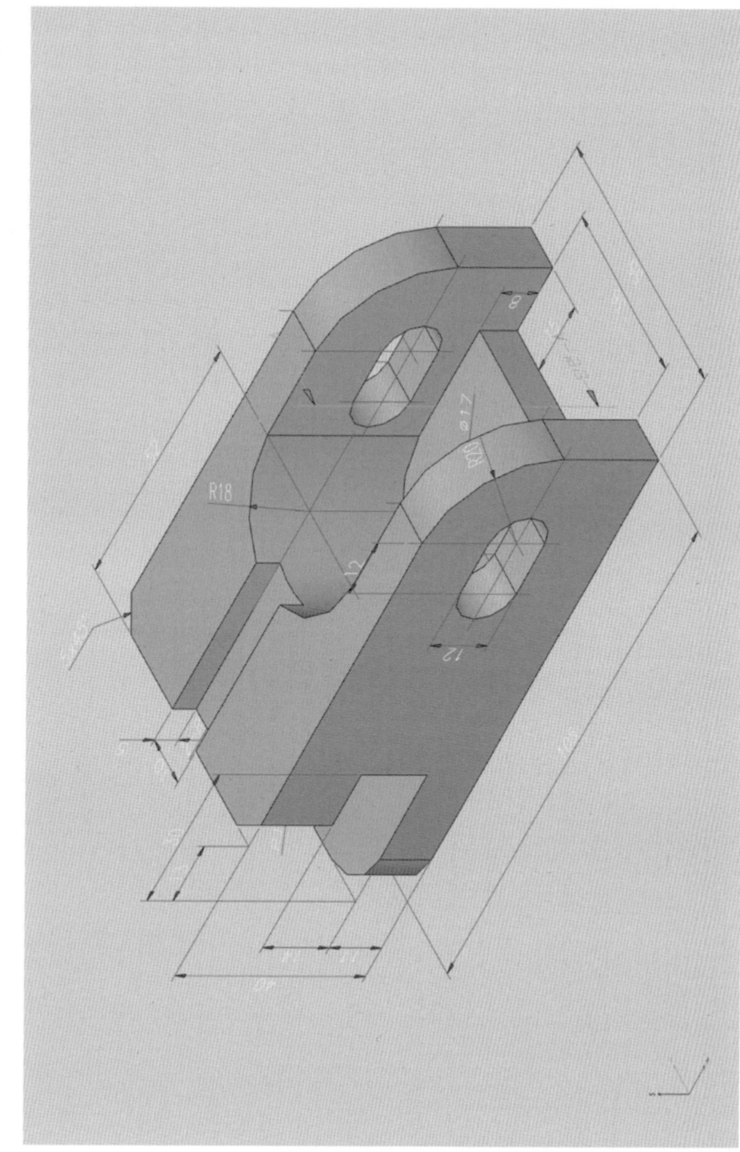

(주)한국산업기술능력개발원 [http://hitc.co.kr]

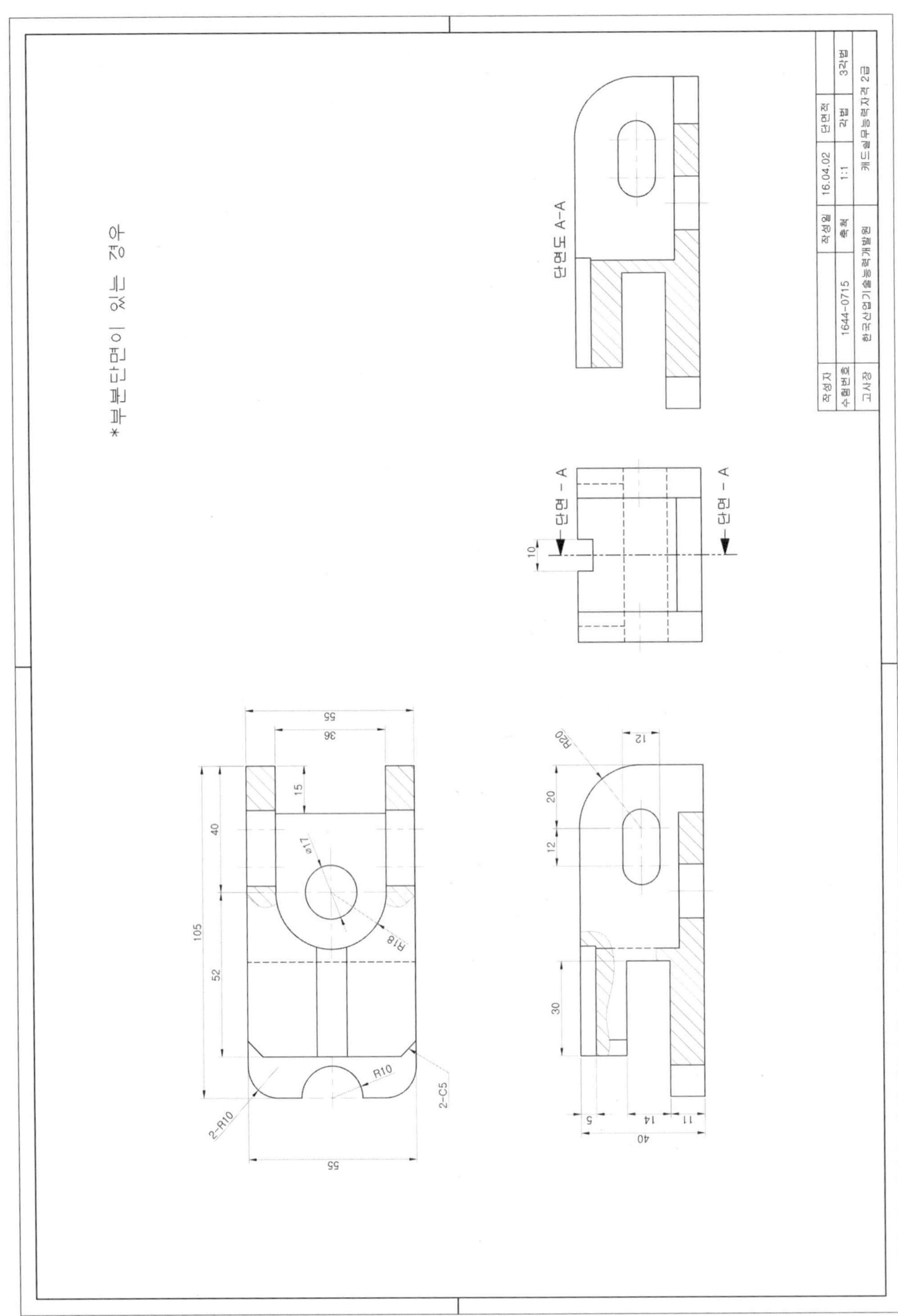
*부분단면이 있는 경우
단면도 A-A
단면 - A
단면 - A
작성자
수험번호
1644-0715
작성일
16.04.02
척도
1:1
각법
3각법
고사장
55
36
15
40
105
52
ø17
R18
R10
2-R10
2-C5
R20
12
20
30
5
14
11
40
10

https://blog.naver.com/proguider

[160416] 기출문제 찾아보기

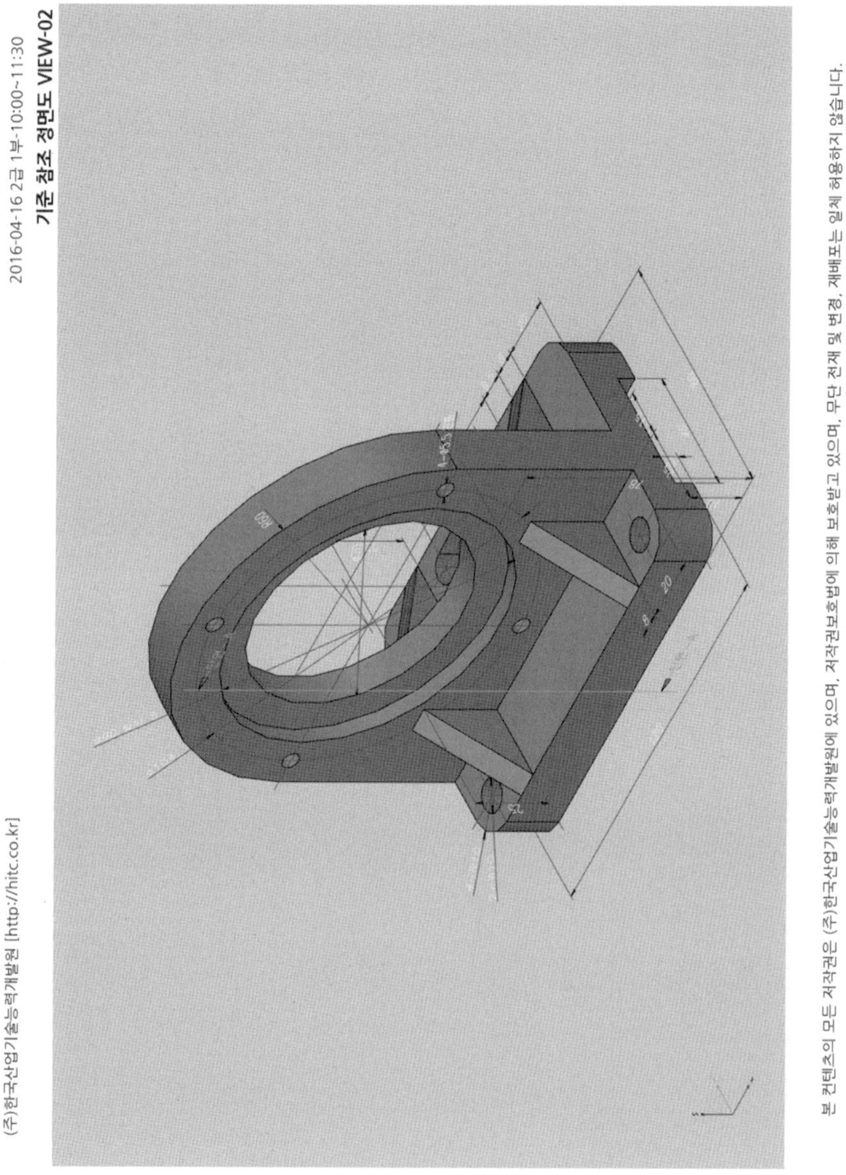
2016-04-16 2급 1부-10:00~11:30
기준 참조 정면도 VIEW-02
(주)한국산업기술능력개발원 [http://hitc.co.kr]
본 컨텐츠의 모든 저작권은 (주)한국산업기술능력개발원에 있으며, 저작권보호법에 의해 보호받고 있으며, 무단 전재 및 변경, 재배포는 일체 허용하지 않습니다.

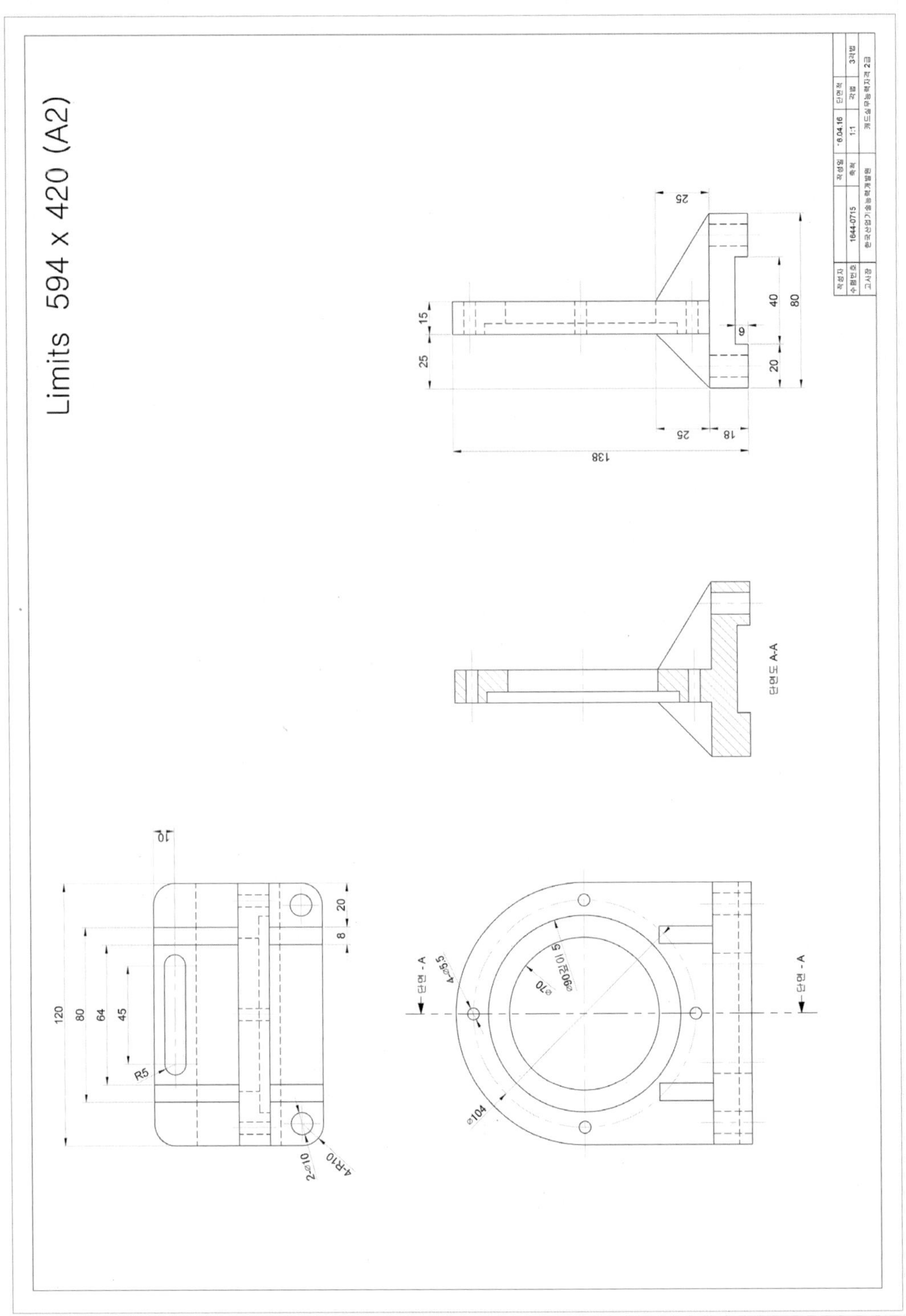
Limits 594 x 420 (A2)
단면도 A-A
단면 - A
4-⌀5.5
⌀70
⌀90깊이 5
⌀104
2-⌀10
4-R10
R5
120
80
64
45
20
8
10
138
25
18
15
40
80
6

https://blog.naver.com/proguider

[160507] 기출문제 찾아보기

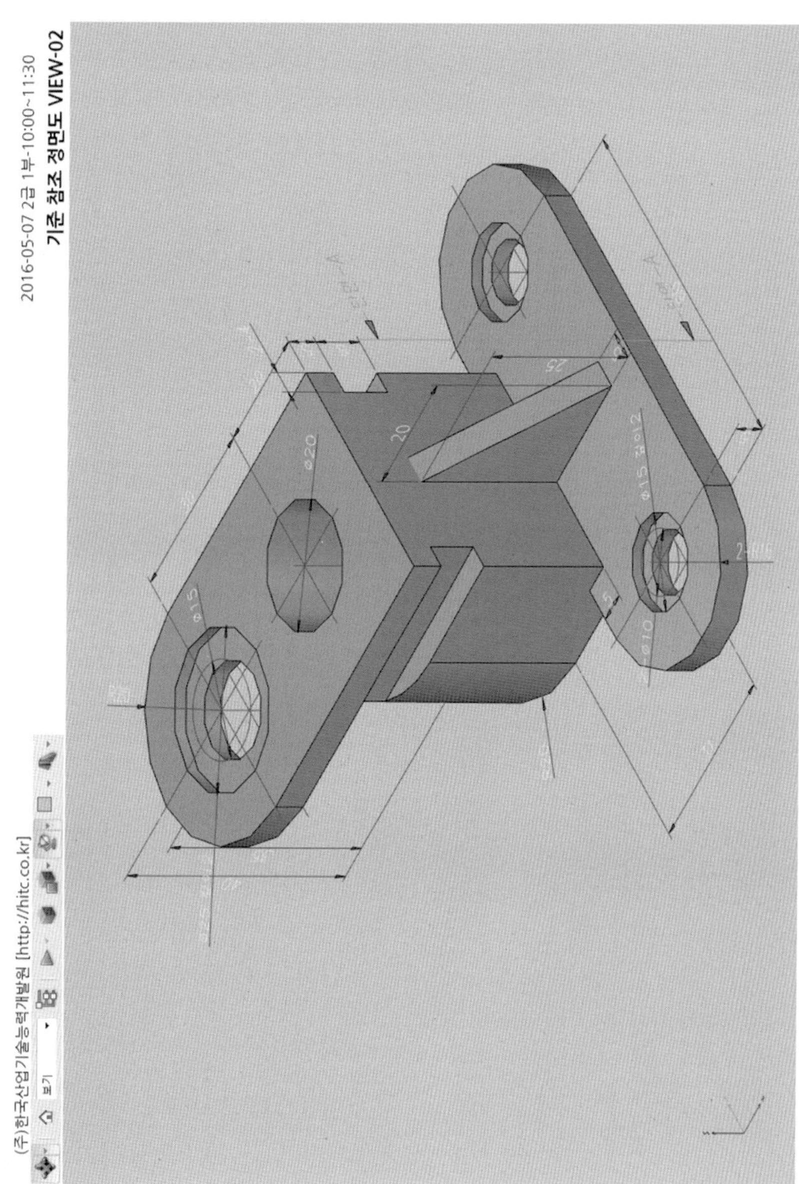

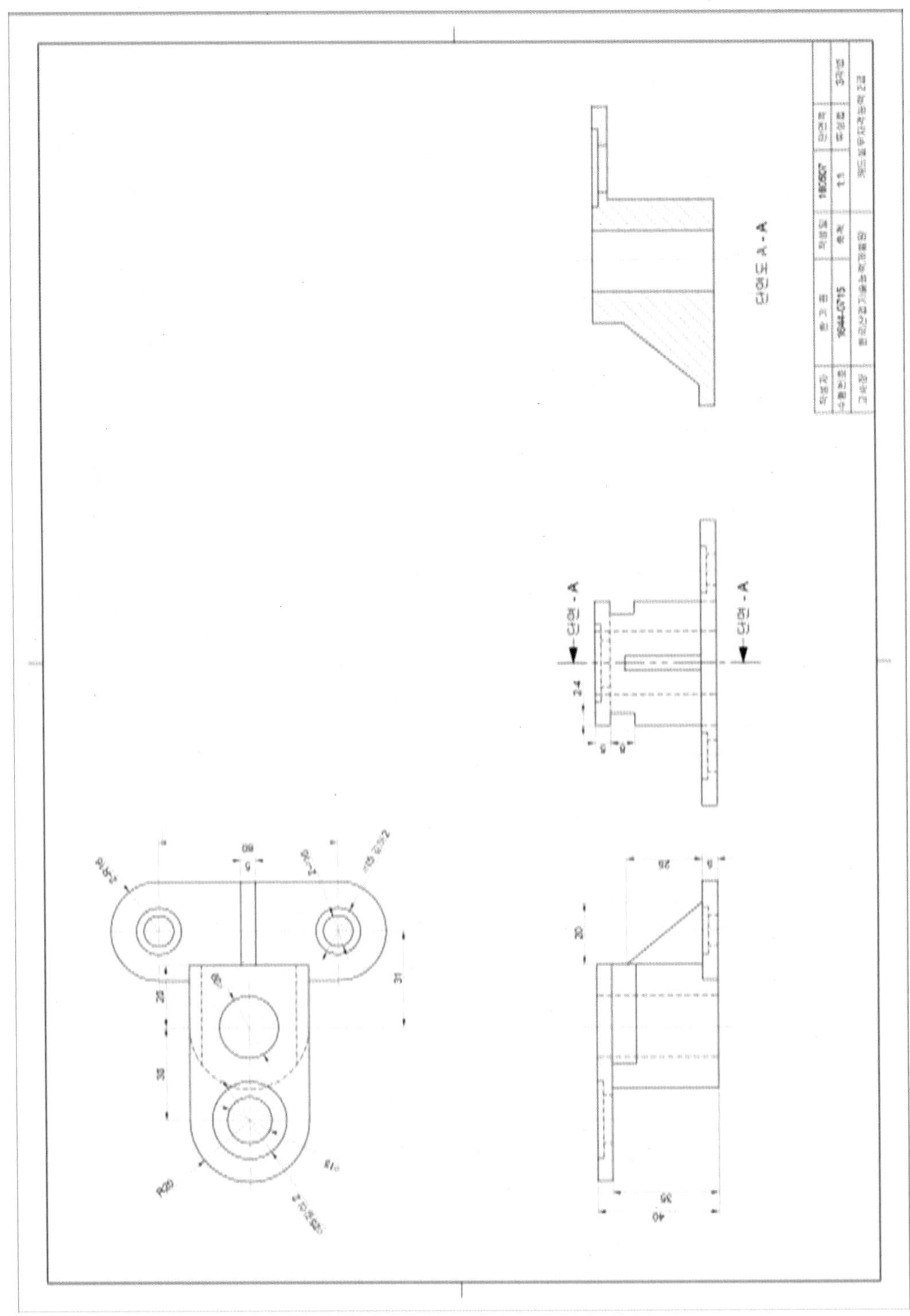
단면도 A - A
단면 - A
단면 - A

[160604] 기출문제 찾아보기

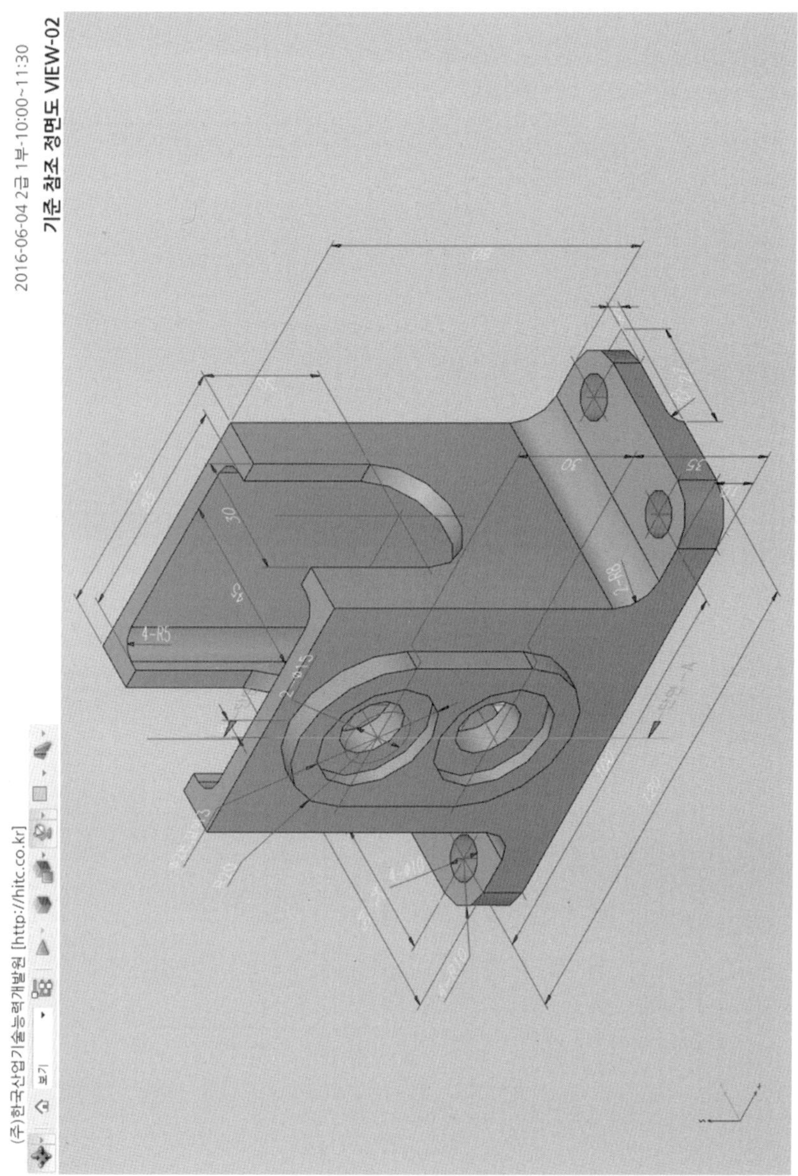

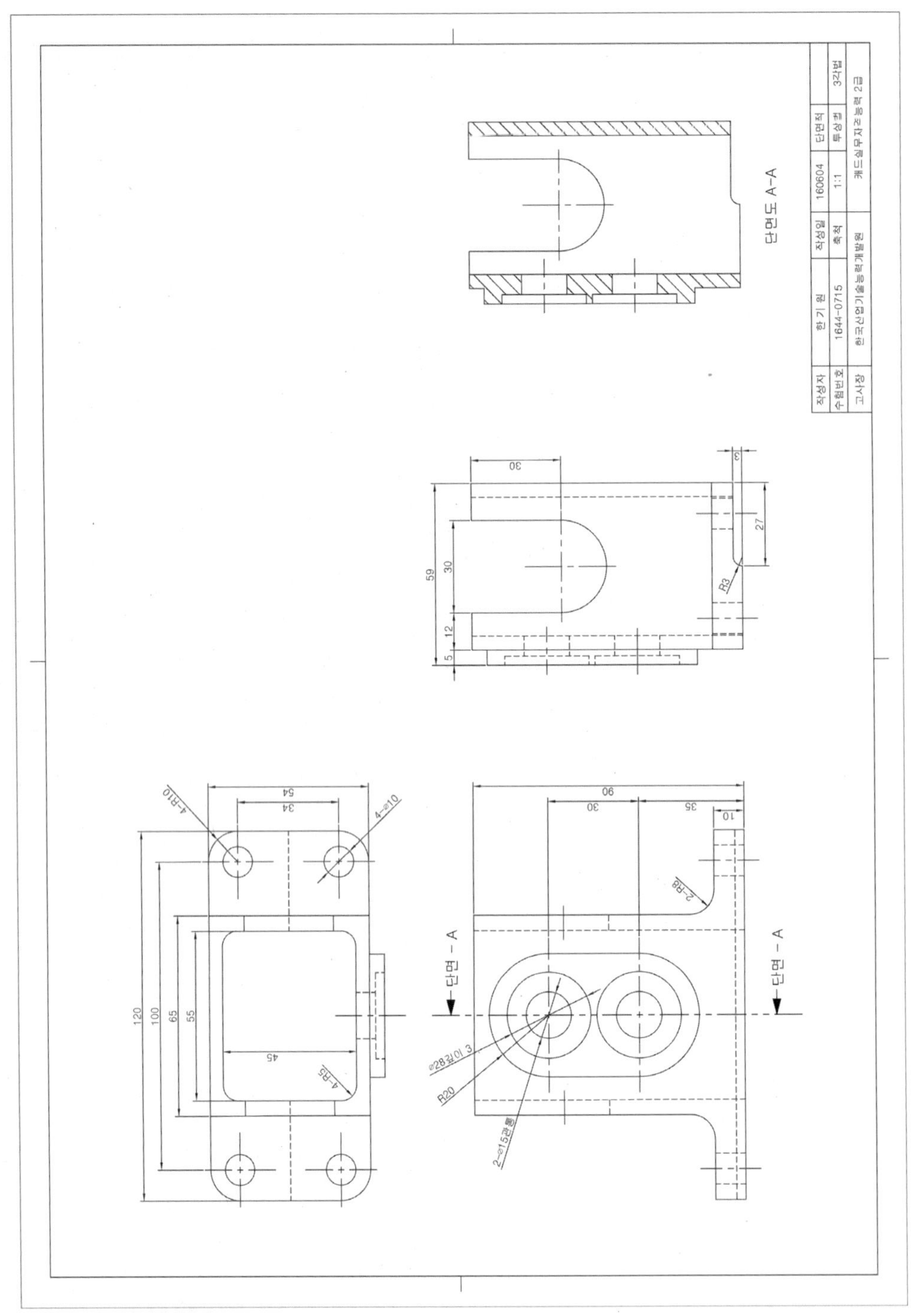

https://blog.naver.com/proguider

[160618] 기출문제 찾아보기

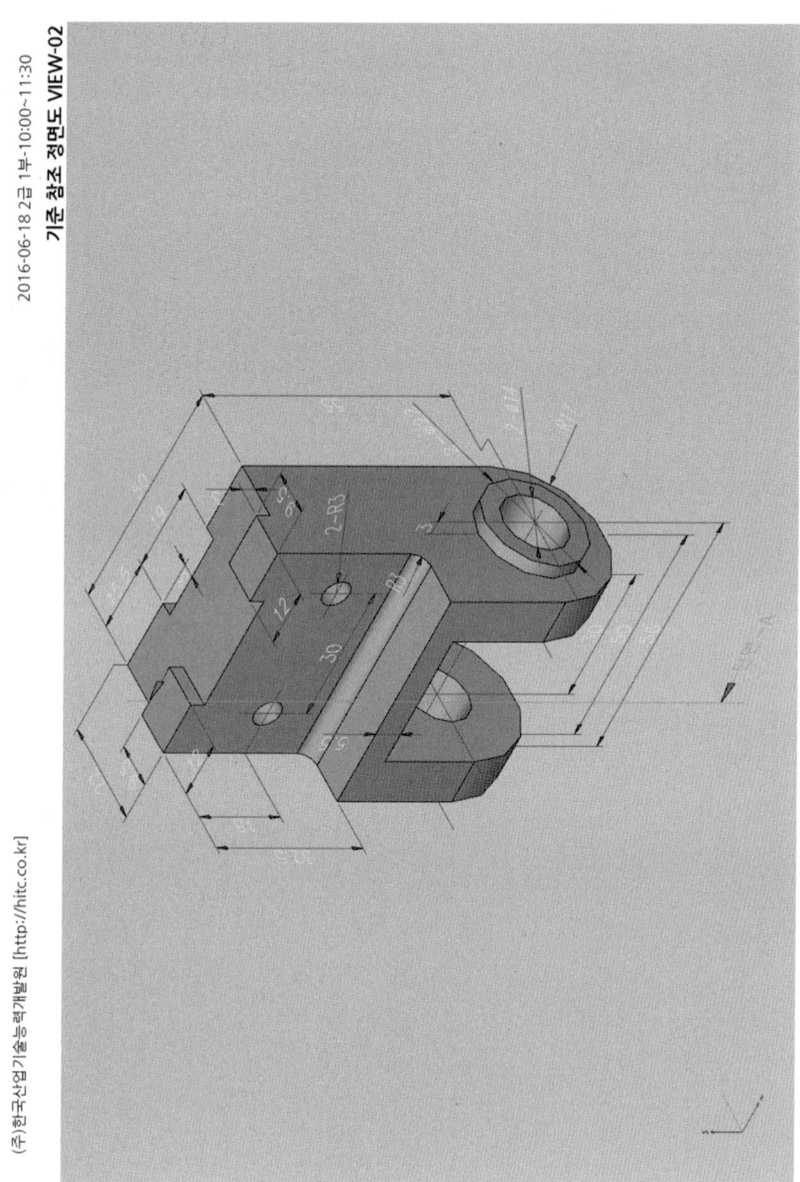

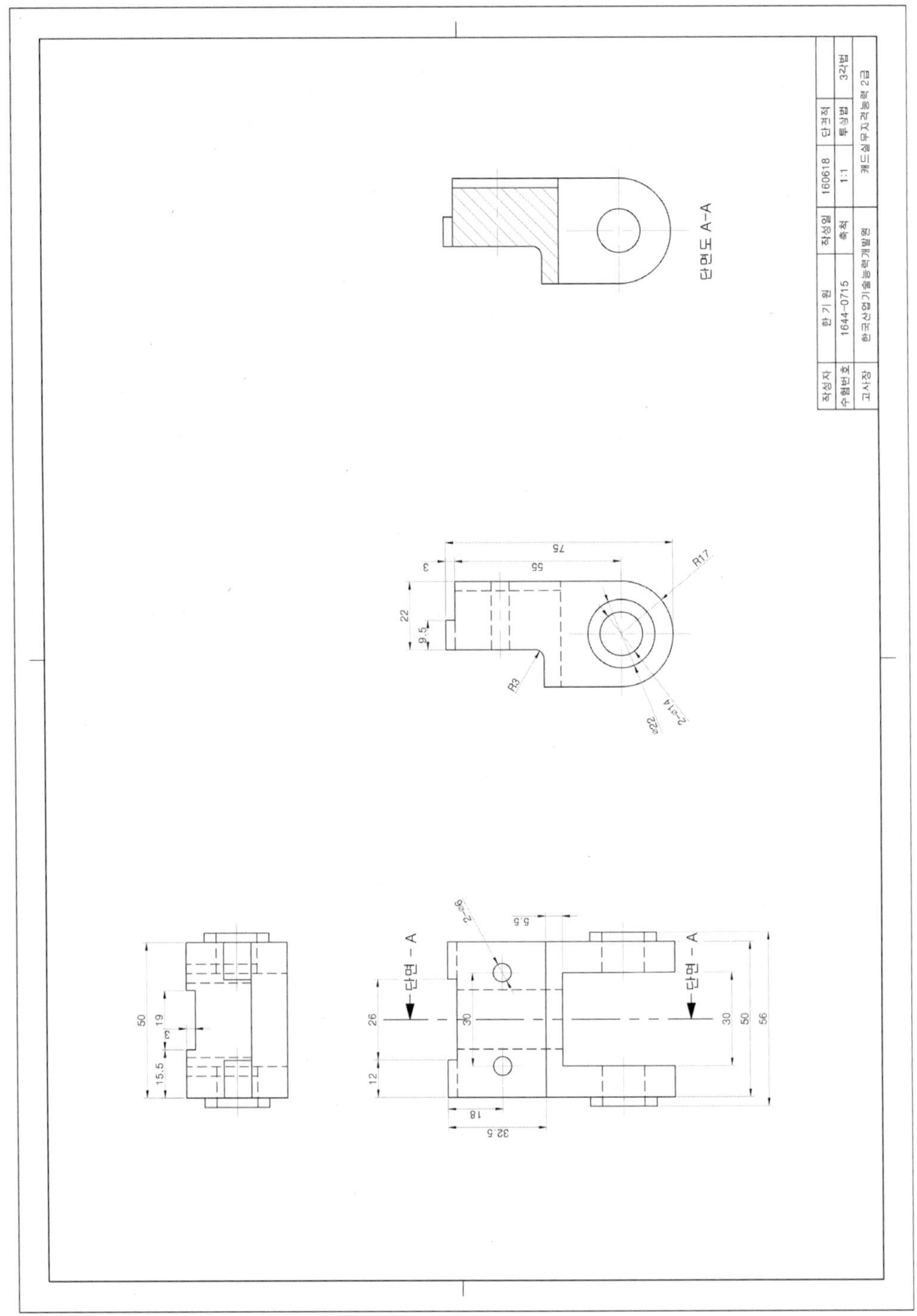
단면도 A-A
단면 - A
작성자
작성일
160618
수험번호
1644-0715
축척
1:1
투상법
3각법
고사장
R17
R3
75
55
22
9.5
30
50
56
26
12
18
32.5
5.5
19
15.5

https://blog.naver.com/proguider

[160702] 기출문제 찾아보기

2016-07-02 2급 1부-10:00~11:30

기준 참조 정면도 VIEW-02

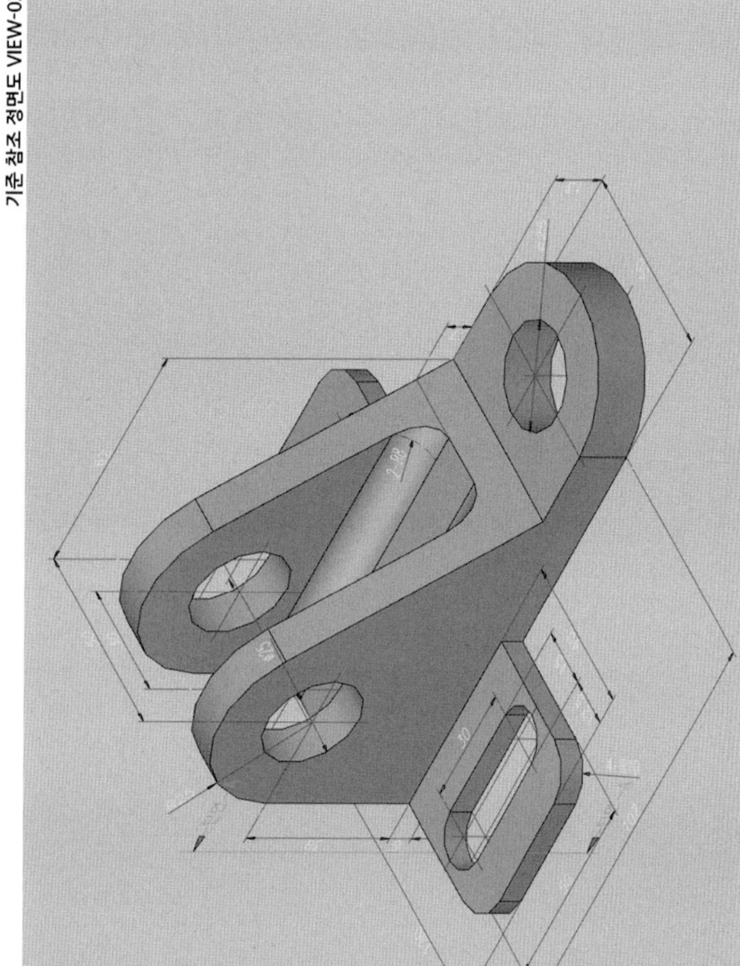

(주)한국산업기술능력개발원 [http://hitc.co.kr]

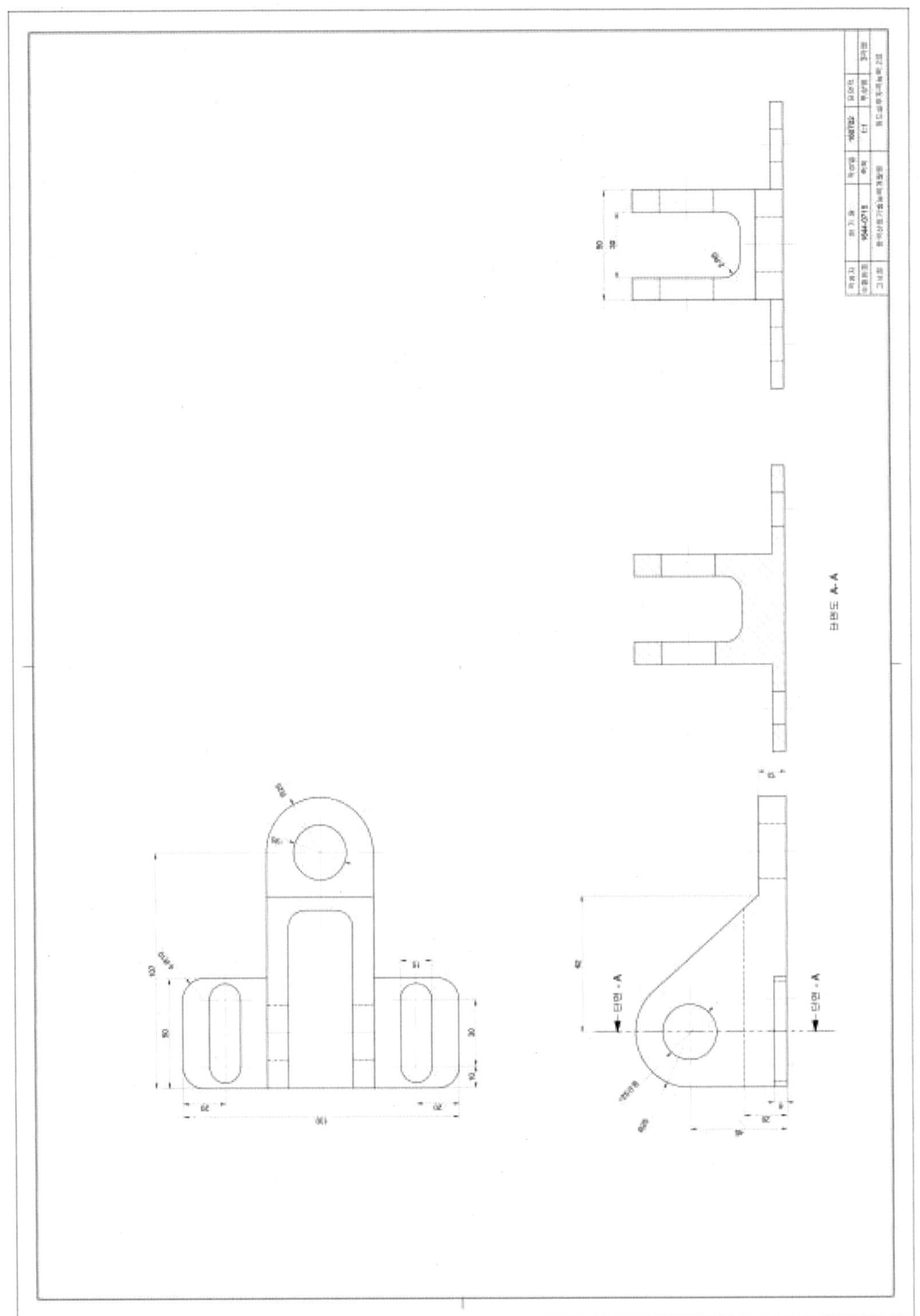

https://blog.naver.com/proguider

[160716] 기출문제 찾아보기

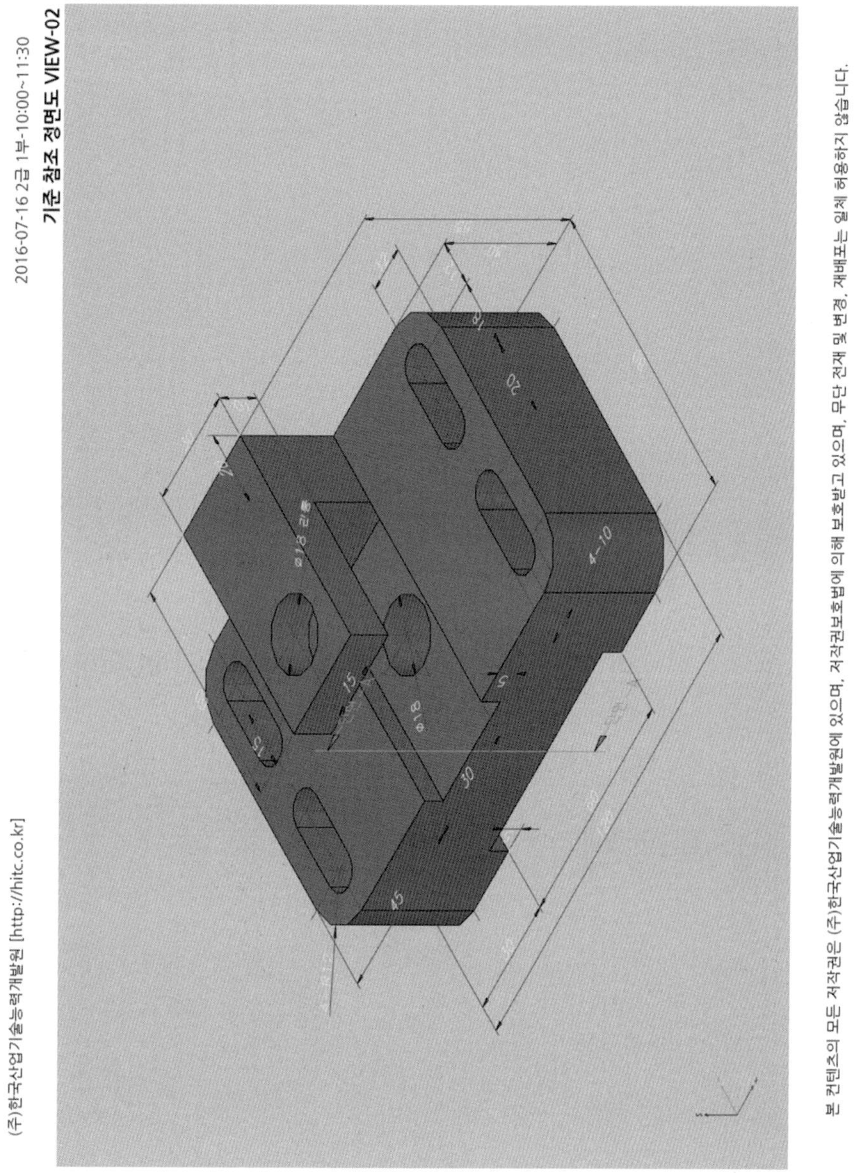
2016-07-16 2급 1부-10:00~11:30
기준 참조 정면도 VIEW-02
(주)한국산업기술능력개발원 [http://hitc.co.kr]
본 컨텐츠의 모든 저작권은 (주)한국산업기술능력개발원에 있으며, 저작권보호법에 의해 보호받고 있으며, 무단 전재 및 변경, 재배포는 일체 허용하지 않습니다.
20
4-10
Ø18 관통
15
Ø18
30
45
5
80
120

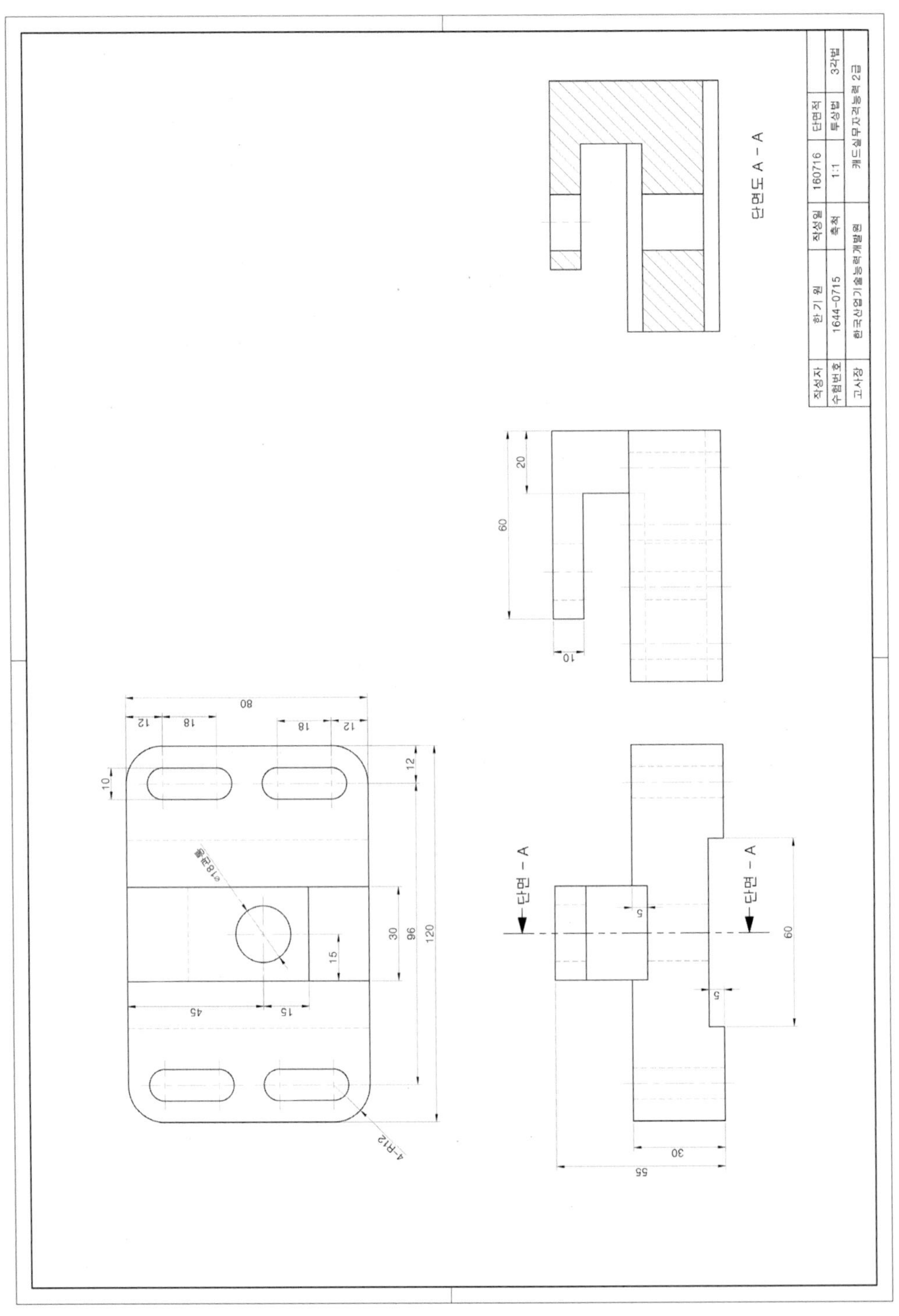
단면도 A – A
단면 – A
단면 – A

https://blog.naver.com/proguider

[160806] 기출문제 찾아보기

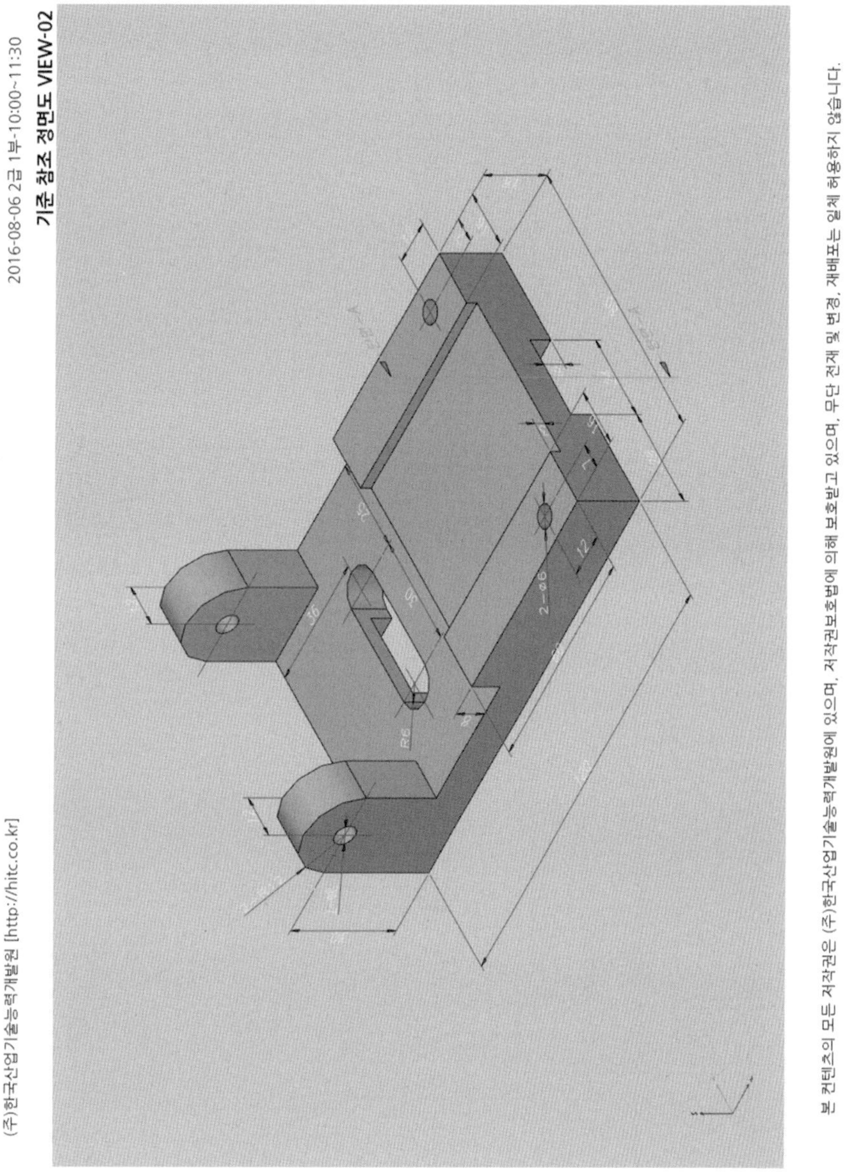

2016-08-06 2급 1부-10:00~11:30
기준 참조 정면도 VIEW-02
(주)한국산업기술능력개발원 [http://hitc.co.kr]
본 컨텐츠의 모든 저작권은 (주)한국산업기술능력개발원에 있으며, 저작권보호법에 의해 보호받고 있으며, 무단 전재 및 변경, 재배포는 일체 허용하지 않습니다.

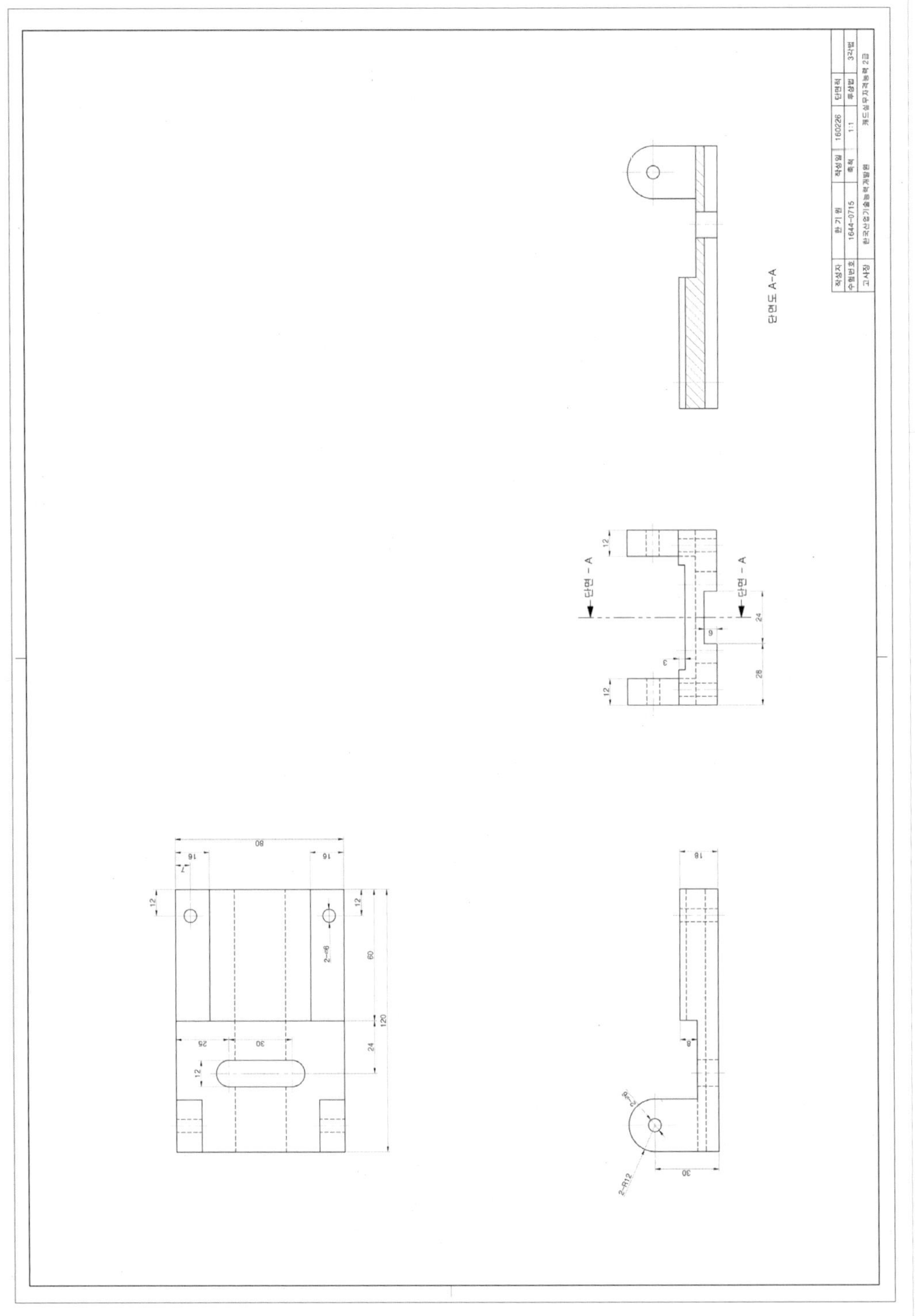
단면도 A-A
단면 - A
단면 - A

https://blog.naver.com/proguider

[160820] 기출문제 찾아보기

2016-08-20 2급 1부-10:00~11:30

기준 참조 정면도 VIEW-02

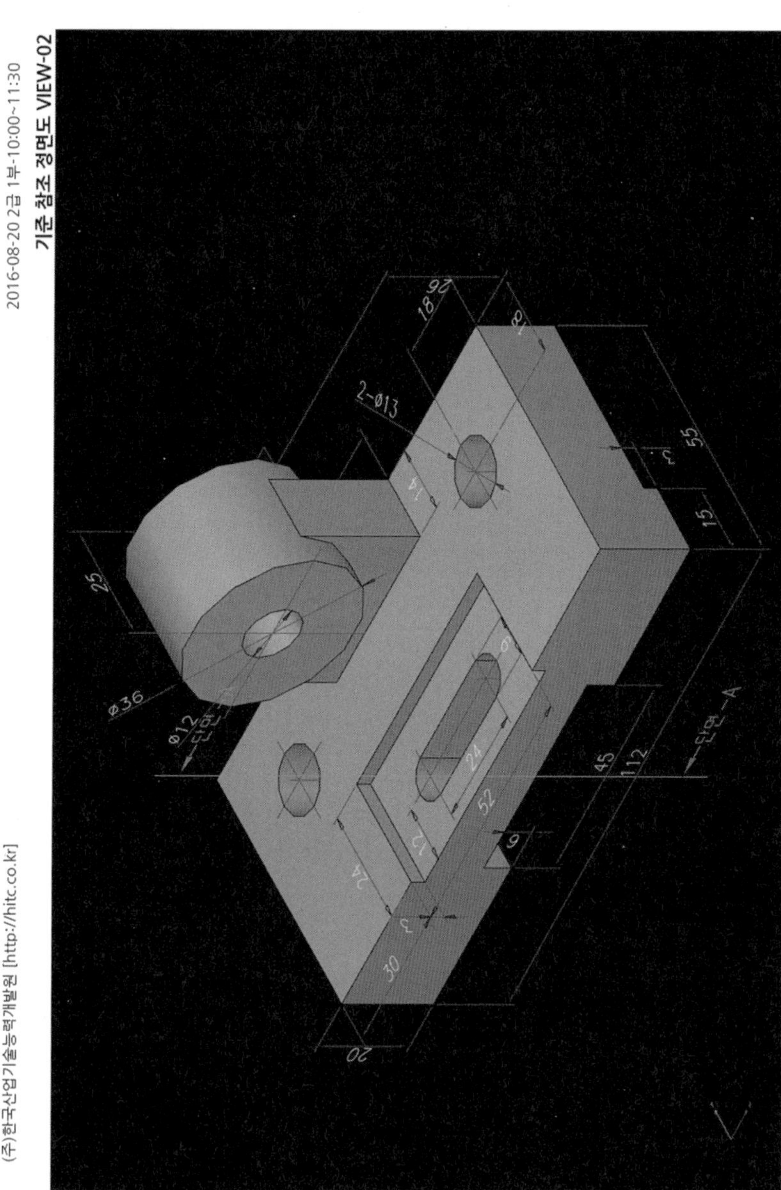

(주)한국산업기술능력개발원 [http://hitc.co.kr]

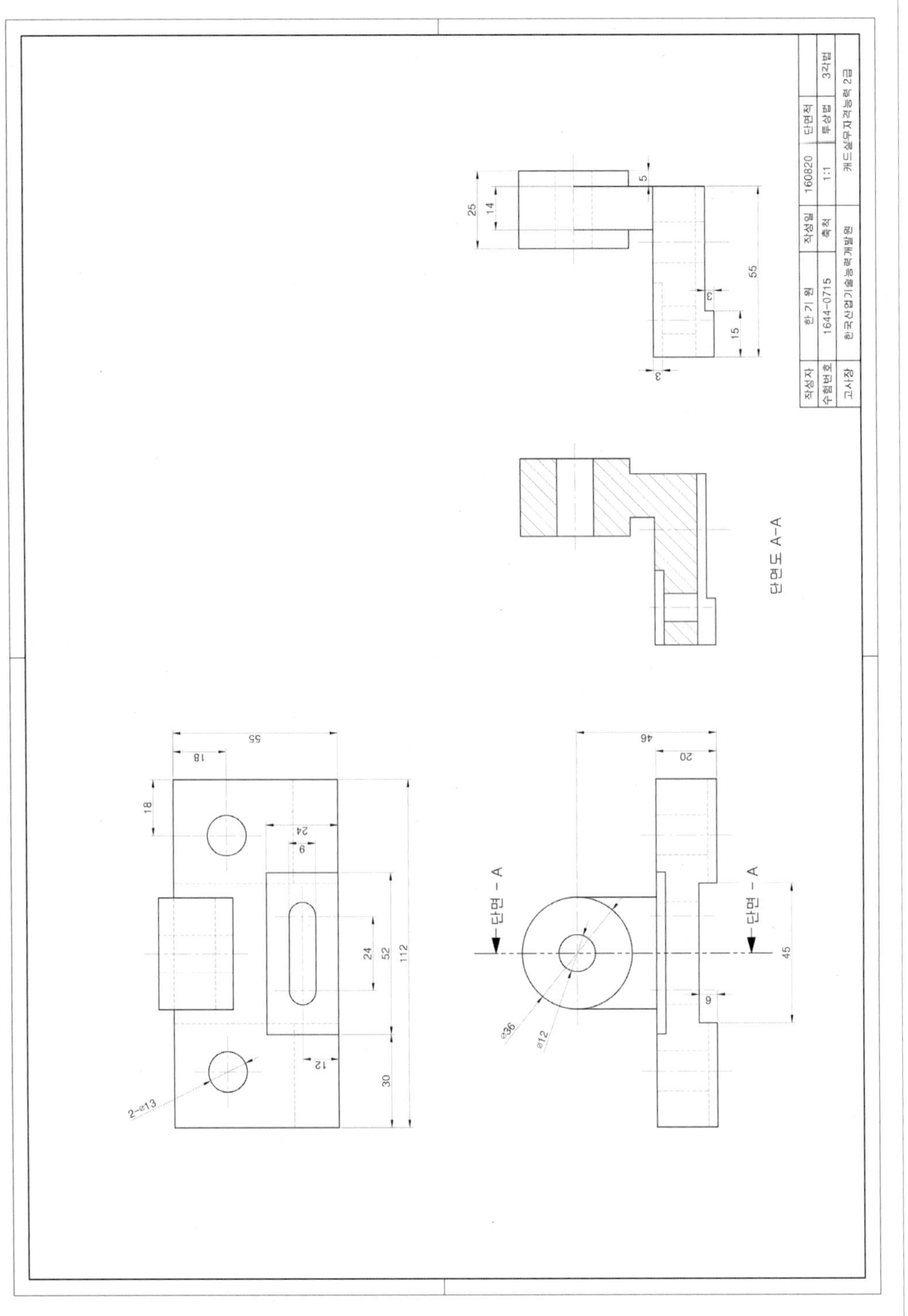

https://blog.naver.com/proguider

[160903] 기출문제 찾아보기

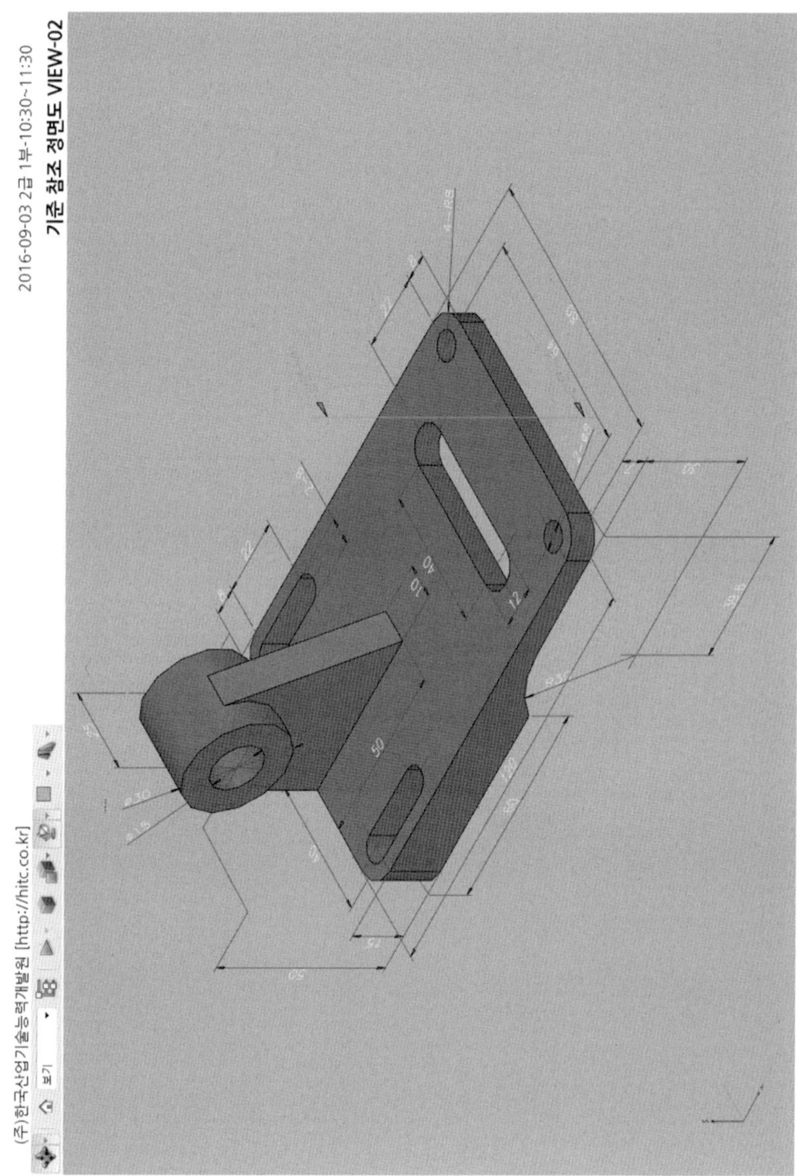

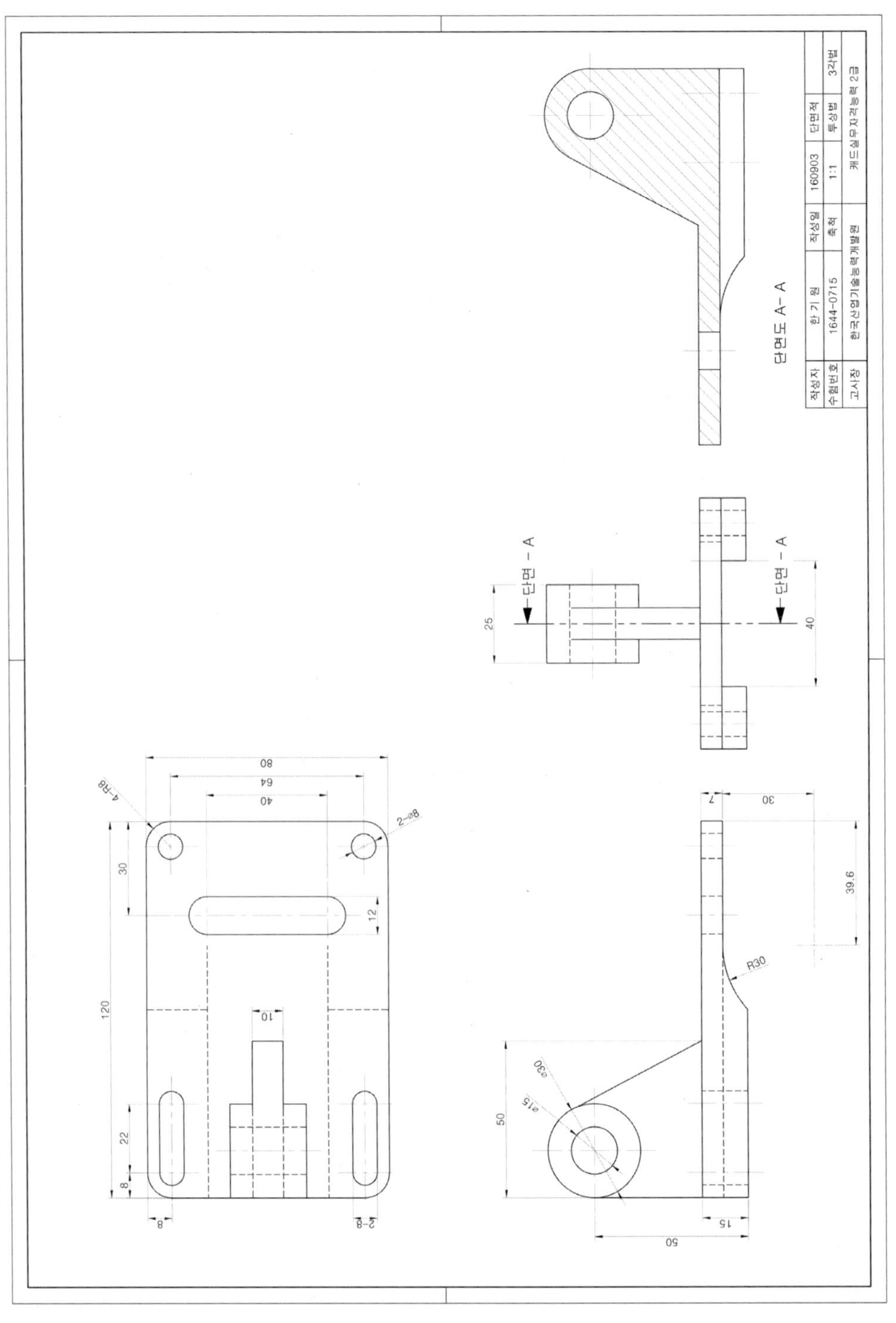
단면도 A-A
단면 - A
단면 - A
R30
39.6

https://blog.naver.com/proguider

[160924] 기출문제 찾아보기

2016-09-24 2급 1부-10:00~11:30

기준 참조 정면도 VIEW-02

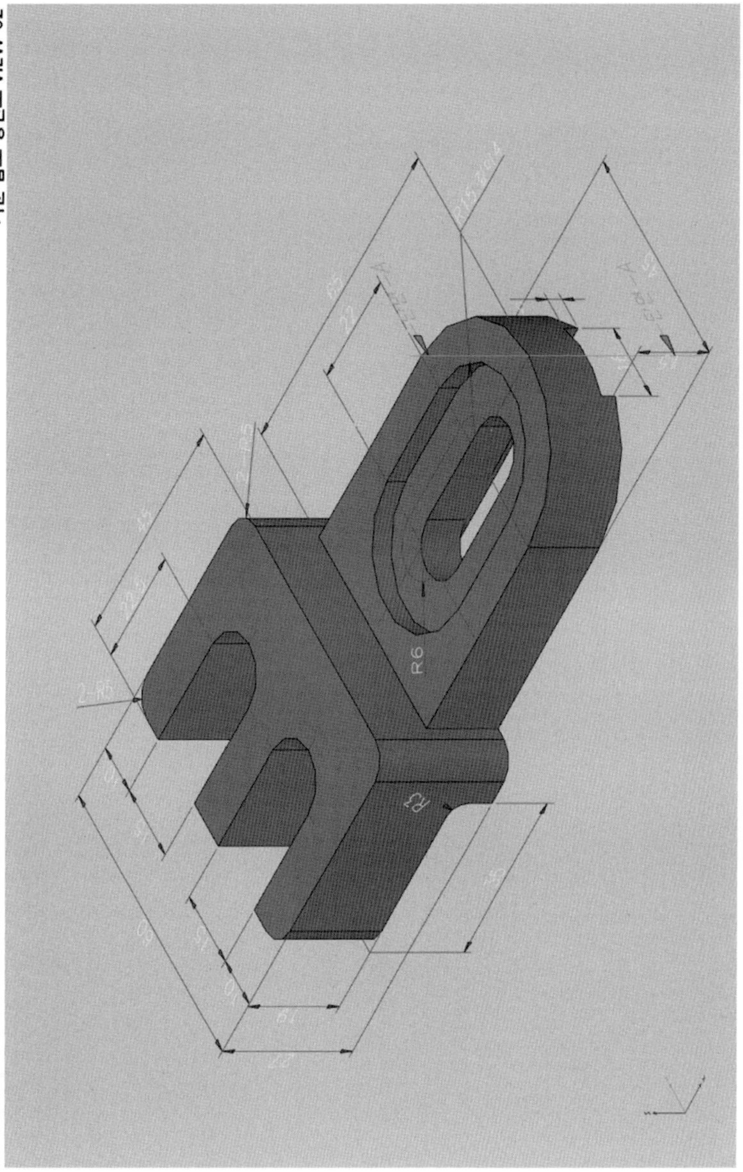

(주)한국산업기술능력개발원 [http://hitc.co.kr]

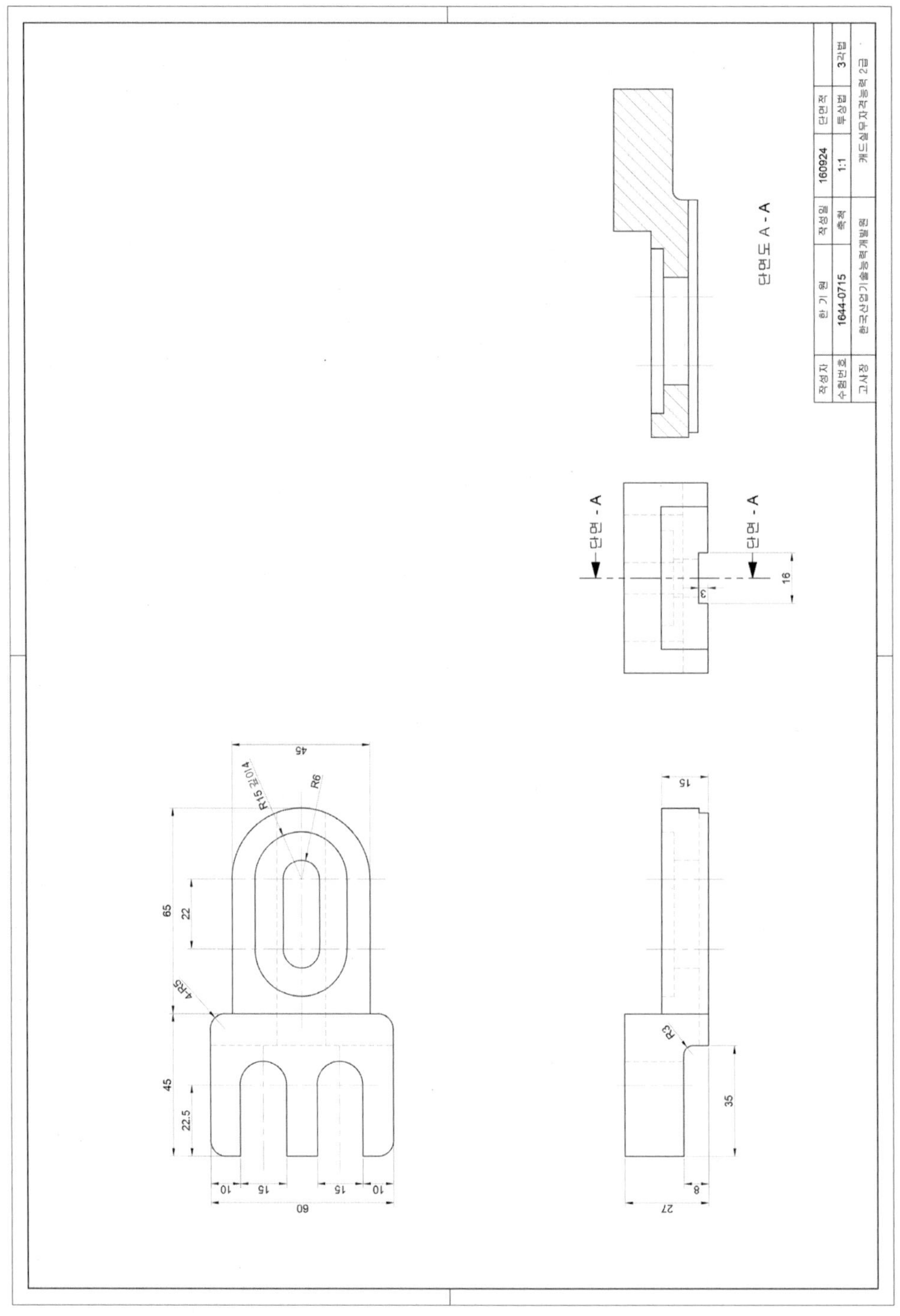
단면도 A - A
단면 - A
단면 - A
작성자
한 기 원
작성일
160924
단면적
수험번호
1644-0715
축척
1:1
투상법
3각법
고사장
한국산업기술능력개발원
캐드실무자격능력 2급
R15 깊이14
R6
4-R5
R3
65
22
45
22.5
60
10
15
27
8
35
16
3

https://blog.naver.com/proguider

[161008] 기출문제 찾아보기

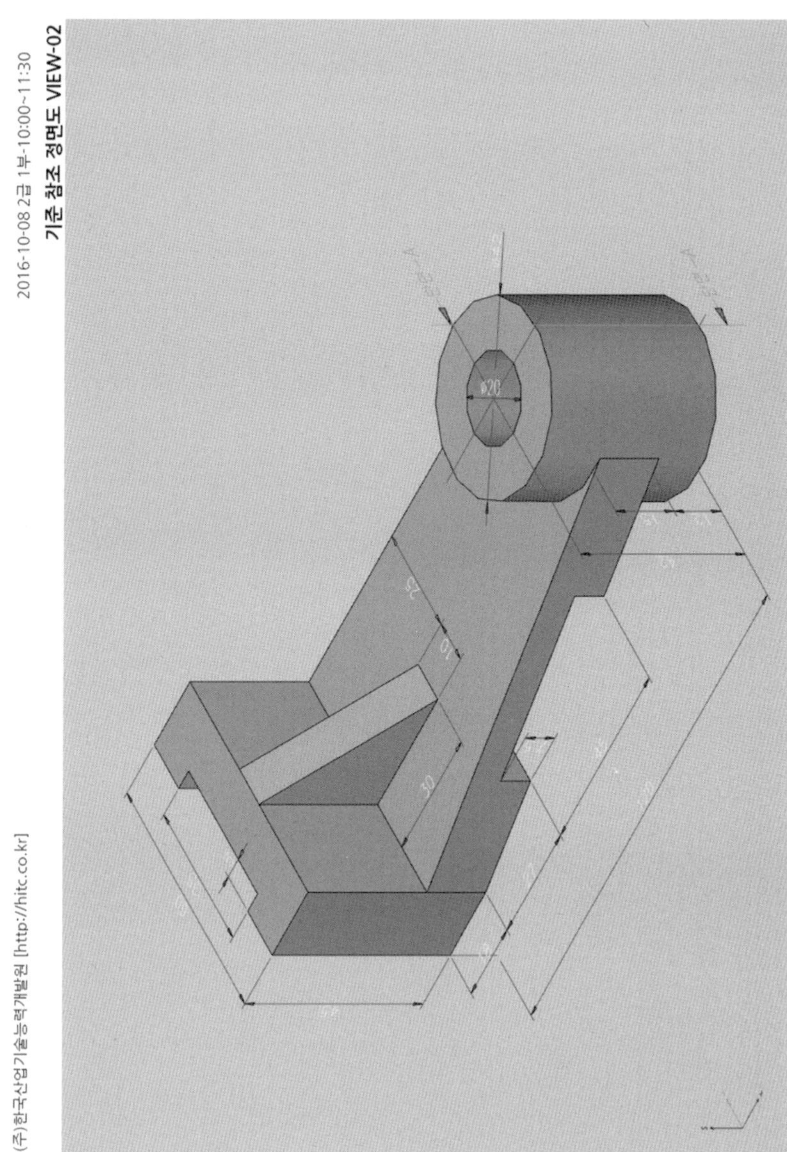

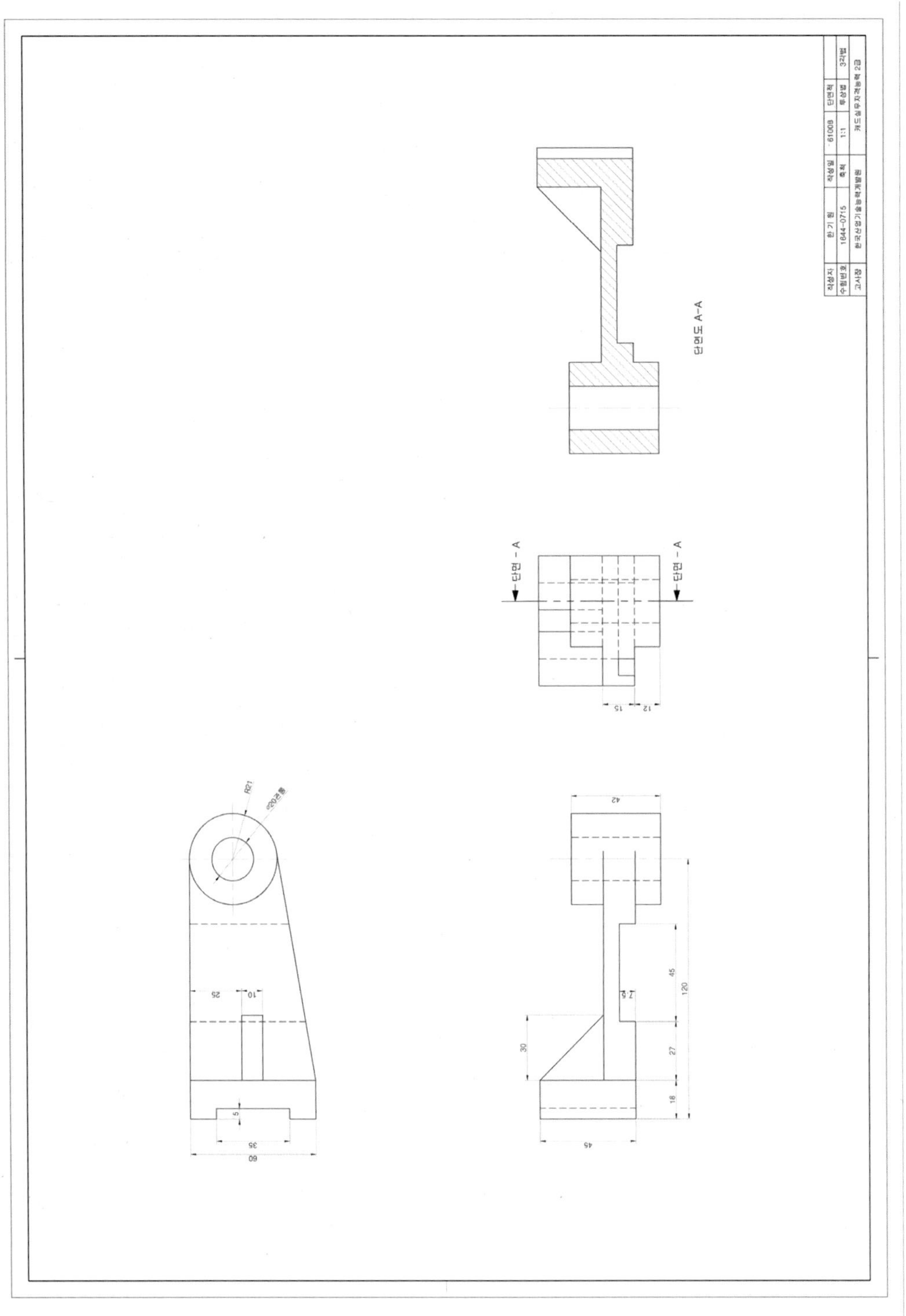
단면도 A-A
단면 - A
단면 - A

https://blog.naver.com/proguider

[161022] 기출문제 찾아보기

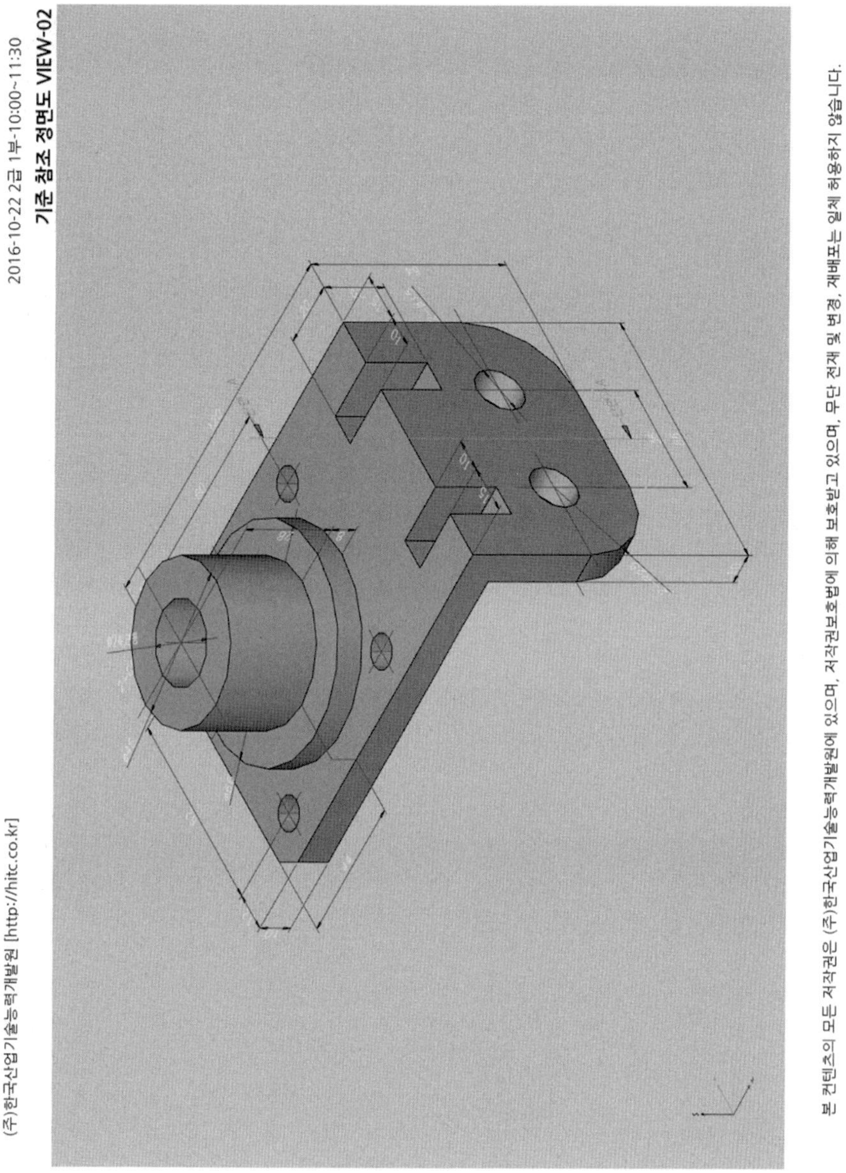
2016-10-22 2급 1부-10:00~11:30
기준 참조 정면도 VIEW-02
(주)한국산업기술능력개발원 [http://hitc.co.kr]
본 컨텐츠의 모든 저작권은 (주)한국산업기술능력개발원에 있으며, 저작권보호법에 의해 보호받고 있으며, 무단 전재 및 변경, 재배포는 일체 허용하지 않습니다.

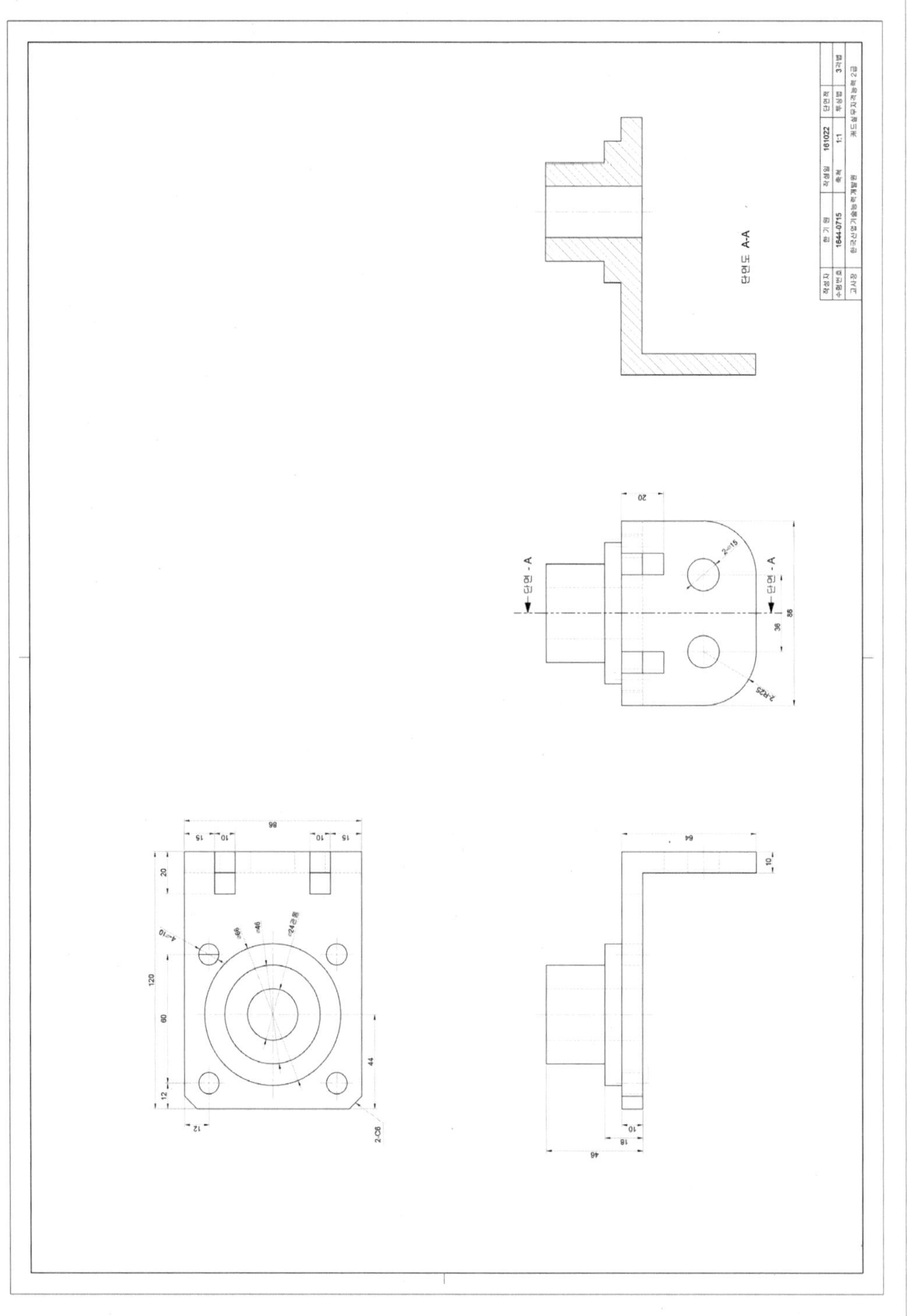

https://blog.naver.com/proguider

[161105] 기출문제 찾아보기

2016-11-05 2급 1부-10:00~11:30

기준 참조 정면도 VIEW-02

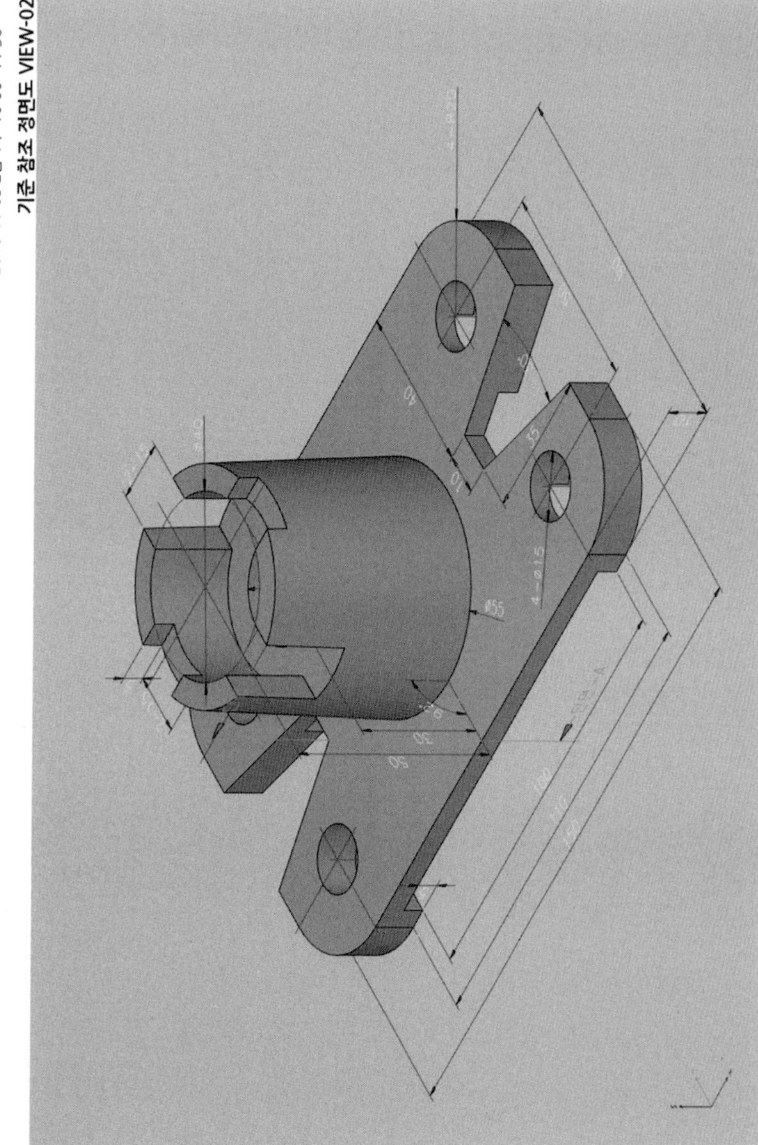

(주)한국산업기술능력개발원 [http://hitc.co.kr]

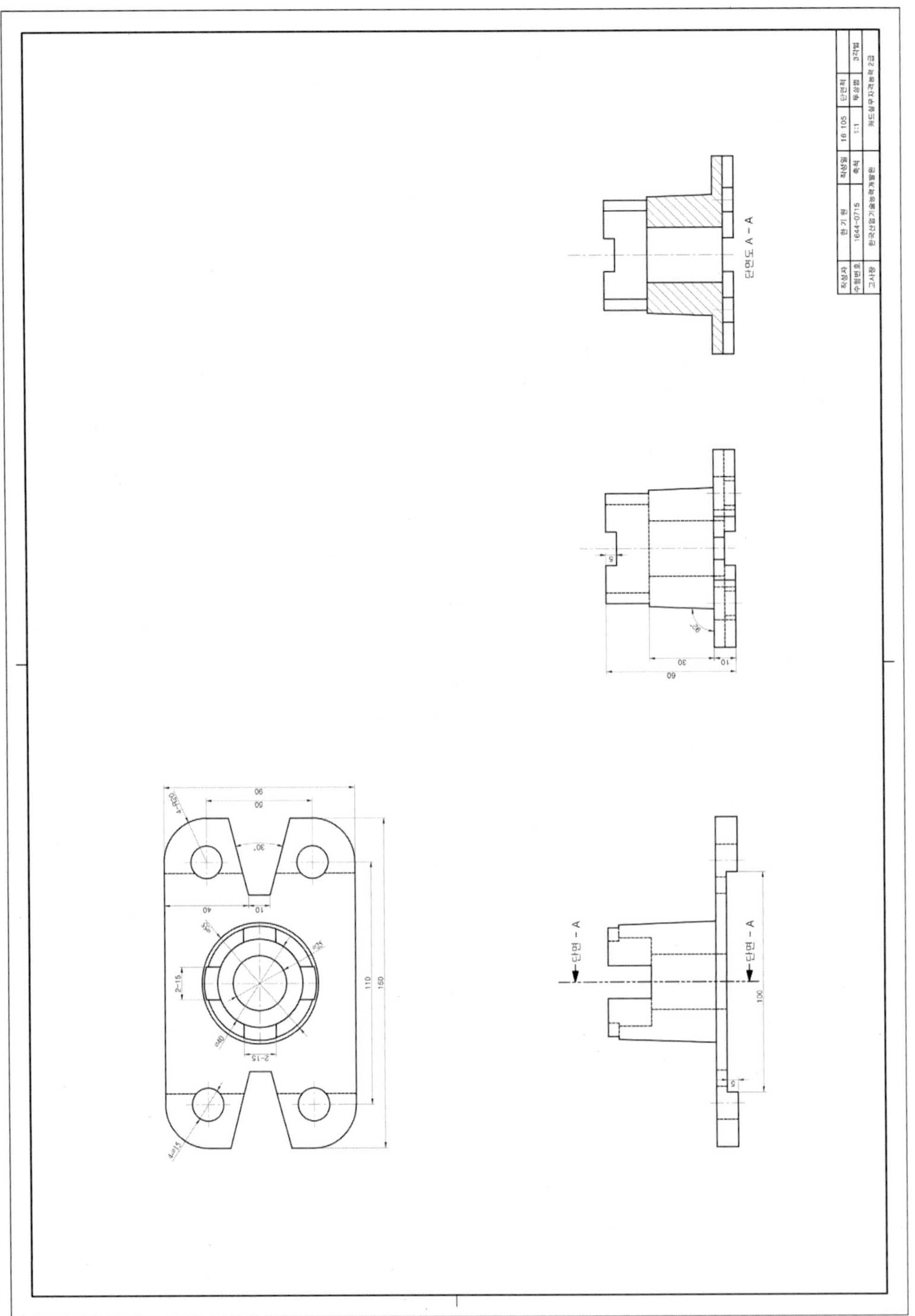

https://blog.naver.com/proguider

[161119] 기출문제 찾아보기

2016-11-19 2급 1부-10:00~11:30

기준 참조 정면도 VIEW-02

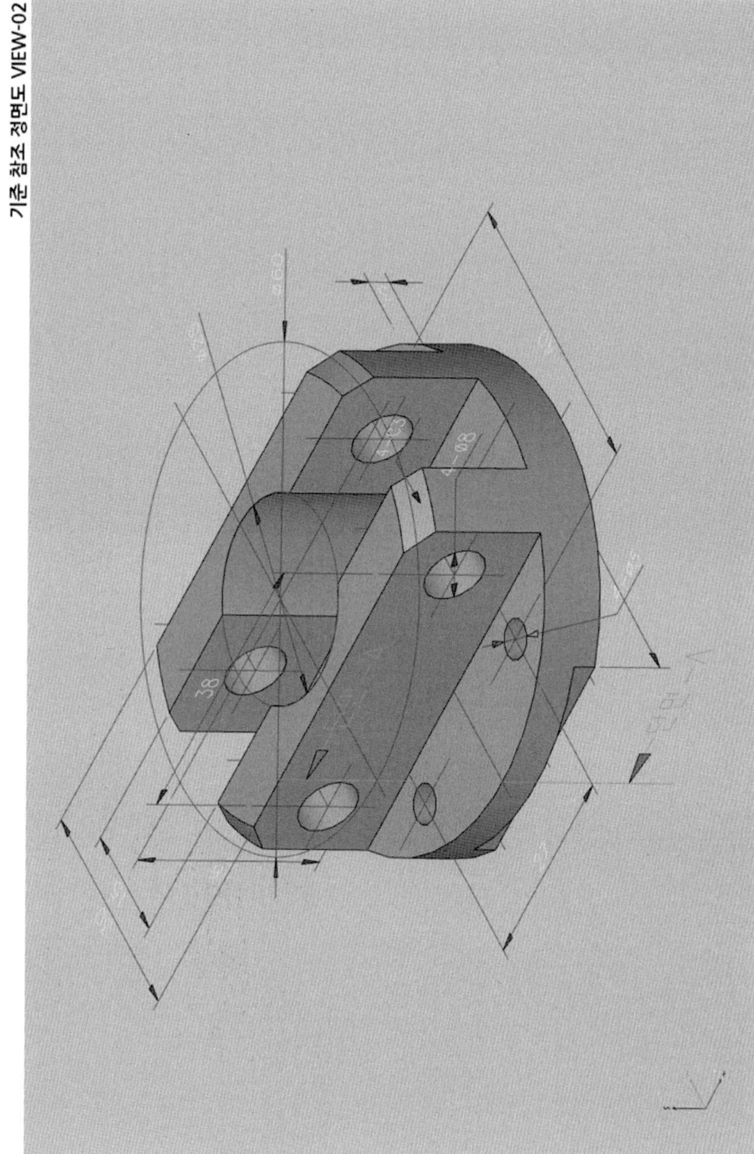

(주)한국산업기술능력개발원 [http://hitc.co.kr]

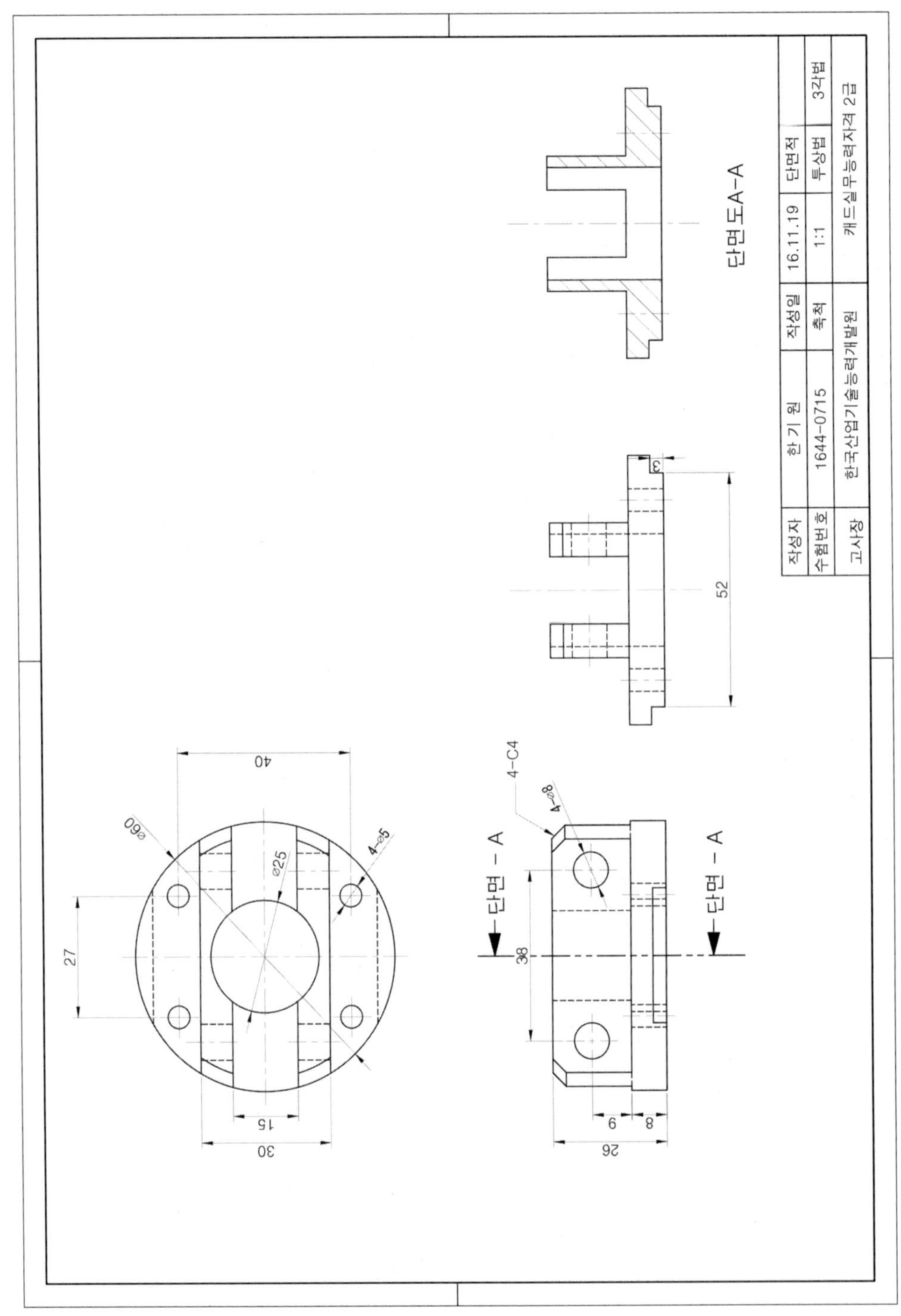

단면도A-A
단면 - A
단면 - A
4-C4
4-⌀8
4-⌀5
⌀60
⌀25
40
27
15
30
38
26
9
8
52
3
작성자
한 기 원
작성일
16.11.19
단면적
수험번호
1644-0715
축척
1:1
투상법
3각법
고사장
한국산업기술능력개발원
캐드실무능력자격 2급

https://blog.naver.com/proguider

[161203] 기출문제 찾아보기

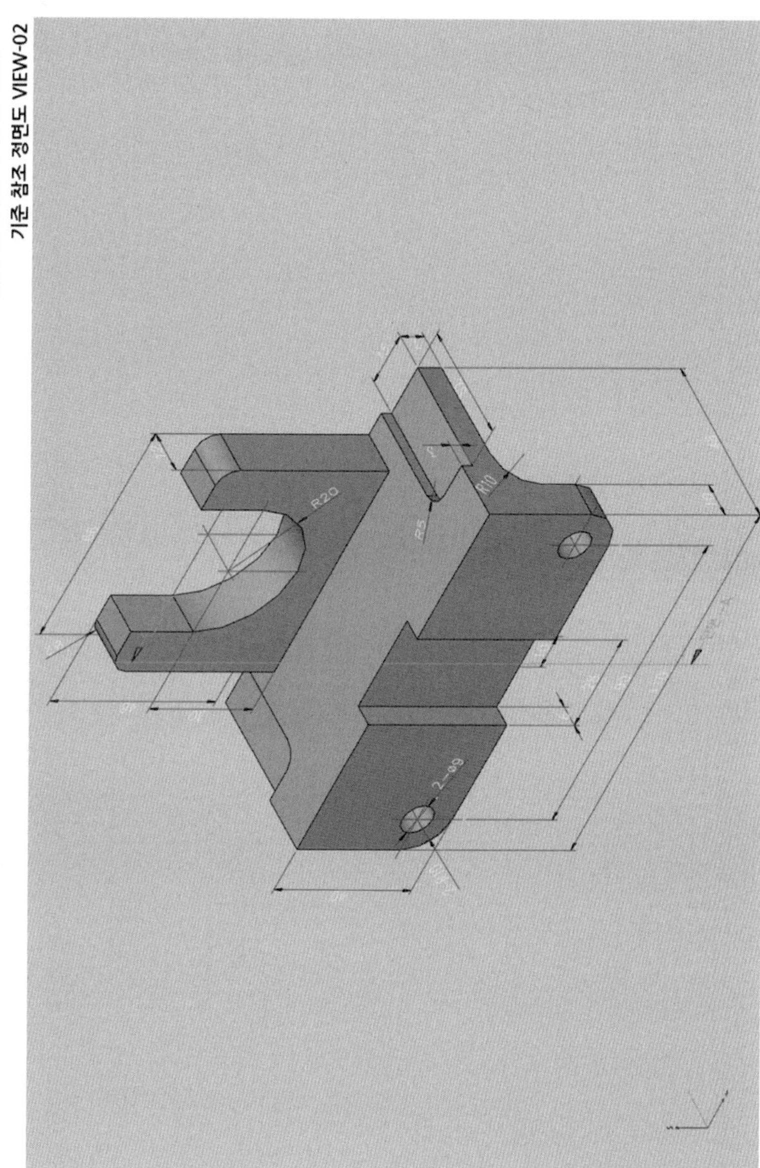

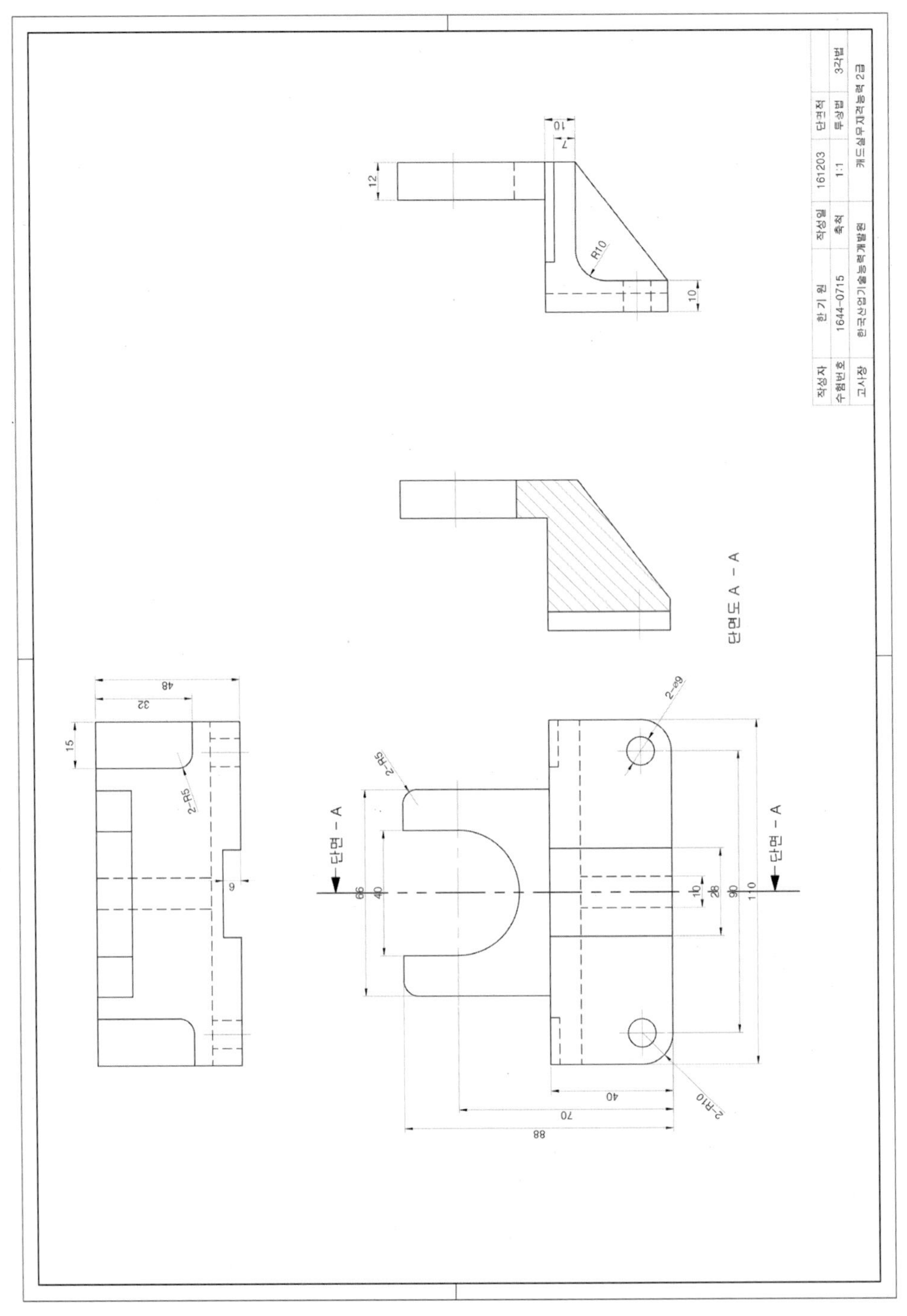
단면도 A - A
단면 - A
단면 - A

https://blog.naver.com/proguider

[161217] 기출문제 찾아보기

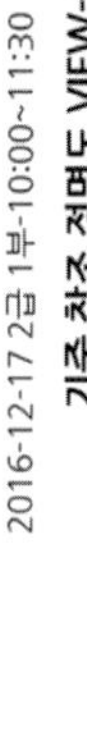

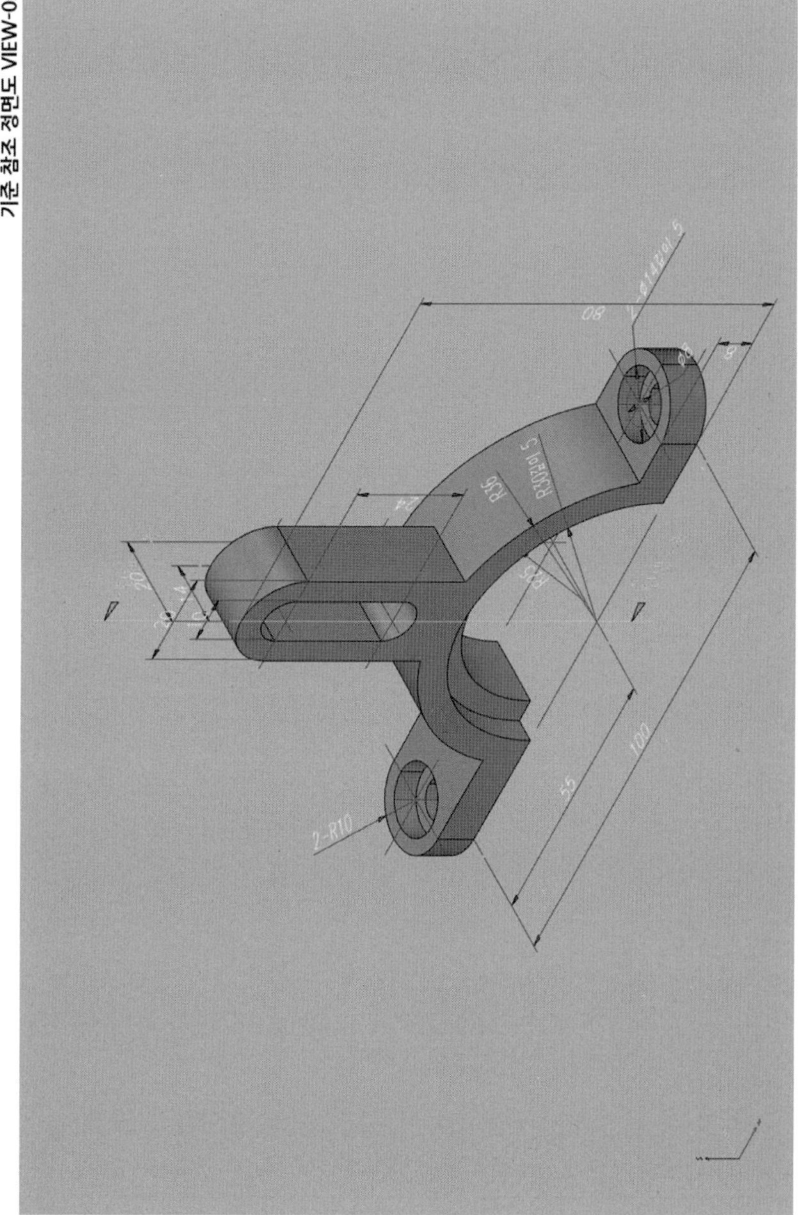

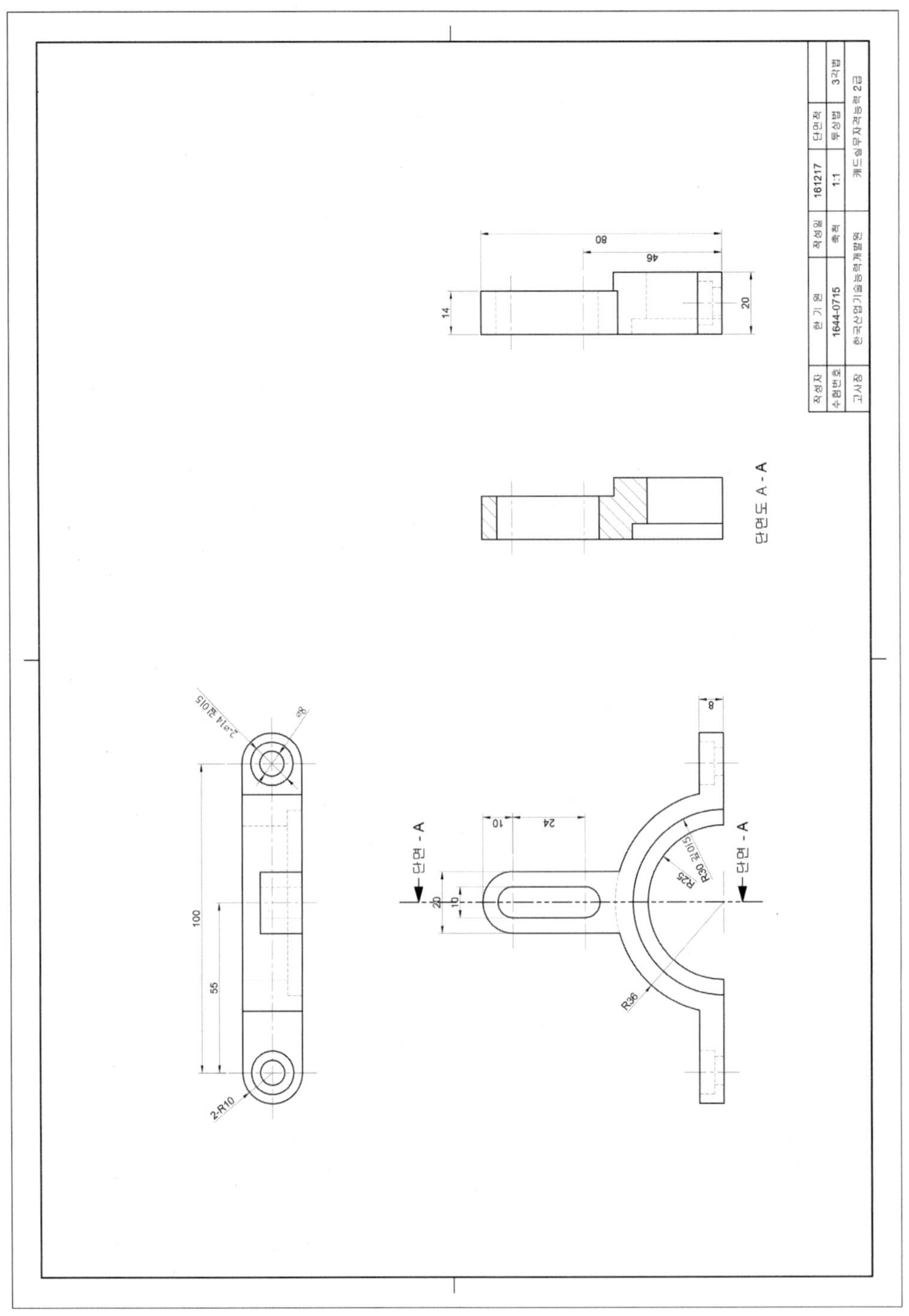

단면도 A - A
단면 - A
단면 - A
80
46
14
20
100
55
2-R10
10
24
20
10
R25
R36
8
작성자
한 기 원
작성일
161217
수험번호
1644-0715
척도
1:1
투상법
3각법
고사장
한국산업기술능력개발원
캐드실무자격능력 2급

CHAPTER 03 CAD 실무능력 연습문제 3

https://blog.naver.com/proguider [2017년]

[170121] 기출문제 찾아보기

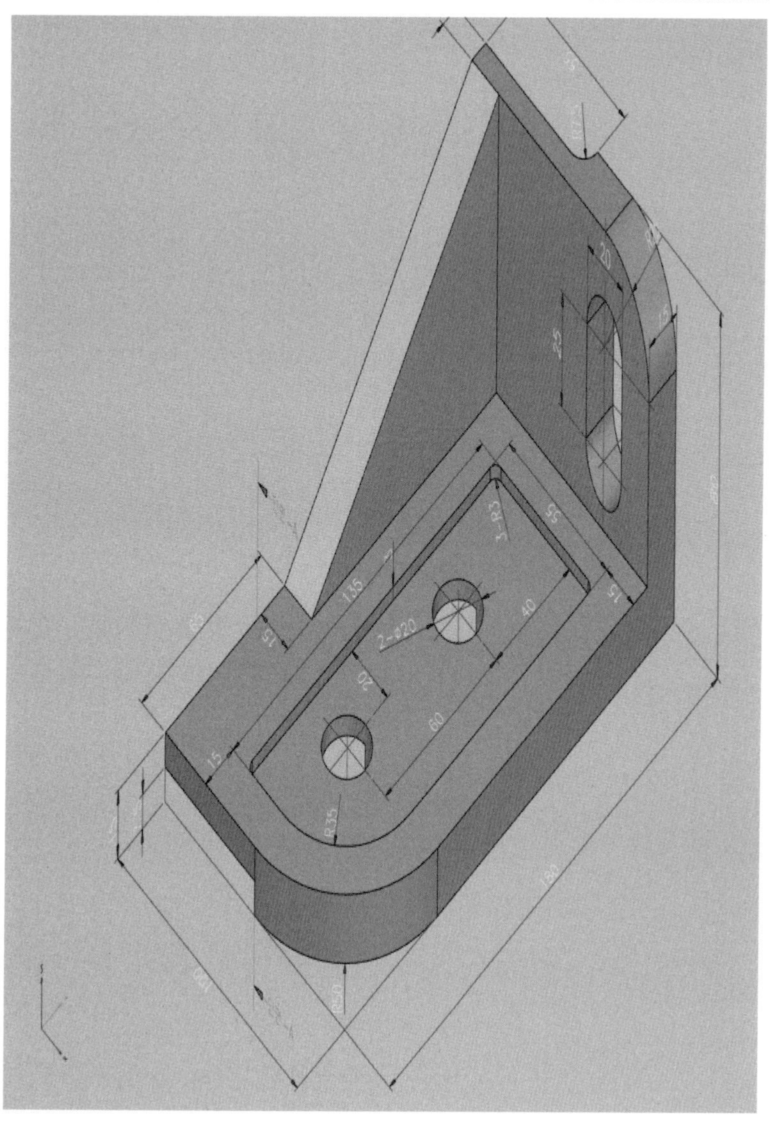

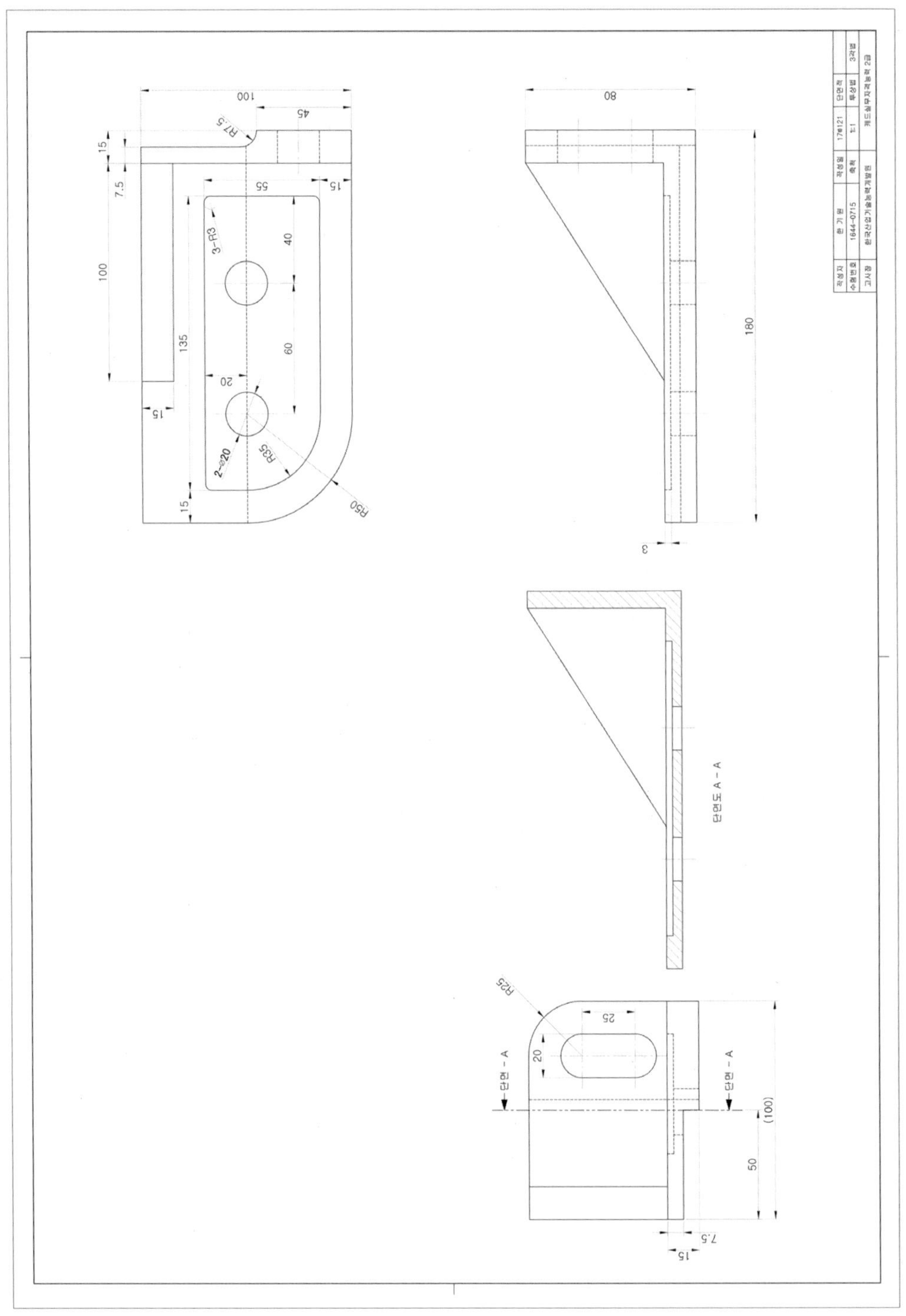
100
45
R7.5
15
7.5
55
15
3-R3
40
100
135
60
20
15
2-⌀20
R35
15
R50
80
180
3
단면도 A - A
R25
25
20
단면 - A
단면 - A
(100)
50
7.5
15

https://blog.naver.com/proguider

[170218] 기출문제 찾아보기

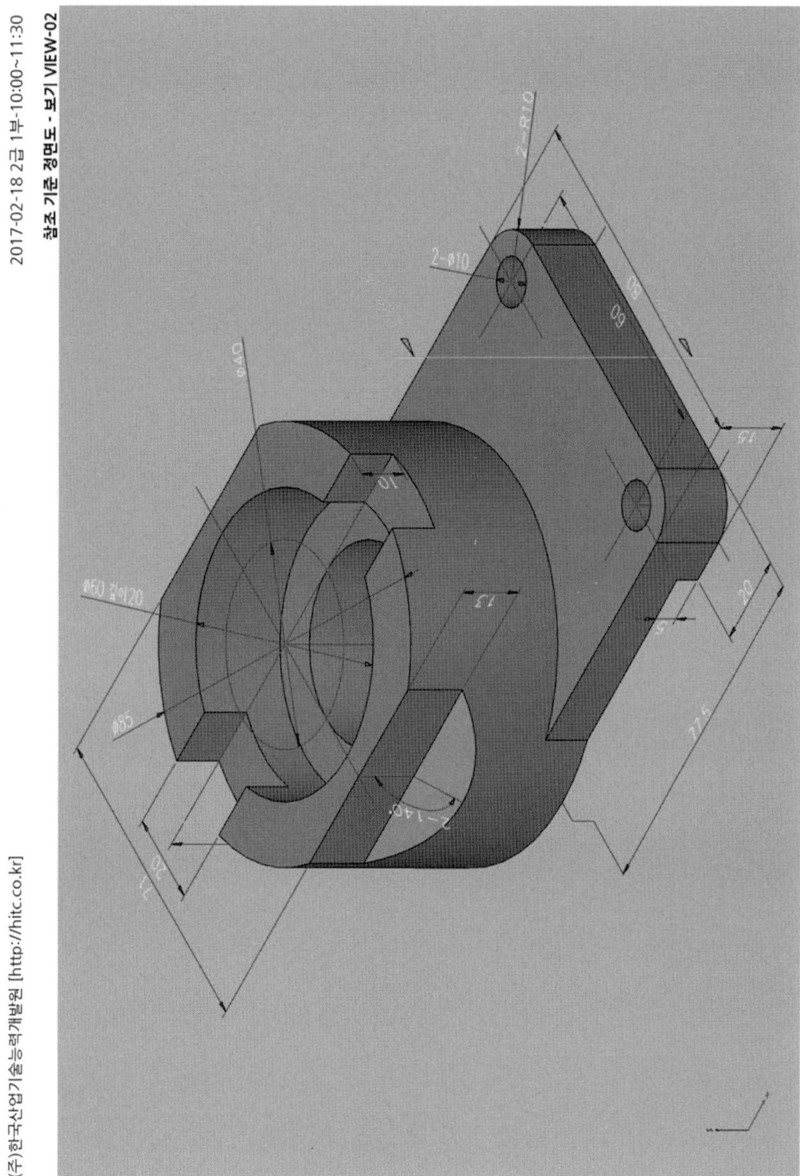

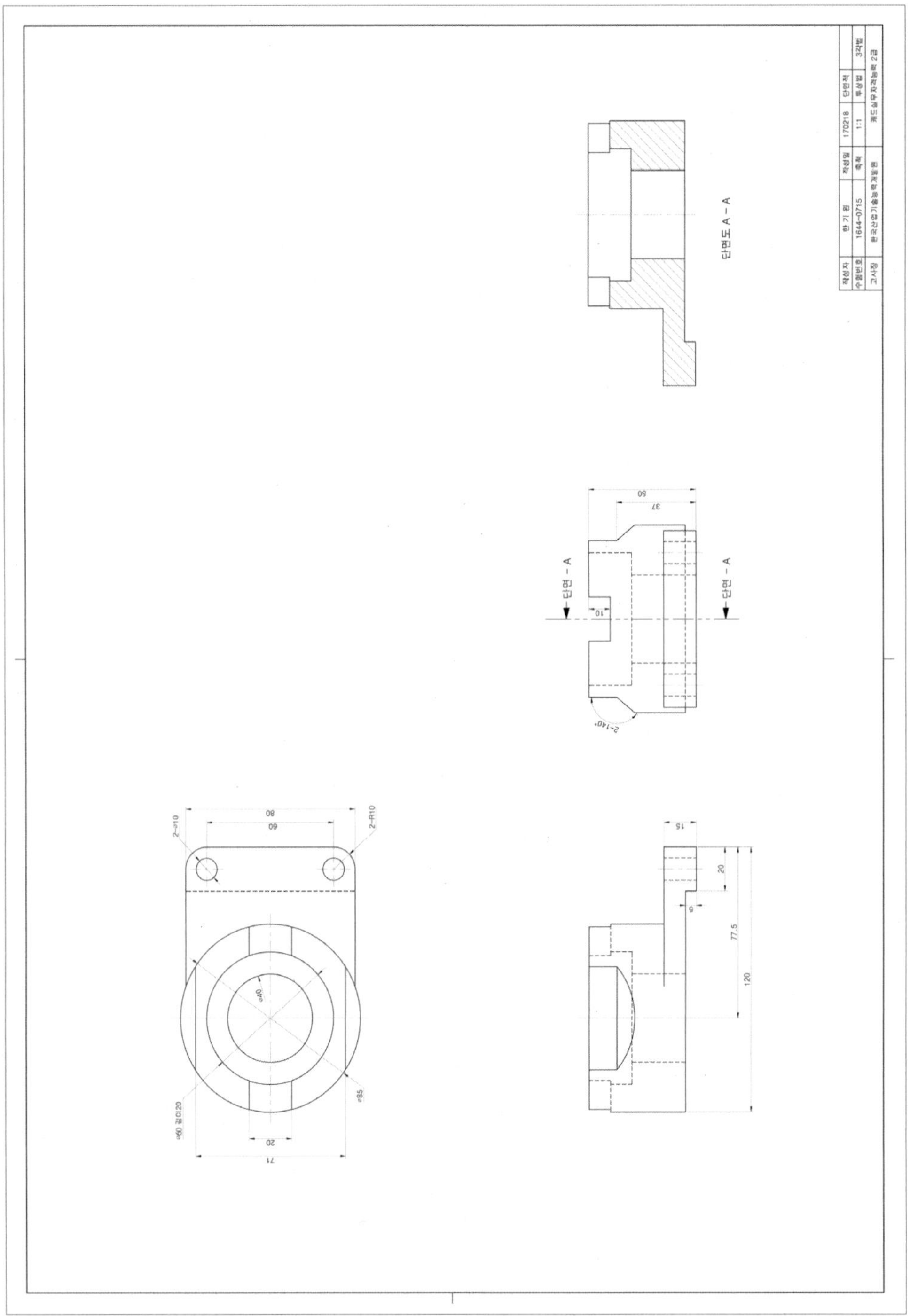

https://blog.naver.com/proguider

[170304] 기출문제 찾아보기

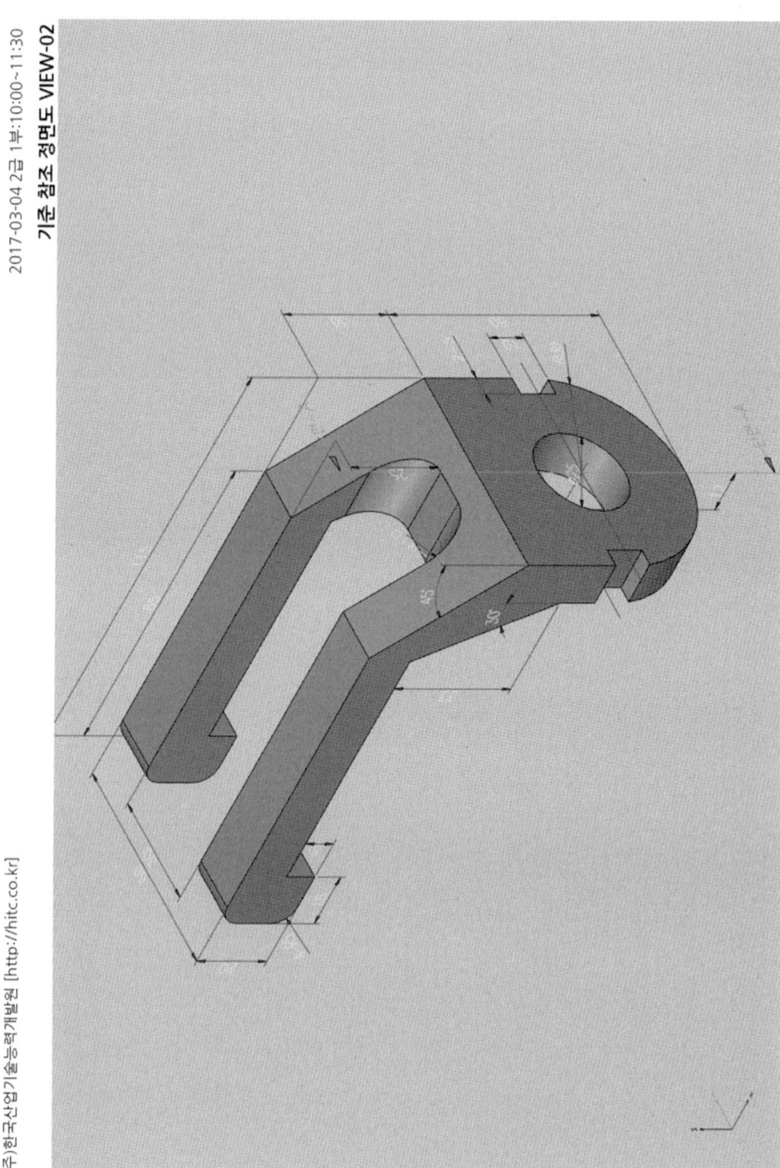

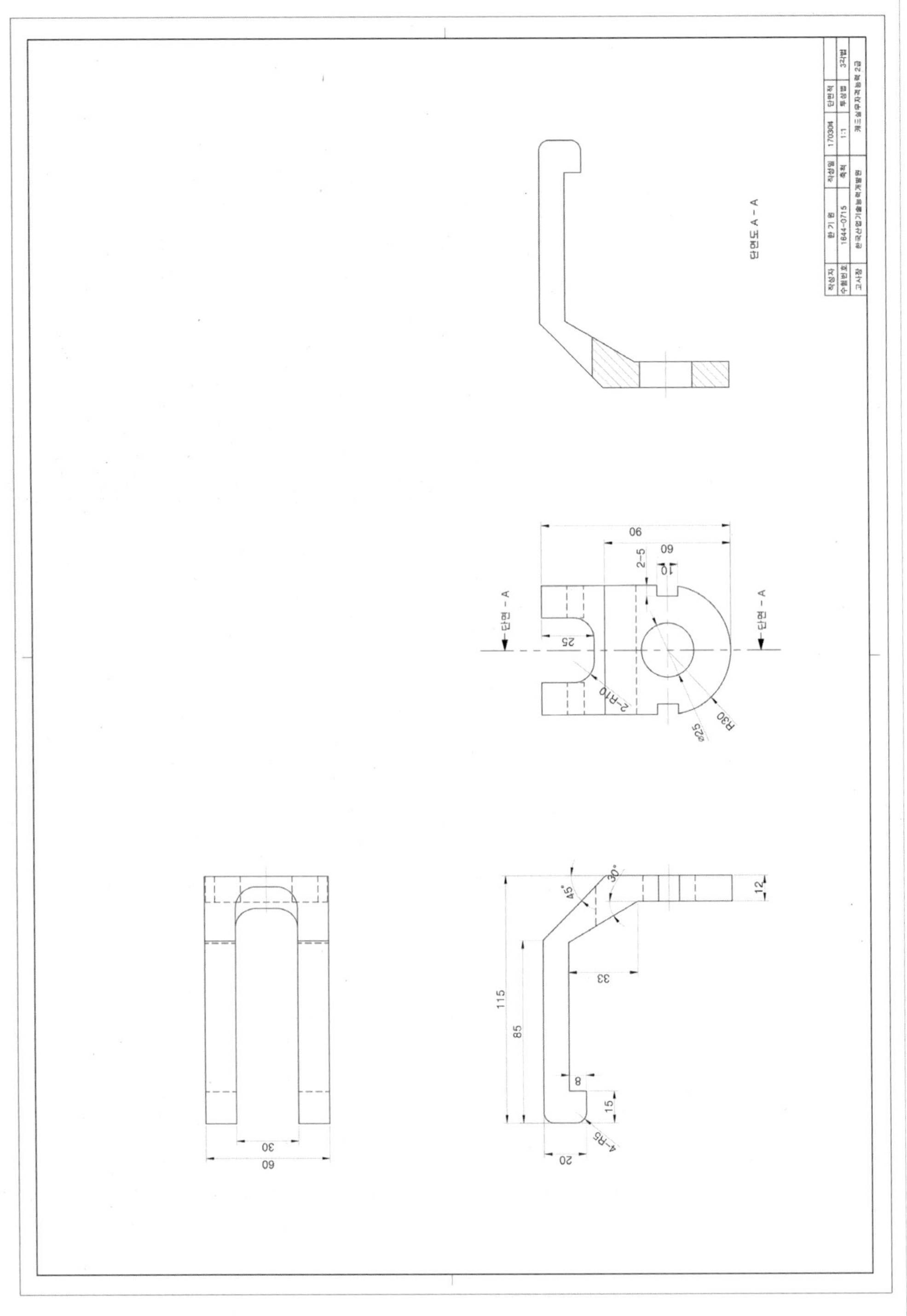
단면도 A - A
단면 - A
단면 - A
90
60
2-5
10
25
2-R10
⌀25
R30
45°
30°
12
33
115
85
8
15
4-R5
20
30
60

https://blog.naver.com/proguider

[170318] 기출문제 찾아보기

2017-03-18 2급 1부:10:00~11:30

기준 참조 정면도 VIEW-02

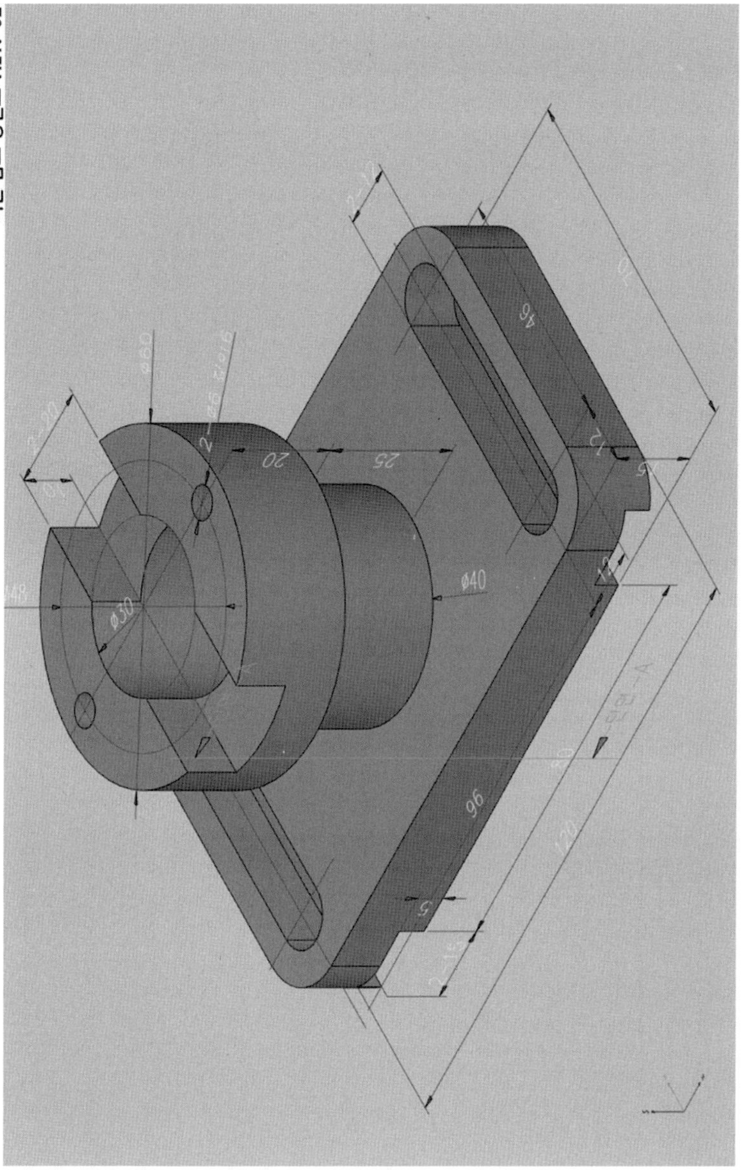

(주)한국산업기술능력개발원 [http://hitc.co.kr]

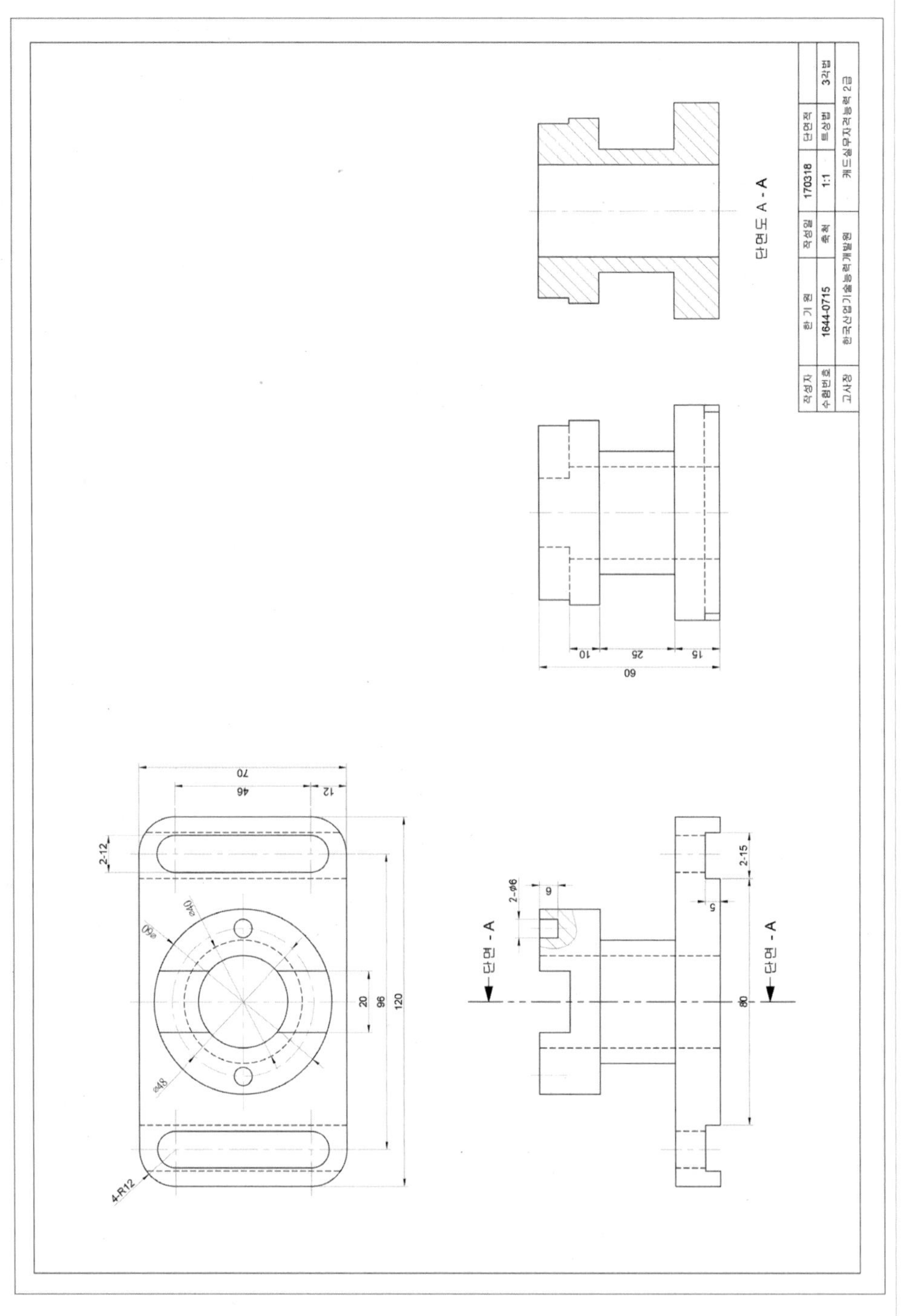
단면도 A - A
단면 - A
단면 - A
작성자
한 기 영
작성일
170318
수험번호
1644-0715
축척
1:1
3각법
고사장
한국산업기술능력개발원
캐드실무자격능력 2급
60
10
25
15
70
46
12
2-12
20
96
120
80
2-15
5
9
2-ϕ6
4-R12
ϕ48

https://blog.naver.com/proguider

[170401] 기출문제 찾아보기

2017-04-01 2급 1부:10:00~11:30

기준 참조 정면도 VIEW-02

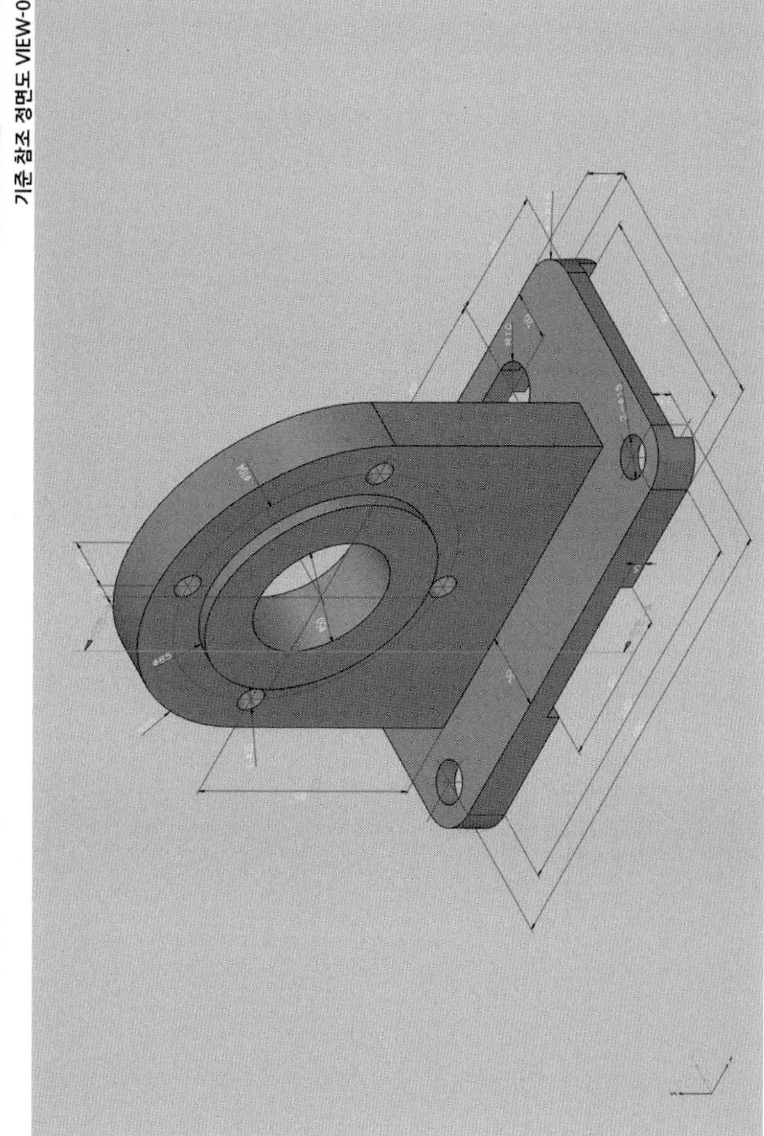

(주)한국산업기술능력개발원 [http://hitc.co.kr]

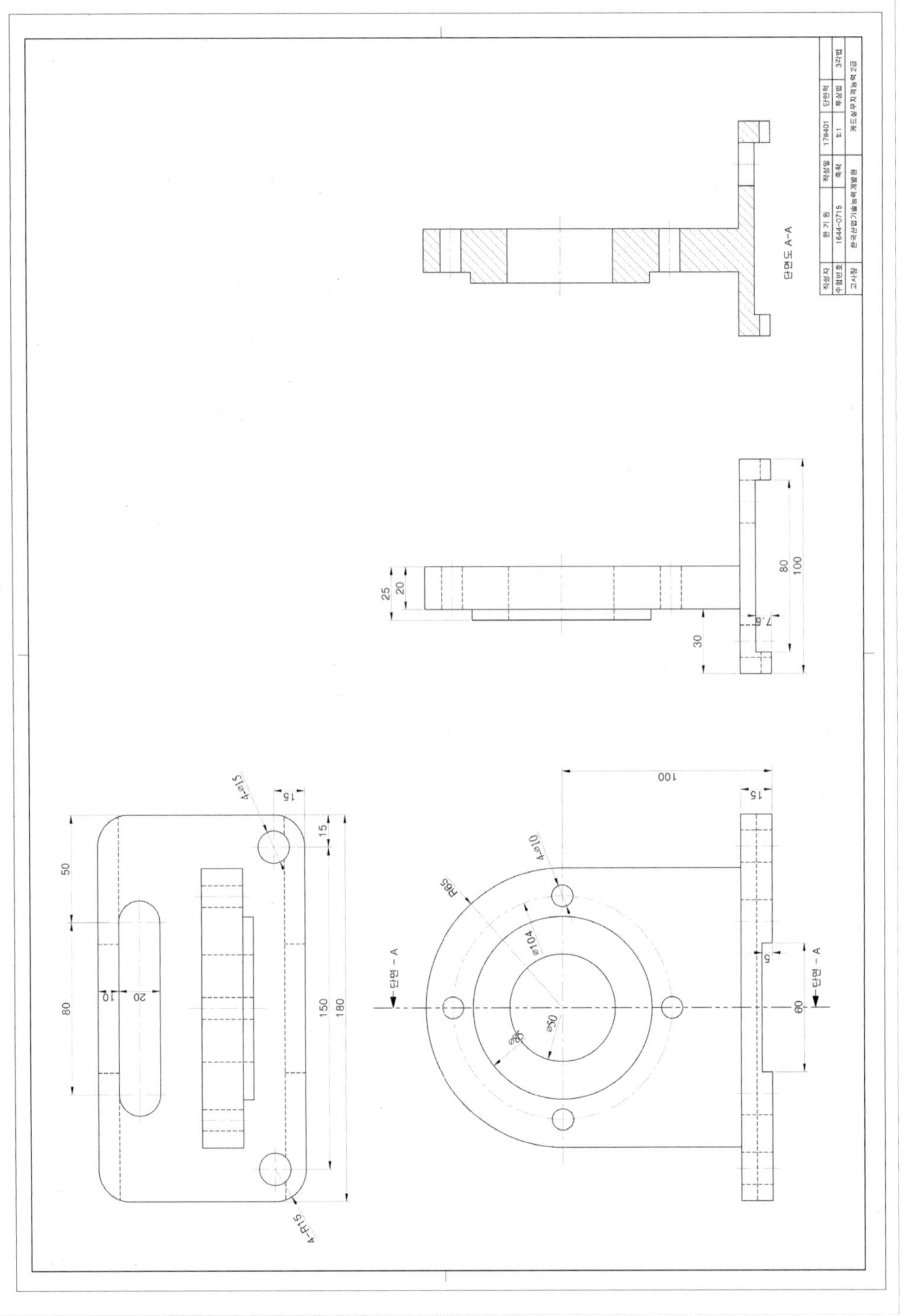

https://blog.naver.com/proguider

[170520] 기출문제 찾아보기

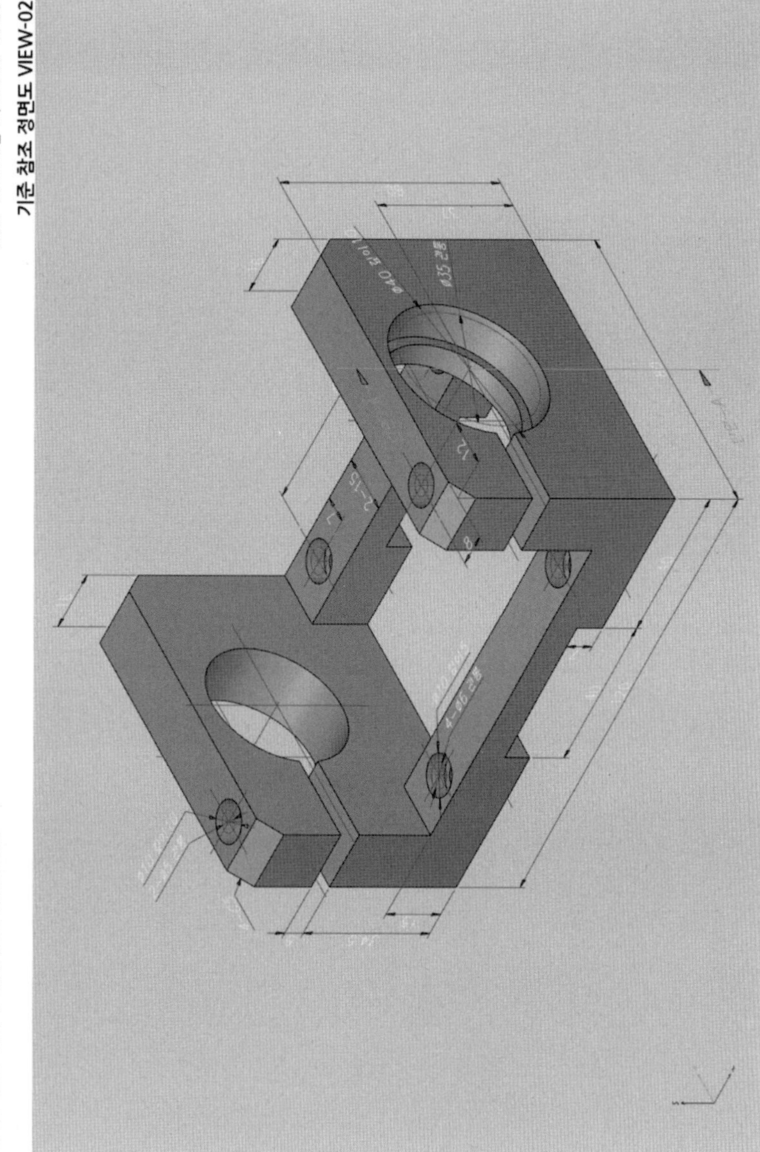

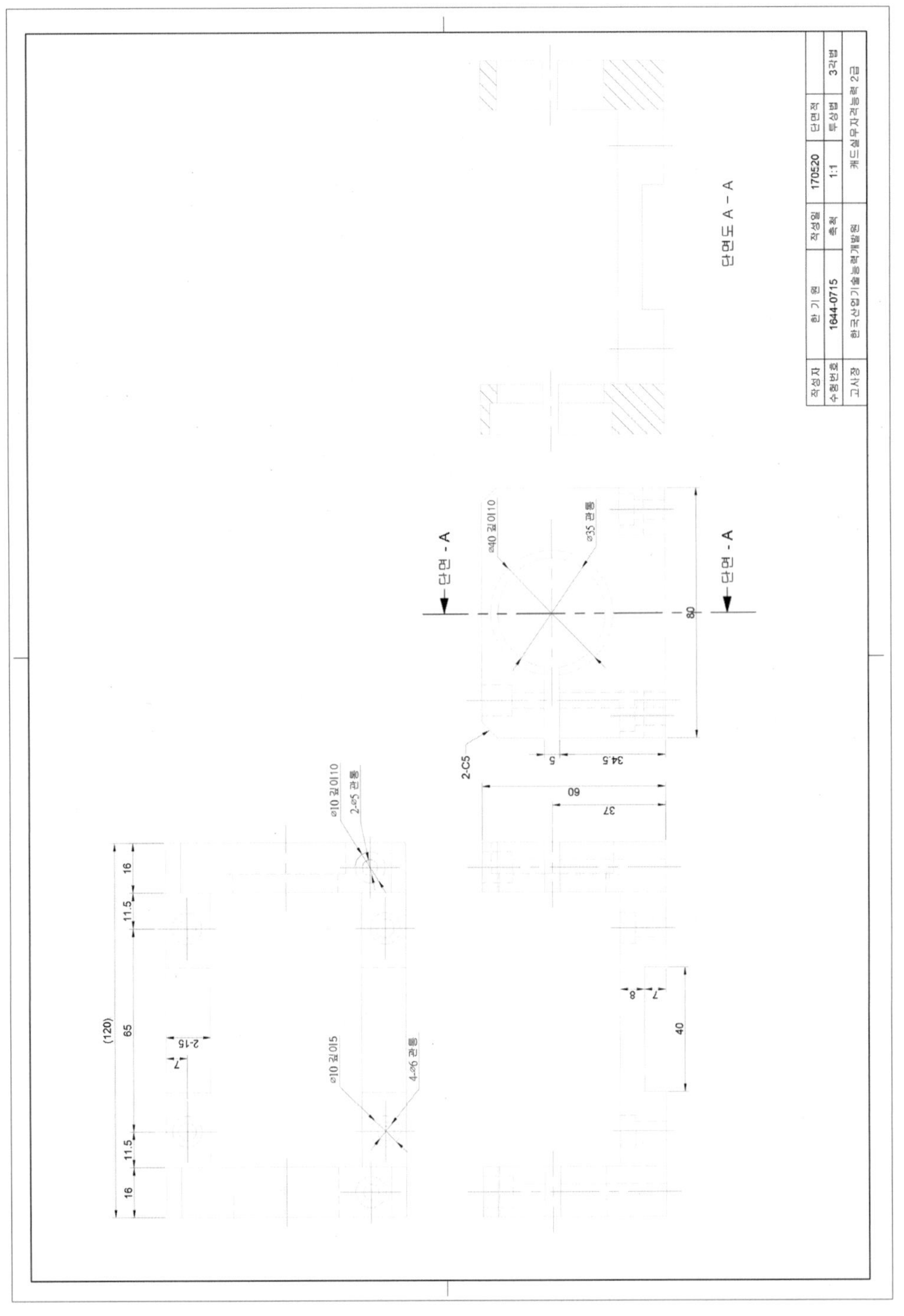
단면도 A - A
단면 - A

https://blog.naver.com/proguider

[170617] 기출문제 찾아보기

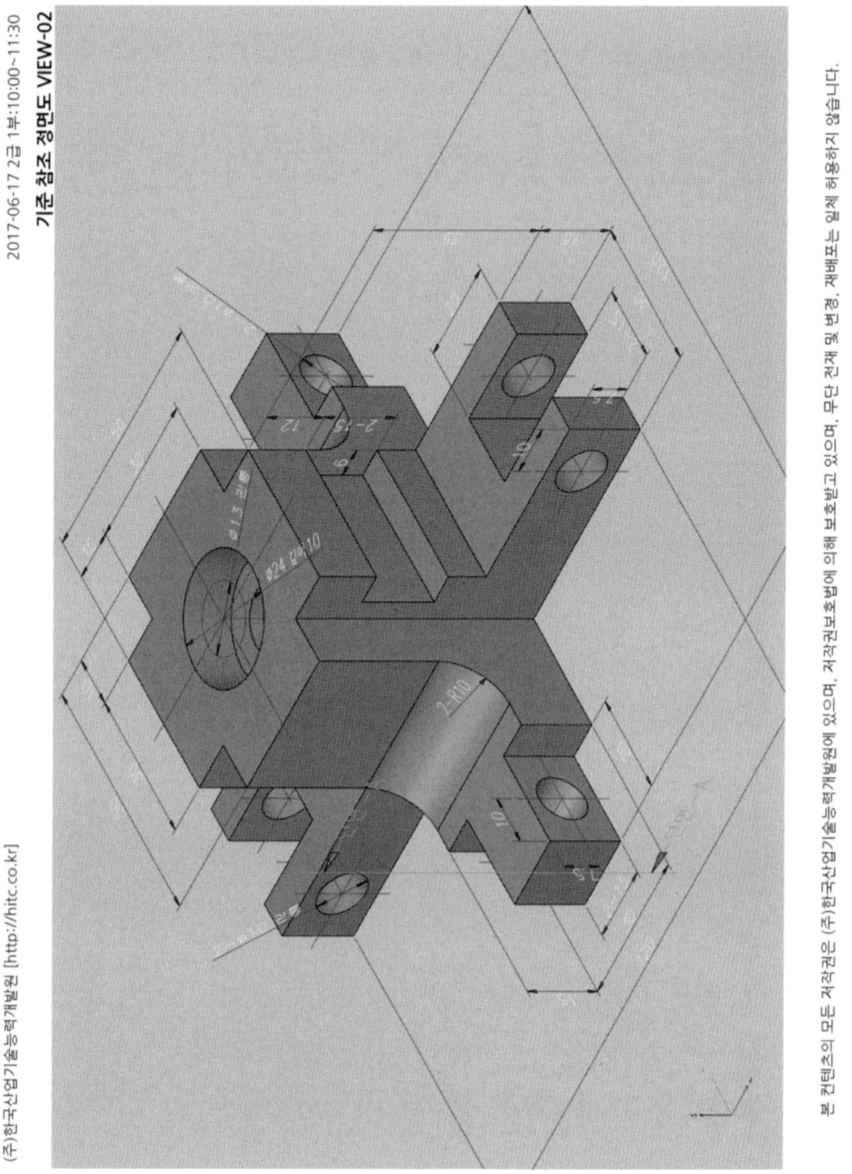

2017-06-17 2급 1부:10:00~11:30

기준 참조 정면도 VIEW-02

(주)한국산업기술능력개발원 [http://hitc.co.kr]

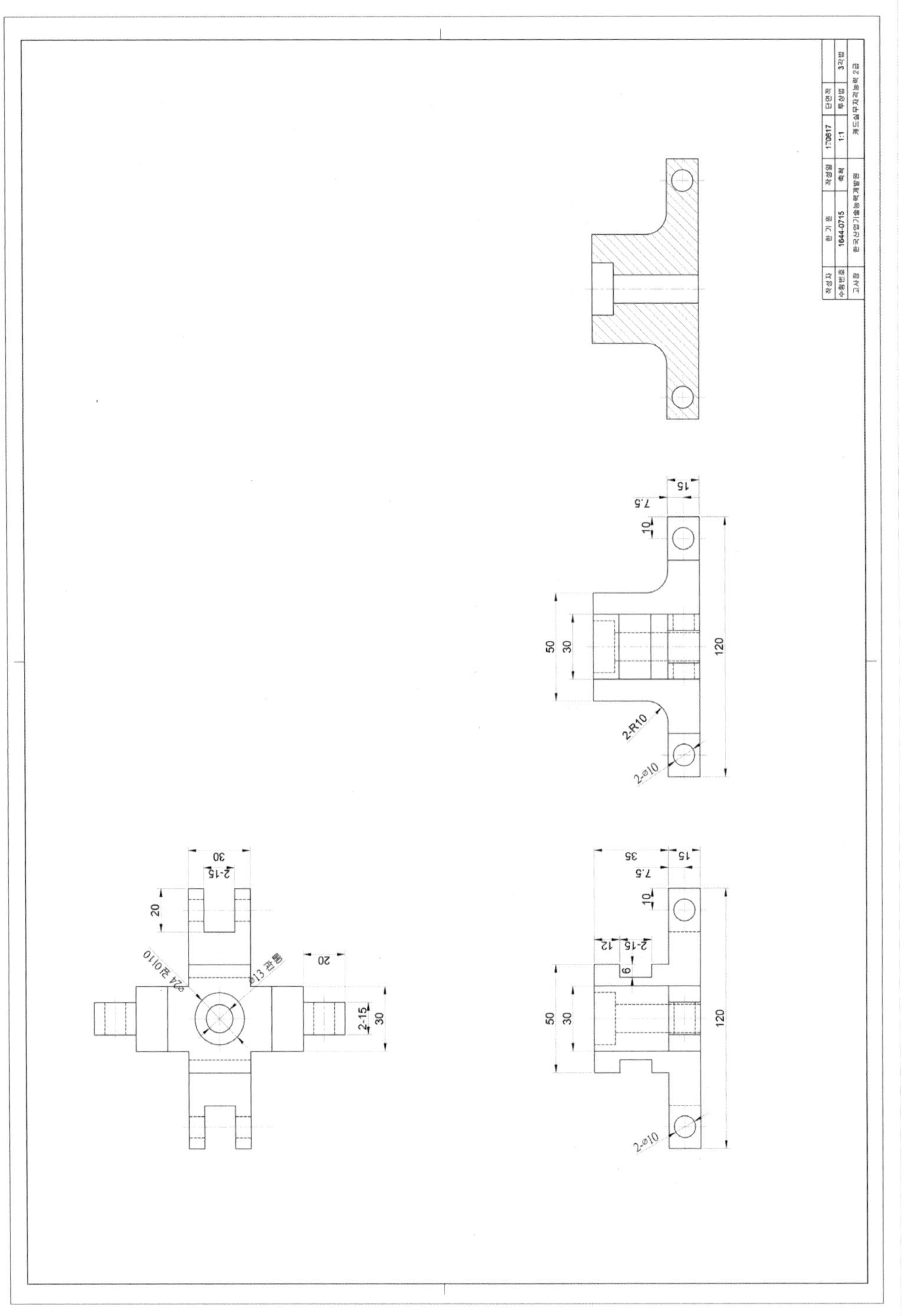
15
7.5
10
50
30
120
2-R10
2-⌀10
35
2-15
12
6
30
20
⌀24 깊이10
⌀13 관통

https://blog.naver.com/proguider

[170701] 기출문제 찾아보기

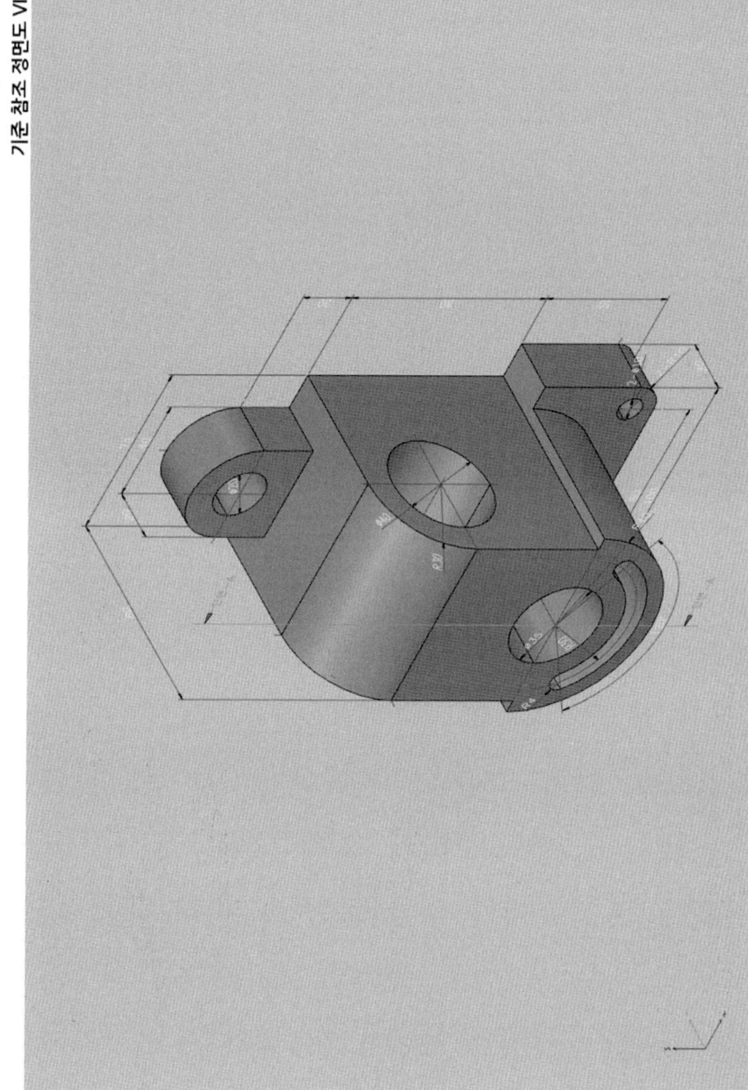

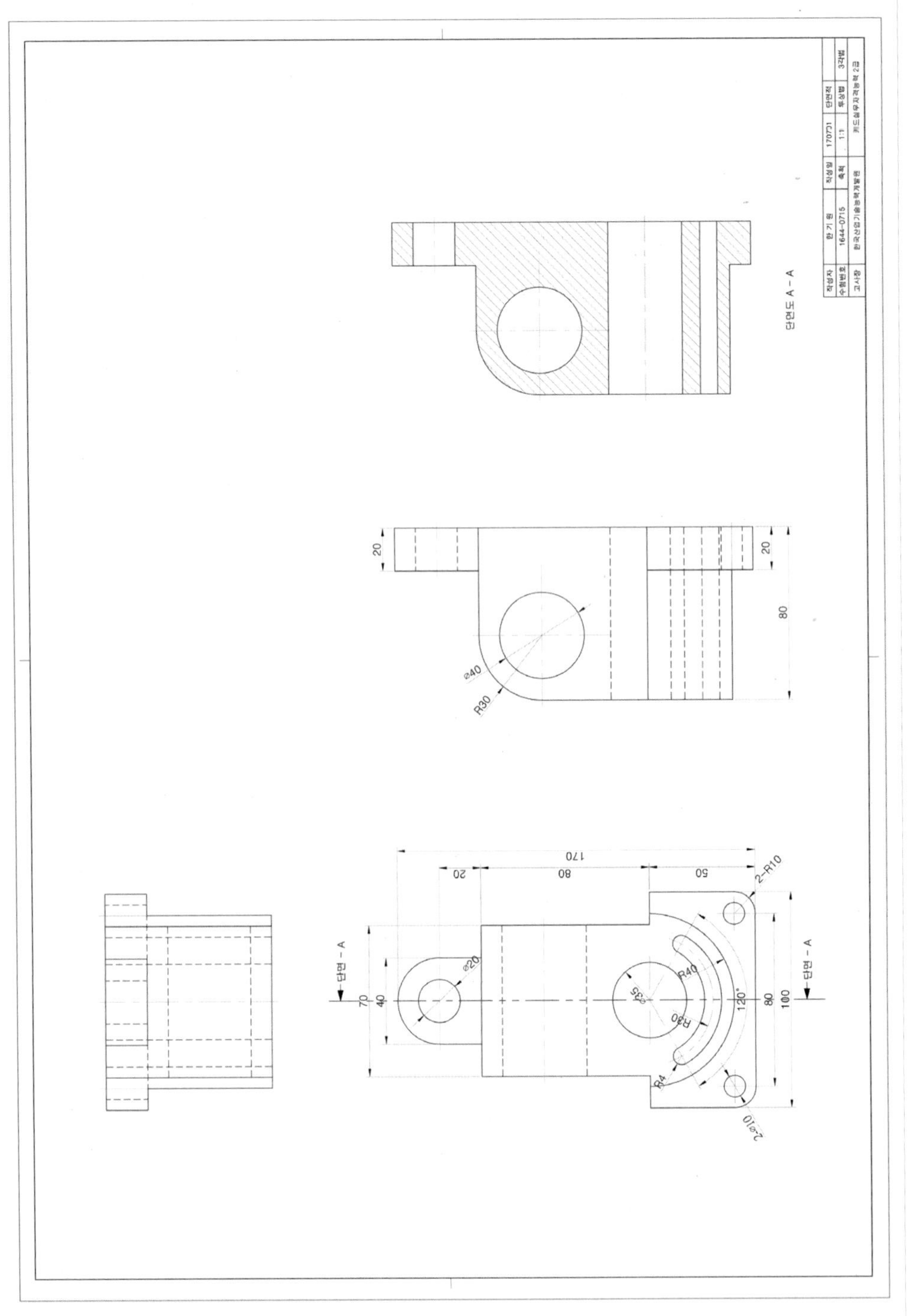
단면도 A - A
20
80
20
⌀40
R30
170
20
80
50
2-R10
단면 - A
⌀20
70
40
⌀35
R40
R30
120°
80
100
R4
2-⌀10
단면 - A

https://blog.naver.com/proguider

[170715] 기출문제 찾아보기

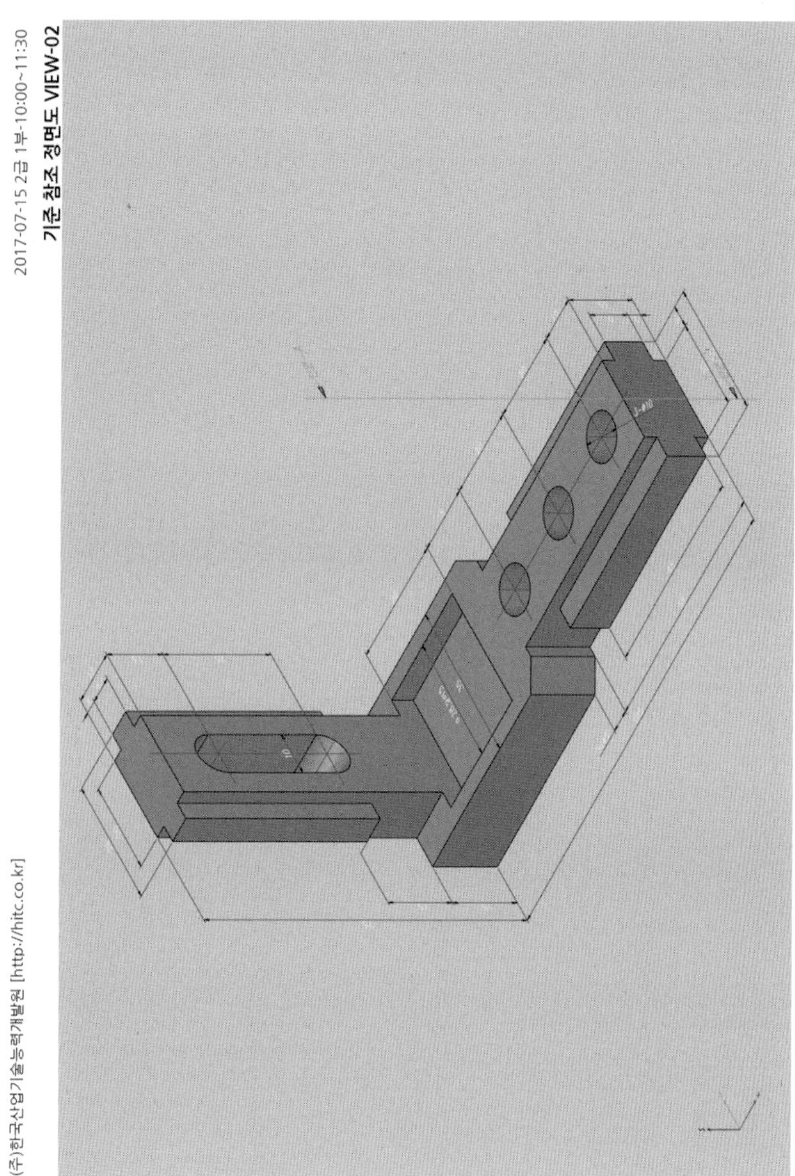

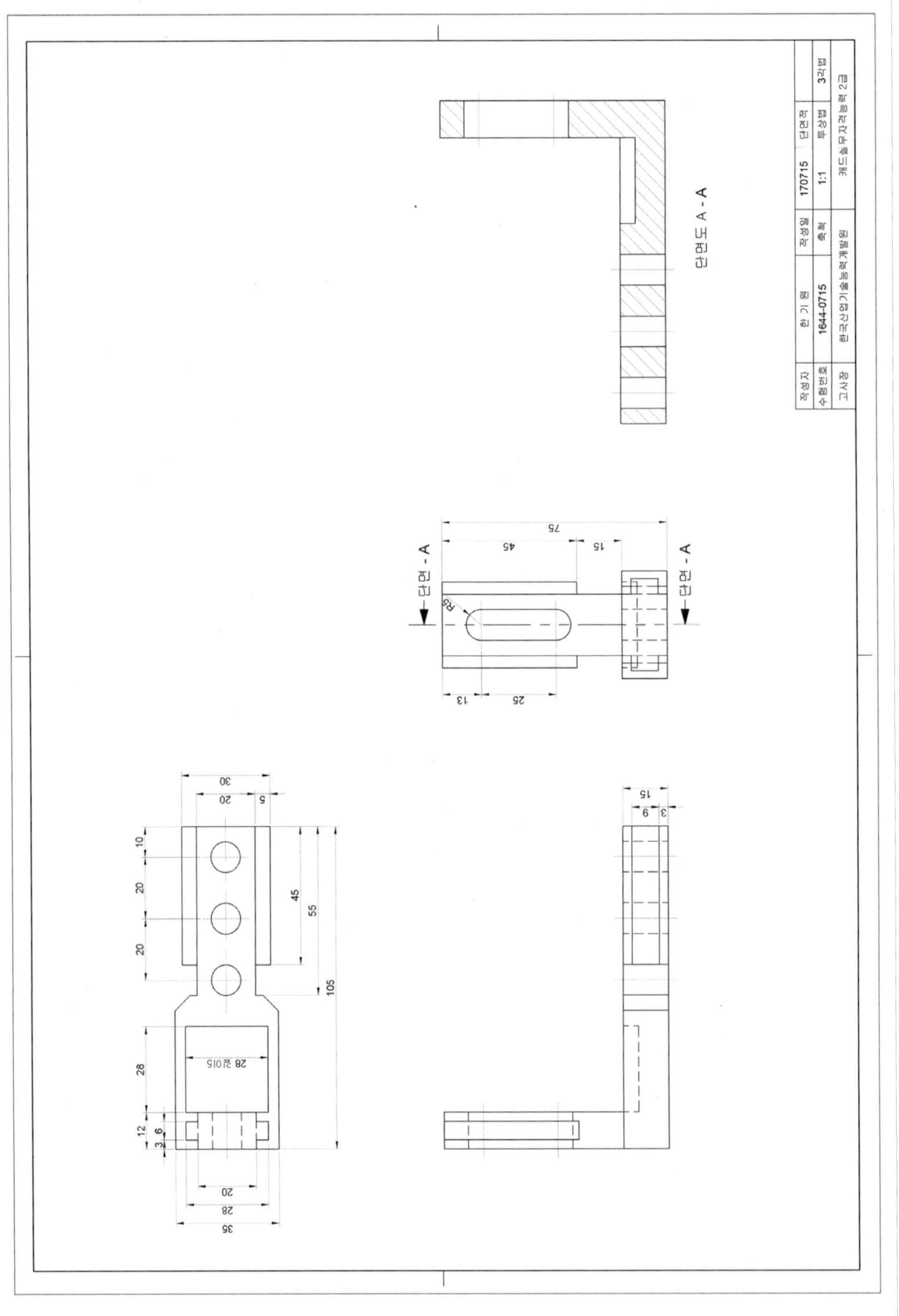
단면도 A - A
단면 - A
단면 - A
작성자
한 기 령
작성일
170715
수험번호
1644-0715
축척
1:1
투상법
3각법
고사장
한국산업기술능력개발원
캐드실무자격능력 2급

https://blog.naver.com/proguider

[170805] 기출문제 찾아보기

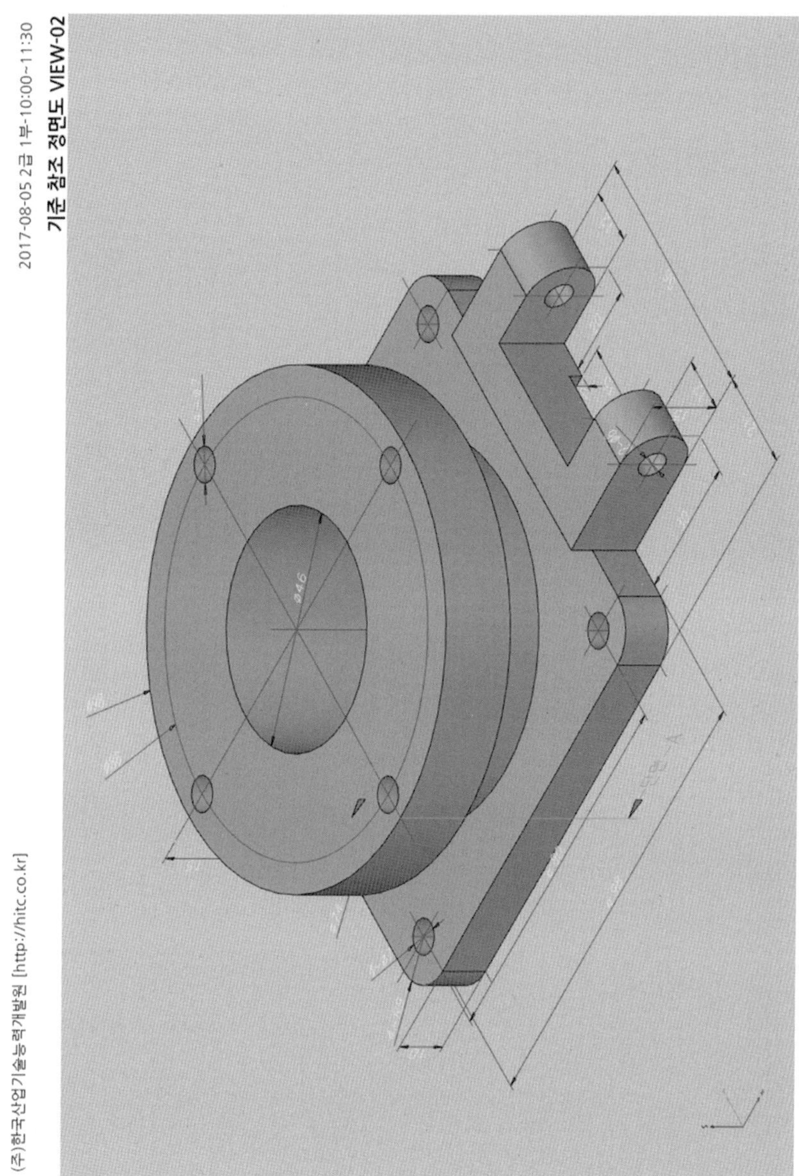

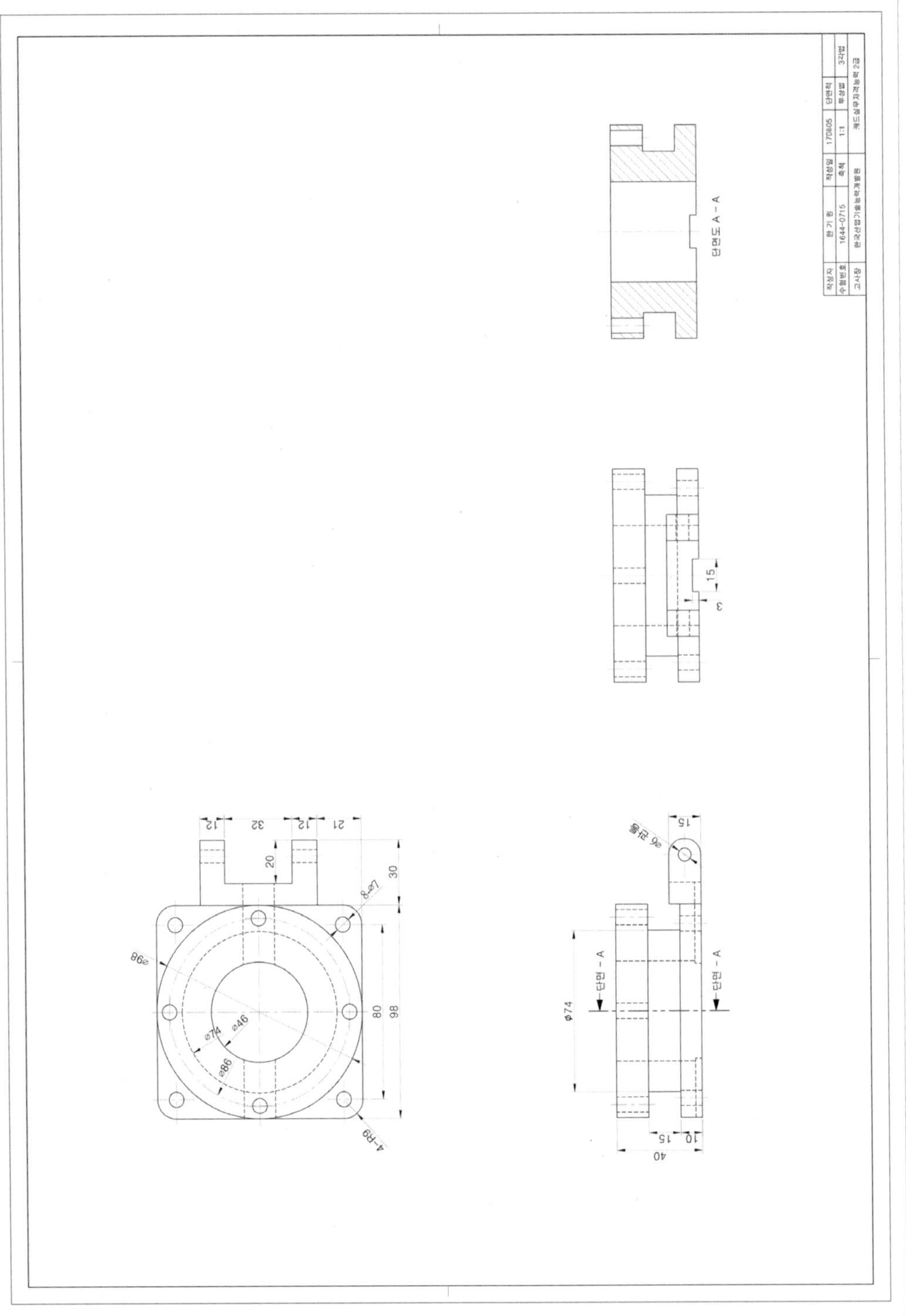
단면도 A - A
단면 - A
단면 - A

https://blog.naver.com/proguider

[170819] 기출문제 찾아보기

2017-08-19 2급 1부-10:00~11:30

기준 참조 정면도 VIEW-02

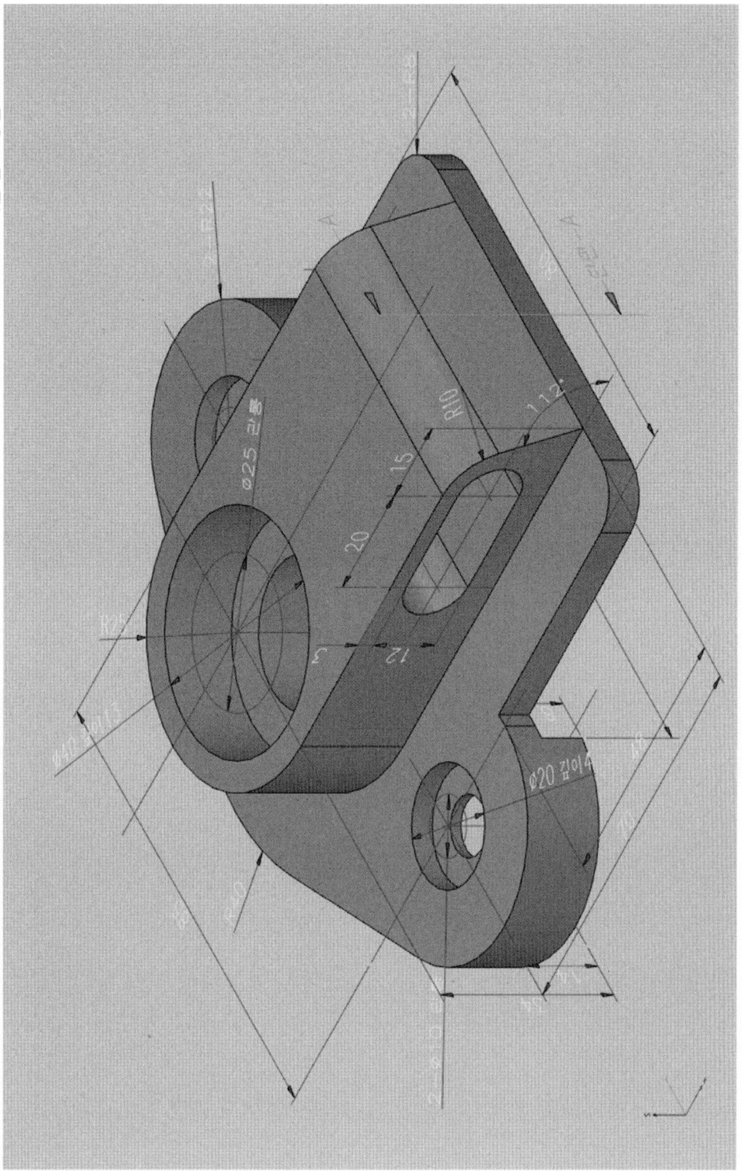

(주)한국산업기술능력개발원 [http://hitc.co.kr]

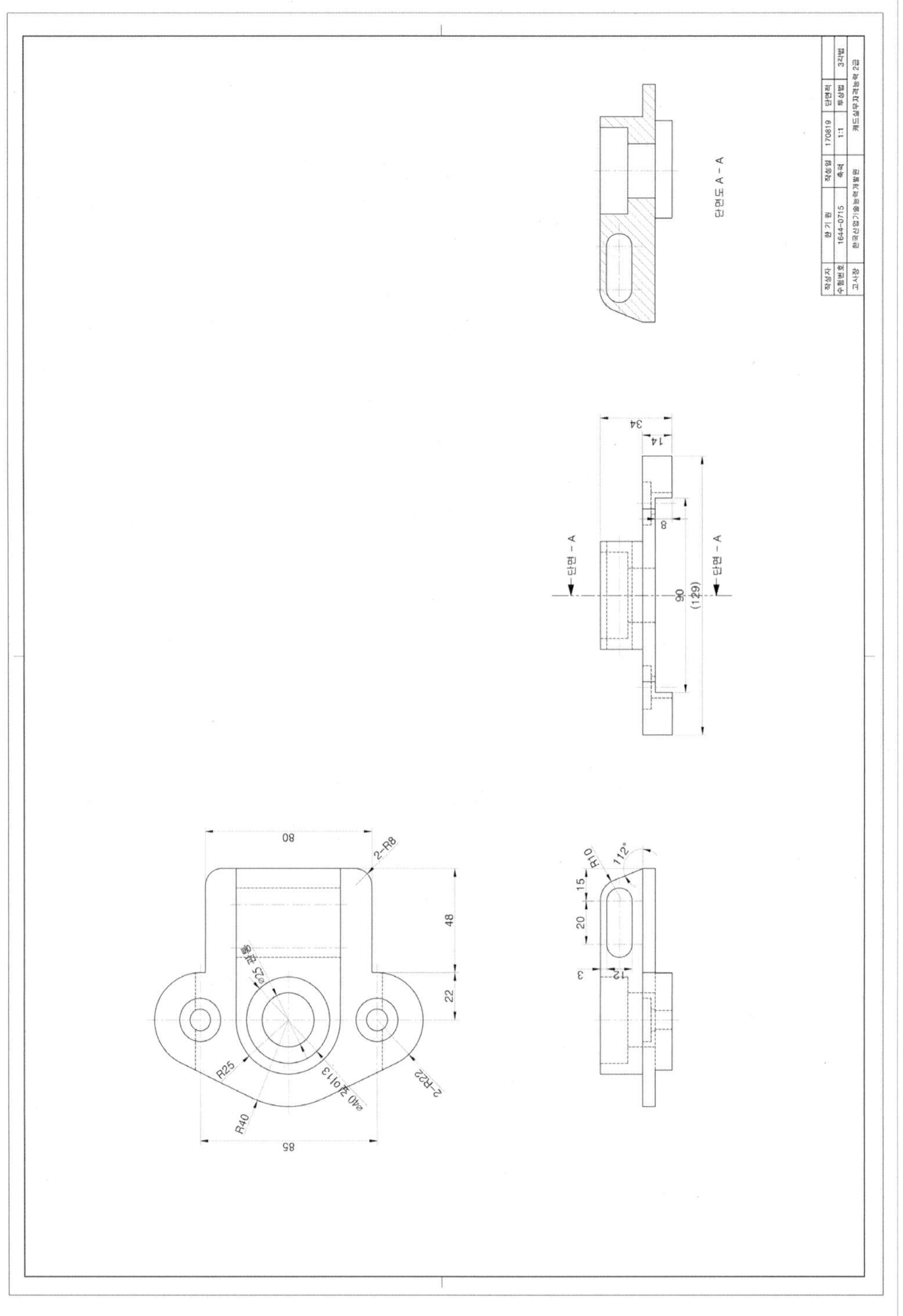
단면도 A - A
단면 - A
단면 - A
34
14
8
90
(129)
80
2-R8
48
22
R25
R40
2-R22
85
R10
112°
15
20
3
12

https://blog.naver.com/proguider

[170902] 기출문제 찾아보기

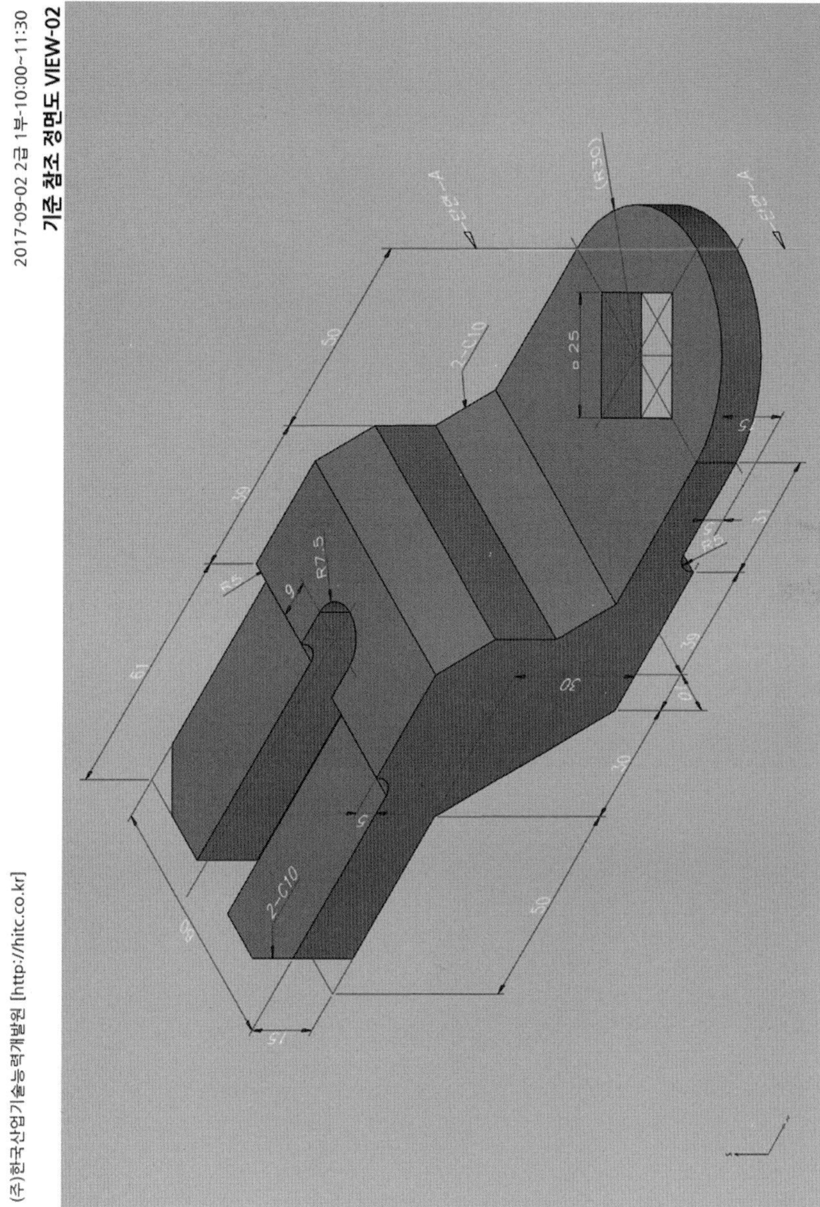

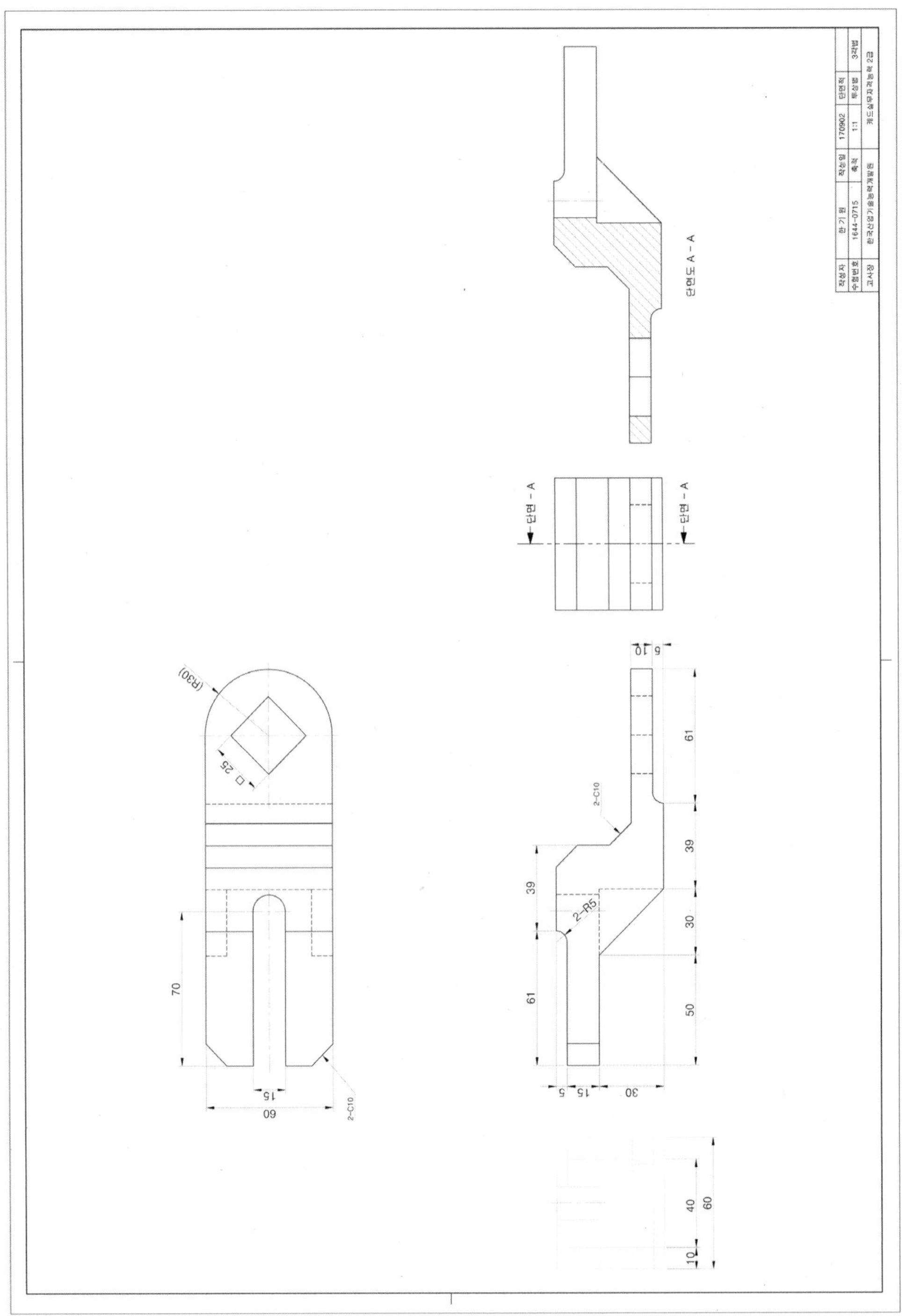

MEMO

GstarCAD
1급 / 2급 단기완성

발　행 | 2021년 1월 8일

저　자 | 석형태 · 한정엽
발 행 인 | 최영민
발 행 처 | 피앤피북
주　소 | 경기도 파주시 신촌2로 24
전　화 | 031-8071-0088
팩　스 | 031-942-8688
전자우편 | pnpbook@naver.com
출판등록 | 2015년 3월 27일
등록번호 | 제406-2015-31호

저자협의
인지생략

정가 : 26,000원

ISBN 979-11-87244-39-4 93550